全国普通高等院校生命科学类“十二五”规划教材

植　物　学

主　编　张彦文　辽东学院
　　　　周　浓　重庆三峡学院
副主编　（按姓氏笔画排序）
　　　　马三梅　暨南大学
　　　　刘　虹　中南民族大学
　　　　刘建福　华侨大学
　　　　吕艳杰　吉林农业科技学院
　　　　李海生　广东第二师范学院
　　　　李景蕻　湖北第二师范学院
参　编　（按姓氏笔画排序）
　　　　王　鹏　辽东学院
　　　　王奇志　华侨大学
　　　　汤晓辛　贵州师范大学
　　　　李　璐　荆楚理工学院
　　　　晏　妮　贵州师范大学
　　　　郭冬琴　重庆三峡学院

华中科技大学出版社
中国·武汉

内容简介

本书分为五篇：第一篇主要阐述植物学的发展简史、植物的分类原则和分类方法；第二篇主要阐述植物细胞和组织的结构和功能；第三篇主要阐述孢子植物各类群的特点及其代表植物；第四篇主要阐述种子植物各器官的结构、功能以及系统分类知识；第五篇主要阐述生物多样性的保护和利用。

本书可作为高等院校生物类专业的教材，也可供中学生物教师以及园林绿化、自然保护区相关技术人员参考。

图书在版编目(CIP)数据

植物学/张彦文，周浓主编. —武汉：华中科技大学出版社，2014.7
ISBN 978-7-5609-9702-5

Ⅰ.①植… Ⅱ.①张… ②周… Ⅲ.①植物学-高等学校-教材 Ⅳ.①Q94

中国版本图书馆 CIP 数据核字(2014)第 147233 号

植物学 张彦文 周 浓 主编

策划编辑：王新华
责任编辑：王新华
封面设计：刘 卉
责任校对：祝 菲
责任监印：周治超
出版发行：华中科技大学出版社(中国·武汉)
武昌喻家山 邮编：430074 电话：(027)81321915
录 排：华中科技大学惠友文印中心
印 刷：湖北新华印务有限公司
开 本：787mm×1092mm 1/16
印 张：28.25
字 数：741 千字
版 次：2014 年 9 月第 1 版第 1 次印刷
定 价：68.00 元

华中出版

本书若有印装质量问题，请向出版社营销中心调换
全国免费服务热线：400-6679-118 竭诚为您服务

全国普通高等院校生命科学类“十二五”规划教材
编　委　会

全国普通高等院校生命科学类“十二五”规划教材组编院校

（排名不分先后）

北京理工大学
广西大学
广州大学
哈尔滨工业大学
华东师范大学
重庆邮电大学
滨州学院
河南师范大学
嘉兴学院
武汉轻工大学
长春工业大学
长治学院
常熟理工学院
大连大学
大连工业大学
大连海洋大学
大连民族学院
大庆师范学院
佛山科学技术学院
阜阳师范学院
广东第二师范学院
广东石油化工学院
广西师范大学
贵州师范大学
哈尔滨师范大学
合肥学院
河北大学
河北经贸大学
河北科技大学
河南科技大学
河南科技学院
河南农业大学
菏泽学院
贺州学院
黑龙江八一农垦大学
华中科技大学
华中师范大学
暨南大学
首都师范大学
南京工业大学
湖北大学
湖北第二师范学院
湖北工程学院
湖北工业大学
湖北科技学院
湖北师范学院
湖南农业大学
湖南文理学院
华侨大学
华中科技大学武昌分校
淮北师范大学
淮阴工学院
黄冈师范学院
惠州学院
吉林农业科技学院
集美大学
济南大学
佳木斯大学
江汉大学文理学院
江苏大学
江西科技师范大学
荆楚理工学院
军事经济学院
辽东学院
辽宁医学院
聊城大学
聊城大学东昌学院
牡丹江师范学院
内蒙古民族大学
仲恺农业工程学院
云南大学
西北农林科技大学
中央民族大学
郑州大学
新疆大学
青岛科技大学
青岛农业大学
青岛农业大学海都学院
山西农业大学
陕西科技大学
陕西理工学院
上海海洋大学
塔里木大学
唐山师范学院
天津师范大学
天津医科大学
西北民族大学
西南交通大学
新乡医学院
信阳师范学院
延安大学
盐城工学院
云南农业大学
肇庆学院
浙江农林大学
浙江师范大学
浙江树人大学
浙江中医药大学
郑州轻工业学院
中国海洋大学
中南民族大学
重庆工商大学
重庆三峡学院
重庆文理学院

前　言

根据21世纪国内外教学改革的发展方向，植物学应当在原有基础上着眼于不断充实相关学科的新知识，特别是随着细胞生物学与分子生物学的发展，植物学已经进入一个崭新的发展阶段，因此，有必要在新的高度上将新知识以及社会发展的新要求结合到高校教材中去。为此，我们编写了本书。

本书遵循植物学科的发展规律和学生对植物界的认识规律，适当调整了以往植物学教材的纲目编写顺序，充实了细胞生物学和分子生物学在植物学领域的新成就等内容，在介绍传统植物学知识的过程中引进生态和进化的观念，增加了生物多样性保护和利用的知识，使学生更全面、更系统地理解植物科学的全貌。将植物细胞、组织、个体以及结构、功能、系统、生态和进化等知识有机地融合在一起，更有利于学生在掌握植物学基础知识的基础上，了解植物科学的新进展，追踪植物科学的发展方向。本书特别注重从学科的发展历史和实验过程出发，用大量精美图片和简练的表格形式激发学生对植物科学的学习热情，培养学生主动探求植物知识的兴趣，以及创新思维的热情和能力。

在编写本书的过程中，我们在几个方面增加了内容，突出了本书的特色和可读性：一是在绪论部分加强了植物学发展史的介绍，使学生了解一门科学的产生和发展脉络，有利于学生对植物学产生兴趣；二是在部分章节增加了一些新知识，如在生物界划分中增加了以往教材中很少提及的八界系统和三域系统两个假说以及被子植物APG系统，在植物种子类型部分增加了人工种子的概念，特别是为适应我国经济社会的发展，体现生态文明建设的重要性和需要，本书较大篇幅地增加了生物多样性保护和利用方面的内容；三是本书在系统分类部分大量采用了编者拍摄的植物照片（超过300张），使学生能更直观地了解典型植物的特征，同时，对重点介绍的被子植物科增加了特征歌诀，不仅有利于记忆，而且增强了学习的趣味性；四是在介绍相关理论假说时重点提及我国学者在植物学领域的贡献，如在蕨类植物系统部分介绍并采用了我国学者秦仁昌和张宪春的分类系统。

本书的主干内容尽可能做到精练，较以往上下册编写模式适当压缩了篇幅，注重理论联系实际，体现植物学对社会发展的作用和贡献，有利于学生开阔视野，激发主动学习的热情。每章后设置的思考题中很多题目需要周密思考或阅读相关参考文献后才能得出答案，以促进学生创新思维和能力的培养。

全书共分五篇十六章，编写分工如下：第一章、第二章由马三梅编写；第三章由郭冬琴编写；第四章由李景蕻编写；第五章由王奇志、刘建福、刘虹编写；第六章由王奇志编写；第七章由晏妮编写；第八章由周浓编写；第九章由王鹏编写；第十章、第十二章由吕艳杰编写；第十一章由刘虹编写；第十三章由张彦文、王鹏、李璐、李海生、刘虹、周浓编写；第十四章由王鹏、李璐、李海生编写；第十五章由刘虹、李景蕻编写；第十六章由汤晓辛编写；书后附录由张彦文编写。全书由张彦文、周浓统稿。本书彩色图片由刘虹、廖廓、张彦文等提供，个别图片来自网络，在此一并致谢。

本书适用于高等院校生物学及相关专业本科生及研究生教学，各校可根据不同专业和教学大纲要求以及根据教学改革和发展需要对一些内容做适当取舍，有些部分可作为学生课外阅读内容。

鉴于编者的水平有限，书中难免存在不足之处，敬请广大师生提出宝贵意见，以便我们及时修订。

编　者

2014 年 6 月

目　　录

第一篇

总　论

第一章
绪论

第一节 植物与植物界

植物是主要生命形态之一，它包含的类群、种类及数量繁多，因此，植物在生物界中占有重要地位。生物界的划分方法以及植物在生物界中的地位是植物学学习的重要内容。

一、生物界的划分

生物具有多样性的特征，这一点长久以来为人们所认识，植物只是生物界大家庭中的一部分。因此，生物界的划分方法关系到植物界的范围和构成。长期以来，科学家们依据自己的研究和对生物界的认识，相继提出了多种生物界划分系统，它们分别是两界、三界、四界、五界、六界、八界、三域等系统。

（一）两界系统

18世纪，瑞典博物学家林奈（Carolus Linnaeus，1707—1778）根据生物是否会运动，将生物界分成植物界（Kingdom Plantae）和动物界（Kingdom Animalia）（图1-1）。会运动的生物就是动物，不会运动的生物就植物。这种简单的两界系统是最早建立，也是沿用最广的。

（二）三界系统

随着显微镜的发明和广泛使用，科学家开始利用显微镜来观察生物。人们发现一些生物兼有动物和植物两种属性，如一些低等生物既能运动，又具自养模式。特别是黏菌，在其营养期能够运动，在繁殖期则不会运动。对这种类型生物的划分一直困扰着生物学家。1866年，德国生物学家海克尔（E. Haeckel）提出三界系统。把既非典型的动物又非典型的植物等单细胞生物（如原核生物、原生动物、硅藻以及黏菌等）归入原生生物界（Kingdom Protista），加上原有的植物界和动物界，构成了三界系统（图1-1）。

（三）四界系统

四界系统是魏泰克（R. H. Whittaker）于1959年提出的。他将不含叶绿素的真菌从植物界中分出，建立一个真菌界（Kingdom Fungi），而且和植物界一起并列于原生生物界之上，这就是四界系统（图1-1）。

（四）五界系统

1969年，魏泰克在四界系统的基础上，又将原核的细菌和蓝藻从原生生物界分出，建立了

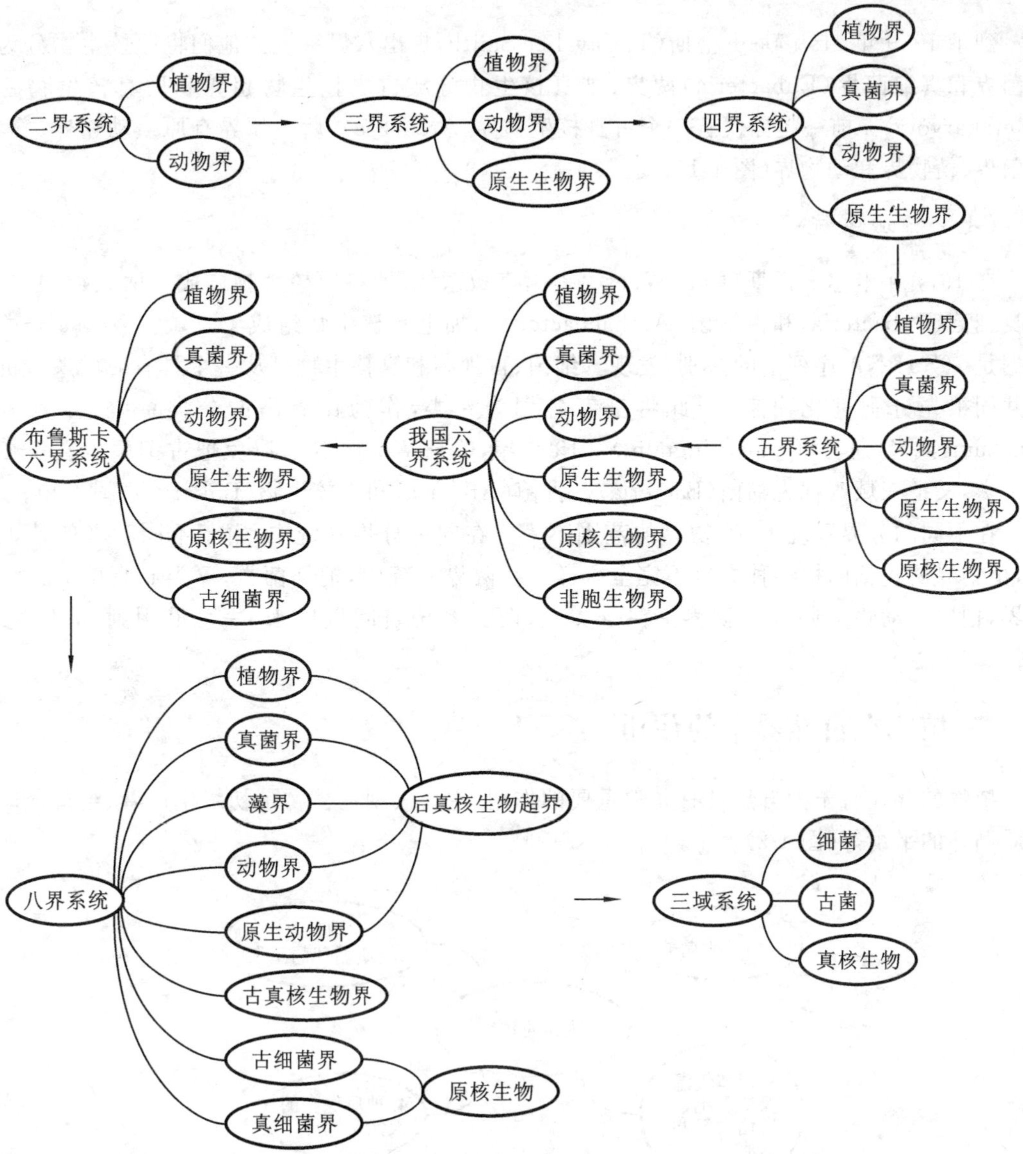

图 1-1　生物界的划分

原核生物界(Kingdom Monera)。这就是五界系统(图 1-1)。五界系统也是影响最大、流传最广的一种分界系统。

(五) 六界系统

六界系统有 2 个。其中一个在 20 世纪 70 年代提出,我国学者把类病毒(viroids)和病毒(virus)另立为非胞生物界,和植物界、动物界、真菌界、原生生物界、原核生物界共同组成了六界系统(图 1-1)。

另一个六界系统(图 1-1)是布鲁斯卡(R. C. Brusca)等在 1990 年提出的。它包括古细菌界(Archaebacteria)、原核生物界、原生生物界、动物界、真菌界、植物界。

（六）八界系统

到了 1989 年，卡瓦勒-史密斯(T. Cavalier-Smith)提出八界系统。他们将原核生物分为古细菌界和真细菌界(Eubacteria)两界；把真核生物分成古真核生物超界和后真核生物超界(Metakaryota)。前一超界仅有一个古真核生物界(Archezoa)，后一超界有原生动物界、藻界、真菌界、植物界和动物界(图 1-1)。

（七）三域系统

在 1977 年卡尔·沃斯(Carl Woese)提出三域系统，即将原核生物分成了两大类，起初称为真细菌(Eubacteria)和古细菌(Archaebacteria)，加上真核生物组成了三域。Woese 分类的依据是 16S rRNA 序列上的差别，发现真细菌、古细菌和真核生物是从一个具有原始遗传机制的共同祖先分别进化而来，因此将三者各划为一类，作为比界高的分类系统，称为"域"(Domain)或者"总界"(Superkingdom)。1990 年，Carl Woese 为了避免把古细菌也看作细菌的一类，又把三域改称为细菌(Bacteria)、古菌(Archaea)和真核生物(Eukarya)(图 1-1)。

在不同的分界系统中，植物界的范围不一。在同一分界系统中，由于不同学者的认识差异，植物界所包括的植物种类也不完全一样。在两界系统中，把细菌类、藻类和真菌类归入植物界，把原生动物类归入动物界。在分类上，两界系统自问世以来，一直沿用到 20 世纪 50 年代。

二、植物在自然界中的作用

植物的存在对于大自然具有非常重要的作用，主要表现在植物是初级生产者、维持地球上物质循环的平衡等(图 1-2)。

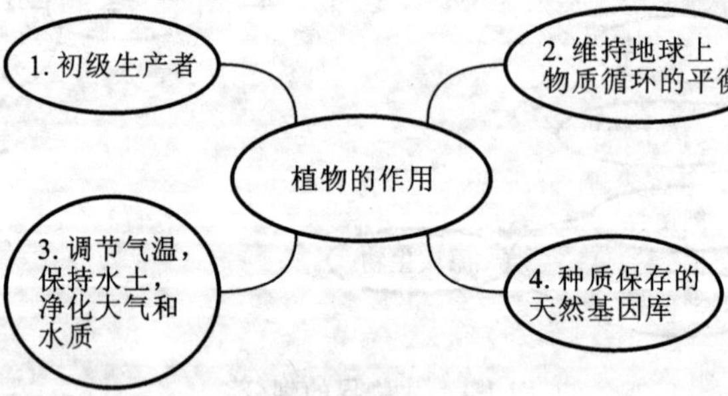

图 1-2 植物的作用

（一）植物是初级生产者

植物细胞的叶绿体能够通过光合作用把光能转化为化学能，并以多种形式储存能量，如糖类、蛋白质、脂肪等。这些物质是自然界各种生物赖以生存的物质基础。没有植物，其他生物将不复存在。

据推算，地球上的植物为人类提供约 90％的能量、80％的蛋白质。人类食物有 3000 多种，其中作为粮食的植物有 20 多种。此外，植物还能够合成许多具有医疗价值的药用成分，为人类治疗疾病所利用。

（二）植物维持地球上物质循环的平衡

植物在维持地球上物质循环的平衡中起着不可替代的作用。绿色植物利用水、光、土壤中营养元素进行光合作用，把无机物转化为有机物，供给人类及其他生物利用。自然界中的生物死亡后其生物体被细菌、真菌等分解，有机物又转化为无机物，无机物重新释放进入自然界以供植物光合作用，这便是地球的物质循环。

在各类物质循环中，碳循环（carbon cycle）是最常见的物质循环之一。碳循环的过程如下：绿色植物从空气中吸收二氧化碳（CO_2），经光合作用转化为葡萄糖，并放出氧气（O_2）。空气中二氧化碳的含量为0.03%，如果按质量计，空气中则含有600亿吨的碳。绿色植物在进行光合作用的过程中，要吸收大量的碳。如果空气中的碳含量不补充，以绿色植物每年要用19亿吨碳的速率，只要35～40年的时间，空气中的碳将消耗殆尽。因此，地球上的生物通过呼吸作用释放大量的二氧化碳，同时燃烧木材、煤炭、石油等以补充大气中的二氧化碳，使大气中的二氧化碳浓度保持平衡。

自然界中氮单质和含氮化合物之间的相互转换过程就是氮循环（nitrogen cycle）。氮循环也是生物圈内基本的物质循环之一。大气中的氮气经微生物等作用而进入土壤，为动植物所利用，最终又在微生物的作用下返回大气中，如此反复循环，以至无穷。构成陆地生态系统氮循环的主要环节是生物体内有机氮的合成、氨化作用、硝化作用、反硝化作用和固氮作用。

植物吸收土壤中的铵盐和硝酸盐，进而将这些无机氮同化成体内的蛋白质等有机氮。动物直接或间接以植物为食，将植物体内的有机氮同化成动物体内的有机氮。动植物的遗体、排出物和残落物中的有机氮被微生物分解后形成氨，这一过程叫做氨化作用。在有氧的条件下，土壤中的氨或铵盐在硝化细菌的作用下最终氧化成硝酸盐，这一过程叫做硝化作用。氨化作用和硝化作用产生的无机氮，都能被植物吸收利用。

在氧气不足的条件下，土壤中的硝酸盐被反硝化细菌等多种微生物还原成亚硝酸盐，并且进一步还原成分子态氮，分子态氮则返回到大气中，这一过程称为反硝化作用。由此可见，由于微生物的活动，土壤已成为氮循环中最活跃的区域。

（三）植物能够调节气温，保持水土，净化大气和水质

植物在调节气温、保持水土、净化大气和水质等方面均有重要的作用。植物对环境保护的作用，主要反映在它的净化作用和监测作用。

所谓监测作用，就是某些植物对有毒气体的敏感性，当某些有毒气体在低浓度时，它就能出现受害症状，反映出有毒气体的大概浓度，作为环境污染程度的指示。对有毒气体特别敏感的植物，可用来监测有毒气体的浓度，指示环境污染程度，这种植物就称为监测植物。

在环境保护方面，植物还可以释放杀菌素，降低噪声，同时对温度有很好的调控作用，这对人类的健康和工作是极为有利的。植物会吸收土壤和水体中的污染物，使土壤和水质得以净化。

植物构成的森林能够涵养水源和保持水土。荒山坡地的土壤，只能吸收少量的雨水，其余的都随着地表径流流失了。如果有林木覆盖，雨水就会被土壤吸收并转变成地下水蓄积起来，从而防止水土流失。此外，森林还具有防风固沙、调节气候的作用。

（四）植物是种质保存的天然基因库

长期进化过程中形成的千姿百态、种类浩瀚的植物界，是一个庞大的天然基因库，是自然

留给人类最宝贵的财富。据分类学家统计,全世界现有植物 50 多万种,仅被子植物就有 20 多万种。经过人类长期栽培驯化的有 2000 多种,正是这为数不多的栽培植物,成为人类社会物质文明的重要基础。

植物界包含的庞大种质资源,为人类驯化野生植物、改良新品种提供了广阔的遗传基础。例如:袁隆平发现野生稻的雄性不育株,在解决杂交水稻三系育种难题上取得重大突破;三叶橡胶从巴西热带雨林引种出来,从而成为世界五大工业原料来源之一;另外,人类还引种、驯化、培养了众多具观赏价值的花卉,为人类生活增添了色彩。

最后,植物还为地球上其他生物提供了赖以生存的栖息和繁衍后代的场所。

三、植物与人类的关系

植物是地球环境的初级生产者,是其他生物生存的基本依托。目前地球上现存的植物有 50 多万种,包括人们吃的粮食、蔬菜、水果等均来自植物。人们吃的肉、蛋、奶也间接依赖植物才能产生。同样,我们穿衣用的棉、麻、丝、毛,以及建造的房屋、家具、医用材料等也是直接或间接地来自于植物。

此外,许多药用植物如人参、甘草、贝母等,可用于医药行业。因此,人类与植物的关系非常密切。然而当今世界由于人口膨胀导致的粮食短缺、能源巨耗、资源枯竭、环境退化以及生态失衡等一系列重大问题都直接或间接地与植物有关。

总之,植物在自然界作为初级生产者,是一切生物(包括人类)赖以生存的物质基础,为一切生物提供生命活动必需的氧气和生存环境,维持着自然界中的物质循环和平衡。可以说,没有植物,其他生物(包括人类)也将不能生存。

第二节 植物学的发展简史

植物学是随着人类认识和利用植物的生产活动建立和发展起来的。早期人类在接触和采集野生植物的过程中,逐渐积累了许多植物方面的知识。随着人们对这些知识的积累和总结而逐渐发展形成了植物学。植物学是研究植物的一门学科,它的研究对象是整个植物界。

植物学的发展可以简单地分为三个时期:描述植物学时期、实验植物学时期和现代植物学时期。现代植物学时期的科学发现多和其他学科(如细胞生物学、分子生物学)交叉呈现。

一、描述植物学时期

公元前 300 年,古希腊哲学家亚里士多德的学生特奥弗拉斯托撰写了《植物的历史》一书,他在哲学原理基础上将植物进行分类,并描绘了其各部分特征以及许多植物的习性和用途。因此,特奥弗拉斯托被尊为植物学的奠基人。

此后陆续出现了许多有关植物方面的著述。如公元 1 世纪希腊医生迪奥斯科里德斯在其著作《药物论》中记述了 600 种植物及其医药用途,成为后来描述药用植物的基础。在 15—16 世纪,日耳曼的布龙费尔斯、意大利的马蒂奥利、英国的特纳等相继完成了许多有价值的本草著作,与我国明代李时珍完成的《本草纲目》交映生辉。

17 世纪末,英国生物学家雷确立了现代植物分类基本原理,他把有花植物分为单子叶植物和双子叶植物，并建立了许多迄今还沿用的植物科名。

总之，这个时期的植物学主要致力于描述一些药用植物。描述植物学时期的主要成就见表 1-1。

表 1-1 描述植物学时期的主要成就

时间	研究人员	主要成就	成就的主要内容
公元前 371—286	特奥弗拉斯托	《植物的历史》和《植物本原》	描述了 500 多种植物，并提出各种植物器官的名称
1519—1603	塞萨平诺	《植物》	描述了 1500 多种植物
1578	李时珍	《本草纲目》	描述了 1880 多种药物，其中植物有 1173 种
1560—1624	鲍欣	《植物界纵览》	在属名后接“种加词”来命名植物
1665	胡克	用自制的显微镜观察软木塞	提出了细胞的概念
1668—1670	列文虎克	利用显微镜观察池塘中的水和血液	观察到微生物和红细胞
1690	雷	首次给物种下定义	对 18000 种植物进行了分类

二、实验植物学时期

17 世纪末，自然科学从以“机械哲学”为主导思想进入“实验科学”阶段。植物学也从描述为主转到更有目的、有计划、有系统的资料收集，现象观测，以及在控制条件下进行实验并提出理论与学说。此期间物理学、化学的发展及新工具（如显微镜）的应用对植物学的发展起到了巨大推动作用。这个时期的主要成就见表 1-2。

表 1-2 实验植物学时期的主要成就

时间	研究人员	主要成就	主要内容
1731	林奈	《自然系统》	将自然界分为植物界、动物界和矿物界
1753	林奈	《植物种志》	使用双名法为约 6000 种植物命名
1838	施莱登	《植物发生论》	指出细胞是植物的结构单位
1839	施旺	《关于动、植物的结构和生长一致性的研究》	建立了细胞学说
1848	吴其濬	《植物名实图考》	描述了 1719 种植物
1859	达尔文	《物种起源》	创立了进化论
1866	孟德尔	《植物杂交的发现试验》	揭示了遗传的基本规律
1897	恩格勒和伯兰特	发表了《植物自然分科志》	建立了植物分类系统

1753 年，瑞典植物学家林奈发表《植物种志》并确立了植物双名法命名原则。他依据花的雄蕊数目，将植物分为 24 纲。每纲再用花柱的数目分成目。这个系统的简单性使人容易接受，因而促进了植物的采集和调查。但此法模糊了自然分类原则。

林奈的贡献还在于把约 6000 种植物归入各属并仔细描述和予以命名。这被随后的其他植物学者所接受。自此，从一个学者到另一个学者去跟踪一种植物才成为可能，植物学的其他分支学科（如植物解剖学、植物生理学、植物胚胎学等）的研究才逐步发展起来。

16—17 世纪，光学显微镜的问世为植物学的发展提供了强劲的动力。

1670—1674 年，英国人格鲁和意大利人马尔皮基利用显微镜分辨出植物的木质部、导管、纤维细胞和树脂道。英国人胡克发现细胞，他的细胞概念是一个由实心物质包围的空间（小室）。很久以后，植物学家才理解这些蜂房样的小室至少在幼期是含有生活物质的。最初的植物形态学家设想植物是由多种成分，包括导管、纤维、“囊”等组成的。1839 年，施莱登和施旺提出了细胞学说。从此，细胞学成为一门独立学科。

在格鲁和雷的时代，生理学也开始了。雷做过树液运动、种子发芽和其他功能的实验。荷兰人黑尔蒙特通过桶栽柳枝实验证明植物从水中取得营养。1742 年，英国人黑尔斯做了树液流动和压力、蒸腾作用、失水和气体交换等方面的 124 个实验，并将它们记录下来。他被认为是植物生理学的奠基人。

1774 年，英国人普里斯特利指出植物在阳光下释放氧气。这些气体（氧气、二氧化碳）和植物的相互关系进一步由荷兰人英恩豪斯（1779）和法国人索绪尔（1804）阐明。后者将定量方法引入研究，并阐明水和二氧化碳一样被吸收。自此，绿色植物在光下吸收水分和二氧化碳的光合作用被发现。

17—18 世纪，卡梅拉里乌斯及布尔哈夫等人观察到植物的性别、花粉及受精作用等现象，推动了植物胚胎学的发展。

到 19 世纪中期，植物学各分支学科已基本形成。达尔文、孟德尔的工作更为植物进化论和遗传学的确立打下了基础。

我国古代农业的发展也为植物学的形成和发展提供了良好的素材，例如：春秋时期的《诗经》中记载了 200 多种植物；汉代的《神农本草经》记载药用植物 200 多种；晋代嵇含的《南方草木状》是我国最古老的地方植物志；北魏贾思勰的《齐民要术》已总结出豆科植物可以肥田；明代李时珍的《本草纲目》详细描述了 1173 种药用植物；徐光启的《农政全书》系统总结了我国农业经验和成就。

三、现代植物学时期

20 世纪特别是 50 年代以来，植物学有了飞速发展，植物生理学、生物化学和遗传学等取得了令人瞩目的成就，如光合作用机理的阐明，光敏素、植物激素的发现，微量元素的发现，遗传育种技术、同位素计年法建立以及抗生物质的分离等，使植物学对经济的发展更为重要，成为园艺学、农业和环境科学的重要理论基础。

目前人类完成了拟南芥、日本粳稻的基因组测序工作。人类可以利用分子生物学手段，定向设计和强化植物的某些性状。基因的功能，基因在细胞、组织和个体水平的表达时期、表达部位及植物发育和调控的分子机理等是现代植物学研究的主流和趋势。

第三节　植物学的研究内容和分支学科

当代植物科学的迅猛发展得益于研究方法和实验技术的不断创新。在微观领域，由细胞水平进入亚细胞水平和分子水平，对植物结构与功能有了更深入的了解。在光合作用、生物固氮、呼吸作用、离子吸收等许多方面获得了重大突破，特别是DNA双螺旋结构阐明以后，人们开始从分子水平上认识植物。

在宏观领域，已从研究植物的个体形态进入种群、群落及生态系统的层面，尤其是分子生物学和基因组学的迅速崛起，对植物学的发展产生了巨大影响，使边缘学科和整合性研究领域层出不穷。

一、植物学研究内容

植物学(botany)是生物学的分支学科，主要是研究植物的形态、分类、生理、生态、分布、发育、遗传、进化的一门科学。其研究目的在于开发、利用、改造和保护植物资源，让植物为人类提供更多的食物、纤维、药物、建筑材料等。根据研究内容的不同，植物学产生了许多分支学科。

二、植物学分支学科

根据研究内容的不同，植物学可划分为不同的分支学科。

(1) 植物分类学(plant taxonomy)是研究植物种类的鉴定、植物之间的亲缘关系，以及植物界的自然系统的学科。

(2) 植物形态学(plant morphology)是研究植物外部形态，包括个体发育和系统发育中的形态建成的规律，以及形态与环境条件关系的学科。

(3) 植物解剖学(plant anatomy)是研究植物内部结构、个体发育和系统发育中的结构建成规律，以及结构与功能和生活条件关系的学科。

(4) 植物胚胎学(plant embryology)是主要研究高等植物胚胎形成和发育规律的学科。

(5) 植物生理学(plant physiology)是主要研究植物生命活动及其规律的学科。其研究内容包括植物体内的物质和能量代谢、植物生长发育、植物对环境条件的反应等问题。

(6) 植物生态学(plant ecology)是研究植物与环境相互关系的学科。

(7) 植物病理学(plant pathology)是研究植物病害的病原、发生、发展以及防治的一门应用学科。

(8) 植物地理学(geobotany)，又称地植物学，是研究植被的组分、性质和分布类型，及其形成的原因、动态以及实践中的应用的学科。

以上主要是以研究层次和重点来分类的，此外还有根据研究对象的类群划分的分支，如藻类学、苔藓植物学、蕨类植物学、种子植物分类学、孢子植物学、维管植物学、古植物学、孢粉学等，以及与应用有关的如经济植物学、药用植物学等。

第十三届国际植物学会议(1981，悉尼)将植物学的分支学科划分为十二类，包括分子植物学、代谢植物学、发育植物学、环境植物学、群落植物学、遗传植物学、系统及进化植物学，另外有苔藓学、菌类学、海水与淡水植物学、历史植物学、应用植物学等。

第十四届国际植物学会议(1987，西柏林)将植物科学划分为系统与演化植物学、结构植物学、代谢植物学、发育植物学、植物遗传学、资源植物学与植物化学、生态学与环境植物学和生物技术等分支学科。

植物学的各个分支学科都有其重要的意义。为了深入、细致地研究植物的生命现象和发展规律并致力于某一方面的研究，建立分支科学十分必要。

可以预见，随着模式植物拟南芥、水稻等植物基因组计划的完成和基因功能的阐明，人们对植物生长发育、遗传、进化及植物与环境之间的关系等问题的认识将发生革命性的飞跃。植物学将在更高层次上和更大范围内探索植物生命的奥秘和发展规律。

第四节　学习植物学的目的和方法

一、学习植物学的目的

植物学是大学生物类及相关专业的一门基础课，是学好其他生物学专业课的前提。

学习植物学的目的是为了了解和掌握植物体的形态、解剖结构、生理过程和个体发育，认识植物的多样性，进而了解植物的生活规律、遗传和进化机制，以便将植物学知识应用到农业生产、园艺、林业、环境及生物多样性保护等领域，造福于人类社会。

二、学习植物学的方法

兴趣是最好的老师，因此要想学好植物学，就要培养对植物的兴趣。植物学也和生物学其他分支学科一样，有一些具体的学习方法，包括观察、比较和实验等方法，既可单独使用，也可彼此结合使用。通过这些方法来更好地理解植物界，阐明其生命现象的本质和规律。

观察是学习植物学的一种基本方法。通过认真、细致观察，了解植物的形态结构和生活习性，系统地描述和记录下来。观察需熟练地应用一些设备和技术，描述需正确地运用植物学术语，并重视定量的记载，这些就为今后的深入学习积累有用的第一手资料。

比较也是学习植物学的重要方法。通过对不同植物的整体或部分进行系统的比较，才能鉴别它们的异同，从而能更深入地分析和识别，并得出一般的规律。植物学中各类植物的形态特征以及各分类单位的概括，就是由比较而获得的。

植物学是一门实践性很强的学科，因此学习时必须密切联系实际，最好到自然界中观察各种植物，通过细致观察并结合理论知识，才能对植物学加深理解，提高学习效率。

思考与探索

1. 什么是植物？
2. 如何划分生物界？
3. 从植物学发展简史中，你能得到什么启发？

第二章 植物系统分类学概述

第一节 植物分类的目的和意义

一、鉴定与命名

植物分类的目的之一是对植物个体予以鉴定并赋予正确的名称，鉴定需依赖已知的分类群来鉴定未知的标本，并确定它在分类系统和等级中的位置。对植物进行命名须遵循《国际植物命名法规》(《International Code of Botanical Nomenclature》)，而这种命名方式也要基于一个好的分类系统。

二、促进学术交流

植物分类为同一种植物确定唯一的名称，提供世界不同地区植物区系的名录，以方便国际学术交流。

三、保障植物资源的合理开发与利用

通过对植物正确分类，可以依据已知植物特征来寻找更多的植物资源。比如，可以通过已知药用植物的分类位置，来发掘与其亲缘关系较近物种的潜在价值，进而开发新的资源。

对植物进行正确分类，有助于准确区分近似种类和科学地描述植物种类的特征，防止名实关系混乱，提高植物的利用价值。

第二节 植物分类简史

广义的植物分类学(plant taxonomy)是研究植物的系统进化过程及对植物进行具体分类的科学。也可以把研究植物的进化过程和规律的部分划分为植物系统学(plant systematics)。而狭义的植物分类学则是研究植物的具体分类，包括种、种以下和种以上的分类。

一、人为分类系统时期

19 世纪中期以前，受到对植物认识的局限以及“神创论”等思想的影响，多以植物的用途、

生境和外部形态等某一个或几个特征为依据，对植物进行人为分类，没有考虑植物的亲缘关系和演化趋势，如明代李时珍所著《本草纲目》将描述的 1000 多种植物分为草、谷、菜、果、木 5 部，又把草部分为山草和芳草等。

1735 年，瑞典植物学家林奈发表了《自然系统》，根据花的构造特点和花各部分数目（尤其是雄蕊数目）将植物分为 24 纲，其中第 1～13 纲按雄蕊数目区分，第 14～20 纲按雄蕊长短（如二强雄蕊和四强雄蕊等）、雄蕊和雌蕊的关系以及雄蕊的联合情况区分，第 21～23 纲按花的性别（如雌雄同株、雌雄异株和杂性花等）区分，第 24 纲称为隐花植物。人为分类系统忽视了植物间的亲缘关系和演化规律。例如林奈的分类系统中，根据雄蕊数目特征划分纲，常会使亲缘关系疏远的种类归到同一纲中。如蓼科的酸模属有 6 枚雄蕊，小檗科的小檗属也有 6 枚雄蕊，它们一同放入第 6 纲，显然不合适。

人为分类方法对人类的生产和生活，尤其在经济植物或野生植物资源的调查和利用上起到了重要作用，并为科学的植物分类积累了丰富的资料和经验。

二、进化论前的自然分类系统时期

进入自然分类系统时期，许多学者都努力寻求能够客观反映自然植物类群的分类方法，并从多方面特征加以分析。两位英国植物学家边沁（1800—1884）和虎克（1817—1911）在他们合著的《Genera Plantarum》中提出了一个详尽的自然分类系统，将双子叶植物、裸子植物和单子叶植物视为单独类群的种子植物分类系统。

该书尽管是在达尔文的《物种起源》之后出版的，但在概念上却是在达尔文之前的，物种被视为稳定的实体，不会随时间变化，描述是准确而可靠的。

三、系统发育分类系统时期

现代自然分类系统或称系统发育分类系统（phylogenetic system），是从 19 世纪后半期达尔文创立生物进化论以后开始的，它根据生物进化的原理，力求客观地反映出生物界的亲缘关系和演化规律。现代自然分类系统中以恩格勒和勃兰特的《自然植物志》所述比较完善，它自 1892 年问世以来，即为各方面采用，之后几经修改，也受到过一些批评，但仍不失为一个比较完善的自然分类系统。自此以后，国际上陆续出现了许多不同的自然分类系统，后续章节将对几个有重要影响的系统进行介绍。

第三节　植物分类的等级与植物的命名法则

一、植物分类的等级单位

植物分类的基本等级单位有界（regnum）、门（divisio）、纲（classis）、目（ordo）、科（familia）、属（genus）、种（species），各分类单位表示大小或等级上的差异并多有次级等级（表 2-1），部分分类单位具有对应的词尾，其中界为最大的分类单位，种是基本的分类单位。

物种（species），简称“种”，是生物分类学上的基本单位，是具有相同的形态学、生理学特征和一定自然分布的生物群，种内个体间能自然交配产生正常能育的后代，种间存在生殖隔离。

物种是生物进化过程中自然选择作用的历史产物，同时又是生物继续进化的基础。

表 2-1　植物分类的等级单位

中文	英文	拉丁文	词尾
植物界	vegetable kingdom	Regnum Vegetable	
门	division、phylum	divisio	-phyta
亚门	subdivision	subdivisio	-phytina
纲	class	classis	-opsida，-eae
亚纲	subclass	subclassis	-idae
目	order	ordo	-ales
亚目	suborder	subordo	-ineae
科	family	familia	-aceae
亚科	subfamily	subfamilia	-oideae
族	tribe	tribus	-eae
亚族	subtribe	subtribus	-inae
属	genus	genus	-a，-um，-us
亚属	subgenus	subgenus	
组	section	sectio	
亚组	subsection	subsectio	
系	series	series	
种	species	species	
亚种	subspecies	subspecies	
变种	variety	varietas	
变型	form	forma	

植物种有大种和小种之分："归并派"主张大种概念，大种又称"林奈种"，是具有明确特征的植物，并且有一定的分布区；"细分派"主张小种概念，又称"约当种"，认为一种的个体之间必须极为相似，任何差异都应认定为另外一种，这种小种概念易造成分类学上的混乱，目前逐渐被摒弃。

二、植物分类的命名法则

1867 年，国际植物学会上正式通过了 Candolle 提出的《国际植物命名法规》，并以林奈 1753 年发表的《植物种志》中的植物双名法（binomial nomenclature）为依据，凡此书中已经命名的植物均为有效名。《国际植物命名法规》要点包括：给一种植物命名必须明确它的分类位置；植物的命名基于其发表的优先权；植物名称的应用由命名模式标本决定；每一种植物只有一个合法的和正确的名称；必须采用双名法命名。

双名法要求一种的学名必须由 2 个拉丁词或拉丁化了的词组成。第一个词是属名，是名词，属名的第一个字母必须大写；第二个词为种加词，或种区别词，通常是一个反映该植物特征的拉丁文形容词，种加词一律小写；为了便于查证，命名法规要求在双名之后还应附加命名人的姓名，命名人缩写的第一个字母必须大写。属名＋种加词＋命名人缩写即为双名法命名，如银杏 *Ginkgo biloba* L.。

如果种名之下还有种下等级的名称，如亚种、变种或变型，命名时要在其种名后加上亚种(subspecies)、变种(variety)或变型(form)的全称或缩写(subsp.、var. 或 f.)，然后加上亚种、变种或变型种加词，最后附加命名人的姓氏或缩写。例如：

桃：*Prunus persica*(L.) Batsch.

蟠桃：*P. persica* var. *compressa* Bean.

植物被命名后，经后人研究认为需要改变其分类位置或等级时，就必须进行重新组合，更正后需要将原命名人用括号保留在学名中，如射干 *Belamcanda chinensis*(L.)DC.，是林奈1753年最先发表，归于 *Ixia* 属，定名为 *Ixia chinensis* L.，1807年 De Candolle 研究后认为应该归于 *Belamcanda* 属，因此更名为 *Belamcanda chinensis*(L.)DC.。

每一种植物只能有一个合法学名，如果出现异名，则写于合法学名之后的括号内或在其合法学名之后加 syn.，如 *Belamcanda chinensis*(L.)DC.(*Ixia chinensis* L.)或 *Belamcanda chinensis*(L.)DC. syn. *Ixia chinensis* L.。

有些植物学名如藏麻黄 *Ephedra saxatilis* Florin ex Royle.，在命名人后有 ex 再接另外一个命名人，意味该种曾由 Royle. 研究过，但没有正式发表，后来由 Florin 正式发表。常见学名中的缩写及其含义见表 2-2。

表 2-2　常见学名中的缩写及其含义

拉丁文全拼	缩写	含义	拉丁文全拼	缩写	含义
combinatio nova	comb. nov.	新组合	nova species	nov. sp.	新种
cultus	cult.	栽培的	sectio	sect.	组、节
cultivarietas	cv.	栽培变种	species nova	sp. nov.	新种
et	et	和、同	species plurimus	spp.	许多种
ex、e	ex	从、出自	subspecies	subsp.	亚种
forma	f.	变型	subgenus	subgen.	亚属
nomen nudum	num. nud.	裸名	synonymum	syn.	异名
filius	f.	儿子	varietas	var.	变种

三、植物界的基本类群

本书按二界系统划分植物界范围。根据植物的亲缘关系、形态结构和生活习性，将植物界分为15个门，如图 2-1 所示。

图 2-1 中 1～7 门称为藻类(algae)，其共同特征为植物体结构简单，无根、茎、叶分化，多为水生，具有光合色素，属于自养植物。8～10 门称为菌类(fungi)，其形态特征与藻类相似，但不具有光合色素，大多营寄生或腐生生活，属于异养生物。藻类与菌类在植物界出现最早，是较低级的类型，因此合称低等植物(lower plant)或无胚植物。苔藓植物(Bryophyta)、蕨类植物(Pteridphyta)、裸子植物(Gymnospermae)和被子植物(Angiospermae)4 门的植物体结构比较复杂，大多有根、茎、叶的分化，有胚结构，所以划分为高等植物(higher plant)或有胚植物。藻类、菌类、地衣、苔藓植物和蕨类植物均以孢子进行繁殖，合称孢子植物(spore plant)，因孢子

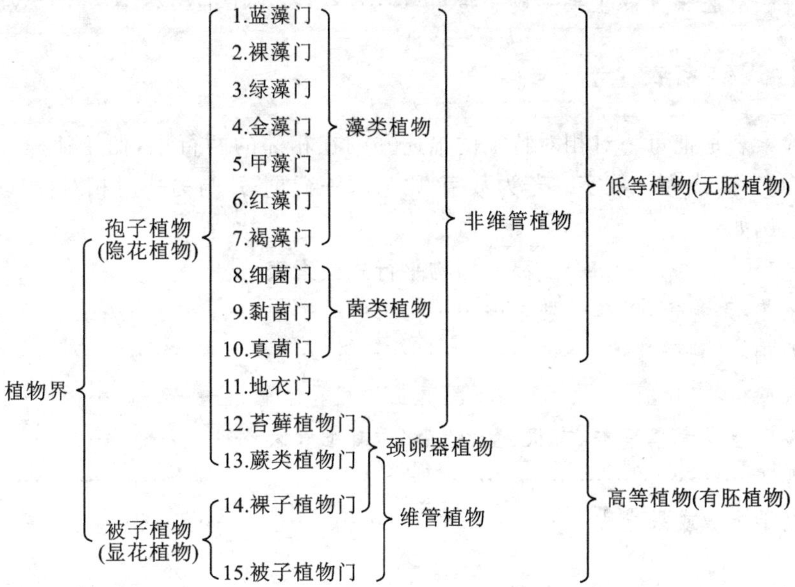

图 2-1　植物基本分类群

植物无开花结实现象，又称隐花植物（cryptogamae plant）。裸子植物和被子植物以种子进行繁殖，具有开花结实的现象，故称种子植物（seed plant）或显花植物（phanerogamae plant），但彼此间具有各自的一般特征。

第四节　植物分类检索表的编制和使用

植物检索表的编制是根据法国人拉马克（1744—1829）的二歧分类原则，对需要检索的植物，选用一对以上显著不同的特征，分为两类，然后又从每类中找出相对的特征进行区分，如此反复，直到检索出所需要的分类单位（如科、属和种等）。

植物检索表是植物分类学中识别鉴定植物的钥匙。常用的检索表有定距式检索表和平行式检索表两种。

一、定距式检索表

定距式检索表是最常采用的一种，在这种检索表中，将每一对相对的特征，编为同样号码，并列在书页左边同样距离处，每一对相同的号码在检索表中只能使用一次，如此继续，逐级向右错开，描写行越来越短，直至检索出科、属或种为止。例如：

高等植物定距式检索表

1. 有根、茎、叶分化，无真正根……………………………………………………… 苔藓植物门
1. 有根、茎、叶分化，有真正根
　2. 不产生种子，孢子繁殖………………………………………………………… 蕨类植物门
　2. 产生种子，种子繁殖
　　3. 种子或胚珠裸露 …………………………………………………………… 裸子植物门

3. 种子或胚珠包被在果皮或子房中 …………………………………………… 被子植物门

二、平行式检索表

平行式检索表是把每一对相对特征的描述并列在相邻的两行里，便于比较。在每一行后面或为一植物名称，或为一数字。若为数字，则另起一行重写，与另一对相对性状平行排列，如此直到终止。例如：

高等植物平行式检索表

1. 植物无花，无种子，以孢子繁殖…………………………………………………………… 2
1. 植物无花，以种子繁殖 ……………………………………………………………………… 3
2. 小型绿色植物，仅有茎、叶之分；不具真正的根和维管束………………………… 苔藓植物门
2. 通常为中型或大型草本，有根、茎、叶分化，有维管束 ………………………… 蕨类植物门
3. 胚珠裸露 …………………………………………………………………………………… 裸子植物门
3. 胚珠包于子房或果皮内 ……………………………………………………………………… 被子植物门

第五节　植物分类的主要研究方法

一、形态分类方法

形态分类方法是植物分类的传统手段，依据植物外部形态特征，对植物全面观察和对比分析，研究其相似性和变异性，区别和确定不同植物类群。

二、细胞学分类方法

半个世纪以前，科学家就发现不同植物细胞在有丝分裂时其染色体数目、大小和形态均不尽相同。这些资料作为分类学的重要证据，逐渐受到分类学家的重视，并于近期发展成为一门学科，称为细胞分类学。

在不同植物中，植物细胞染色体的数目变化很大，但是就同一个种类的植物而说，其染色体的数目相对恒定。并且某一科（属）植物而言，其染色体数目也存在一定的变化规律，因此可以作为植物分类的依据。目前，对于植物染色体数目计数的工作也取得了前所未有的进展，其中已有 20％的蕨类植物的染色体数目被报道。种子植物、藓类植物和苔类植物，其完成比例依次为 15％～20％、14％和 10％。

常见的染色体分析手段主要有以下几种：①定量化学细胞方法，主要是通过 DNA 含量及其他的一些化学特征去鉴定染色体；②着色区段分析，其着色区段是否相同与其是否为同源染色体有着直接的关系，同源染色体通常具有相同的着色区段；③带型分析，根据染色体不同带型，可更精细而可靠地识别染色体的个体性；④常规形态分析，是染色体组型分析最传统的手段之一，它主要包括染色体长度的测量，着丝点和主缢痕位置的确定，次缢痕是否存在以及随体的大小、形态和有无等特性的确定。所谓主缢痕，是指在常规压片标本的染色体中，着丝点区域通常不着色或者着色较浅，着丝点一般位于主缢痕内，染色体的臂则位于主缢痕的两侧，根据两臂长度相同或者不同可将染色体分为等臂染色体、长臂染色体和短臂染色体。在有的

染色体中，其压片中有不止一个着色较浅的区域，不同于主缢痕的另外一个浅色区域则称为次缢痕(副缢痕)。随体是指在部分染色体中出现在其末端的一个棒状或球形的突出物，在不同的染色体中，其随体的形态也不尽相同。并且着丝点的位置和染色体的大小也是植物细胞分类中与染色体形态相关的主要指标，根据着丝点位置不同可以将染色体分为六种类型(图 2-2)。

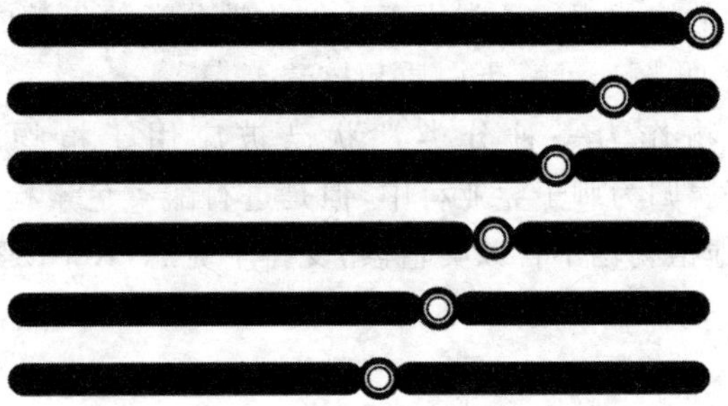

图 2-2　染色体按着丝点分类示意图

T，端部着丝点；t，端部着丝点区；st，亚端部着丝点区；
sm，亚中部着丝点区；m，中部着丝点区；M，正中部着丝点区

植物细胞资料是植物分类的重要证据之一，它在植物属以上、属级类群以及在种级和种级以下类群等分类中均具有广泛的应用。

三、超微结构分类方法

超微结构分类是利用电子显微镜(电镜)技术对植物的一些组织特征进行观察分析，并根据所观察到的特征进行植物分类研究。20 世纪 60 年代以后，植物组织的超微结构等一些电镜资料逐渐在被子植物分类中得到发展。目前电镜资料更多用于植物的科、目等级分类的修订之中。

在植物超微结构分类研究中，经常利用扫描电镜对植物表皮的结构进行观察分析，可以展示诸如表皮细胞的排列、细胞外貌、外层细胞壁清晰的凹凸以及角质层分泌物等，这些表皮特征的高度多样性为植物的分类提供了全新的、有价值的信息。

四、数值分类方法

数值分类学又称数量分类学，它是以计算机为依托，采用数量统计学等分析手段考察植物不同性状之间的相似性系数，以所得的相似性系数为参考，评价植物类群之间的相似性并将其进行归类的一门学科。与常规的描述性分类学研究手段不同，该学科更趋向于对植物的分类问题进行定量水平上的研究。

数值分类学的主要研究步骤包括：①确定合适的研究对象，即所谓的分类单位，该单位可以是个体，也可以是品系、种、属或更高级的单位，所选择的分类单位应当能够尽可能地代表所研究的对象；②性状的选择，应尽量选择相对稳定且保守性强的性状，诸如植物的繁殖器官特征等；③性状编码，对所选择的性状进行编码处理，收集相应的数据；④相似性运算，性状编码之后所得的数据为原始数据，若所得的原始数据全部为二元数据，则可以直接进行相似性系数运算，若所得的数据为实数，就需要进行数据的标准化变换，然后进行相似性运算；⑤聚类运算分析，进行数据标准化变换之后，即可以进行聚类运算，选择合适的聚类策略是整个运算的核

心，选择的聚类策略不同，则所得的结果也不同。

五、化学分类方法

化学分类学在植物分类研究中的应用主要是通过植物提取物的化学特征，来研究植物之间的分类关系，探讨植物间的演化规律。常用于植物化学分类的化学成分主要有糖类、苷类、黄酮类、生物碱、萜类、挥发油、鞣质、酶、蛋白质和核酸等。

近年来，小分子化合物作为一种分类性状已被应用于植物分类中，如库肯索尔(Kukenthal)原本把海滨莎属归为刺子莞亚科中，但是进行醌类色素检测时发现，海滨莎富含醌类色素而刺子莞亚科其他植物均不含该类色素，支持了克恩(Kern)等人关于将其归为藨草亚科的结果。

第六节　系统发育概述

系统发育指的是某一类群的形成和发展过程。系统发育学的基本思想是比较物种的特征，并认为特征相似的物种在遗传学上接近，研究结果往往以系统发育树表示，以此来描述物种之间的进化关系。系统发育分析的主要研究手段是对生物学数据建模并搜集植物特征资料，进而对这些特征进行比较，研究生物形成或进化的历史。

经典的系统发育学始于达尔文时期，由于技术手段的局限性，其所涉及的特征主要是生物的表型特征(指形态学或结构特征)，通过表型比较来推断生物体的基因型，进而研究物种之间的进化关系。但是利用表型特征进行系统发育分析存在着局限性，如表型相似并不能反映基因相似，而且很多生物体中难以检测到可以用来进行比较的表型特征。

随着生物大分子以及基因测序等生物技术的发展，分子系统发育学应运而生，它主要是从生物大分子的信息推断生物进化的历史，并以系统树的形式表示出来。常见的大分子主要有叶绿体基因组(cpDNA)和核基因组(nrDNA)。叶绿体 DNA 是存在于植物叶绿体组织中的 DNA，属于单亲遗传基因，除少数几种植物以外，大多数植物的叶绿体 DNA 属于母系遗传基因。叶绿体基因组很保守，其进化速率比单拷贝基因慢很多，因而具有系统学价值。常见的用于植物系统遗传进化分析的叶绿体基因组片段主要有 *rbcL* 基因、*matK* 基因以及 *rps*4 基因等。核基因组指植物细胞核染色体所包含的全部遗传信息，具有双亲遗传的特性，对于核基因的分析研究，能够很好地了解植物种群之间的亲缘关系和种类居群间进化分类特性，目前常用于植物分子系统学研究的核基因片段主要有 18S rRNA 和基因间转录间隔区(internal transcribed spacer，ITS)等。系统树又称为系统发育树，是系统发育学分析中最基本的结果表示形式之一，它具有以下特点：①若所得的系统发育树是一棵有根树，则树根代表在进化历史上最早的，并且与其他分类单元均有联系的分类单元；②若找不到可以作为树根的单元，则系统发育树是无根树；③从根节点出发到任何一个节点的路径指明进化时间或者进化距离。

分子系统发育的分析步骤如下：①选择研究对象，研究对象包括内类群(in-group)和外类群(out-group)。内类群是要研究的植物对象，具体数目没有硬性的要求，但最好是包含所有相关的分类单元，若条件不允许，最好能选取具有代表性的种类。对于内类群的选择，一般要求是一个单系群，若对于所选择对象的单系性有争议，最好将那些有争议的类群包含在内类群中一起研究。外类群一般是与内类群有密切关系但祖征较多的 1～2 个分类单元。外类群的存在是为了让计算所得的无根树成为有根树，并促进内类群的特征极化。②样本采集，在确定了研究的内类群和外类群之后就要进行样本的采集，该过程主要是为了收集研究所需要的植物材料并制作标本。样本的采集需要确保样本来源和采集信息的完整性。③标记类型的确定，常见的分子标记有很多种类型，如基因标记和蛋白质标记等，其中基因标记还包括核基因标记以及叶绿体标记(动物中是线粒体基因标记)。一般来说，核基因适合于高级分类单元之间的系统发育研究，而叶绿体基因则适用于种级及以下水平的系统学研究。④基因纯化。⑤测序，在得到高纯度的单链或者蛋白质序列之后，需要通过测序的手段获取其序列碱基排列的具体信息。⑥序列比对和长度确定，在获得若干条基因或者蛋白质序列之后，需要对所得的序列进行比对(alignment)来获得不同序列之间的同源位点。在比对完成之后，要对比对结果进行剪切，保证所得的序列长度一致。常用的序列比对软件主要有 Mega 和 Clustal X 等。⑦系统发育树构建，即按照某种特定的方法，算出所研究序列两两之间的差异度，基于这些差异度，绘制序列之间的系统进化关系，即系统进化树。常见构树的方法主要有距离法(基于相似距离，如 UPGMA 法、邻接法和最小进化法)和特征法(基于特征变化，如最大似然法、最大简约法和贝叶斯法等)，对于进化树构建方法的选用，往往要通过所分析类群的特征和参考此前的研究加以确定。一般来说，在距离法中，邻接法相对应用较多，而在特征法中，贝叶斯法由于其速度快，分析合理，正逐渐受到研究者的青睐。⑧结果检验，常采用靴带支持法(bootstrapping)，所得的靴带支持率越高，结果的可信度就越高。

在最近的研究中发现，生物进化过程中存在三倍规则(Three-times Rule)，是基于单系线粒体位点(mithochondrial loci)的进化比基于单系核基因位点(nuclear loci)的进化快四倍(fourfold theoretical)，该理论提出的目的是通过单亲遗传基因(如线粒体基因)的系统发育树推测双亲遗传基因(核基因)的单源性，该规则可用图2-3表示。在图 2-3 中有两个系统发育树，一个系统发育树枝内(intraclade)分化时间较短(图 2-2(a))，而另一个分化时间较长(图 2-2(b))。若进化枝 A 是单源进化(monophyly)，根据枝内序列分化推测，其线粒体系统发育

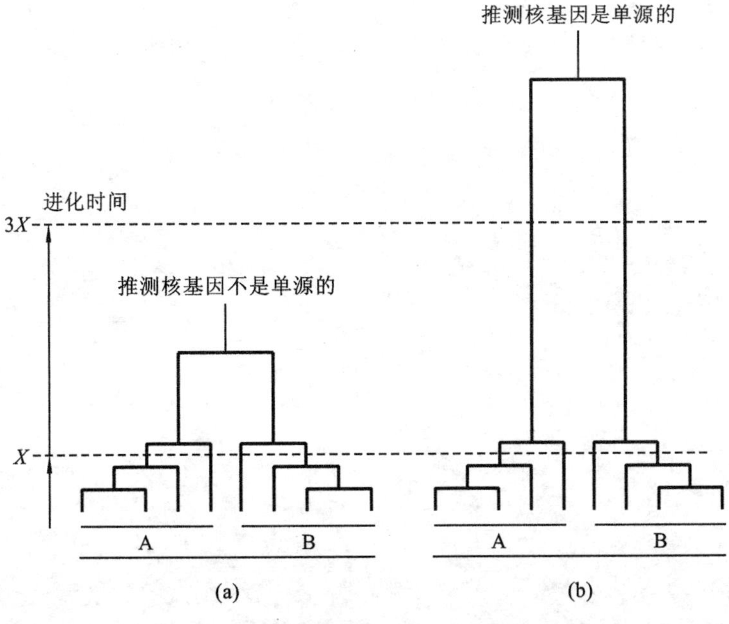

图 2-3 线粒体基因进化树示意图

树在进化时间为 X 时已经是单源进化，但在 X 点，该物种所对应的核基因依然是多源进化(polyphyletic)，但它有希望在 $3X$ 时间单元之后变为单源进化。也就是说，连接线粒体系统发育树的姊妹枝 A 和 B 的进化枝的长度显示了线粒体基因单源进化时间的长短。在图 2-3(a)中，线粒体基因是近期才完成单源进化，而其所对应的核基因依然是多源进化，而在图 2-3(b)中，其所对应的大多数核基因已经实现单源进化。因此，在线粒体系统发育树中，若内枝分化(interclade divergence)与内枝多样性(interclade diversity)之比大于 3/1，则其对应的核基因为单源进化(指生物物种由同一类型的祖先进化而来)，反之则为多源进化。

思考与探索

1. 区别下列各组名词：
孢子与配子；有性生殖与无性生殖；种与亚种；数值分类学与分子系统学。
2. 比较颈卵器植物各大类群的主要特征。
3. 简述植物分类学经历的发展阶段及其特点。
4. 试述植物命名的法则及意义。
5. 简述数值分类学研究的主要步骤。

第二篇

植物的细胞与组织

第三章 植物细胞

第一节 植物细胞的化学组成

植物种类多样，形态千差万别，但就构造来说，植物体都是由细胞构成的。单细胞的低等植物，一个细胞就代表一个个体，一切生命活动，包括新陈代谢、生长发育和繁殖，都由一个细胞来完成。复杂的高等植物，一个个体是由无数的细胞构成的，细胞之间有了机能上的分工和形态结构上的分化，它们相互依存、彼此协作，共同保证了整个有机体正常生活的进行。

植物细胞是植物体结构和功能的基本单位。植物细胞的化学组成包括无机化合物和有机化合物，无机化合物包括水和无机盐，有机化合物则包括糖类、蛋白质、脂肪、核酸等。

一、水和无机盐

（一）水

水是细胞的重要成分，多数细胞的含水量在60%～90%。水在植物细胞中的主要作用包括溶解无机物，调节温度，参加酶反应，参与物质运输、物质代谢和形成细胞有序结构。

水在植物细胞中以两种形式存在：一种是游离水，约占95%；另一种是结合水，通过氢键或其他键同蛋白质结合，占4%～5%。随着细胞的生长和衰老，其含水量逐渐下降，但是活细胞的含水量一般不低于75%。

（二）无机盐

植物细胞中无机盐的含量很少，约占细胞总重的1%。无机盐在细胞中解离为离子，离子除了调节渗透压和维持酸碱平衡外，还有许多其他重要的作用。无机盐根据植物需要量的不同，可分为大量元素和微量元素。

1. 大量元素

大量元素是指含量占生物总质量万分之一以上的元素，包括C、H、O、N、P、S、K、Ca、Mg等。其中C为最基本元素，C、H、O、N为基本元素，C、H、O、N、P、S这六种元素的含量占到了原生质总量的97%，称为主要元素。

2. 微量元素

微量元素是指植物体中除钾、磷、氮等大量元素外，还需要吸收极少量的铁、硼、砷、锰、铜、锌、钴、钼等元素作为养料，这些需要量极少但又是生命活动所必需的元素，叫做微量元素。微量元素同样具有十分重要的作用。

细胞中除包含大量元素和微量元素外，还有一些阴离子如 Cl^-、PO_4^{3-} 和 HCO_3^- 等，对细胞的生长发育等生命活动也起着重要作用。

二、有机化合物

蛋白质、糖类、核酸、脂类等是组成植物细胞的有机物。由于这些物质的相对分子质量都很大，又是生物有机体的主要组成部分，统称为生物大分子。生物大分子是由 C、H、O 以及 N、P、S 等元素组成。

（一）蛋白质

蛋白质是由二十种不同的氨基酸组成，包括甘氨酸、丙氨酸、缬氨酸、亮氨酸、异亮氨酸、苯丙氨酸、脯氨酸、色氨酸、丝氨酸、酪氨酸、半胱氨酸、蛋氨酸、天冬酰胺、谷氨酰胺、苏氨酸、天冬氨酸、谷氨酸、赖氨酸、精氨酸和组氨酸。

蛋白质在细胞和生物体的生命活动过程中，起着十分重要的作用。生物的结构和性状都与蛋白质有关。蛋白质还参与基因表达的调节，细胞中氧化还原、电子传递等多种生命活动过程。在细胞和生物体内各种生物化学反应中起催化作用的酶也主要是蛋白质。

（二）糖类

糖类又称碳水化合物，一般由 C、H 与 O 三种元素组成，是多羟基醛或多羟基酮及其缩聚物和某些衍生物的总称。糖类是植物光合作用的主要产物，是植物细胞和组织的重要营养物质和支持物质。

糖类主要分成四大类，包括单糖、双糖、低聚糖和多糖。植物中的糖类中最常见的是淀粉以及组成细胞壁的果胶质、纤维素、半纤维素等；核糖是一种五碳糖，是组成核酸的一种单糖。

（三）核酸

核酸是由许多核苷酸聚合成的生物大分子化合物。核酸广泛存在于所有动植物细胞、微生物内。生物体内核酸常与蛋白质结合形成核蛋白。不同植物的核酸，其化学组成、核苷酸排列顺序等不同。

根据化学组成不同，核酸可分为核糖核酸和脱氧核糖核酸。脱氧核糖核酸即 DNA，是植物细胞储存、复制和传递遗传信息的主要物质基础。

（四）脂类

脂类是油、脂肪、类脂的总称。脂类通常由脂肪酸和甘油结合而成。脂肪酸分为三大类：饱和脂肪酸、单不饱和脂肪酸、多不饱和脂肪酸。类脂包括磷脂、糖脂和胆固醇。

植物中的脂类常为不饱和脂肪酸。脂类也是植物储存能量的一种物质，同时脂类中的磷脂是组成植物细胞膜的重要成分。

第二节　植物细胞的形态和结构

细胞(cell)是生物体的基本结构和功能单位。植物细胞一般由细胞壁、细胞膜、细胞质和细胞核(或拟核)构成，是生命活动的基本单位。

一、细胞的发现及细胞学说的建立

（一）细胞的发现

细胞是由英国科学家罗伯特·胡克(Robert Hooke,1635—1703)于1665年发现的。当时他用自制的光学显微镜观察软木塞的薄切片,放大后发现一格一格的小空间,就以英文"cell"命名。cell的本义是一格一格的小房间。胡克观察到的细胞早已死亡,仅能看到残存的植物细胞壁。虽然他没有看见活的细胞,后世的科学家仍认为其功不可没,将他当作发现细胞的第一人。

真正首先发现活细胞的,是荷兰生物学家列文虎克(Antonie van Leeuwenhoek)。1674年,列文虎克以自制的显微镜在雨水和口中残留物中观察到微生物。他是历史上第一个发现细菌的科学家。

（二）细胞学说的建立

1809年,法国博物学家拉马克(Jean-Baptiste de Lamarck,1744—1829)提出所有生物体都由细胞所组成,细胞里面都含有会流动的"液体"。但当时还没有具体的证据支持这个说法。1824年,法国植物学家杜托息(Henri Dutrochet,1776—1847)提出,细胞是生物体的基本结构。

19世纪中期,德国动物学家施旺(Theodor Schwann,1810—1882)发现动物细胞里有细胞核,细胞核的周围有液状物质,在外圈还有一层膜,却没有细胞壁,他认为细胞的主要部分是细胞核而非外圈的细胞壁。同一时期,德国植物学家施莱登(Matthias Schleiden,1804—1881)以植物为观察材料,获得与施旺相同的结论。他们都认为动植物是由细胞及细胞的衍生物所构成。这就是细胞学说的基础。

在施旺和施莱登之后的十年,科学家陆续发现新的证据,证明细胞都是从原来存在的细胞分裂而来。

（三）细胞学说的内容

细胞学说的内容如下:一切动植物均由单细胞发育而来,并由细胞和细胞产物所构成(不可描述成"一切生物都是由细胞和细胞产物构成",因为病毒等生物并不具有细胞结构);所有细胞在结构和组成上基本相似;新细胞是由已存在的细胞分裂而来;细胞是生物体结构和功能的基本单位;生物体是通过细胞的活动来反映其功能的;细胞是一个相对独立的单位,既有它自己的生命,又与其他细胞共同组成了整个生命体。

细胞学说论证了整个生物界在结构上的统一性以及在进化上的同源性。这一学说的建立推动了生物学的发展,并为辩证唯物论提供了重要的自然科学依据。革命导师恩格斯曾把细胞学说与能量守恒和转换定律、达尔文的进化论并誉为"19世纪自然科学领域最重大的三项发现"。

二、植物细胞的形状和大小

植物体不同部位细胞的形状和大小各不相同,这与它们行使的功能密切相关。常见的形状有球形、椭圆形、多面体、纺锤形和柱状体等。

大多数高等植物细胞的直径在 10～200 μm。植物细胞的大小差异很大，一般必须在显微镜下才能看到。种子植物的细胞直径一般在 10～100 μm，较大细胞的直径也不过 100～200 μm。有少数植物的细胞较大，肉眼可以分辨出来，如番茄果肉及西瓜瓤的细胞，直径可达 1 mm。苎麻茎中的纤维细胞，最长可达 550 mm。植物细胞的大小主要是由细胞核所决定。

三、植物细胞的基本结构

植物的一切活细胞都含有原生质体和细胞壁。

（一）原生质体

植物的原生质体是指脱去细胞壁的细胞，具体包括细胞膜和膜内细胞质及其他具有生命活性的细胞器。原生质体的主要成分是蛋白质、多糖、核酸、脂类生物大分子，这些大分子决定了原生质具有胶体性质。

细胞器的概念有两个：早期的概念是细胞内除细胞核外，有膜包被的、具有一定形态和功能的结构；晚期的概念则认为细胞器是细胞内具有一定形态和功能的结构。

典型的植物细胞结构如图 3-1 所示。坚硬的细胞壁在细胞最外方，保护着原生质体，并且维持着细胞的一定形状，其主要成分是纤维素。细胞壁是植物细胞独有的结构，动物细胞没有细胞壁。

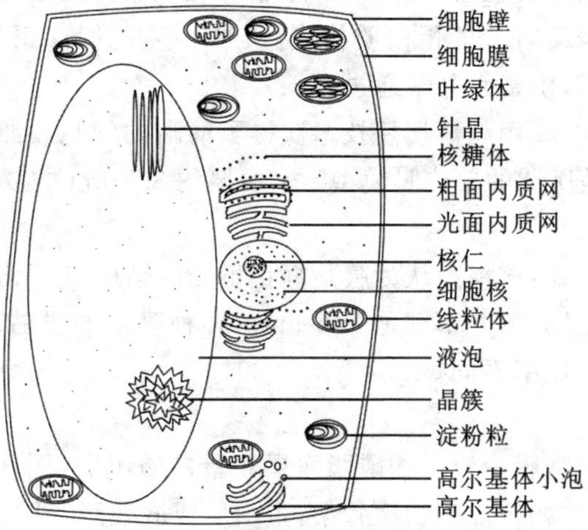

图 3-1　植物细胞结构示意图

植物细胞还含有质体（plastid）。质体是植物细胞生产和储存营养物质的场所。最常见的质体是叶绿体，它是专门进行光合作用的细胞器。动物细胞中没有质体。

大多数植物细胞都含有一个或几个液泡（vacuole），液泡中充满了液体。液泡的主要作用是转运和储藏养分、水分和代谢副产物或代谢废物，具有仓库和中转站的作用。

此外，植物细胞中还有内质网（endoplasmic）、高尔基体（dictyosome）、核糖体（ribosome）、溶酶体（lysosome）、圆球体（spherosome）、微体（microbody）等细胞器。

植物细胞中最重要的部分是细胞核，在光学显微镜下，细胞核可明显地分为核膜、核仁和核质三部分。核是遗传物质主要分布中心，同时也是遗传与代谢的控制中心。

1. 细胞膜的结构及功能

细胞膜(cell membrane)又称细胞质膜(plasma membrane),它是细胞表面的一层薄膜,有时称为细胞外膜或原生质膜。细胞膜的化学组成基本相同,主要由脂类、蛋白质和糖类组成,各成分含量分别为50%、42%、2%～8%。此外,细胞膜中还含有少量水分、无机盐与金属离子等。

细胞膜最重要的特性之一是半透性或选择性透过性,即有选择地允许物质通过扩散、渗透和主动运输等方式进入细胞,从而保证细胞正常代谢的进行。此外,细胞膜具有相变性,即随着环境条件的变化,脂质分子的晶态和液晶态是互变的。在细胞中,膜的组分处于不断更新的状态。

细胞膜还具有不对称性。细胞膜的不对称性是指细胞质膜脂双层中各种成分不是均匀分布的,包括种类和数量的不均匀。膜脂、膜蛋白及膜糖分布的不对称性导致了膜功能的不对称性和方向性,保证了生命活动的高度有序性。

1) 细胞膜的结构模型

关于细胞膜的结构,目前有五种模型:单位膜模型、流动镶嵌模型、晶格模型、板块镶嵌模型和脂筏模型。

(1) 单位膜模型。

1935年,J. Danielli 和 H. Davson 发现细胞膜的表面张力比油-水界面的张力低得多。他们推测细胞膜含有蛋白质,从而提出了"蛋白质-脂类-蛋白质"的三明治模型。认为细胞膜由双层脂类分子及其内外表面附着的蛋白质构成。1959年,他们修正该模型,认为膜上还具有贯穿脂双层的蛋白质通道,供亲水分子通过。

1959年,J. D. Robertson 用超薄切片技术获得了清晰的细胞膜照片,显示暗-明-暗三层结构,厚约7.5 nm。这就是所谓的单位膜模型。它由厚约3.5 nm的双层脂分子和内、外表面各厚约2 nm的蛋白质构成。

单位膜模型的不足之处:该模型认为膜是静止不变的结构,它无法解释膜的功能活动。实际上各种膜有各自的特定厚度,并不都是7.5 nm。各种膜上的蛋白质提取的难易程度不同,各种膜的蛋白质和脂类的比率不同。

(2) 流动镶嵌模型。

流动镶嵌模型认为细胞膜由流动的磷脂双层和蛋白质组成(图3-2)。磷脂分子以疏水性尾部相对,极性头部朝向水相组成生物膜骨架,蛋白质或嵌在脂双层表面,或嵌在其内部,或横跨整个脂双层,表现出分布的不对称性。流动镶嵌模型突出了膜的流动性和不对称性。

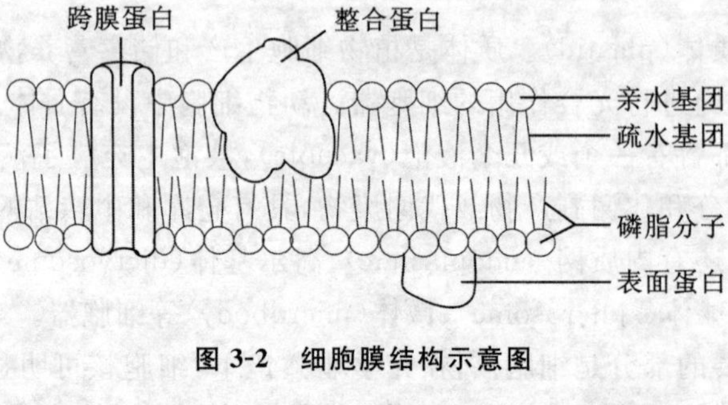

图 3-2 细胞膜结构示意图

细胞膜可看成是蛋白质在双层脂分子中的二维溶液。然而膜蛋白与膜脂之间、膜蛋白与膜蛋白之间及其与膜两侧其他生物大分子的复杂的相互作用,在不同程度上限制了膜蛋白和膜脂的流动性。

流动镶嵌模型的不足之处：不能说明膜在变化过程中如何保持膜的完整性和稳定性；忽略了蛋白质对脂质分子流动性的控制作用；忽略了膜各部分流动性的不均匀性。

(3) 晶格模型。

1975 年，Wallach 提出晶格模型。晶格模型是对流动镶嵌模型的补充，强调流动的整体性。用膜脂可逆地进行无序（液态）和有序（晶态）的相变来解释生物膜的流动性。膜镶嵌蛋白对脂类分子的运动具控制作用。镶嵌蛋白和它周围的脂类分子形成晶格状态，这些不移动的脂类分子称为界面脂质，而流动的脂质呈小片、点状分布。所以脂质的流动是局部的，并非整个脂双层都在流动。

(4) 板块镶嵌模型。

1977 年，Jain 和 White 提出生物膜是由具有不同流动性的板块镶嵌而成的动态结构。

(5) 脂筏模型。

脂筏是质膜上富含胆固醇和鞘磷脂的微结构域，大小约为 70 nm，是一种动态结构。由于鞘磷脂具有较长的饱和脂肪酸链，分子间的作用力较强，所以这些区域结构致密，介于无序液体与液晶之间，称为有序液体（ordered liquid）。在低温下这些区域能抵抗非离子去垢剂的抽提，所以又称为抗去垢剂膜。脂筏就像一个蛋白质停泊的平台，与膜的信号转导、蛋白质分选均有密切的关系。

以上便是细胞膜模型的演变过程，但流动镶嵌模型仍是现今被广泛认可的模型。

2) 细胞膜的功能

细胞膜能够分隔、形成细胞和细胞器，为细胞的生命活动提供相对稳定的内环境。膜面积大大增加，增强了发生在膜上的生物功能；细胞膜还具有屏障作用，膜两侧的水溶性物质不能自由通过。

细胞膜可以选择性地进行物质运输，这个过程伴随着能量的传递；细胞膜主要依靠糖蛋白来识别和传递信息。细胞与周围环境之间的物质交换，是通过细胞膜的转运功能实现的。

2. 细胞核的结构及功能

细胞核（nucleus）是存在于真核细胞中的由双层膜包被的、内部含有细胞中大多数的遗传物质 DNA 的结构。这些 DNA 与多种蛋白质（如组蛋白）结合形成染色质。而染色质在细胞分裂时，会浓缩形成染色体，其中所含的所有基因合称为核基因组。

除了细菌和蓝藻外，植物所有生活的细胞都具有细胞核。一个细胞一般只有一个细胞核，但有些细胞具有双核或多核，这常见于菌类和藻类植物。维管植物中少数细胞也可以拥有两个或两个以上的核。例如，花药绒毡层细胞常具有双核。

细胞核的位置和形状随着细胞的生长和分化常常发生改变。在幼嫩细胞中，细胞核常位于细胞中央，近似球形，并占有较大体积。随着细胞的生长和分化，中央液泡逐步形成，细胞核渐渐被液泡挤向靠近细胞壁的位置，同时变成半球形或圆饼状，只占细胞总体积的一小部分。

1) 细胞核的结构

细胞核是由核膜（nuclear membrane）、核仁（nucleolus）、染色质和核基质四部分组成（图 3-3）。

(1) 核膜。

核膜是包被在细胞核外围的双层膜结构，使细胞核与细胞质分开。膜上有很多小孔，称为核孔（nuclear pore）。

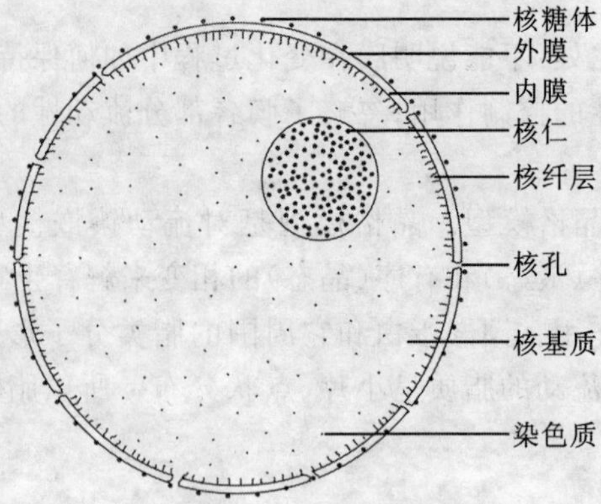

图 3-3　细胞核结构示意图

外面的膜叫核外膜，里面的膜叫核内膜。核外膜面向细胞质，附有核糖体颗粒，与内质网相连。核内膜面向核质，表面无核糖体，膜上有特异蛋白，为核纤层提供结合位点。

核膜是细胞质进入细胞核的门户，控制细胞核与细胞质之间的物质交流，也可使膜内物质与细胞质及网状结构的核纤层分隔开来。核纤层起细胞核骨架的功能。

由于多数分子无法直接穿透核膜，因此需要核孔作为物质的进出通道。这些孔洞可让小分子与离子自由通过，而蛋白质等较大的分子则需携带蛋白的帮助才能通过。核孔随着细胞代谢状态的不同或开或闭。发生在核膜上的运输对细胞十分重要，基因表达与染色体的保存皆依赖于核孔上所进行的运输作用。

(2) 核仁。

核仁是形成核糖体前身的部位。大多数细胞具有 1～4 个核仁。在合成蛋白旺盛的细胞，核仁多而大。光镜下，核仁呈圆形，并因含大量 rRNA 而显强嗜碱性。

电镜下，核仁由细丝成分、颗粒成分与核仁相随染色质三部分构成。细丝成分与颗粒成分是 rRNA 与相关蛋白质的不同表现形式，二者常混合组成粗 60～80 nm 的核仁丝，后者盘曲成网架。通常认为，颗粒成分是核糖体亚基的前身，由细丝成分逐渐转变而成，可通过核孔进入细胞质；核仁相随染色质是编码 rRNA 的 DNA 链的局部。

核仁经常出现在间期细胞核中，它是匀质的球体，其形状、大小、数目依生物种类、细胞形成和生理状态而异。核仁的主要功能是进行核糖体 RNA 的合成。

(3) 核基质。

核基质是核中除染色质与核仁以外的成分，包括核液与核骨架(nuclear skeleton)两部分。核液含水、离子等无机成分；核骨架是由多种蛋白质形成的三维纤维网架，并与核被膜核纤层相连，对核的结构具有支持作用。它的生化构成与其他可能的作用仍在研究中。

2) 细胞核的功能

细胞核是细胞遗传和细胞代谢活动的控制中心。遗传物质能经复制后传给子代，同时遗传物质还必须将其控制的生物性状特征表现出来，这些遗传物质绝大部分都存在于细胞核中。当遗传物质向后代传递时，必须在核中进行复制。因此，细胞核是遗传物质储存和复制的场所。例如，英国的克隆绵羊“多莉”就是将一只母羊卵细胞的细胞核除去，然后在这个去核的卵细胞中，移植进另一只母羊乳腺细胞的细胞核，最后由这个卵细胞发育而成的。“多莉”的遗传性状与提供细胞核的母羊一样。这一实例充分说明了细胞核在控制细胞的遗传性和细胞代谢活动方面的重要作用。

因此，对细胞核功能的较为全面的阐述应该是：细胞核是遗传信息库，是细胞代谢和遗传的控制中心。

3. 细胞器的类型及功能

细胞器是细胞质中具有一定结构和功能的微结构。植物细胞中的细胞器主要有质体、内质网、液泡、高尔基体、核糖体、溶酶体、圆球体、微体等。它们组成了细胞的基本结构，使细胞能正常地工作、运转。其中，叶绿体和液泡只存在于植物细胞和低等动物细胞，中心体只存在于低等植物细胞和动物细胞。

1）质体

质体是植物细胞中由双层膜包围的具有光合作用和储藏功能的细胞器。根据所含色素和功能的不同，质体可分为叶绿体、有色体和白色体。质体的前身是前质体（proplastid）。分生组织细胞含有前质体，它们很少或完全没有内膜，没有叶绿素，光合作用所需的酶也不完全。在光的诱导下，原质体变为叶绿体（chloroplast）。如果种子在暗中萌发，原质体分化为黄化质体（etioplast），黄化质体含有淡黄绿色的原叶绿素。成熟的叶绿体在长期黑暗下也可以变为黄化质体。

叶绿体由叶绿体外被（chloroplast envelope）、类囊体（thylakoid）和基质（stroma）三部分组成，它是一种含有叶绿素能进行光合作用的细胞器（图 3-4）。叶绿体含有 3 种不同的膜：外膜、内膜、类囊体膜和 3 种彼此分开的腔：膜间隙、基质和类囊体腔。

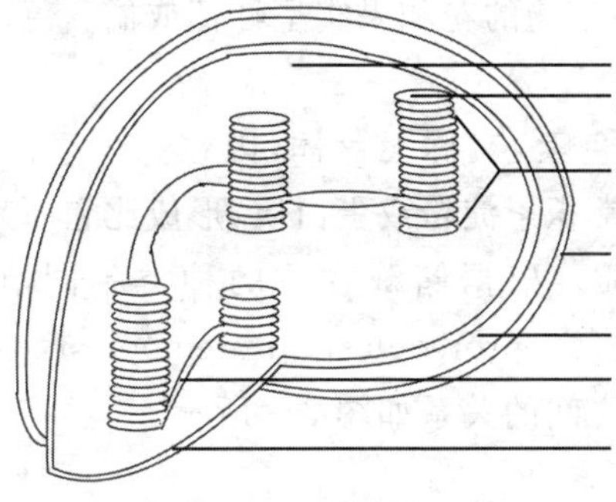

图 3-4　叶绿体结构示意图

间质中悬浮有由膜囊构成的类囊体，内含叶绿体 DNA。叶绿体是植物的“养料制造车间”和“能量转换站”。高等植物中叶绿体像双凸或平凸透镜，长径 5～10 μm，短径 2～4 μm，厚2～3 μm。

高等植物的叶肉细胞一般含 50～200 个叶绿体，可占细胞质的 40%，叶绿体的数目因物种、细胞类型、生态环境、生理状态的不同而不同。在藻类中叶绿体形状多样，有网状、带状、裂片状和星形等，而且体积巨大，可达 100 μm，也常称为载色体（chromatophore）。

叶绿体外被由双层膜组成，膜间为 10～20 nm 的膜间隙。外膜的渗透性大，核苷、无机磷、蔗糖等许多细胞质中的营养分子可自由进入膜间隙。内膜对通过物质的选择性很强，CO_2、O_2、H_2O、磷酸甘油酯、磷酸丙糖、双羧酸、氨基酸可以透过内膜，ADP、ATP 己糖磷酸，葡萄糖及果糖等透过内膜较慢。蔗糖、$NADP^+$ 及焦磷酸需要特殊的转运体（translator）帮助才能通过内膜。

类囊体是单层膜围成的扁平小囊，沿叶绿体的长轴平行排列。膜上含有光合色素和电子传递链组分，又称光合膜。许多类囊体像圆盘一样叠在一起，称为基粒，组成基粒的类囊体称为基粒类囊体，构成内膜系统的基粒片层(grana lamella)。基粒直径为 0.25～0.8 μm，由10～100个类囊体组成。每个叶绿体中有 40～60 个基粒。

叶绿体通过内膜形成类囊体来增大内膜面积，为叶绿体中发生的反应提供场所。

贯穿在两个或两个以上基粒之间的没有发生垛叠的类囊体称为基质类囊体，它们形成了内膜系统的基质片层(stroma lamella)。

由于相邻基粒经网管状或扁平状基质类囊体相联结，全部类囊体实质上是一个相互贯通的封闭系统。类囊体作为单独一个封闭膜囊的原始概念已失去原来的意义，它所表示的仅仅是叶绿体切面的平面形态。

基质是内膜与类囊体之间的空间，主要成分包括碳同化相关的酶类，如 1,5-二磷酸核酮糖羧化酶占基质可溶性蛋白质总量的 60%。此外，还有叶绿体 DNA、蛋白质合成体系、某些颗粒成分，如各类 RNA、核糖体等蛋白质合成的结构。颗粒成分有淀粉粒、质体小球和植物铁蛋白等。

叶绿体含有的色素主要有叶绿素、胡萝卜素和叶黄素，其中叶绿素的含量最多，遮蔽了其他色素，所以叶绿体呈现绿色。几乎一切生命活动所需的能量都来源于太阳能。绿色植物的能量转换者是叶绿体，它能利用光能同化二氧化碳和水，合成有机物并储藏能量，同时产生氧。所以绿色植物的光合作用是地球上有机体生存、繁殖和发展的根本源泉。

有色体内含有叶黄素和胡萝卜素，呈红色或橙黄色。它存在于花瓣和果实中(在番茄和红辣椒果肉细胞中可以看到)，可以使植物的花和果实呈红色或橘黄色。有色体的主要功能是积累淀粉和脂类。

白色体(leucoplast) 不含可见色素，又称无色体，因在光学显微镜下呈白色而得名白色体。在储藏组织细胞内的白色体，常积累淀粉或蛋白质，形成比它原来体积大很多倍的淀粉粒和糊粉粒，成了细胞里的储藏物质。根据储藏物质的种类不同，可把白色体分为造粉体(amyloplast，储藏淀粉)、蛋白质体(proteoplast，proteinoplast，储藏蛋白质)及油质体(elaioplast，储藏脂质)。这些质体之间的关系如图 3-5 所示。

2) 线粒体

线粒体(mitochondrion)很小，直径为 0.5～1 μm，长 1～2 μm，呈球形、颗粒状或短杆状。线粒体的数目因不同细胞而异。代谢活跃的细胞，线粒体数目可以达到几百个。

在电镜下，线粒体是由内、外两层膜包裹的囊状细胞器，膜间有腔，囊内为基质(图 3-6)。

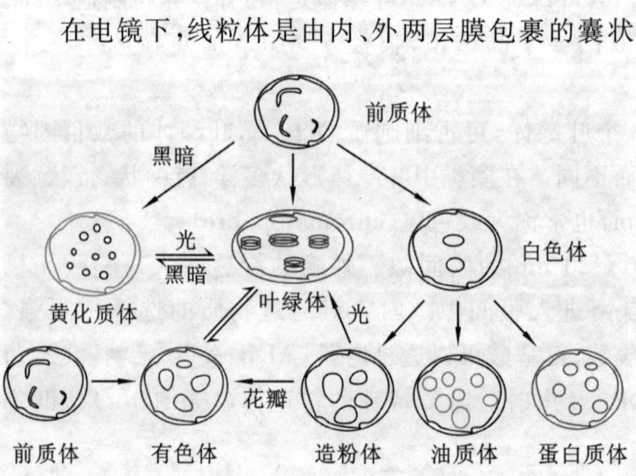

图 3-5　质体之间的关系

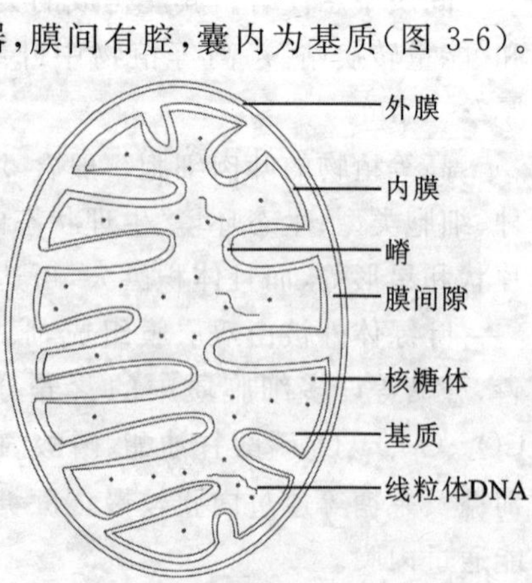

图 3-6　线粒体结构示意图

外膜平整,内膜向内弯曲形成嵴(cristae)。嵴的存在增加了内膜与基质的表面积,内膜上有许多带柄的小球,称为基粒,是ATP合成酶复合体,主要合成ATP。

线粒体基质中有环状的DNA和核糖体。此DNA就是线粒体基因组,能够合成10%的线粒体蛋白质。线粒体中的核糖体比细胞质中的核糖体小一些。植物雄性不育的基因就存在于线粒体上。

线粒体是细胞呼吸和能量代谢的中心,含有细胞呼吸所需要的各种酶和电子传递载体。电子传递发生在内膜表面。

3) 内质网

内质网是真核细胞内由膜构成的扁囊、小管或小泡连接形成的连续的三维网状膜系统。两膜间是扁平的腔、囊或池。

内质网分为两类:一类是膜上附着核糖体颗粒的,称为粗糙型内质网或者粗面内质网;另一类是膜上光滑的,没有核糖体附着在上面,称为光滑型内质网或者光面内质网。

粗糙型内质网的功能是合成蛋白质大分子,并把它从细胞输送出去或在细胞内转运到其他部位。凡蛋白质合成旺盛的细胞,粗糙型内质网很发达。光滑型内质网的功能与糖类和脂类的合成、解毒、同化作用有关,还具有运输蛋白质的功能。

4) 液泡

液泡是存在于细胞质中由单层膜包围的充满水液的泡。幼小的植物细胞(分生组织细胞),具有许多小而分散的液泡,在电镜下才能看到。以后随着细胞的生长,液泡也逐渐长大,互相合并,最后在细胞中央形成一个大的中央液泡,它可占据细胞体积的90%以上。这时,细胞质的其余部分,连同细胞核一起,被挤为紧贴细胞壁的一个薄层。

有些细胞成熟时,也可以同时保留几个较大的液泡,这样,细胞核就被液泡所分割成的细胞质索悬挂于细胞的中央。具有一个大的中央液泡是成熟的植物生活细胞的显著特征,也是植物细胞与动物细胞在结构上的明显区别之一。

植物液泡中的液体称为细胞液(cell sap),其中含有无机盐、氨基酸、糖类以及各种色素,特别是花青素(anthocyanin)。细胞液是高渗的,所以植物细胞才能经常处于吸胀饱满的状态。细胞液中的花青素与植物颜色有关。花、果实和叶的紫色、深红色都是花青素决定的。此外,液泡还是植物代谢废物屯集的场所,这些废物以晶体的状态沉积于液泡中。

液泡的功能是调节细胞的内环境,充盈的液泡还可以使细胞保持一定的渗透压,维持细胞的紧张度;液泡还可以储藏各种物质,比如蔗糖;液泡中含有水解酶,它可以吞噬消化细胞内破坏的成分。液泡在植物细胞的自溶中也起一定的作用。

5) 高尔基体

高尔基体是真核细胞中内膜系统的组成之一,为意大利细胞学家高尔基(Golgi)于1898年首次用银染方法在神经细胞中发现。高尔基体是由光面膜组成的囊泡系统,它由扁平膜囊(saccules)、大囊泡(vacuoles)、小囊泡(vesicles)三个基本部分组成。

高尔基体常分布于内质网与细胞膜之间,呈弓形或半球形。凸出的一面对着内质网,称为形成面或顺面;凹进的一面对着质膜,称为成熟面或反面。顺面和反面都有一些或大或小的运输小泡,在具有极性的细胞中,高尔基体常大量分布于分泌端的细胞质中。因其看上去极像滑面内质网,因此有科学家认为它是由滑面内质网进化而来的。

高尔基体的主要功能是对内质网合成的蛋白质进行加工、分类与包装,然后送到细胞的特定部位或分泌到细胞外。高尔基体是细胞分泌物(如分泌蛋白)最后加工和包装的场所。从内质网送来的小泡与高尔基体膜融合，将内含物送入高尔基体腔中，对新合成的蛋白质肽链继续完成修饰和包装。高尔基体还合成一些分泌到胞外的多糖和修饰细胞膜的物质。

6）溶酶体

溶酶体是真核细胞中的一种细胞器，为单层膜包被的囊状结构。直径为0.025～0.8 μm，内含多种水解酶，可以分解各种外源和内源的大分子物质，其标志酶为酸性磷酸酶。1955年由比利时学者C. R. de 迪夫等在鼠肝细胞中发现。

根据内含物和形成阶段的不同，溶酶体可分为两大类：具有均质基质的颗粒状溶酶体称为初级溶酶体(primary lysosome)，含有复杂的髓磷脂样结构的液泡状溶酶体称为次级溶酶体(secondary lysosome)。

初级溶酶体，直径为0.2～0.5 μm，膜厚7.5 nm，内含物均一，无明显颗粒，是高尔基体分泌形成的。初级溶酶体含有多种水解酶，但没有活性，只有当溶酶体破裂或其他物质进入时，才有酶活性。

次级溶酶体都是消化泡，是正在进行或完成消化作用的溶酶体，内含水解酶和相应的底物，可分为异噬溶酶体(phagolysosome)和自噬溶酶体(autophagolysosome)，前者消化外源物质，后者消化来自细胞本身的各种组分物质。

溶酶体在细胞分化过程中，对消除不必要的结构组分及细胞衰老过程中原生质体消失也起到特定作用。如导管、纤维等细胞在成熟过程中，原生质体的解体与溶酶体有一定的关系。

7）圆球体

圆球体是植物细胞中来源于内质网的小泡，是储藏脂质的细胞器。直径为0.5～1 μm，在电镜下圆球体为半单位膜包围，内部可看到的细微结构。其化学组成主要是脂类和蛋白质。脂类约占40％。圆球体含有酸性水解酶，与溶酶体的性质相似，但它有聚集脂肪的功能。

圆球体发育增大，脂肪积累，就失去其中的蛋白质颗粒，成为脂肪粒。当大量脂肪积累以后，圆球体便变成透明的，内部颗粒随之消失。圆球体含有脂肪酶，在一定条件下，脂肪酶能够将脂肪水解成甘油和脂肪酸。因此，圆球体在一定程度上也具有溶酶体的性质。

8）微体

微体是由单层膜围绕的内含一种或几种氧化酶类的异质性细胞器，其形态、大小及功能常因生物种类和细胞类型不同而异。在植物细胞中，根据微体内含有的酶不同，可以将微体分为过氧化物酶体(peroxisome)和乙醛酸循环体(glyoxysome)。

过氧化物酶体存在于高等植物的叶肉细胞内，它与叶绿体、线粒体相配合，参与乙醛酸循环，将光合作用过程中产生的乙醛酸转化为己糖。

乙醛酸循环体主要出现在油料种子萌发时，它与圆球体和线粒体相配合，把储藏的脂肪转化成糖类。有些微体中还含有小的颗粒、纤丝或晶体等。

9）核糖体

核糖体是细胞内一种核糖核蛋白颗粒(ribonucleo protein particle)，无膜结构，主要由RNA(rRNA)和蛋白质构成，其唯一功能是按照mRNA的指令将氨基酸合成蛋白质多肽链，所以核糖体是细胞内蛋白质合成的分子机器。

核糖体按存在的部位可分为三种类型：细胞质核糖体、线粒体核糖体、叶绿体核糖体。

核糖体按照细胞中的分布，分为游离核糖体和附着核糖体（附着在内质网的表面的膜旁核糖体）。游离核糖体位于细胞质基质中，主要合成胞内蛋白，分泌在细胞内；附着核糖体主要附着在糙面内质网上，负责合成外运蛋白，分泌在细胞外。

核糖体是细胞蛋白质合成的中心，氨基酸在核糖体上有规则地组装成蛋白质，所以说蛋白质合成旺盛的细胞中，核糖体更多。

10）细胞骨架

细胞骨架是细胞内蛋白质纤维组成的网状系统，可以使细胞形状稳定，细胞质组织化，并且能够进行细胞运动和物质运输。细胞骨架有三种类型：微管、中间纤维和微丝。

（1）微管（microtubule）是直径为 24 nm 的中空长管状纤维，由球状的微管蛋白聚合组装而成。微管蛋白可以解体成 α-亚基和 β-亚基。

微管分布在细胞壁附近，与细胞内的小泡运输及细胞壁形成有关。微管还与植物细胞有丝分裂的纺锤体和成膜体的形成有关，在染色体的运动中起作用。微管参与细胞壁的形成，可以维持细胞的形状，还与某些细胞的鞭毛、纤毛的运动有关。

（2）中间纤维（intermediate filament）是由角蛋白组成的直径在 8～11 nm 的中空管状纤维。中间纤维外面与细胞壁连接，内与核膜连接，构成网架系统。中间纤维与细胞分化有关。

（3）微丝（microfilament）是实心的纤维，直径为 7 nm，由肌动蛋白、肌球蛋白及肌动蛋白结合蛋白组成。微丝能够使细胞具有稳定的结构。肌球蛋白具有 ATP 酶活性，肌动蛋白结合蛋白中的一种是马达蛋白，在胞质环流中起作用。

（二）细胞后含物和生理活性物质

植物细胞后含物（ergastic substance）通常指储藏物质和代谢产物，种类很多，包括糖类（淀粉粒）、蛋白质（糊粉粒或蛋白体）、脂质（脂肪与油）以及在液泡中的盐类晶体和某些有机化合物等。

有些后含物在医疗上具有重要的价值，是植物可供药用的主要因素；有些是具有营养价值的储藏物，是人类食物的主要来源；有些是细胞的废物。这些物质有的存在于植物细胞的原生质体中，有的存在于细胞壁上。

1. 淀粉

淀粉是葡萄糖分子聚合而成的长链化合物，是植物体中储存的养分，主要存在于种子和块茎中。当它在细胞中以颗粒状态存在时，称为淀粉粒。

淀粉主要在质体内形成，在白色体内积累，形成储藏淀粉。它的积累过程如下：首先在白色体内一处沉积，形成中心脐点，以后围绕它以同心层的形式不断沉积。当质体破裂后，淀粉粒只能在紧靠白色体部分继续沉积，破裂处停止沉积。

一个质体可以形成一个淀粉粒，成为单粒淀粉粒。如一个质体内由于多个脐点而形成多个淀粉粒，称为复粒淀粉粒。有些复粒淀粉粒在形成过程中，又形成几个共同层包围在外面，就成为半复粒淀粉粒（图 3-7）。淀粉粒含有的多糖占 90.1%～97.6%，此外，还含有少量的矿物质（以磷酸为主）和脂肪酸。

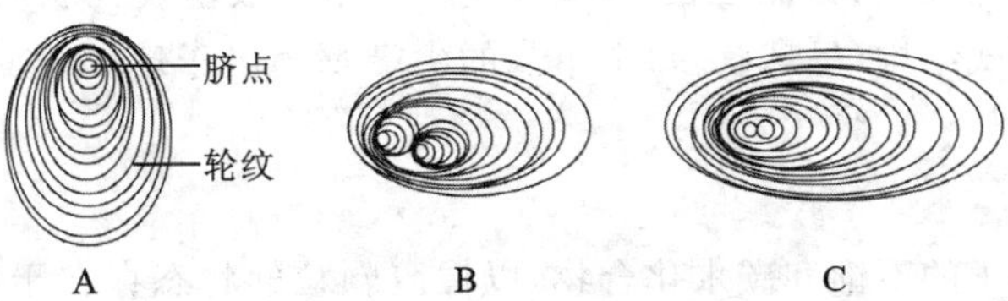

图 3-7　马铃薯的淀粉粒

A. 单粒淀粉粒；B. 复粒淀粉粒；C. 半复粒淀粉粒

所有薄壁细胞中都有淀粉粒存在，尤其在各类储藏器官中更为集中，如种子的胚乳和子叶中，植物的块根、块茎和根状茎中都含有丰富的淀粉粒。

2. 蛋白质(糊粉粒和蛋白体)

细胞中的储藏蛋白呈固体状态，生理活性比较稳定，其形态可以是结晶蛋白或者是无定形蛋白。蛋白质结晶往往以糊粉粒状态存在。遇碘呈黄色，一般用考马斯亮蓝作为染色剂。

结晶蛋白常具有晶体和胶体的二重性，因此结晶蛋白又称为拟晶体(crystalloid)。拟晶体常具有不同的形状，但常常是方形的(图 3-8)。

糊粉粒通常存在于许多富含脂肪的种子中，成为一种卵形体分布于细胞内，大小为 1～60 μm。它具有类似于蛋白质性质的外膜，里面也以蛋白质物质为基础，一部分蛋白质结晶出来成蛋白质晶体，另一部分呈不定形状态。另外，糊粉粒中还有由磷酸盐组成的球形小体。

关于糊粉粒的来源，不少学者认为其是来自液泡，即这些蛋白质的后含物先形成在小液泡中，后来种子逐渐干燥，液泡中水分不断减少，整个小液泡就变成了糊粉粒。在植物种子的胚乳或子叶中含有较多的糊粉粒，有时糊粉粒也集中在某些特殊的细胞层，构成糊粉层。

3. 脂质

脂肪和油类统称为脂质，是含能量较高、体积较小的储藏物质。脂类合成的部位可能在线粒体、叶绿体和内质网中。脂肪在常温下通常为固体，油类通常为液体。脂质是种子、胚、分生组织细胞中主要的储藏物质，通常为固体或者液体的小滴存在于细胞质内，可以形成造油体(elaioplast)或者单层膜包被的圆球体(图 3-9)。此外，细胞壁表面和壁内的蜡质、角质和木栓也是脂肪性物质。脂类遇到苏丹红-Ⅲ或苏丹红-Ⅳ呈橙红色。

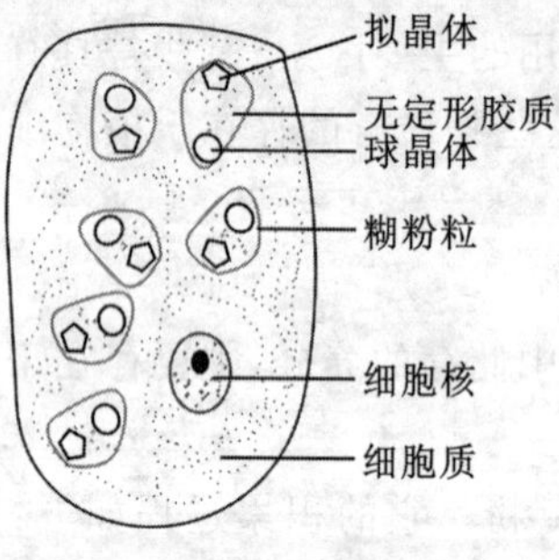

图 3-8　蓖麻胚乳的糊粉粒

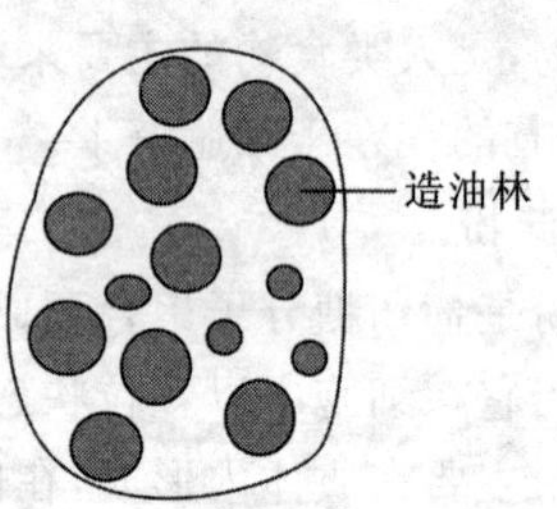

图 3-9　香子兰细胞的造油体

4. 晶体

晶体(crystal)通常由无机盐形成。植物中最常见的晶体是草酸钙晶体，但有些植物也含有碳酸钙晶体。晶体的形成对植物体细胞是有益的，一般认为一些无机盐是新陈代谢的废物，当其形成晶体时便避免了对细胞的伤害。

晶体可分为单晶、簇晶和针晶三类(图 3-10)。单晶一般呈棱柱状或角锥状；簇晶是由许多的单晶联合成的复式结构，呈球状，每个单晶的尖端都突出于球的表面；针晶是两端尖锐的针状，并聚集成束。

5. 橡胶

橡胶是一种高分子的不饱和碳水化合物，以橡胶颗粒的状态存在于植物的乳汁中。这些颗粒一般呈球形、棒形、梨形等，橡胶是一种重要的工业原料。

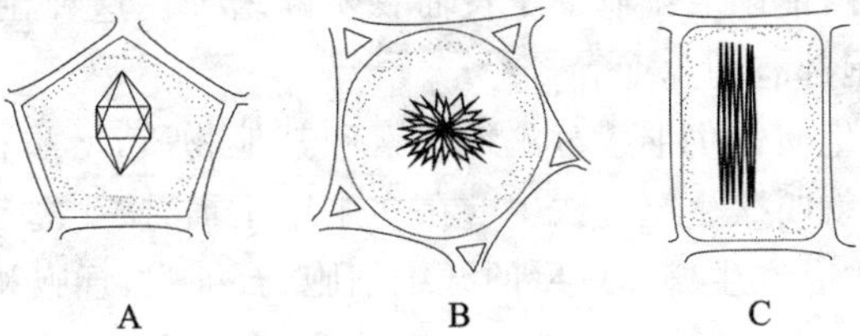

图 3-10　晶体的种类

A. 单晶；B. 簇晶；C. 针晶

6. 单宁

单宁广泛分布在植物体内，除了幼小的分生组织细胞以外，几乎所有组织都含有单宁。单宁存在于细胞质和液泡中，也可能充满在细胞壁中。它们可在某一组织的许多细胞内，或者形成分散的特殊细胞，例如单宁异细胞，或者形成一种膨大的单宁囊细胞。单宁可能是植物抗病的一种重要手段，植物受病原体侵袭以后，细胞组织中的酚类化合物可以大量增加。另外，在植物化学分类上，酚类化合物可作为种、属分类关系的一种补充指标。单宁可以用于鞣革工业。

7. 生理活性物质

生理活性物质一般存在于细胞质基质中。细胞质基质是细胞质中除去能分辨的细胞器和颗粒以外的胶状物质，现又称胞质溶胶。胞质溶胶体积约占细胞总体积的 55%，其中包含几千种酶。大多数中间代谢（包括糖酵解、糖原异生作用以及糖、脂肪酸、核苷酸和氨基酸的合成等）都是在胞质溶胶中进行的。

胞质溶胶内约 20%是蛋白质。许多蛋白质可能直接或间接地与细胞骨架相结合，蛋白质分子之间也可能有选择性地亲和。

因此，细胞质基质实质上是一个在不同层次均有高度组织结构的系统，而不是一种简单的溶液。细胞质基质是活细胞进行新陈代谢的主要场所。它为新陈代谢的进行提供所需要的物质，如酶；它为细胞器提供稳定的微环境，还可以影响细胞的形状。

（三）细胞壁

细胞壁（cell wall）是植物细胞原生质体外的一层坚韧的包被，是植物细胞特有的结构。真菌、藻类和原核生物也都具有细胞壁，只是细胞壁的成分不同。细胞壁是细胞的外层，在细胞膜的外面，细胞壁之厚薄常因组织、功能不同而异。细胞壁本身结构疏松，有通透性。

1. 细胞壁的结构

细胞壁分为三层，即胞间层或称中层（intercellular layer）、初生壁（primary wall）和次生壁（secondary wall）（图 3-11）。

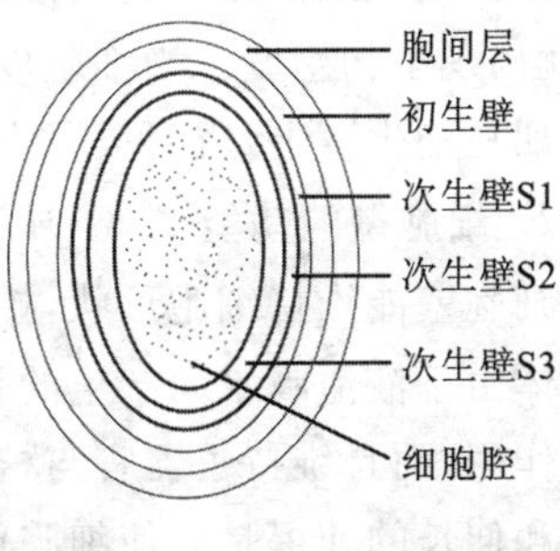

图 3-11　细胞壁结构示意图

胞间层是在细胞分裂产生新细胞时形成的，是相邻两个细胞间所共有的一层薄膜。它的主要成分是果胶质。胞间层将相邻细胞粘连在一起，同时可缓冲细胞间的挤压，也不会影响细胞生长。

在细胞分裂末期胞间层形成后，原生质体就分泌纤维素、半纤维素和少量的果胶质，添加在胞间层上，构成细胞的初生壁。初生壁有弹性，能随着细胞的生长面积不断增加。这种在细胞生长时形成的细胞壁，叫做初生壁，植物细胞都有初生壁。

细胞停止生长后，原生质体仍继续分泌纤维素和其他物质，增添在初生壁内方，使细胞壁加厚，这种加厚的细胞壁就叫次生壁。次生壁在初生壁里面，次生壁越厚，壁内的细胞腔就越小。植物体的部分细胞中有次生壁。厚壁的纤维细胞、石细胞、管胞和导管等有明显增厚的次生壁。

细胞壁的主要成分是纤维素，它形成细胞壁的框架，这种框架由一层层纤维素微丝即微纤丝组成，每一层微纤丝基本上是平行排列的，每添加一层，微纤丝排列的方位就不同，因此层与层之间微纤丝的排列交错成网。微纤丝之间的空间通常被其他物质填充。

此外，在一些植物表皮细胞壁中，常有蜡质、角质、木栓质。在一些成熟和加厚的细胞壁中，常沉积木质素。在禾本科、木贼科植物的表皮细胞壁中含有硅。在真菌类的细胞壁中还有甲壳质。

细胞壁上有纹孔，是因为在细胞生长过程中，初生壁随着细胞的生长而不断伸展，但壁的增厚是不均匀的，形成了许多壁薄的区域，叫做初生纹孔场；细胞产生次生壁时，增厚也不均匀，一般在初生纹孔场的部位不再加厚，细胞壁上就形成纹孔的结构。相邻细胞壁上的纹孔常对应地形成纹孔对。

纹孔有单纹孔、具缘纹孔和单缘纹孔三种（图 3-12）。通常有许多胞间连丝从纹孔通过，胞间连丝又与细胞质中的内质网连接，从而沟通细胞间的物质交流，有利于水分的运输。因此，细胞壁上的纹孔是细胞间联系的通道，它使整个植物体在生命活动中能成为有机统一的整体。

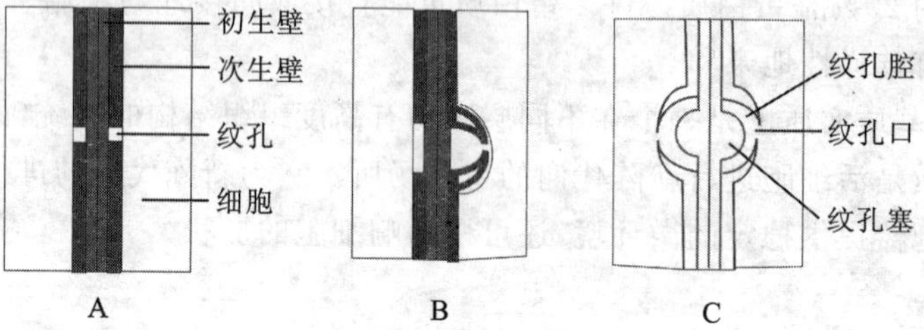

图 3-12　纹孔的类型

A. 单纹孔；B. 单缘纹孔；C. 具缘纹孔

新细胞壁的形成是在细胞分裂末期的赤道面上，分裂的母细胞先形成成膜体。在染色体分向两极时，高尔基体分离出的小泡与微管集合在赤道面上成为细胞板。新的多糖物质沉积在细胞板上就逐渐形成胞间层。其后细胞内合成一些纤维素组成微纤丝沉积在胞间层的两侧，就出现了初生壁。当细胞成熟停止生长以后，一层层新的纤维素和半纤维素以及木质素陆续添加在初生壁上，就形成了次生壁。

2. 细胞壁的功能

细胞壁能维持细胞形状，控制细胞生长。细胞壁增加了细胞的机械强度，并承受着内部原生质体由于液泡吸水而产生的膨压，从而使细胞具有一定的形状。这不仅对保护原生质体有重要作用，而且维持了器官与植株的固有形态。另外，细胞壁控制着细胞的生长，因为细胞要扩大和伸长的前提是要使细胞壁松弛和不可逆伸展。

在物质运输与信息传递方面，细胞壁允许离子、多糖等小分子和低相对分子质量的蛋白质通过，而将大分子或微生物等阻于其外。因此，细胞壁参与物质运输、降低蒸腾作用、防止水分损失（次生壁、表面的蜡质等）、调节水势等一系列生理活动。细胞壁上纹孔或胞间连丝的大小受细胞生理年龄和代谢活动的影响，故细胞壁对细胞间物质的运输具有调节作用。另外，细胞壁也是化学信号（激素、生长调节剂等）、物理信号（电波、压力等）传递的介质与通路。

细胞壁中的酶类广泛参与细胞壁高分子的合成、转移、水解、细胞外物质输送到细胞内以及防御作用等。细胞壁上的胞间连丝参与了细胞间的物质和信息交流。

研究发现，细胞壁还参与了植物与根瘤菌共生固氮的相互识别作用。此外，细胞壁中的多聚半乳糖醛酸酶和凝集素还可能参与了砧木和接穗嫁接过程中的识别反应。应当指出的是，并非所有细胞的细胞壁都具有上述功能，每一类细胞的细胞壁功能都是由其特定的组成和结构决定的。

四、原核细胞、古核细胞与真核细胞

1977 年，Woese 和 Fox 根据核糖体小亚基 16S rDNA 核苷酸顺序的不同，将细胞分为原核细胞、古核细胞和真核细胞。

（一）原核细胞

原核细胞没有膜包被的细胞核。遗传信息存在于环状的 DNA 分子中。细胞体积小，进化地位原始，30 亿～35 亿年前出现在地球上。它的细胞膜的脂类主要由甘油酯组成。原核细胞包括细菌、放线菌、蓝菌等多种类型。

（二）古核细胞

古核细胞也叫古细菌或原细菌。古细菌也没有核膜，在外观上与细菌不能区分，它的遗传结构和遗传信息传递类似于真核细胞。它的 DNA 含有重复序列，可以组装成类似核小体的结构。它的细胞膜中的脂类由甘油醚构成，这也许是一些古细菌能适应超高温环境的原因。

在系统进化树上，古细菌更加接近真核细胞，与典型的细菌的亲缘关系更远一些。古细菌一般生活在极端环境，如温泉和海洋热泉或盐湖。甲烷菌是古细菌的代表。

（三）真核细胞

真核细胞具有典型的细胞核，遗传信息大。真核细胞种类繁多，在地球上出现的时间是 12 亿～16 亿年前。在细胞中具有多种膜包被的细胞器和没有膜包被的细胞骨架。上一节介绍的主要是真核细胞的结构。

第三节 植物细胞的繁殖

植物个体的生长、繁衍是以细胞分裂为基础的。细胞分裂是生命有机体的主要特征。细胞分裂的方式分为有丝分裂、减数分裂、无丝分裂三种。在有丝分裂和减数分裂过程中，细胞核内发生着极其复杂的变化，形成染色体等一系列结构；无丝分裂则是一种简单的分裂方式。

细胞周期（cell cycle）是指连续分裂的细胞从一次有丝分裂结束到下一次有丝分裂结束之间所经历的全部过程。细胞周期可以划分为分裂间期和分裂期，间期又分为三期，即 DNA 合成前期（G1 期）、DNA 合成期（S 期）与 DNA 合成后期（G2 期）。

(1) G1 期(first gap)　指从有丝分裂到 DNA 复制前的一段时期,又称合成前期,此期主要合成 RNA 和核糖体。该期的特点是物质代谢活跃,迅速合成 RNA 和蛋白质,细胞体积显著增大。该期的主要意义在于为下一阶段 S 期的 DNA 复制做好物质和能量的准备。

(2) S 期(synthesis)　为 DNA 合成期,在此期,除了合成 DNA 外,同时还要合成组蛋白。DNA 复制所需要的酶都在这一时期合成。

(3) G2 期(second gap)　为 DNA 合成后期,是有丝分裂的准备期。在这一时期,DNA 合成终止,大量合成 RNA 及蛋白质,包括微管蛋白和促成熟因子等。

(4) M 期(M phase)　为有丝分裂时期,是细胞形态结构发生急速变化的时期,包括一系列核的变化、染色质的浓缩、纺锤体的出现,以及染色体精确、均等地分配到两个子细胞中的过程,使分裂后的细胞保持遗传上的一致性。

M 期分为前期、中期、后期和末期。M 期虽是形态变化最为显著的时期,但其呼吸作用反而降低,蛋白质合成明显下降,RNA 合成及其他代谢周转停止,这与有丝分裂期所需要的能量和其他基本物质均在间期内合成和储备好了有关。

一、有丝分裂

有丝分裂(mitosis)是最常见、最普通的分裂方式,植物的生长一般是以这种方式进行的。有丝分裂的特点是有纺锤体、染色体出现,子染色体被平均分配到子细胞,这种分裂方式普遍见于高等动植物(图 3-13)。

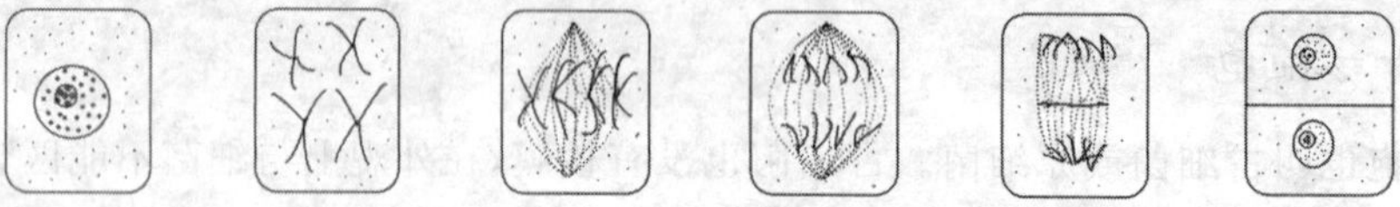

A　B　C　D　E　F

图 3-13　有丝分裂的过程

A. 间期;B. 前期;C. 中期;D. 后期;E. 末期;F. 两个子细胞

植物体的有丝分裂主要发生在根尖、茎尖及生长快的幼嫩部位的细胞中。植物的生长主要靠有丝分裂增加细胞的数量。在分裂期间,细胞核的结构具有明显的核膜、核仁及染色质的变化。

有丝分裂包括细胞核分裂和细胞质分裂,细胞核分裂主要分为四个时期,即前期、中期、后期和末期。其过程如下。

(1) 前期　核膜消失,核仁解体。两级发出纺锤丝形成纺锤体,染色质高度螺旋化,变成光镜下可见的染色体,散乱地排列在细胞内。每条染色体由连接在一个中心体上的两条姊妹染色单体构成。

(2) 中期　着丝点排列在赤道板上(细胞中心的假想平面)。此时染色体螺旋化程度最高,是观察染色体形态和数目的最佳时期。

(3) 后期　着丝点分裂,姊妹染色单体分开成为两条子染色体,被纺锤丝牵引着分别移向两极。

(4) 末期　在两极核膜和核仁重新出现,形成新的细胞核,纺锤丝消失,染色体解螺旋恢复为染色质丝形态,在原来赤道板的位置出现细胞板,细胞板向四周延伸成为新的细胞壁,原来一个细胞分裂为两个子细胞。

细胞质分裂是在两个新子核之间形成新细胞壁，把母细胞分成两个子细胞的过程。细胞质分裂通常是在核分裂后期之末、染色体接近两极时开始，这时在分裂面两侧，由密集的、短的微管相对呈圆盘状排列，形成一桶状结构，称为成膜体(phragmoplast)。此后形成细胞板(cell plate)，细胞板在成膜体的引导下向外生长直至与母细胞侧壁相连。内质网小泡膜形成质膜，管状内质网穿过两个子细胞之间形成胞间连丝，胞间层形成后，子细胞原生质体开始沉积初生壁物质到胞间层内侧，同时也沿各个方向沉积新的细胞壁物质，使整个外部的细胞壁连成一体。

植物细胞的有丝分裂是植物体细胞重要的生命活动，是植物体生长、发育、繁殖、遗传的基础。有丝分裂的结果是产生两个与亲代细胞相同的子细胞，保证了遗传的稳定性。

二、无丝分裂

无丝分裂(amitosis)又叫直接分裂，是细胞核中不出现染色体和纺锤体，直接分裂为大小大致相等的两部分的细胞分裂方式。相对于有丝分裂，无丝分裂速率较快而且耗能少。植物在胚乳形成、表皮发育、胚中子叶的发育过程中都有无丝分裂现象。

三、减数分裂

减数分裂是生物细胞中染色体数目减半的分裂方式。性细胞分裂时，染色体仅复制一次，细胞连续分裂两次，两次分裂中将同源染色体与姊妹染色单体均分给子细胞，使最终形成的配子中染色体仅为母细胞的一半(图 3-14)。

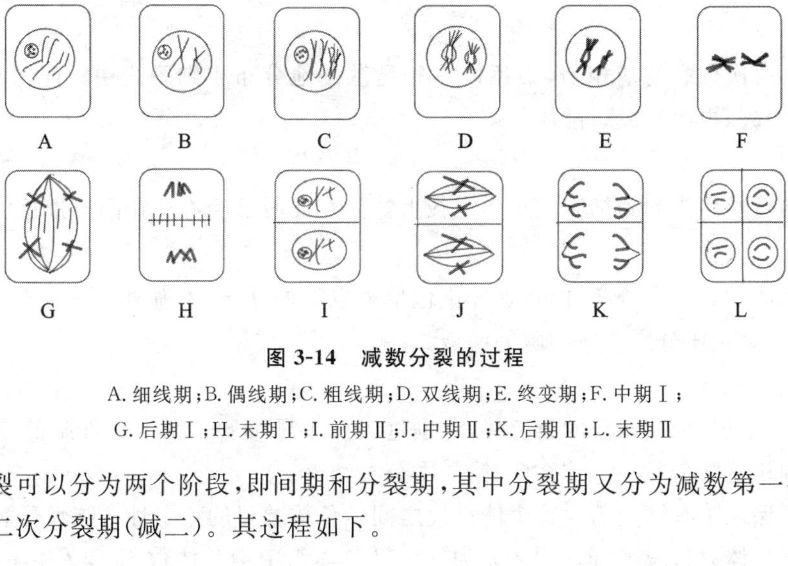

图 3-14　减数分裂的过程

A. 细线期；B. 偶线期；C. 粗线期；D. 双线期；E. 终变期；F. 中期Ⅰ；G. 后期Ⅰ；H. 末期Ⅰ；I. 前期Ⅱ；J. 中期Ⅱ；K. 后期Ⅱ；L. 末期Ⅱ

减数分裂可以分为两个阶段，即间期和分裂期，其中分裂期又分为减数第一次分裂期(减一)、减数第二次分裂期(减二)。其过程如下。

(一) 减数第一次分裂

1. 前期

根据染色体的形态，可分为 5 个阶段。

(1) 细线期　细胞核内出现细长、线状染色体，细胞核和核仁体积增大。每条染色体含有两条秭妹染色单体。

(2) 偶线期　又称配对期。细胞内的同源染色体两两侧面紧密配对，这一现象称为联会。由于配对的一对同源染色体中有 4 条染色单体，所以称为四分体(或“二联体”)。

(3) 粗线期　染色体连续缩短变粗，同时，四分体中的非姊妹染色单体之间发生了 DNA 的片断交换，从而导致了父母基因的互换，产生了基因重组，但每个染色单体上仍具有完全相同的基因。

(4) 双线期　发生交叉的染色单体开始分开。由于交叉常常不止发生在一个位点，因此，染色体呈现 V、X、8、O 等各种形状。

(5)终变期　染色体变成紧密凝集状态并向核的周围靠近。此后，核膜、核仁消失，最后形成纺锤体。

2. 中期

各成对的同源染色体双双移向细胞中央的赤道板，着丝点成对排列在赤道板两侧，细胞质中形成纺锤体。

3. 后期

纺锤丝的牵引，使成对的同源染色体各自发生分离，并分别移向两极。

4. 末期

到达两极的同源染色体又聚集起来，重现核膜、核仁，然后细胞分裂为两个子细胞。这两个子细胞的染色体数目只有原来的一半。重新生成的细胞紧接着发生第二次分裂。

(二) 减数第二次分裂

减数第二次分裂与减数第一次分裂紧接，也可能出现短暂停顿。染色体不再复制。每条染色体的着丝点分裂，姊妹染色单体分开，分别移向细胞的两极，有时还伴随细胞的变形。

1. 前期

与减数第一次分裂前期相似，染色体首先是散乱地分布于细胞之中。而后再次聚集，核膜、核仁再次消失，再次形成纺锤体。

2. 中期

染色体的着丝点排列到细胞中央赤道板上。注意此时已经不存在同源染色体了。

3. 后期

每条染色体的着丝点分离，两条姊妹染色单体也随之分开，成为两条染色体。在纺锤丝的牵引下，这两条染色体分别移向细胞的两极。

4. 末期

核膜、核仁重现，到达两极的染色体，分别进入两个子细胞。两个子细胞的染色体数目与初级精母细胞相比减少了一半。至此，第二次分裂结束。

减数分裂保证了有性生殖生物个体世代之间染色体数目的稳定性。减数分裂导致了性细胞(配子)的染色体数目减半，即由 $2n$(n 为一个染色体组中染色体数)条染色体的体细胞变为 n 条染色体的雌、雄配子，再经过两性配子结合，合子的染色体数目又重新恢复到亲本的 $2n$ 水平，使有性生殖的后代始终保持亲本固有的染色体数目，保证了遗传物质的相对稳定。

减数分裂又为有性生殖过程中创造变异提供了遗传的物质基础，主要体现在：通过非同源染色体随机组合，以及非同源染色体之间以自由组合进入配子，形成的配子可产生多种多样的遗传组合，雌、雄配子结合后就可出现多种多样的变异个体，使物种得以繁衍和进化，为选择提供丰富的材料；在减数分裂的粗线期，通过非姊妹染色单体片段的交换，使同源染色体上的遗传物质发生重组，形成不同于亲代的遗传变异。

第四节 植物细胞的生长和分化

植物的个体发育包括生长和分化两个阶段。生长是指植物细胞、组织和器官在数量上的不可逆的增加。分化是指在生长过程中细胞发生的特化，即从同一性质的细胞转变成结构与功能不相同的细胞。

一、植物细胞的生长

生物的生长，不仅是由于细胞数量的增加，而且也与细胞体积的增长有着密切的关系。细胞体积的增长，包括细胞纵向的延长和横向的扩展。细胞的这种生长，使得植物体表现出明显的伸长或扩大，例如根和茎的伸长，细胞生长常常在其中起主要的作用。

植物细胞在生长过程中，除了细胞体积明显扩大外，在内部结构上也发生相应的变化，其中最突出的是液泡化程度明显增加，即细胞内原来小而分散的液泡逐渐长大和合并，最后成为中央液泡，细胞质的其余部分成为紧贴细胞壁的薄层，细胞核随细胞质由中央移向侧面。

因此，在细胞生长时，细胞的鲜重和干重都随着体积的增加而增加，细胞内的其他细胞器，在数量和分布上也发生着各种变化，例如内质网增加。原生质体在细胞生长过程中还不断地分泌成壁物质，使细胞壁随原生质体长大而延展，同时壁的厚度和化学组成也发生变化，细胞壁（初生壁）厚度增加，并且由原来含有大量的果胶和半纤维素转变成含有较多的纤维素和非纤维素多糖。

但是植物细胞的生长是有一定限度的，当体积达到一定大小后，便会停止生长。细胞最后的大小，随植物的种类和细胞的类型而异，这说明生长受遗传因子的控制。

另外，细胞生长的速率和细胞的大小也受环境条件的影响。例如在水分充足、营养条件良好、温度适宜时，细胞生长迅速，体积亦较大，在植物体上反映出根、茎生长迅速，植株高大，叶宽而肥嫩，否则反之。

二、植物细胞的分化

细胞分化是指导致细胞形成不同结构、引起功能改变或潜在发育方式改变的过程。植物的生活细胞具有全能性，但任何一个细胞在其整个生活周期中，只能表达其基因库中的极小部分内容，而各个细胞在不同的时间、空间和内外条件下，表达的内容是不同的，因而就出现了机能和形态的差异。因此，分化也可以说是一个基因型的所具有的不同表现型。

细胞分化的结果是形成各种组织和器官。从营养体到生殖体的转变即花芽分化，是植物一生中十分重要的分化过程。细胞分化使多细胞植物中细胞功能趋向专门化，这样有利于提高各种生理功能的效率，分化是进化的表现。

植物细胞同样也有死亡。细胞没有死亡，将导致细胞无限制的增殖。植物细胞的死亡分为坏死（necrosis）与细胞程序性死亡（programmed cell death，PCD）或称细胞凋亡。

坏死往往是细胞受到强烈理化或生物因素作用引起细胞无序变化的死亡过程。细胞坏死的表现为细胞胀大，胞膜破裂，细胞内容物外溢，核变化较慢，DNA 降解不充分，细胞器肿胀，线粒体溶酶体破裂等，细胞坏死不出现 DNA 梯状条带等特征。

细胞程序性死亡是具有信号或一系列分子参与，并且由细胞内在的死亡程序介导的有序过程。

细胞程序性死亡是细胞的一种基本生物学现象，这对多细胞生物去除不需要的或异常的细胞起着必要的作用。细胞程序性死亡启动后，细胞内开始产生一系列的结构变化，首先是细胞体积缩小，连接消失，与周围的细胞脱离。然后是细胞质密度增加，通透性改变，释放细胞色素C到胞浆，核质浓缩，核膜核仁破碎，DNA降解成为片段。细胞膜有小泡状形成，膜内侧磷脂酰丝氨酸外翻到膜表面，细胞膜结构仍然完整，最终可将凋亡细胞遗骸分割包裹为几个凋亡小体，无内容物外溢等。

细胞程序性死亡在植物生长发育和抵御外界胁迫中具有重要作用。例如，胚胎发育过程中胚柄的消失、种子萌发时糊粉层的退化消失、叶片细胞死亡等都是细胞凋亡的过程。它是植物体自我调节的主动自然死亡过程，是保证植物体进行正常生长发育，维持内环境稳定以及自身防御的基础。细胞程序性死亡可清除多余的及植物体不适应的、并对植物体正常发育造成威胁的细胞，从而确保植物体整体的安全。

由此可见，细胞程序性死亡是一种生物体内发生的积极的生物学过程，对植物体生长发育具有十分重要的意义，是长期进化的结果。

三、植物细胞的全能性及其应用

植物细胞全能性(totipotency)是指植物的每个细胞都包含着该物种的全部遗传信息，在适宜条件下，任何一个细胞都可以发育成一个新个体。植物细胞全能性是植物组织培养的理论基础。

植物体的全部细胞，都是从受精卵经过有丝分裂产生的。受精卵是一个特异性的细胞，它具有本种植物所特有的全部遗传信息。因此，植物体内的每一个体细胞也都具有和受精卵完全一样的遗传物质和相同的细胞质环境。当这些细胞在植物体内的时候，由于受到所在器官和组织环境的束缚，仅仅表现一定的形态和局部的功能。可是它们的遗传潜力并没有丧失，全部遗传信息仍然被保留在DNA的序列中。一旦细胞脱离了原来器官、组织的束缚，成为游离状态，在一定的营养条件和植物激素的诱导下，细胞的全能性就能表现出来，单个细胞就会形成愈伤组织进而成为胚状体，最后长成一棵完整的植株。

植物细胞全能性的应用具有极其重要的意义，突出体现在，对于一些濒危植物，可做组织培养快速繁殖，从而产生大量的植株以防止该物种的灭绝。同时还可用组织培养技术大量繁殖药用植物以获取大量的药品。

思考与探索

1. 区别下列各组名词：

白色体和有色体；初生纹孔场和纹孔；生长和分化；初生壁和次生壁。

2. 简述细胞器概念的变化。

3. 细胞核是否应该属于细胞器？

4. 细胞器是否一定有膜包被？

第四章 植物的组织

第一节　植物组织及其形成

一、组织的概念

在个体发育中，组织(tissue)是具有相同来源的同一类型或不同类型细胞组成的结构和功能单位。由一种类型的细胞构成的组织称为简单组织(simple tissue)，由多种类型的细胞构成的组织称为复合组织(complex tissue)。单细胞植物如衣藻等，多细胞群体型植物如团藻、水绵等，它们的每一个细胞都能独立地完成全部的生理功能，因此，这类植物体没有真正意义上的组织分化。植物组织的出现是植物进化层次更高的标志。

二、植物组织的形成

在植物的系统发育过程中，多细胞植物的出现为组织的发生提供了基础。在多细胞群体型植物向多细胞有机体的进化过程中，群体型个体的细胞间由于所处的位置不同，受到环境的影响也不同。处于不同位置的细胞群体间便出现了相异的形态特征和生理代谢活性与类型的分化。胞间连丝的形成，使得相邻细胞间能够随时进行物质、信息和能量的交换，加强了彼此间的联系。处于相同位置或同类群的细胞间更加趋于相似或具有同一性，而处于不同位置或不同类群间的细胞也因此而逐渐变得不同。这样的变化被逐代保留和遗传下来，成为一种稳定的特性。于是，处于相似或相同位置、有着相似或相同的形态结构和生理功能的细胞群便成了原初类型的组织的共同特征。

因此，组织是植物在长期适应环境的过程中产生的，其发展和完善也是在适应环境的过程中实现的。植物的进化程度越高，其体内细胞(群)间的分工越细，植物体的结构越复杂，适应性越强。被子植物是现存植物中高度发达和适应性强的植物类群，具有最完善的组织分工，在形态结构和生理功能上表现出高度的统一，适应环境的能力也最强。

在个体发育中，组织的形成是植物体内细胞分裂、生长、分化的结果。组织的形成过程贯穿由受精卵开始，经胚胎阶段，直至植株成熟的整个过程。植物体中包含多种组织，它们各有其来源和分工，并有机地组合，协同完成植物的生命活动。

第二节　植物组织的种类

根据发育程度、生理功能和形态结构差异，植物组织可分为分生组织和成熟组织两大类。分生组织具有产生新细胞的特性，是产生和分化其他各种组织的基础。成熟组织（mature tissue）是由分生组织产生的，经过进一步的分化和生长，细胞逐渐丧失分裂能力的组织。成熟组织根据其功能，又可分为基本组织、保护组织、分泌结构、机械组织和输导组织。各种成熟组织的分化程度不同，某些成熟组织的细胞仍具分裂潜能，在一定条件下可脱分化而恢复分裂活动，转变为分生组织，如基本组织。

一、分生组织

（一）分生组织的概念

分生组织（meristem）是指其细胞永久地或较长时间地保持细胞分裂能力，能够产生新细胞的组织。存在分生组织是植物组织区别于动物组织的特点之一，使植物体保持生长的能力或潜能。

分生组织细胞的特点如下：细胞代谢活跃，有旺盛的分裂能力；细胞排列紧密，一般无细胞间隙；细胞壁薄，为初生壁，由果胶质和纤维素构成；原生质体分化程度低，具有较多细胞器和发达的膜系统，但通常缺乏储藏物质和结晶体；质体处于前质体阶段。

（二）分生组织的种类

按其在植物体上的位置，分生组织可分为顶端分生组织、侧生分生组织和居间分生组织三类（图 4-1）；按其来源和性质，分生组织可分为原分生组织、初生分生组织和次生分生组织。

1. 按其所在位置所分的三种分生组织

（1）顶端分生组织（apical meristem）　位于根和茎或其分枝顶端的分生组织称为顶端分生组织，又称为生长点，由胚性细胞构成。顶端分生组织活动的结果是使根和茎不断伸长，并形成新的侧枝，使植物扩大营养面积。它包括根尖顶端分生组织和茎尖顶端分生组织。

根尖顶端分生组织由根的保护结构——根冠所覆盖，因此它们并不在根的最前端，而是位于亚顶端。营养生长阶段的茎端，由一些叶原基和幼叶保护着，并有外起源的侧生器官——叶和芽的发生。顶端分生组织细胞的特点如下：细胞体积小，近于等径，薄壁，细胞壁位于中央并占有较大体积，液泡小而分散，细胞质丰富，细胞内通常缺少后含物。

（2）侧生分生组织（lateral meristem）　位于根和茎接近外周的分生组织，称为侧生分生组织。该组织与所在器官的长轴平行排列，包括维管形成层和木栓形成层，为裸子植物和双子叶植物所有。维管形成层细胞多呈长纺锤形，少数细胞近等径，细胞不同程度液泡化，主要进行切向分裂。维管形成层细胞分裂活动时间较长，产生的细胞分化为次生韧皮部和次生木质部，使根、茎加粗。木栓形成层由薄壁细胞脱分化而来，为一层长轴状细胞，分裂活动时间较短，产生的细胞分化为木栓层和栓内层，在器官表面形成一种新的保护组织周皮。

（3）居间分生组织（intercalary meristem）　居间分生组织位于茎、叶、子房柄、花梗、花序等器官的成熟组织之间，是由顶端分生组织衍生而遗留在某些器官局部区域的分生组织。该

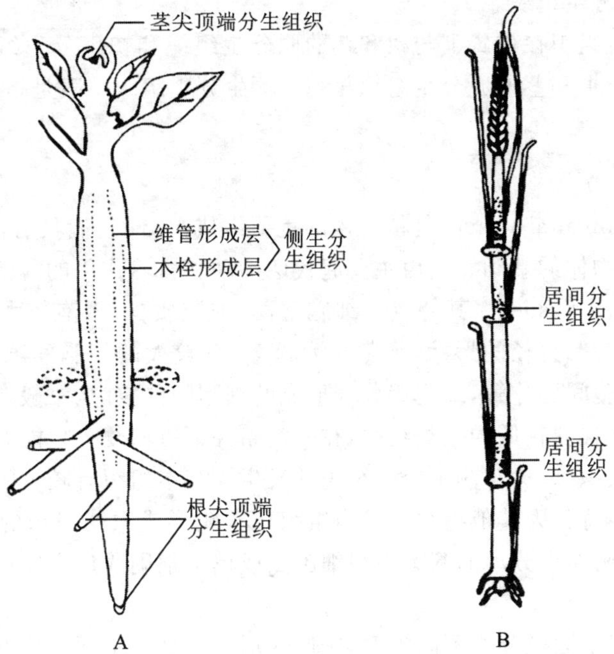

图 4-1　植物体内的分生组织

A. 顶端分生组织与侧生分生组织；B. 居间分生组织

组织在种子植物中并不普遍存在，且只能保持一段时期的分裂能力，以后则完全转变为成熟组织。某些单子叶植物特别是禾本科植物茎的节间基部和叶或叶鞘的基部，居间分生组织较明显。居间分生组织的生长使小麦拔节生长，叶鞘基部和茎的节间基部居间分生组织的活动使倒伏后的小麦麦秆重新直立。葱、韭菜的叶割断后仍能继续生长，也是居间分生组织活动的结果。有些植物的居间分生组织是由已分化的薄壁细胞恢复分裂能力而形成的，如枣花在传粉后，靠花柱一侧的花盘组织细胞恢复分裂，参与了果实的增大生长；落花生受精后，借助雌蕊柄基部居间分生组织的活动把开花后的子房推入土中。

与顶端分生组织和侧生分生组织相比，居间分生组织具有以下特点：细胞核大，细胞质浓；主要进行横分裂，使器官沿纵轴方向细胞数目增加；细胞持续活动时间较短，分裂一段时间后，所有细胞完全分化为成熟组织。

2. 按其来源和性质所分的三类分生组织

(1) 原分生组织(promeristem)　原分生组织位于根和茎的最前端，是从胚胎中保留下来的，具有永久分裂能力的细胞群。细胞较小，近于等直径，细胞核相对体积大，细胞质浓，细胞器丰富，有强的持续分裂能力。

(2) 初生分生组织(primary meristem)　初生分生组织由原分生组织刚衍生的细胞组成，位于原分生组织的后部，如根尖稍后部分的原表皮、原形成层和基本分生组织。细胞仍具有很强的分裂能力，但细胞已经初步分化，细胞的形态彼此逐渐有所不同。因此，初生分生组织是一种边分裂，边分化的组织，也可以看作由分生组织向成熟组织过渡的组织。

(3) 次生分生组织(secondary meristem) 次生分生组织多位于根和茎的外周。次生分生组织是由已经分化成熟的薄壁组织恢复细胞分裂能力所产生的分生组织，与根、茎增粗和重新形成保护层有关。根和茎的木栓形成层是这种典型的次生分生组织，维管形成层(简称形成层)也被认为是次生分生组织。

广义的顶端分生组织在位置上与根和茎的原分生组织和初生分生组织相当,狭义的顶端分生组织在位置上与根和茎的原分生组织相当。侧生分生组织一般是指次生分生组织。

二、基本组织

基本组织(fundamental tissue)是植物体的重要组成部分,它们具有同化、储藏、通气和吸收等功能,是组成植物体的基础。它由主要起代谢活动和营养作用的薄壁细胞组成,所以又称薄壁组织(parenchyma tissue)。其特点是细胞壁薄,细胞质少,液泡较大,细胞体积比分生组织细胞的大得多,多为等直径的形状,细胞排列松散,有较大的细胞间隙(intercellular space)(细胞间隙即一部分胞间层分解,细胞壁分开形成的细胞间的空隙,一般在间隙中充满空气)。

基本组织是分化程度较低的一类组织,在一定条件下可恢复分生能力,转变为具有细胞分裂功能的次生分生组织,或参与侧生分生组织的发生。基本组织有较大的可塑性,在植物发育的过程中常能进一步特化为其他组织。基本组织还有能形成愈伤组织的再生作用,因而与扦插、嫁接的成活关系密切。分离的基本组织细胞团或单个细胞通过离体培养,具有发育为整个植株的全能性。

基本组织因功能不同可分成不同类型,它们在形态上具有不同的特点(图 4-2)。

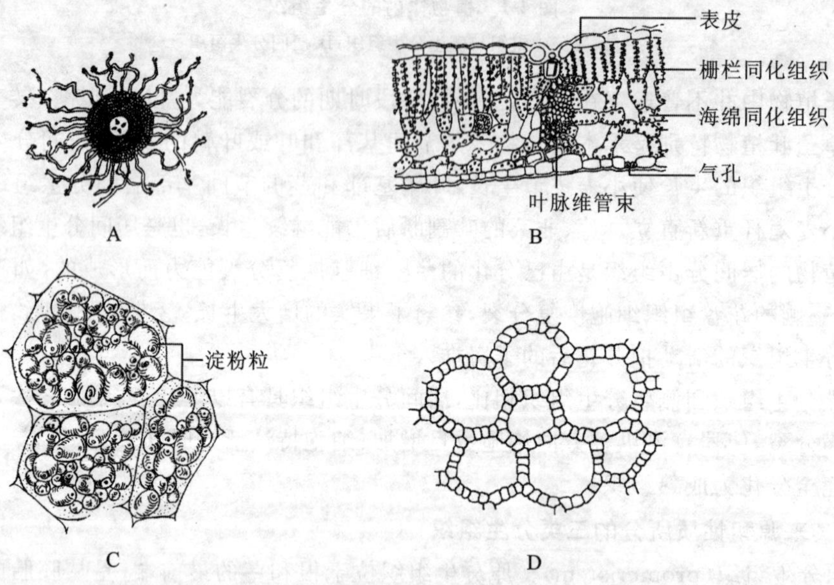

图 4-2 几种不同类型的基本组织

A. 吸收组织;B. 同化组织;C. 储藏组织;D. 通气组织

(1) 吸收组织(absorptive tissue) 这是一类能从外界吸收水分和营养物质的薄壁组织。如根尖外层的表皮,其细胞壁和角质膜均薄,且部分外壁突出形成根毛,具有显著的吸收功能。

(2) 同化组织(assimilating tissue) 这是薄壁组织最主要的一类组织,分布在植物体的一切绿色部分,如幼茎的皮层、发育中的果实和种子中,尤其是叶片的叶肉中。其主要特点是原生质体中发育出大量叶绿体,具有光合作用能力。

(3) 储藏组织(storage tissue) 主要存在于各类储藏器官,如块根、块茎、球茎、鳞茎、果实和种子中;根、茎的皮层和髓,以及其他薄壁组织也都有储藏的功能。储藏的物质有淀粉、蛋白质、糖类和油类等。

(4) 贮水组织(aqueous tissue)　储藏大量水分，细胞较大，细胞壁薄，液泡大且充满黏性汁液，增加了细胞的持水能力，利于植物适应干旱环境。一般存在于旱生的肉质植物中，如仙人掌、景天和芦荟等。

(5) 通气组织(aerenchyma)　指具有大量细胞间隙的薄壁组织。细胞间隙在发育过程中逐渐互相联结，形成气腔和气道。通气组织在水生和湿生植物中特别发达，存在于水稻、莲、睡莲等的根、茎和叶中。通气组织还与在水中的浮力和支持作用有关。

(6) 传递细胞(transfer cell)　20 世纪 60 年代，运用电镜在植物体内发现一类特化的薄壁细胞，其最显著的特征是次生细胞壁具内突生长，在细胞腔内形成许多指状突起，这样使紧贴在细胞壁内侧的质膜的面积大大增加，有利于对物质的吸收和传递，这种细胞称为传递细胞(图 4-3)。传递细胞的细胞质浓，富含线粒体，与相邻细胞之间有发达的胞间连丝，能迅速地将物质向外转运。传递细胞普遍存在于溶质短途密集运输的部位，如小叶脉周围，种子的子叶、胚乳、胚柄等处。

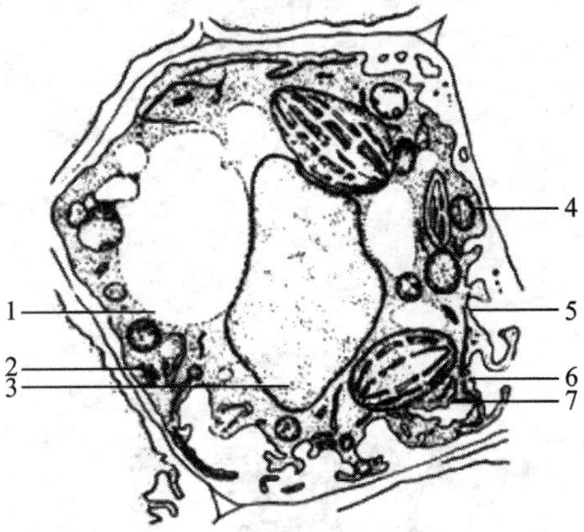

图 4-3　传递细胞

1. 液泡；2. 高尔基体；3. 细胞核；4. 线粒体；5. 向细胞腔内突出的壁；6. 内质网；7. 叶绿体

三、保护组织

保护组织覆盖于植物的外表，起保护作用，它能减少植物失水，防止病原微生物的入侵，还控制着植物与外界的气体交换。按其来源和形态结构，可分为初生保护组织——表皮和次生保护组织——周皮。

(一) 表皮

表皮(epidermis)由原表皮分化而来，一般由一层细胞组成，有的植物中也可由多层细胞组成复表皮。表皮分布于幼茎、叶、花和果实的表面，由表皮细胞、组成气孔器的保卫细胞和副卫细胞、表皮毛或腺毛等附属物组成。

1. 表皮细胞

表皮细胞为活细胞，扁平而形状不规则，无细胞间隙。根、茎表皮细胞常为圆柱体，这些细胞排列紧密，没有细胞间隙，而且在与空气接触的纤维素的细胞壁上有角质，这些脂肪性的角质物质还存在于纤维素分子的间隙中，使得水分不容易从细胞壁向外逸出，从而防止植物体内的水分损失(图 4-4A)。另外，也有防止微生物侵入的功能。有些植物在表皮的外壁上有蜡质(如葡萄、苹果的果实上)，也起着保护作用(图 4-4B)。在表皮上还常有气孔、表皮毛等结构。

2. 气孔

气孔(stoma)常位于气生表皮上，是植物与外界进行气体交换的通道，由保卫细胞和它们之间的开口共同组成(图 4-5)。保卫细胞是具叶绿体的生活细胞，一般呈肾形或哑铃形，具特殊的、不均匀加厚的细胞壁。近气孔面的细胞壁较厚，伸缩性弱，而邻近表皮细胞面的细胞壁较薄，伸缩性强。因此，当保卫细胞充水膨胀时，气孔就张开；当保卫细胞失水萎缩时，气孔就

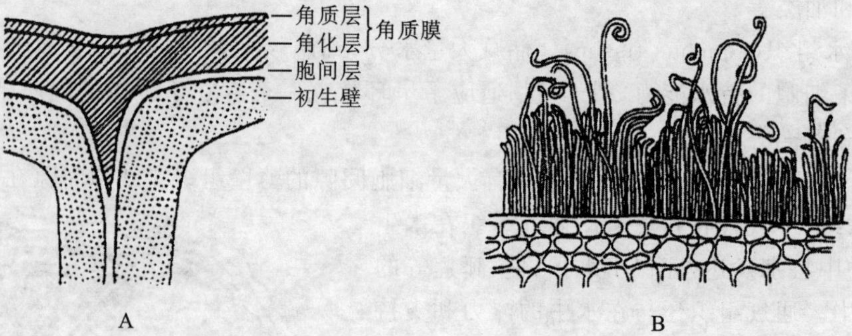

图 4-4　表皮细胞外壁上的角质膜和蜡被

A. 表皮图解；B. 甘蔗茎表皮上的蜡被

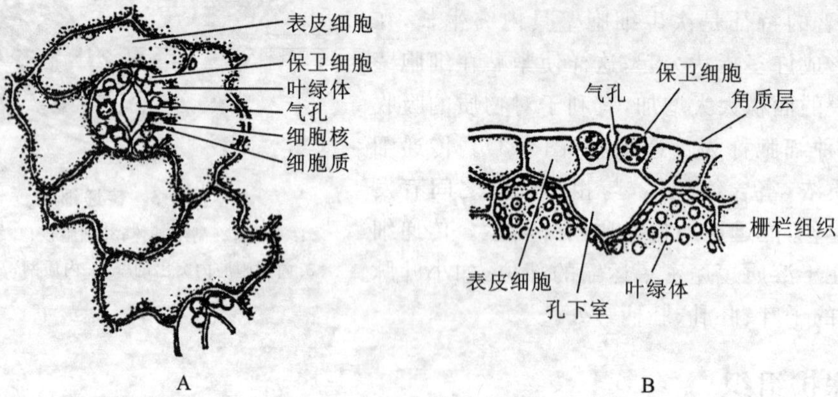

图 4-5　气孔器的结构

A. 表面观；B. 切面观

闭合，从而调节气体的出入和水分的蒸腾。

保卫细胞与其周围的表皮细胞——副卫细胞(subsidiary cell)排列的方式称为气孔的轴式类型。其类型随植物种类的不同而有所不同，因此，可用于植物的鉴定，如叶类、全草类生药的鉴定。

双子叶植物叶中常见的气孔轴式类型有不定式、不等式、环式、直轴式、平轴式等多种(图4-6)。

(1) 不定式(anomocytic type，irregular-celled type)　气孔周围的副卫细胞数目在 3 个以上，其大小基本相同，并与其他表皮细胞形状相似。可见于毛茛、艾、桑和玄参科的玄参、地黄、洋地黄等。

(2) 不等式(anisocytic type，unequal-celled type)　气孔周围的副卫细胞为 3～4 个，但大小不等，其中一个特别小。可见于十字花科的荠菜、蔊菜、菘蓝，茄科的曼陀罗和烟草等。

(3) 直轴式(diacytic type，cross-celled type)　气孔周围的副卫细胞为 2 个，其长轴与气孔的长轴垂直。可见于石竹科的石竹、瞿麦，爵床科的穿心莲、爵床，唇形科的薄荷、益母草等。

(4) 平轴式(paracytic type，parallel-celled type)　气孔周围的副卫细胞为 2 个，其长轴与气孔长轴平行。可见于茜草科的茜草，豆科的番泻、补骨脂、落花生，虎耳草科的常山，马齿苋科的马齿苋等。

(5) 环式(actinocytic type，radiate-celled type)　气孔周围的副卫细胞数目不定，其形状

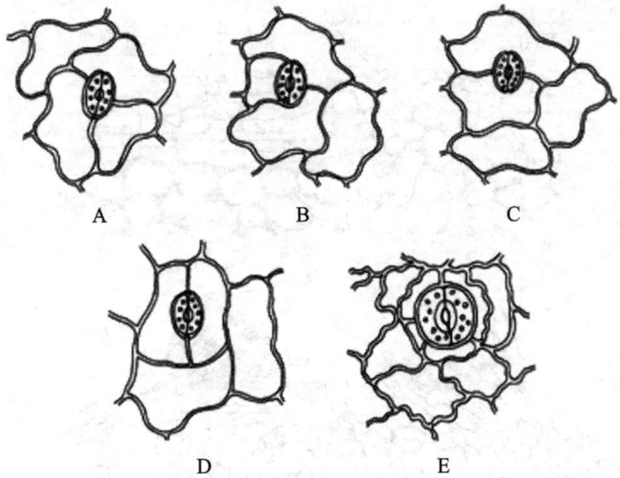

图 4-6　双子叶植物气孔的轴式类型(引自郑汉臣等)

A. 不定式;B. 不等式;C. 直轴式;D. 平轴式;E. 环式

较其他表皮细胞狭窄,围绕气孔周围排列成环状。如山茶科的茶叶、桃金娘科的桉叶等。

单子叶植物的气孔类型也很多。如禾本科植物的禾本科型气孔,其保卫细胞呈哑铃形,两端的细胞壁较薄,中间较厚,当保卫细胞充水两端膨胀时,气孔隙就张开。同时保卫细胞的两边,还有两个平行排列的略呈三角形的副卫细胞,对气孔的开闭起辅助作用,因此,有的称为辅助细胞。可见于淡竹叶、芸香草等植物。

3. 表皮毛

表皮毛(epidermal hair)是表皮上具有的各种单细胞或多细胞的毛状附属物(图 4-7),具有保护和防止下面失水的作用。有些植物还具有分泌功能的表皮毛,可以分泌出芳香油、黏液等物质。根尖部分的表皮具根毛,主要功能是吸收水分和无机盐,因此,它不属于保护组织,而属于吸收组织。

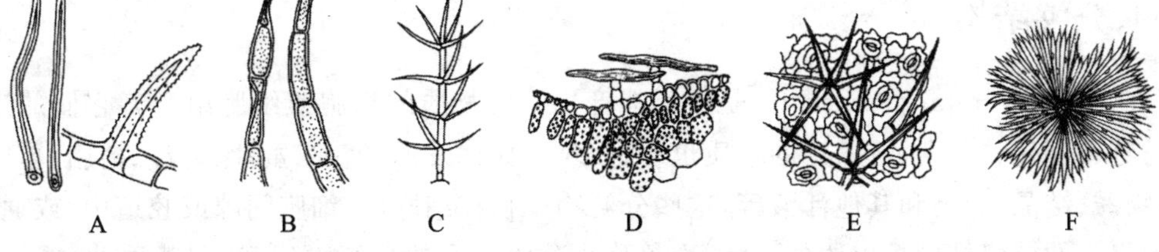

图 4-7　非腺毛类表皮毛

A. 单细胞表皮毛;B. 多细胞表皮叶毛(洋地黄);C. 分枝状毛(毛蕊花叶);
D. 丁字形毛(艾叶);E. 星状毛(蜀葵叶);F. 鳞毛(胡颓子叶)

(二) 周皮

有些植物根和茎可以加粗,加粗过程中破坏了作为保护组织的表皮,在表皮下又有新的保护组织出现,这种组织叫做周皮(periderm)(图 4-8A)。在植物的器官产生周皮时,一些成熟的细胞恢复分裂能力,形成木栓形成层。木栓形成层进行切向分裂,向外形成大量的木栓层,向内形成少量的薄壁细胞,叫做栓内层。木栓层、木栓形成层和栓内层合在一起叫做周皮。周皮是次生保护组织。

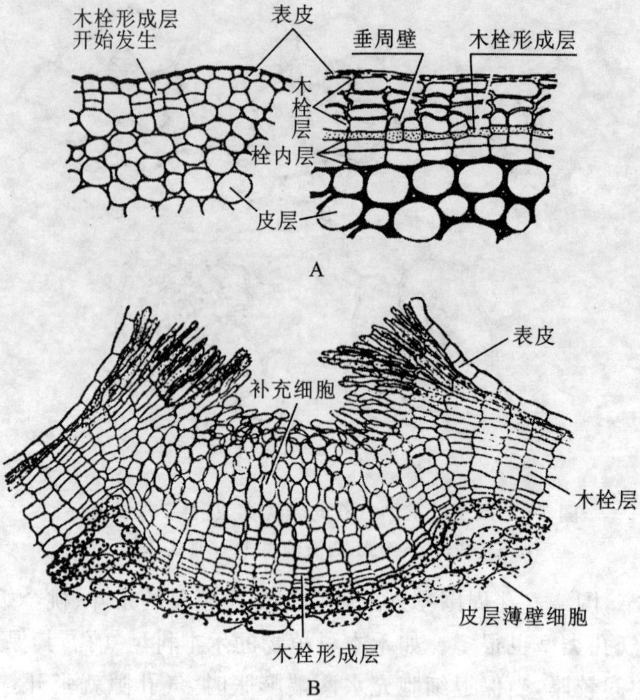

图 4-8　周皮的发生和皮孔

A. 周皮的发生；B. 皮孔

木栓层由多层细胞构成，细胞扁平，没有细胞间隙，细胞壁高度栓质化。

在已形成周皮的茎上，通常肉眼可以看到一些褐色或者白色的圆形、椭圆形、方形或其他形状的突出斑点，称为皮孔(lenticel)(图 4-8B)。这是由于周皮形成时，气孔下方的木栓形成层产生的细胞不是正常的木栓层，而是排列疏松的球形补充细胞(complementary cell)突破周皮和木栓层形成唇形突起。皮孔是周皮形成后，植物与外界环境进行气体交换的通道。

四、分泌结构

分泌结构(secretary structure)是一类能产生分泌物质的细胞或细胞组合。它们的来源、形态与分布都比较复杂，所分泌的物质也多种多样，如挥发油、糖类、蜜汁、乳汁、树脂、单宁、黏液、生物碱、结晶、盐类和其他汁液等，这些分泌物聚积在细胞内、细胞间隙或腔道中，或通过一定细胞组成的分泌结构排出体外，这种现象称为分泌。有的分泌物(蜜汁和芳香油)能引诱昆虫，有利于传播花粉和果实；有的能溢出多余盐分，使植物免受高盐的危害；某些植物分泌物能抑制或杀死某些病菌及其他生物来保护自身；许多分泌物质是重要的药物、香料或工业原料，具有重要的经济价值。

根据分泌结构发生部位和分泌物溢排情况，分泌结构可分为外分泌结构和内分泌结构两类。

(一) 外分泌结构

外分泌结构(external secretary structure)分布于植物体的外表，能将分泌物排于体外。常见的有腺毛、腺鳞、蜜腺(图 4-9)和排水器(图 4-10)等。

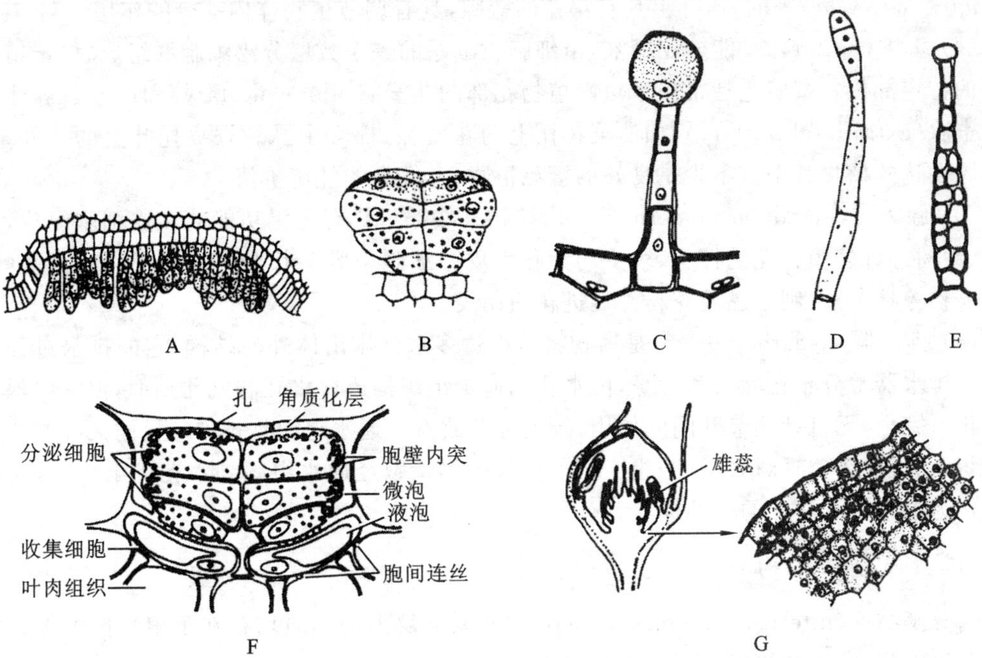

图 4-9 外分泌结构(引自郑汉臣等)

A. 棉叶主脉处的蜜腺;B. 薄荷属的蜜腺;C. 天竺葵属茎上的腺毛(具单细胞头部);D. 烟草的腺毛(具多细胞头部);E. 麻属花萼的花蜜分泌毛;F. 无叶柽柳的盐腺;G. 草莓的花蜜腺

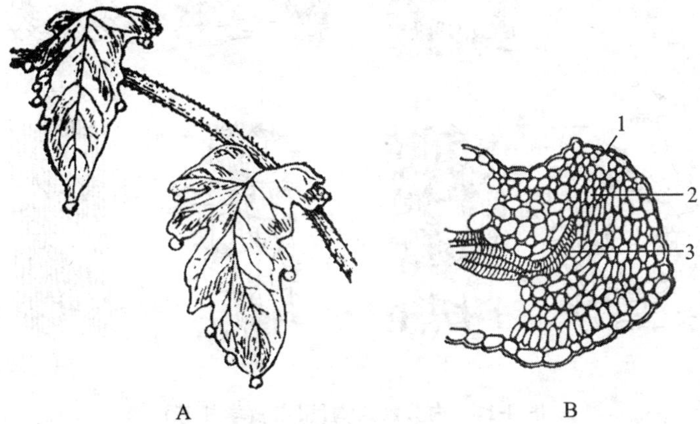

图 4-10 番茄叶上的排水器

A. 番茄叶缘的吐水现象;B. 叶缘排水器切面观

1. 水孔;2. 通水组织;3. 导管的末端

(1) 腺毛(glandular hair) 腺毛是具有分泌作用的毛状体,通常包括头部和柄部两部分。头部是分泌物质的部位,由单细胞或多细胞组成,开始时分泌物储存于细胞壁和角质层之间,以后角质层破裂而向外分泌黏液和精油,对植物具有保护作用,如烟草、番茄、泡桐等的幼茎或叶表面有腺毛存在。

(2) 腺鳞(glandular scale) 腺鳞的顶部分泌细胞较多,呈鳞片状排列,唇形科植物常具腺鳞。

(3) 盐腺(salt gland) 其分泌物是盐类。盐生植物如补血草属(*Statice*)、无叶柽柳

(*Tamarix aphylla*)等的茎,叶上具有泌盐的盐腺,具有调节植物体内盐分的作用。

(4) 蜜腺(nectary) 能分泌糖液,由细胞质浓厚的一至数层分泌细胞群组成,位于植物体表面的特定部位。蜜腺包括常位于虫媒植物花部的花蜜腺(floral nectary)和位于营养体上的花外蜜腺(extrafloral nectary),如油菜花托上的花蜜腺、棉叶中脉和蚕豆托叶上的花外蜜腺。花蜜腺发达的植物其中有不少是良好的蜜源植物,有较高的经济价值。

(5) 腺表皮(glandular epidermis) 由植物某些部位具有分泌功能的表皮细胞组成,如矮牵牛、漆树等许多植物花的柱头、表皮均为腺表皮。细胞呈乳头状突起,能分泌糖、氨基酸、酚类化合物等柱头液,利于黏着花粉并促进花粉萌发。

(6) 排水器(hydathode) 它是植物将体内过多水分排出体外的结构,它的排水过程称为吐水。排水器常分布在叶尖和叶缘,由水孔和通水组织构成。水孔和气孔相似,但它的保卫细胞分化不完全,无自动调节开闭的作用,故始终开放着。通水组织是排列疏松而无叶绿体的叶肉组织,细胞较小,与脉梢的管胞相连。水从木质部管胞经通水组织到水孔排出体外,这种现象可作为根系正常活动的一种标志。

(二) 内分泌结构

内分泌结构(internal secretary structure)及其分泌出的物质均存在于植物体内部。常见的有分泌细胞、分泌腔、分泌道和乳汁管(图 4-11)。

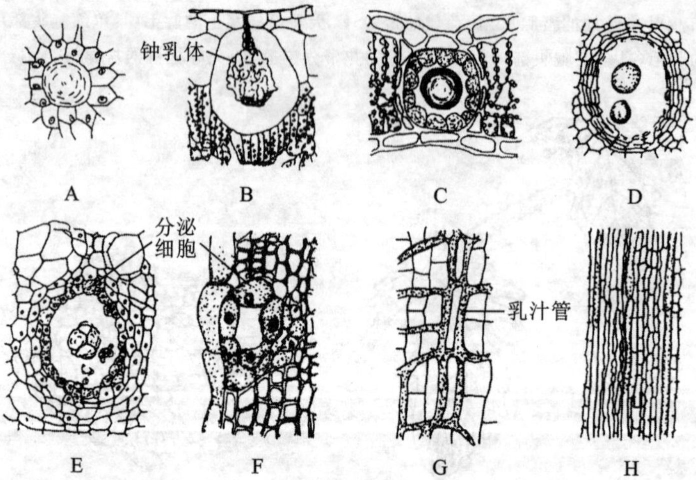

图 4-11 内分泌结构(引自贺学礼等)

A. 鹅掌楸芽鳞中的分泌细胞;B. 三叶橡胶中含钟乳体细胞;C. 金丝桃叶中的裂生分泌腔;D. 柑橘属果皮中的分泌腔;E. 漆树的漆汁道;F. 松树的树脂道;G. 蒲公英的乳汁管;H. 大蒜中的有节乳汁管

(1) 分泌细胞(secretary cell) 常单个分散于薄壁组织中,细胞较大,内含特殊分泌物质(图 4-11A)。根据分泌物质的类型,可分为油细胞(樟树、木兰科、腊梅科等的茎、叶)、黏液细胞(仙人掌科、锦葵科)、含晶细胞(桑科、石蒜科、鸭跖草科等)、鞣质细胞(葡萄科、景天科、豆科、蔷薇科等)以及芥子酶细胞(白花菜科、十字花科)等。

(2) 分泌腔(secretary cavity) 分泌腔是一种短轴的囊状内分泌结构。一群最初有分泌能力的细胞中,后来部分细胞溶去形成囊状间隙(溶生的)或细胞分离形成的裂生间隙(裂生的)(图 4-11C)或两种方式结合而成的间隙(裂溶生的)。分泌物储存于腔穴中,如柑橘叶和果皮中透明的小圆点,就是溶生分泌腔(图 4-11D),在腔周围可以看到有部分损坏的细胞。薄壁细胞出现分泌能力，细胞壁溶解形成腔囊状结构，细胞中的分泌物贮积在溶生的腔中，柑橘果皮中和棉花子叶中都有这种分泌腔。有些植物（如桉树属）的分泌腔，也可以是由分泌细胞之间发生离隙而形成裂生分泌腔。

（3）分泌道（secretary canal）　分泌道是长轴的管状内分泌结构，它们是分泌细胞的胞间层溶解而形成的纵向或横向长形细胞间隙，也分为溶生的和裂生的两类。松柏类木质部中树脂道和漆树韧皮部的漆汁道是裂生型分泌道（图 4-11E、F），完整的分泌细胞衬在分泌道周围，排出的树脂或漆汁积累在管道中；芒果属的茎和叶中的分泌道是裂溶生起源的。当植物受到创伤时，分泌物流出，可将伤口封盖，起保护作用。树脂和漆汁都是重要的工业原料。

（4）乳汁管（laticifer）　它是分泌乳汁的管状细胞，分为无节乳汁管（nonarticulate laticifer）和有节乳汁管（articulate laticifer）。无节乳汁管由一个细胞发育而成，随着植物体生长不断伸长和分枝，贯穿于植物体内，长度可达几米以上，如桑科、夹竹桃科、大戟属植物的乳汁管。有节乳汁管由许多管状细胞在发育过程中彼此相连，以后连接壁消失而形成，如菊科、番木瓜科、芭蕉科、旋花科以及橡胶属等植物的乳汁管（图 4-11G、H）。乳汁通常为白色或乳白色，少数植物为黄色、橙色甚至红色。乳汁成分很复杂，有橡胶、蛋白质、淀粉、糖类、酶、植物碱、有机酸、盐类、脂类、单宁等物质，多数有经济价值。

五、机械组织

机械组织（mechanical tissue）在植物体内起支持作用，因为有了机械组织的存在，植物体才直立高大。机械组织的细胞大都为细长形，其主要特点是有加厚的细胞壁。根据细胞形态和细胞壁加厚方式不同，机械组织分为厚角组织和厚壁组织两种。

（一）厚角组织

厚角组织（collenchyma）的细胞是活细胞，细胞长形，细胞壁在细胞的角隅处加厚（也有的呈板状加厚）（图 4-12）。细胞壁主要由纤维素组成，另外还含有果胶，但不含木质素，属初生壁，硬度不大，支持力弱，但延展性强，能随植物器官生长而延伸。厚角组织多分布在幼嫩植物的茎或叶柄内（图 4-13），如芹菜叶柄内。

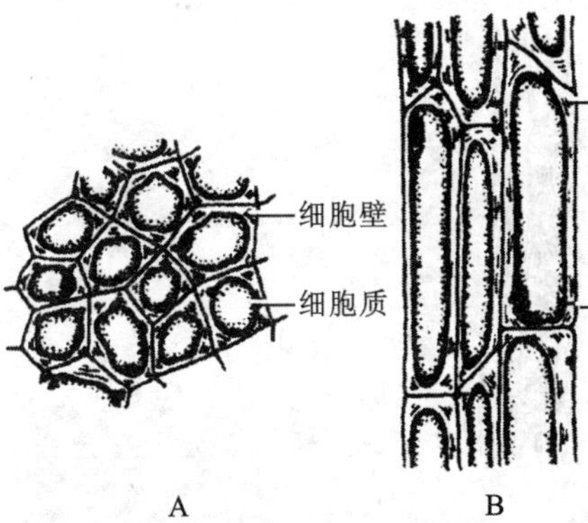

图 4-12　叶柄中的厚角组织

A. 横切面；B. 纵切面

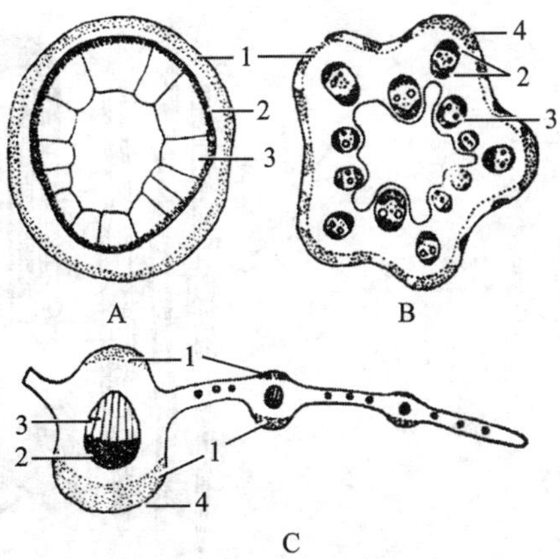

图 4-13　厚角组织分布图解

A. 在椴属木本茎中的分布；

B. 在南瓜属草本茎中的分布；C. 在叶中的分布

1. 厚角组织；2. 韧皮部；3. 木质部；4. 脊

(二) 厚壁组织(sclerenchyma)

厚壁组织与厚角组织不同,其细胞多为细长形或等直径形状,当细胞成熟后即死亡。在成熟过程中细胞壁全面加厚,并木质化。木质化是因为细胞纤维素微纤丝间沉积了一种含苯丙氨酸和酪氨酸的坚硬多聚分子——木质素(lignin)。因此,厚壁组织机械支持能力很强,是植物体的主要支持组织。根据其形状的不同,又可分为石细胞和纤维两类。

(1) 石细胞(stone cell) 石细胞一般由薄壁细胞经细胞壁强烈增厚分化而来,也可从分生组织活动的衍生细胞产生,为死细胞。石细胞的形状不规则,或稍伸长,或呈星芒状,但多为等径的(图 4-14)。细胞壁增厚的成分主要为木质,有时也有栓质参加。壁上可出现同心层纹,或形成分枝的纹孔道。石细胞可单个或成群分布,或形成连续的坚硬组织。植物的茎、叶、果实和种子中均常有,少数植物的根中也有发现。例如杜仲、樟树茎的韧皮部内,睡莲的根和叶中,茶的叶肉细胞之间,以及梨的果实,桃、李、椰子果实的坚硬的"核",菜豆、蚕豆的种皮等部位均存在着大量的石细胞。

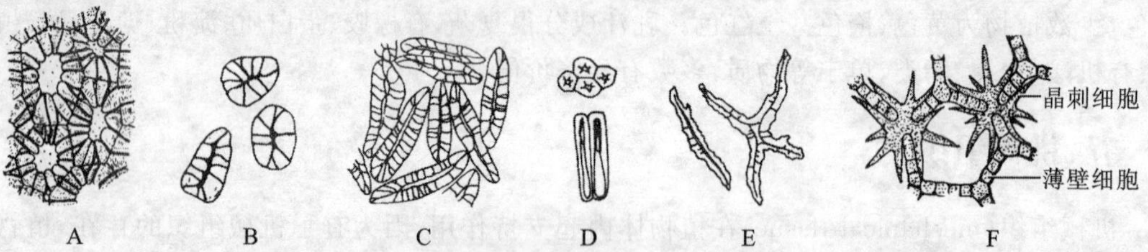

图 4-14 石细胞

A. 桃内果皮的石细胞;B. 梨果肉中的石细胞;C. 椰子内果皮的石细胞;
D. 菜豆种皮的表皮层石细胞的横切面(上)和纵切面(下);
E. 山茶属叶柄中的石细胞;F. 萍蓬草属叶柄中的星状石细胞

(2) 纤维(fiber) 纤维细胞狭长,末端尖锐,细胞壁明显增厚,但木质化的程度差别很大,有的很少木质化,有的则木质化程度很高;细胞腔狭小,原生质体通常解体消失;细胞壁上有少数小的缝隙状纹孔。纤维细胞互以尖端交错连接,多成束成片地分布于植物体中,形成植物体内主要支持或强化韧性的机械组织。纤维可分为韧皮纤维和木纤维两大类(图 4-15)。严格

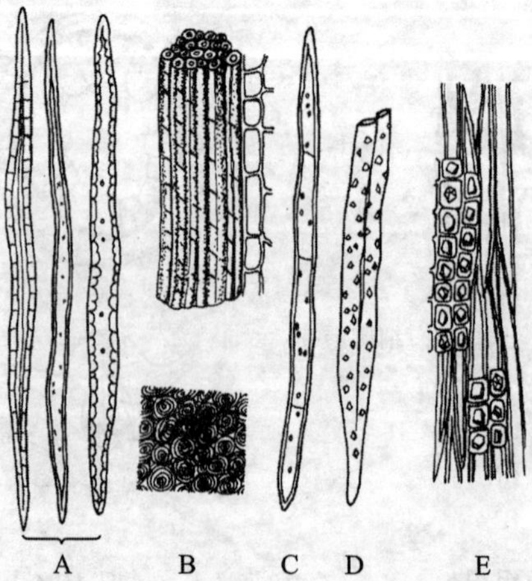

图 4-15 各种纤维(引自郑汉臣等)

A. 单纤维;B. 纤维素;C. 分隔纤维(姜);D. 嵌晶纤维(南五味子根);E. 晶纤维(甘草)

地说，韧皮纤维是指韧皮部中发生的纤维，但有时将木质部以外的(包括皮层和维管束鞘部分)纤维概括地称为韧皮纤维。韧皮纤维很长，大麻单个纤维细胞的长度可达 10～100 mm，苎麻的纤维细胞最长可达 550 mm。它们细胞壁的加厚成分几乎全为纤维素，是优良的纺织原料。黄麻的纤维细胞较短，长 8～40 mm，并且细胞壁的木质化程度较高，一般可用于搓麻绳、织麻袋等。木纤维是被子植物木质部中的组分之一，细胞较韧皮纤维细胞短，一般长约 1 mm。细胞壁木质增厚，细胞腔狭小。木纤维坚硬且无弹性，脆而易断，可供建筑用材、造纸或人造纤维之用。

六、输导组织

输导组织(conducting tissue)是植物体内长途运输水分和各种物质的组织，其主要特征是细胞呈长管形，细胞间以不同方式相互联系，在整个植物体的各器官内成为连续的系统。根据运输物质的不同，又分为两大类：一类是输导水分以及溶解于水中物质的导管和管胞；另一类是输导有机物质的筛管和筛胞。

(一) 导管

导管(vessel)普遍存在于被子植物的木质部中，由许多管状死细胞以端壁连接而成，总称导管。组成导管的每一个细胞称为导管分子(vessel element)。

导管分子幼时管径比较狭小，是生活细胞，含有原生质体，并可见到微管、内质网和高尔基体等细胞器。在细胞成熟过程中，导管分子直径显著增大，细胞内出现大液泡，在微管集中分布的部位逐渐形成带各种花纹的次生壁。不久，导管分子发生胞溶现象并释放水解酶，原生质体被分解，细胞质和细胞核消失，细胞间的横壁渐次溶解，最后横壁消失，形成穿孔。有的成为大的单穿孔，有的成为由数个孔穴组成的复穿孔。具有复穿孔的端壁称为穿孔板。穿孔的形成使导管中的横壁打通，成为贯通的长管(图 4-16)。导管的长度通常由几厘米到 1 m。在一些藤本植物中，导管可长达数米，如紫藤的导管可长达 5 m。

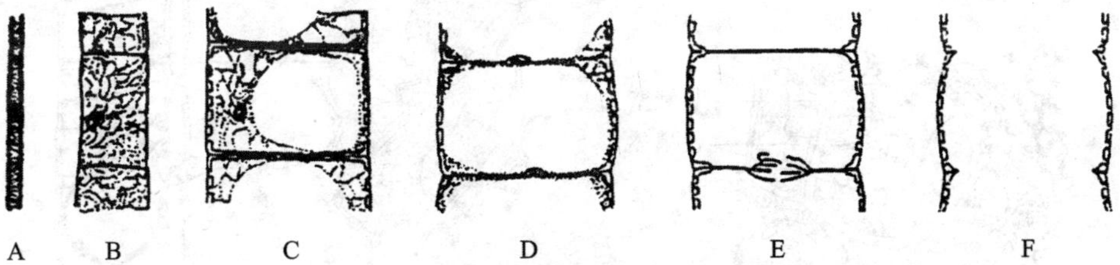

图 4-16　刺槐导管形成的各个时期(引自王权喜等)

A. 形成层分裂产生的幼细胞；B. 细胞长大；C. 细胞继续长大，次生壁产生，纹孔形成；D. 端壁变薄；E. 端壁开始溶解；F. 穿孔形成

导管分子的形态及其端壁穿孔的类型，常随植物种类的不同而不同。从系统演化的先后来看导管分子，那些外形扁宽、端壁近于垂直侧壁、形成单穿孔的，比外形狭长、末端斜尖、形成复穿孔的更为进化。在生理适应上，前者的输导能力较后者的更强，更适于通过较大的水液流量。根据导管的发育先后和侧壁木化增厚的方式不同，可将导管分为环纹、螺纹、梯纹、网纹和孔纹五种导管(图 4-17)。①环纹导管(annular vessel)，每隔一定距离有一环状木质化次生壁加厚于导管初生壁内侧。②螺纹导管(spiral vessel)，木质化次生壁呈螺旋带状。③梯纹导管(scalariform vessel)，木质化增厚的次生壁部分呈横条状隆起，与未增厚的初生壁相间排列，

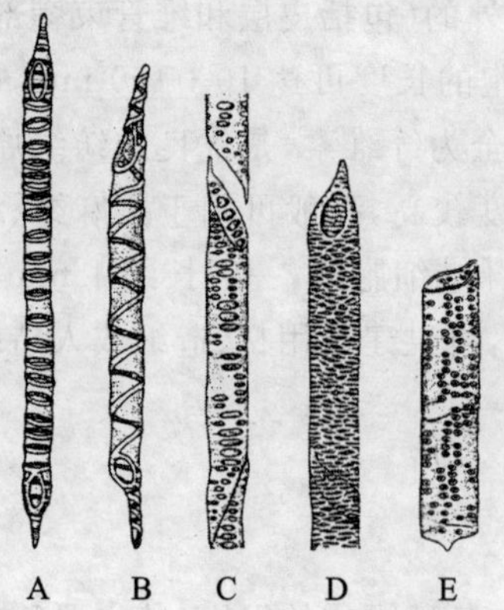

图 4-17　导管类型

A. 环纹导管；B. 螺纹导管；C. 梯纹导管；D. 网纹导管；E. 孔纹导管

呈梯形。④网纹导管(reticulated vessel)，侧壁呈网状木化增厚，“网眼”为未增厚的初生壁。⑤孔纹导管(pitted vessel)，侧壁大部分木质化增厚，未增厚部分形成孔纹。

环纹和螺纹导管由于增厚的部分不多，所以仍可适应器官的伸长生长。这 2 种导管的直径小，输水能力弱，抗性小，容易破坏，在器官早期生长过程中出现，主要分布在原生木质部中。梯纹、网纹和孔纹导管壁的增厚较多，细胞壁的延展性大为降低。这 3 种导管的直径较大，输导效率显著提高，出现于器官组织分化的后期，主要分布在后生木质部和次生木质部中。木质部中有作用的导管，仅是发育后期形成的导管，其中孔纹导管比较普遍。

植物的水分是分段经过多条导管曲折连贯向上运输的，而不是由一条导管由根到顶。导管输导功能有一定有效期，有效期长短因种而异，有的多年生植物可达数年，有的可达十余年。老导管会在新导管形成后因导管四周薄壁细胞增大，通过导管壁上的纹孔侵入导管腔内，形成大小不等的囊泡状突起，充满导管腔而相继失去输导能力。这种突入生长的囊泡状结构称为侵填体(tylosis)(图 4-18)。侵填体包含单宁、晶体、树脂和色素等物质，甚至薄壁细胞的细胞核和细胞质。侵填体堵塞导管在双子叶植物中，尤其木本植物中更为常见，如枥属、洋槐属、葡萄属、桑属等；一些草本植物，如南瓜、木薯、茄、甘蔗等中也存在。侵填体的形成降低了木材的透性，增强抗腐能力，防止病菌侵害，对增强木材的坚实度和耐水性具有一定作用。

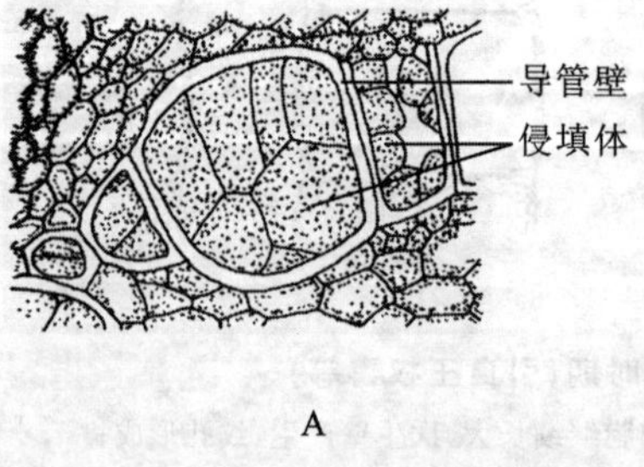

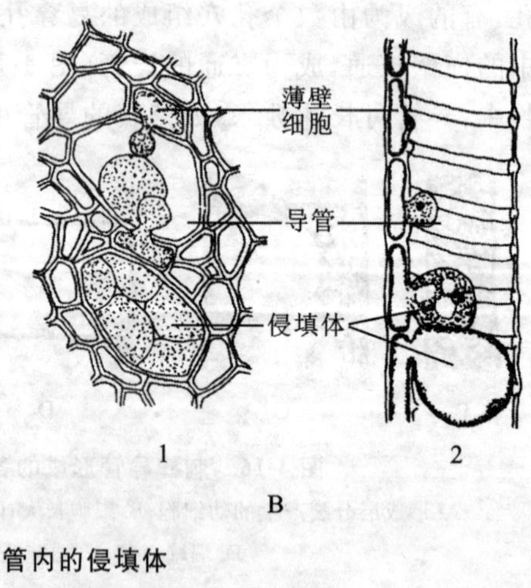

图 4-18　导管内的侵填体

A. 木薯块根导管中的侵填体；B. 刺槐茎导管中的侵填体形成

1. 导管横切面；2. 导管纵切面

（二）管胞

管胞(tracheid)是绝大多数蕨类植物和裸子植物唯一的输水机构，在大多数被子植物中与导管同时存在于木质部。在细胞成熟过程中，细胞次生壁也不均匀加厚并木质化，形成环纹、螺纹、梯纹、网纹和孔纹五种类型的管胞，细胞成熟后也死亡。与导管分子不同的是，管胞细胞两头尖，在两管胞间不形成穿孔，而是靠细胞壁上的纹孔相连通。同时管胞细胞直径小，因此，输导水分的能力比导管要小得多。管胞除了运输水分和无机盐外，还有一定的支持功能（图4-19）。

（三）筛管和伴胞

筛管(sieve tube)是一连串的具有运输有机物质能力的管状细胞的总称。每一个单独的细胞叫做筛管分子(sieve tube element)（图 4-20）。筛管分子纵向连接，分布于被子植物韧皮部。筛管分子通常只有纤维素分子构成的初生壁，在筛管分子间连接的端壁上有许多孔，叫做筛孔(sieve pore)。筛孔常成群分布于细胞壁，壁上具筛孔的区域叫做筛域(sieve area)。分布一至多个筛域的端壁叫做筛板(sieve plate)。

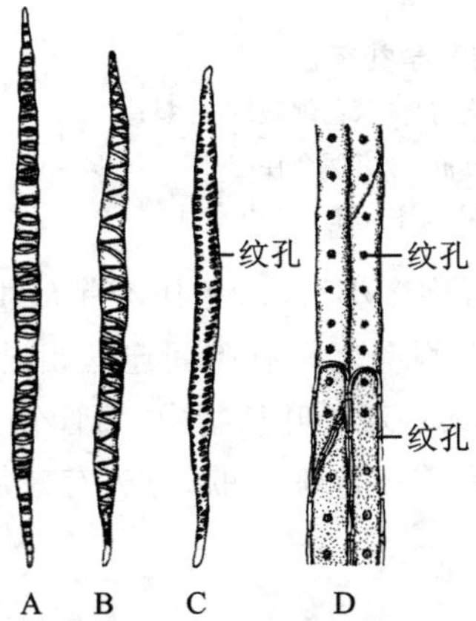

图 4-19　管胞的类型

A. 环纹管胞；B. 螺纹管胞；C. 梯纹管胞；
D. 孔纹管胞（相邻细胞的壁上成对存在具缘纹孔）

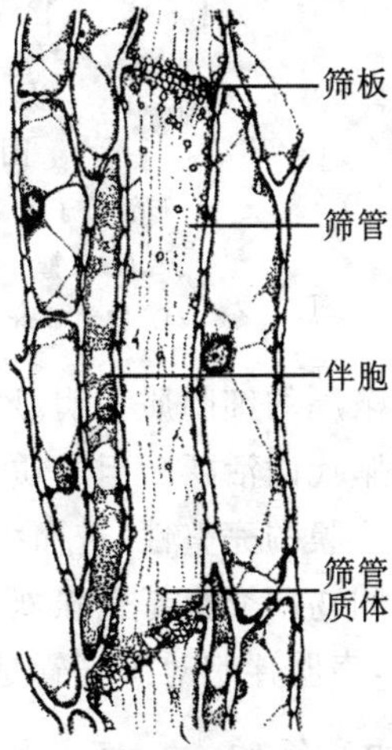

图 4-20　烟草茎韧皮部中的筛管与伴胞纵切面

筛管分子为长管形薄壁细胞，具有活的原生质体，在其发育过程中，原生质体的变化很大：细胞核与液泡膜解体，线粒体和内质网退化，核糖体和高尔基体逐渐消失。随着核的解体，会出现含蛋白质的黏液体(slime body)，其含有的特殊蛋白质称为 P-蛋白(phloem protein)。有人认为 P-蛋白是一种收缩蛋白，与有机物运输有关。黏液体分散在细胞中，并呈细丝状联络索(connecting strand)通过筛板上的筛孔连接相邻筛管分子原生质体，从而构成有机物质的运输通道。

筛孔周围衬有胼胝质，随筛管成熟老化，胼胝质不断增多，在筛孔附近形成垫状物，堵住筛孔。此时联络索相应变细，以至完全消失。这种垫状物称为胼胝体(callosity)（图 4-21）。单子叶植物整个活动周期内都不丧失筛管的输导功能，而一些多年生双子叶植物在冬天来临前，由于胼胝体的形成，筛管暂时失去输导能力，到第二年春天，胼胝体溶解，筛管功能恢复。当植物受到损伤等外界刺激时，筛管分子能迅速形成胼胝质封闭筛孔，阻止营养物的流失。一般筛管长 0.1～2 mm，直径为 10～70 μm。同化产物的输送速率为 10～100 cm/h，最快可达 200 cm/h。运输方向可上可下，一般由营养物质丰富的部位向含量较低的部位输送。

在筛管分子中的一侧有一个或几个小型、细长、两头尖的薄壁细胞相伴生在一起，称为伴胞(companion cell)。伴胞和筛管分子共同起源于一个细胞（也就是由一个细胞分裂而来的），

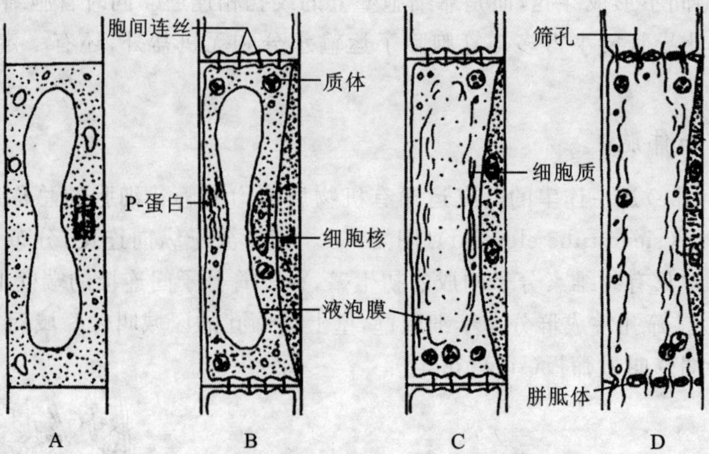

图 4-21　筛管分子的发育图解(引自贺学礼等)

A. 筛管分子前身在分裂;B. 筛管分子具有 P-蛋白,伴胞前身(深色细胞)在分裂;
C. 筛管分子的核退化,液泡膜部分破裂,P-蛋白分散,旁有两个伴胞;
D. 成熟筛管分子,在筛孔处衬有胼胝质并含有一些 P-蛋白,看不到内质网

细胞有浓厚的细胞质和明显的细胞核,具有多种细胞器,有许多小液泡,尤其含有大量线粒体,说明伴胞代谢活跃。但其质体内膜分化较差。伴胞与筛管侧壁之间有胞间连丝相通,它对维持筛管质膜的完整性,进而维持筛管功能有重要作用。在某些双子叶植物中,筛管分子与邻近细胞之间物质交换特别强烈,伴胞发育出内褶的细胞壁,具有传递细胞的特点,有效加强了短途运输,表明伴胞对于筛管是起转载和卸除的作用。

(四) 筛胞

植物体内,筛管、伴胞常和薄壁细胞、纤维素聚合在一起,构成一种复合组织,叫做韧皮部(phloem)。韧皮部的主要功能是运输有机物质,另外,还有支持功能。裸子植物和蕨类植物韧皮部中没有筛管,只有筛胞(sieve cell),它是单独的输导单位。筛胞是一种细长细胞,两端渐尖而倾斜,侧壁上有不甚明显的筛域。筛胞与筛管的主要区别是端壁不形成筛板,而以筛域与另一个筛胞相通,有机物质通过筛域输送;原生质体中也没有 P-蛋白。筛胞的运输效率低,是比较原始的类型。

导管和筛管是植物体内输导组织的主要组成部分,也是某些病毒侵染的途径。如棉花枯萎病菌的菌丝可从导管侵入,某些病毒可通过媒介昆虫进入韧皮部,引发病害。分生组织未分化形成微管组织,虽然病毒还可通过胞间连丝传播,但传播缓慢,而分生区细胞分裂和生长的速率快,因而分生区带病毒少。茎尖脱毒和根尖脱毒技术就是建立在此原理基础上的。植物脱毒培养是指把茎尖或根尖生长点接种在特定的培养基上,经过一段时间的培养,待生长点长成完整植株后,通过病毒检测,筛选出无毒植株的过程。常见的有马铃薯、百合茎尖脱毒等。

第三节　维管束及其类型

植物体内的各种组织不是孤立存在的,它们彼此紧密配合,共同执行着各种机能,从而使植物体成为有机统一的整体。通常,植物体或植物器官中由一些复合组织进一步在结构和功能上组合而成的复合单位称为组织系统(tissue system)。在蕨类和种子植物中,以输导组织为主体,由输导、机械、薄壁等几种组织组成的复合组织,称为维管组织(vascular tissue)。当维管组织在器官中呈分离的束状结构存在时,就称为维管束(vascular bundle),如叶片中的叶脉、柑橘果皮内的橘络、丝瓜的瓜络等。维管束是植物进化到高级阶段才出现的组织,因此,蕨类植物、裸子植物和被子植物也总称为维管植物(vascular plant)。种子植物(特别是被子植物)体内的维管组织更为发达、更为完善,是其能在地球上繁荣昌盛的主要原因之一。

一、维管束的组成

维管束主要由韧皮部和木质部构成,韧皮部主要由筛管、伴胞、筛胞、韧皮薄壁细胞与韧皮纤维构成,木质部主要由导管、管胞、木薄壁细胞与木纤维组合而成。

双子叶植物和裸子植物根和茎的维管束,在韧皮部和木质部之间有形成层(cambium),能不断分裂产生新细胞,所以称为无限维管束或开放性维管束(open bundle)。单子叶植物和蕨类植物根和茎的维管束没有形成层,不能分裂产生新细胞,所以称为有限维管束或闭锁性维管束(closed bundle)。

二、维管束的类型

根据维管束中木质部和韧皮部相互排列方式的不同以及形成层的有无,维管束可分为下列几种类型(图 4-22)。

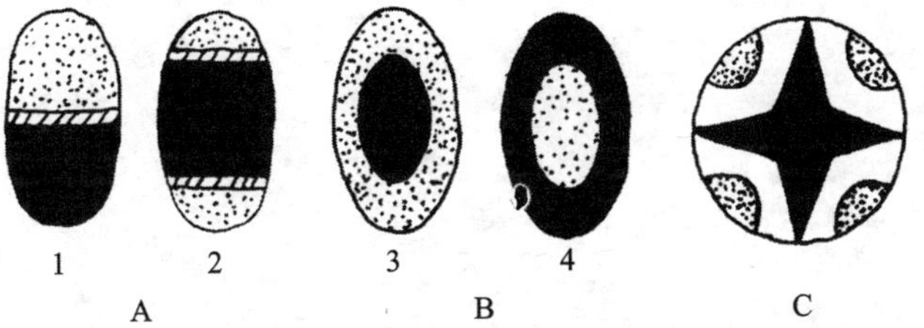

图 4-22　维管组织排列类型

A. 并生排列;B. 同心排列;C. 辐射排列

1. 外韧维管束;2. 双韧维管束;3. 周韧维管束;4. 周木维管束

(1) 有限外韧维管束　韧皮部位于外侧,木质部位于内侧,两者并行排列,中间无形成层,如单子叶植物茎的维管束。

(2) 无限外韧维管束　与有限外韧维管束的不同点是韧皮部和木质部之间有形成层,这样的维管束能不断增粗,如裸子植物和双子叶植物茎中的维管束。

(3) 双韧维管束　木质部的内外都有韧皮部,并在外侧韧皮部和木质部之间有形成层。常见于茄科、葫芦科、夹竹桃科、旋花科、桃金娘科等植物的茎中。

(4) 周韧维管束　木质部在中间,韧皮部围绕在木质部的四周。常见于百合科、禾本科、棕榈科、蓼科以及某些蕨类植物。

(5) 周木维管束　韧皮部在中间,木质部围绕在韧皮部的四周。常见于百合科、鸢尾科、天南星科、莎草科、仙茅科等植物的根茎中。

此外,在根的初生结构中,木质部有若干辐射角,韧皮部间生于辐射角之间,两者交互呈辐射排列,不相连接,不形成维管束,可称为辐射排列的维管组织。

阅读与探究

1. 区别下列各组名词：

导管和管胞；导管和筛管；筛管和筛胞；厚角组织和厚壁组织。

2. 什么是组织？植物组织有哪些类型？

3. 植物的分生组织有哪几种类型？在植物体中如何分布？

4. 基本组织有哪些特点？它对植物生活有何意义？

5. 植物组织培养切取的通常是什么部位？这些部位含有什么组织？有何特点？

6. 试举例说明植物的分泌结构有哪些类型？

7. 从输导组织的结构和组成分析，为什么被子植物比裸子植物更高级？

8. 比较表皮和周皮的起源、功能、结构特征和分布上的异同。

9. 如何从外观上区分具表皮和具周皮的枝条？

第三篇

孢 子 植 物

第五章

藻类植物

第一节　藻类植物概述

一、藻类的生态习性与分布

藻类植物是植物界中起源最早的一群没有根、茎、叶分化的，能进行光合作用的低等自养植物，大多水生。藻类植物的形态结构差异很大，类型多样，有单细胞、群体、丝状体、多核体、管状体、假薄壁组织体和薄壁组织体等类型。体型从几微米到上百米不等，绝大多数体型较小，须借助显微镜观察。藻类植物的光合色素比较多样，有叶绿素类、胡萝卜素类、叶黄素类和藻胆素等。不同的藻类其色素种类、含量各有差异，由此形成各门藻类在颜色方面的差异，也导致光合作用产物等方面的差异。载色体的形态也比高等植物多样化。藻类的生殖器官为单细胞，少数为多细胞，繁殖细胞缺乏不育的保护细胞层，通常以细胞分裂和形成多种孢子方式进行营养和无性繁殖。有性生殖产生能游动或不动的配子，有同配、异配、卵式配和接合生殖等不同类型，合子不发育成胚。藻类生活史类型丰富，根据减数分裂发生的时期不同，可分为合子减数分裂、配子囊减数分裂和孢子囊减数分裂三种类型。

藻类分布很广，海水、淡水以及潮湿的土壤、墙壁、岩石或树干上，甚至一些极端的环境中如冰川、荒漠和温泉中都能见到它们，可以说只要有水和阳光的地方都有它们的踪迹。藻类植物具有十分重要的生态学意义。在水体中，它们是各种水生动物赖以生存的基础——初级生产者；同时许多藻类光合效率高，生长快且富含营养物质（如蛋白质、脂类、碳氢化合物等），可为人类提供多种需求，有的可作为提取琼脂、碘、铀等的原料，有的含药用成分，有着广阔的应用前景。

二、藻类植物分门的依据

现存的藻类植物大约 3 万种。藻类与种子植物不同，它不是在系统演化上一个自然的分类类群，而是一大群在演化上亲缘关系并不密切的松散集群，因此藻类既是植物界中最为原始的一个类群，也是最为复杂多样的一个类群。根据藻体的形态，鞭毛有无、数目、着生位置和类型，细胞的结构，细胞壁成分，所含色素的种类及载色体形态结构，储藏物质的类别，以及生殖方式和生活史类型等，通常把藻类植物分成 11 门，各门的主要特征见表 5-1。

表 5-1　各门藻类的主要特征

门	细胞壁成分	主要色素	储藏物质	鞭毛数	习性
蓝藻门 (Cyanophyta)	肽聚糖	Chl. a、PE、PC、APC	淀粉	0	淡水或气生
裸藻门 (Euglenophyta)	无细胞壁，具表质	Chl. a、b	淀粉	1～2 条	主要淡水生
甲藻门 (Pyrrophyta)	纤维素	Chl. a、c	淀粉	2 条不等长鞭毛	海生、淡水生
隐藻门 (Cryptophyta)	无细胞壁，具周质体	Chl. a、c，PC 或 PE	淀粉	2 条等长鞭毛	海生、淡水生
金藻门 (Chrysophyta)	果胶质、硅质	Chl. a、c	金藻昆布糖	2 条不等长鞭毛	海生、淡水生
黄藻门 (Xanthophyta)	果胶质、少量纤维素和硅质	Chl. a、c	金藻昆布糖	如有，为 2 条不等长鞭毛	多为淡水生
硅藻门 (Bacillariophyta)	果胶、硅质	Chl. a、c	金藻昆布糖	1 条，仅出现于生殖细胞	海生、淡水生
绿藻门 (Chlorophyta)	纤维素	Chl. a、b	淀粉	0 至多数	海生、淡水生或气生
轮藻门 (Charophyta)	纤维素	Chl. a、b	淀粉	精子具 2 条等长鞭毛	淡水生
红藻门 (Rhodophyta)	果胶质、纤维素	Chl. a、PE、PC、APC	淀粉	0	0 至多数
褐藻门 (Phaeophyta)	藻胶、纤维素	Chl. a、c	海带多糖	2 条不等鞭毛	0

注：Chl. 为叶绿素类；PE 为藻红素；PC 为藻蓝素；APC 为别藻蓝素。

本书重点论述蓝藻门、硅藻门、绿藻门、轮藻门、红藻门和褐藻门。

第二节　蓝　藻　门

一、蓝藻门(Cyanophyta)的主要特征

(一) 形态构造特征

蓝藻形态多样，通常可分为单细胞和胶群体、不分枝或伪分枝丝状体、真分枝丝状体几种类型。不同丝状蓝藻，其丝状体含有的藻丝数量不同，有一条或数条不等。

蓝藻细胞外具明显细胞壁，在电镜下观察，蓝藻细胞壁与革兰氏阴性菌相似，具肽聚糖和脂多糖层，但蓝藻的肽聚糖层较厚，肽聚糖可被溶菌酶溶解。蓝藻细胞壁外还普遍存在果胶

酸、黏多糖和少量纤维素组成的胶鞘。胶鞘通常有颜色，如红色、黄色、褐色、蓝色等。有的种类胶鞘薄易水化，有的则厚而坚固，常形成层理，可耐旱、耐高温等。

蓝藻细胞内原生质体分化为中心质（centroplasm）和周质（periplasm）两部分。中心质又称中央体（central body），位于细胞中央，遗传物质DNA呈细纤丝状，不与组蛋白结合形成染色体，仅具原始核（无核膜、核仁，但具核的功能），不具任何膜包裹的细胞器，故称为原核生物（procaryote）。

周质（periplasm），又称色素质（chomatoplasm），围绕在中心质四周。在电镜下可见许多双层膜围成的扁平闭合的囊状片层结构，即类囊体（thylakoid）或称光合作用片层（photosynthetic lamellae），单条有规律地均匀分布在周质中，没有分化形成载色体。类囊体是光合作用的场所，叶绿素a、叶黄素、藻胆素（phycobilin）等色素分布于类囊体表面。藻胆素是藻蓝素（phycocyanobilin）、藻红素（phycoerythrobilin）、别藻蓝素（allophycocyanin）、藻红蓝素（phycoerythrocyanin）的总称，它们是捕获光能的天线色素，将吸收的光能传递给叶绿素a。所有蓝藻都具有藻蓝素和别藻蓝素，藻红素和藻红蓝素只存于某些类群中，且蓝藻细胞中藻蓝素含量较大，故藻体常呈蓝绿色而被称为蓝绿藻（blue-green algae）。由于藻胆素常与组蛋白紧密结合成颗粒体，所以又称为藻胆蛋白（phycobiliprotein）或藻胆体（phycobilisome）。蓝藻光合作用的产物为蓝藻淀粉（cyanophycean starch）和蓝藻颗粒体（cyanophycin）。漂浮生活的蓝藻细胞内具有气囊（或称气泡），在光学显微镜下，由于折光的原因，气囊呈黑色、红色或紫色等多种颜色。气囊的主要功能是使藻体漂浮，同时还具遮光功能。

蓝藻细胞的亚显微结构如图5-1所示。

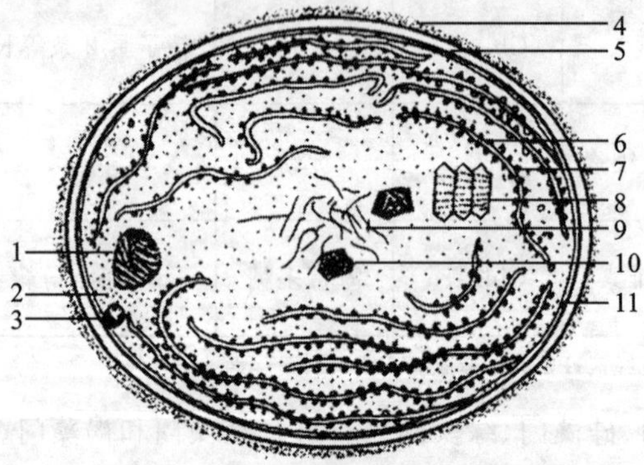

图5-1　蓝藻细胞的亚显微结构（改编自赵桂仿等）

1. 结构颗粒；2. 核糖体；3. 多聚磷酸体；4. 胶质鞘；5. 细胞壁；6. 类囊体；7. 藻胆体；8. 气泡；9. DNA；10. 多面体；11. 质膜

有些丝状蓝藻上含有一种特殊的细胞，称为异形胞（heterocyst）（图5-2）。

异形胞是蓝藻藻丝上的营养细胞形成的一种比营养细胞大的特殊细胞，且与营养细胞存在有规律的间隔。当营养细胞形成异形胞时，细胞内的储藏颗粒解体，细胞壁外部的多层包被消失，类囊体破碎损坏，形成新的膜结构，并分泌出新的壁物质于细胞壁外。由于细胞内容物溶解及壁物质的增加，在光学显微镜下，可观察到异形胞呈现无色透明状且壁较厚。异形胞与相邻的细胞连接处的细胞壁有向内突出的增厚的瘤状结构，称为"极节"。

异形胞具有以下几个方面的生物学意义：①异形胞可萌发形成新的植物体；②异形胞可形成内生孢子进行繁殖；③藻体常在异形胞处断裂形成藻殖段（homogonium）繁殖；④异形胞中

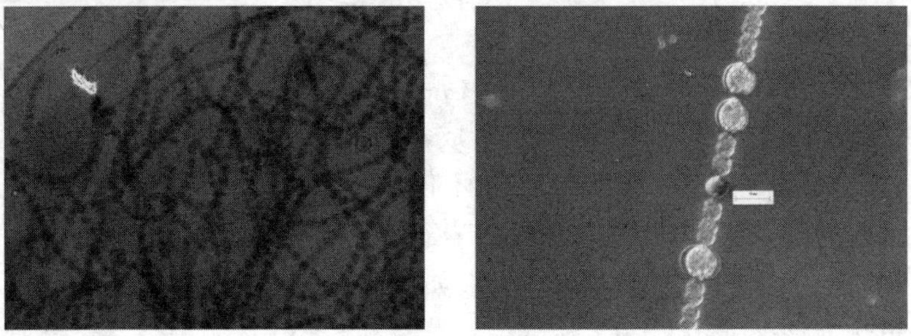

A　　　　　　　　　　　　B

图 5-2　异形胞

A. 念珠藻属(*Nostoc*);B. 鱼腥藻属(*Anabaena*)

含有丰富的固氮酶,形成固氮酶系统进行固氮作用。

(二) 繁殖特征

蓝藻的繁殖方式只有营养繁殖和无性生殖两种。单细胞类群的营养繁殖通过细胞直接分裂,胶群体类型则是由大群体分裂成若干小群体,甚至单个细胞。每个小群体或群体单细胞经过细胞多次分裂、形成形态、大小与母细胞一样的成熟群体。丝状蓝藻以藻殖段进行繁殖。藻殖段的形成方式有从死亡细胞处或异形胞之间的藻体断裂、营养细胞横壁胶化(形成双凹形胶质隔离盘)后断裂,以及机械作用断裂等。每个断裂下的少数细胞的片段即称藻殖段,更有利于散布漂流,在有利的环境下生长发育成为新的丝状体。

蓝藻的无性生殖是通过形成多种孢子来完成,包括厚壁孢子(akinete)、外生孢子(exospore)或内生孢子(endspore)。厚壁孢子是在某些丝状体蓝藻中出现的一种由营养细胞通过分化形成的不断产生的孢子,形成时营养物质积累,细胞壁增厚,体积增大,呈球形、长椭圆形或圆柱形等。厚壁孢子可长期休眠,甚至50～70年或更久,以度过不良环境期,待环境适宜时,孢子萌发,分裂形成新的丝状体。少数种类以产生外生孢子和内生孢子(图5-3)来繁殖,如管胞藻属(*Chamaesiphon*)某些种类,形成外生孢子时,细胞内原生质发生横分裂,形成大小不等的两块原生质,上端一块较小,形成孢子,基部一块仍具分裂能力,继续分裂形成孢子,孢子不断释放后,基部残留的母细胞壁形成假鞘。内生孢子极少见,由母细胞增大,原生质进行多次分裂,形成许多具有薄壁的子细胞,母细胞破裂后孢子放出,每个孢子萌发形成新的植物体,母细胞相当于孢子囊,如皮果藻属(*Derocarph*)。

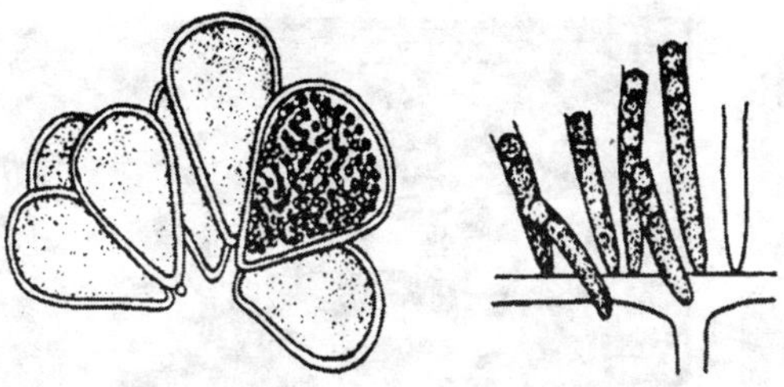

A　　　　　　　　B

图 5-3　蓝藻的内生孢子和外生孢子(引自吴国芳等)

A. 皮果藻属的内生孢子;B. 管胞藻属的外生孢子

（三）生境与分布特征

蓝藻是地球上分布最广的类群之一。在营养丰富的淡水水体中，蓝藻大量繁殖，通常在夏秋季节集聚水面，形成水华（water bloom），造成水质恶化。许多水华蓝藻能分泌各种化学性质不同的毒素，如微囊藻毒素、节球藻毒素等，不仅败坏水质，还严重影响人禽健康。营气生和亚气生生活的蓝藻种类也很多，出现在潮湿的岩石、墙壁、土表、树干等基质表面，有的与真菌共生形成地衣，甚至一些蓝藻与高等生物共生，如鱼腥藻常与水生蕨类满江红（*Azolla*）共生，还有的与裸子植物苏铁（*Cycas*）共生。

二、蓝藻门的分类及代表植物

蓝藻是地球上最原始的光合自养生物，化石资料证明在33亿～35亿年前它们就出现了，历经30多亿年的沧桑巨变后，现存于地球上的蓝藻物种并不多，现已定名的大约有3000种，有学者估计有5000种。本门分4目：色球藻目（Chroococcales），单细胞和群体，从未形成真正的丝状体，以细胞分裂进行繁殖；颤藻目（Qscillatoriales），丝状体，无异形胞，以细胞分裂和形成藻殖段方式进行繁殖；念珠藻目（Nostocales），丝状体具异形胞，某些属具伪分枝，以细胞分裂，藻丝断裂，形成藻殖段和厚壁孢子方式繁殖；真枝藻目（Stigonematales），藻体具真分枝和异形胞，繁殖方式与念珠藻目相同。

（一）单细胞类型的代表

色球藻属（*Chroococcus*）　属于色球藻目（Chroococcales）色球藻科（Chroococcaceae），为湖泊、池塘、水库等水体中常见的属，也生活在潮湿地面、树干上或滴水的岩石上。植物体为单细胞或群体。单细胞种类多为球形，外被固体胶鞘。群体是由两代或多代的子细胞在一起形成的，除群体胶鞘，每个细胞还具个体胶鞘。细胞呈半球形或四分体形，在细胞相接触处平直。群体胶鞘透明，层理明显（图5-4）。

（二）多细胞群体类型的代表

微囊藻属（*Microcystis*）　属于色球藻目（Chroococcales）。群体呈球形、椭圆形或不规则形，有时群体中具有穿孔，形成网状或窗格状的浮游性团块。群体胶被无色、透明，少数种类具有颜色；细胞呈球形、椭圆形或卵形，无个体胶被（图5-5）。有些种类产生微囊藻毒素（microcystins，MC），直接或间接危害水生动物及人类。

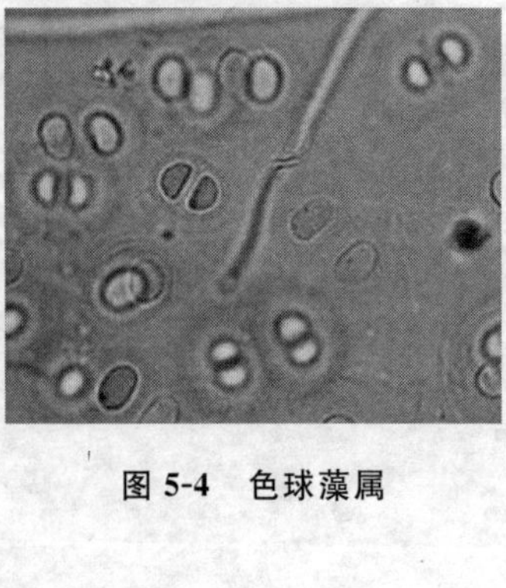

图5-4　色球藻属

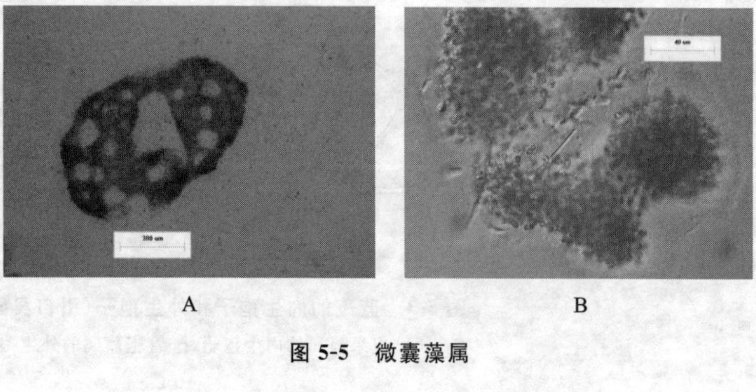

A　　B

图5-5　微囊藻属

（三）不分枝丝状体代表

（1）颤藻属（*Oscillatoria*）　属于颤藻目（Qscillatoriales）颤藻科（Oscillatoriaceae）。分布广，常丛生在富含有机质的浅水沟渠中或潮湿的土表，外观为蓝绿色的膜状物。植物体是由一列短圆形、方形或盘形的细胞组成的不分枝的丝状体。丝状体细胞通常宽大于长，细胞横壁收缢或不收缢，不具异形胞，无胶质鞘或具不明显的胶质鞘，以藻殖段进行繁殖。丝状体能前后运动或左右摆动，故称颤藻（图 5-6）。

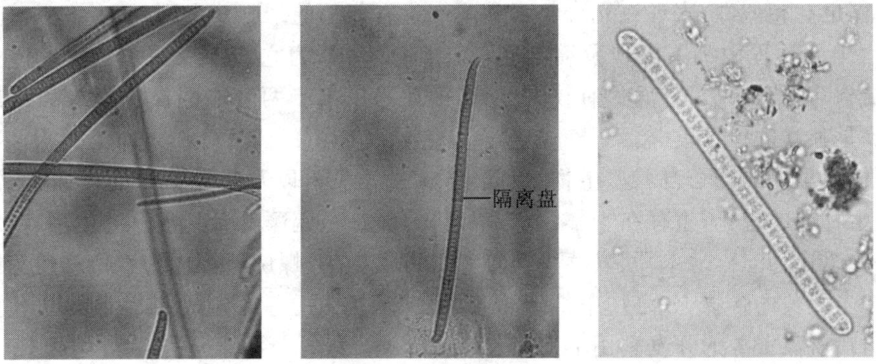

A　　B　　C

图 5-6　颤藻属

A. 示丝状体；B. 示隔离盘；C. 示藻殖段

（2）念珠藻属（*Nostoc*）　属于念珠藻目（Nostocales）念珠藻科（Nostocaceae）。在淡水中营漂浮生活或着生于潮湿的土壤及岩石上。细胞扁球形、圆柱形、桶形等，连接成不分枝的念珠状藻丝，无规则地集合在一个公共的胶质鞘中，常形成肉眼可见的中空或实心的胶状球体或片状、丝状及不规则状的扩展群。个体胶鞘或明显或相互融合，具异形胞，以藻殖段进行繁殖（图 5-7）。本属的地木耳（*N. commune*）、发菜（*N. flagelliforme*）等可食用。

（四）分枝丝状体代表

真枝藻属（*Stigonema*）　属于真枝藻目（Stigonematales）真枝藻科（Stigonemataceae）。植物体是由单列细胞至多列细胞构成的，具不规则侧生分枝的丝状体，多集生于潮湿岩石上，呈黑褐色。丝状体有厚而坚硬的胶质鞘，胶鞘多为黄褐色。具异形胞（图 5-8）。

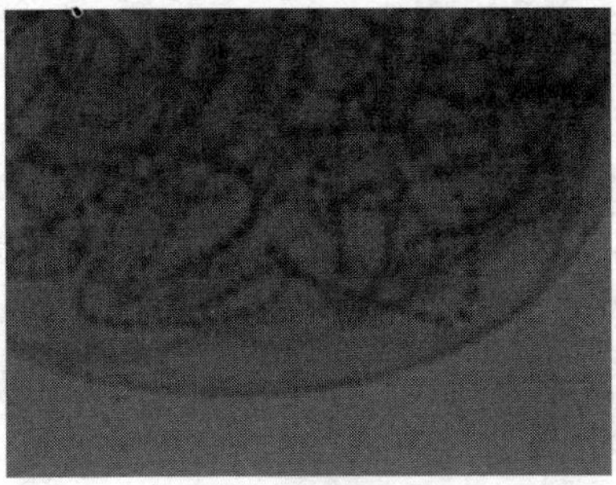

图 5-7　念珠藻属

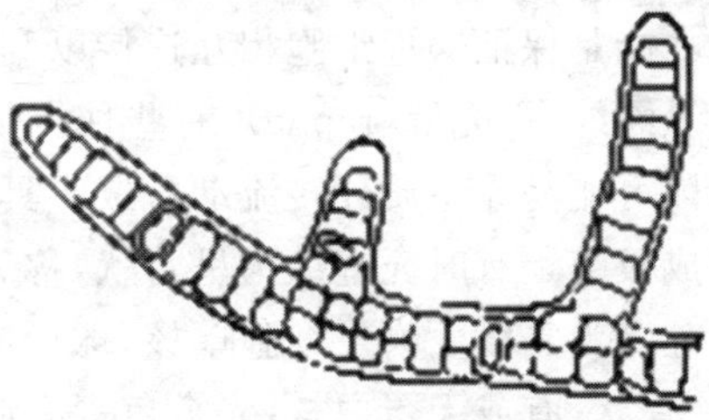

图 5-8　真枝藻属

三、蓝藻门在植物界的地位

根据蓝藻化石，科学家们推测蓝藻出现在距今 33 亿～35 亿年前，现在蓝藻仍广泛地生活在自然界里。蓝藻不仅起源的时间早，而且植物体的结构、细胞结构最原始，生活史最简单，因而大多数学者认为它是自然界中最古老、最原始的类群。

蓝藻，常被称为蓝细菌，其和细菌的亲缘关系较近，表现在它们起源时间相同，都是原核生物，细胞壁成分均是黏肽，细胞以直接分裂的方式进行繁殖。但从营养方式上两者完全不同。蓝藻和红藻也有相似性，表现在光合色素和不产生有鞭毛的细胞等方面，两者都具藻蓝素和藻红素，生活史的过程中都不出现游动细胞，因此有学者认为它们亲缘关系较近。但在藻体形态、细胞结构、生殖方式等方面仍有较大差异，由此可以推测两者之间没有亲缘关系或有远缘关系，蓝藻是独立的植物类群。

蓝藻作为早期的光合自养型生物，吸收 CO_2，放出 O_2，以及其他原始的代谢方式，促进着地球圈或生物圈的进化；生存在干旱、盐碱等恶劣环境中，蓝藻具有其独有的生理特性，可以运用于土壤的改良；此外，地木耳、发菜等蓝藻种类可供食用，螺旋藻等作为水产养殖饵料及人的保健品；许多蓝藻内含物、分泌物中都蕴涵着许多有用物质。蓝藻不仅在生物学进化史上极具研究价值，在蓝藻资源的开发利用上前景也十分广阔。

第三节　硅　藻　门

一、硅藻门(Bacillariophyta)的主要特征

(一) 形态构造特征

硅藻为单细胞，或由单细胞连接成链状、星芒状、带状等多种形状的群体。

硅藻最典型的特征是它们细胞壁的主要成分及结构。其细胞壁由硅质(silica)和果胶组成，无纤维素，通常称为硅藻壳(frustule)(图 5-9)。硅藻壳由大小差不多的两个半片(又称为瓣)套合而成，其中形状较大、套在外面的半片称为上壳(epitheca)，形状较小、位于里面的半片称为下壳(hypotheca)。两个半片套合的面环状围绕细胞一周，称为带面或环面(gridle)，套合重叠的部分称为环带(gridle band)。瓣的顶面和底面称为壳面(valve)，壳面上具有辐射对称或两侧对称的各种花纹，有的还具有如刺状、毛状等壳面附属物，称为突起(process)，突起的主要功能是保证邻近细胞相互连接以利于形成群体。有些种类的上、下壳面中央各具有 1 条长的纵裂缝，即壳缝(raphe)，有些种类仅某一壳面具 1 条壳缝，壳缝与硅藻的运动有关，运动的原因可能是原生质环转流动所致。具壳缝种类的细胞常在中央增厚形成中央节，在两端增厚形成极节。有时壳缝纵沟呈管状，称为管纵沟。

硅藻为真核生物。细胞单核，球形或卵形，中央有大液泡，载色体一至多数，四层膜围成小盘状、片状，有或无蛋白核，光合色素有叶绿素 a 和叶绿素 c、α-胡萝卜素、β-胡萝卜素和叶黄素类(包括墨角藻黄素(fucoxanthin)、硅藻黄素(diatoxanthin)、硅甲黄素(diadinoxanthin))，其中以金褐色的墨角藻黄素所占比例大，从而使硅藻呈橙黄色、黄褐色等。同化产物为金藻昆布糖、油。

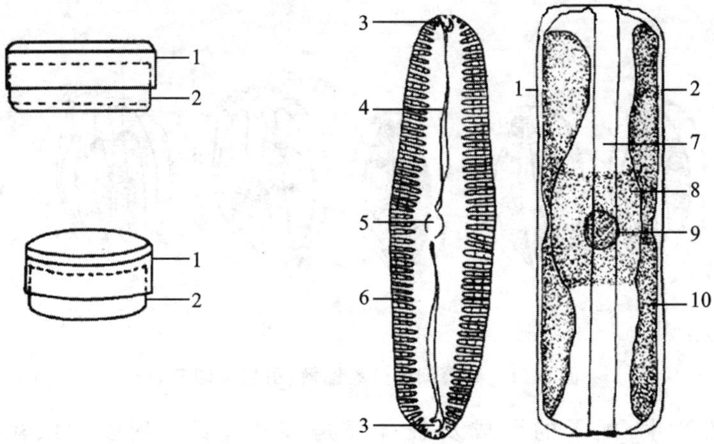

图 5-9　硅藻细胞结构示意图

1. 上壳；2. 下壳；3. 极节；4. 壳缝；5. 中央节；6. 花纹；7. 连接带；8. 细胞质；9. 细胞核；10. 色素体

硅藻整个生活史中仅某些种类的生殖细胞精子具 1 或 2 条茸鞭型鞭毛。藻类的鞭毛通常有两类，尾鞭型(whiplash)和茸鞭型(pantonematic)(图 5-10B、C)。前者鞭毛膜表面没有茸毛(hair)，鞭毛光滑，也称鞭毛丝(mastigoneme)；后者鞭毛膜表面具茸毛，或称茸毛状鞭毛(hairy)。两种类型鞭毛都由中央部位的轴丝(axoneme)、围绕轴丝的质膜(鞭毛膜)及细胞质 3 个主要部分构成。绝大多数运动型藻类的鞭毛的轴丝由 2 个中心微管(microtubule)及环绕中心微管的 9 个二联体微管的构成，即"9＋2"型(图 5-10A)，少数如硅藻的有性生殖细胞，其鞭毛缺少 2 个中心微管，即是"9＋0 型"。这种构造是硅藻所特有的。

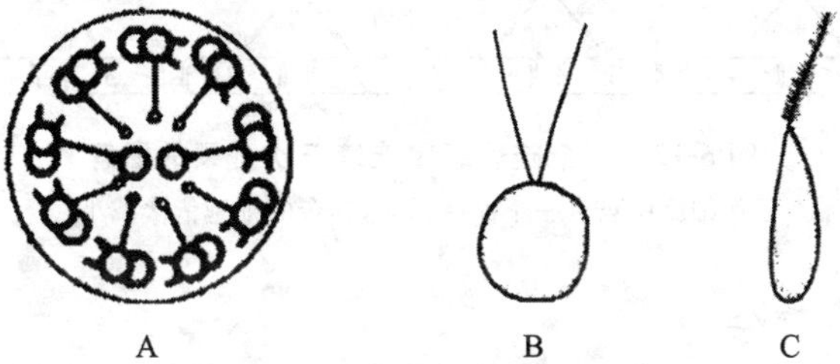

图 5-10　鞭毛结构示意图及鞭毛类型

A. "9＋2"型；B. 尾鞭型鞭毛；C. 茸鞭型鞭毛

（二）繁殖特征

硅藻无性繁殖是通过简单的细胞分裂进行的，由一个母细胞直接分裂产生两个子细胞(图 5-11)。分裂时，母细胞原生质变大，并沿着与瓣面平行的方向一分为二。其内细胞核、载色体、蛋白核等细胞器也随着分裂，上、下两壳略为分开但并不分离。一个子原生质体居于母细胞的上壳，另一个子原生质体居于母细胞的下壳，然后母细胞两壳分开，分别成为两个子细胞的上壳，同时子细胞由各自原生质体分泌壁物质形成一个新的下壳。细胞分裂的结果是一个子细胞和母细胞等大，另一个则比母细胞小，进行多代分裂后，只有小部分子细胞的体积与母细胞等大，大部分子细胞朝着体积不断缩小的方向发展，这样的发展趋势是不利于种系延续的。当细胞体积缩小到一定的程度时，硅藻通过有性生殖方式产生复大孢子(auxospore)来恢复其大小。

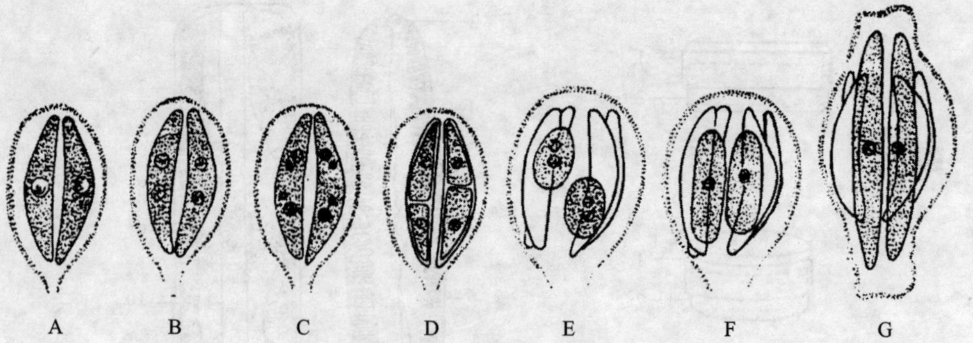

图 5-11　硅藻细胞分裂图解(引自吴国芳等)

复大孢子的产生、配子的形成及融合都是多样化的。现以羽纹藻纲披针桥弯藻(*Cymbella lanceolata*)为例,介绍常见复大孢子的形成过程。将要接合的两个硅藻,借运动或分泌胶质而相互靠近,然后两细胞内的核各自进行一次减数分裂,形成 4 个子核,原生质也分成两半,形成大小不等的两个配子,每个配子有两个核,其中一个核后来退化消失。由不同细胞产生的配子脱离母细胞壁,两两结合形成两个复大孢子,并发育成两个新的植物体(图 5-12)。

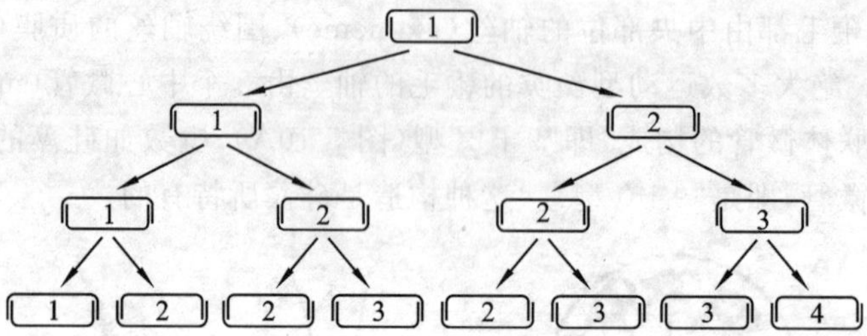

图 5-12　一个硅藻细胞连续三次分裂的图解

子代细胞中只有一个保持原大,其余的细胞依次减小。

(三) 生境与分布特征

硅藻的分布很广,生活在淡水、半咸水、海水等各类型水体中,许多存在于潮湿甚至干燥的土壤、岩石、墙壁、树干表面,以及附生在苔藓植物、被子植物的叶片等处。生活于水中的许多种类能很好地表现水体的硅酸含量、水温等理化性质,可作为指示生物。硅藻春秋两季生长旺盛,且很多种类油脂含量较高,是鱼、贝等动物的优质饵料。

二、硅藻门的分类及代表植物

(一) 分类

硅藻种类很多,约有 16000 种,本书按《中国淡水藻志》硅藻门的分类系统,依据壳面花纹的不同分为 2 纲。

(1) 中心藻纲(Centricae)　壳面圆形、三角形、多角形等,壳面花纹自中央一点呈辐射对称排列,无壳缝,海水产为主,淡水种类很少,又分 3 目:圆筛藻目(Conscinodiscales)、根管藻目(Rhizoleniales)和盒形藻目(Biddulphiales)。常见属有小环藻属(*Cyllotella*)、直链藻属

(*Melosira*)和根管藻属(*Rhizosolenia*)。

(2) 羽纹藻纲(Pennatae)　壳面线形、披针形、舟形、菱形等,壳面纹饰多呈两侧对称,为点纹、线纹(striae)或肋纹(rippen),带面多数长方形,具假壳缝或壳缝。淡水产为主,又分5目:无壳缝目(Araphidionales)、单壳缝目(Monoraphidiales)、拟壳缝目(Raphidionales)、双壳缝目(Biraphidinales)和管壳缝目(Aulonoraphidinales)。常见属有脆杆藻属(*Fragillaria*)、桥弯藻属(*Cymbella*)、双菱藻属(*Surirella*)、舟形藻属(*Navicula*)和羽纹藻属(*Pinnularia*)等(图5-13)。

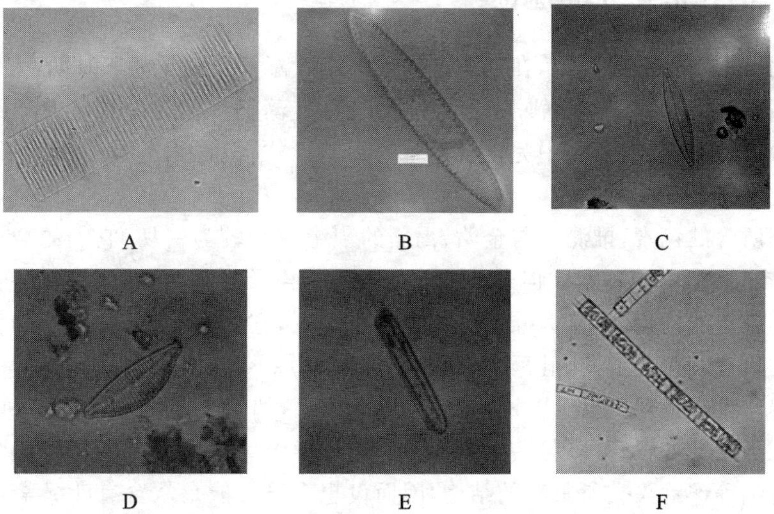

图 5-13　几种常见硅藻

A. 脆杆藻属(*Fragillaria*);B. 双菱藻属(*Surirella*);C. 舟形藻属(*Navicula*);
D. 桥弯藻属(*Cymbella*);E. 羽纹藻属(*Pinnularia*);F. 直链藻属(*Melosira*)

(二) 代表植物

1. 小环藻属(*Cyllotella*)

小环藻属隶属中心藻纲圆筛藻目。植物体为单细胞,有些种类以壳面互相连接成疏松的链状群体。壳面圆形,少数种椭圆形,纹饰有边缘区和中央区之分,边缘区有辐射状排列的线纹或肋纹,中央区平滑或具点纹、斑纹(图 5-14)。载色体小盘状,多数。以细胞分裂进行繁殖,每个细胞产生一个复大孢子。

本属约 40 种,广泛分布于淡水中,少数种类海生,尚有少数气生。

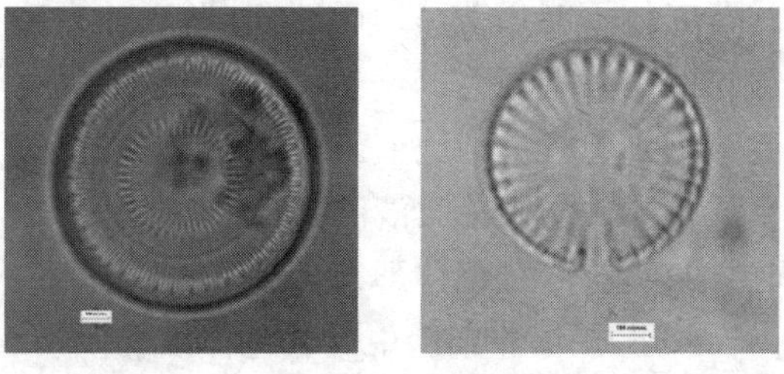

图 5-14　小环藻属(*Cyllotella*)

2. 羽纹藻属(*Pinnularia*)

羽纹藻属隶属羽纹藻纲双壳缝目。植物体为单细胞或连接成带状群体。壳面线形、椭圆形至披针形,两侧平行,少数种两侧中部膨大或呈对称的波状,壳面两侧具横肋纹,中轴区宽,有时超过壳面宽度的1/3,壳缝发达,直或弯曲,具中央节和极节;带面长方形,载色体片状,2块,各具一蛋白核(图5-13E)。

本属约200种,分布于淡水、半咸水、海水中,是硅藻中种类最多的属之一。

三、硅藻门在植物界的地位

硅藻的化石记录始于侏罗纪,在白垩纪和第三纪硅藻发展到了鼎盛时期,大量海相硅藻土沉积就来源于白垩纪时期。经历漫长的历史进化后,硅藻仍停留在单细胞及单细胞连接成的群体阶段,硅藻创造了其他藻类中完全找不到的细胞形式,但也因为这一细胞形态,限制了硅藻的继续进化发展。

根据硅藻所含的色素,推测其与金藻、褐藻的亲缘关系较为密切,它们的载色体都含有叶绿素a、叶绿素c和墨角藻黄素。但硅藻特殊的细胞结构及运动方式又与金藻门、褐藻门有很大区别。从细胞壁的构造上,认为硅藻门与黄藻门相近,它们都是由两个半片套合组成的,但两者营养体的倍性又完全不同,硅藻为二倍体,是具叶绿素a、叶绿素c的类群中较特殊的一类。硅藻营养体没有鞭毛,但某些种类生殖细胞具鞭毛,如中心藻纲直链藻属(*Melosira*)出现有鞭毛的雄配子。又如根管藻属(*Rhizosolenia*)和菱形藻属(*Nitzschia*)的细胞分裂时出现伸缩泡、胞口、胞咽等鞭毛藻类所具有的结构,因而设想硅藻可能是从含有叶绿素a、叶绿素c的具鞭毛藻类发展而来的。

第四节 绿 藻 门

一、绿藻门(Chlorophyta)的主要特征

(一) 形态构造特征

绿藻门植物体的形态多种多样,是所有藻类中形态类型最多的,有单细胞、群体(不定形和定形群体)、丝状体、叶状体及管状体等,少数单细胞和群体类型的营养细胞前端有鞭毛,终生能运动,但绝大多数绿藻的营养体不能运动,只有繁殖时形成具鞭毛的游动孢子和配子,通常为2(有时4~8)条顶生、等长的尾鞭型鞭毛。

除少数类群外,大多数绿藻细胞具有细胞壁。绿藻细胞壁分为两层,内层主要由纤维素构成,外层常为果胶质。原生质体通常具中央大液泡,但某些原始种类只形成小的液泡。多数种类具有1至数个轴生或周生的载色体,载色体形态多样,有杯状、带状、片状、盘状、星状等,其上常有一至数枚蛋白核(pyrenoid)。绿藻细胞中的载色体结构及所含的色素均与高等植物相似,电镜下观察,载色体为双层膜结构,其内2~6条或更多光合片层叠成束排列,主要色素有叶绿素a和叶绿素b、α-胡萝卜和β-胡萝卜素及叶黄素类;同化产物为直链淀粉,与高等植物类似,多储存于蛋白核周围。大多数种类具1个细胞核,少数为多核。细胞有丝分裂为藻类型,

即细胞分裂中期核膜不消失，或仅在极端形成孔，末期纺锤体消失，仅有纺锤体纵轴垂直排列的纺锤丝，无牵引染色体的纺锤丝，两子核相距很近，细胞质以环沟和细胞板的方式进行分裂。

（二）繁殖特征

绿藻有 3 种繁殖方式：营养繁殖、无性生殖和有性生殖。

1. 营养繁殖

绿藻的营养繁殖是指通过营养细胞进行分裂增加细胞数目，或丝状体发生断裂，断裂后的小段藻丝进一步生长发育形成成熟藻体的繁殖方式。对于单细胞类型，当环境不良时，可多次分裂而不分离形成暂时的胶群体，待环境适宜时，每一细胞各自发育成新的植物体。对丝状绿藻，藻体断裂的因素主要是以下几个方面：动物摄食、流水冲击等机械作用；丝状体中某些细胞形成孢子（配子），其释放后而成为空细胞，从空细胞处断裂；丝状体某些细胞间胶质膨胀分离，形成短的丝状体。

2. 无性繁殖

绿藻的无性繁殖是指绿藻藻体母细胞通过有丝分裂产生无性繁殖细胞孢子，再由孢子直接萌发形成新个体的繁殖方式。不同绿藻类群的孢子的形态、大小、形成方式都存在一定差别，其类型有游动孢子（zoospore）、静孢子（aplanospore）、似亲孢子（autospore）、休眠孢子（cyst）和厚壁孢子（akinete）。

（1）游动孢子　由绿藻营养细胞形成，有的绿藻全部细胞均可产生游动孢子，有的则是局限在某些细胞中产生。形成游动孢子时，细胞内原生质体收缩，从母细胞壁中释放出来，并长出两根鞭毛，形成一个游动孢子，或原生质体多次分裂，通常以 2^n 方式进行分裂，从而形成多个游动孢子。游动孢子无壁，多在夜间形成，黎明时放出，或在环境突变时形成。释放出的游动孢子，游动一个时期后便缩回或脱掉鞭毛，分泌一层壁，成为一个营养细胞，继而发育为新的植物体。

（2）静孢子　又称不动孢子，不具运动器官鞭毛，不能在水中自由位移，但具细胞壁的孢子。

（3）似亲孢子　属于一种不动孢子，与静孢子不同的是它们在形态上与母细胞完全相同。

（4）休眠孢子　运动细胞在环境不良时脱掉鞭毛，原生质体收缩，细胞壁外被胶质，进行休眠，待环境适宜时，发育成新个体。

（5）厚壁孢子　当生活环境不良时，细胞原生质体分泌形成厚壁，同时细胞内积累大量的营养物质而成为厚壁孢子，环境适宜时便会发育成为新植物体。

3. 有性生殖

进行有性生殖的藻体通过产生生殖细胞配子（gamete），再由配子两两结合形成合子（zygote），合子不经休眠或经过休眠后萌发形成新个体，或合子减数分裂形成孢子，由孢子发育成新个体。配子通常有 3 种结合方式：①同配（isogamy），即大小、形态、结构和运动能力彼此完全相同的两个配子结合。若配子来源于不同的母体，则为异宗配合（heterthallic）；若配子来源于同一母体，则为同宗配合（homothallic）。②异配（anisogamy），即形状和结构相同，但大小和运动能力不同的两个配子结合，其中大而运动能力迟缓的为雌配子（female gamete），小而运动能力强的为雄配子（male gamete）。③卵式配（oogamy），即形状、大小、结构和运动能力等方面都不相同的两个配子结合，其中大而无鞭毛、不能运动的称为卵（egg），小而具鞭毛、能运动的称为精子（sperm）。此外，绿藻的某些种类还存在一种特殊同配或异配方式，称为接合生殖(conjugation),它是两个没有鞭毛、能变形的配子结合。

(三) 生境与分布特征

绿藻中仅约 10%的种类海产,余下 90%的种类分布于各种淡水水体或潮湿土表、岩面或花盆壁等处,少数种类可生于高山积雪上。海产种类以固着或寄生方式生活,无浮游绿藻。淡水绿藻除固着、寄生两种方式外,多营浮游生活,还有少数种类与真菌共生形成地衣。

二、绿藻门的分类及代表植物

绿藻是藻类植物中除硅藻外种类最多的一个类群,现存 5000～8000 种。关于绿藻的分类,不同的学派其分类各有差异,至今还没有取得一致的看法。本书仍采用较传统的分类,即 1976 年中国藻类学家饶钦止提出的分类系统,将本门划分为 2 纲(绿球藻纲(Chlorophyceae)和接合藻纲(Conjugatophyceae))13 目,即团藻目(Volvocales)、绿球藻目(Chlorococcales)、丝藻目(Ulotrichales)、石莼目(Ulvales)、管藻目(Siphonales)、双星藻目(Zygnematales)、四孢藻目(Tetrasporales)、胶毛藻目(Chaetophorales)、溪菜目(Prasiolales)、刚毛藻目(Cladophorales)、管枝藻目(Siphonocladales)、绒枝藻目(Dasycladales)和鞘藻目(Oedogoniales)。

(一) 衣藻属(*Chlamydomonas*)——单细胞具鞭毛代表

衣藻属为团藻目中最大的 1 个类群,有 100 余种,多生活于有机质丰富的小水体中,早春和晚秋时节较多并聚集成群,使水体变绿。细胞卵形、椭圆形或球形等,顶生 2 条等长鞭毛,鞭毛基部具 1 或 2 个伸缩泡(contractile vacuole),被认为是排泄器官。细胞壁由纤维素和果胶质构成。载色体 1 个,大型,多为厚底杯状,基部具 1 个明显的蛋白核。细胞核常位于细胞中偏前。感光器官为眼点(stigma),橘红色,位于体前端一侧(图 5-15)。

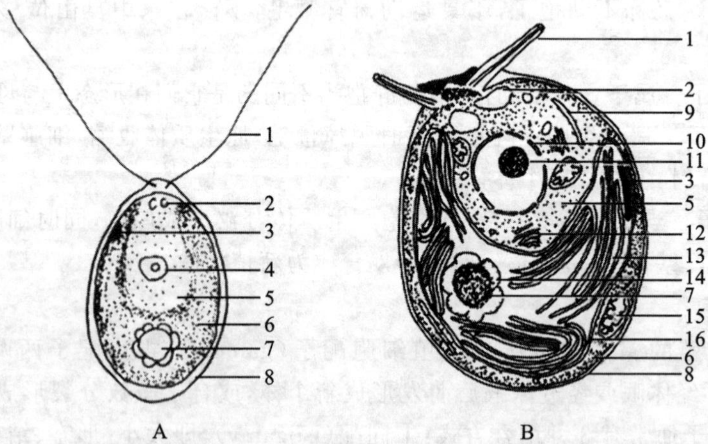

图 5-15 衣藻细胞的形态与结构(改编自周云龙等)

A. 显微结构;B. 亚显微结构

1. 鞭毛;2. 伸缩泡;3. 眼点;4. 细胞核;5. 细胞质;6. 载色体;7. 蛋白核;8. 细胞壁;9. 内质网;10. 核膜;11. 核仁;12. 高尔基体;13. 类囊体;14. 淀粉鞘;15. 线粒体;16. 叶绿体膜

衣藻以细胞纵裂或横裂进行营养繁殖。生长旺盛时则以无性生殖为主,多发生在夜间。开始时藻体静止,收缩或脱掉鞭毛变成孢子囊,其内细胞核以 2^n 方式进行分裂,紧接着发生胞质分裂，通常产生2～16个子核。原生质体纵裂成相应数量的子原生质体，每个子原生质体具1个核，并生出2根鞭毛成为游动孢子，从破裂的孢子囊释放出并长成新的植物体。当遇到不良环境时，细胞停止运动，大量分泌胶质，原生质体再三分裂，产生多数无鞭毛的子细胞，埋在胶化的母细胞中形成胶群体。当环境适宜时，生出鞭毛，从胶质中放出，恢复游动单细胞状态(图5-16)。

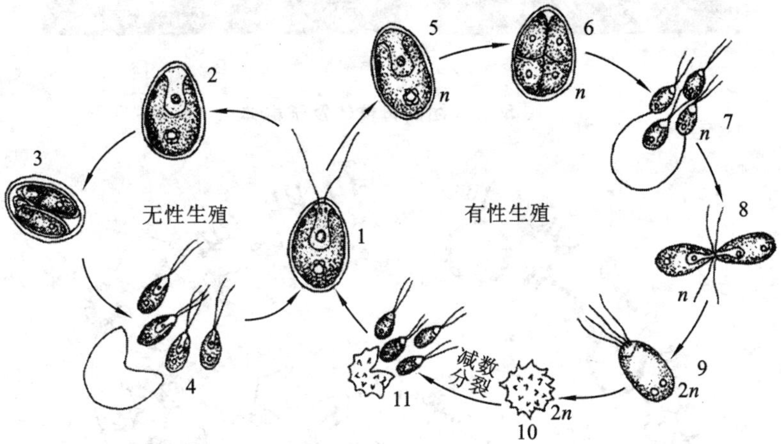

图5-16　衣藻无性生殖及有性生殖过程(改编自周云龙等)

1.衣藻植物体；2.孢子囊；3.纵裂产生孢子；4.成熟游动孢子；5.配子囊；6.纵裂产生配子；7.成熟配子；8.配子融合；9.游动合子(合子初期)；10.成熟合子；11.减数孢子

衣藻进行多代无性生殖后会进行有性生殖，多数为同配。生殖时细胞内的原生质体经过分裂，形成16、32或64个具双鞭毛的游动配子(同形不同工，分别以"(+)""(-)"表示)，其形态上与游动孢子相同，仅是个体小于游动孢子。成熟配子从母细胞即游动配子囊中放出，经短暂游动后，(+)(-)配子成对结合成双倍、4根鞭毛的游动合子，合子游动数小时后脱去鞭毛变圆，分泌厚壁形成厚壁合子，或光滑或具刺突。合子经过休眠，待环境适宜时，经过减数分裂，产生4个单倍体的原生质体，并继续分裂为8～32个；待合子壁破裂，原生质体放出，并在几分钟之内生出鞭毛，发育成新的植物体(图5-16)。

衣藻的生殖从无性到有性，在整个生活周期中仅有一种单倍体藻体，但有二倍体(合子)的出现，核相发生了变化，称为核相交替。其合子的减数分裂发生在合子萌发时，这种方式称为合子减数分裂。

(二)团藻属(*Volvox*)——多细胞具鞭毛群体代表

团藻属隶属团藻目。植物体一般由512个至数万个具鞭毛的细胞组成空心的卵形、椭圆形或球状原始定形群体，彼此分离，群体细胞靠残存的母细胞壁或分泌的胶质互相连接形成一定的形态和结构。

群体外被胶被，群体细胞彼此分离排列在胶被周边成为一层，群体内部充满胶质和水。群体的每个细胞结构如同1个衣藻，具鞭毛和个体胶鞘，细胞间具或不具胞间连丝。成熟的群体常包含若干个幼小的子群体(图5-17)。

团藻繁殖方式包括无性生殖和有性生殖两种(图5-18)。无性生殖以繁殖胞(gonidium)方式进行。当群体生长到较为成熟的阶段时，群体一端部分细胞分化形成繁殖胞，比普通营养细胞增大10倍或更大，失去眼点和鞭毛，通常每个群体形成2～50个繁殖胞。此后每个繁殖胞

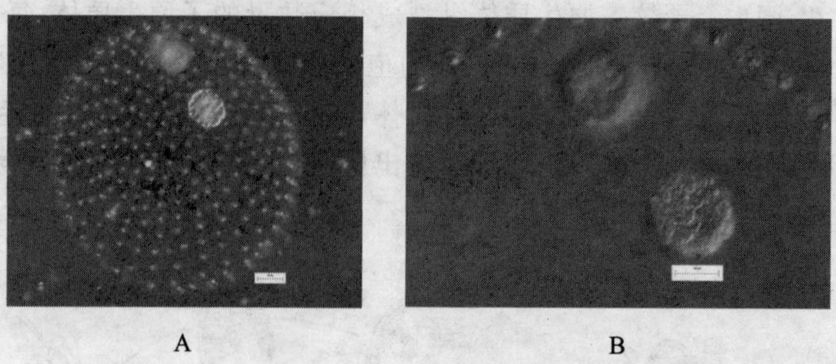

图 5-17　团藻母群体及子群体

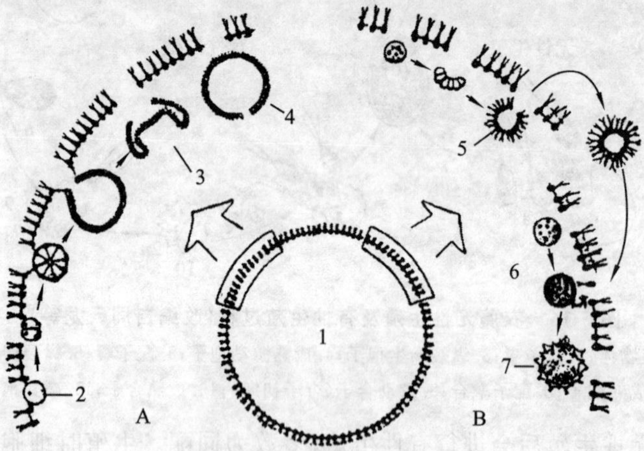

图 5-18　团藻属的无性生殖和有性生殖(引自吴国芳等)

A. 无性生殖；B. 有性生殖

1. 母群体 2. 繁殖胞；3. 翻转作用；4. 子群体；5. 精子板；6. 成熟卵；7. 厚壁合子

进行多次垂周分裂形成 8 个、16 个细胞或更多，构成类似培养皿形状的皿状体结构，此时具鞭毛的一端朝向群体内侧，皿状体继续分裂直至形成一个有孔的球状体，球状体从孔处经过翻转，使细胞的前端朝向群体的表面，发育成与母群体形态相似的子群体，并陷入母群体的胶质腔中，待母体破裂后才释放出来。

有性生殖为卵式生殖，群体中只有极少数细胞产生卵，大多数细胞甚至全部细胞都可以产生游动精子。产生精子的细胞经过分裂形成皿状体，并经过翻转作用，发育成 1 个盘状或球状能游动的精子团块(或称精子囊)，一般具有 16～512 个具双鞭毛的精子。产生卵的细胞略膨大，不经分裂就发育成 1 个不动卵。整个精子团块游近卵细胞附近才散开，精子穿过卵细胞周围的胶质，与卵结合形成合子，合子从群体的胶质中脱离后游动一段时间，便分泌形成厚壁，合子壁光滑或具刺突等纹饰。厚壁合子不立即萌发而进行休眠，能抵抗恶劣环境，待条件适宜时，合子经过减数分裂形成具双鞭毛的游动孢子(或静孢子)，发育成一个新群体。其生活史类型仍为合子减数分裂。

团藻常在春、夏季发生于有机质较丰富的淡水池塘、临时性积水等浅水水体中。

团藻目中常见的还有以下 3 属：①空球藻属(*Eudorina*)(图 5-19A)：球形、椭圆形群体，由 16、32 或 64 个具双鞭毛细胞组成，群体细胞彼此分离，排列在群体胶被周边；有性生殖为异配，已开始有营养细胞与生殖细胞的分化。②盘藻属(*Gonium*)(图 5-19B)：群体多由 16 个细胞组成，少数为4、8或32个细胞，排列在1个平面上呈方形板状，中间具1个大空腔，细胞间有间隙，双鞭毛；无性生殖时，群体的全部细胞同时产生游动孢子，有性生殖时为同配。③实球藻属(*Pandorina*)(图5-19C)：群体球形或椭圆形，由4、8、16或32个具双鞭毛的细胞互相紧贴在群体中心，构成实心球体；无性生殖时，群体细胞同时产生游动孢子，有性生殖为异配。

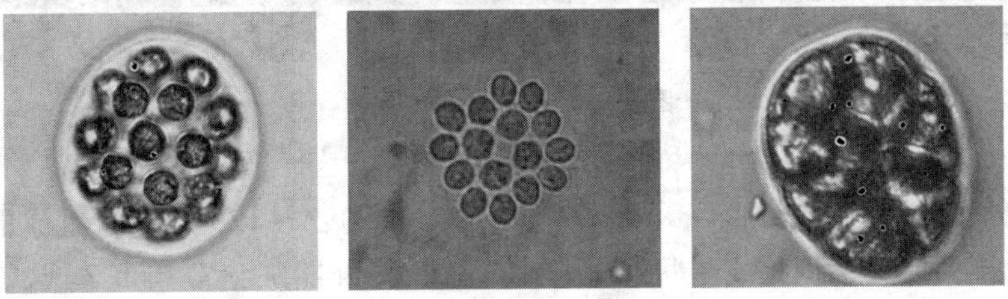

A　　B　　C

图5-19　团藻目常见属

A. 空球藻属(*Eudorina*)；B. 盘藻属(*Gonium*)；C. 实球藻属(*Pandorina*)

(三) 小球藻属(*Chlorella*)——单细胞不具鞭毛代表

小球藻属隶属绿球藻目，为单细胞或多个细胞暂时或长久地无规则的聚集成无一定形状的非定形群体。营浮游生活。细胞球形或椭圆形。细胞壁薄或厚，载色体1个，周生片状或杯状。具1个蛋白核或无(图5-20)。无性生殖时，每个细胞产生2、4、8、16或32个似亲孢子(图5-21)，母细胞壁破裂时，孢子释放出去成为新植物体。

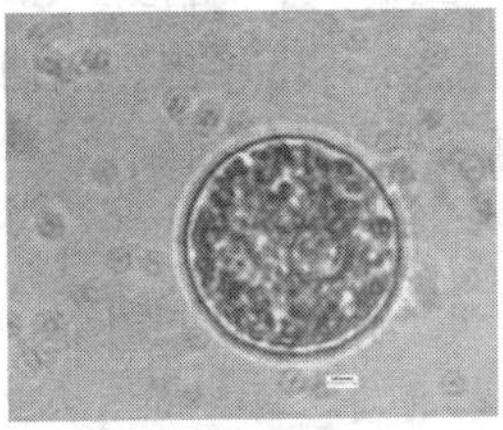

图5-20　小球藻属(*Chlorella*)

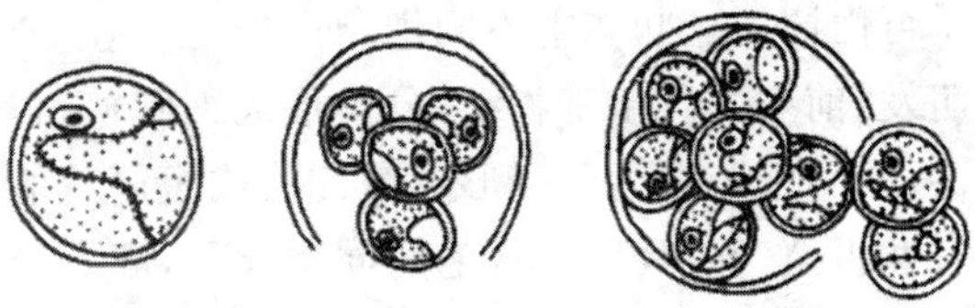

A　　B　　C

图5-21　小球藻属似亲孢子的形成和释放(引自叶创兴等)

小球藻分布广，常生活于富含有机质的小水体中，如小河、沟渠、池塘等，潮湿土壤、岩石及树干上也有分布。小球藻富含蛋白质，干重含蛋白质高达50%左右，且2～3天可繁殖一代，因而可大规模培养以生产蛋白质，作为饵料或供食用等。

(四) 栅藻属(*Scenedesmus*)——多细胞不具鞭毛群体代表

栅藻属为绿球藻目中常见的真性定形群体类型，即群体细胞彼此直接由它们的细胞壁互相连接成一定细胞数目的形态结构。一般由4、8或16个细胞构成，细胞通常呈椭圆形、纺锤形、卵形及长圆形，群体中细胞同形或不同形。群体细胞以长轴互相平行排列在一个平面上，呈栅栏状或四角状，或相互交错排列成两行。细胞壁平滑或具乳头、齿或刺等突起。细胞单核，载色体周生片状或杯状，有的细胞长成后载色体扩散几乎充满整个细胞，具1～2个蛋白核(图5-22A、B)。无性生殖产生似亲孢子，群体中每个细胞均可形成似亲孢子。

栅藻分布极广，各类型淡水水体中都能生活。

绿球藻目的常见的类型还有以下2属：①四角藻属(*Tetraedron*)(图5-22C)：植物体为单细胞，浮游，细胞扁平或具3～5个角，色素体周生，盘状或片状。无性生殖时产生似亲孢子，也

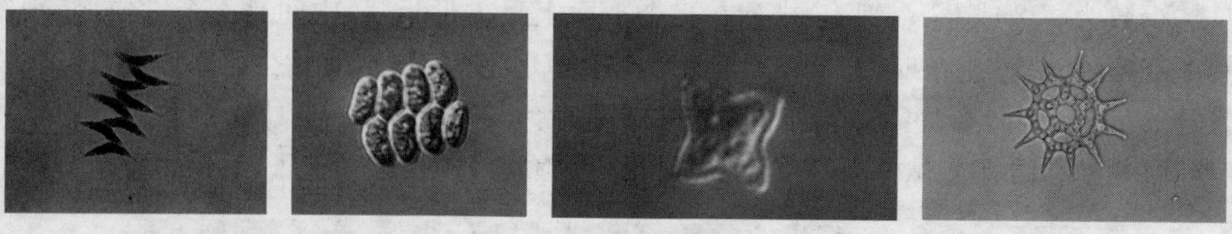

图 5-22　绿球藻目常见属

A、B. 栅藻属(*Scenedesmus*);C. 四角藻属(*Tetraedron*);D. 盘星藻属(*Pediastrum*)

有产生游动孢子的。②盘星藻属(*Pediastrum*)(图 5-22D):4～128 个细胞组成的真性定形群体,浮游,细胞排列成扁平盘状或星状群体,有穿孔或无,外圈细胞常具 1、2 或 4 个突起,无性生殖产生动孢子。

(五) 丝藻属(*Ulothrix*)——丝状体代表

丝藻属为丝藻目中常见植物。植物体为单列细胞不分枝的丝状体,具厚薄不等的胶鞘。组成丝状体的细胞多为圆柱形或短筒形,极少分化或仅有基部细胞(基细胞)和顶端细胞(顶细胞)的分化,基细胞简单或略分叉成假根状的固着器(holdfast),起固着作用,顶细胞细尖或钝圆。细胞单核,位于中央。细胞壁薄或厚,载色体 1 个,片状、带状、筒状或盘状,部分或整个围绕细胞内壁,蛋白核 1 至多个,仅少数无蛋白核。

丝藻通过丝状体断裂进行营养繁殖。无性生殖时除基细胞外,所有细胞均可产生 2、4、8、16 或 32 个游动孢子。游动孢子有具 4 根或 2 根鞭毛的大、小两种类型。大游动孢子和小游动孢子可由同一丝状体上不同细胞产生,当孢子成熟后,由母细胞侧壁的小孔放出,经休眠或立即萌发,前端固着于基物上,分泌形成细胞壁,再横分裂为上、下两个细胞,下面细胞分化为固着器,上面细胞继续分裂形成圆柱状或短筒状的营养细胞。

有性生殖产生具 2 根鞭毛的同型配子,配子产生过程与游动孢子的相同,为同宗同配或异宗同配(heterothallism)。合子经休眠后减数分裂,产生游动孢子或静孢子,每个孢子又发育成为一个新植物体(图 5-23)。

丝藻属除少数海产外,多数生活于淡水或潮湿的土壤或岩石表面。藻丝常丛生在一起,呈矮的绿色绒毯状,喜低温,夏季较少。

(六) 石莼属(Ulva)——叶状体代表

石莼属隶属石莼目。植物体多固着生长于海岸高、中潮线的岩石上,是由两层细胞构成的椭圆形、披针形或带状多细胞片状体。片状体下部两层细胞之间伸出无色的丝状假根,互相紧密交织构成固着器,借以固着在基质上。细胞在表面上多为不规则形,切面上呈长形或方形,细胞单核,载色体 1 枚、片状,具 1 个蛋白核。细胞排列紧密,胞间富有胶质。

石莼属的生活史中出现了孢子体(sporophyte)和配子体(gametophyte)两种形态相同,但倍性不同的植物体。前者是二倍体植物体,后者为单倍体。成熟的孢子体,除基部和假根外,全部细胞均可形成孢子囊。孢子母细胞经减数分裂,形成具 4 根鞭毛的单倍体的(＋)(－)游动孢子,(＋)(－)孢子在成熟脱离母体后,游动一段时间便附着在岩石上,2～3 天后萌发成(＋)(－)配子体。配子体成熟后形成配子囊,每个细胞不经减数分裂即产生许多具 2 根鞭毛的配子,行异宗同配,合子数天后不经过减数分裂萌发成孢子体(图 5-24)。

在石莼的生活史中,从游动孢子开始,经配子体到配子产生后而未结合前,细胞中的染色

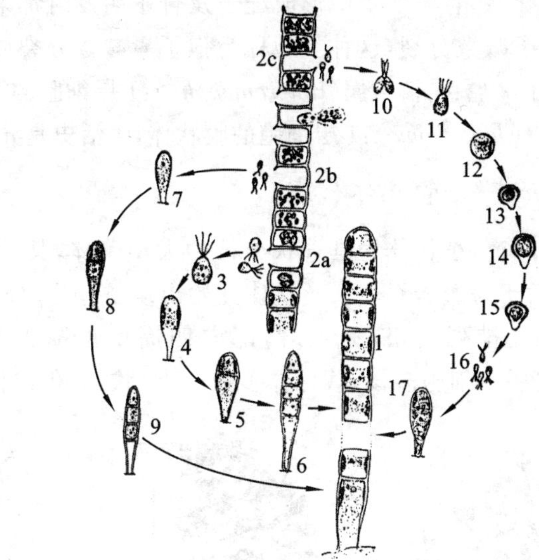

图 5-23　丝藻植物体及生活史(引自吴国芳等)

1.藻体;2.1 条丝状体上同时进行无性及有性生殖(2a.细胞内放出具 4 根鞭毛的大游动孢子,2b.细胞内放出具 2 根鞭毛的小孢子,2c.放出具 2 根鞭毛的配子);3～6.具 4 根鞭毛的游动孢子发育成新植物体;7～9.具 2 根鞭毛的游动孢子发育成新的植物体;10.配子结合;11、12.合子;13～16.合子萌发形成游动孢子;17.新植物体

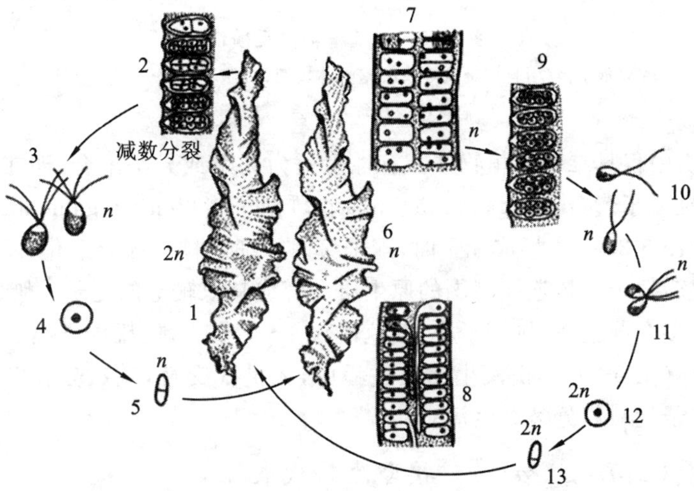

图 5-24　石莼生活史(改编自叶创兴等)

1.孢子体(2*n*);2.游动孢子囊切面;3.游动孢子;4.游动孢子静止期;5.孢子萌发;
6.配子体(*n*);7.配子体中部横切面;8.配子体基部横切面(示两层细胞之间伸出的无色假根);
9.配子囊切面;10.配子;11.异宗配子结合;12.合子;13.合子萌发

体是单倍体,称为配子体世代(gametophyte generation)或有性世代(sexual generation);从合子起,经过孢子体到孢子母细胞形成而未减数分裂前,细胞中的染色体是二倍体,称为孢子体世代(sporophyte generation)或无性世代(asexual generation)。这种二倍体的孢子体世代和单倍体的配子体世代互相交替的现象,称为世代交替(alternation of generations)。若孢子体和配子体形态构造基本相同,就称为同形世代交替(isomorphic alternation of generations);若两种植物体形态构造不同,则称为异形世代交替(heteromorphic alternation of generations)。

石莼的生活史即为同形世代交替，且生活史中形成配子及合子萌发时都未进行减数分裂，而在形成孢子时孢子母细胞进行了减数分裂，这种类型称为孢子囊减数分裂或居间分裂。

石莼目中常见的还有以下 2 属：①浒苔属(*Enteromorpha*)：1 层细胞的管状体，为同形世代交替，可制"条苔粉"。②礁膜属(*Monostroma*)：1 层细胞的膜状体，生活史是异形世代交替。

(七) 松藻属(*Codium*)——管状体代表

松藻属隶属管藻目。全海产，植物体为具管状分枝的大型藻体，其叉状分枝似鹿角，基部为垫状固着器，借以固着生活于海边岩石上。丝状体开始出现了分化，分为髓部和皮层。髓部位于中央部分，其丝状体细且排列疏松，无色；髓部向四周生出膨大的棒状短枝，即胞囊(utricle)，其紧密排列构成皮层。细胞多核，载色体多数，小盘状，无蛋白核(图 5-25A、B)。

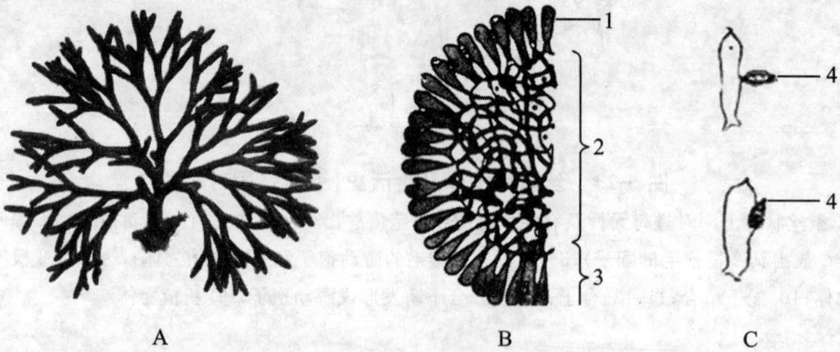

图 5-25　松藻植物体及横切

A. 孢子体(引自杭金欣等)；B. 孢子体横切；C. 胞囊放大(示配子囊)

1. 胞囊；2. 髓部；3. 皮层；4. 配子囊

松藻属生活史中仅具二倍体植物体。有性生殖为同宗或异宗配合，即在同一植物体或不同植物体上产生雄配子囊(male gametangium)和雌配子囊(female gametangium)，配子囊均位于胞囊的侧面(图 5-25C)。形成配子时，配子囊内的细胞核一部分退化，一部分增大并减数分裂形成 4 个子核，每个子核连同周围的原生质发育成具双鞭毛的配子。雌、雄配子体积差异大，雌配子大而含多个载色体，雄配子小，载色体仅 1～2 个。雌、雄配子结合成合子后立即萌发为二倍体植物体(图 5-26)。松藻生活史过程中，无世代交替，减数分裂发生在配子囊形成配子时，也称为配子囊减数分裂型生活史。

(八) 水绵属(*Spirogyra*)——接合生殖代表

水绵属是双星藻目(Zygnematales)中最为常见的属，全部淡水产，多分布于淡水池塘、稻田、沟渠等水体中，生长繁盛时成片生于水底或漂浮于水面，可见碧绿色、棉絮状的外观。植物体为一列柱状细胞构成的不分枝丝状体。细胞壁分为两层，内层由纤维素构成，外层具丰富的果胶质，用手触摸有黏滑感。载色体螺旋带状，周位，不同种类数量不同，具 1 至多条不等，其长轴方向分布多数蛋白核。细胞核 1 个，悬浮于细胞中部或中部偏一侧，常被载色体遮盖，核周围的原生质浓厚，形成明显的胞质丝与细胞腔周围的原生质相连，具中央大液泡(图 5-27)。

水绵通过丝状体断裂进行营养生殖。有性生殖方式为接合生殖，多发生在春秋季。生殖时两条丝状体首先彼此靠近，相互贴近的两条藻丝上两两相对的细胞之间发生突起，突起相互连接后细胞壁融解形成连通的管，称为接合管(conjugation tube)。与此同时，两个细胞内的原生质收缩形成配子。其中一条丝状体上形成的配子，以变形虫式的运动通过接合管移至相

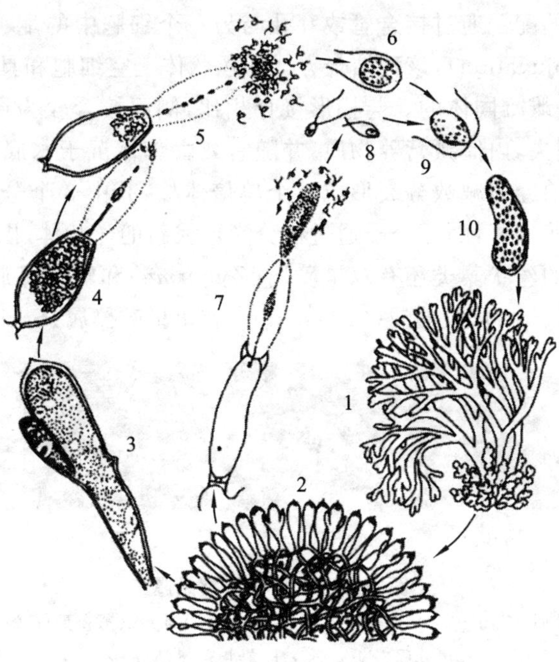

图 5-26 松藻的生活史(引自吴国芳等)

1. 植物体($2n$);2. 部分植物体横切;3. 胞囊及侧面的雌配子囊;4、5. 雌配子囊释放;6. 雌配子;7. 雄配子的释放;8. 雄配子;9. 合子;10. 合子萌发

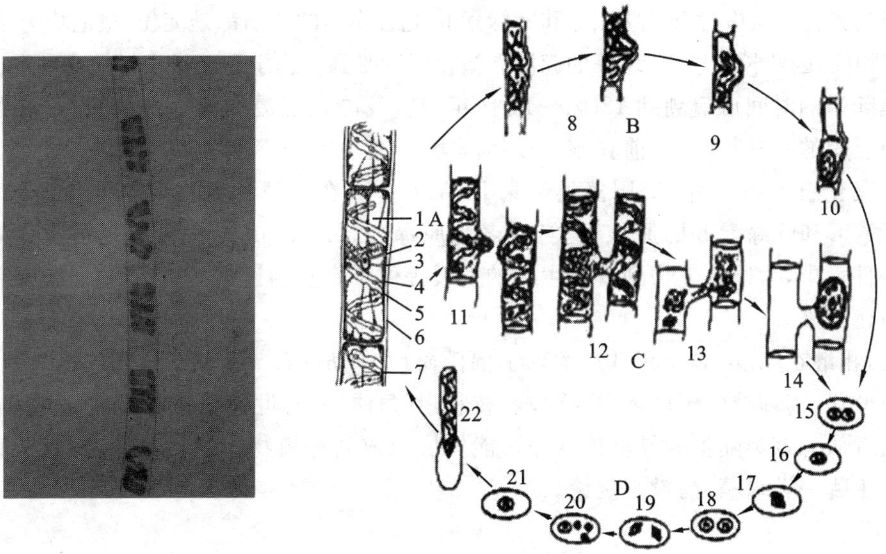

图 5-27 水绵细胞结构及生活史

1. 液泡;2. 细胞核;3. 原生质;4. 蛋白核;5. 载色体;6. 细胞壁;7. 胞质丝;8～10. 侧面接合各期;11～14. 梯形接合各期;15～22. 合子萌发各期

对的另一条丝状体中,并与其中的配子结合形成接合子,并分泌形成厚壁,具外壁、中壁和内壁三层。结合后,二条藻丝中有一条的每个细胞只剩下一空壁,而另一条的每个细胞中都具一个合子。通常前者被认为是雄性的,产生的配子即为雄配子;后者为雌性,其中的配子是雌配子。外观上看,两条接合的丝状体和它们之间的接合管如同梯子一样,这种接合方式称为梯形接合(scalariform conjugation)。若在同一条丝状体上相邻的两个细胞间形成接合管或横壁溶蚀穿

孔,由其中一个细胞中的配子通过接合管或穿孔与另一个细胞中的配子融合的生殖方式则称为侧面接合(lateral conjugation),该种结合方式的丝状体上空细胞和具合子的细胞交替存在,因而这种水绵被认为是雌雄同体的。与梯形接合相比,侧面接合较为原始。合子成熟时分泌厚壁并伴随叶绿素的消失,内储藏营养物质,并随着死亡母体沉于水底进行休眠,待下一年春季或秋季时萌发,萌发前经核减数分裂形成 4 个单倍体核,其中 3 个分解,仅留有 1 核。合子萌发呈管状生长,形成萌发管,随后合子通过横分裂形成新的丝状体(图 5-27)。

双星藻目中,常见的丝状藻类还有双星藻属(*Zygnema*)和转板藻属(*Mougeotia*),单细胞类型有新月藻属(*Closterium*)、鼓藻属(*Cosmarium*)和角星鼓藻属(*Staurastrum*)(图 5-28)。

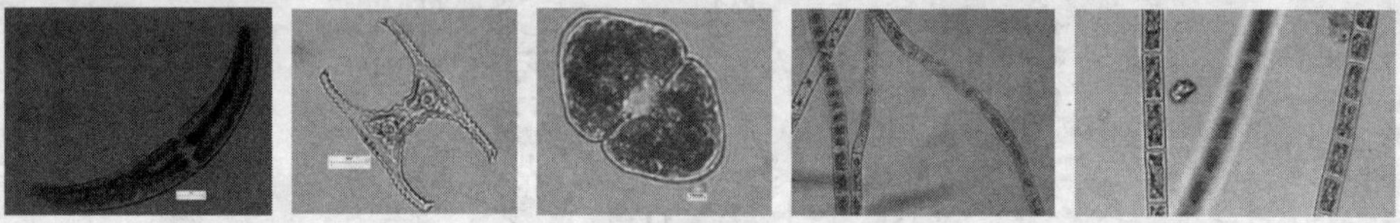

A　　B　　C　　D　　E

图 5-28　双星藻目常见属

A. 新月藻属(*Closterium*);B. 角星鼓藻属(*Staurastrum*);C. 鼓藻属(*Cosmarium*);
D. 双星藻属(*Zygnema*);E. 转板藻属(*Mougeotia*)

三、绿藻门在植物界的地位

绿藻的光合色素中含有叶绿素 a 和叶绿素 b,光合作用的产物都是淀粉,鞭毛均为尾鞭型,和高等植物相同,因此长期以来,绿藻的起源和演化问题受到植物学和藻类学者的高度重视。

绿藻起源的时间可追溯到 12 亿～14 亿年前。我国发现最早的绿藻化石,是在河北蓟县震旦纪地层中的一种 12 亿年前真核多核体藻类,鉴定为绿藻门管藻目多毛藻科的生物,定名为震旦塔藻化石。1975 年,美国藻类学家 R. A. Lewin 在一种海鞘的泄殖腔沟纹处发现一种含有叶绿素 a 和叶绿素 b 的原核藻类,定名为原绿藻(prochloron)。该发现被看作藻类进化史上的一件大事,为原核生物到真核生物的发展提供了真实的证据,一些学者推测真核绿藻由原绿藻演化而来。

此后,相继在印度、非洲和日本发现了佛氏藻(*Fritshiella tuberosa*),属胶毛藻科,具直立和匍匐枝分化,匍匐枝生于地下,直立枝丛枝状,具角质层,有世代交替现象,能适应陆地生活,因而有学者认为该类陆生的异丝体绿藻可能发展形成高等植物。但目前而言,对于高等植物究竟起源于哪一类绿藻,尚没有定论。

第五节　轮　藻　门

一、轮藻门(Charophyta)的主要特征

(一) 形态构造特征

轮藻植物是淡水藻类中个体较大、结构最为复杂的一大类群。植物体有类似根、茎、叶的

分化，通常高 10～30 cm，有的甚至可达 3 m。由单列细胞构成的具分枝的丝状假根，为其固着和吸收器官，借此固着于水底淤泥中。植物体中轴部分，即“茎”呈绿色，细胞内含许多小而呈椭圆形的叶绿体，具叶绿素 a 和叶绿素 b。茎在形态上有明显区分为主枝、侧枝，二者都有明显的节和节间，在节上还有轮生小枝(branchlet)或称短侧枝，通常又被称为“叶”，小枝节上还具单细胞刺状突起，称为苞片(图 5-29A)。在主枝和侧枝顶端均具分裂能力的细胞，以横分裂方式进行顶端生长。节部由中央细胞和周围细胞组成。节间多由一个长筒形细胞构成，有些种类在该细胞外还具略呈长方形的皮层细胞，与茎的长轴平行围绕长筒形细胞构成皮层(图 5-29B)。

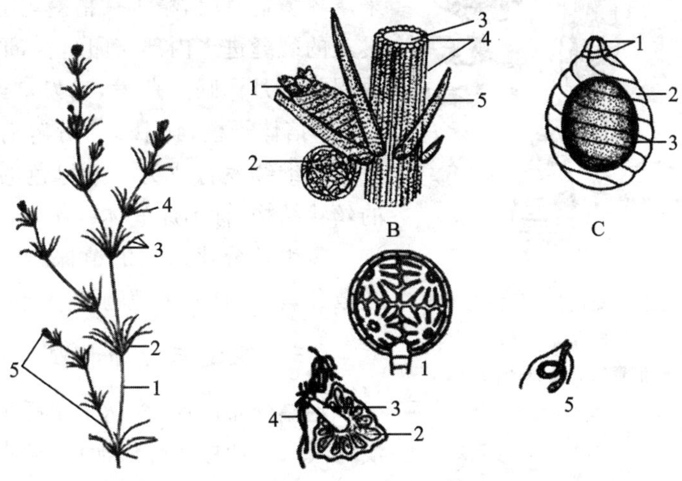

图 5-29 轮藻属(引自胡鸿钧等)

A. 植物体(1. 主枝；2. 轮生小枝；3. 节；4. 苞片；5. 侧枝)；

B. 一段小枝和生殖器官(1. 卵囊；2. 精子囊；3. 节间中央细胞横切面；4. 皮层；5. 苞片)；

C. 卵囊(1. 冠细胞；2. 管细胞；3. 卵)；D. 精子囊(1. 精子囊；2. 盾细胞；3. 盾柄细胞；4. 精囊丝；5. 精子)

生殖器官发达，为多细胞结构，外具不育细胞形成的保护及支持结构。雌性生殖器官称为藏卵器(oogonium)或卵囊(图5-29C)，雄性生殖器官称为藏精器(antheridium)或精子囊(图5-29D)，雌雄同株或异株，两者基部都具一个柄细胞(pedicel cell)，以此分别着生于同一株或不同株刺状突起的上下方或小枝轮的基部。卵囊呈卵形或椭圆形，内含一个大型的卵，外面由 5 个螺旋管状细胞，即管细胞(tube cell)包围组成外壳，每个管细胞顶端具有 1 或 2 个短小的冠细胞(coronula cell)，5 个排列成一层或 10 个排成两层组成卵囊的冠。精子囊呈球形，由 8 个三角形的盾细胞(shield cell)镶嵌构成外壳，盾细胞含多数橘红色的载色体，成熟时精子囊呈现橘红色。每个盾细胞中央向内生出 1 个圆柱形的盾柄细胞(stalk cell)，其顶端又产生 1～2 个圆形的头细胞(head cell)或称初级头细胞，其上又或依次形成次级、三级甚至四级头细胞，在最末头细胞顶端长出多条单列细胞的精囊丝(antheridial filament)，在它的每个细胞内产生 1 个螺旋状、顶生或侧生 2 条尾鞭型鞭毛的精子(图 5-29D)。

(二) 繁殖特征

轮藻仅有营养繁殖和有性生殖，不产生无性孢子进行无性繁殖。

1. 营养繁殖

轮藻植物最普遍的营养繁殖方式是以植物体断裂方式来进行的，其断裂的茎段的节上能

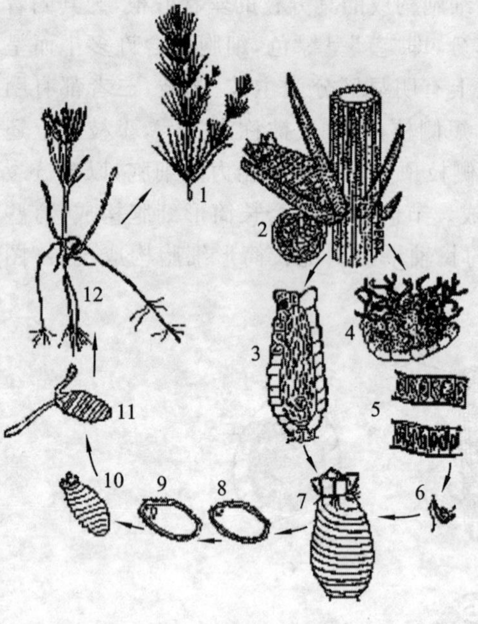

图 5-30　轮藻属的生活史(引自吴国芳等)

1、2. 短枝上产生雌雄生殖器官；
3. 卵囊纵切；4～6. 精囊丝中精子的形成；
7. 受精；8～11. 合子萌发；12. 幼植物体

长出假根和芽，从而发育成新植物体。此外，在假根的节上会产生单细胞或多细胞组成的珠芽(bulbil)，多呈球形，内含丰富淀粉，类似于被子植物的块根或块茎，以此繁殖新的藻体。

2. 有性生殖

轮藻有性生殖方式为卵式生殖。卵囊成熟后，卵囊的冠细胞下方裂开形成 5 条缝。而成熟精子囊的 8 个盾细胞则互相分开，其精囊丝被暴露出来。环境适宜时，精子从精囊丝上释放出后通过卵囊上的裂缝进入内部与卵结合，形成厚壁合子。经数周或数月休眠后萌发，萌发前经减数分裂，形成 4 个单倍体子核，其中 3 个分解消失，1 个核连同原生质体继续发育成为一条绿色的有节和节间分化的丝状结构，称为原丝体(protonema)，再由原丝体进一步生长分化出新的植株。生活史类型为合子减数分裂，仅具一种植物体，具核相交替(图 5-30)。

(三) 生境与分布特征

轮藻分布广泛，多丛生于稻田、沼泽、池塘等较浅的淡水或微咸水体底泥中，尤喜含钙丰富及透明度高的清洁水体，常成片生长。也能见其在深水湖泊中水生维管植物生长地带茂盛生长。

在植物细胞和植物生理学实验研究中，轮藻一直是用于观察细胞质流动的好材料。

二、轮藻门的分类及代表植物

轮藻门仅 1 纲 1 目，所有轮藻都归在轮藻纲(Charophyceae)轮藻目(Charales)中。轮藻目通常又分为 4 科，但现存的轮藻都归入轮藻科(Characeae)中，其余 3 科为化石轮藻。我国常见的是轮藻属(*Chara*)和丽藻属(*Nitella*)。

(1) 轮藻属(*Chara*)　其基本特征与轮藻门描述相同，其冠细胞为 5 个，排列成一层，节间细胞外无皮层或具长形细胞围成的 1～3 皮层。小枝不分叉(图 5-29)。

(2) 丽藻属(*Nitella*)　植物体每个管细胞上面有 2 个冠细胞，共有 10 个冠细胞分两层排列在卵囊上，节间细胞外面无皮层。小枝等势分叉或辐射分叉(图 5-31)。

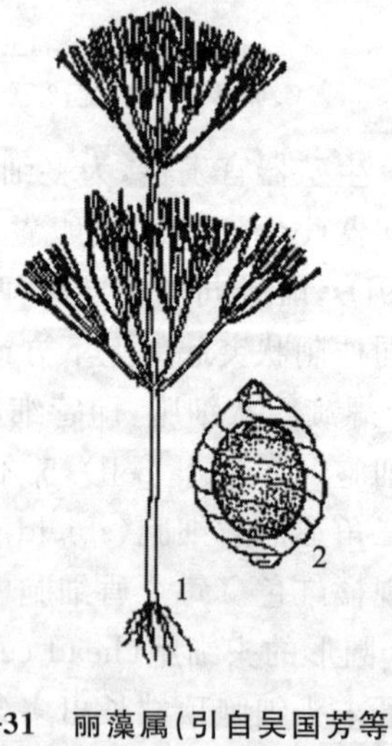

图 5-31　丽藻属(引自吴国芳等)

1. 植物体；2. 卵囊

三、轮藻门在植物界的地位

在地质史上，轮藻可追溯至泥盆纪。长期以来，轮藻因在光合色素组成、储藏产物及鞭毛结构等基本特征方面与绿藻相同，而将轮藻作为绿藻门的一纲。但事实上，轮藻和绿藻相比又有许多明显的特点:第一,从其营养体上看,其结构复杂,出现了假根、主枝、侧枝及轮生短枝的分化,且主、侧枝及短枝均具节和节间。第二,从生殖器官而言,产生多细胞生殖器官卵囊和精子囊,生殖器官外有不育细胞保护层。第三,从繁殖方式上来说,产生珠芽进行营养繁殖,类似被子植物块根块茎;有性生殖为卵式生殖且合子萌发经过原丝体阶段,与苔藓植物近似。最后,从发育方式上分析,植物体主、侧枝顶端具分生细胞,通过细胞分裂方式进行顶端生长。上述这些比绿藻进化的特点,却与高等植物类似,因而有学者认为高等植物起源于轮藻。但轮藻合子萌发时进行减数分裂,不形成二倍体营养体,虽经原丝体阶段,但不同于苔藓植物是由孢子萌发产生,轮藻不产生孢子进行无性生殖,从以上几个方面又否定了高等植物起源于轮藻的设想。不管高等植物是否起源于轮藻,轮藻仍被认为是一个向陆生植物进化的藻类分支,其异于绿藻的众多特征,使更多学者推崇将其独列出来作为单独的一门,置于绿藻门之后,这样似乎更为合理。

第六节　红　藻　门

一、红藻门(Rhodophyta)的主要特征

(一) 形态构造特征

红藻植物体有单细胞和多细胞两种类型,但绝大多数为多细胞体。多细胞植物体有简单的丝状体、假薄壁组织叶状体和枝状体等多种形态,但通常都较小,高约 10 cm,仅少数种类可达数米。在假薄壁组织枝状体中,又根据藻体中央藻丝(中轴丝)的数量,划分为单轴型和多轴型。前者的藻体中央仅一条轴丝,后者则由多条藻丝位于中央组成髓部。除中轴丝外,两种类型都具有"皮层","皮层"是由中轴丝向四周发生的侧枝密贴形成。红藻有 3 种常见的生长方式:①顶端生长,藻体的分生细胞位于顶端,是半球形的顶端细胞分裂的结果,多数单轴型红藻采取此种方式;②居间生长,分生细胞位于藻体间,少数种类以此方式生长;③最为少见的是弥散式生长,即任何部位的细胞都可以分裂生长,如紫菜。

红藻具两层细胞壁,外层为果胶化合物(主要是琼胶和卡拉胶),内层为纤维素。多数红藻的细胞为单核,有少数老时会形成多核。载色体 1 至多数,星芒状、盘状、不规则带状或片状,类囊体单条、分散排列,通常具 1 个蛋白核,高级种类无蛋白核。含有叶绿素 a 和叶绿素 d、β-胡萝卜素、叶黄素类及藻胆素。藻胆素中一般以藻红素占优势,但藻胆素含量随生长环境不同而存在差异,故不同的光照环境下,藻体常呈现红色、紫红色、暗紫色及橄榄绿色等。红藻能在光较弱的深水和阴暗的环境中生活,甚至在海洋深达 200 m 的地方仍可见它们的身影,这与藻红素这种辅助色素的功能密切相关。通常光在透过水的时候,红、橙、黄等长波光在几米深处就被海水吸收了,短波光(如绿、蓝光)却能透入海水深处,而藻红素正好具有吸收绿光、蓝光和黄光的能力。多数红藻长期的储藏产物为红藻淀粉(floridean starch),是一种非溶性糖类,以颗粒形式散布在细胞质中,但在较原始的种类中淀粉粒存在于载色体的蛋白核上。也有些红藻是以红藻糖(floridose,一种甘油半乳糖)作为储藏物。

红藻一般雌雄异株。雌性器官为果胞(carpogonium),单细胞呈烧瓶状,由膨大的基部及其顶端的受精丝(trichogyne)组成。果胞基部具一枚卵,受精丝具线形、棒形、椭圆形等多种

形态，其作用是接受精子。大多数红藻中，果胞基部具3～4个细胞组成的短分枝状的结构，即果胞枝，果胞枝下方还具支持细胞。果胞及果胞枝通常无色。雄性器官为精子囊，由营养细胞分裂转化而成，通常每个成熟精子囊内产生一个无鞭毛的、球形或椭圆形的不动精子，外被黏液质，以利于与受精丝结合。低等种类中可产生多个不动精子。

（二）繁殖特征

红藻的繁殖方式多种多样，但生殖时均不产生任何游动孢子或配子。

1. 营养繁殖

营养细胞直接一分为二；藻体断裂，但较罕见；产生孢芽，再以孢芽产生新个体。

2. 无性生殖

以多种静孢子进行无性生殖，主要有单孢子(monospore)和四分孢子(tetraspore)。单孢子是由营养细胞直接发育形成单孢子囊，其内生一个无鞭毛的单孢子，由单孢子萌发成为新植物体；四分孢子是由四分孢子体形成四分孢子囊，再经减数分裂产生4个孢子，即四分孢子，由它发育成为新植物体。

3. 有性生殖

红藻有性生殖方式为卵式生殖。成熟的不动精子从精子囊释放出来后，通常随水流被动运向果胞，通过受精丝进入果胞基部与卵结合，受精后合子立即进行减数分裂，产生单倍体的果孢子(carpospore)，发育成配子体；有些红藻果胞受精后，不经减数分裂直接发育成二倍体的果孢子体(carposporophyte)，或称囊果(cystocarp)，不能独立生活，寄生在配子体上，其上产生果孢子囊，并经减数分裂产生单倍体的果孢子或不经减数分裂形成二倍体的果孢子。前者发育成配子体，后者先发育成二倍体的四分孢子体(tetrasporophyte)，其上的四分孢子囊减数分裂产生4个带状或四面形排列的四分孢子(tetrad)，萌发成配子体而完成整个生活史。红藻门中有些的种类是形成多室或二室孢子囊，分别减数分裂产生多个或2个孢子。

（三）生境与分布特征

红藻门植物绝大多数海产，主要营固着生活，从海滨一直到200 m深海都有分布。红藻普遍喜低温，其分布受到海水温度的限制。淡水产种类也多以固着方式生活于急流、瀑布或冷泉等清凉、洁净的水体中，且需生活环境相对稳定，所以淡水红藻较少见，现仅有10余属50余种。

二、红藻门的分类及代表植物

红藻门有500余属3700余种，仅有1纲，即红藻纲。一直以来，红藻纲又被分为紫菜亚纲(Bangioideae)和真红藻亚纲(Florideae)。其亚纲的主要分类依据：相邻细胞有无纹孔连接，有无顶端生长及有性生殖。真红藻亚纲具前述三项特征。但后来发现，紫菜亚纲中也有具纹孔连接、顶端生长和有性生殖特征的种类，相反，真红藻亚纲某些种类不具这些特征。鉴于此，有学者建议合并两个亚纲。

（一）紫球藻属(*Porphyridium*)

紫球藻属隶属紫球藻目，潮湿的地表和墙角等地方整年都有生长(图5-32)。

植物体为单细胞，球形、卵圆形或椭圆形，常不规则聚集成紫红色或浅褐色群体，外被一层

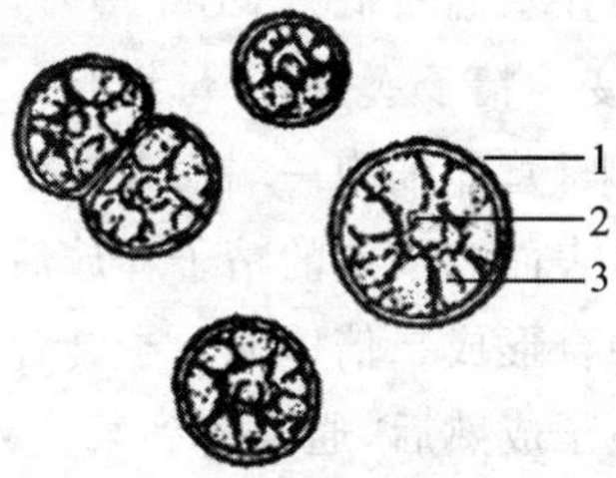

图 5-32　紫球藻属(改编自施之新等)

1.胶质;2.蛋白核;3.星芒状载色体

薄胶质膜。载色体星芒状或不规则形,具 1 个无淀粉鞘蛋白核。细胞单核。以细胞纵裂方式进行营养繁殖,有性生殖尚未见报道。

（二）紫菜属(*Porphyra*)

紫菜属是冷水性海产红藻,世界性分布,约有 25 种,我国常见 8 种。紫菜属的生活史中有两种类型植物体:配子体(n)和孢子体($2n$)。习见植物为其配子体,呈卵形、竹叶形或不规则形等叶状体,边缘多少具皱褶。藻体薄,呈紫红色、紫色或紫蓝色,由 1 或 2 层细胞组成,外被胶质。叶状体从基部的固着器上生出,借以固着海滩岩石上生长。植物体通常高 20～30 cm,宽约 10 cm,细胞单核,载色体 1 枚,中轴位星芒状,具蛋白核。藻体为弥散式生长。

下面以甘紫菜(*P. tenera*)为例,详述紫菜属植物的生活史(图 5-33)。

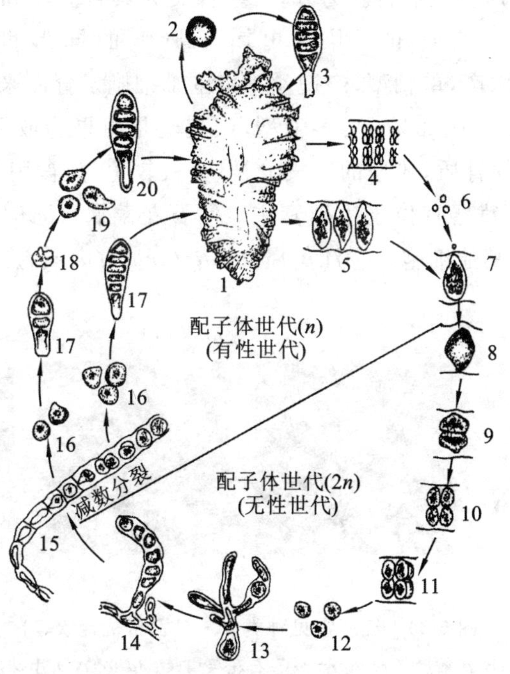

图 5-33　甘紫菜生活史(引自曾呈奎等)

1.叶状体(配子体);2.单孢子;3.单孢子萌发;4.精子囊;5.果胞;6.不动精子;7.不动精子漂至果胞受精丝;8.合子;9～11.合子有丝分裂产生果孢子;12.释放出来的果孢子;13、14.丝状体(壳斑藻、孢子体);15.经减数分裂产生壳孢子;16.壳孢子;17.壳孢子萌发;18.小紫菜;19.单孢子;20.单孢子萌发甘紫菜是雌雄同株植物，通常在水温较低（约 15 ℃）时，产生雌雄生殖器官进行有性生殖。藻体的任何一个营养细胞都可转变为精子囊，精子母细胞分裂形成 64 个不动精子。雌性生殖器官同样由普通营养细胞分化而来，营养细胞一端膨大转变成烧瓶状的果胞，膨大的基部具 1 个卵，顶端受精丝略突出藻体胶质表面。成熟的精子释放后被水流携带到受精丝上，不动精子穿过受精丝进入果胞基部，与卵融合形成二倍体的合子。合子先经有丝分裂再行普通分裂，最终形成 8 个二倍体的果孢子；果孢子成熟后，通常落到某些死亡软体动物（如文蛤、牡蛎等）的贝壳中，2～3 天后萌发为二倍体的壳孢子体，即壳斑藻（conchocelis），为单列分枝的丝状体。成熟的壳斑藻上每个细胞都能形成 1 个壳孢子囊，并经过减数分裂产生壳孢子（conchospore）。壳孢子一旦释放，就萌发成为新一代的叶状体配子体而完成整个生活史。但若壳孢子释放时，水温较高，壳孢子就会转而萌发为直径约几毫米的小型紫菜，称为夏季小紫菜。在几乎整个夏季，由于水温保持较高水平，成熟夏季小紫菜不断产生单孢子，持续发育为小紫菜；而通常到了晚秋时节，水温下降到 15 ℃左右时，单孢子便萌发为大型紫菜。大型紫菜也可以直接产生单孢子，进行无性生殖。

上述甘紫菜的生活史中出现了两种植物体，即叶状体的配子体（n）和丝状的孢子体壳斑藻（$2n$），两个世代交替出现，且以配子体占据生活史的优势，其生活史类型为配子体发达的异形世代交替。

常见的红藻还有：①多管藻属（*Polysiphonia*）：为多列细胞具两类分枝的丝状体，一种为普通分枝，由多列细胞构成，类似主轴，能无限生长；另一种分枝称为毛丝体（trichoblast），由无色单列细胞构成，其上产生性器官。另外，有些种类为具直立丝和匍匐丝分化的异丝体，以基部单细胞假根固着于基质上。生活史属于典型的同形世代交替。②串珠藻属（*Batrachospermum*）：淡水产，单轴型，产孢丝不由围轴细胞发育而来，而是由果胞或下位细胞形成。③海产的海索面属（*Nemalion*）：多轴型，产孢丝是由果胞或下位细胞发育而来。④海萝属（*Gloiopeltis*）：丛生软骨质，典型的二叉分枝，分枝较短，为食用和制胶原料。⑤珊瑚藻属（*Corallin*）：藻类钙化，生殖器官位于生殖窝中。⑥石花菜属（*Gelidium*）：肉质，产琼脂藻类，果胞枝仅由果胞组成，无其他细胞。⑦江蓠属（*Gracilaria*）：肉质，产琼脂藻类，果胞枝由两个细胞组成（图 5-34）。

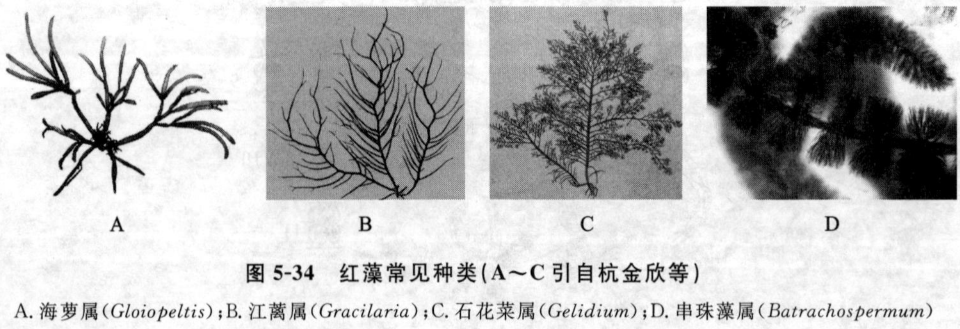

A　　B　　C　　D

图 5-34　红藻常见种类（A～C 引自杭金欣等）

A. 海萝属（*Gloiopeltis*）；B. 江蓠属（*Gracilaria*）；C. 石花菜属（*Gelidium*）；D. 串珠藻属（*Batrachospermum*）

三、红藻门在植物界的地位

红藻门是很古老的一群藻类，古红藻化石发现于距今大约 19 亿年的前寒武纪地质中。红藻的形态和生活史都有独自特点，通常认为其在发展上与其他藻类是平行的，没有亲缘关系。但红藻在光合色素上具藻胆素、类囊体单条排列方式及营养细胞、生殖细胞均无鞭毛等方面特征，这些与蓝藻相同，故 Kylin(1943)等认为红藻与蓝藻有疏远的亲缘关系。此外，红藻的果胞与绿藻门鞘毛藻属的卵囊具相似性，红藻门的紫菜属植物体构造、孢子形成方式及星芒状载色体与绿藻门的溪菜属相似，但光合色素上与绿藻门明显不同，所以它们的亲缘关系至今并不清楚。还有观点认为，红藻门的有性生殖和子囊菌某些属(如 *Bombardia*)的有性生殖相似，从而设想其可能与子囊菌有某些亲缘关系。

第七节 褐 藻 门

一、褐藻门(Phaeophyta)的主要特征

(一) 形态构造特征

褐藻植物体全为多细胞类型，形态上通常分为三大类：①单列细胞的分枝丝状体，包括简单分枝丝状体和具匍匐枝与直立枝分化的异丝体；②假薄壁组织体(或称假膜体)，由简单分枝的丝状体互相紧密贴合在一起形成；③有组织分化的膜状体，属于比较高级的类型，藻体在结构上分化成表皮(epidermis)、皮层(cortex)和髓(medulla)三部分。表皮层的细胞较多，内含许多载色体。皮层细胞较大，参与植物体机械固着作用，在近表皮的几层皮层细胞中含有载色体，同时行使同化功能。髓在中央，髓细胞由无色的长细胞组成，且许多髓细胞相互连接的壁具穿孔，髓部承担了输导和储藏任务。有些种类的髓部有类似喇叭状的筛管构造，称为喇叭丝。

褐藻类存在多种生长方式，常见的生长方式包括：①弥散生长，藻体的大多数细胞都能进行分裂，如水云(*Ectocarpus*)；②顶端生长，由顶端细胞向下分裂形成多个细胞，如网地藻(*Dictyota*)；③毛基生长，生长点在特殊的藻丝基部，如酸藻(*Desmarestia*)；④居间生长，具分生能力的细胞局限在藻体的中间部位，如海带(*Laminaria*)；⑤边缘生长，由膜状体的皮层细胞从表层向四周生长，如网地藻目(Dictyotales)的一些种类。

褐藻细胞壁通常由两层构成，内层为纤维素质，外层为藻胶层，其中一种褐藻糖胶，是构成褐藻胞外黏液的主要成分，能使暴露在外的褐藻藻体免于干燥。细胞单核，载色体一至多数，粒状或小盘状，具叶绿素 a 和叶绿素 c、类胡萝卜素，其中以类胡萝卜中的墨角藻黄素(或称岩藻黄素)含量占优势，使藻体呈褐色，且能利用光线中短波光。

载色体具 4 层膜，2 层载色体膜外面还包裹有 2 层内质网膜，有些种类的内质网膜与核被膜的外膜相连，共同包裹载色体和蛋白核。载色体内 3 个类囊体叠成一束。褐藻的蛋白核通常呈柄状，从载色体的一侧生出，称为单柄型(single-stalked type)(图 5-35)，有些褐藻仅在生长某个阶段含有蛋白核。蛋白核外包有长期储藏产物海带多糖或称褐藻淀粉，此外，甘露醇也是光合作用的积累产物。褐藻细胞质中具一种特有的小液泡，称为藻泡(physode)，其内储存的主要成分是酸性流体褐藻单宁酸，空气中易被氧化形成黑色的藻褐素，使风干的藻体呈现黑色。它主要存在于分生组织、同化组织和生殖细胞中，具有防止动物摄食、吸收紫外辐射等功

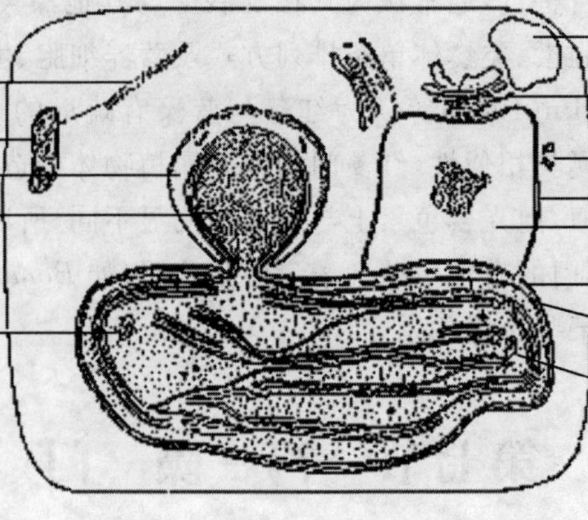

图 5-35　褐藻细胞构造模式图(引自吴国芳等)

1. 藻泡;2. 高尔基体;3. 中心体;4. 核膜;5. 细胞核;6. 载色体内质网膜;7. 载色体膜;
8. DNA 纤丝;9. 蛋白核;10. 淀粉鞘(多糖);11. 线粒体;12. 内质网

能。许多褐藻细胞中还含有大量碘,如在海带中碘含量可占到鲜重的 0.3%,而海水中碘含量仅占 0.0002%,因此,它被大量用作提碘的工业原料。此外,一些大型褐藻用于提取褐藻胶,广泛用于食品、医药及橡胶工业等。

(二) 繁殖特征

褐藻繁殖方式通常有营养繁殖、无性生殖和有性生殖 3 种,仅少数种类没有无性生殖,如墨角藻目。

1. 营养繁殖

以藻体断裂的方式进行,或形成一种特殊分枝繁殖枝(propagule),从母体脱离下的繁殖枝附着在基质上,并发育形成新的植物体。

2. 无性生殖

在二倍体的藻体上形成单室或多室孢子囊,产生单倍体或二倍体的游动孢子,有的种类则形成无鞭毛的静孢子。单室孢子囊(unilocular sporangium)由一个普通营养细胞增大形成,增大细胞只进行核分裂,不进行细胞质分裂,其细胞核经减数分裂形成 32～128 个子核(n),每个子核连同一部分原生质发育成一个具侧生不等长双鞭毛的游动孢子,再由此孢子发育成单倍植物体;多室孢子囊(plurilocular sporangium)由一个普通营养细胞经过多次分裂,形成一个细长的多细胞组织,每个细胞不经过减数分裂产生一个具侧生不等长双鞭毛的游动孢子($2n$),每个游动孢子又发育成一个二倍体的植物。

3. 有性生殖

褐藻有性生殖方式包括同配、异配或卵式生殖。配子体上形成单室或多室的配子囊,形成过程与上述孢子囊形成过程相同,只是不经减数分裂。成熟的配子囊产生配子,配子为梨形或纺锤形,有 2 条不等长侧生鞭毛,卵式生殖则是形成精子囊和卵囊。产生的精子多具两条不等长侧生鞭毛,通常向前方伸出的一条较长,是茸鞭型;向后方伸出的一条较短,为尾鞭型。但有的种类则正好相反,为前短后长,如鹿角菜属的种类。还有一些种类只有一根鞭毛。

在褐藻植物的生活史中,多数具有世代交替,在异形世代交替的种类中,尤以孢子体大,配子体小,孢子体在生活史中占据优势类型居多,如海带属。

（三）生境与分布特征

褐藻门植物绝大多数为冷水藻类，寒、温带冷海的潮间带分布最多，常成为优势类群，仅极少种生活在淡水中。它们营底栖生活，一年生或多年生，通常以假根固着于基质或附生在其他藻类上，是构成近海岸海底森林的主要藻群。有些海产种类能扩散到半咸水，并成为盐沼植物的重要组成部分，但几乎完全丧失有性生殖能力，只行营养繁殖。在热带地区，仅在大西洋马尾藻海发现较为丰富的褐藻种类，最主要构成是马尾藻属（*Sargassum*）种类，它们是褐藻门中少有的暖型藻类。影响褐藻空间分布的主要因素包括海水的盐度、温度及潮起潮落过程中藻体暴露在空气中的时间等。而纵向分布上也表现出明显的带状分区，通常在潮间带退潮时，先看到墨角藻属种类，往深处则为海带目海带科的种类。

二、褐藻门的分类及代表植物

褐藻门有250属1500余种。传统的褐藻分类是根据它们的生活史特征，即有无世代交替及其类型来划分，分为等世代纲（Isogeneratae）、不等世代纲（Heterogeneratae）和无孢子纲（Cyclosporae）。但是进一步的研究发现了很多例外的情况，有些褐藻生活史变化较大，无法将其归入上述三纲中的哪一纲，因此在现代的分类系统中，多数学者趋向不分纲，只建立1纲，即褐藻纲（Phaeophyceae），其下建13目或14目。

（一）水云属（*Ectocarpus*）

水云属隶属水云目。水云对温度和盐度有广泛的耐受性，其分布较广。植物体小型、褐色，为单列细胞的叉状分枝丝状体，具匍匐枝和直立枝分化。匍匐枝密而不规则，呈假根状，藻体借以固着在基质上；直立枝簇生，末端小枝渐细。细胞单核，载色体多为盘状，少数带状，具1枚蛋白核。

水云属的生活史，以长囊水云（*E. siliculosus*）为例（图5-36）。

无性生殖时，在二倍体丝状体的侧生小枝的顶端细胞上产生单室或多室孢子囊。单室孢子囊短而圆，颜色较浅；多室孢子囊长且颜色深。单室孢子囊减数分裂产生单倍体侧生不等长双鞭毛的游动孢子，从孢子囊释放后，一旦附着在适宜基质上，2～3 h内便会萌发成为单倍的配子体。多室孢子囊不经减数分裂，可产生600余个的二倍体的游动孢子，释放附着基质后2～5 h内萌发为二倍体的藻体。有性生殖为异宗配合，多室配子囊是在配子体侧生小枝的顶端细胞上形成，来自不同藻体的两个大小基本相同的配子互相结合成合子，合子经2～3天萌发，形成二倍体的孢子体，与配子体形态结构相似，为同形世代交替。

（二）海带属（*Laminaria*）

海带属隶属海带目。海带属约30种，为大型海藻，分布在北冰洋、北大西洋、北太平洋等冷水性海域。

海带（*Laminaria japonica*）是为大众熟知的藻类植物，含有丰富的营养，尤其以碘含量高而成为全世界人们喜爱的食品。此外，海带还作为提取褐藻酸盐、碘和甘露醇的重要原料，被广泛用于多种行业。

海带的孢子体大型，分化为固着器、柄和带片三部分（图5-37A）。固着器为分枝的假根；柄圆柱形或略侧扁，不分枝；带片生长于柄的顶端，呈扁平状，没有中脉，幼时常凸凹不平。孢子体内部结构包括三种不同的组织，从外至内依次为表皮、皮层和髓（髓部具喇叭丝）（图

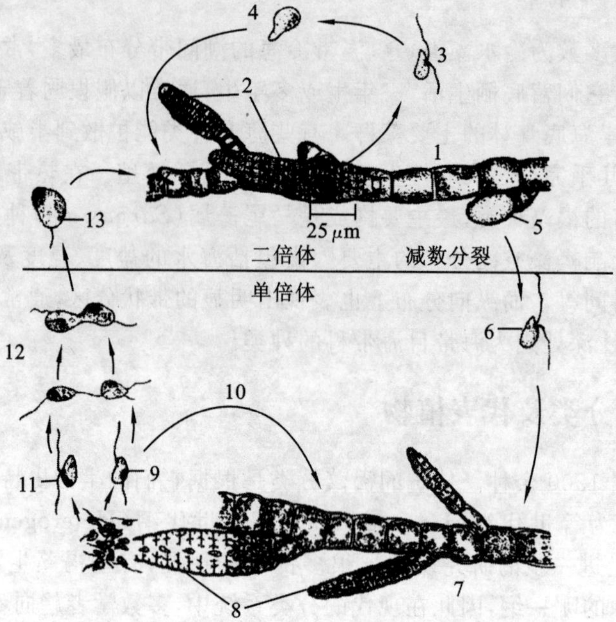

图 5-36　长囊水云生活史(改编自段德麟等)

1. 孢子体(2*n*);2. 多室孢子囊;3. 游动孢子(2*n*);4. 孢子萌发;5. 单室孢子囊;6. 流动孢子(*n*);7. 配子体(*n*);8. 多室配子囊;9. 雌配子;10. 孤雌生殖;11. 雄配子;12. 配子结合;13. 合子

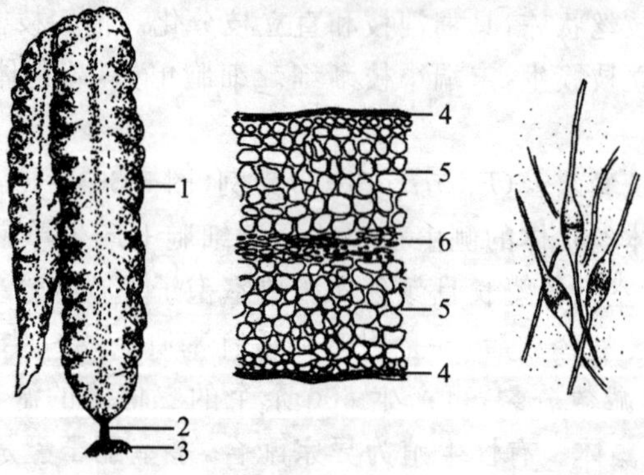

图 5-37　海带孢子体的形态结构(改编自周云龙等)

A. 藻体外形;B. 带片横切;C. 几个喇叭丝放大

1. 带片;2. 柄;3. 固着器;4. 表皮;5. 皮层;6. 髓

5-37B、C)。其中柄和带片都具有这三种组织,固着器只具表皮和皮层。通常在柄与带片之间存在着分生组织,海带的生长是通过此处居间分生组织的活动来实现的。

海带的孢子体成熟时,在带片的两面产生单室的游动孢子囊,游动孢子囊丛生棒状,中间混夹着一些长细胞,称为隔丝(paraphysis),也叫侧丝,其显著的特征是其细胞顶端略膨大并具有透明的胶质冠(gelatinous corona)。通常生长游动孢子囊的区域颜色较带片其他部位深,其孢子母细胞经过减数分裂及多次普通分裂,一般产生 32 个(+)(−)游动孢子,游动孢子梨形,侧生两条不等长鞭毛。孢子落地附着基质后立即萌发为雌、雄配子体。雌配子体是由少数较大的细胞组成的丝状体，分枝少，在 2～4 个细胞时，枝端即产生单细胞的卵囊，内有一枚卵，成熟时卵被推出附着于卵囊顶端。与雌配子体相比，雄配子体细胞小，数量多，十几个至几十个不等，分枝也较多，精子囊由其上一个细胞形成，小而无色，产生一枚侧生双鞭毛的精子。成熟的精子释放出后与卵在卵囊外结合，形成二倍体的合子，但合子并不离开母体，数日后萌发为新的海带孢子体。在海带整个生活史中具孢子体和配子体世代交替现象，其孢子体大型而有组织的分化，配子体微型，结构简单，其世代交替为异形世代交替(图 5-38)。

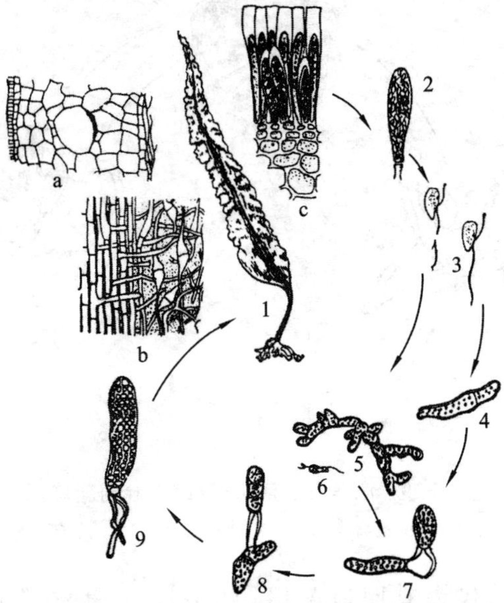

图 5-38 海带生活史(引自吴国芳等)

1. 孢子体；2. 孢子囊；3. 游动孢子；4. 雌配子；5. 雄配子；6. 精子；7. 卵囊及卵；8、9. 幼孢子体

在自然状态下，海带生长期为 2 年，且具明显季节特征，当年冬季开始至次年夏初为快速生长阶段，夏末和秋季生长减缓甚至停止生长。若人工筏式养殖，生长期只需 1 年，第一年秋天采苗，经过第二年 3—4 月间快速生长藻体可长达 2～3 m，等到入秋水温下降至 20 ℃以下时，带片上即产生大量的孢子囊，于 10—11 月间散放孢子，此后若不进行收割，海带孢子体即死亡。一般来说，孢子体能生活 13～14 个月。

(三) 鹿角菜属(*Pelvetia*)

鹿角菜属隶属墨角藻目。鹿角菜(*Pelvetia siliguosa*)是我国温带沿海常见多年生食用海藻，藻体是二倍体孢子体，褐色软骨质，分化为固着器、短柄及上部分枝三部分。藻体高 6～15 cm，通常以基部圆盘状的固着器着生于海边的岩石上，基部上方具一扁圆状短柄，支撑着上部多重二叉状分枝(可重复分枝 2～8 回)，鹿角菜也正因其叉状分枝犹如鹿角而得名。鹿角菜的解剖结构类似于海带，分化出表皮、皮层和髓。皮层和中央的髓部都有类似筛管的构造，但不存在喇叭丝。枝上无气囊(gas vedicle)，气囊是由表皮细胞生长及皮层厚度的增加导致髓部破裂形成的空腔。

鹿角菜为雌雄同体。有性生殖时，上部分枝的顶端膨大形成有柄的长角果状结构，称为生殖托(receptacle)。生殖托明显比普通营养枝粗，其表面具有由表皮细胞衍生而来的结节状突起，该突起处即生殖窝(conceptacle)所在，具一开口朝向外方。同一生殖窝内既能形成雌性生殖器官卵囊，又能产生雄性生殖器官精子囊。精子囊是单细胞的，长于窝内生出的分枝上，通常每个分枝上有 2～3 个精子囊。精子囊经一次减数分裂和数次有丝分裂，形成多数不等长双鞭毛精子；卵囊也为单细胞的，经减数分裂后，最终发育形成两个卵。精子囊和卵囊之间具有隔丝。成熟的精子和卵结合后发育成二倍体植物体。鹿角菜生活史仅有一种二倍体植物，其减数分裂在雌、雄配子形成时发生，即鹿角菜为配子减数分裂型生活史(图 5-39)。

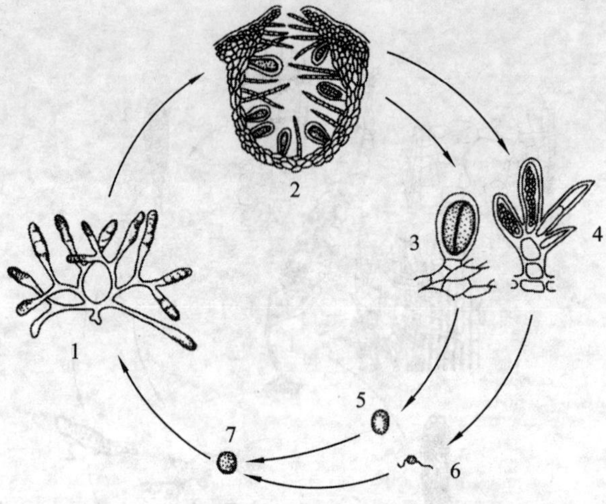

图 5-39　鹿角菜生活史(改编自叶创新等)

1. 鹿角菜；2. 生殖窝；3. 卵囊；4. 精子囊；5. 卵；6. 精子；7. 合子

褐藻门中常见的其他代表有网地藻属(*Dictyota*)、裙带菜属(*Undaria*)、黑顶藻属(*Sphacelaria*)和马尾藻属(*Sargassum*)等(图 5-40)。

图 5-40　褐藻常见种类(引自杭金鑫等)

A. 网地藻属(*Dictyota*)；B. 裙带菜属(*Undaria*)；C. 黑顶藻属(*Sphacelaria*)；D. 马尾藻属(*Sargassum*)

三、褐藻门在植物界的地位

褐藻门植物是一个古老的类群，其最可靠的化石证据来源于距今约 2 亿年前的三叠纪。褐藻通常具两条不等长侧生鞭毛的运动细胞，由此推测它是由单细胞的具两条不等长侧生鞭毛的祖先进化而来的。目前已知黄藻门和金藻门是与褐藻门进化关系最近的两个类群，三门植物在运动细胞的形态和构造、植物体所含色素方面相似。但从褐藻的形态结构及生活史类型上看，褐藻显然更为进化。

第八节　藻类植物的起源与演化

一、藻类植物的演化

自距今33亿～35亿年前地球出现藻类植物以来，经过了漫长的岁月到6亿年前的寒武纪，藻类仍是地球上唯一的绿色植物，寒武纪因此被称为地球生物史上的“藻类时代”。寒武纪后，其他植物类群继续发展，时至今日虽然被子植物占据了绝对的优势，但是藻类植物仍然遍布全球，十分繁盛。藻类植物在数十亿年的发展过程中形成了多个门，但各门之间及各门之内都遵循相同的进化规律：从单细胞到多细胞、从简单到复杂、从低级到高级。

（一）藻类载色体及色素类型的演化

除原核藻类外，所有真核藻类都有载色体。载色体形态多种多样，但基本结构由被膜和类囊体组成。不同藻类植物所含的色素也是多种多样的，但归纳起有以下几大类：叶绿素类、类胡萝卜素（胡萝卜素和叶黄素）、藻胆素。几乎所有藻类都具叶绿素a，而藻胆素仅存在于少部分藻类中。因此，根据藻体细胞载色体结构、所含光合色素及光合类型的不同，通常将藻类分为3条进化支系，3条进化支系都含有叶绿素a和光系统Ⅱ，从根本上区别于光合细菌。

第一支系：以藻胆素为光系统Ⅱ的主要集光色素。

该支系是从原核蓝藻到真核红藻的进化，两者都含有藻胆素，并以颗粒形式（藻胆体）附着于类囊体的表面，作为光系统Ⅱ的主要集光色素。蓝藻无载色体，类囊体单条分散在细胞质中；红藻分化形成简单载色体，外有两层被膜包围，这一特征显示出红藻较蓝藻更为进化，然而红藻仍保留着类囊体单条分散排列的这一原始特性。此外，红藻和蓝藻生活史中都没有出现具鞭毛的运动细胞，因此认为红藻是和蓝藻亲缘关系最相近的真核藻类。

第二支系：以叶绿素c为光系统Ⅱ的主要集光色素。

该支系包括隐藻门、甲藻门、黄藻门、金藻门、硅藻门和褐藻门这6门藻类。其中隐藻门、甲藻门是这6门中较原始的类型，尤其隐藻除叶绿素a、叶绿素c外，还具有藻胆素，但在类囊体组成上，隐藻为2条成对排列为1束，因此从这一点看，它比同样具藻胆素和2层载色体被膜的真核红藻要进化。甲藻的载色体具3层膜，类囊体是3条并列为1组，仅个别裸甲藻测出具藻蓝素，研究证实该色素的真正来源是与之内共生的隐藻。此外甲藻除真核外，具有与真核相似的另一种核，即中核（mesokaryon），又称间核或甲藻细胞核，其特点是细胞有丝分裂过程中核膜和核仁不消失，核内不形成纺锤体。有些甲藻同一细胞中既有中核又有真核，有些仅具中核。上述事实可以看出，在细胞核、载色体结构及所含的光合色素种类上，这一支系藻类处于不同的进化阶段，然而各门之间仍是平行发展的关系。

第三支系：以叶绿素b为光系统Ⅱ的主要集光色素。

该支系包括裸藻门、原绿藻门（Prochlorophyta）、绿藻门和轮藻门。4门藻类都含有叶绿素a、叶绿素b，但裸藻门细胞具非常明显的中核性质，载色体被3层膜，类囊体3条成1组，同化产物为裸藻淀粉（副淀粉），虽同淀粉一样属于多糖类，但它不对碘发生蓝黑反应，这些特征与该支系的其他藻类都不同。因此，裸藻门是这一进化支系中较特殊的一门。原绿藻类虽与蓝藻一样同是原核生物，但比蓝藻进化，就在于其分散排列在细胞质中的类囊体为2条集合成

1组,因此有人认为真核绿藻由原核绿藻进化而来。绿藻门和轮藻门有很多相似之处,如类囊体是2～6条或更多组成1束,运动细胞都为尾鞭型鞭毛等。但轮藻植物细胞有丝分裂与陆生高等植物相似,营养体及生殖器官的构造较绿藻门复杂,因此,普遍认为由绿藻门进化为轮藻门。然而,轮藻类生活史中无世代交替现象,为合子减数分裂型生活史,不形成二倍体营养体这些特点,决定了轮藻门(纲)只是进化主干上的侧枝,它不能演化出高等植物,绿藻门才是陆生高等植物进化的主干。

综上所述,从原核藻类进化到真核藻类是在不同的进化途径、不同时间、不同进化阶段上发生的。最早形成的是原核蓝藻,大约比蓝藻晚了20亿年才出现真核红藻,形成了以藻胆素为光系统Ⅱ的主要集光色素这一演化路线,其次是含叶绿素a、叶绿素c的第二支系真核藻类的出现,最后才是第三支系,即含叶绿a、叶绿素b的真核藻类的产生。

(二) 藻类细胞及体型的演化

伴随着藻体结构复杂化,藻体细胞逐渐由不分化到分化,出现专门的细胞执行某种具体功能。如衣藻细胞无分化,兼具营养及生殖功能;团藻、轮藻、红藻及褐藻等,明显地分化出营养细胞和生殖细胞分别承担营养和生殖两种不同功能;在较进化的红藻和褐藻种类,其内部则已经出现了组织分化,如海带带片和柄部分化为表皮、皮层、髓部。

各种不同色素的藻类,无论原核还是真核,在漫长的演化过程中形成了多种多样形态,概括为以下几大类:单细胞(具鞭毛或不具鞭毛);群体(定形群体和非定形群体);丝状体(分枝或不分枝);异丝体;多核体或管状体(细胞多核,无横壁);假薄壁组织体和薄壁组织体(片状、管状、假根、茎、叶状等)。且不同色素的各门藻类植物体型的演化似乎都经历由单细胞到多细胞,从不分枝到分枝丝状体和片状体,再到多核体、假薄壁组织体,最后是具真正组织分化的薄壁组织体这一大方向。当然,每门藻类所具有的植物形态类型或多或少,如硅藻门只有单细胞类型,褐藻门没有单细胞种类,隐藻门则无丝状体。上述现象就是人们常说的平行演化,或解释为协同演化。

藻类众多形态中,最简单、最原始的类型是具鞭毛、能自由移动的单细胞种类。它们存在于许多类群中,如裸藻、绿藻、甲藻等。从它们开始,不难发现以下3个演化路线:

(1) 单细胞具鞭毛类型向具鞭毛群体和多细胞体的方向发展。

例如:单细胞(衣藻属)—群体(实球藻属)—多细胞体(团藻属)

(2) 单细胞朝着失去鞭毛、固着生长方向发展。

例如:单细胞具鞭毛(衣藻属)—单细胞无鞭毛(小球藻属)—群体无鞭毛(栅藻属)—固着生长多核体(松藻属)

(3) 单细胞具鞭毛类型向着具假根、茎、叶状分化方向演化。

例如:单细胞具鞭毛(衣藻属)—单细胞无鞭毛(小球藻属)—不分枝丝状体(水绵属)—异丝体(丝藻属)—片状体(石莼属)—具假根、茎、叶分化植物体(海带属)

藻类体型的多样化,在演化的各个阶段在各门藻类中都能找到代表。其中藻体类型较多的主要是绿藻门、金藻门、黄藻门;在藻体构造、生殖方式、生活史类型方面发展到较高级水平的高等藻类则包含绿藻门、红藻门、褐藻门,其余藻门归入低等藻类范畴。

(三) 藻类繁殖及生活史的演化

藻类有三种繁殖后代的方式:营养繁殖、无性生殖及有性生殖。大多数藻类的生殖器官是单细胞的,少数种类才具有不育细胞保护的多细胞生殖器官。营养繁殖常为细胞分裂、形成藻殖段及藻体断裂等方式；无性生殖是产生内外生孢子、动孢子、静孢子及似亲孢子等多种孢子进行繁殖；有性生殖则是形成能游动或不能动的配子，以配子结合成合子，从而产生新个体的繁殖方式，该种方式是三种繁殖方式中最为复杂的，其配子结合通常又有同配、异配和卵式配等几种。其演化路线是从营养繁殖、无性生殖到有性生殖。从同配生殖到异配生殖，再到最为高级的卵式生殖。

不是所有藻类都具有三种繁殖方式，有些藻类只具其一或其二。因此，根据所具繁殖方式，藻类的生活史可归结为以下几种类型。

（1）生活史中仅具营养繁殖，没有无性及有性生殖。

如蓝藻门绝大多数种类仅存在营养繁殖，由于没有有性生殖，因此生活史中无减数分裂的发生和核相变化，植物体没有单、双倍体之分。这就属于最为简单的、既无核相交替又无世代交替的生活史类型。

（2）生活史中仅具无性生殖，无营养繁殖和有性生殖。

生活史中只出现一种单倍体植物，即配子体。同样因为无有性生殖的出现，也属于既无核相交替又无世代交替的生活史类型，如皮果藻属、管胞藻属等极少数以内生或外生孢子进行无性生殖的蓝藻。

（3）生活史中具有性生殖和减数分裂。

大多数真核藻类具有性生殖方式，而一旦出现有性生殖方式，必然发生减数分裂，伴随而来的即是单倍体的核相和二倍体的核相交替出现的现象。不同的藻类发生减数分裂的时间不同，因此根据减数分裂发生时间将生活史类型分成 3 种（图 5-41）。

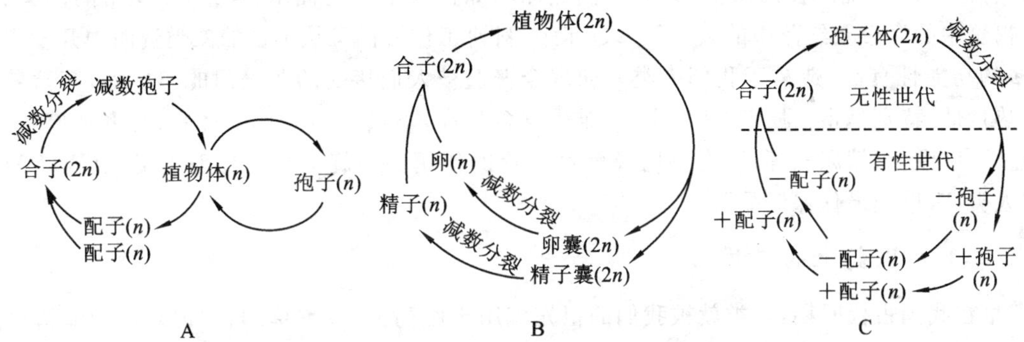

图 5-41　藻类生活史图解（引自吴国芳等）

A. 合子减数分裂型；B. 配子囊减数分裂型；C. 孢子囊减数分裂型

① 合子减数分裂型：减数分裂发生在合子萌发时，生活史只出现 1 种单倍体植物（配子体），合子是生活史中唯一的二倍体阶段，这种属于只具核相交替而无世代交替的生活史类型，如衣藻、团藻、水绵、轮藻等。

② 配子囊减数分裂型：减数分裂在配子囊形成配子时发生，生活史中只有 1 种二倍体植物体（孢子体），配子是生活史中唯一的单倍体阶段，如松藻、硅藻、鹿角菜等。同样属于只具核相交替而无世代交替的生活史类型。

③ 孢子囊减数分裂型（或称居间减数分裂型）：减数分裂仅发生在孢子囊形成孢子时，生活史中出现了 2～3 种植物体，有单倍体的植物体（配子体）和二倍体的植物体（孢子体）的交替现象。此过程中，二倍体的合子不经减数分裂萌发成为二倍体孢子体，成熟孢子体上的孢子母

细胞经减数分裂形成单倍体孢子，由孢子再萌发形成单倍体配子体，配子体成熟后上产生配子而行有性生殖。如石莼、海带、多管藻等，属于既具有世代交替又伴随核相交替的生活史类型。其中把从合子开始到减数分裂发生前这段二倍体时期，称为无性世代或孢子体世代；从孢子开始，直到配子形成这段单倍体时期，称为有性世代或配子体世代。若孢子体和配子体植物在形态、构造上相同，即称为同形世代交替，如石莼；若孢子体和配子体植物在形态、构造上不同，即称为异形世代交替。异形世代交替种类中，有的以配子体在生活史中占据优势，如紫菜，有的以孢子体占优势，如海带。

由此可以看出，藻类生活史演化的一般规律如下：由只具核相交替生活史向既有核相交替又有世代交替类型发展；由同形世代交替向异形世代交替发展；由配子体占优势的异形世代交替向孢子体占优势的异形世代交替发展。孢子体占优势的种类较进化，是演化发展的主干。

二、藻类植物与人类生活

藻类植物分布相当广泛，在地球各个角落都能见到它们的踪影，它们存在于几乎各种生境中，可以说只要有光和水的地方都有它们。我国藻类资源相当丰富，同时也是藻类资源利用最早的国家。藻类与我们的生活有着极为密切的关系。

（一）食用

目前人类已知相当数量的藻类具有很高的营养价值，它们富含糖类、蛋白质、脂肪、各种维生素及Ca、Na、Mg、K、I、Fe、Zn等多种元素。其中蓝藻门、绿藻门、红藻门及褐藻门的许多种类一直是我国传统的食用藻类，尤为人们熟知的如蓝藻中的葛仙米、发菜，绿藻中的溪菜、石莼，褐藻中的海带及红藻中的紫菜等。近年来，科研工作者们又从丰富的藻类资源中开发出了众多的功能性食品，造福于我们人类。如现今普遍被人们接受的蓝藻门的螺旋藻，其营养全面、热量低，特别是蛋白质、类胡萝卜素、维生素含量高，不仅可作为减肥食品，对多种疾病（如高血压、肝硬化、糖尿病等）还有预防及辅助治疗的作用。螺旋藻被世界卫生组织（WHO）誉为“人类21世纪最佳保健品”。

（二）在医药上的应用

早在我国古代时期，藻类就被我们的祖先应用于医药上。《本草纲目》记载：“瘿瘤脚气者宜食（紫菜）。”用紫菜来治疗因缺碘而引起的“大脖子”病即“瘿”症，以及水肿和湿性脚气等。此外，如褐藻类羊栖菜在瘰疬、瘿瘤、水肿、脚气等方面也具有很高的药用价值。中国《中药大辞典》对它的化学成分及药理做了比较详尽的介绍：藻胶酸20.8%、粗蛋白7.95%、甘露醇10.25%、灰分37.19%、钾12.82%、碘0.03%，还有丰富的多糖、食物纤维素、B族维生素、17种氨基酸以及矿物质和微量元素。琼胶和卡拉胶是红藻中两种最重要的多糖衍生物，均被广泛应用于医药。前者常作为泻药、药物缓释的惰性载体、乳化稳定剂，还能抑制P型流感病毒和耳下腺炎病毒的繁殖以及作为各种微生物和组织培养的培养基；后者除具许多与琼脂一样的功能外，还可抑制人类免疫缺陷病毒（HIV）的复制和反转录，从而起到体外预防作用。藻胶酸常用作牙模型原料，而藻胶酸的钙盐可用作止血药。还有些藻类可驱虫，如鹧鸪菜（*Caloglossa leprieurii*）。当然，藻类在医药方面的应用远不止上述这些。随着人类认识和研究的深入，相信它们还蕴藏着巨大的潜能，等待人类去合理地开发和利用。

（三）在工业上的应用

从褐藻、红藻中提取的藻胶酸、琼胶和卡拉胶等不仅是医药原料，还是非常重要的工业原料。用藻胶酸制造的人造纤维比尼龙有更大的耐火性，藻胶酸的可溶性碱盐可作为染料、皮革、布匹等的光泽剂。琼胶、卡拉胶用于造纸、纤维板、乳胶稳定剂。另外，从红藻和褐藻中还可提取碳酸钠、醋酸钙、碘化钾、氯化钾、丙酮、乳酸等无机及有机化合物，它们的应用极为广泛。古代硅藻大量沉积形成的硅藻土，已成为现代工业的一项重要原料。硅藻土疏松多孔、不传热的特性，使其作为吸附剂、隔离物及防爆剂等，用于炸药生产中惰性媒介以及隔离热管道、高炉、热水池等；还可用作金属、木材等建筑材料的磨光剂、工业用过滤剂、保温材料，以及化妆品、火漆和涂料等的填充剂。

（四）在农业上的应用

农业上藻类常用作肥料。一方面，人工打捞海水、淡水中大量生长的藻类，直接用作绿肥。如轮藻通常喜钙，是很好的钙肥；海岸褐藻含钾盐比较多，有的可达 30%，为高效钾肥。另一方面，还可挖取藻类生长旺盛的小湖、小河和池塘等淡水水体的底泥用作肥料，由于藻类年年死亡沉积，形成丰富的有机淤泥，是很好的肥料。另外，从 1928 年 Drewes 发现两种蓝藻具固氮能力后，学者们又相继发现 70 余种固氮蓝藻。固氮蓝藻的异形胞中具丰富的固氮酶，能同化空气中的氮。因此常在稻田区施放固氮蓝藻以提高土壤肥力，从而达到稻田增产的目的。据报道，蓝藻固氮量每亩可高达 1.7～6.7 kg 纯氮，使增产 7%～15%。因此实际生产中，可以通过观察藻类生长情况，来初步预报来年的水稻收成。有些藻类虽然没有固氮能力，但可分泌氨基酸、激素、糖等物质，对土壤中微生物产生很大影响，间接促进固氮细菌增强固氮能力。

（五）藻类与渔业的关系

在淡水或海洋中，浮游藻类都是水体食物链中最基础的环节，是无数浮游生物、水生动物（如鱼、虾等）的最主要饵料，因此它们又被称为“原初生产力”。此外，在岸边及水中固着生长的大型藻类，虽不作为饵料，但对渔业来说也不可或缺，它们为鱼类产卵和哺育幼鱼提供良好的场所。生活中常见渔民在养殖池塘施肥，就是为了促进藻类的生长和繁殖，从而直接或间接地为鱼类添加饵料，达到增产的目的。水体中浮游植物的种类及生物量通常呈现一定规律的时空变化，掌握浮游植物的生息变化节律，可为渔业规划发展提供重要的参考。如在印度海岸，海洋脆杆藻（*Fragilaria oceanica*）是油沙丁鱼的主要饵料，当该藻大量发生时，就预示着油沙丁鱼将要丰收。许多藻类不仅含有丰富蛋白质、油脂等，还含有大量动物生长不可缺少的维生素，且不败坏水质，因此至今也难以用人工饵料取代。近年来，随着人们生活水平的提高，水产养殖业大量快速的发展，对藻类饵料的数量及质量都提出了新的要求，迫使更多的科研工作者加入对优质饵料藻类的筛选工作中来。

藻类对渔业也有不利的一面。有些藻类能附生在某些鱼类的皮肤和鳃上，使其化脓致死，如绿藻门绿球藻可造成鲤鱼、鲈鱼等死亡。硅藻门直链藻属大量发生时，也能致死鱼、虾。还有如褐藻门的酸藻，能分泌酸性物质使鲍鱼死亡。在鱼苗孵化池中，如果水网藻一类的丝状藻类大量生长，不但留挂鱼苗，还和鱼苗争夺水中的氧气，不利于鱼苗生长。如果颤藻和席藻大量繁殖，会使鱼肉带有令人不愉快的泥腥味。近年来，水体富营养化加剧，形成“水华”及“赤潮”，致使水质恶化，对整个渔业生产都造成巨大危害。

（六）藻类与环境的关系

水体中的浮游植物会随水质状况的不同其种群结构发生变化。当水体未受到污染时，浮游植物种类自然分布；当水体受到污染后，对于敏感性种类来说，其种群数量逐渐趋于减少甚至物种消失，而非敏感性种群数量则逐渐增加成为优势种。因此，可以通过分析这些浮游藻类物种组成、性质、生物量等来评价、监测和预报水质，弥补水质理化分析的不足。例如：铜绿微囊藻（*M. aeruginosa*）为好污性种类；短小舟形藻（*N. exigua*）指示水体呈中污染；梅尼小环藻（*C. meneghiniana*）为寡污水性，指示水体轻污染。通常当水体浮游植物的细胞密度在 1×10^6 cell · L^{-1}以上时，表明水体处于富营养化状态。

全球大规模的光合作用中，约有一半的光合产物是来自藻类，其中仅海藻固定的有机碳素就达 1.35×10^{11} t，同时释放大量的氧气，促进水中细菌等微生物的活动，加速水体有机物的分解，促进水体的自净作用。此外，有些单胞藻类，如衣藻（*C. mundana*），喜生活在富含有机质污染水体中，在无氧条件下能同化水体中有机物供自身需要，为自然水体的净化贡献力量。还有些藻类可以吸收、富集水体或土壤中有害元素，并通过自身体内的解毒作用和生理活动过程，将毒素逐步降解和消除，从而减少环境污染。如四尾栅藻（*S. quadricauda*）可积累比环境高 2 万倍的铈和钇。当然，也存在一些藻类自身能分泌毒素污染环境，由藻毒素所造成的野生动物、家畜、家禽甚至人体中毒死亡事件已有一些报道。目前已研究确定的产毒种类如铜绿微囊藻、水华鱼腥藻（*Anabaena flos-aquae*）、水华束丝藻（*Aphanizomenon flos-aquae*）和泡沫节球藻（*Nodularia spumigena*）等。相信随着对藻类植物研究的深入，将会建立有效方法来预防和减少有毒藻类带来的危害。

除水生藻类外，营气生或亚气生生活的藻类，由于生态环境的差异，其种类都不尽相同，从而反映出周围环境的状况。例如，在喀斯特地区，许多藻类自身分泌有机酸，溶蚀碳酸盐岩，或通过其呼吸作用产生 CO_2 遇水后生成碳酸，从而参与岩溶形态的建造。还有一些硅藻、甲藻化石，可以用于追溯、判断地质时期环境，如古地理、古气候特点等。可以说，藻类植物几乎存在于我们生活的方方面面，随着科技的发展，人们对藻类的认识和利用必将越来越深入和广泛。

思考与探索

1. 区别下列各组名词：

原核与真核；内生孢子与外生孢子；同配生殖与异配生殖；孢子体与配子体；同形世代交替与异形世代交替。

2. 什么叫核相交替和世代交替？两者的区别是什么？出现世代交替生活史的先决条件是什么？

3. 能否称衣藻营养时期的细胞为配子体？分析原因。

4. 试述红藻门的多管藻生活史与紫菜生活史的区别。

5. 列举藻类植物的繁殖方式，并探讨其演化规律。

第六章

菌类植物

第一节 菌类植物概述

菌类植物(fungi)不是一个具有自然亲缘关系的类群,是一群没有根、茎、叶分化,缺乏光合色素(叶绿素),不能进行光合作用,营异养生活,均具有细胞壁(黏菌除外,黏菌的营养体虽无细胞壁,但产生的孢子具纤维素的细胞壁),生殖结构由单细胞构成,合子或受精卵均不形成胚的一类低等植物。它们和真核藻类的进化水平相近。两界系统中把它们和藻类、地衣一起归入低等植物的大类中。但是它们在营养方式上和绿色植物完全不同,故在四界、五界系统中将它们从植物界中分出,单列为真菌界(Kingdom Fungi),目前大多数学者赞成将菌类单独列为菌物界。

自然界中的菌类植物分布极广,约有12万种,我国被记录的约1万种。菌类植物体为单细胞或丝状体,异养生活方式是多样的,有寄生、腐生和共生等。凡从活的动植物体吸取养分的称为寄生(parasitism);凡从死的动植物体和无生命的有机质中吸取养分的称为腐生(saprophytism);凡是从动植物体上吸取养分的同时又为该活体提供有利的生活条件,从而彼此间互相受益,互相依赖的称为共生(symbiosis)。有些菌类只能寄生,称为专性寄生(specific parasitism);有的菌类只能腐生,称为专性腐生(specific saprophytism)。寄生和腐生并无严格的界限,在特定的情况下可相互转化。例如许多真菌先寄生于活体上,待活体死亡后,这些真菌仍继续生活,此时由寄生转为腐生。有些菌类以寄生为主,兼行腐生,称为兼性腐生(facultative saprophytic);有些菌类以腐生为主,兼行寄生,称为兼性寄生(facultative parasitic)。按传统的两界系统,菌类分为细菌门、黏菌门和真菌门三门。菌类不是一个自然的类群,而是为方便学习和研究而设的。这三门植物的形态、结构、繁殖和生活史差别很大,彼此并无亲缘关系。

一、细菌门(Bacteriophyta)

细菌门是一类微小的单细胞原核生物,有细胞壁,没有细胞核结构,与蓝绿藻相似,都属于原核生物。细菌门是植物界中最低等和最简单的类群,也是植物发展史上最早出现的类群,有1 000～2 000种。除少数自养(紫细菌、硫细菌)外,绝大多数种类不含光合色素(叶绿素),是异养生物,营腐生或寄生生活。其大小多在1～10 μm,故必须染色并用高倍显微镜才能观察到。其繁殖方法为细胞分裂繁殖,不进行有性生殖。细菌分布极广,其原因在于:体积微小,易于散布,繁殖迅速,营养类型多,适应能力强,可以利用各种不同的基质在不同的环境里生长。

(一) 细菌的形态结构和繁殖

细菌平均体长 2～3 μm,宽 0.5 μm。细菌的外形常随环境的变化而改变,通常在形态上分为四种,即球状、杆状、螺旋状和分枝放射状,对应有球菌(coccus)、杆菌(bacillus)、螺旋菌(spirillum)和放线菌(actinomycetes)四种。在螺旋菌中,一次弯曲成弧形的称为弧菌(vibrio),多次弯曲呈螺旋形的称为螺菌。

放线菌被认为是细菌和真菌之间的过渡类型。放线菌是一大类分枝丝状菌,也是单细胞菌类,其基本形态是多分枝的无隔菌丝,菌丝在培养基上呈放射状生长,故称为放线菌。其细胞内部结构类似于细菌,没有定形的核,没有核膜、核仁、线粒体等,细胞壁是由黏肽复合物构成,这些都与细菌的性状相似,因此,放线菌和细菌同属于原核生物。但放线菌菌丝体的构造和以分生孢子进行繁殖的方式又接近于真菌。其菌丝体分为营养菌丝和气生菌丝两部分。营养菌丝深入土中,吸收基质的营养;气生菌丝多呈弯曲状,生长在基质的表面,伸展于空气中,到了繁殖时期,其顶端形成不同形状(有直立、弯曲、螺旋、轮生等)的孢子丝,孢子丝上长有单个、双个或成串状不同形状(球形、椭圆形、长圆形或柱形)、不同颜色的分生孢子,分生孢子脱落后遇适宜条件,便萌发为新菌丝体。放线菌与真菌的最大区别在于不进行有性生殖,菌丝纤细(0.5～1.2 μm)。放线菌在自然界中分布极为广泛,在空气中、土壤里、水中、腐败物中都有它们的存在。一般在土壤中最多,尤其在富含有机质的土壤里。放线菌大多为腐生菌,少数为寄生菌,往往引起人、动物、植物的病害。

细菌的构造包括细胞壁、细胞膜、细胞质、核质和内含物。有的细菌还有荚膜、芽孢和鞭毛。

细菌主要进行无性生殖,除少数种类外,分裂繁殖(简称"裂殖")是细菌的唯一繁殖方式。故细菌也常常被称为"裂殖菌"(schizomycetes)。细菌的营养方式多数为异养,有的是从活的动植物体内吸收有机物,称为寄生细菌。有的是从动植物遗体或其他有机物取得有机物,称为腐生细菌。但也有少数细菌是自养的,如光合细菌(photosynthetic bacteria)和化能自养细菌(chemoautotrophic bacteria)。光合细菌体内含细菌叶绿素,其分子结构不同于蓝藻和真核细胞的叶绿素,吸收波长在 660～870 nm 的近红外区,能够直接利用光能合成有机物;化能自养细菌则是通过氧化无机物(如 NH_3、H_2S 等)而获得能量。

(二) 细菌在自然界中的作用和经济意义

(1) 物质循环的分解者　在自然界的物质循环中,细菌起着非常重要的作用。地球上动植物的尸体和排泄物以及各种遗弃物,只有经过腐生细菌和腐生真菌的分解,使之从复杂的有机物转变为简单的无机物(氨、硫化氢),直至变为水、二氧化碳或其他无机盐为止,才能重新被植物吸收利用,从而使物质循环进行下去。

(2) 农业方面　细菌不仅参与自然界物质循环,还供给植物和农作物肥料。有益于农业的细菌很多,如与豆科植物共生的根瘤菌,将空气中的氮固定为氮化物,供给豆科植物营养;土壤中的固氮菌能给高等植物提供氮肥;磷细菌把磷酸钙、磷灰石、磷灰土分解为植物容易吸收的养分,直接或间接供绿色植物需要。硅酸盐细菌能促进土壤中的磷、钾转化为植物可以吸收的物质,回归土壤中,供农作物生长需要。放线菌还可用于制菌类肥料。某些细菌寄生于一些害虫,可导致害虫死亡,如杀螟杆菌等生物农药已用于防治害虫。

(3) 工业发酵　在工业上利用细菌产生的工业产品很多。例如:利用细菌(乳酸杆菌、醋酸杆菌)的发酵作用制造乳酸、丁酸、醋酸、丙酮等;将枯草杆菌产生的蛋白酶和淀粉酶用于皮革脱毛、丝绸脱胶、浸剥麻纤维、水解蛋白质、酿造啤酒、生产味精、造纸、炼糖等方面。

(4) 医药卫生 在医药卫生方面利用细菌也很多。如利用大肠杆菌产生的天冬酰胺酶治疗白血病;肠膜状明串珠菌产生右旋葡萄糖苷,是很好的代用血浆。人们利用杀死的病原菌或处理后丧失毒力的活病原菌,制成各种预防和治疗疾病的疫苗,如毒性降低的霍乱菌苗可以预防霍乱,卡介苗可以预防肺结核,白喉抗血清可以治疗白喉。也利用细菌的活动制取抗血清和抗生素。放线菌是抗生素的主要生产菌,已知的抗生素中有2/3以上是从放线菌提取的,链霉菌属是其中的一个大属,产生多种抗生素(抗菌素)和酶。该属产生的抗生素占世界已知抗生素的一半以上,著名的有链霉素、氯霉素、土霉素、四环素等。

细菌的有害方面也不容忽视,它直接或间接危害人类的生活。例如伤寒、破伤风、霍乱、白喉、痢疾、鼠疫等病原菌,一旦侵入人体,可导致严重疾病,甚至危及生命。家畜、家禽的传染病菌,如马炭疽菌、猪霍乱菌、鸡霍乱菌等,可致家畜、家禽死亡。许多细菌是蔬菜、果实、棉花等农作物的病原菌,能危害农作物。腐生细菌能使肉类等食品腐败,若人误食腐败的肉、鱼可导致中毒。

二、黏菌门(Myxomycota)

黏菌是介于动物和真菌(植物)之间的一类生物,在其个体生活史中,一段是动物性的,另一段是植物性的。在生长期或营养期为裸露的无细胞壁、多核的原生质团,称为变形体(plasmodium),能做变形虫式运动,吞食固体食物,与原生动物的变形虫很相似;在繁殖时期产生具纤维质细胞壁的孢子,又具真菌(植物)的性状。黏菌大多数生长于森林中阴暗、潮湿的地方,如腐木上、落叶上或其他湿润的有机物上。大部分为腐生菌,多无直接的经济意义,有极少数黏菌寄生在经济植物上,危害寄主。目前发现的黏菌约有500种,一般分为3纲,即黏菌纲(Myxomycetes)、集胞菌纲(Acrasiomycetes)和根肿菌纲(Plasmodiophoromycetes)。黏菌纲是其中最常见且种类最多的纲(约450种),集胞菌纲种类不多,根肿菌纲中有几种是危害经济植物的寄生菌。

黏菌的起源和亲缘关系迄今尚不明确。学者们对黏菌的地位、起源和分类的看法很不一致。从黏菌的特性来看,黏菌是属于动物和真菌之间的类群;从其结构和生理方面看,黏菌好像巨大的变形虫动物;从繁殖方面看,黏菌能产生具细胞壁的孢子,这又是真菌的性质。因此,早期采用施罗特(Schroter)1889年的传统分类方法,把黏菌和细菌、真菌分开,作为植物界中的一个独立的门,称为黏菌门(Myxothallophyta)。1949年,马丁(G. W. Martin)认为,黏菌是从一类与原生动物很相似的祖先进化而来的,在他的"真菌分区中",单独列为黏菌纲。1950年,贝西(E. A. Bessey)认为黏菌是一类动物,称之为菌形动物(Mycetozoa),并把黏菌归到动物界的原生动物门内。1973年,安兹沃斯等将黏菌门(Myxomycota)仍归属于菌物界。

三、真菌门(Eumycota)

真菌是典型的异养真核生物,其细胞既不含叶绿素,也没有质体,营养方式主要为寄生和腐生,又可细分为专性寄生、专性腐生、兼性寄生和兼性腐生。真菌除少数为单细胞外,绝大多数是由纤细而常分枝的管状菌丝构成的多细胞有机体。营养体分化很小,高等真菌在进行有性生殖时,菌丝通常紧密交织在一起而形成一种定形的结构,即子实体。真菌大多具明显的细胞壁,通常不能运动,以孢子进行繁殖,繁殖方式(孢子类型)多样。

真菌在植物界各大类群中位居第二，约有10万种，其分布极为广泛，陆地、水中及大气中都有，尤以土壤中最多。真菌通常分为鞭毛菌亚门、接合菌亚门、子囊菌亚门、担子菌亚门和半知菌亚门。

第二节 真 菌 门

一、真菌的一般特征

真菌(fungi)是人们日常生活中经常见到的一类典型的异养真核生物，是菌物界的主要成员。真菌的异养方式主要有寄生和腐生。真菌从动植物的活体、尸体和它们的排泄物，以及枯枝落叶和土壤的腐殖质中分解和吸收其中的有机物，作为自己的营养。真菌储存的养分主要是肝糖、少量蛋白质和脂肪，以及微量的维生素。除少数例外，大部分真菌有细胞壁，其主要成分为几丁质(chitin)和纤维素(cellulose)，低等真菌的细胞壁多由纤维素组成，而高等真菌以几丁质为主。营养体多数由菌丝或菌丝体(分枝的菌丝团)组成，主要以孢子的方式进行繁殖，高等大型真菌菌丝体常形成各种子实体。

(一) 真菌的营养体

真菌的营养体除少数种类是单细胞(如酵母)外，大多数为分枝的丝状体，其每一条细丝称为菌丝(hypha)。菌丝除顶端生长外，每个细胞都有生长或分裂能力。菌丝是纤细的管状体，组成一个菌体的全部菌丝称为菌丝体(mycelium)。菌丝分为无隔菌丝和有隔菌丝两种。无隔菌丝(non septa hypha)是一个长管形细胞，有分枝或无，大多数是多核的。低等真菌的菌丝一般为无隔菌丝，仅在受伤或产生生殖结构时才产生全封闭的隔膜。有横隔壁菌丝隔成许多细胞，每个细胞含1～2个核，则称为有隔菌丝(septate hypha)。高等真菌的菌丝多为有隔菌丝。菌丝中的横隔上有小孔，原生质甚至核可以从小孔流通。如子囊菌多为单穿孔型，而担子菌穿孔较大，具孔帽。大部分真菌有细胞壁，高等真菌的细胞壁主要成分为几丁质，即氨基葡萄糖聚合物；某些低等真菌如藻状菌，细胞壁主要成分仍为纤维素。真菌细胞壁的成分极其复杂，随着年龄和环境条件的改变而经常发生变化，使菌体呈现各种颜色。如有些真菌的细胞壁因含各种物质，使细胞壁呈黑色、褐色或其他颜色。菌丝细胞中有细胞核、线粒体、内质网和液泡，其原生质通常无色透明，或含有各种色素(特别是老化菌丝)而呈现不同的颜色。细胞核在营养细胞中很小，不易观察到，但在繁殖细胞中大而明显，并易于染色。细胞内储藏养分主要为肝糖，少量蛋白质、脂肪，以及微量的维生素。

真菌的营养方式为异养型，有寄生、腐生和共生等。菌丝承担着吸收养分的功能。腐生菌可由菌丝直接从动植物的尸体及无生命的有机物基质中吸取养分，或产生假根吸取养分。寄生菌在寄主细胞内寄生，直接和寄主的原生质接触而吸收养分；胞间寄生的真菌从菌丝上分生的吸器(haustorium)伸入活的有机体寄主细胞中吸取养料。还有的真菌为共生方式，即和其他生物营共生生活，如有的和藻类共生，有的和高等植物的根共生以形成菌根等。吸收养料的方式为借助于多种水解酶(均是胞外酶)，菌丝可分泌几十种水解酶，把大分子物质分解为可溶性的小分子物质，然后借助于菌丝细胞较高的渗透压吸收。寄生真菌的渗透压一般比寄主的渗透压高2～5倍，腐生菌的渗透压更高。

除一般的细胞结构外，还有不少真菌在其生活史的某个阶段(环境条件不良或繁殖的时候)，其菌丝体可以交织形成疏松的或致密的组织，这些组织可形成各种不同的营养结构或繁殖结构，即菌丝体变态成菌丝组织体。常见的有根状菌索、子座和菌核。

(1) 根状菌索(rhizomorph)　高等真菌的菌丝体可以密结呈绳索状，外形似根。外层颜色较深，为皮层，由拟薄壁组织(pseudoparenchyma)组成，其顶端有一个生长点，内层由疏丝组织(prosenchyma)组成，为心层(髓层)。根状菌索有的较粗，长达数尺。当环境条件恶化时，可停止生长，条件适宜时，再恢复生长。在木材腐朽菌中根状菌索很普遍，如天麻密环菌的菌索(图 6-1)。

(2) 子座(stroma)　子座是容纳子实体的褥座，是从营养阶段到繁殖阶段的一种过渡形式，也是由拟薄壁组织和疏丝组织构成的。在子座上面产生许多子囊壳和子囊孢子，随即产生子实体。如冬虫夏草(图 6-2)、麦角菌的子座。

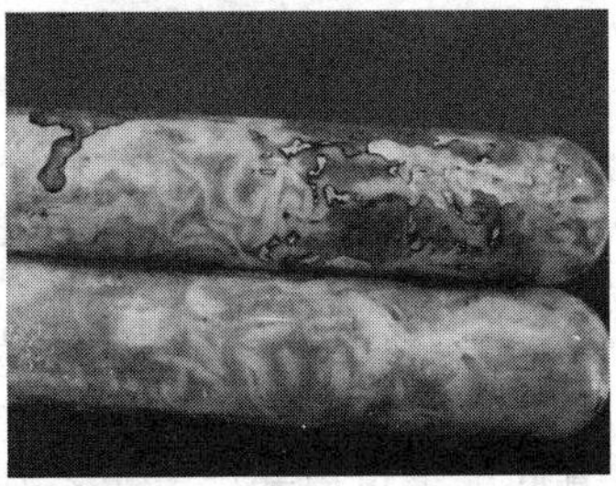

图 6-1　天麻密环菌的菌索(试管培养基中白色索状物)

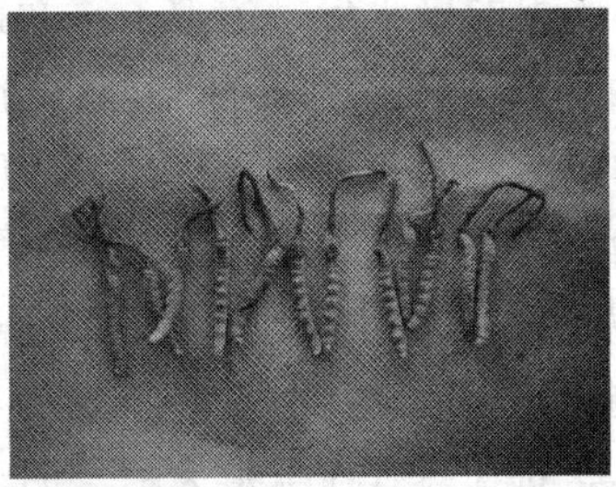

图 6-2　冬虫夏草的子座(虫体头部以上褐色部分)

(3) 菌核(sclerotium)　菌核是由菌丝密结成颜色深、质地坚硬的核状体，小的如鼠粪大小，大的比篮球还大。有些种的菌核有组织的分化，外层为拟薄壁组织，内部为疏丝组织。有的菌核无分化现象。菌核中贮有丰富的养分，对于干燥和高、低温度抵抗力很强，是适应不良环境条件的休眠体，当环境条件适宜时，可以萌发为菌丝体或产生子实体，如茯苓的菌核(图 6-3)。

(4) 子实体(fructification)　很多高等真菌在生殖时期形成有一定形状和结构、能产生孢子的菌丝体，称为子实体，如香菇和蟹味菇的子实体伞状(图 6-4)，马勃的子实体近球形。

图 6-3　茯苓

A　　B

图 6-4　蘑菇的伞状子实体

A. 香菇子实体；B. 蟹味菇子实体

(二) 真菌的繁殖

真菌的繁殖方式通常有营养繁殖、无性生殖和有性生殖三种类型。

(1) 营养繁殖　少数单细胞真菌以类似细菌细胞分裂的方式进行繁殖，如裂殖酵母属(*Schizosaccharomyces*)，通过细胞分裂而产生子细胞。大部分真菌的营养菌丝以菌丝断裂的方式形成营养性繁殖细胞进行繁殖，但无细胞质的分裂，原细胞壁即为新形成孢子的壁，断裂的菌丝小段均可长成一个新的个体。可以产生下列一些类型的孢子：①芽生孢子(blastospore)：从一个营养细胞出芽形成，芽生孢子脱离母体后，即长成一个新菌体。②厚壁(垣)孢子(chlamydospore)：由菌丝中间个别细胞膨大，原生质浓缩，细胞壁加厚而形成的休眠孢子，度过不良环境期后再萌发为菌丝体。③节孢子(arthrospore)：由菌丝细胞依次断裂形成。

(2) 无性生殖　真菌通常产生大量的无性孢子而进行无性繁殖，孢子产生时生殖细胞通过细胞质、细胞核的分裂，并有新细胞壁形成，可产生下列几种无性孢子：①游动孢子(zoospore)：在游动孢子囊(zoosporangium)中形成的具有鞭毛能游动的孢子，细胞无壁，是水生真菌产生的借水传播的孢子。②孢囊孢子(sporangiospore)：在孢子囊(sporangium)内形成的不动孢子，主要借气流传播。③分生孢子(conidium 或 conidiospore)：由分生孢子囊梗的顶端或侧面产生的一种不动孢子，借气流或动物进行传播。

(3) 有性生殖　真菌的有性生殖多种多样。细胞经有性结合后产生的孢子称为有性孢子，与无性生殖产生的孢子是完全不同的。真菌的有性孢子主要有休眠孢子、接合孢子、子囊孢子、担孢子等。

低等的真菌有性生殖为配子的配合，和绿藻相似，有同配生殖与异配生殖之别，产生的合子称为休眠孢子，如鞭毛菌亚门。接合菌同型配子或配子囊接合后产生的厚壁休眠孢子，称为接合孢子，如葡枝根霉。有些真菌产生卵囊和精子囊，由其中的精子和卵配合形成卵孢子。子囊菌有性配合后，形成子囊，在子囊内产生子囊孢子。担子菌有性生殖后，在担子上形成担孢子。休眠孢子、接合孢子均为双倍体($2n$)，子囊孢子、担孢子等均为单倍体(n)。

(三) 真菌的生活史

在自然界中，真菌的种类极其繁多，生活史类型也较复杂。真菌的生活史是指从孢子萌发开始，经过生长和发育阶段，最后又产生同样孢子的全部过程。生活史由无性阶段、有性阶段组成。孢子在适宜的环境条件下便萌发形成芽管，再继续生长形成新菌丝体，在一个生长季节里可以再产生无性孢子若干代，产生菌丝体若干代，这是生活史中的无性阶段。有性阶段是在真菌生长的后期，首先从菌丝上发生配子囊，产生配子，一般先经过质配形成双核细胞阶段，再经过核配形成双相核的细胞(即合子，相当于有性孢子)。低等真菌质配后随即核配，双核细胞阶段很短。而高等真菌质配以后，有一个较长的双核期，然后再进行核配。通常合子(双倍体)形成后很快进行减数分裂，形成单倍体的孢子，又回到单倍体的菌丝体时期，这样就完成一个生活周期。由此可见，在真菌的生活史中，双相核的细胞是一个合子而不是一个营养体，营养体仅有单倍体，因此只有核相交替而没有世代交替现象。

二、真菌的分类

真菌是生物界中很大的一个类群，据统计，真菌约有 1 万属 12 万余种。《真菌词典》(第 10 版，2008)所采用的分类系统，依据游动孢子的有无、有性阶段的有无或有性阶段的孢子特点等把真菌分为 5 亚门，即鞭毛菌亚门、接合菌亚门、子囊菌亚门、担子菌亚门和半知菌亚门(表 6-1)。

表 6-1　真菌 5 亚门的比较

亚门	菌丝	无性孢子	有性孢子	进化程度
鞭毛菌亚门	菌丝无隔	游动孢子	卵孢子($2n$)	较低
接合菌亚门	菌丝无隔	孢囊孢子	接合孢子($2n$)	较低
子囊菌亚门	菌丝有隔	分生孢子	子囊孢子(n)	较高
担子菌亚门	菌丝有隔	分生孢子	担孢子(n)	较高
半知菌亚门	菌丝有隔	分生孢子	无或没发现	较高

(一) 鞭毛菌亚门(Mastigomycotina)

本亚门菌类除少数低等种类为典型的单细胞外，大部分是无隔多核、分枝的丝状体。细胞壁主要由纤维素或几丁质组成，通常菌丝无横隔，细胞多核，只在繁殖时期繁殖器官的基部产生横隔，把繁殖器官隔成一个典型的细胞。有性生殖时产生卵孢子或休眠孢子，低等的种类为同配或异配生殖。无性繁殖时产生单鞭毛或双鞭毛的游动孢子。无性孢子具鞭毛是本亚门的主要特征。本亚门大多数种类生于水中，少数两栖(土壤)和陆生。营养方式为腐生或寄生。世界上已知有 1100 种，分为 4 纲 10 目。鞭毛菌亚门的代表属如下。

1. 水霉属(*Saprolegnia*)

水霉属隶属卵菌纲(Oomycetes)水霉目(Saprolegniales)。本属菌类多为腐生，也有寄生的，如寄生水霉(*Saprolegnia parasitica*)，常寄生于淡水鱼的鳃盖、侧线或其他破伤的皮部以及鱼卵上，破坏寄主的组织，可使寄主肌肉腐烂，以至于死亡，尤其是在放养密度大的鱼池中，死亡率更高，是鱼类的大害；水霉也生活在死鱼、蝌蚪、苍蝇、蟑螂等昆虫和其他淡水动物的尸体上。

2. 霜霉属(*Peronospora*)

鞭毛菌亚门另一常见种类是霜霉菌(十字花科霜霉)(*Peronospora parasitica*)，是高等植物病害的专性寄生菌，可侵害十字花科蔬菜的茎、叶、花和果实，造成蔬菜病害并减产。病原菌主要以无性生殖为主，产生分生孢子。分生孢子梗从寄主气孔处伸出，单生或丛生，上部 4～7 回叉状分枝，顶端尖，着生分生孢子(图 6-5)。

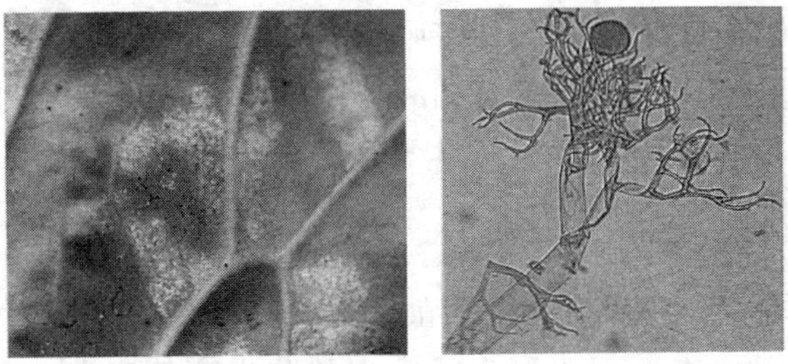

A　　B

图 6-5　霜霉菌(引自李增平，2010)

A. 白菜霜霉病斑；B. 霜霉菌孢囊梗和孢子囊

(二) 接合菌亚门(Zygomycotina)

本亚门菌类营养体为无隔多核、分枝的菌丝组成的菌丝体。细胞壁由几丁质和壳聚糖组成。有的种类产生厚壁孢子和节孢子进行营养繁殖；无性生殖时，在孢子囊内产生不动的孢囊孢子，称为静孢子；有性生殖为配子囊配合，产生各种形状的有性孢子(接合孢子)。接合菌类是鞭毛菌类向产生静孢子或分生孢子的无鞭毛类成功地分化、演变出来的类群，接合菌不再产生能游动的孢子，也是从水生向陆生发展的一个过渡类群。接合菌大多数为腐生菌，生于土壤或有机质丰富的基质上，少数寄生于人类、动植物体内。世界上已知有610种，分为2纲7目。接合菌亚门的代表属如下。

1. 根霉属(*Rhizopus*)

本属菌为腐生菌，最常见的是匍枝根霉(*Rhizopus stolonifer*)，其异名为黑根霉(*R. nigricans*)，又称面包霉(图6-6)。生于面包、馒头和富含淀粉质的食物上，使食物腐烂变质，或混杂在培养基中，因而被认为是实验室中的“杂草”。它也能引起甘薯软腐病。

2. 毛霉属(*Mucor*)

毛霉属是接合菌亚门另一常见种类，其形态与根霉属相似，两者常混生。它和根霉属的主要区别为无匍匐枝、无假根，孢子梗单株从菌丝上发生，分枝或不分枝。毛霉(图6-6)分布广泛，常见于动物粪便及土壤中，通常称为白霉。菌丝体无横隔，贯穿整个生长的基质中。

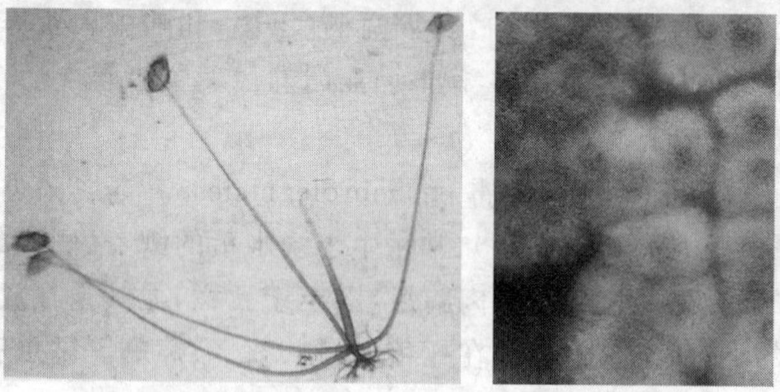

A　　B

图6-6　根霉、毛霉(引自李增平，2010)

A. 根霉孢囊梗和孢子囊；B. 毛霉菌落

上述两属用途很广，它们含大量的淀粉酶，能分解淀粉为葡萄糖，这种糖化作用是酿酒的第一步，酿酒的第二步是经过酵母菌的发酵作用，把葡萄糖发酵为酒。酿酒业必须先利用毛霉和根霉制成酒曲后再酿酒。有些种类能产生脂肪酶，分解脂肪，使羊毛脱脂、山羊皮软化。还有些种类能产生果胶酶，使麻纤维分离。多种毛霉能产生蛋白酶，有分解大豆的能力，多用来制豆腐乳。许多毛霉能产生草酸、乳酸、琥珀酸及甘油等，但也有一些种类能侵犯人类的脑部及神经系统，引起严重疾病。

(三)子囊菌亚门(Ascomycotina)

本亚门是真菌门中种类最多、构造和繁殖最复杂的一群，与人类的关系也非常密切。全世界约有1950属15000种。本亚门为腐生或寄生的陆生高等真菌。其主要特征如下所述。①本纲的菌类除酵母菌类为单细胞有机体外，绝大部分是多细胞菌丝体，菌丝有隔，通常每个细胞中有1个细胞核，但也有多核的，细胞壁的成分为几丁质。②无性生殖较发达，无性繁殖时，单细胞的种类出芽繁殖，多细胞的种类产生分生孢子。③有性生殖较复杂，有性生殖时形成子囊，合子在子囊内进行减数分裂，产生子囊孢子。子囊孢子有一定的数量，4、8或16个，通常是8个。本亚门在有性生殖时因形成子囊和产生子囊孢子而得名。本亚门菌类既不产生游动孢子，也不产生游动配子，具陆生植物的特征。④子囊的着生方式不同。单细胞的种类子囊裸露，不形成子实体；多细胞种类，子囊和营养菌丝共同形成子实体，子实体是产生和容纳有性孢子的组织结构，子囊包于或半包于子实体内。子囊菌的子实体又称子囊果（ascocarp、ascoma）。在子囊果内，子囊和由营养菌丝伸入子囊之间的侧丝整齐地排列成一层，称为子实层。子囊果是由子实层和包被两部分构成的。子囊果有三种类型：①闭囊壳（cleistothecium），子囊果呈球形，无孔口，完全闭合；②子囊壳（perithecium），子囊果呈瓶形，顶端有孔口，这种子囊果常埋于子座中；③子囊盘（apothecium），子囊果呈盘状、杯状、碗状，一侧呈开口状，子实层常露在外。子囊果的形状为子囊菌亚门的重要分类依据。

子囊菌亚门的种类极多，分类繁杂，分布较广。在空气、土壤、水体及很多动、植物体上都能找到。有许多种类生于枯枝落叶和朽木上、土壤中，形成中型和较大型子实体。其中许多为有益或有害真菌。在此仅介绍几种常见的、与人类关系较大的代表属。

1. 酵母菌属（*Saccharomyces*）

酵母菌属隶属半子囊菌纲（Hemiascomycetes）内孢霉目（Endomycetales），酵母菌是子囊菌亚门中最原始、低级的一属。单细胞，有明显的细胞壁和细胞核。均不产生子囊果。多存在于富有糖分的基质中，在牛奶、动物排泄物内、土壤中以及植物营养体部分都可以找到。酿酒酵母（*S. cerevisiae*）是最常见的，用于酿造啤酒的一种酵母菌。细胞球形或椭圆形，内有1个大液泡，细胞质内含油滴、肝糖，内含1个很小的细胞核。通常单细胞，单生，有时数个细胞连成串，形成拟菌丝。该属通常以出芽方式进行营养繁殖（细胞分裂），出芽的位置可以是一端、二端或多边芽殖。在芽未脱落之前呈暂时的有分枝的拟菌丝，每个芽脱落后就成为新个体（图6-7）。

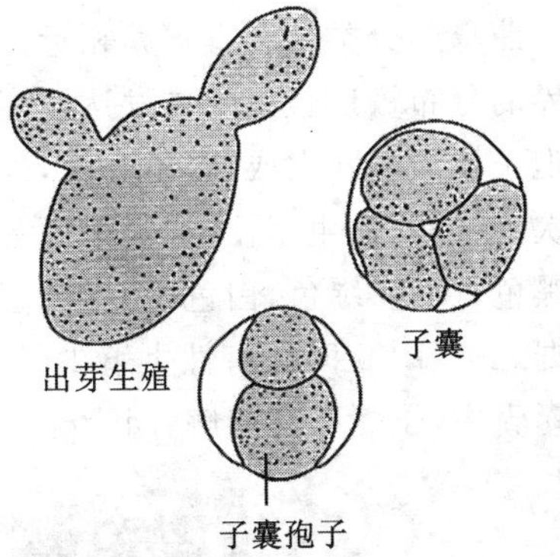

图6-7 酵母菌（引自马炜梁，2009）

酵母菌的经济用途较广，酵母用于酿酒，它将葡萄糖、果糖、甘露糖等单糖吸入细胞内，在无氧的条件下，经过细胞内酶的作用，把葡萄糖等单糖分解为二氧化碳及酒精，此作用称为发酵。酵母在酿酒过程中还需要淀粉酶的作用，根霉等糖化菌把淀粉水解为单糖后，利用酵母菌的发酵作用，把单糖（酒曲）发酵为酒，完成酿酒的第二阶段。发酵过程中产生的二氧化碳也可用于面包和馒头的发酵，还可以利用酵母生产甘油、甘露醇和有机酸等很多焦化制剂。酵母在医药和食品方面有很大用途。在石化工业中，常利用酵母进行石油脱蜡，以降低石油的凝固点。

2. 青霉属（*Penicillium*）

青霉属隶属不整囊菌纲（Plectomycetes）散囊菌目（Eurotiales）散囊菌科（Eurotiaceac）。本属分布极为普遍，腐生，生长在水果、蔬菜、肉类和各种潮湿的有机物上。在水果、番茄等果实的伤口处，可导致果实腐烂，也常见于淀粉性食物及酿酒原料上。青霉也常侵害皮革、衣物和纺织品。本属既是重要的经济菌物，又是最常见的污染菌，因它们分布广泛，常造成很大的经济损失。有些种类也是一些动物和人的致病菌。最常见的为青霉（*P. citrinum*），多生于橘子、梨和苹果上。菌丝体淡绿色，主要以分生孢子进行繁殖，从菌丝上产生长而直立的分生孢子梗，分生孢子梗顶端数次分枝，呈扫帚状，最末端小枝称为小梗，生小梗的枝称为梗基，从小梗上生长出一串青绿色分生孢子。成熟的分生孢子随风飞散，落在有机物基质上，在适当的条件下萌发为菌丝（图6-8A）。有性生殖极少见，仅在少数种中发现。有性繁殖时菌丝体上产生直立的单细胞分枝，顶端产生产囊体，附近产生精子囊，两者接触，细胞壁溶解，开成子囊。在

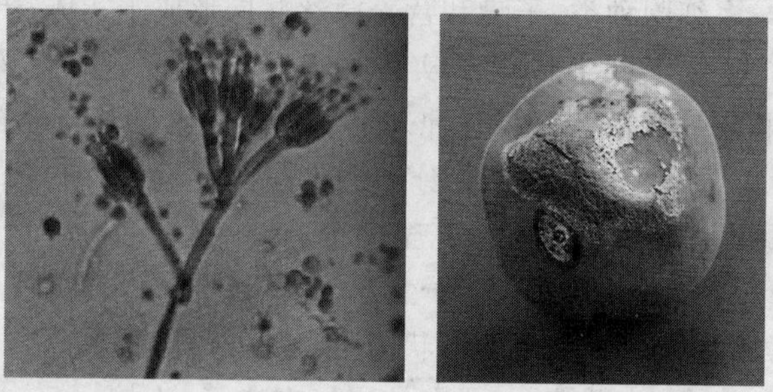

A　　　　　　　　　　B

图 6-8　青霉属(引自李增平,2010)

A. 青霉菌分生孢子梗,分生孢子;B. 柑橘青霉病病果

缺氧条件下可形成球形闭囊壳,子囊在闭囊壳内分散,不排成整齐子实层。

3. 曲霉属(*Aspergillus*)

曲霉属分类上和青霉属相近。曲霉属和青霉属一样,与人类的关系十分密切,曲霉属在自然界的分布极广且菌丝体发达。多生长于粮食产品、农副产品及皮革制品上。无性生殖时,分生孢子梗顶端膨大成球,不分枝,称为孢囊或顶囊。在孢囊表面布满放射状排列的瓶形结构,依次为梗基、初生小梗、次生小梗等,在小梗顶端形成一串球形分生孢子。分生孢子产生旺盛,呈黑色、黄色、绿色、白色等,为菌落的主要色彩,而且这种性状比较稳定,是曲霉属分类的主要依据之一(图 6-9)。有性生殖少见,子囊果为闭囊壳,子囊球形、卵形、梨形,不规则地分散在闭囊壳中,子囊壁易溶解,闭囊壳内留下许多分散的子囊孢子。

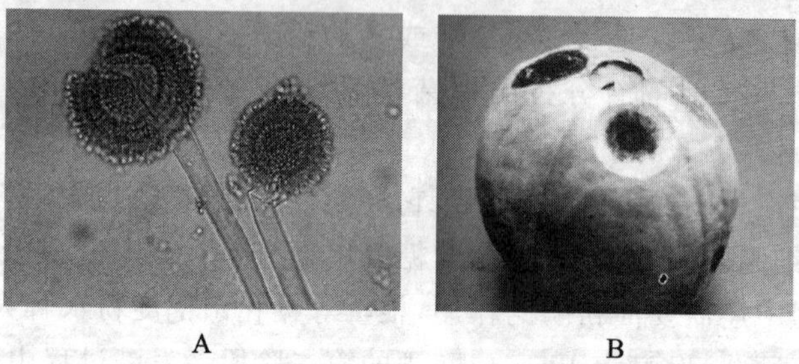

A　　　　　　　　　　B

图 6-9　曲霉属(引自李增平,2010)

A. 曲霉菌分生孢子梗,分生孢子;B. 番石榴曲霉果腐病

曲霉具有强大的酶活性,我国自古以来就利用曲霉进行发酵食品、调味品的加工。如米曲霉(*A. oryzae*)可以分泌曲酶和蛋白酶,用来制造酱油和豆瓣酱;利用黑曲霉(*A. uiger*)的糖化能力制酒,利用黄曲霉(*A. flavus*)的蛋白质分解能力制酱,应用曲霉来生产维生素 C、柠檬酸、葡萄糖酸以及其他有机酸类和化学药品。但黄曲霉中的产毒菌株在一定条件下产生的黄曲霉毒素,为已知的毒素中比较毒的一种,属于肝毒毒素类致癌物质,引起肝脏坏死及肝癌。调查表明,在肝癌高发区,食物中这种毒素含量就高。

(四) 担子菌亚门(Basidiomycotina)

本亚门是一群类型多种多样的高等真菌,世界上已知有 900 属 22000 多种,皆为陆生,多数种是植物的专性寄生菌和腐生菌,食用、药用和有毒的种类也很多,因此,与人类关系较密切。很多大型的真菌都属于担子菌。担子菌的营养体全是多细胞菌丝体,菌丝有横隔,有两种菌丝体，即初生菌丝体（primary mycelium）和次生菌丝体（secondary mycelium）。高等担子菌在进行有性生殖时由次生菌丝体形成子实体，子实体是高等担子菌产生担子和担孢子的一种结构，因此担子菌的子实体又叫担子果，为三生菌丝体，其营养菌丝仍为双核。担子果大小、形状、质地、色泽等差异很大，可作为担子菌分类的主要依据。担子菌的有性繁殖过程开始较早，通过产生冬孢子、厚壁孢子，萌发后经减数分裂产生担孢子，或经担子（basidium）内双核结合，形成双相的担子，担子顶端突出形成 4 个小梗，4 个小梗上经减数分裂产生 4 个单相（单细胞、单核、单倍体）的担孢子（basidiospore）。担孢子一般有 4 个，且是外生的，这点与子囊菌不同（子囊孢子一般有 8 个，且为内生的）。担子的结构类型是分类的重要依据。担子菌还可通过菌丝断裂、芽殖、节孢子、厚壁孢子的方式进行营养繁殖，担子菌的无性生殖不发达，无性生殖是通过产生分生孢子、粉孢子和厚壁孢子等进行繁殖。锈菌的夏孢子和锈孢子也是一种分生孢子。有担孢子、典型的双核菌丝以及常具独特的锁状联合，是担子菌亚门的三个最主要特征。

担子菌亚门是真菌中最高等的一大类，种类多。许多担子菌对人类是有益的，它们与植物共生形成菌根，有利于作物的栽培和造林；许多大型担子菌是营养丰富的食用菌，如香菇、猴头菌、灵芝、竹荪、平菇等，它们除有食用价值外，还具有滋补和药用价值。许多可食用的担子菌含有多糖，能提高人体抑制肿瘤的能力以及排异作用，因此，目前担子菌已成为筛选抗肿瘤药物的重要资源。另一方面。有害的担子菌如黑粉菌和锈菌等，能引起作物的黑穗病和锈病，造成严重的经济损失；有些担子菌能引起森林和园林植物的病害，许多大型的腐生菌能导致木材腐烂。

担子菌亚门的分类通常根据担子果（basidiocarp）的有无、担子果是否开裂分 3 纲，即不产生担子果的冬孢菌纲（Teliomycetes）、担子果开裂的层菌纲（Hymenomycetes）和担子果不开裂的腹菌纲（Gasteromycetes），下设 20 目。现将担子菌亚门的主要种类介绍如下。

1. 黑粉菌属（*Ustilago*）

黑粉菌属隶属冬孢菌纲黑粉菌目黑粉菌科。其冬孢子堆可寄生于寄主的花器等各部位，成熟时为粉末状，通常为深褐色至黑色，也有淡黄色或紫褐色。冬孢子单胞，近球形，散生，萌发后产生先菌丝，可产生担孢子，也可成为侵染菌丝。

玉米黑粉菌（*Ustilago maydis*）主要侵害玉米植株，导致寄主患黑粉病。在植株地上部分均能发生，常发生在叶片和叶鞘衔接处、近节的腋芽上、雄花穗或雌花穗上。黑粉病为局部侵染，一年中可以多次重复侵染。菌丝体蔓延于寄主细胞间隙或伸入细胞内，吸收寄主细胞的营养。由于被害部分细胞分裂旺盛，常形成白色肿瘤，以后内部产生厚壁孢子。成熟后，肿瘤的外膜破裂，露出黑褐色厚壁孢子，厚壁孢子萌发后，内部双核形成合子。再经减数分裂，形成担子和 4 个担孢子。可借风力散布，再侵染新的寄主（图 6-10）。

2. 锈菌属（*Puccinia*）

锈菌种类极多，多为专性寄生菌，寄生于种子植物和蕨类植物体上。典型的锈菌要经过 5 个发育阶段，并相应地产生 5 种孢子。除担孢子外，还有单核的性孢子和双核的锈孢子、夏孢子、冬孢子。有些锈菌在生活史中有 2 个不同寄主，称为转主寄生（heteroecism），且在不同寄主植物体上产生不同的孢子，因此它们具有数种孢子类型。

玉米锈病（*Puccinia sorghi*）主要侵染叶片，严重时也可侵染果穗、苞叶乃至雄花。初期仅在叶片两面散生浅黄色、长形至卵形小脓疱，后小疱破裂，散出铁锈色粉状物，即夏孢子；后期病斑上生出黑色近圆形或长圆形突起，开裂后露出黑褐色冬孢子（图 6-11）。

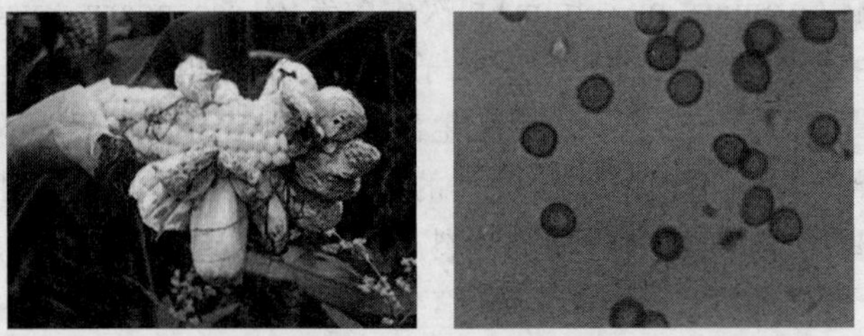

A　　B

图 6-10　玉米黑粉菌(引自马炜梁,2009;李增平,2010)

A. 玉米黑粉病;B. 黑粉菌冬孢子

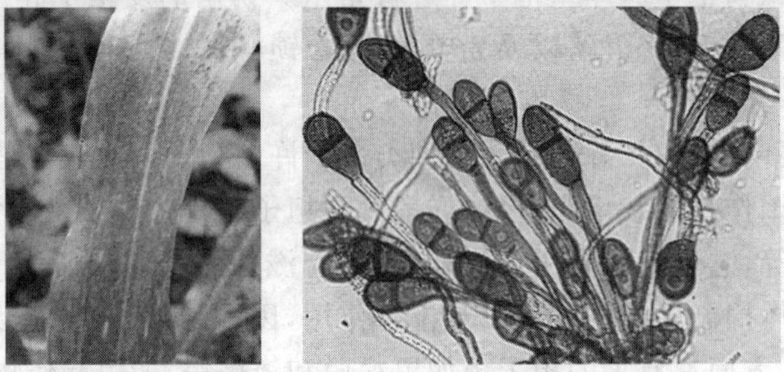

A　　B

图 6-11　玉米锈病(引自李增平,2010)

A. 玉米锈病症状;B. 锈菌冬孢子堆

3. 银耳属(*Tremella*)

银耳属为层菌纲银耳目的一属。该属几乎全是木材上的腐生菌。担子果胶质,无柄,分瓣,卷曲成花朵状,纯白色或微黄色,半透明。担子有隔,深埋于担子果表层的子实层内。大多腐生,分布普遍。其中最常见、经济价值大的为银耳(*T. fuciformis*)(图 6-12),也称白木耳,有食用和药用价值,味道鲜美,为贵重食用菌。其担子果(子实体)为胶质,纯白色或带黄褐色。边缘波状或瓣裂,两面平滑,瓣片宽 3～8 cm,厚 2～3 mm,担子埋于胶质体中。多生于阔叶树(栎属)枯立木上,我国华东、华南、西南和台湾均产,现在许多地区人工培养,大大提高了产量。

4. 木耳属(*Auricularia*)

木耳包括黑木耳、毛木耳、褐黄木耳和皱木耳。中国是木耳的主要生产国,亚洲部分国家和地区也有生产。木耳(*Auricularia auricula*)(图 6-13),子实体胶质,耳状、壳状、叶状或杯形,边缘波浪状,宽 3～10 cm,厚 2 mm 左右,以侧生的短柄或狭细的附着部固着于基质上,丛

图 6-12　银耳

图 6-13　木耳

生，常屋瓦状叠生。生长之初为柔软的胶质，较黏，有弹性。以后带软骨质，干后强烈收缩变为脆硬的角质至近革质，呈紫褐色至黑色。菌肉由具锁状联合的纤细菌丝构成。常生于柞、槭、榆、赤杨及榕树等枯立木上。为著名食用、药用真菌。中药上有益气强身、活血、止血及清痰功效。在我国东北、华北、华东、华南、西南、西北各省均产。同样，在各省山区，已大量进行人工培养，产量逐年增加，已经成为重要农副产品之一。

5. 蘑菇属(*Agaricus*)

蘑菇属又称伞菌属，是层菌纲伞菌目(Agaricales)的代表属。担子果多为肉质，由菌盖(pileus)和菌柄(stipe)两部分组成。在菌盖的下侧有辐射状排列的薄片状菌褶(gill)。菌褶是伞菌目产生担子和担孢子的地方。菌盖肉质，形状规则，多为伞形，菌柄中生，肉质，易与菌盖分离。有菌环，菌褶离生，初为白色或淡色，后变为紫褐色或黑色。孢子紫褐色，孢子印为暗紫褐色。本属生于地上，林地、旷野、林缘或粪土中最为常见，许多种可供食用。蘑菇(*Agaricus campestris*)(图 6-14)是伞菌目的代表种，也是常见的滋味鲜美的食用菌之一。人们通常食用的部分是蘑菇的子实体，即担子果。担子果伞状，肉质，上部为菌盖，纯白色或近白色，下部为菌柄，短而粗，中实，与菌盖同色；菌环白色，膜质，附于菌柄上部，老熟的担子果菌环脱落。菌褶基部与菌柄离生，中部宽，初期白色，最后变为黑褐色。担孢子紫黑色，2 个为雌性，2 个为雄性。

6. 香菇属(*Lentinus*)

本属菌为木材腐生菌。担子果半肉质至革质，坚韧，干时收缩，湿润时恢复原状。菌盖不规则，菌柄偏生或近中生。菌褶在成熟时褶缘有锯齿。孢子无色，孢子印白色。其中，经济价值最大的为香菇(*Lentinus edodes*)(图 6-14)，担子果半肉质，丛生或群生，宽 3～12 cm，圆形，偏脐状至漏斗形，白色，盖面覆有淡褐色鳞片，中部较多。菌肉薄，白色。菌柄中生或偏生，内实，白色，有细鳞片，长 3～5 cm。菌褶白色，密，基部与柄相连并下延，孢子无色，椭圆形，常生于阔叶树倒木上。西南、华东、华南各省均产，浙江庆元是我国著名的"香菇之乡"。现在各地已经大量人工培养。除味美可食外，香菇含多糖类，具很强的抗癌作用。

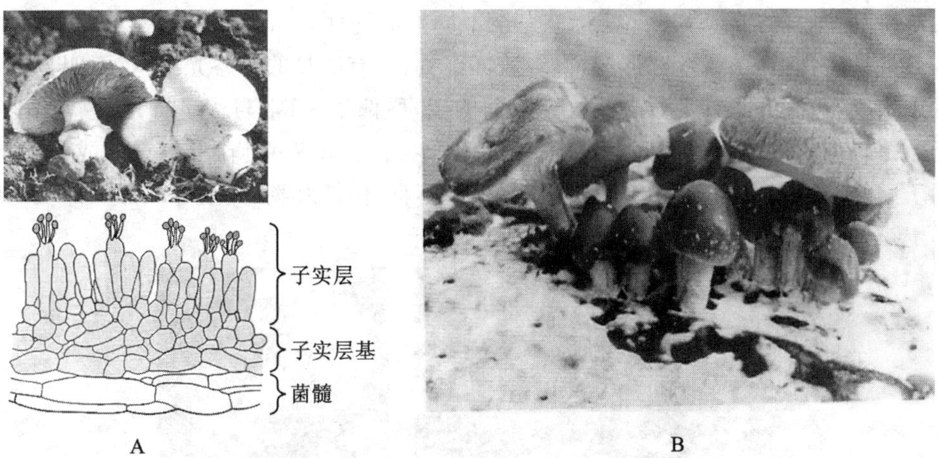

图 6-14　蘑菇和香菇(引自马炜梁，2009)

A. 蘑菇；B. 香菇

7. 毒伞属(*Amanita*)

毒伞属又称鹅膏属，生于土地上，肉质，速腐性。菌盖伞形，具有菌环和菌托，菌柄易与菌盖分离，菌褶离生，孢子无色，孢子印白色。本属多有毒，少数可食。常见的豹斑毒伞（豹斑鹅膏，*Amanita pantherina*）（图 6-15），子实体单生或散生。菌盖半球形，平展后直径 5～12 cm，盖面灰色至黄褐色，中央色深，边缘有条纹，表面附有白色块状鳞片。菌柄圆柱形，长 5～17 cm，粗 0.5～2 cm，白色中空，易与菌盖分离，基部膨大。菌环白色，膜质，下垂，着生于菌柄的上、中或下部。菌托白色，衣领状，有 3～5 轮环带。菌褶白色，较密，基部与柄离生。菌肉白色、脆、薄。孢子印为白色，孢子椭圆形，无色，光滑，在夏、秋季常生于阔叶林、混交林林地和林缘及牧场。东北、华北、西南、华东等省均有。本菌极毒，误食后表现出恶心、呕吐、腹泻等中毒反应，严重时出现昏迷、出血甚至死亡。白毒鹅膏菌（*Amanita verna*）（图 6-15）极毒，子实体纯白色，中等大。菌盖初期卵圆形，开伞后近平展，表面光滑。菌肉白色。菌褶离生，菌柄基部膨大呈球形，内部实心或松软。

A　　　　B

图 6-15　豹斑毒伞和白毒鹅膏菌（引自王立安，2011）

A. 豹斑毒伞；B. 白毒鹅膏菌

8. 灵芝属（*Ganoderma*）

灵芝属隶属非褶菌目（又称多孔菌目）多孔菌科（Polyporaceae），担子果顶端形成伞状或帽状结构，担子果木质或木栓质，有侧生柄或无柄，一年生。有坚硬、具油漆光泽的皮壳。子实层托管状，管口小。孢子卵形，有截头，双层壁，外壁无色光滑，内壁褐色，有微细突起，此特性和多孔菌科其他属的孢子（均为单层壁）完全不同。灵芝（*Ganoderma lucidum*）（图 6-16），为灵芝属最常见的种类，菌盖半圆形至肾形，盖面红褐色，有明显的油漆光泽，有不明显的环棱和放射状细皱纹，边缘波状或平截有棱纹。菌柄侧生，稀偏生，通常与盖呈直角，色与盖面同，也有漆光。菌管近白色，后变淡褐色，管口小，圆形。生于栎属或其他阔叶树干部或根部，分布广泛。用于滋补、健脑、保神，可治疗神经衰弱、消化不良、慢性肝炎、失眠等，对冠心病、高血压等也有一定疗效。

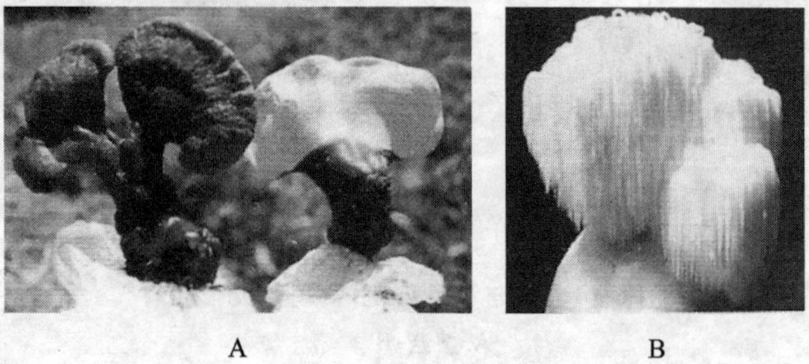

A　　　　B

图 6-16　灵芝和猴头菌（引自马炜梁，2009）

A. 灵芝；B. 猴头菌

9. 猴头菌属(*Hericium*)

本属菌为属于多孔菌目齿菌科(Hydnaceae)的腐生菌。子实体团块状、柔软、肉质。子实体中部和中下部被以圆柱状菌针，形似刺猬或猴头。子实体初期白色，干后呈浅褐色。孢子球形、光滑、无色。多在雨季生长于大树上。猴头菌(*Hericium erinaceus*)(图 6-16)，是齿菌科中经济价值最大的一种。担子果肉质，团块状，一年生，纯白色，其上有许多下垂的菌针，菌针白色，长 2～6 cm，子实层生于其上。干后变为黄褐色，状似猿猴的头，基部侧生悬垂于树干上。主产于我国北方，常生于栎、胡桃等立木及枯立木上。它是著名的山珍和滋补品，除食用外，还有滋补、健生效能，有利五脏、助消化功能。药用治疗胃溃疡和十二指肠溃疡，疗效显著。另外，所含的多糖类有抗癌效能，对食管癌有一定的疗效。

10. 竹荪属(*Dictyophora*)

竹荪属是腹菌纲鬼笔目中最重要的属。寄生于枯竹根部，菌帽深绿色，菌柄白色、圆柱状，在菌柄顶端有一圈白色的网状裙从菌盖向下铺开。长裙竹荪(*Dictyophora indusiata*)(图 6-17)，担子果幼时卵球形，后伸长，中等至较大，菌托白色或淡紫色，菌盖钟形，有明显的网格。顶端平，有穿孔，菌幕白色，从菌盖下垂达 10 cm 以上，网眼多角形，宽 5～10 mm。柄白色，中空，海绵状，基部粗，向上渐细。孢子椭圆形，表面光滑。生于林缘或疏林地上，为珍贵的食用菌。我国吉林、辽宁、黑龙江、河北、江苏、浙江等省和西南各省均产，现已人工栽培成功。

其近缘属种白鬼笔(*Phallus impudicus*)(图 6-17)，菌蕾大，球形，地上生或半埋伏，粉灰色至粉白色。担子果呈粗毛笔状，高 10～15 cm。孢托(菌柄)柱形，中空，长 8～12 cm，粗约 2 cm；基部有白色菌托。菌盖钟形、白色，顶端开孔与中空的菌柄相通，表面有大而深的网格。孢体青褐色、黏稠，有草药香气。孢子椭圆形、深绿色。常在夏秋季生于林地、林缘，可食用。全国各地皆有分布。

11. 马勃属(*Lycoperdon*)

本属菌为腹菌纲马勃目马勃菌科菌类，子实体近球形、梨形等。初期近白色后土黄色，上部灰至黄色，外表皮有细微的小刺或颗粒，后可脱落，内表皮薄，平滑，顶部在成熟时裂开。梨形马勃(*Lycoperdon pyriforme*)(图 6-18)，为常见种类，幼时可食。夏秋季，担子果在草原、草地等处沙地上群生至散生，梨形或近梨形，高 3～5 cm，粗 1.3～3 cm，不育的基部以白色根状菌索固定于基物上，较发达。幼时包被白色光滑，后变为褐色至烟灰色，外包被表面附有细小的粒状疣，内包被初为白色，后变为青黄色至褐色。孢子球形，青黄色，表面光滑。孢丝线形，分枝少，青褐色。孢子可用于止血，治疗咳嗽、咽炎、扁桃体炎等症。从其提取的马勃素(calvacin)有抗癌作用。全国各地皆有分布。

A　　B

图 6-17　长裙竹荪和白鬼笔(引自马炜梁，2009)

A. 长裙红荪；B. 白鬼笔

图 6-18　梨形马勃(引自马炜梁，2009)

（五）半知菌亚门(Deuteromycotina)

半知菌或称不完全菌(imperfect fungi)，是一群仅知其生活史的一半阶段，即在自然条件下尚未发现有性阶段的真菌。为了分类上的需要，把这一类型的真菌人为归类为半知菌亚门。根据菌丝体的结构和无性生殖方式，发现多数是子囊菌的无性阶段，少数为担子菌的无性阶段。今后一旦发现有性生殖产生子囊的就归入子囊菌亚门，产生担子的就归入担子菌亚门。世界上已知有1800余属26000余种，其中约有300属是农作物和森林病害的病原菌，而某些属可能是引起人类和一些动物皮肤病的病原菌。

本亚门的菌类中绝大部分菌丝体发达，有横隔壁，为单倍体。无性生殖比较发达，以分生孢子进行。或产生芽孢子、节孢子萌发成菌丝进行营养繁殖。很少见有性生殖并产生有性孢子，甚至某些种连分生孢子也未发现。实际上这些菌类可以看作子囊菌或担子菌的无性发育阶段，只是其有性阶段尚未发现，或由于缺乏相对性系的异宗配合的菌丝，或很少进行有性生殖，或为失去功能性的雄性菌丝，或有性阶段退化，或可能发生准性生殖所致。准性生殖(parasexuality)又称为准性循环，是指在无性生殖阶段中的一种遗传性状的重新组合。即在生殖过程中，异核体(生物个体中含有两种或两种以上基因型)细胞中两个遗传物质不同的细胞核可以结合成杂合二倍体的细胞核。这种杂合二倍体的细胞核在有丝分裂过程中可以发生染色体单倍化，最后形成遗传物质重组的单倍体的过程。

该亚门的分类系统很繁杂，大部分是按萨卡多(Saccardo)1899年提出的分类系统。其分类的依据是分生孢子在自然情况下的特点，共分为无孢菌目(Agonomycetales)、黑盘孢目(Melanconiales)、球壳孢目(Sphaeropsidales)、丛梗孢目(Moniliales)4目。本亚门的菌类许多是经济植物的病原菌，如稻瘟病菌(*Piricularia oryzae*)、水稻纹枯病菌(*Rhizoctonia solani*)、棉花炭疽病菌(*Colletotrichum gossypii*)等，引起人类足癣的病原体也是本亚门的种类。

三、真菌的起源和演化

（一）真菌起源

真菌与细菌在早期就已分化，平行发展，似无亲缘关系，两者可能都起源于鞭毛生物。黏菌是介于真菌与原生动物之间的一群生物。真核生物从与原始生物相似的祖先起源，然后向三个不同的营养路线发展：其一向具有光合作用的自养路线发展成为植物界，为生物界的生产者；其二向着吞食现成营养的路线发展成为动物界，为生物界的消耗者；其三沿着吸收营养的异养路线发展成为菌物界，为生物界的分解者。真核生物的三界使自然界生态平衡得以维持，其关系是互相依存，平行演化。

（二）真菌各亚门的亲缘关系及其演化

鞭毛菌亚门具游动孢子，游动配子，水生，并具同配、异配、卵式生殖方式。进化程度相对较低。接合菌亚门与鞭毛菌亚门的菌丝具有相似的形态特征(菌丝皆无隔)，只是在进化途中向陆生演化，产生不动的静孢子(孢囊孢子)，失去了游动孢子，并以接合生殖方式进行有性生殖，说明其由水生成功地向陆生演化的历程。子囊菌亚门不产生游动孢子和游动配子，产生子囊，子囊来源于两个细胞的结合，并分化形成子囊孢子，更适于陆地生活。它可能是由接合菌亚门中的某一支演化而来。如酵母菌的两个细胞结合，类似于接合生殖，仍然是该类群中较原始的类型。担子菌亚门，陆生性，次生菌丝为双核菌丝，质配而暂不核配，生活期较长。子囊菌在子囊形成之前，也有一个较长的双核阶段。担子菌的性器官虽然退化了，但在有性生殖过程中，还保留很多与子囊形成相似的特点。因此，普遍认为担子菌亚门是由子囊菌亚门发展而来的。子囊和担子皆来自双核菌丝，核配后减数分裂，前者通过钩状体过程形成子囊孢子，后者通过锁状联合形成担孢子，在子囊菌向担子菌演化的过程中，没有复杂性器官的出现，双核阶段更长。

总之，真菌门的各亚门，是由小到大、由简单到繁杂、由低级到高级、由水生向陆生，即从鞭毛菌到接合菌，再到子囊菌和担子菌。进化规律是非常明显的。

四、真菌的经济价值

许多种大型真菌是滋味鲜美的食用菌，如蘑菇、香菇、松口蘑、紫蘑、口蘑、草菇、猴头菌、木耳、银耳、羊肚菌及竹荪等，我国可食用的真菌总计已超过 300 种。食用菌是营养丰富的保健食物，含有多种蛋白质和氨基酸，其中有 9 种氨基酸是人体必需的，包括含量丰富的赖氨酸。食用菌中还含有丰富的非饱和脂肪酸，是人体必需的营养物质，也是健康食品的重要组分。食用菌中有大量维生素，如硫胺素、核黄素、抗坏血酸以及生物碱等。

真菌在医药方面的应用也很多，如冬虫夏草、竹黄、茯苓、猪苓、灵芝、云芝及药用层孔菌等均为药用菌。多种真菌中含有水溶性真菌多糖，能抑制肿瘤的生长。真菌也含有丰富的矿物质，如钾、磷、硫、钠、钙和镁等，灵芝含有锗、硒等稀有元素，具有抗肿瘤作用。据文献统计，有抗癌作用的真菌在 100 种以上，国内外许多从事筛选抗癌药物的研究单位，都非常重视利用真菌进行抗癌药物的筛选。此外，真菌在医药方面应用的一个最著名的例子就是：1929 年青霉素的发现并应用于临床，从根本上改变了传染病的治疗方式，由此诞生了一门新的学科，称为“抗生素学”，并将人类平均寿命从 40 岁提高到 65 岁，被誉为“人类第二次寿命革命”。

真菌在工业上有广泛应用，在酿造工业上，利用酵母、曲霉、毛霉和根霉等菌种造酒。在食品工业上，利用酵母制作面包、馒头等发酵食物。真菌也广泛地应用于化学、造纸、制革和医药等行业的生产中。在石油工业方面，借助于真菌的发酵作用，来获得许多化工原料和工业品。利用真菌中的各种酶类，来分解粗饲料以提高饲料的营养价值。利用真菌提取生长激素，促进作物生长；利用白僵菌、黑僵菌杀灭玉米螟、松毛虫等多种害虫。在自然界物质循环中真菌发挥着重要作用，它们生于朽木、枯枝、落叶及土壤里，是分解木质素、纤维素和其他有机物质的主力军，它们在增加土壤肥力和完成自然界的物质循环上，比细菌的贡献还大。在许多真菌对人类有益的同时，有些真菌也直接或间接地对人类、动物和作物有害，如食品的霉烂、森林和作物的病害，大都是由真菌的寄生和腐生所引起的。人和家畜的某些皮肤病也是由真菌寄生所引起的。

总之，真菌和人类之间关系密切，需要我们更进一步研究真菌，识别有用和有害的真菌，掌握它们的生活环境、发育条件和培养方法，对有益的菌物要加以保护和扩大繁殖，对有害的菌物要加以有效的防治。

思考与探索

1. 区别下列各组名词：

专性腐生与专性寄生；芽孢与芽殖；初生菌丝体、次生菌丝体与三生菌丝体；菌环与菌托；夏孢子与粉孢子。

2. 真菌门的分类依据是什么？真菌门可分为哪些亚门(纲)？各亚门(纲)特点如何？
3. 举例说明什么叫菌核、菌索和子座。
4. 真菌的繁殖可产生哪些孢子？
5. 什么是锁状联合？绘图说明它的发生过程。
6. 简述子囊与子囊孢子的形成过程。
7. 为什么说子囊菌和担子菌的亲缘关系密切？

第七章 地衣植物

第一节 地衣植物概述

一、地衣的通性

地衣(Lichenes)是藻类和真菌共生的复合体。由于菌、藻长期紧密地结合在一起,无论在形态上、结构上、生理上和遗传上都形成了一个单独的固定的有机体,所以把地衣单列为地衣植物门。本门植物约有 500 属 26000 余种。多数地衣是喜光植物,要求生境的空气新鲜,不耐大气污染,因此,大城市及工业园区很少有地衣生长。但地衣的耐寒和耐旱性很强,干旱时可以休眠,雨后复生。能在岩石、沙漠或树皮上生长,例如在高山带、冻土带和南北极等其他植物不能生存的地方,地衣独能生长繁殖,并形成一望无际的广大地衣群落,属于"先锋植物"。

构成地衣的菌类,通常是蓝藻中的念珠藻属(*Nostoc*)和单细胞的绿藻,如共球藻属(*Trebouxia*)、橘色藻属(*Trentepohlia*);真菌则属于子囊菌或担子菌。一般某种地衣中的真菌和藻类的具体种类是固定的。在这类共生复合体中,藻类含有光合色素,能进行光合作用,为真菌提供营养;真菌可以从外界吸收水分和无机盐,提供给共生的藻类,并将藻体包被在其中,以避免强光直射导致藻类细胞干燥死亡。二者互相依存,不能分离。真菌与藻类的共生不是对等的,受益多的是真菌,并在这种不对等的状态下达到平衡。在自然情况下,这些共生的藻类或真菌都不能独立生活。地衣虽然是真菌和藻类的共生复合体,但地衣的形态特征完全由共生菌决定。

二、地衣的形态和构造

(一) 地衣的形态

地衣植物根据形态可分为壳状地衣、叶状地衣和支状地衣三种类型。

(1) 壳状地衣　植物体扁平成壳状,以菌丝牢固地紧贴在基质上,有的甚至伸入基质中,因此很难剥离(图 7-1)。壳状地衣约占全部地衣的 80%。如生于岩石上的茶渍属(*Lecanora*)和生于树皮上的文字衣属(*Graphis*)等。

(2) 叶状地衣　植物体呈薄片状的扁平体,形似叶片,以假根或脐较疏松地固着在基质上,易与基质剥离(图 7-2)。如生于草地上的地卷属(*Peligere*)、石耳属(*Umbilicaria*)和生在岩石或树皮上的梅衣属(*Parmelia*)等。

(3) 枝状地衣　植物体直立，仅基部附着于基质上，通常分枝，形状类似高等植物的植株(图 7-3)。如直立的石蕊属(*Cladonia*)，悬垂分枝于树枝上的松萝属(*Usnea*)。

图 7-1　壳状地衣

图 7-2　叶状地衣

图 7-3　枝状地衣

(二) 地衣的结构

根据藻细胞在真菌组织中的分布状态，地衣原植体可分为两类：同层地衣(图 7-4)和异层地衣(图 7-5)。

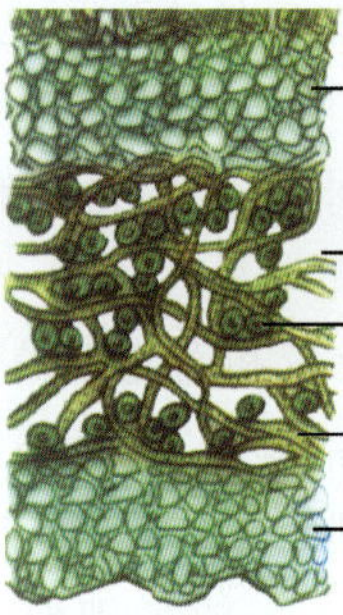

图 7-4　同层地衣

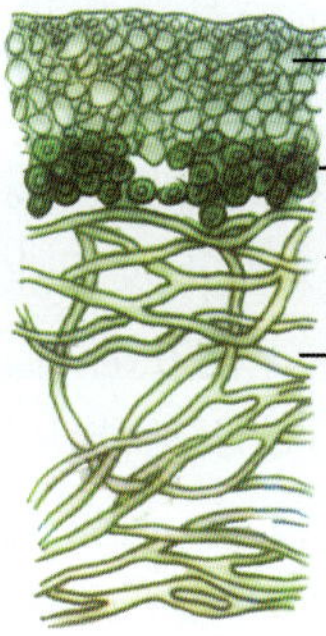

图 7-5　异层地衣

同层地衣原植体中藻细胞和菌丝混合成为一体，无藻胞层和髓层之分。如猫耳衣属(*Leptogium*)。

异层地衣原植体横切面通常可区分为 3 层：藻胞层、髓层和皮层。皮层可分为上皮层和下皮层，都由致密交织的菌丝构成。髓层介于上、下皮层之间，由一些疏松的菌丝和藻细胞构成，藻细胞聚集在上皮层下方，称为藻胞层。在下皮层上常产生一些假根状突起，使地衣固着在基质上。如蜈蚣衣属(*Physcia*)、梅衣属(*Parmelia*)。

三、地衣的繁殖

地衣植物通常进行营养繁殖。由叶状体断裂成若干裂片，每个裂片发育成 1 个新的叶状体，或者在叶状体上产生粉芽、珊瑚芽等营养繁殖体进行营养繁殖。有性生殖仅由共生的真菌进行。因地衣中共生真菌以子囊菌为多，故通过有性过程产生子囊孢子的类型最为多见。子囊孢子成熟后自子囊中释放出来，在适宜的条件下萌发成菌丝体，如遇到适合的共生藻类细胞相互结合，即可发育成新的地衣植物体。地衣中的藻类细胞则主要以细胞分裂方式进行繁殖。

第二节　地衣的分类

地衣一般分为3纲。

一、子囊衣纲(Ascolichens)

地衣体中的真菌属于子囊菌，本纲地衣数目占全部地衣总数的99%，分为2亚纲。

(1) 裸果衣亚纲(Gymphocarpeae)　地衣体的真菌为盘菌类(Dicomycetes)，子实体为裸露的子囊盘，分为8目。常见的有松萝属(*Usnea*)、梅衣属(*Parmelia*)、茶渍属(*Lecanora*)、牛皮衣属(*Sticta*)、网衣属(*Leoidea*)、石蕊属(*Cladonia*)和石黄衣属(*Xanthoria*)等。

(2) 核果衣亚纲(Pyrenocarpeae)　地衣体的真菌为核菌类(Pyrenomycetes)，子实体为子囊壳(被子器)，埋于地衣体内或稍外露，如皮果衣属(*Dermatocarpon*)。

二、担子衣纲(Basidiolichens)

地衣体的真菌属于担子菌纲，主要分布于热带，种类很少。

三、藻状菌衣纲(Phycolichens)

本纲已知的只有1属(*Cystocoleus*)，产于中欧。

第三节　地衣植物在自然界中的作用及经济价值

一、地衣植物在自然界中的作用

地衣在土壤形成中有一定作用。生长在岩石表面的地衣，所分泌的多种地衣酸可腐蚀岩面，使岩石表面逐渐龟裂和破碎，加之自然的风化作用，逐渐在岩石表面形成了土壤层，为其他高等植物的生长创造了条件。因此，地衣常被称为“植物拓荒者”或“先锋植物”。

地衣对大气污染十分敏感，可作为大气污染的指示植物。根据各类地衣对二氧化硫(SO_2)的敏感性，有人提出无任何地衣存在的区域为SO_2严重污染区，只有壳状地衣生长的区域为SO_2轻度污染区，有枝状地衣正常生长的区域为无SO_2污染的清洁区。

生长在北极苔原地带的地衣群落，是驯鹿的主要食料。

附生在茶树、柑橘树上的地衣，因菌丝钻入寄主皮层内吸取营养，可造成对寄主的危害。云杉、冷杉的树冠上常挂满松萝，严重时可导致树木死亡。

二、地衣植物的经济价值

地衣具有广泛的用途。地衣所分泌的地衣酸达百余种，其中不少具有较强的抗菌能力。在《本草纲目》中已有记载的松萝(*Usnea diffracta*)、石蕊(*Cladonia rangiferina*)等种类可用于提取抗生素。近年来还发现多种地衣多糖、异地衣多糖有抗癌作用。

有的地衣可以食用,如我国和日本特产的石耳(*Umbilicaria esculenta*),味道鲜美,被视为山珍之一。

地衣可用作工业原料。如染料衣科地衣可用于提取染料,由染料衣及石蕊等提取的石蕊色素可用于制造酸碱度定性试剂。

阅读与探究

1. 同层地衣与异层地衣有何区别?
2. 试述地衣的通性及在自然界中的作用。
3. 试述地衣的构造和繁殖方法。
4. 地衣分为哪些类型?
5. 以地衣为例,说明生物的共生关系。

第八章

苔藓植物

苔藓植物是一类小型的多细胞绿色植物，有明显的世代交替现象，配子体发达，孢子体退化，孢子体寄生在配子体上，习见的植物体是它的配子体。

苔藓植物是种数上仅次于被子植物的第二大高等植物类群，全世界约 23000 种，我国有 2000 余种。苔藓植物具有初步适应陆生环境的能力和特点，但是还很不完善，必须生活在比较潮湿的地方，它们是水生向陆生过渡的代表类型，所以人们说苔藓植物是陆地的征服者，而不是统治者。

第一节　苔藓植物的主要特征

一、苔藓植物配子体的形态结构

苔藓植物的配子体没有真正的根，仅有假根，由单细胞或单列细胞组成，起固着、吸收的作用。苔藓植物的配子体内部构造简单，无中柱，不具维管束，只在较高级的种类中，有皮部和中轴的分化，形成类似输导组织的细胞群。其配子体有两种形态：一类是无茎、叶分化的叶状体；另一类为有类似茎、叶分化的茎叶体，配子体的叶不具叶脉，有些种类在主脉的位置上有 1 或 2 条纵向伸长的厚壁细胞，称为中肋，主要起支持作用。

二、苔藓植物的生殖结构和生殖

苔藓植物的有性生殖器官是多细胞的。雌性的为颈卵器（图 8-1），外形似瓶状，上部狭细的部分叫颈部，下部膨大的部分叫腹部，中间有一个很大的卵细胞；雄性的为精子器，外形多呈棒状或球状，多数精子有长而卷曲的两根鞭毛。精、卵结合后形成合子，合子不经休眠开始分裂而形成胚，胚在颈卵器中发育成孢子体。

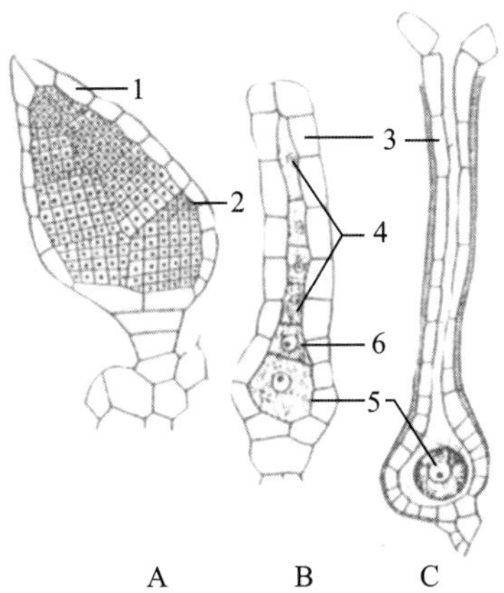

图 8-1　钱苔属的精子器与颈卵器

A. 精子器；B、C. 不同时期的颈卵器

1. 精子器壁；2. 精细胞；3. 颈卵器壁；4. 颈沟细胞；5. 卵；6. 腹沟细胞

三、苔藓植物的孢子体

苔藓植物受精必须借助于水，卵成熟后，精子游到颈卵器附近，通过破裂的颈沟细胞与腹沟细胞而与

卵结合，形成合子，合子不需要休眠即开始分裂而形成胚。胚在颈卵器内发育成孢子体，孢子体基部有基足(foot)，伸入配子体中吸取养分。上部球形的孢子囊(sporangium)称为孢蒴(capsule)，孢蒴中有长形、壁上有螺旋状增厚的弹丝，可助孢子散出；孢蒴下有蒴柄(seta)。孢蒴中的孢子母细胞经过减数分裂形成孢子。孢子遇适宜环境可萌发成原丝体(protonema)，原丝体是苔藓植物的一个主要特征，进而分别生成雌、雄配子体。

四、苔藓植物的生活史

地钱的生活史如图 8-2 所示。

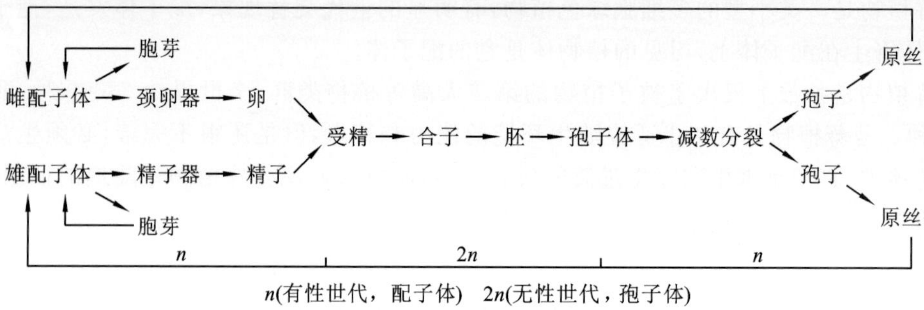

图 8-2　地钱的生活史

孢子成熟后从孢蒴内散出，在适宜的条件下萌发形成丝状或片状的原丝体，再由原丝体产生假根和胞芽。胞芽发育成植株，即配子体。配子体上产生精子器和颈卵器，分别产生精子和卵。此阶段为有性世代。受精卵发育成胚，胚发育成孢子体，在孢蒴中产生孢子。这一阶段是无性世代。两个世代互相更迭，形成世代交替。苔藓植物配子体占优势，能独立生活，孢子体寄生在配子体上，不能独立生活。

第二节　苔藓植物的分类

一、苔纲的主要特征及代表植物

苔纲(Hepaticae)植物体为叶状体，或有茎、叶的分化，有背、腹之分，常为两侧对称，具单细胞的假根。本纲可分为 3 目。

(一) 叶苔目(Jungermanniales)

叶苔目少数为叶状体，多数为有茎、叶的植物体；多生于热带、亚热带，附生于叶上。

(二) 地钱目(Marchantiales)

地钱目的配子体全为叶状体。

地钱(*Marchantia polymorpha*)(图 8-3)生于阴湿地，植物体(配子体)呈扁平二叉分枝的叶状体，匍匐生长，生长点位于分叉凹陷处。叶状体的背面深绿色，有菱形或多边形的小区，每个小区的中央有一个气孔。腹面有多细胞的鳞片与单细胞的假根，具有固着、吸收和保水的作用。表皮的气室与气孔相通，气室存在大量叶绿体，成为疏散的同化组织。其下为储藏组织，

A　　B

图 8-3　地钱

A. 雄株；B. 雌株

由几层大型薄壁细胞组成。地钱以孢芽进行营养繁殖。孢芽生于叶状体背面的孢芽杯内，绿色带柄的孢芽圆片状，两侧有缺口，成熟后脱落，能发育成新的配子体。

地钱为雌雄异株，其性器官雌托与雄托呈伞状着生于不同叶状体的背部：雌托边缘深裂，呈星芒状，腹面倒悬着许多颈卵器；雄托边缘浅裂，状如盘，背面生有许多小腔，每个腔内有一个精子器，内有具两根鞭毛卷曲的游动精子。当精子游入颈卵器中，与卵结合形成合子。合子在颈卵器内萌发成胚，长成孢子体。孢子体足部有基足，伸入配子体中吸收养分。上部球状孢子囊称为孢蒴，孢蒴下为蒴柄；孢蒴中孢子母细胞经减数分裂形成孢子，在适宜环境中孢子萌发成原丝体，进而分别长成雌配子体和雄配子体（图 8-3）。

（三）角苔目（Anthocerotales）

角苔目的配子体为叶状体，无组织分化，每个细胞具有一个叶绿体、一个蛋白核，有性器官埋藏于配子体中，孢子体发达，针状，无蒴柄，有蒴轴（图 8-4）。

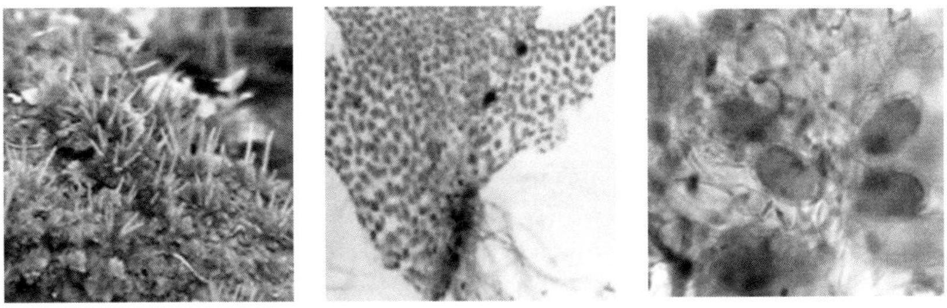

A　　B　　C

图 8-4　角苔

A. 孢子体；B. 配子体；C. 精子器

二、藓纲的主要特征及代表植物

藓纲植物体（配子体）无背、腹之分，多为辐射对称。株体矮小，直立；有茎、叶之分化（叶常具有中肋），假根由单列细胞构成。孢子萌发形成原丝体（protonema）。配子枝（gametophore）为原丝体上生出的带叶的枝。孢子体的结构较苔类复杂，孢蒴有蒴轴。

（1）葫芦藓（*Funaria hygrometrica*）　喜生于阴湿、富含有机质或氮素的地方，如建筑物墙脚、沟边、林下等地成片生长，犹如地毯。植物体绿色，茎细且短，基部分枝，下具多细胞精子器的枝顶密生较大的叶片，形似花状，称为雄器苞。精子器丛生于雄器苞内，形似棒状，内有许多螺旋状弯曲、前端有两根鞭毛的精子。在精子器之间，存在许多顶部膨大呈球形的隔丝。着生颈卵器的枝顶被叶片紧密包被，其状如芽，称为雌器苞。在雌器苞内有许多颈卵器，其间有隔丝。当精子游入颈卵器内，即与卵结合成合子，合子在颈卵器内发育成胚，由胚形成孢子体。每个成熟的孢子可分为孢蒴、蒴柄和基足三部分。孢子体寄生于配子体上，蒴柄伸长，顶端膨大为孢蒴，其内的孢子母细胞经减数分裂形成孢子，成熟后散出，在适宜的环境中萌发成为单列细胞的原丝体。原丝体向下生假根，向上生芽，芽发育成为茎叶的配子体（图 8-5）。

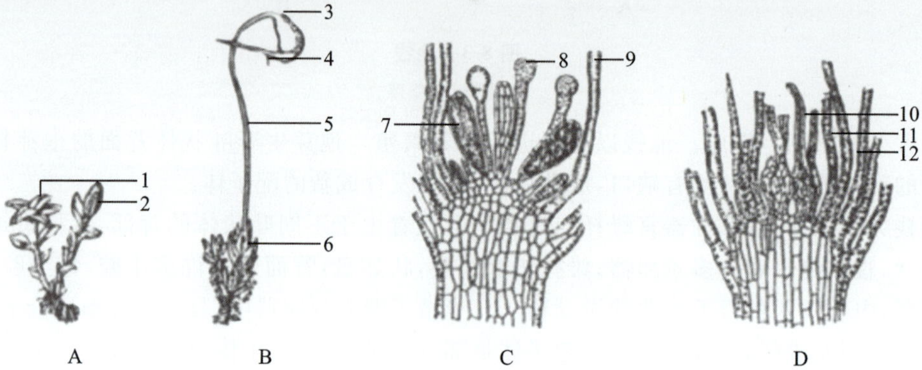

图 8-5　葫芦藓

A、B. 配子体及孢子体；C. 雄器苞（纵切）；D. 雌器苞（纵切）

1. 雄器苞；2. 雌器苞；3. 孢蒴；4. 蒴帽；5. 蒴柄；6. 配子体；7. 精子器；

8、11. 隔丝；9. 雄苞叶 10. 颈卵器；12. 雌苞叶

（2）泥炭藓（*Sphagnum palustre*）　泥炭藓（图 8-6）的叶无中肋，由一层细胞组成。细胞有两种，一种细长，含有叶绿体，连成网状，环围着另一种大型无色细胞。大细胞的壁具有螺纹增厚和水孔。植物体吸水力强，消毒后可做药棉的代用品。死后的植株层所形成的泥炭可用作肥料及燃料。

图 8-6　泥炭藓

第三节　苔藓植物的作用及起源

一、苔藓植物的作用

（一）苔藓植物在自然界的作用

苔藓植物的作用如下：

（1）苔藓植物大多生于阴湿的地表、林中树皮和朽木上，少数生于水中或岩石上。与地衣一样，它在生长的过程中，能不断地分泌酸性物质，溶解岩面，对土壤的形成起着“先锋”作用，是植物界的拓荒者之一，为其他高等植物创造了生存的条件。

（2）苔藓植物有很强的适应水湿的特性，吸水量可达体重的10～25倍，可避免水土流失。

（3）遗体的沉积使湖泊陆地化，如镰刀藓属（*Drepanocladus*）、泥炭藓属（*Sphagnum*）和湿原藓属（*Callirgon*）等，在湖泊、沼泽中大片生长时，上部藓层逐渐扩展，下部死亡，可使湖泊沼泽干枯，逐渐陆地化。因此，苔藓植物同沼泽和森林的变迁有密切关系。

（4）可作为森林的指示植物，如泥炭藓落叶松林。

（5）植物体构造简单，表面无几丁质，对外界物质的吸收是整体性的，同时苔藓植物对空气中有毒气体敏感，为测定大气污染的指示植物。

（二）苔藓植物的经济价值

苔藓植物的茎、叶具有很强的吸水、保水能力，其中真藓属（*Bryum*）和青藓属（*Bryachythecium*）植物可以用作盆景覆盖物，作为观赏植物，装饰盆景、庭园。在园艺上常用于包装运输新鲜苗木花卉，或作为播种后的覆盖物。

一些苔藓有药用价值。例如：暖地大叶藓（*Rhodobryum giganteum*）对心血管病疗效较好；大金发藓（*Polytrichum commune*）（即本草中的土马棕）有败热解毒作用，全草能乌发、活血、止血、利大小便；一些仙鹤藓属（*Atrichum*）、金发藓属等植物的提取液，对金黄色葡萄球菌有较强的抗菌作用，对革兰氏阳性菌有抗菌作用。

泥炭藓或其他藓类所形成的泥炭，可用作燃料及肥料。目前全世界有40余个国家开采泥炭资源。然而，泥炭开采后最不利的因素是会对原有环境造成破坏，其恢复需经历较长时间。

二、苔藓植物的起源

对于苔藓植物的起源，认识不一，但一般认为是起源于绿藻，其理由如下：①含有的色素相同；②储藏的淀粉相同；③游动细胞均具有2条顶生、等长的鞭毛；④孢子萌发时须经过原丝体阶段，原丝体很像分枝的丝状绿藻。

思考与探索

1. 为什么有人把苔藓植物称为低级的高等植物？

2. 为什么有人将苔藓植物称为“水陆两栖植物”？
3. 葫芦藓的假根、茎和叶与绿色开花植物的根、茎与叶相比较有何特点？
4. 在自然界中，苔藓植物有哪些特殊的作用？

第九章

蕨类植物门

第一节　维管植物概述

一、维管植物的基本特征

凡是形成维管组织的植物统称维管植物，包括蕨类植物和种子植物。它们与藻类、菌类、地衣、苔藓植物不同之处在于具有发达的维管系统。维管系统主要由木质部和韧皮部组成，木质部中含有运输水分和无机盐的管胞或导管分子，韧皮部中含有运输光合产物的筛胞或筛管。它们大多为陆生植物，植物体高度分化，形成复杂的根、茎、叶系统。生活史中孢子体占优势，只有在幼小的时候（胚胎阶段）才依赖配子体而生存；配子体不发达，常较小，松柏类和有花植物的配子体完全寄生在孢子体上生活。

二、中柱类型

中柱(stele)是指维管植物根、茎、叶内的中轴部分，由维管束和基本组织构成的柱状结构。在种子植物中中柱称为维管柱。维管束是植物体内输导组织束，由初生木质部和初生韧皮部组成，因它们排列方式的不同而形成多种类型的中柱，根据中柱类型可以判断植物类群之间的亲缘关系。

中柱一般可以分为以下五种类型（图 9-1）：①原生中柱（protostele），包括单中柱（haplostele）、星状中柱（actinostele）和编织中柱（plectostele）；②管状中柱（siphonostele），包括双韧管状中柱（amphiphloic siphonostele）和外韧管状中柱（ectophloic siphonostele）；③网状中柱（dictyostele）；④真中柱（eustele）；⑤散生中柱（atactostele）。

（一）原生中柱

原生中柱为最原始的实心中柱，内无薄壁组织，包括单中柱、星状中柱和编织中柱三种类型（图 9-1 A～A″）。①单中柱：其中央由圆柱状木质部组成，无髓部，其外侧围绕着呈圆筒状的韧皮部。单中柱为最简单的中柱，也是最原始的类型，出现于泥盆纪的化石中，如海金沙属（*Lygodium*）。②星状中柱：指木质部向四周生长出辐射排列的脊状突起的原生中柱，如松叶蕨属（*Psilotum*）。③编织中柱：原生中柱的木质部分裂成许多小而分离的片状，韧皮部生长侵入木质部，使其在局部地区成为不连续的结构而相嵌重复排列，如石松属（*Lycopodium*）。原生中柱常见于裸蕨类、石松类及其他植物的幼茎或根中。

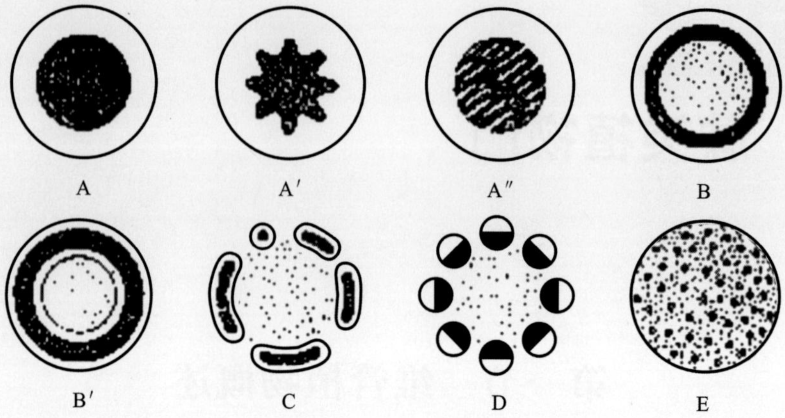

图 9-1　中柱类型图解

A～A″. 原生中柱(A. 单中柱;A′. 星状中柱;A″. 编织中柱);
B. 外韧管状中柱;B′. 双韧管状中柱;C. 网状中柱;D. 真中柱;E. 散生中柱
黑色表示木质部;白色表示韧皮部;黑点表示髓部

(二) 管状中柱

管状中柱(图 9-1 B、B′)的特点是木质部围绕中央髓部薄壁细胞形成圆筒状。管状中柱包括两种类型:外韧管状中柱和双韧管状中柱。①外韧管状中柱:韧皮部位于木质部的外侧,如紫萁属(*Osmunda*)。②双韧管状中柱:韧皮部出现在木质部的内、外两侧,又称疏隙中柱(solenostele),如碗蕨属(*Dennstaedtia*),双韧管状中柱存在于很多蕨类和双子叶植物中。

(三) 网状中柱

网状中柱(图 9-1 C)由管状中柱演变而来。由于茎的节间甚短,节部叶隙、枝隙密集,从而使中柱木质部、韧皮部产生许多裂隙,从横剖面上看中柱被割成一束束,整体上类似网状。每一束中央为木质部,木质部外面围着韧皮部,而韧皮部外再围着内皮层。有不少蕨类植物具有此类中柱,如水龙骨属(*Polypodiodes*)。

(四) 真中柱

木质部与韧皮部并列或扭转,多束形成一圈,由外韧管状或外韧网状中柱形成,韧皮部仅在外侧保留,称为真中柱(图 9-1 D)。如木贼属(*Happochaete*)、多数裸子植物和被子植物具有真中柱。

(五) 散生中柱

木质部和韧皮部并列成多束,散生在茎内,韧皮部在外侧,称为散生中柱(图 9-1 E)。主要存在于单子叶植物中。

中柱的演化如图 9-2 所示,中柱类型的发生、分化及演化与髓形成作用密切相关。有时在髓中会出现木质部的成分(管胞),此过程称为髓形成作用(medullation)。叶隙的大量出现、节间的缩短,使管状中柱演化成真中柱和散生中柱,即在种子植物中所见到的中柱的最高级的形式。

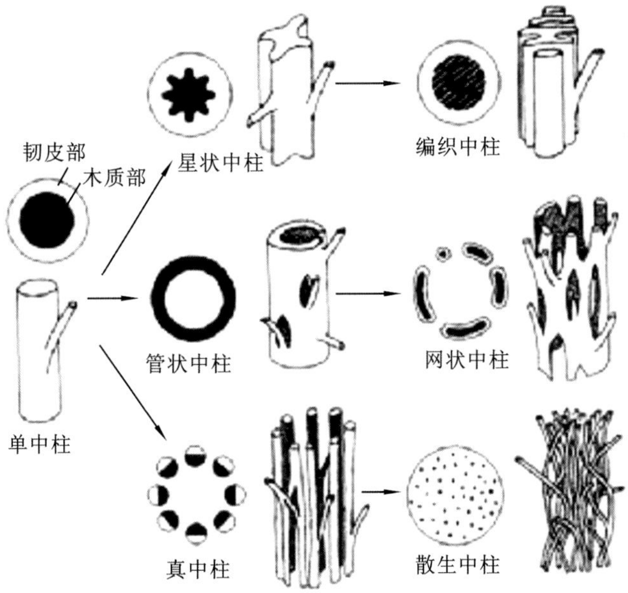

图 9-2　中柱的演化

第二节　蕨类植物概述

一、蕨类植物的一般特征

蕨类植物又称羊齿植物(fern)，有真正的根、茎、叶和维管组织的分化，一般无次生构造。蕨类植物既是进化水平最高的孢子植物，又是最原始的维管植物，维管组织的形成是植物适应陆地生活的结果。和苔藓植物一样，蕨类植物具有明显的世代交替现象，无性繁殖产生孢子，有性生殖器官为精子器和颈卵器，因此蕨类植物又叫颈卵器植物。蕨类植物的孢子体和配子体均能独立生活，但孢子体远比配子体发达，这些都是区别于苔藓植物的特点。相比藻类和苔藓植物，蕨类植物在演化过程中其生活史的大部分时期脱离了水体环境的束缚，体现了对陆地生态环境的充分适应。因此，研究蕨类植物的系统进化对揭示整个陆生植物的起源和演化历史具有重要的借鉴意义。

蕨类植物只产生孢子，不产生种子，又有别于种子植物。因此，从结构上看，蕨类植物是介于苔藓植物与种子植物之间的一大类群。蕨类植物分布广泛，除了海洋和沙漠，无论在平原、森林、草原、沼泽、高山和水域都有它们的踪迹，以热带和亚热带地区分布尤多。

(一)蕨类植物的孢子体

蕨类的植物体即孢子体，一般为多年生草本，少数为一年生。其孢子体一般有根、茎、叶的分化。

除少数原始种类(如松叶蕨类)具有假根外，其余均为不定根，吸收能力较好。

茎多为根状茎，少数茎为直立的树干状或其他形式的地上茎，二叉分枝，有些原始种类还兼具气生茎和根状茎。茎的解剖结构包括表皮、皮层和维管柱三部分。蕨类植物茎的中柱类型主要有原生中柱、管状中柱、网状中柱和多环管状中柱等类型。维管系统由木质部和韧皮部组成，木质部的主要成分为管胞和薄壁组织，管胞壁上具有环纹、螺纹、梯纹或其他类型的加厚，也有一些蕨类植物具有导管，如卷柏属（*Selaginella*）和蕨属（*Pteridium*）中的一些种。韧皮部的主要成分是筛管或筛胞以及韧皮薄壁组织。在现代蕨类中，除了极少数如水韭属（*Isoetes*）和瓶尔小草属（*Ophioglossum*）等，一般没有形成层。

蕨类植物的叶分为单叶和复叶，一般根据叶的形态、结构和功能的不同，分为以下各种类型。

（1）小型叶（microphyll）和大型叶（macrophyll）　小型叶没有叶隙和叶柄，只有一条单一不分枝的叶脉，存在于拟蕨类中，为原始类型的叶；大型叶有叶柄，叶脉多分枝，维管束有或无叶隙，大型叶常为多次羽状分裂或呈复叶状，存在于真蕨类中，是较进化的类型。

（2）营养叶（foliage leaf）和孢子叶（sporophyll）　仅进行光合作用的叶称为营养叶或不育叶（sterile frond），能产生孢子和孢子囊的叶称为孢子叶或能育叶（fertile frond）。

（3）同型叶（homomorphic leaf）和异型叶（heteromorphic leaf）　有些蕨类植物的营养叶和孢子叶形态和功能相同，称为同型叶，又称一型叶；有些蕨类的营养叶和孢子叶形态和功能不同，称为异型叶，又称二型叶。在植物界的系统演化过程中，小型叶朝着大型叶，同型叶朝着异型叶的方向发展。

（二）蕨类植物的无性生殖

蕨类植物的无性生殖是由孢子体产生孢子囊，孢子囊内的孢子母细胞经减数分裂形成孢子。

1. 孢子囊（sporangium）

蕨类植物的孢子囊单生或群生，在小型叶的种类中，孢子叶常聚生于枝顶，形成球状或穗状的孢子叶球（strobilus）或孢子叶穗（sporophyll spike），其孢子叶的近轴面或基部产生孢子囊；在进化的真蕨类植物中，孢子囊或孢子囊群（堆）常生于孢子叶的背面、边缘或特定的孢子叶上，水生蕨类植物的孢子囊群生于特化的孢子果（sporocarp）内。孢子囊内的孢子母细胞减数分裂产生单倍体的孢子。

2. 孢子（spore）

同种蕨类产生的孢子大小相同，称为同型孢子（homospory），大多数蕨类属此类型；同种蕨类的孢子有大、小之分，称为异型孢子（heterospory），也称孢子异型，如卷柏属（*Selaginella*）、水韭属（*Isoetes*）、苹属（*Marsilea*）、槐叶苹属（*Salvinia*）和满江红属（*Azolla*）等。

无论是同型孢子还是异型孢子，从形态上可以分为两类：一类是赤道面观呈肾形，单裂缝，两侧对称，为两面型孢子（图 9-3 F～I）；另一类是赤道面观呈圆形或钝三角形，三裂缝，辐射对称，为四面型孢子（图 9-3 A～E）。孢子的外壁或周壁可形成各种不同的突起和纹饰。

（三）蕨类植物的配子体和有性生殖

孢子萌发后直接形成配子体，蕨类植物的配子体又称为原叶体（prothallus）。绝大多数蕨类植物的配子体为绿色、具有背腹分化的叶状体，有假根和叶绿体，能独立生活，在腹面（少数为背面）产生颈卵器和精子器。精子多鞭毛，受精不能脱离水环境，卵成熟后受精发育成胚，胚暂时寄生在配子体上，长大后配子体死亡，孢子体独立生活。

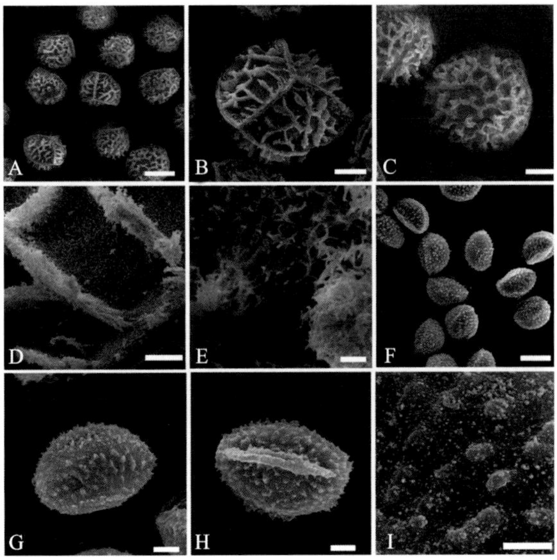

图 9-3　东方水韭孢子纹饰

A～E. 大孢子及其表面显微结构；F～I. 小孢子及其表面显微结构

二、蕨类植物的生活史

蕨类植物的生活史中(图 9-4)，有孢子体和配子体两种独立生活的植物体。从受精卵萌发开始，到孢子母细胞进行减数分裂前为止，这一过程称为孢子体世代，或称为无性世代，它的细胞染色体是双倍体的($2n$)。从孢子产生到精卵结合前的阶段，称为配子体世代，或称有性世代，其细胞染色体数目是单倍体的(n)。在蕨类一生中这两个世代交替明显，且孢子体世代占很大优势。

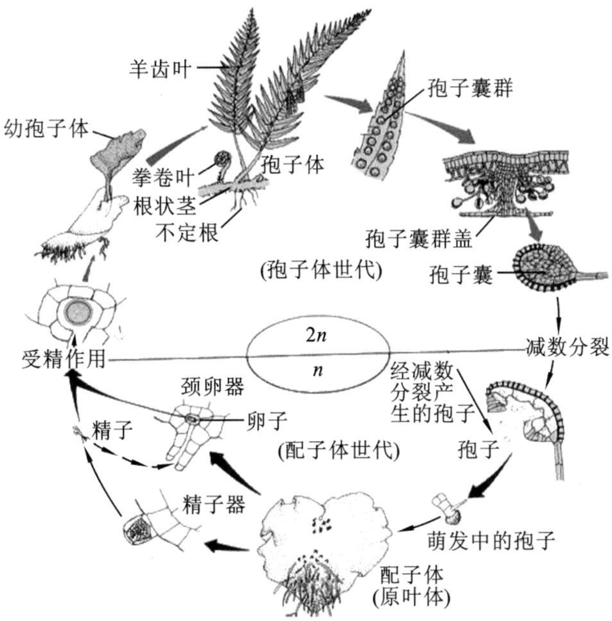

图 9-4　蕨类植物的生活史

第三节　蕨类植物的分类系统和分类原则

一、蕨类植物的分类系统

全球蕨类植物现存约12000种，关于其分类系统，不同植物学家观点颇不一致。本书参照秦仁昌1992年修订系统、陆生植物的高级分类阶元系统和被子植物APG系统，以及Christenhusz及张宪春等的观点，将中国的现代蕨类植物分为石松类（lycopods）和蕨类（monilophytes）两大类，包括5亚纲14目39科及12亚科140余属。

传统上一般将蕨类植物分为4类，即松叶蕨类（whisk ferns）、石松类、木贼类（horsetails）和真蕨类（ferns）。并且通常把前三者称为拟蕨类（fern allies），把其余的蕨类植物称为真蕨类，真蕨又包括厚囊蕨类、原始薄囊蕨类和薄囊蕨类。

自秦仁昌1940年发表了"水龙骨科的自然分类"，将沿用了近一个世纪的多系的水龙骨科划分为33科之后，世界上相继出现了一系列基于形态学的蕨类分类系统，且不同分类系统的科属概念差别较大。如秦仁昌（1978）的分类系统包括了5亚门11目63科222属，其5个亚门包括石松亚门（Lycophytina）、水韭亚门（Isoephytina）、松叶蕨亚门（Psilophytina）、楔叶亚门（Sphenophytina）和真蕨亚门（Filicophytina）；在Kramer和Green（1990）的世界系统中，认为全世界蕨类植物包括4纲38科221属。目前传统的依赖于形态特征的蕨类分类系统正受到来自其他各方面不同证据的检验，尤其近年来以DNA序列标记等为基础的分子生物学技术越来越广泛地被应用于探讨蕨类植物的系统发育研究中。2001年Pryer等首次从分子角度阐明了拟蕨类和真蕨类的相互关系，其中石松类（包含石松科、水韭科和卷柏科）为最早演化的类群，并和其他维管植物（包括石松类以外的其他所有蕨类植物、裸子植物和被子植物）互为姐妹群，而传统观点认为起源古老的松叶蕨类和木贼类与真蕨类植物具有较近的亲缘关系，并统称为蕨类植物与石松类植物，分别与基于传统分类学定义的蕨类和拟蕨类相对应。基于此，Smith等在2006年综合当时一系列蕨类系统发育的研究成果，提出了一个世界蕨类植物分类系统（不包括石松类）。在他们的系统框架中，一些基于传统分类学特征定义的目和科被拆分、归并或重新组合，同时整个蕨类分类系统分为薄囊蕨类、核心薄囊蕨类、水龙骨类、真水龙骨类以及真水龙骨类Ⅰ和Ⅱ6个阶元。然而这个系统中一些较为复杂的科的位置界定仍然十分模糊。

二、现代蕨类植物的分类原则

随着对蕨类植物系统发育关系的认识，世界性的蕨类分类系统也基本定型。参照Chase和Reveal在2009年发表的对陆生植物的高级分类阶元系统和被子植物APG系统，Christenhusz等在2011年提出了一个新的世界石松类和蕨类植物线性分类系统。该系统涵盖了现存的1万余种石松类和蕨类，具体划分为5亚纲14目50科及12亚科260～280属。该系统得到了许多专家学者的支持，按照该分类系统，张宪春等在2013年完整地提出中国现代石松类和蕨类分类系统，包含5亚纲14目39科及12亚科140余属2300多种植物。

中国现代石松类和蕨类的5亚纲分别是石松亚纲（Lycopodiidae）、木贼亚纲（Equisetidae）、瓶尔小草亚纲（Ophioglossidae）、合囊蕨亚纲（Marattiidae）和水龙骨亚纲

（Polypodiidae）。其中第一亚纲属石松类，后 4 亚纲属蕨类。

第四节　蕨类植物的分类

一、中国蕨类植物的分类目录

石松类 Lycophytes

纲：有胚植物纲 Embryopsida

亚纲：Ⅰ. 石松亚纲 Lycopodiidae

目：A. 石松目 Lycopodiales

1. 石松科 Lycopodiaceae

目：B. 水韭目 Isoetales

2. 水韭科 Isoetaceae

目：C. 卷柏目 Selaginellales

3. 卷柏科 Selaginellaceae

蕨类 Ferns

纲：有胚植物纲 Embryopsida

亚纲：Ⅱ. 木贼亚纲 Equisetidae

目：D. 木贼目 Equisetales

4. 木贼科 Equisetaceae

亚纲：Ⅲ. 瓶尔小草亚纲 Ophioglossidae

目：E. 瓶尔小草目 Ophioglossales

5. 瓶尔小草科 Ophioglossaceae

目：F. 松叶蕨目 Psilotales

6. 松叶蕨科 Psilotaceae

亚纲：Ⅳ. 合囊蕨亚纲 Marattiidae

目：G. 合囊蕨目 Marattiales

7. 合囊蕨科 Marattiaceae

亚纲：V. 水龙骨亚纲 Polypodiidae

目：H. 紫萁目 Osmundales

8. 紫萁科 Osmundaceae

目：Ⅰ. 膜蕨目 Hymenophyllales

9. 膜蕨科 Hymenophyllaceae

目：J. 里白目 Gleicheniales

10. 里白科 Gleicheniaceae

11. 双扇蕨科 Dipteridaceae

目：K. 莎草蕨目 Schizaeales

12. 海金沙科 Lygodiaceae

13. 莎草蕨科 Schizaeaceae
目:L. 槐叶蘋目 Salviniales
14. 蘋科 Marsileaceae
15. 槐叶蘋科 Salviniaceae
目:M. 桫椤目 Cyatheales
16. 瘤足蕨科 Plagiogyriaceae
17. 金毛狗科 Cibotiaceae
18. 桫椤科 Cyatheaceae
目:N. 水龙骨目 Polypodiales
19. 鳞始蕨科 Lindsaeaceae
20. 碗蕨科 Dennstaedtiaceae
21. 凤尾蕨科 Pteridaceae
21a. 珠蕨亚科 Cryptogrammoideae
21b. 水蕨亚科 Ceratopteridoideae
21c. 凤尾蕨亚科 Pteridoideae
21d. 碎米蕨亚科 Cheilanthoideae
21e. 书带蕨亚科 Vittarioideae
22. 冷蕨科 Cystopteridaceae
23. 轴果蕨科 Rhachidosoraceae
24. 肠蕨科 Diplaziopsidaceae
25. 铁角蕨科 Aspleniaceae
26. 金星蕨科 Thelypteridaceae
27. 岩蕨科 Woodsiaceae
28. 蹄盖蕨科 Athyriaceae
29. 实蕨科 Bolbitidaceae
30. 球子蕨科 Onocleaceae
31. 肿足蕨科 Hypodematiaceae
32. 鳞毛蕨科 Dryopteridaceae
32a. 鳞毛蕨亚科 Dryopteridoideae
32b. 舌蕨亚科 Elaphoglossoideae
33. 藤蕨科 Lomariopsidaceae
34. 肾蕨科 Nephrolepidaceae
35. 爬树蕨科 Arthropteridaceae
36. 三叉蕨科 Tectariaceae
37. 条蕨科 Oleandraceae
38. 骨碎补科 Davalliaceae
39. 水龙骨科 Polypodiaceae
39a. 剑蕨亚科 Loxogrammoideae
39b. 槲蕨亚科 Drynarioideae
39c. 鹿角蕨亚科 Platycerioideae

39d. 星蕨亚科 Microsoroideae

39e. 水龙骨亚科 Polypodioideae

二、石松类(Lycophytes)及其代表植物

石松类植物仅石松亚纲 1 亚纲。石松类植物起源古老，在最繁盛的石炭纪，既有草本的种类，也有高大的乔木，直到二叠纪，绝大多数石松类植物相继灭绝，现在遗留下的仅为草本类型。

(一) 石松(*Lycopodium clavatum*)

石松如图 9-5 所示，为石松科石松属植物。石松属全球约 400 种，广布世界各地。我国产 20 多种。

石松是多年生草本，小枝密生鳞片状叶，叶螺旋状排列，无叶舌；茎结构分为表皮、皮层和中柱三部分，中柱为编织中柱，属原生中柱；具不定根。孢子囊生于孢子叶的近叶腋处，孢子同型。成熟孢子落地后，经多年休眠才能萌发。配子体(雌雄同体)小，为不规则的块状体，全部埋在土中，有假根，无叶绿体，与特定的真菌共生。精子器和颈卵器生于配子体上并埋在组织中。精子器椭圆形，产双鞭毛精子；颈卵器颈部露出配子体外。受精时颈沟细胞和腹沟细胞解体消失，精子借助于水游入其中，与卵结合成受精卵，进一步发育成胚和孢子体，孢子体能独立生活时配子体就随即死亡。

石松全草可入药，孢子可做丸药的包衣剂、铸造工业的分型剂和照明工业的闪光剂。

(二) 中华水韭(*Isoetes sinensis*)

中华水韭为水韭科(Isoetaceae)水韭属(*Isoetes*)植物，该属植物全球约 70 种，我国产 5 种：中华水韭(*I. sinensis*)、高寒水韭(*I. hypsophila*)、云贵水韭(*I. yunguiensis*)、台湾水韭(*I. taiwanensis*)和东方水韭(*I. orientalis*)。

中华水韭为水生沉水型植物，草本，粗短块茎三裂状，偶见四裂，具原生中柱。叶线形，具叶舌，孢子囊着生于孢子叶的近轴面，有大孢子囊和小孢子囊之分，孢子异型，精子具多鞭毛。中华水韭及其雌配子体萌发如图 9-6 所示，水韭属植物生活史如图 9-7 所示。

图 9-5　石松

图 9-6　中华水韭

A. 大孢子；B. 雌配子体；C、D. 幼孢子体；E、F. 成熟植株

（三）卷柏（*Selaginella tamariscina*）

卷柏（图 9-8）为卷柏科植物，该科只有卷柏属（*Selaginella*）1 属，卷柏属全球有 600 多种，广布世界各地，热带和亚热带居多。中国约产 60 种。代表植物有卷柏、江南卷柏、翠云草等。

图 9-7　水韭属植物生活史

图 9-8　卷柏

卷柏又名九死还魂草、长生草，土生或石生，多呈垫状。与石松相比，其叶具有叶舌，叶全部交互排列，二型；茎的内部结构分为表皮、皮层和中柱三部分。皮层和中柱间有巨大的细胞间隙，一种辐射状排列的长形细胞连接皮层与中柱，这种长形细胞称为横桥细胞（trabecular cell）。卷柏的孢子囊生在孢子叶的叶腋内，每个孢子叶上着生 1 个孢子囊，孢子异型。大小孢子叶集生于枝的顶端，形成四棱形的孢子囊穗。大孢子囊通常只有 1～4 枚大孢子，小孢子囊则产生许多小孢子。卷柏的性别分化已在孢子中完成，配子体极度退化，是在孢子壁内发育的。受精卵发育成幼胚后形成幼嫩孢子体并附着在雌配子体上。

三、蕨类(Ferns)及其代表植物

蕨类包括 4 亚纲：木贼亚纲、瓶尔小草亚纲、合囊蕨亚纲和水龙骨亚纲。

（一）木贼亚纲

仅木贼科（Equisetaceae）1 科。本亚纲植物在石炭纪最为繁盛，有高大的木本，也有矮小的草本，现大多已绝迹，只有少数草本种类保存下来。

现仅存木贼属（*Equisetum*）1 属，木贼属植物全球约 25 种，中国产 10 种 3 亚种，全国广布。根据植株地上枝存活 1 年以下还是多年，木贼属可分为 2 亚属。问荆亚属植物地上枝宿存仅 1 年或更短时间，鞘齿革质，宿存，常见植物有披散木贼、问荆和犬问荆等；木贼亚属植物地上枝宿存 1 年以上，鞘齿膜质，早落，常见植物有木贼、蔺木贼、节节草及其亚种笔管草等。

本科代表植物节节草（*E. ramosissimum*），株高 20～60 cm，枝一型，主枝多在下部分枝，常形成簇生状（图 9-9）。鞘齿 5～8 个，披针形，革质但边缘膜质，上部棕色，宿存。孢子囊穗短棒状或椭圆形，顶端有小尖突，无柄。木贼亚属代表植物木贼（*E. hyemale*）如图 9-10 所示。

（二）瓶尔小草亚纲

本亚纲包括瓶尔小草科（Ophioglossaceae）和松叶蕨科（Psilotaceae）2 科。瓶尔小草科代表植物瓶尔小草（*Ophioglossum vulgatum*，图 9-11）为瓶尔小草属植物，别名独叶草、一叶草、

图 9-9　节节草

图 9-10　木贼

一支箭。根状茎短而直立，具一簇肉质粗根；叶通常单生，深埋土中，下半部为灰白色，较粗大；营养叶为卵状长圆形或狭卵形，长 4～6 cm，宽 1.5～2.4 cm，先端钝圆或急尖，基部急剧变狭并稍下延，无柄，全缘，网状脉明显；孢子叶长，较粗健，自营养叶基部生出。孢子囊 10～50 对，排成 2 列，无柄，枝裂，无盖，孢子同型，呈球形四面体。瓶尔小草全草入药，主治喉痛、白喉、口腔疾病、小儿肺炎、脘腹胀痛、毒蛇咬伤等。

图 9-11　瓶尔小草

松叶蕨科植物我国仅产 1 种，即松叶蕨（*Psilotum nudum*）。松叶蕨的孢子体分为根状茎和气生枝，具星状中柱，无真根，仅有假根，体内有共生的内生菌丝。孢子囊 3 室，由 3 个孢子囊聚集而成，具短柄，生在孢子叶的叶腋内。孢子同型，成熟孢子散发后，萌发为配子体。配子体呈不规则的圆柱状，棕色，有单细胞假根。配子体表面有颈卵器和精子器，精子多鞭毛，受精离不开水，胚的发育要有菌丝的共生。

（三）合囊蕨亚纲

本亚纲仅合囊蕨科（Marattiaceae）1 科，含 3 属：观音座莲属（*Angiopteris*）、天星蕨属（*Christensenia*）和粒囊蕨属（*Ptisana*）。该科植物在早期被称为真蕨中的厚囊蕨类植物，孢子囊壁由几层细胞组成，孢子囊较大，是由几个细胞共同起源的，内含多数同型孢子。该科植物配子体的发育需要有菌根共生，精子器埋在配子体的组织中。常见植物有福建观音座莲（*A. fokiensis*），为优良的大型观赏蕨类，形态优美，适宜于大盆栽培，也适宜于庭园花坛和绿化林带下地栽。根状茎可供药用，味淡、微甘、性凉，有疏风祛瘀、清热解毒、凉血止血、安神等功效。

（四）水龙骨亚纲

本亚纲是 5 亚纲中最大的亚纲，包括紫萁科、凤尾蕨科、鳞毛蕨科、水龙骨科等 32 科。

分类中紫萁科位于整个薄囊蕨类的基部，传统分类系统中归为原始薄囊蕨类。该类植物孢子囊壁由单层细胞构成，孢子囊由 1 个细胞发育而来，但囊柄可由多细胞发生。配子体为长心形的叶状体。紫萁科植物全球约 15 种，我国产 8 种。代表植物紫萁（*Osmunda japonica*）如图 9-12 所示，孢子体根状茎粗短，直立或斜生，外面包着宿存的叶基。叶簇生于茎的顶端，幼叶拳卷并密披绒毛，叶成熟时平展，1～2 回奇数羽状复叶。孢子叶和营养叶分开，等高，或经常稍高，羽片和小羽片均短缩，小羽片变成线形，沿中肋两侧背面密生较大的孢子囊。

图 9-12　紫萁

凤尾蕨类植物在系统进化上则处于承前启后的位置。秦仁昌 1978 年提出薄囊蕨包括狭义凤尾蕨科、铁线蕨科、中国蕨科、裸子蕨科、卤蕨科、水蕨科、竹叶蕨科、车前蕨科和书带蕨科等。除后两者外，这些类群在 1990 年均被国外的分类学家 Kramer 与 Green 作为广义凤尾蕨科。广义凤尾蕨科有着非常丰富的物种多样性，全世界约有 50 属 950 种，占整个薄囊蕨类种数的近 1/10。薄囊蕨类植物的孢子囊起源于 1 个细胞，孢子囊通常聚集成孢子囊群，着生在孢子叶的背面、边缘或特化的孢子叶边缘，囊群盖有或无，孢子少，有定数，大多数具有同型孢子。凤尾蕨科植物如图 9-13 和图 9-14 所示。

图 9-13　凤尾蕨科植物

A. 凤尾蕨（*Pteris cretica* var. *nervosa*）；B. 日本凤尾蕨（*P. nipponica*）；C. 峨眉凤丫蕨（*Coniogramme emeiensis*）；D. 凤丫蕨（*C. japonica*）；E. 野雉尾金粉蕨（*Onychium japonicum*）；F. 蜈蚣草（*Eremochloa ciliaris*）

图 9-14　凤尾蕨科植物

A. 刺齿半边旗(*Pteris dispar*);B. 肾盖铁线蕨(*Adiantum erythrochlamys*);C. 铁线蕨(*A. capillus-veneris*);D. 单盖铁线蕨(*A. monochlamys*);E. 掌叶铁线蕨(*A. pedatum*);F. 荷叶铁线蕨(*A. reniforme* var. *sinense*)

水龙骨类是核心薄囊蕨类的主要成员,处于蕨类植物演化的顶级地位,不仅数量庞大,而且形态丰富多样。铁角蕨类、蹄盖蕨类、金星蕨类、岩蕨类、鳞毛蕨类、骨碎补类和水龙骨类共同组成真水龙骨类。现存真蕨的绝大部分属水龙骨目,也是蕨类中最大的目。水龙骨科植物如图 9-15 所示。

图 9-15　水龙骨科植物

A. 槲蕨(*Drynaria roosii*);B. 鹿角蕨(*Platycerium wallichii*);C. 瓦韦(*Lepisorus thunbergianus*);D. 抱石莲(*Lepidogrammitis drymoglossoides*);E. 毡毛石韦(*Pyrrosia drakeana*);F. 中华水龙骨(*Polypodiodes chinensis*)

第五节　蕨类植物的经济价值

蕨类植物和人类的关系非常密切，除形成了煤炭的古代蕨类植物，为人类提供大量能源外，现代蕨类植物的经济价值也是多方面的。

1. 药用

我国劳动人民很早就用蕨类植物来治病。明代李时珍的《本草纲目》中记载了多种蕨类植物。到目前为止，药用的蕨类有100多种。例如：用海金沙治尿道感染、尿道结石；用卷柏外敷，治刀伤出血；用阴地蕨治小儿惊风；骨碎补能坚骨补肾、活血止痛；金毛狗脊的鳞片能止刀伤出血；槲蕨能补骨镇痛，治风湿麻木；贯众的根状茎可治虫积腹痛、流感等症，也用作除虫农药；乌蕨在民间用作治疮毒及毒蛇咬伤药等。

2. 食用

早在我国周朝初年，就有伯夷、叔齐二人采蕨于首阳山（今陕西省西安市西南）下，以蕨为食的记载，可见我国劳动人民早已开始食用蕨类了。被人们食用的种类有蕨、菜蕨、紫萁以及莲座蕨目的大部分种类。蕨的根状茎富含淀粉（称为蕨粉），它的营养价值不亚于藕粉，不但可食，还可酿酒；蕨的幼叶有特殊的清香美味，但在食前须先用米泔水或清水浸泡数日，除去其有毒成分，炒食或干制成蔬菜。美国就有很多上等餐馆，向国外购买嫩蕨叶（通常称为绿提琴头）作为高级食品以飨客。紫萁、菜蕨、水蕨等幼叶，也常常被当作蔬菜食用。

3. 工业上的原料

许多蕨类植物是工业生产上的重要原料。石松的孢子可作为冶金工业上的优良脱模剂，将孢子撒在机器铸件模具的壁上，可以防止铸液黏附在模子的壁上，使铸件的表面光滑，减少砂眼；还可在火箭、信号弹、照明弹等各种照明制造工业中，作为引起突然起火的燃料。木贼含硅质很多，可代替砂皮摩擦木器和金属器械，是极好的磨光剂。

4. 农业上的利用

有些蕨类植物是优质饲料和肥料。例如，满江红是很好的绿肥，其干重含氮量达4.65%，比苜蓿还要高，也是猪、鸭等家畜、家禽的良好饲料。蕨、里白和芒萁的叶子富含单宁质，不易腐朽，质地坚实，容易通气，用它垫厩，不但可做厩肥，还可减少厩圈病虫害的孳生；也是常绿树苗蔽荫覆盖的极好材料。

5. 指示植物

如前所述，许多蕨类植物可以作为营造和发展各种林地的指示植物。如长江以南地区要发展适宜酸性土壤的茶树和油茶等亚热带经济林木时，就可以选择天然植被中，生长芒萁、里白、狗脊蕨、半边旗、石松等蕨类的地方，作为营造林地。要寻找喜钙植物林地，可选择碎米蕨、肿足蕨、铁线蕨、肾蕨等喜钙蕨类生长的地方。又如生长有桫椤、莲座蕨、鸟巢蕨、崖姜、地耳蕨等属蕨类的地区，是热带或亚热带潮湿气候的标志。生长绵马的地区，则是亚寒带或北温带气候的标志。所以，有许多蕨类可作为气候的指示植物。

6. 观赏

很多蕨类体态优美，有观赏价值。目前在温室和庭院中广泛栽培的有肾蕨、铁线蕨、卷柏、鸟巢蕨、鹿角蕨、桫椤、槲蕨等。另外，像银粉背蕨、乌蕨、松叶蕨、千层塔、江南卷柏、翠云草、阴地蕨、乌蕨、阴石蕨、黄山鳞毛蕨、水龙骨等，都是千姿百态，为良好的观赏植物。

第六节　蕨类植物的起源和演化

一、古代蕨类举例

蕨类植物是一群古老的高等植物，化石材料显示，大概在上志留纪到中泥盆纪时已大量出现，而到二叠纪以前相继绝迹，成为古代的蕨类化石植物。在系统演化上最具有代表性的有松叶蕨亚门的莱尼蕨属、裸蕨属、星木属，石松亚门的鳞木属和封印木属，木贼亚门的芦木属等。

莱尼蕨属(*Rhynia*)在苏格兰中泥盆纪的莱尼矿区中发现的，可作为裸蕨目的典型代表。莱尼蕨属的发生可追溯到古生代的志留纪(大约距今三亿五千万年到四亿年)，到下泥盆纪时最为繁茂，在地球上分布极广，但在泥盆纪中期以后即完全绝迹。莱尼蕨属有2种：大莱尼蕨(*R. major*)，高达50 cm；莱尼蕨(*R. gwynne-vaughani*)仅约10 cm。莱尼蕨属的孢子体分为横卧的根状茎与直立的气生枝两部分，无根，仅有单细胞突出的假根。直立枝二叉分枝，光滑无叶，或在气生枝上生不定枝(adventitious branch)，茎内已具有原生中柱的分化，中柱极小，木质部由管胞构成；韧皮部只有筛管。茎的最外层为表皮，外壁具角质层，皮层厚，表皮和皮层均含叶绿体。孢子囊圆筒形，生于分枝的顶端，孢子囊壁厚，成熟时不开裂，孢子囊腐烂后，孢子才散出。孢子同型。

裸蕨属(*Psilophyton*)，此属与莱尼蕨属甚相似，也有根状茎和分叉的气生茎，无叶，在气生茎基部生有刺状突起，裸露的枝尖，有时卷曲，孢子囊位于枝的尖端，常呈成对生长并向下垂。

星木属(*Asteroxylon*)的化石也是在苏格兰中泥盆纪与莱尼蕨属相同地层中发现的，中国、德国和俄罗斯西伯利亚地区均有出现。孢子体有更高度的分化，横卧的根状茎上生具分枝的原始根，以代替假根。直立的气生枝具主轴和分枝，分枝二歧，茎上密生呈螺旋状排列的细长鳞片状突出物。这些突出物长不过3 cm，能行光合作用，与叶的机能相同，它可增加光合作用的面积，利于植物体生长和发展，鳞片无叶脉的结构。茎的解剖构造和石松属很相似，有原生中柱，木质部呈星芒状，故称放射中柱，此属因此得名；韧皮部在木质部外面；皮层分化为内、外两层，具叶迹。孢子囊着生在无叶枝的顶端。

鳞木属和封印木属同属于鳞木目。在泥盆纪已出现，到石炭纪达到了发展顶峰，而在二叠纪时完全消失。除少数为草本外，大多数为高大乔木，它们的化石在我国也有较多的发现。

鳞木属(*Lepidodendron*)植物高达30～50 m，有主干，直径2 m，二叉分枝，形成树冠。树皮极厚。枝上密生针形小叶，呈螺旋状排列。叶具叶舌，老叶脱落后，留有鳞片状的叶基，故称鳞木。茎内有形成层，具次生结构。树干基部有类似根的器官，称为根座，根座二叉分枝，其上密生小根。孢子叶穗着生在小枝的顶端，有大、小孢子囊之分，大孢子囊通常含大孢子8～16个，小孢子囊含小孢子多数。

封印木属(*Sigillaria*)植物体也为乔木，高达30 m，直径约60 cm。主干圆柱形，不分枝或仅在顶端有少数分枝。叶线形，长可达1 m，有叶舌，叶基多呈六角形。茎内有形成层，与鳞木属相似。孢子叶球大，长达15～30 cm，由大、小两种孢子叶组成。

芦木属(*Calamites*)是古代木贼亚门植物，为古代木贼亚门植物巨大类型的代表。芦木属在泥盆纪已有出现，石炭纪盛极一时，到二叠纪消失，为石炭纪时形成煤层的主要成分之一。芦木属植物高大，虽然其外貌为乔木状，但其形态结构似现代的木贼属植物。有匍匐的根状茎和直立的气生茎两部分。不定根生在根状茎节上，气生茎高 20～30 m，分为节与节间，节间长 3～8 m，节中实而节间中空，节间空腔的径达 30 cm，节上多分枝。叶细小，轮生在分枝的节上，基部联合成鞘状。茎内有形成层，故有次生构造。孢子叶集生于茎枝顶端，形成孢子叶球；孢子叶球由许多孢囊柄及苞片组成，每个孢囊柄上悬垂 2 个孢子囊。孢子同型或异型。

海尼蕨属（*Hyenia*）和古芦木属（*Calamophyton*）兼具木贼亚门和裸蕨亚门的性状，代表着由裸蕨亚门发展到木贼亚门的过渡类群。它们出现在泥盆纪，为小型灌木植物。古芦木属的孢子体茎上有节，小枝上轮生狭楔形的叶子，叶子顶端分叉。某些分枝顶上形成了疏松的孢子叶球，每个孢子叶球由许多具分叉的孢囊柄轮状排列而成，孢囊柄的顶端弯曲，各着生 1 枚大孢子囊。

二、蕨类植物的起源和演化

根据已发现的古植物化石推断，古代和现代生存的蕨类植物的共同祖先，都是距今 4 亿年前的古生代志留纪末期和下泥盆纪时出现的裸蕨植物。

裸蕨植物在下、中泥盆纪最为繁盛，在它们生存的时期里衍生出来的种类很多，形式也复杂。有不少人认为裸蕨植物可能并不代表植物界的一个自然分类单元，而是一个内容极为庞杂的大类群。近来对发现于西伯利亚寒武纪的阿登木（*Aldanophyton antiguissimum*），以及发现于澳大利亚志留纪的刺石松（*Barngwanathia longifolia*）等化石植物的研究表明，蕨类植物并不完全是起源于裸蕨植物，而可能是起源于比它们更原始的类型或是共同的祖先。

对裸蕨植物的起源问题，植物学家的意见并不一致。多数人认为，古老的裸蕨植物是起源于藻类，但也有人认为可能起源于苔藓植物。至于裸蕨植物起源于哪一类藻类植物，意见又有分歧，有人认为裸蕨起源于绿藻，主要理由是它们有相同的叶绿素，光合产物都是淀粉类物质，游动细胞具有等长鞭毛等。也有人认为裸蕨起源于褐藻，理由是褐藻植物中不但有孢子体和配子体同样发达的种类，也有孢子体比配子体发达的种类，而且褐藻植物体结构复杂，并有多细胞组成的配子囊；至于裸蕨植物起源于苔藓植物说，其理由主要是裸蕨植物孢子体有某些性状与苔藓植物中的角苔类相似，但缺乏足够证据，又难以解释二者生活史上孢子体和配子体优势的转变；也有人认为，裸蕨植物和苔藓植物都是起源于藻类，并且是平行发展而来的。

裸蕨植物远在晚志留纪或泥盆纪已经登陆生活，由于陆地的生存条件复杂多样，这些植物为适应多变的生活环境而不断向前分化和发展。在漫长的历史过程中，它们是沿着石松类、木贼类和真蕨类三条路线进行演化和发展的。

石松植物是蕨类植物中最古老的一个类群，在下泥盆纪就已出现，中泥盆纪时，木本类型已分布很广，到石炭纪为极盛时代，二叠纪则逐渐衰退，而今只留下少数草本类型。其最原始的代表植物，是发现于大洋洲志留纪地层中的刺石松，茎二叉分枝，具星芒状原生中柱，密被螺旋状排列的细长拟叶，每一拟叶具一个简单的叶脉，孢子同型。这些特征很像裸蕨植物的星木属植物，但是，它的孢子囊着生的位置是在各拟叶之间或近拟叶的基部，而不像真正裸蕨植物那样生在枝的顶端，这可能由于载孢子囊的枝轴部分缩短，并趋于消失，因而孢子囊从顶生的位置转移到侧生位置。由此推测出具有侧生位置的孢子囊特征的石松类植物，是由裸蕨植物起源的，而刺石松是裸蕨植物和典型的石松类植物之间的过渡类型。

现代生存的松叶蕨目植物没有根的结构，甚至在其胚的发育阶段，也没有任何根的性状，由此可见，它们先前从来就未曾有过根，所以根的缺失现象是原始性状，并非退化的结果。很多植物家认为它们是裸蕨植物的后裔。但是，松叶蕨迄今尚未发现过有化石的代表，虽然它有极大的原始性，但是其顶枝起源的叶器官和孢子囊合成为聚囊现象，显然与裸蕨植物不同，故难以断定它们的亲缘关系。

木贼类植物出现在泥盆纪，最古老的木贼植物是泥盆纪地层中的叉叶属（海尼蕨属）和古芦木属，为本亚门的最好代表。其特征与裸蕨类及与木贼属均相似，被认为是裸蕨植物与典型的木贼植物之间的过渡类型。

真蕨植物最早出现在中泥盆纪。这些古生代的真蕨类化石与其他蕨类很不一样，所以被归为原始蕨类。它的孢子囊长形，囊壁厚，纵向开裂或顶上孔裂。重要的代表有我国云南省发现的泥盆纪小原始蕨（*Protopteridium minutum*）以及发现于中泥盆纪的古蕨属（*Archaeopteris*）等。

小原始蕨是具有一种合轴分枝的小植物，侧枝的末端扁化成二叉分枝的叶片状，孢子囊着生在具有维管束的小侧枝顶上。古蕨属具有大型、二回羽状的真蕨形叶子，在一个平面上排列着小羽片，孢子囊着生在小羽片轴上，孢子异型。这些植物在体形上很可能代表介于裸蕨类和真蕨类之间的类型。古蕨属的发现，加强了真蕨纲和裸子植物纲之间在系统发育上的联系。许多人认为，最早的裸子植物是通过古蕨这一途径发展出来的。在久远的地质年代中，这些古代的真蕨植物到二叠纪时大多数已经灭绝。在三叠纪和侏罗纪时，又演化发展了一系列的新类群。

现代生存的真蕨植物多数具有大型的叶，有叶隙，茎多为不发达的根状茎，孢子囊聚集成孢子囊群，生在羽片的下面或边缘，绝大多数是中生代初期发展出的类型。

思考与探索

1. 区别下列各组名词：

小型叶与大型叶；孢子叶与营养叶；同型叶与异型叶。

2. 维管植物中柱的类型有哪些？各有什么结构特征？

3. 蕨类植物有哪些典型特征？

4. 中国蕨类植物的分类系统可以分为几亚纲？包括哪些科？

第四篇

种 子 植 物

第十章

种子植物的营养器官

在种子植物个体发育过程中，组织按照一定的排列方式构成植物的结构（根、茎、叶、花、果实和种子）。这些在外形上具有显著形态特征和特定功能，易于区分的部位称为器官（organ）。其中，根、茎、叶与植物营养物质的吸收、合成、运输和储藏有关，称为营养器官（vegetative organ）；花、果实、种子与植物产生后代有直接关系，称为繁殖器官（reproductive organ）。植物各种器官在形态结构和生理功能上紧密联系、互相影响。植物器官所担负的生理功能不同，其形态结构也不同，表现出形态结构与生理功能的统一。植物不能脱离环境而生存，它们不断地从环境中获取生活必需的物质。在长期适应过程中，植物受到环境深刻的影响。植物各器官的形态结构和生理功能不断地趋于完善。同样，植物的生命活动又对周围环境产生重要的作用。营养器官是构成植物体的主要部分，其生存期与个体的生命同始终，而繁殖器官只出现在植物的生殖时期。本章将介绍种子植物营养器官的生理功能、形态结构及其生长发育过程。

第一节　根

根（root）是植物在长期演化过程中，适应陆生生活环境逐渐发展和完善的营养器官。大多数种子植物和蕨类植物有根。根是植物体轴较低的部分。除少数植物的气生根生长在空气中外，多数植物的根生长在土壤里，具有向地、向湿和背光的特性，与土壤进行着物质与能量的交换。根将植物体固着在土壤中，并把从土壤中吸收的水分和矿物质运输到地上部分。根是植物生长的基础。

一、正常根的形态

根是植物在长期适应陆生生活过程中发展起来的器官，其外形一般呈圆柱形或圆锥形，在土壤中生长，愈向下愈细，并向四周分枝，形成复杂的根系。根由于生长在地下，细胞中不含叶绿体，也无节和节间之分，一般不生芽、叶和花。

（一）根的种类

（1）按来源分类　按来源不同，根可分为主根和侧根两大类（图 10-1）。种子植物的种子萌发时，胚根最先突破种皮，并向下生长，这种由胚根细胞分裂和伸长所形成的垂直向下生长的根，称为主根（main root）。主根是植物最早出现的根，又称为初生根（primary root）。当主根生长到一定长度，在一定部位上侧向地从内部生出许多分枝，称为侧根（lateral root），侧根与主根生长成一定角度。侧根长到一定长度时又可分枝生出新的侧根，反复分枝，越老的侧根

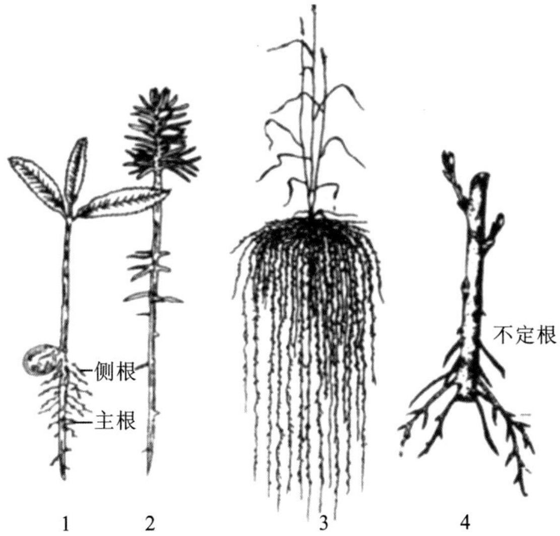

图 10-1　根的种类与根系的类型

A. 直根系；B. 须根系

1. 麻栎；2. 马尾松；3. 小麦；4. 柳树

越靠近根基部，即根、茎相接的地方，而越幼嫩的侧根越靠近根尖。因此，侧根又分为一级侧根或次生根（secondary root）、二级侧根或三生根（tertiary root），以此类推。

（2）按发生部位分类　按根的发生部位，根可分为定根和不定根两大类（图 10-1）。定根（normal root）是从植物体固定部位长出来的根，有主根和侧根两种。有许多植物除产生定根外，从茎、叶、老根和胚轴上也能产生根，这些根的发生位置不固定，称为不定根（adventitious root）。不定根的功能和结构与定根相似，并也能产生分枝。植物产生不定根的特性常被利用来进行扦插、压条等营养繁殖。

（二）根系的类型

一株植物地下部分根的总体称为根系（root system）。定根和不定根均可形成根系。按其形态不同，根系可分为直根系（tap root system）和须根系（fibrous root system）两种（图 10-1）。能明显区别主根和侧根的根系称为直根系。大多数双子叶植物和裸子植物，主根明显粗于侧根，是直根系。须根系主要由不定根及其侧根组成。主根不发达，根系中各条根的粗细差不多，呈丛生状态。单子叶植物多为须根系。

二、根系在土壤中的生长和分布

根系在土壤中的分布状况和发展程度直接关系到地上部分的生长发育。所有植物地上部分必需的水分和矿质养料几乎完全依赖根系供给。根系的生长分布与植株地上部分生长发育有一定相关性，即根系的吸收表面积与地上部分光合作用总面积之间维系着一定的平衡关系。事实上，植物根系的发展远远大于地上部分的发展，植物根系和土壤接触的总面积通常达到茎叶面积的 5～15 倍。各种植物的根系在土壤中分布的深度和宽度，与植物的种类、土壤条件有关，因此直根系并不都是深根系（deep root system），须根系也并不都是浅根系（shallow root system）。

(一) 根系在土壤中生长因植物种类而不同

植物在土壤中生长,一方面向下深入,一方面向水平方向扩展。深入和扩展的情况因植物种类而不同。有的植物垂直向下生长占优势,有的植物向水平方向扩展占优势。一般来说,双子叶植物的根系以垂直向下生长为主,分布在较深层的土壤中,称为深根系;单子叶植物的根系,以水平方向的生长占优势,因此分布在较浅层土壤中,称为浅根系。在生产上,直根系植物可适当深施肥,须根系植物可以适当浅施肥。两种不同作物的间作或套作,也应考虑二者根系在土壤中的分布状况。实践证明,大豆等直根系作物与玉米等须根系作物间作,可达到增产、改善土壤结构、提高土壤肥力的效果。

(二) 根系在土壤中生长因环境条件而不同

由于环境条件的改变,直根系可以分布在土壤浅层,须根系也可以深入土壤深处。土层的深浅、通气状况、水肥、温度和光照等环境条件,对根的生长影响很大。同一种植物如果生长在土层较深、通气良好、地下水位低、土壤肥沃、光照充足的土壤中,则根系比较发达,可深入较深的土层;反之,则根系不发达,多分布在较浅的土层。因此,深耕改土,结合合理施肥,可以为根系发育创造良好条件。根的生长同时还受人为因素的影响,如幼苗期的水肥灌溉、苗木的移植以及扦插和压条繁殖,易形成浅根系;种子繁殖、深耕多肥,易形成深根系。因此,在农林业生产上,应掌握各种植物根系的特性,为根系创造良好的环境,促使根系健全发育,为地上部分的繁茂和稳产高产打下良好基础。移植时,必须注意保护根系,如根系受伤,就应当剪去一部分枝叶,以减少水分蒸腾,保证移栽成功。

三、变态根的类型

器官的形态、结构因生理机能的改变而发生的可遗传的适应性变化,称为变态(modification),发生变态的器官称为变态器官(abnormal organ)。植物营养器官的变态是其长期适应环境的结果。这种变态与病理的或偶然的变化不一样,是健康的、正常的现象。根的变态主要有以下几种类型。

(一) 储藏根

储藏根(storage root)主要是适应储藏大量营养物质的需要,其根常肉质化,在农业生产中常作为收获器官。有的还可作为再生产用的"种子",如胡萝卜、甘薯、木薯、何首乌等。储藏根是越冬植物的一种适应,所储藏的养料可供植物生长发育所需,使根能抽出枝、叶并开花结果。根据来源可分为肉质直根(fleshy tap root)和块根(root tuber)两种类型(图 10-2)。

肉质直根由主根发育而成,一株上仅有一个肉质直根,并包括下胚轴和节间极短的茎,其中,肥大呈圆锥状的,如胡萝卜、白芷、桔梗等;肥大呈圆柱状的,如萝卜、菘蓝、丹参等;肥大呈球状的,如芜菁的根。肉质直根的上部由下胚轴发育而成,这部分没有侧根发生。下部由主根基部发育而成,具有二或四纵列侧根。块根由不定根和侧根发育而成,一株上可形成多个块根,不包括下胚轴和茎的部分,如甘薯、木薯、大丽花等。甘薯、大丽花等的块根能产生不定芽,可进行营养繁殖。

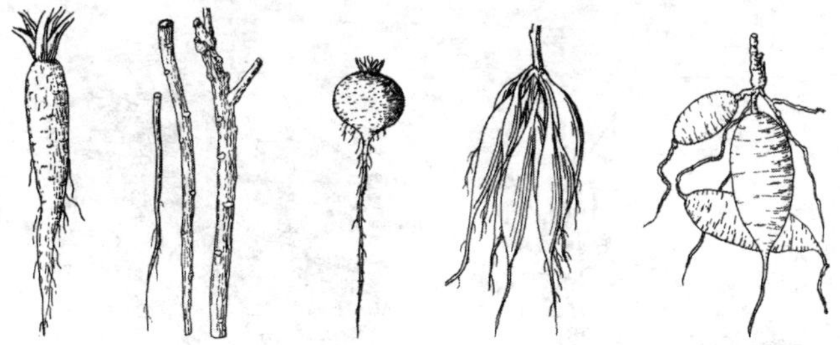

图 10-2　储藏根(引自张浩等)

A. 圆锥根；B. 圆柱根；C. 圆球根；D. 块根(纺锤状)；E. 块根(块状)

(二) 气生根

凡露出地面、生长在空气中的根均称为气生根(aerial root)。气生根因所担负的生理功能不同可分为支柱根、攀援根和呼吸根。

(1) 支柱根(prop root)　支柱根指从靠近地面的茎节上产生许多不定根，并向下伸入土壤中，形成支持植物体的辅助根，如玉米、甘蔗、高粱等茎节或榕树枝上产生的不定根(图 10-3)。玉米的支柱根除具有支持作用外，还可以从土壤中吸收水分和无机盐。培土和施肥可促进不定根发生。

(2) 呼吸根(respiratory root)　生长在沼泽或热带海滩地带的植物可产生一些垂直向上生长、伸出地面的呼吸根，如水松、红树等(图 10-3)。呼吸根组织疏松，适宜于输送和储存空气，以利于根进行呼吸。

(3) 攀援根(climbing root)　攀援植物在其地上茎干生出不定根，以使植物能攀附于石壁、墙壁、树干或其他物体表面上，这种根称为攀援根，如常春藤、络石、凌霄等(图 10-3)。

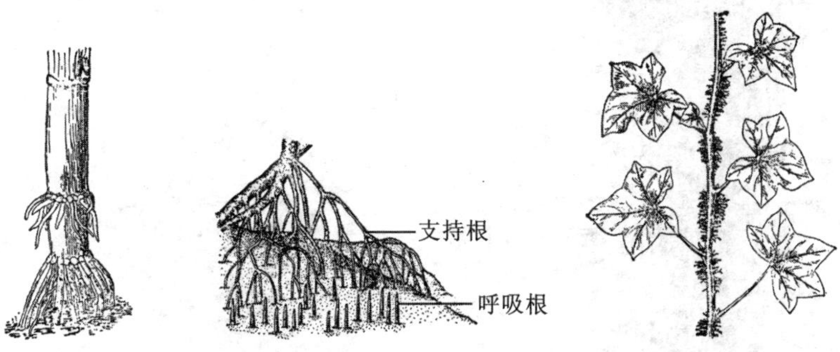

图 10-3　气生根

A. 支柱根(玉米)；B. 支柱根和呼吸根(红树)；C. 攀缘根(常春藤)

(三) 寄生根

一些植物营寄生生活，其茎上生长不定根，可以伸入寄主体内，与寄主维管组织相连通，吸取寄主的有机养料和水分，供其自身生长发育需要，如菟丝子、列当的寄生根(parasitic root)，图 10-4。

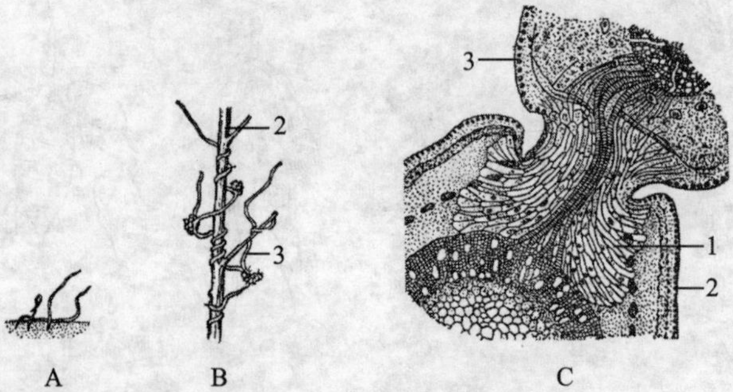

图 10-4 寄生根(引自傅承新等)

A. 菟丝子的幼苗;B. 菟丝子寄生在柳树上;C. 菟丝子的寄生根伸入寄主茎内的横切面

1. 寄生根;2. 寄主的茎;3. 菟丝子的茎

四、根尖结构及其生长动态

植物许多根可以一直生长,只有在低温、干旱等恶劣条件下才会停止生长。根尖(root top)是根的尖端幼嫩部分,即从根顶端到着生根毛的部分,它是根中生命活动最旺盛、最重要的部分。定根(主根、侧根)和不定根都具有根尖。根尖是根进行吸收、合成、分泌等作用的主要部位。因此,根尖的损伤会直接影响到根的生长和发育。根尖根据各部位细胞的形态结构和生理功能不同,通常分为四个区(图 10-5),即根冠(root cap)、分生区(meristematic zone)、

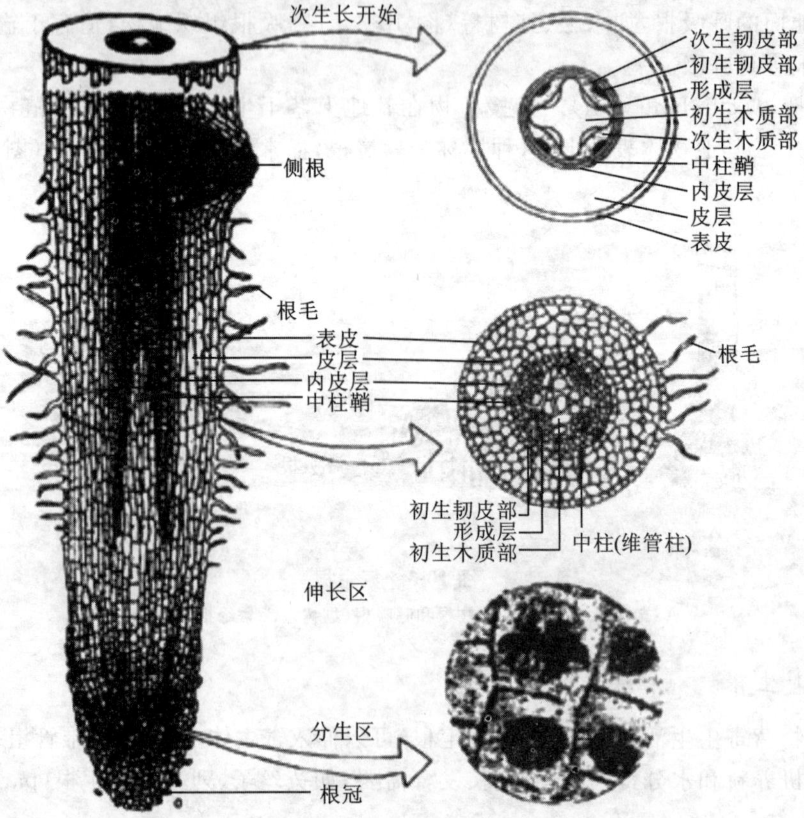

图 10-5 双子叶植物幼根的纵切面(左)和横切面(右)的图解

伸长区(elongation zone)和成熟区(maturation zone),总长 1～5 cm。除根冠外,各区之间并无严格界限,每一区的细胞经过发育形成下一区的形态结构,各区的特点依植物种类不同而有一定区别。

(一) 根冠

根冠位于根尖的最尖端,它是由根冠分生细胞、根冠中央细胞和根冠外部细胞组成的一个保护根尖的帽状结构,覆盖在分生区之外,保护着幼嫩分生组织。当根向土层深处生长时,根冠使分生组织不至于被土壤中细砂石所磨损。同时,根冠外部细胞可产生、分泌大量黏液,使根在生长过程中容易深入土层。黏液是一种水合多糖,含有糖类、有机酸类、维生素类、酶类和氨基酸类。1 g 根每天可分泌 100 mg 黏液,黏液可保护根尖分生区免受损伤、防止根尖干燥、抑制其他植物根生长、增加根的润滑作用、促进水和矿物质吸收。根冠细胞在根生长时,由于与土壤的摩擦,外部细胞不断脱落,而里面的分生组织细胞不断地进行细胞分裂补充到根冠中,使根冠始终保持一定的厚度。

(二) 分生区

分生区位于根冠内方,大约长 1 mm,由顶端分生组织构成,在植物的一生中始终保持分裂能力,根的其他结构都由分生区细胞分裂产生,所以分生区又称为生长锥或生长点(growing point)。分生区由原分生组织和初生分生组织组成。原分生组织位于最前端,细胞分化较少,在原分生组织的最前端有一团细胞,其分裂的频率明显低于周围的细胞,这一区域称为不活动中心(quiescent center)。初生分生组织位于原分生组织的上方,细胞已出现初步的分化,根据细胞的形状、大小及液泡化程度的不同,将其划分为原表皮、基本分生组织和原形成层三部分。原表皮以后发育成表皮;原形成层位于中央,以后发育成维管柱;基本分生组织位于原形成层和原表皮之间,以后发育成皮层。

(三) 伸长区

伸长区位于分生区和成熟区之间,是分生区分裂产生的细胞逐渐生长和分化形成各种成熟组织的过渡区。其显著特点是细胞沿根的长轴方向迅速伸长生长,是根部伸长的主要动力,使根尖不断向土壤推进,使根不断转移到新环境,吸取更多营养物质;同时,液泡化程度提高,并逐渐分化出不同的组织。

(四) 成熟区

成熟区位于根尖最上方,细胞已停止生长,并且多已分化成熟,形成筛管、导管以及薄壁细胞等各类成熟组织,构成了根的初生结构。由外形上来看,成熟区外部密生根毛,因此又称根毛区(root hair zone)。根毛由表皮细胞外壁向外突出形成的盲管状结构,长 0.5～10 mm,是根特有的结构。根毛的细胞壁被有一层很薄的角质层,细胞壁薄且较柔软,易与土粒紧密结合,能有效地吸收土壤中的水分和有机养料。根毛能分泌酸类物质,溶解土壤中难以溶解的物质以利于根的吸收。根毛的数量因植物种类而异,如玉米根尖成熟区每平方毫米可有 230 条根毛,而豌豆为 420 条。同时根毛对外界环境的变化非常敏感,在湿润环境中,根毛数量多;在淹水情况下,根毛很少或不发育;在干旱环境中,根毛难以发育,甚至萎蔫与枯死。根毛的寿命很短,一般只有几天或十几天,但由于伸长区后端的表皮细胞不断产生新根毛来补充代替死亡的根毛，所以根毛区始终保持一定的长度。伸长区和根毛区是吸收作用最强的部位，而失去根毛的成熟区，其主要功能则是输导和支持。

在农业、林业、园艺生产中，对苗木的移栽经常会损伤根尖和根毛，引起水分吸收能力的急剧下降。因此，苗木移栽后要充分灌溉和修剪部分枝叶，以减少蒸腾，防止苗木因过度失水而死亡。

五、根的初生生长和初生结构

根尖的成熟区已分化形成各种成熟组织，这些成熟组织是由顶端分生组织细胞分裂产生的细胞经生长分化形成的结构，称为根的初生结构(primary structure)，这种由顶端分生组织活动所进行的生长称为初生生长(primary growth)。由于在横切面上能较好地显示各部分的空间位置、所占比例及细胞核组织特征，所以研究各种器官的构造、生长动态时常选用横切面。

(一) 双子叶植物根的初生结构

通过根尖的成熟区作横切面，可以看到根的初生结构由外至内可分为表皮(epidermis)、皮层(cortex)和维管柱(vascular cylinder)三部分(图 10-6)。

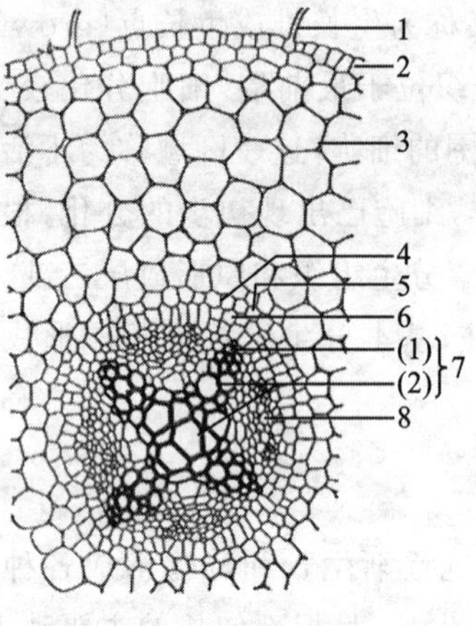

图 10-6 双子叶植物(棉花)根的初生结构横切面

1. 根毛；2. 表皮；3. 皮层薄壁组织；4. 凯氏点；5. 内皮层；6. 中柱鞘；7. 初生木质部((1)原生木质部；(2)后生木质部)；8. 初生韧皮部

1. 表皮

表皮是根最外面的一层细胞，细胞排列紧密，无细胞间隙，细胞壁薄，角质化不明显，富有通透性，不具气孔。表皮的一部分外壁突起形成根毛，扩大了根的吸收面积，这些特点对于保证水分和水溶性物质内渗有重要的意义。因此，幼根具根毛的表皮主要起吸收作用，而不是保护作用。

生长在热带的兰科、天南星科植物的气生根上可以看到由几层细胞构成的根被(velamen)，即复表皮。根被由表皮原始细胞衍生，是一种保护组织，可以减少气生根水分的丧失。

2. 皮层

表皮之内是皮层，由基本分生组织发育而成，为多层薄壁细胞所组成。皮层在横切面上占有较大的宽度。细胞间排列疏松，细胞壁薄，具有细胞间隙。皮层是水分和溶质从根毛到维管柱的横向输导途径，又是储藏营养物质的场所和通气的部分。一些水生植物和湿生植物还在皮层中发育出气腔、通气道等。皮层一般分为外皮层(hypodermis)、皮层薄壁组织(parenchyma)和内皮层(endodermis)。

(1) 外皮层为紧接表皮的一至几层细胞，形状较小，排列整齐而紧密。当根毛枯死、表皮破坏后，外皮层细胞壁增厚并木栓化，代替表皮起保护作用。

(2) 皮层的绝大部分是皮层薄壁组织，细胞体积大，排列疏松，有较大的细胞间隙，是根进行合成、分泌、储藏和横向运输的主要部位。

(3) 内皮层是皮层最内一层形态、结构和功能都较特殊的细胞，细胞紧密排列成一圈，没有细胞间隙(图 10-7)。其细胞的径向壁(两侧的细胞壁)和横向壁(上、下的细胞壁)上有一条木质化或木栓化的带状增厚结构,称为凯氏带(Casparian strip),是德国植物学家凯斯伯里(Caspary R.)于 1865 年首次发现的。在横切面的径向壁上则呈现点状增厚,称为凯氏点(Casparian dots)。凯氏带形成后,与内皮层细胞的质膜紧密相连,使根对物质的吸收具有选择性。这是因为由根毛吸收的水分和矿物质,不能从质外体透过内皮层,而必须经过内皮层细胞具选择性的质膜,经共质体路线进入维管柱。如果没有凯氏带,任何有害物质都可以通过质外体途径经过内皮层进入木质部,并通过木质部运输到植物体的各个部位,这显然对植物是不利的。此外,凯氏带还能防止维管柱内的营养物质向外扩散。

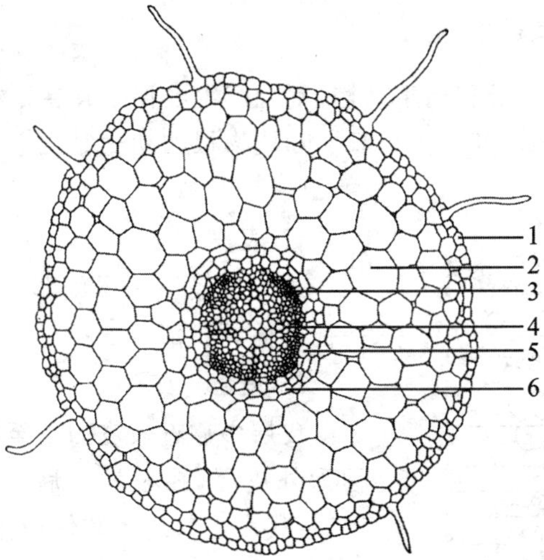

图 10-7　绿豆幼根横切(引自赵建成等)

1. 表皮;2. 皮层;3. 初生韧皮部;4. 初生木质部;5. 中柱鞘;6. 内皮层

多数单子叶植物的内皮层细胞,其横向壁、径向壁以及内切向壁全部增厚形成五面增厚的细胞,只有少数正对着木质部的内皮层细胞其壁不增厚,这种细胞称为通道细胞(passage cell)。它是皮层与维管柱之间物质交流的通道。

3. 维管柱

维管柱也称为中柱,是皮层以内所有组织的统称,由原形成层分化而来,是根中进行物质运输的主要部位,包括中柱鞘(pericycle)、初生木质部(primary xylem)、初生韧皮部(primary phloem)以及薄壁组织等部分。

(1) 中柱鞘由维管柱最外面的一层或几层薄壁细胞所组成,紧接内皮层,具有潜在的分裂能力,在特定的生长阶段和适当的条件下,它可以脱分化转变为分生组织,形成侧根、不定根、不定芽、部分维管形成层以及木栓形成层。

(2) 初生木质部主要由导管、管胞、木薄壁细胞和木纤维组成。它们在维管束中排列成束,在横切面上呈星芒状,其辐射棱角称为木质部脊(xylem ridge)。脊的多少在各类植物相对稳定,如萝卜、甜菜有两个脊,称为二原型木质部。相应地,蚕豆为四原型;棉花为五原型;玉米、小麦木质部脊数目较多,一般有十多个,称为多原型。

初生木质部的分化、成熟过程是由外向内进行的,这种发育方式称为外始式(exarch),即紧邻中柱鞘、位于辐射角外方的细胞先发育成熟，称为原生木质部(protoxylem)，而靠近中央细胞后发育成熟的，称为后生木质部(metaxylem)。初生木质部的这种发育方式与根的吸收和输导功能相适应。

(3) 初生韧皮部主要由筛管、伴胞、韧皮纤维和韧皮薄壁细胞组成，也是排列成束，位于木质部脊之间，与初生木质部相间排列，所以又总称为"辐射维管束"。初生韧皮部的发育方式与初生木质部一样，也属于外始式，在外方的为原生韧皮部(protophloem)，在内方的为后生韧皮部(metaphloem)。

在木质部与韧皮部之间为薄壁细胞，在根生长过程中，它们可以转变为形成层。多数单子叶植物根的中部为薄壁细胞或厚壁细胞，称为髓(pith)，双子叶植物一般无髓。

(二) 单子叶植物根的结构

单子叶植物只有初生生长和初生结构，不能产生维管形成层和木栓形成层，因而不能进行次生生长，不产生次生结构。其结构与双子叶植物根的初生结构基本相似，也分为表皮、皮层和维管柱三部分(图 10-8)。

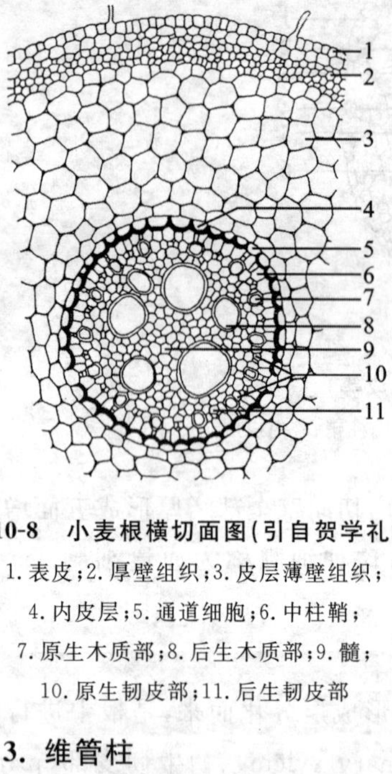

图 10-8　小麦根横切面图(引自贺学礼等)

1. 表皮；2. 厚壁组织；3. 皮层薄壁组织；4. 内皮层；5. 通道细胞；6. 中柱鞘；7. 原生木质部；8. 后生木质部；9. 髓；10. 原生韧皮部；11. 后生韧皮部

1. 表皮

表皮为最外一层细胞，寿命较短，当根毛枯死后，往往解体而脱落。

2. 皮层

皮层中靠近表皮的一至数层细胞较小，排列紧密，称为外皮层，在根发育后期，常形成木栓化的厚壁组织，替代表皮起支持和保护作用。

外皮层内侧为大量的皮层薄壁组织，细胞排列疏松，细胞间隙明显，特别是水稻等湿生植物，其老根有明显的气腔，可认为是适应淹水条件的一种有利结构。

皮层最内一层细胞为内皮层，在根的发育后期其细胞壁具有显著的五面增厚，只有外切向壁不增厚，在横切面上呈马蹄形。正对着原生木质部的内皮层细胞，其壁不增厚，称为通道细胞，是根吸收水分和无机盐进入维管柱的主要通道。

3. 维管柱

维管柱最外的一层薄壁细胞为中柱鞘细胞，最初是薄壁细胞，到发育后期细胞壁增厚并木质化而成为厚壁组织，产生侧根的能力减弱。初生木质部与初生韧皮部呈相间排列，初生木质部一般为多原型，如韭菜 4～5 束，水稻 6～10 束，玉米 12 束，小麦 7～8 束等。初生木质部与初生韧皮部的分化成熟方式均为外始式。位于初生木质部与初生韧皮部之间的薄壁细胞，在根的发育后期转变为厚壁组织，增强根的支持能力。维管柱的中央常被薄壁细胞占据，称为髓，在发育后期也转变为木化的厚壁组织，增加机械支持力。在水稻、小麦的种子根中，其维管柱中央常被 1～2 个大型后生木质部的导管占据，故无髓。

(三) 侧根的形成

主根、侧根和不定根所产生的支根统称为侧根。侧根是植物根系的重要组成部分，它使根系在适宜条件下可以不断地向新的土壤延伸,从而扩大了吸收范围和面积,对养分吸收、锚定植株以及根际共生系统的建立起着关键作用。根系的总表面积、根和根毛所占据的土壤体积与根系的吸收能力呈正相关。侧根的形成使根系所处土壤环境经常更新,同时加强了固着、支持和输导等能力。

不同植物侧根发生位置不同,但都是内起源(endogenous origin)方式发生,即通常由母根中柱鞘的一部分细胞经脱分化、恢复分裂能力形成。侧根发生时,中柱鞘的某些细胞恢复分裂能力,最初的几次分裂是平周分裂,继而向各个方向分裂,结果形成向皮层方向生长的突起,即侧根原基(root primordium)。侧根原基细胞经分裂、生长,逐渐分化形成生长锥和根冠,生长锥细胞继续进行分裂、生长和分化,并以根冠为先导向外推进,先后突破皮层和表皮而出,形成侧根。由于侧根起源于中柱鞘,其木质部和韧皮部与主根的维管组织直接相连,因而形成了一个连续的维管系统(图 10-9)。

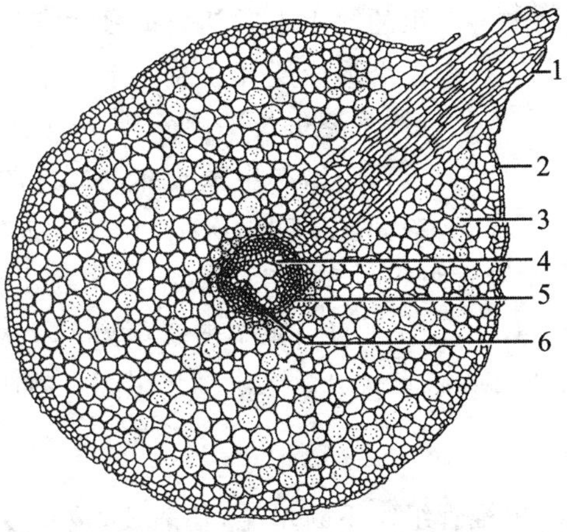

图 10-9 侧根的形成

1. 侧根(起源于中柱鞘);2. 表皮;3. 皮层;4. 维管柱;5. 内皮层;6. 中柱鞘

侧根在母根上的发生部位与母根的初生木质部的类型有关:在同一种植物中是稳定的。一般来说,二原型的根,侧根发生于原生木质部与原生韧皮部之间,如萝卜、胡萝卜的侧根;在三原型和四原型的根中,侧根在正对着原生木质部的位置发生,如棉花、蚕豆的侧根;在多原型(5 束以上木质部)根中,侧根在正对着原生韧皮部或原生木质部的位置发生,如水稻、小麦的侧根。由于侧根的位置一定,所以在母根的表面,侧根常较有规律地纵向排列成行。

侧根的解剖结构与主根相同。侧根与主根有着密切的联系,切断主根能促进侧根的产生和生长。因此,在农林、园艺生产上常利用此特性,在移苗时切去主根,以促进更多侧根的产生,以保证植株根系的旺盛发育,从而使整个植株能更好地生长。

六、根的次生生长和次生结构

一年生双子叶植物和大多数单子叶植物的根,通过初生生长完成了它们的一生。但是,大多数双子叶植物和裸子植物的根,在生长过程中产生次生分生组织,由次生分生组织产生的细胞经生长分化形成的结构,叫做次生结构(secondary structure)。形成次生结构的生长过程叫做次生生长(secondary growth),是由侧生分生组织——维管形成层(vascular cambium)和木栓形成层(cork cambium)共同活动的结果。根的次生结构包括次生维管组织和次生保护组织

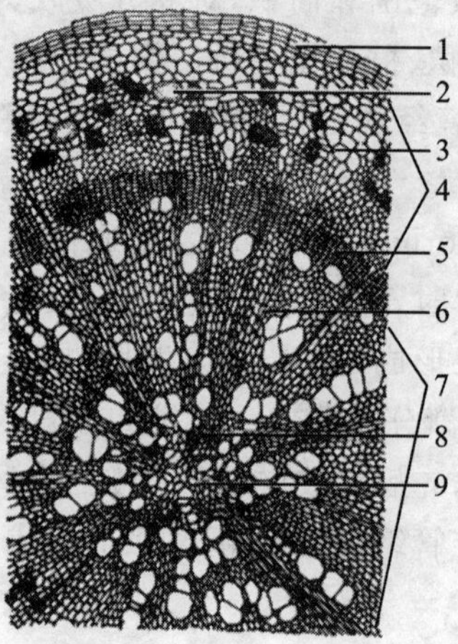

图 10-10　棉花老根的次生结构

1. 周皮；2. 分泌腔；3. 韧皮纤维；4. 韧皮部；5. 形成层；6. 木质纤维；7. 次生木质部；8. 原生木质部；9. 后生木质部

(周皮)两部分(图 10-10)。

(一) 次生维管组织

次生维管组织由维管形成层产生。维管形成层是一种次生分生组织，它形成时，首先初生木质部与初生韧皮部之间的薄壁细胞恢复分裂能力，成为维管形成层。最初的维管形成层是条状的，以后逐渐向两侧扩展，直到初生木质部脊处，在该处和中柱鞘相接。此时这些部位的中柱鞘细胞也恢复分裂能力，参与了维管形成层的形成。至此，条状的维管形成层彼此相衔接，成为完整、连续的波状形成层环(cambium ring)。在维管形成层的活动中，位于韧皮部内侧的维管形成层部分，由于形成早，分裂快，所产生的次生木质部数量多，把凹陷处的形成环向外推移，使整个形成层环成为一个完整的圆形。维管形成层形成以后，主要进行平周分裂(periclinal division)，向内形成的木质部叫做次生木质部，加在初生木质部的外方。向外形成的韧皮部叫做次生韧皮部，加在初生韧皮部的内方。次生木质部和次生韧皮部合称次生维管组织。在次生维管组织中还出现了径向排列的薄壁细胞，叫做维管射线(vascular ray)，位于木质部的叫做木射线(xylem ray)，位于韧皮部的叫做韧皮射线(phloem ray)。射线是横向运输的通道。次生维管组织不断产生，使根不断加粗。

(二) 次生保护组织

随着次生生长的进行，次生维管组织不断增生，使表皮、皮层受挤而破坏。根就产生新的保护组织，即次生保护组织，起保护作用。在根产生次生保护组织时，最先是中柱鞘细胞恢复分裂能力，成为木栓形成层(phellogen 或 cork cambium)。木栓形成层进行切向分裂，向外形成大量的木栓层细胞，向内形成少量的薄壁细胞，即栓内层(phelloderm)。木栓层(phellem 或 cork)、木栓形成层和栓内层合在一起叫做周皮(图 10-11)。周皮是次生保护组织，在根加粗

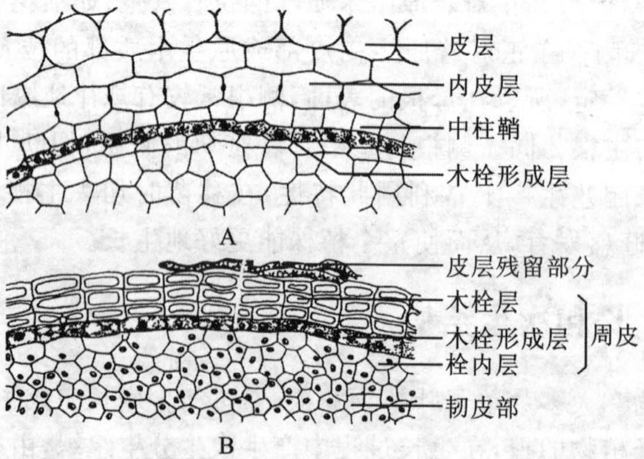

图 10-11　木栓形成层及其相关结构(引自贺学礼等)

A. 葡萄根中的木栓形成层由中柱鞘发生；B. 橡胶树根中的木栓形成层活动产生周皮

后，代替表皮起保护作用。木栓细胞成熟时细胞壁栓质化，原生质体解体消失。由于木栓不透水、不透气，使外方的组织(如内皮层、皮层等)因营养断绝而死亡脱落。最早的木栓形成层起源于中柱鞘，木栓形成层过一段时间后即停止活动，以后再产生新的木栓形成层，新的木栓形成层发生的位置逐渐内移，最后可深达次生韧皮部的外方。

七、根瘤和菌根

植物的根系分布于土壤中，与土壤内根际微生物(rhizosphere microbe)，如细菌、真菌、放线菌等有密切关系。植物根的分泌物能影响根际微生物的组成和多样性，而根际微生物也能产生某些物质直接或间接影响根的生长发育。有些微生物能侵入某些植物根部，常形成特殊结构，彼此间建立起互惠互利的共存关系，这种关系称为共生(symbiosis)。种子植物根与微生物之间形成的共生关系，最常见的为根瘤(root nodule)和菌根(mycorrhiza)。

(一) 根瘤

根瘤是由固氮细菌或放线菌侵染宿主根部细胞而形成的瘤状共生结构(图 10-12)。豆科植物通常与根瘤菌共生，而与非豆科植物共生的固氮细菌通常是放线菌类。在这种共生关系中，根瘤菌从植物根的皮层细胞中吸取有机物、矿物质和水等，以供其生长发育所需；同时，根瘤菌具有固氮作用，根瘤菌中的固氮酶能将空气中的游离氮转变为氨，形成的含氮化合物除满足细菌本身需要外，也为植物体的生长发育提供氮素营养。因此，农业生产上经常把豆科植物(如紫云英、三叶草、苜蓿等)作为绿肥，或者把豆类植物与其他农作物间作，以提高作物的产量。

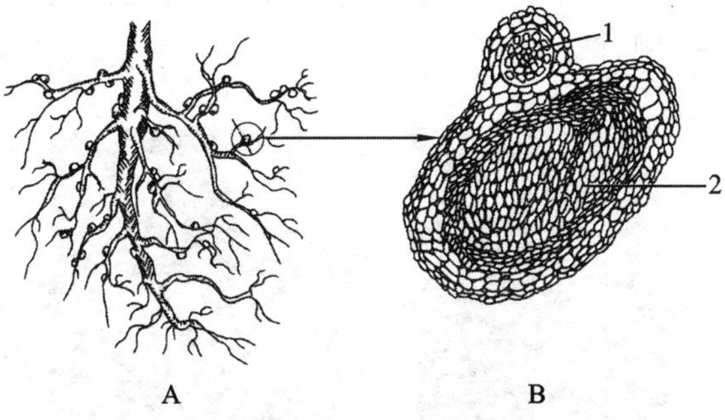

图 10-12　根瘤(引自赵建成等)

A. 具根瘤的根；B. 根瘤的形态

1. 维管柱；2. 根瘤组织

豆科植物的根瘤形成过程大致如下：根瘤的形成始于豆科植物幼苗期，根的分泌物进入土壤，吸引根瘤菌到根毛附近，使其聚集在根毛周围大量繁殖。随后，根瘤菌产生的分泌物使根毛卷曲、膨胀，并使部分细胞壁溶解。根瘤菌由细胞壁溶解处侵入根毛，在根毛中滋生，聚集成带，外被黏液和根细胞分泌的纤维素，形成侵入线。侵入线为管状结构，根瘤菌由此侵入根的皮层，并迅速在该处繁殖。皮层细胞受刺激也迅速分裂，产生大量新细胞，使皮层局部体积膨大而突出，形成一个个根瘤，根瘤中的根瘤菌逐渐转变为具有固氮能力的拟菌体，进行固氮作用(图 10-13)。

根瘤菌的种类很多，且与豆科植物发生共生关系时表现出专一性。不同的豆科植物，其根

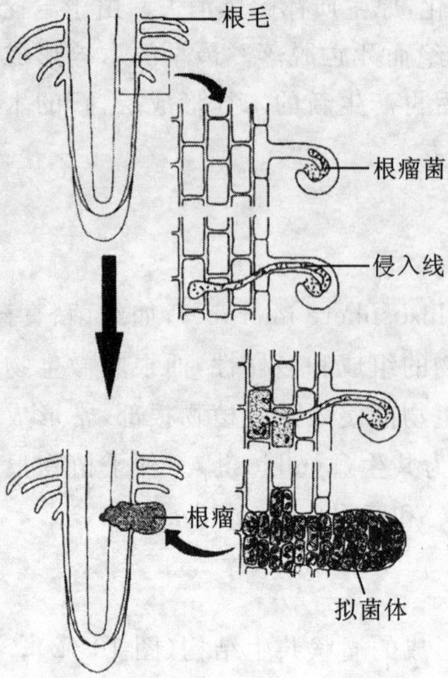

图 10-13　根瘤的形成过程(引自贺学礼等)

瘤的形状、颜色和大小并不相同。在自然界中，除豆科植物外，还发现桦木科、木麻黄科、杨梅科、胡颓子科、鼠李科、禾本科、蔷薇科等以及裸子植物的苏铁、罗汉松等100多种植物也能形成根瘤。近年来，将固氮菌中的固氮基因转移到其他植物中已成为分子生物学和遗传工程的研究目标。

（二）菌根

菌根是植物的根与土壤真菌结合形成的共生体。与根发生共生关系的真菌无严格专一性，因此，菌根比根瘤更为普遍。根据菌丝在根中生长分布情况，通常将菌根分为外生菌根(ectomycorrhiza)、内生菌根(endomycorrhiza)和内外生菌根(ectendomycorrhiza)三种类型。

外生菌根是与根共生的真菌菌丝大部分生长在幼根外表，形成称为菌丝鞘的丝状覆盖层，少数菌丝侵入根的表皮和皮层的细胞间隙生长形成哈蒂氏网。具有外生菌根的植物，根毛不发达，以菌丝代替了根毛的功能，增加了根系的吸收面积，如云杉、松、榛、山毛榉等木本植物的根。内生菌根是真菌侵入根的皮层细胞内，并在其中形成一些椭圆形或圆形泡囊和树枝状菌丝体，故又名泡囊，即丛枝菌根(图10-14)。丛枝菌根在自然界分布极为广泛，估计90%以上的陆生植物都能形成丛枝菌根。内外生菌根即真菌菌丝既能形成菌丝鞘包在幼根表面，又能进入生活细胞内部，如草莓、苹果、柳、银白杨等。

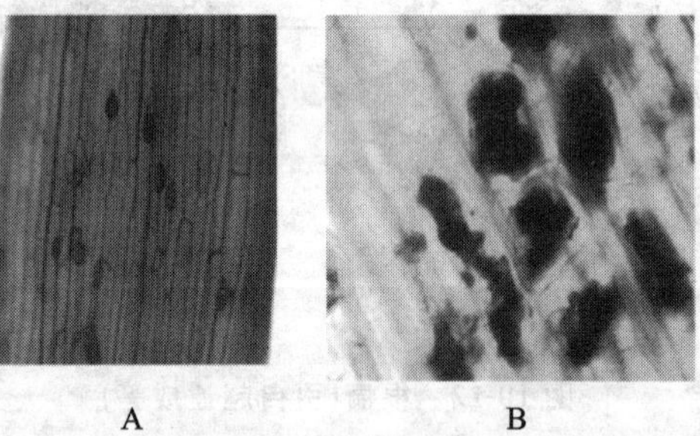

图 10-14　滇重楼丛枝菌根

A. 根内菌丝及泡囊；B. 丛枝

菌根的共生关系表现在：真菌的菌丝代替了根毛，扩大了宿主植物根系的吸收面积，增强了宿主植物从土壤中吸收水分、矿物质等营养元素的能力；菌根真菌能产生各种植物生长激素(如细胞分裂素、赤霉素、维生素 B_1 等)，这些生长激素在形成菌根之前就能对植物生长发育起刺激作用，促进植物生根、萌发和生长；另外，植物也把它制造和储藏的有机养料供给真菌，维持真菌的生活。

八、根的生理功能和经济用途

（一）根的生理功能

（1）吸收　通过根尖部位的根毛和幼嫩表皮吸收土壤中的水分和溶解在水中的二氧化碳以及无机盐等。

（2）固着　种子植物根在地下反复分枝形成的庞大根系与土壤紧密接触，加上根内牢固的机械组织和维管组织的共同作用，把植物固着在土壤中，支持地上高大的茎干和枝繁叶茂的树冠，以维持植株的重力平衡，并把植株牢牢地固着在有风吹雨袭的陆生环境中，成为能适应陆地生活的优势种群。固着作用也包括克服根的先端部分向紧密的土壤中生长时所产生的压力。

（3）输导　由根毛、表皮吸收的水分和无机盐，通过根的维管组织输送到枝；叶所制造的有机养料经过茎输送到根，再由根的维管组织输送到根的各部分，用于根系的生长和发育。

（4）合成　根能合成多种氨基酸，并输送到植物体的其他部位合成蛋白质，作为形成新细胞的材料；根的分生区可以合成赤霉素、细胞分裂素等植物激素，通过维管组织向上运输到植物体气生部分，从而调节植物的生长发育；根还能合成生物碱等各种次生代谢物质，如烟草的尼古丁由根合成后运输到叶。

（5）储藏　根通常具有发达的薄壁组织，植物体地上部分光合作用的产物可以通过韧皮部运送到根的薄壁组织中储藏起来，因此大多数植物的根是重要的储藏器官。例如，萝卜、胡萝卜等植物的根特别肥大，成为储藏有机养料的储藏器官。

（6）分泌　在植物生长过程中，由根系的不同部位释放各种无机离子及有机化合物到周围环境中。这些分泌物中有的可在生长过程中减少根与土壤的摩擦力，有的能促进根吸收的表面形成，有的是其他种植物生长刺激物或毒素。例如：列当种子要在寄主根的分泌物刺激下才能萌发，而苦苣菜属的一些杂草的根能释放生长抑制剂，使周围的植物死亡，即所谓异种克生现象（allelopathy，化感作用）；有的可抗病害，如抗根腐病品种棉花的根系分泌物中有抑制病菌生长的氢氰酸；根的分泌物还能促进土壤中一些微生物的生长，在根表面及其周围造成一个特殊的根际微环境，以增强植物的代谢、吸收及抗病能力。

（7）繁殖　许多植物的根能产生不定芽，特别是在伤口处更易形成。利用根的这种特性，在生产中经常用根扦插进行营养繁殖。例如，甘薯的根部分特化，脱离母体时能长出不定芽与不定根而进行繁殖。

（二）根的经济用途

（1）食用、饲料　甘薯、萝卜、木薯、胡萝卜、葛根等植物的根可食用，同时萝卜、胡萝卜、葛根等可作饲料。

（2）医药原料　葛根、人参、甘草、乌头、大黄、当归、龙胆、党参等植物的根可供药用。

（3）工业原料　甜菜的根为制糖原料，甘薯的根可制淀粉和酒精，葡萄、枣、青风藤等植物的老根可制作工艺美术品。

（4）生态保护　在自然界，根与沙、土的接触面积大，能控制泥沙的移动，因而具有固定泥沙，保护堤岸和防止水土流失的作用。

第二节　茎

茎(stem)是联系根和叶的营养器官,是植物输送水分、无机盐和有机养料的轴状结构,上承叶,下接根部,在形态结构和生理功能上与根、叶密切相关。茎由种子幼胚的胚芽和胚轴发育而来,其顶端不断向上生长,下面重复产生分枝,从而形成了植物体的整个地上部分。

一、正常茎的形态

(一) 茎的外形

植物的茎多呈圆柱形,但也有三棱形(如莎草、量天尺)、方柱形(如蚕豆、薄荷)和扁柱形(如昙花、仙人掌)。茎的长短也有很大区别,最高的茎可达 100 多米,如澳大利亚的桉树;也有非常短小的茎,如车前草和蒲公英的茎。

茎有节和节间之分,茎的节上着生叶,这是根和茎在外形上的主要区别。茎上着生叶和芽的位置称为节(node),两节之间的部分称为节间(internode)。不同植物茎上节的明显程度差异很大,大多数植物只是在叶着生的部位稍膨大,节并不明显,但有些植物(如玉米等)的节膨大成一圈。在茎的顶端和节上叶腋处还生有芽(bud),茎上叶子脱落后在节上留下的痕迹称为叶痕(leaf scar)。不同植物的叶痕形状、颜色和大小各不相同(图 10-15)。

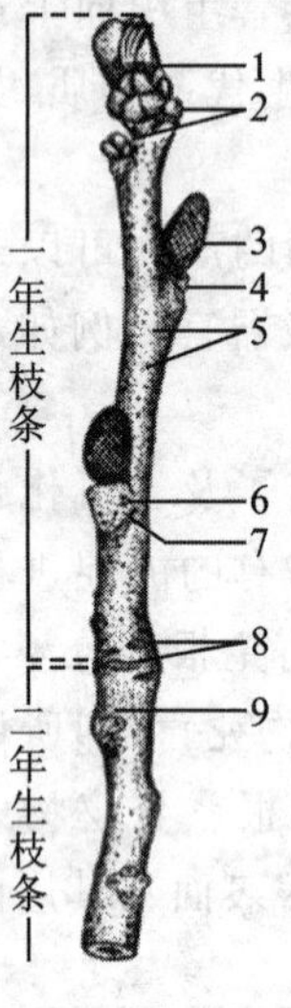

图 10-15　茎的形态

1. 顶芽;2. 腋芽;3. 花芽;4、7. 叶痕;5. 皮孔;6. 叶迹;8. 芽鳞痕;9. 花枝痕

(二) 芽及其类型

芽是幼态未伸展的枝、花或花序,包括茎尖分生组织及其外围的附属物,将来可以发育形成枝或花。以后长成枝的芽称为枝芽(branch bud),长成花或花序的芽称为花芽(floral bud)。根据芽的位置、性质、结构和生理状态,可以将芽分为不同类型。

1. 按芽的生长位置分类

根据芽在枝上的着生位置,可分为定芽(normal bud)和不定芽(adventitious bud)。

定芽在茎上生长有一定的位置,又可分为顶芽(terminal bud)和腋芽(axillary bud)。顶芽是生长在主干或侧枝顶端的芽,腋芽是生长在枝的侧面叶腋内的芽,也称侧芽。大多数植物的每个叶腋只有 1 个腋芽。但有些植物(如金银花、桃、枫杨、葡萄等)的叶腋可发生 2 个或多个芽,在这种情况下,除 1 个腋芽外,其余的都称为副芽(accessory bud)。副芽在顶芽和腋芽受伤后可代替它们发育。

不定芽是没有一定生长位置的芽,如大丽菊块根上的芽,落地生根和秋海棠叶上的芽,柳、桑等的茎枝或创伤切口上产生的芽。农业、林业生产上,常利用植物能够产生不定芽的性能,进行营养繁殖。

2. 按芽鳞的有无分类

依芽鳞的有无将芽分为裸芽(naked bud)和被芽(protected bud)。草本植物和生长在热带潮湿气候的木本植物,常形成裸芽。裸芽实际上是被幼叶包围着的茎、枝顶端的生长锥,芽的外面无鳞片包被,多见于草本植物,如茄、薄荷;木本植物的枫杨、吴茱萸。有芽鳞保护的,如榆、杨、甘蔗等植物的芽,称为被芽或鳞芽(scaly bud)。

3. 按芽所形成器官的性质分类

根据牙所形成器官的性质,可将芽分为叶芽(leaf bud)、花芽(flower bud)和混合芽(mixed bud)。叶芽发育为营养枝,花芽发育为花或花序。顶芽、腋芽和副芽都可能是花芽,如禾本科植物的顶芽,花生、番木瓜的腋芽,桃的副芽,都是花芽。混合芽同时发育为枝、叶和花(或花序),如梨和苹果的顶芽便是混合芽。花芽和混合芽,通常比较肥大,易与叶芽相区别。

4. 按芽的生理活动状态分类

这种分类方法将芽分为活动芽(active bud)和休眠芽(dormant bud)。通常认为能在当年生长季节中萌发的芽,称为活动芽。休眠芽也称潜伏芽(latent bud),是长期保持休眠状态而不萌发的芽。但休眠期是相对的,在一定的条件下可以萌发,如树木砍伐后,树桩上往往由休眠芽萌发出许多新枝条。

一个具体的芽,由于分类根据的不同,可给予不同的名称。例如水稻、小麦的顶芽,是活跃地生长着的,可称活动芽;它将来能发育成穗,可称花芽;它没有芽鳞包被,又可称裸芽。同样,梨的鳞芽可以是顶芽或侧芽,也可以是休眠芽,又可以是混合芽(图 10-16)。

(三) 茎的分枝

分枝是植物茎生长时普遍存在的现象,由于分枝,植物形成了庞大的枝系。由于芽的性质和活动情况不同,产生不同的分枝方式。种子植物的分枝方式一般有单轴分枝、合轴分枝、二叉分枝和假二叉分枝四种类型(图 10-17)。

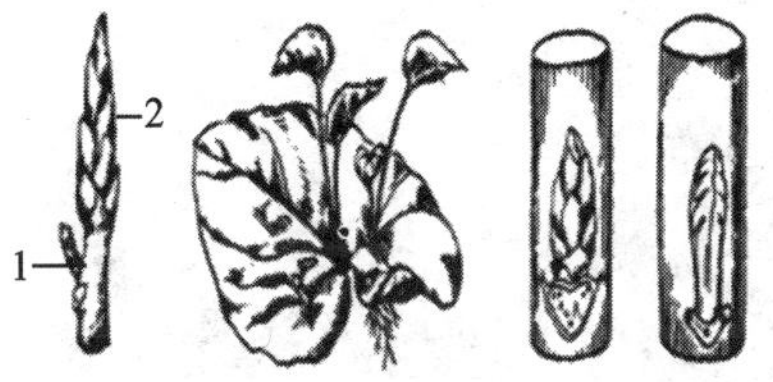

图 10-16　芽的类型

A. 定芽;B. 不定芽;C. 鳞芽;D. 裸芽

1. 腋芽;2. 顶芽

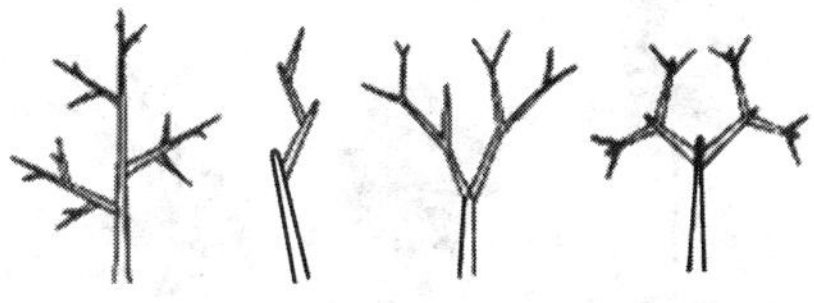

图 10-17　茎的分枝类型图解

A. 单轴分枝;B. 合轴分枝;C. 二叉分枝;D. 假二叉分枝

(1) 单轴分枝(monopodial branching)　主茎顶芽不断向上生长形成直立而粗壮的主干,同时侧芽也以同样方式形成各级分枝。但主干的伸长和加粗比侧枝强得多,因而主干极明显。如银杏、松、柏、杨等。

(2) 合轴分枝(sympodial branching)　主干的顶芽在生长季节发育缓慢或死亡,或顶芽变为花芽,由紧接着顶芽下面的腋芽代替顶芽发育形成粗壮的侧枝,每年同样地交替进行,使主干继续生长,这种主干是由许多腋芽发育而成的侧枝联合组成的,故称合轴分枝。其树冠呈开展状,扩大了光合作用面积,是进化的分枝方式。如番茄、苹果、桃、马铃薯、桑等。

(3) 二叉分枝(dichotomous branching)　顶端的分生组织平分为两个,各形成一个分枝,在一定情况下，以这种方式不断重复分枝，形成二叉分枝系统。多见于低等植物，是一种原始的分枝方式。如地钱、石松等苔藓植物，在蕨类植物中也可见到。

(4) 假二叉分枝(false dichotomous branching)　顶芽停止生长或顶芽是花芽，由近顶芽下面的两侧腋芽同时发育成两个相同的分枝，外形似二叉分枝，故称假二叉分枝。如丁香、石竹、曼陀罗等。

二、茎的类型

(一) 依茎的质地分

根据质地的不同，茎可分为木质茎、草质茎和肉质茎。

(1) 木质茎(woody stem)　茎质地坚硬、木质部发达，称为木质茎。具木质茎的植物称为木本植物(ligneous plant)。木本植物茎内木质部发达，茎秆支持力量强，植物往往长得高大，植株死亡后茎干仍然直立。

(2) 草质茎(herbaceous stem)　质地较柔软、木质部不发达的茎称为草质茎。具草质茎的植物称为草本植物(herbaceous plant)。草本植物茎内木质部不发达，茎秆支持力量弱，植株矮小，植株死亡后茎秆多倒伏。

(3) 肉质茎(succulent stem)　质地柔软多汁、肉质肥厚的茎称为肉质茎。如芦荟、仙人掌、景天等。

(二) 依茎的生长习性分

不同植物的茎在长期的进化过程中形成了不同的生长习性，以适应外界环境，使叶在空间展开，尽可能充分接受阳光，制造本身生活需要的营养物质，以完成繁衍后代的生理功能。根据生长习性的不同，茎可以分为直立茎、缠绕茎、攀缘茎和匍匐茎四种类型(图 10-18)。

A　B　C　D　E　F

图 10-18　茎的类型

A. 乔木；B. 灌木；C. 草本；D. 攀援藤木；E. 缠绕草本；F. 匍匐茎

(1) 直立茎(erect stem)　茎直立生长于地面，是茎的普通形式，常见的多数植物茎为直立茎，如玉米、紫苏、杜仲、松、杉等的茎。

(2) 缠绕茎(twining stem)　茎细长不能直立，而依靠缠绕他物呈螺旋状向上生长。例如：五味子、忍冬呈顺时针方向缠绕；牵牛、马兜铃呈逆时针方向缠绕；猕猴桃、何首乌则无一定规律。

(3) 攀缘茎(climbing stem)　茎细长不能直立，而是靠卷须、不定根、吸盘或其他特有的攀援结构依附他物上升。例如：葡萄、栝楼攀援结构是茎卷须；豌豆的攀援结构是叶卷须；爬山虎的攀援结构是吸盘；钩藤、葎草的攀援结构是钩、刺；络石、薜荔的攀援结构是不定根。

(4) 匍匐茎(creeping stem)　茎细长平卧地面，沿水平方向蔓延生长，节上生出不定根，如甘薯、连钱草、草莓等；如节上不产生不定根则称为平卧茎，如蒺藜、马齿苋等。

三、变态茎的类型

植物的茎与根一样，在长期的演化过程中，结构常发生各种变化，以适应其功能的改变，从而形成变态。变态茎的类型很多，按所处位置可分为地上茎的变态与地下茎的变态两大类。地下茎与根类似，但仍具有茎的一般特征，其上有节和节间，并具退化鳞叶及顶芽、侧芽等，可与根区别。地下茎变态主要为储藏各种营养物质。

(一) 地下茎的变态

(1) 根茎(rhizome)　又称根状茎，常横卧地下，肉质膨大呈根状，有明显的节和节间，节上有退化的鳞片叶，先端有顶芽，节上有腋芽，向下常生不定根。如姜、芦苇等的根茎。

(2) 块茎(tuber)　块茎为短而膨大呈不规则块状的地下茎。节间很短，节上有芽，叶退化成小的鳞片或早期枯萎脱落。如天麻、半夏、马铃薯、菊芋等。

(3) 球茎(corm)　肉质肥大呈球状或扁球状，节和节间明显，节间缩短，上有膜质鳞叶，芽发达，腋芽常生于上半部，基部具不定根。如慈姑、荸荠、芋等。

(4) 鳞茎(bulb)　呈球状或扁球状，茎极度缩短，称为鳞茎盘，盘上生许多肉质肥厚的鳞片叶，顶端有顶芽，鳞片叶内生有腋芽，基部具不定根。鳞茎可分为无被鳞茎和有被鳞茎。前者鳞片狭窄，呈覆瓦状排列，外面无被覆盖，如贝母、百合等；后者鳞片宽阔，内层被外层完全覆盖，如大蒜、洋葱等(图 10-19)。

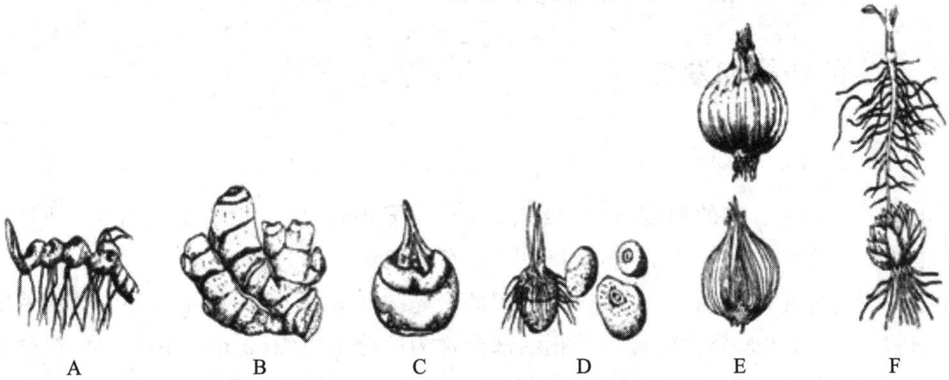

图 10-19　地下茎的变态

A. 根茎(玉竹)；B. 根茎(姜)；C. 球茎(荸荠)；D. 块茎(半夏)；E. 鳞茎(洋葱)；F. 鳞茎(百合)

(二) 地上茎的变态

(1) 叶状茎(phylloid)　茎扁化成叶状体，绿色，可进行光合作用；叶完全退化或不发达；但节与节间明显，节上能分枝、生叶和开花。如天门冬、假叶树、竹节蓼、文竹等植物的茎。

(2) 茎刺(stem thorn)　由变态茎形成具有保护功能的刺，生于叶腋处，并可以有分枝。如山楂、柑橘、皂荚的茎刺。

(3) 肉质茎(fleshy stem) 茎肥厚多汁，呈扁圆形、柱形或球形等多种形态，能进行光合作用。如仙人掌等。

(4) 茎卷须(stem tendril) 有些攀援植物的茎细长柔软,不能直立,部分茎和茎端变态形成卷须。卷须多发生于叶腋处,即由腋芽发育形成,如栝楼、黄瓜、南瓜等。也有些植物的卷须由顶芽发育而成,如葡萄的茎卷须。

(5) 钩状茎(hook-like stem) 由茎的侧轴变态而来,通常弯曲呈钩状,粗短坚硬无分枝,位于叶腋。如钩藤。

(6) 小块茎(tubercle) 有些植物的腋芽常形成小块茎,形态与块茎相似,如山药的零余子(珠芽),薯蓣、秋海棠的腋芽形成的肉质小块茎。半夏叶柄上的不定芽也可形成小块茎。

(7) 小鳞茎(bulblet) 有些植物在叶腋或花序处由腋芽或花芽形成小鳞茎,如卷丹腋芽形成小鳞茎,洋葱、大蒜花序中花芽形成小鳞茎。

小块茎和小鳞茎均有繁殖作用(图 10-20)。

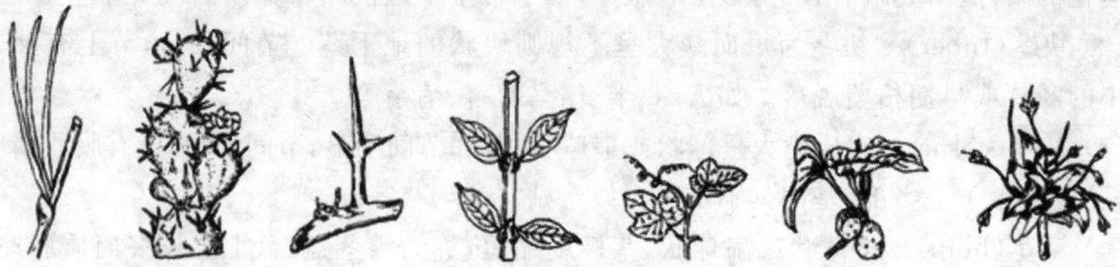

图 10-20 地上茎的变态

A. 叶状茎(天门冬);B. 茎刺(皂荚);C. 肉质茎(仙人掌);D. 茎卷须(葡萄);
E. 钩状茎(钩藤);F. 小块茎(山药);G. 小鳞茎(洋葱花序)

四、茎尖的结构和发育

(一) 茎顶端分生组织

茎由芽发育而来。茎的顶端分生组织(apical meristem)中夹杂着分化程度不同的组织,这点和根相似。在细胞和组织的发育过程中,从分生组织状态过渡到成熟组织状态,是经过由不分化逐渐变为分化的。因而,顶端分生组织的最先端部分,包括原始细胞和它紧接着所形成的衍生细胞,可以看成未分化或最小分化的部分称为原分生组织(promeristem)。在原分生组织下面,随着不同分化程度的细胞出现,逐渐开始分化出未来的表皮、皮层和维管柱的分生组织,也就是它们的前身,可分别称为原表皮、基本分生组织和原形成层,总称初生分生组织。初生分生组织的活动和分化的结果是形成成熟组织,组成初生植物体。总之,茎的顶端分生组织可以说是由原分生组织和初生分生组织组成的。

关于茎顶端分生组织的形态和结构,目前主要有三种描述方法:组织原学说、原套-原体学说和细胞组织学分区学说。

(1) 组织原学说(histogen theory) 该学说认为被子植物的茎端是由三个组织区(表皮、皮层和维管柱)的前身,即组织原组成的,每个组织原由一个原始细胞或一群原始细胞发生。这三个组织原分别为表皮原、皮层原和维管柱原,它们以后的活动分别形成表皮、皮层和维管柱。

(2) 原套-原体学说(tunica-corpus theory)　该学说认为茎的顶端分生组织原始区域包括原套(tunica)和原体(corpus)两部分,组成原套的一层或几层细胞只进行垂周分裂(径向分裂),是表面的覆盖面,保持表面生长的连续进行。原体位于原套下面,组成原体的多层细胞进行平周分裂(切向分裂)和各个方向的分裂。原套-原体学说认为顶端分生组织的组成上并没有预先决定的组织分区,除表皮始终是由原套的表面细胞层所分化形成的以外,其他内部的各层衍生细胞的发育并不能预先知道它们将来形成什么组织。

(3) 细胞组织学分区学说(cytohistological zonation theory)　由于裸子植物茎端没有稳定的只进行垂周分裂的表面层,也就是没有原套状的结构(除南洋杉属(*Araucaria*)和麻黄属(*Ephedra*)外),因此,对于多数裸子植物的茎端来讲,原套-原体学说是不适合的。该学说认为茎端表面有一群原始细胞即顶端原始细胞群,在它们的下面是中央母细胞区,是由顶端原始细胞群衍生而成的。中央母细胞区向下有过渡区。中央部位再向下衍生成髓分生组织,以后形成肋状分生组织。原始细胞群和中央母细胞向侧方衍生的细胞形成周围区。中央母细胞较少分裂。过渡区很像维管形成层。髓分生组织横向分裂形成肋状分生组织。周围区局部较强的分裂形成叶原基。此外,平周分裂引起茎的增粗,垂周分裂引起茎的伸长。

(二) 叶原基和腋芽原基

叶原基和腋芽原基逐步发育成叶和芽。叶原基和腋芽原基起源于茎的顶端分生组织,在裸子植物和大多数被子植物中,顶端分生组织表层细胞或其下面的第一层或第二、三层细胞平周分裂,平周分裂的结果是向周围增加了细胞的数目,形成了突起。以后突起表面的细胞进行垂周分裂,里面的细胞进行各个方向的分裂,形成叶原基。腋芽原基的发生和叶原基的发生一样,叶腋处的细胞进行垂周分裂和平周分裂,形成突起即腋芽原基。腋芽原基具有和原来茎端一样的顶端分生组织。一般腋芽原基的发生晚于叶原基,常在离开茎尖一段距离后发生。叶和芽均起源于茎顶端分生组织表面,这种起源方式为外起源。

(三) 茎尖的分区

茎与根在形态建成中同样经历伸长、分枝的过程,但由于茎与根所处的生活环境不同,且茎上又着生侧生器官,因此茎与根在初生生长上既有共性,又有各自的特殊性。

枝芽是短缩的枝条,通过枝芽纵切面可以看到茎尖可分为分生区、伸长区和成熟区(图 10-21)。因茎生长在气生环境中,故没有类似根冠的结构存在,但有幼叶或芽鳞包被、覆盖。

(1) 分生区　茎尖顶端一般为半球形的结构,由一团原分生组织所构成。在茎尖顶端以下的四周,有叶原基和腋芽原基。茎尖最前端的圆锥形区域即分生区,由原分生组织构成。在茎尖顶端后部,逐渐分化为三种初生分生组织。

(2) 伸长区　伸长区的特点是细胞伸长迅速,长度常包含几个节与节间,其长度远远大于根的伸长区。伸长区的初生分生组织已分化成原表皮、基本分生组织和原形成层三部分,并且细胞有丝分裂活动逐渐减弱。

(3) 成熟区　成熟区内部的解剖特点是细胞有丝分裂和伸长生长都趋于停止,各种组织已基本分化成熟,已具备幼茎的初生结构。

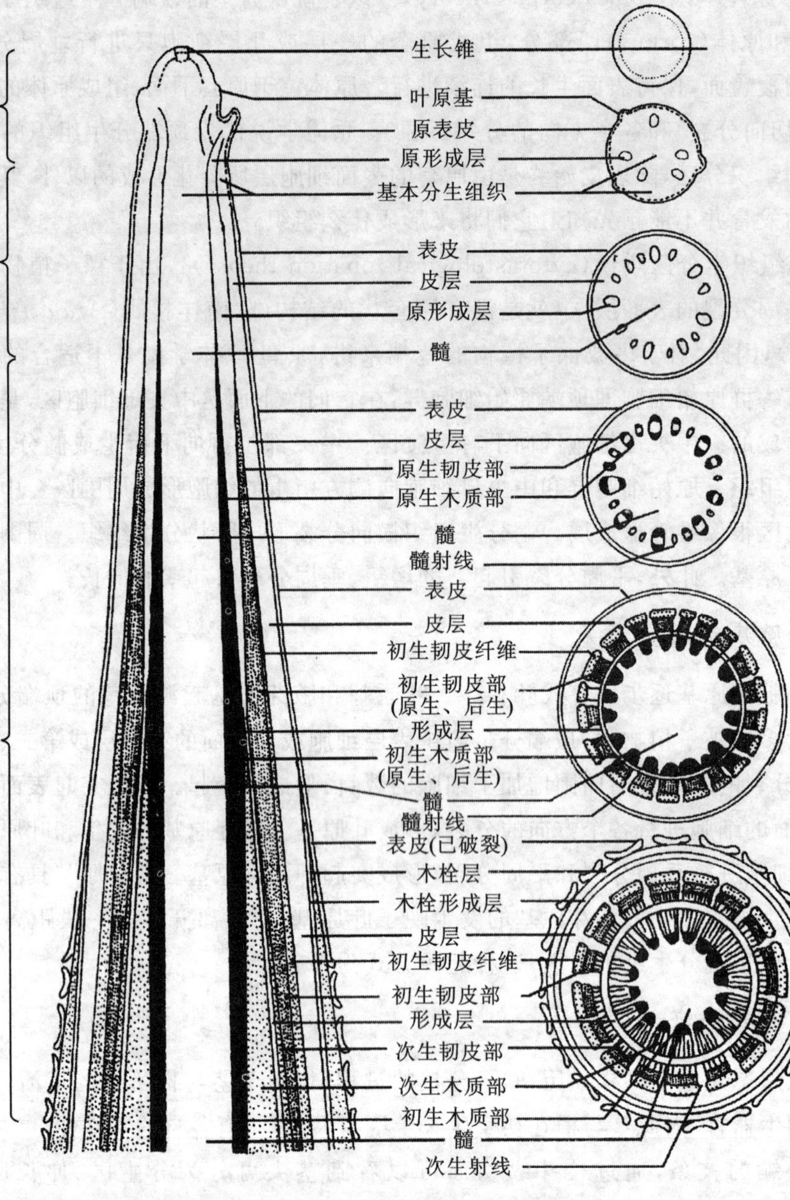

图 10-21　双子叶植物茎初生结构至次生结构的发育过程图解(引自 Strasburger)

1. 分生区;2. 伸长区;3. 成熟区

五、茎的初生生长和初生结构

茎顶端分生组织中的初生分生组织所衍生的细胞，经过分裂、生长、分化而形成的组织，称为初生组织(primary tissue)，由这种组织组成茎的初生结构(primary structure)。

(一) 双子叶植物茎的初生结构

双子叶植物茎的初生结构与根相同，也由表皮、皮层和维管柱三部分构成(图 10-22)。

1. 表皮

表皮是幼茎外面的一层生活细胞，多为狭长形，排列紧密，无细胞间隙，是茎的初生保护组织，由原表皮发育而来。表皮细胞的外向壁常加厚，并角质化，形成角质层；有些植物在角质层外面还有蜡质，可以增加表皮的不透水性和坚韧性。茎的表皮还分布有气孔和各种表皮毛。

2. 皮层

皮层位于表皮之内，由基本分生组织分化而成。皮层主要由多层薄壁细胞组成，排列疏松，有明显的细胞间隙，在横切面上占有很小的比例。邻接表皮的皮层细胞大多为厚角组织，成束分布，形成茎的棱角。皮层外围细胞常含有叶绿体，能进行光合作用，使幼茎呈绿色。

茎一般没有内皮层，只有一些草本植物、水生植物和某些植物的地下茎中才具有内皮层。有些植物(如旱金莲、蚕豆等)在相当于内皮层处的细胞中富含淀粉粒，这层细胞称为淀粉鞘(starch sheath)。

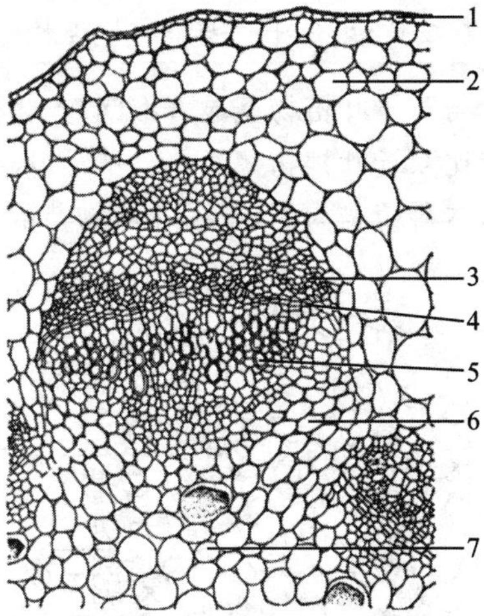

图 10-22 花生幼茎的初生结构

1. 表皮；2. 皮层薄壁组织；3. 初生韧皮部；4. 束中形成层；5. 初生木质部；6. 髓射线；7. 髓

3. 维管柱

维管柱位于皮层之内，包括维管束、髓和髓射线三部分，无显著的内皮层，也不存在中柱鞘，因此，茎皮层和中柱间的界限不易划分。在茎的横切面上，维管柱占有较大的面积，这一点与根中不同。

1) 维管束

草本双子叶植物幼茎横切面上，维管束呈椭圆形。各维管束之间的距离较大，它们环形排列于皮层的内侧。多数木本植物幼茎内的维管束，彼此间距很小，几乎连成完整的环。每个维管束由初生木质部、初生韧皮部和束中形成层构成。

(1) 初生木质部由导管、管胞、木纤维和木薄壁细胞组成，位于维管束的内侧，主要功能是输导水分和无机盐，兼有机械支撑作用。茎初生木质部的发育方式与根相反，是内始式(endarch)，即从内部开始逐渐向外顺序发育成熟。

(2) 初生韧皮部由筛管、伴胞、韧皮纤维和韧皮薄壁细胞组成，位于维管束的外侧，主要作用是输导有机物质。茎初生韧皮部的发育方式与根的相同，也是外始式(exarch)，即原生韧皮部在外方，后生韧皮部在内方。

(3) 束中形成层分布在初生木质部和初生韧皮部之间，是顶端分生组织分化为成熟组织时留下的一层具有潜在分裂能力的薄壁细胞，以后在茎的增粗中起主要作用。双子叶植物茎一般为外韧无限维管束，有些植物如曼陀罗、颠茄、烟草、甘薯、桉树、南瓜、马铃薯等，在初生木质部的内、外两侧均有韧皮部，为双韧维管束。

2) 髓和髓射线

髓位于茎的中央，被维管束紧紧围绕，由排列疏松的薄壁细胞组成，有的髓中具有石细胞，如樟的茎。草本植物茎的髓部较大，木本植物茎的髓部一般较小，但也有例外，如接骨木、泡桐、旌节花等；有些植物的髓部局部破坏，形成一系列片状的横髓隔，如猕猴桃、胡桃；也有些植物茎的髓部在发育过程中往往消失，形成中空的茎，如蚕豆、南瓜、芹菜、连翘等。

髓射线是维管束之间的薄壁组织，外起皮层，内达髓部，在茎的横切面上呈放射状排列，主要承担物质的横向运输和储藏养料的功能。

（二）单子叶植物茎的结构

与双子叶植物茎显著不同，大多数单子叶植物茎只有伸长生长和初生结构，所以整个茎的构造比双子叶植物茎简单。单子叶植物茎的结构由表皮、基本组织和维管束构成(图 10-23)。以禾本科植物为例，单子叶植物茎的结构特征如下所述。

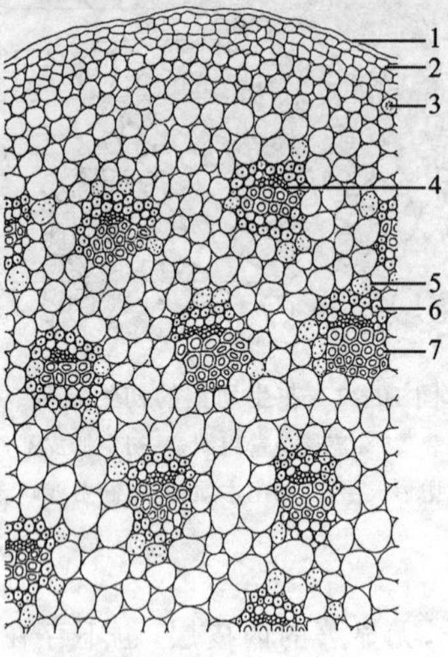

图 10-23　石斛茎的初生结构

1. 角质层；2. 表皮；3. 皮层；4. 韧皮部；5. 薄壁细胞；6. 纤维束；7. 木质部

1. 表皮

表皮由长细胞、短细胞两种细胞组成。长细胞是角质化的细胞，构成表皮的大部分；短细胞位于两个长细胞之间，分为木栓化的栓质细胞(cork cell)和含有二氧化硅的硅质细胞(silica cell)两种。此外，表皮上还有由保卫细胞和副卫细胞组成的气孔器。

2. 基本组织

表皮以内为基本组织，主要由薄壁细胞组成，维管束散生在其中。靠近表皮常分布着厚壁细胞，起机械支持作用。幼嫩的茎中，表皮内方的薄壁细胞常含有叶绿体，能进行光合作用。有些植物茎中央组织解体，形成髓腔，周围分布着多层石细胞。基本组织具有皮层和髓的功能。

3. 维管束

维管束生在基本组织中。横切面上，维管束近卵圆形，外面常有纤维构成的维管束鞘(bundle sheath)。木质部和韧皮部内外排列，没有形成层，这种有限维管束是大多数单子叶植物茎的结构特点之一。韧皮部在维管束外方，韧皮部中的细胞排列整齐，可以看到多边形的筛管和长方形的伴胞。在韧皮部的外侧，有一条被挤毁的模糊结构，是原生韧皮部。木质部在维管束的内方，维管束中的木质部呈 V 形分布，主要由 3～5 个导管组成。V 形的尖端部分由 1～3 个孔径较小的环纹或螺纹导管组成，它们在分生组织分化过程中较早成熟，为原生木质部。在茎的生长过程中原生木质部导管常被拉坏，留下一个空腔，称为气腔，气腔中常残留有环纹或螺纹导管的加厚壁。在 V 形的两侧各有一个孔径较大的孔纹导管，是在茎分化过程中较晚成熟的，为后生木质部。

六、茎的次生生长和次生结构

当茎完成初生生长后还要进行次生生长，产生次生结构。与根相似，茎的次生结构也包括次生维管组织和周皮，分别由维管形成层和木栓形成层分裂产生次生维管组织和次生保护组织。

（一）双子叶植物茎的次生结构

1. 次生维管组织

1）维管形成层的发生和活动

当茎进行次生生长时，邻接束中形成层的髓射线细胞恢复分裂能力，转变为束间形成层，并和束中形成层相连接，共同构成圆环状的维管形成层，其由纺锤状原始细胞和射线原始细胞组成。

形成层成为一个完整环后，纺锤原始细胞开始进行切向（平周）分裂，向内形成次生木质部，加在初生木质部的外方；向外形成次生韧皮部，加在初生韧皮部的内侧。同时，形成层有一部分细胞也不断分裂形成薄壁细胞，即次生射线细胞，贯穿于次生木质部与次生韧皮部，形成横向的联系组织，称为维管射线。形成层的束间部分，或产生维管组织，或继续产生薄壁组织，以增加髓射线的长度。在茎加粗生长的同时，形成层细胞也进行径向分裂和横向分裂，增加细胞，扩大自身的圆周，以适应内方木质部的增大。因此，形成层的位置逐渐向外推移（图10-24）。

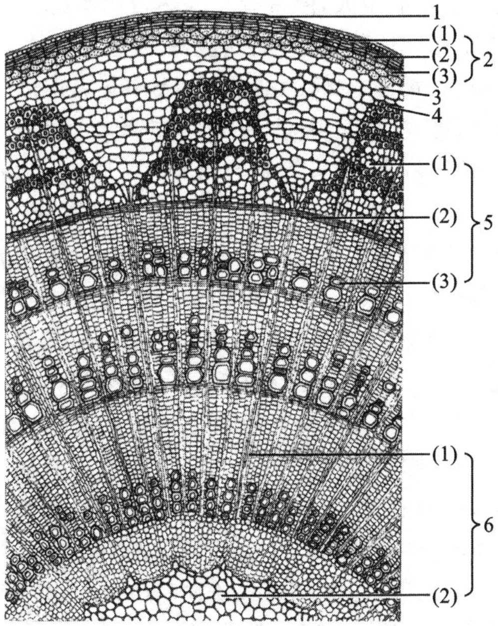

图 10-24　双子叶植物茎的次生结构（引自张浩等）

1. 表皮层；2. 周皮（(1)木栓层；(2)木栓形成层；(3)栓内层）；3. 皮层；4. 韧皮纤维；5. 维管束（(1)韧皮部；(2)形成层；(3)木质部）；6. 髓（(1)髓射线；(2)中髓）

2）次生韧皮部

维管形成层向外活动分裂形成次生韧皮部，次生韧皮部的组成与初生结构相似，包括筛管、伴胞、韧皮薄壁细胞和韧皮纤维，有时还具有石细胞（如肉桂、麻栎、青水冈）或乳汁管（如夹竹桃、杜仲、三叶橡胶），此外，还具有初生韧皮部所没有的韧皮射线。次生韧皮部中各组分的量和排列状态常因植物而异。

次生韧皮部形成时，初生韧皮部被挤压到外方，形成颓废组织（obliterated tissue）。次生韧皮部中的薄壁细胞中含有多种营养物质和生理活性物质，它们常有一定的药用价值。韧皮射线是次生韧皮部内的薄壁组织，是维管射线位于次生韧皮部的部分，细胞壁不木质化，与木射线相连，其长短宽窄也因植物种类而异。

3）次生木质部

维管形成层产生次生木质部细胞的数量远较次生韧皮部的为多。因此，就木本植物来说，茎的绝大部分是次生木质部，树干越粗，次生木质部所占的比例也越大，而初生木质部和髓所占比例就越小。次生木质部是树干的主要输水结构和支持结构，也是木材的来源。

次生木质部是由导管、管胞、木薄壁细胞、木纤维和木射线组成。次生木质部中的导管为梯纹导管、网纹导管和孔纹导管，以孔纹导管最为普遍。导管的大小、数目和分布情况，因植物的种类而异。导管、管胞、木薄壁细胞和木纤维，其细胞都是纵列的，是次生木质部中的纵向系统，是由形成层的纺锤状原始细胞所产生的细胞发展而成的。木薄壁细胞单个或成群散生于木质部中，或包围在导管或管胞的外方。木薄壁细胞在次生木质部中成束或成层分布，围绕或沿着导管分子有多种分布方式，这是木材鉴别的依据之一。此外，由形成层的射线原始细胞衍生的细胞，径向延长，形成维管射线，位于次生木质部内的部分称为木射线。木射线常有多列细胞，也有一列细胞的，细胞为保持生活状态的薄壁细胞，但其细胞壁常木质化。

维管形成层的活动受季节影响很大，温带春季和热带雨季，由于气候温和，水分充足，形成层活动旺盛，所产生的木质部细胞体积较大，细胞壁薄，导管直径大，数目多，纤维较少，因此材质较疏松，色泽较淡，称为早材(early wood)或春材(spring wood)；温带夏末、秋初或热带旱季，由于温度降低，水分减少，形成层活动逐渐减弱，所产生的木质部细胞体积较小，细胞壁较厚，导管的直径小，数目少，纤维较多，而且管胞数量较多，因此质地紧密，色泽较深，称为晚材(late wood)或秋材(autumn wood)。在一年中早材和晚材是逐渐转变的，没有明显的界线，但当年的秋材与第二年的春材界限分明，形成一个同心环层，称为年轮(annual ring)或生长轮(growth ring)。但有的植物(如柑橘)一年可以形成 3 轮，这些年轮称为假年轮(false annual ring)。这是形成层有节奏地活动，每年有几个循环的结果。假年轮的形成也有是由于一年中气候变化特殊，或被害虫吃掉了树叶，生长受影响而引起的。

在木质茎(木材)横切面上，次生木质部从颜色上可以明显地区分为两部分。靠近形成层的部分，颜色较浅，质地较松软，称为边材(sap wood)。边材具有输导和储藏功能。而中心颜色较深，质地较坚固的部分，称为心材(heart wood)。心材中常积累一些代谢产物，如挥发油、单宁、树胶、树脂、色素等，使心材中导管和管胞被堵塞，失去输导能力。心材比较坚固，又不易腐烂，且常含有特殊的成分，如沉香、苏木、檀香、降香等均为心材入药。

有关木材的结构可以通过茎的三切面，即横切面(transverse section)、径向切面(radial section)、切向切面(tangential section)来进行比较观察(图 10-25)。

横切面是与茎的纵轴相垂直的切面。在横切面上，年轮为同心环状，射线为纵切面，呈辐

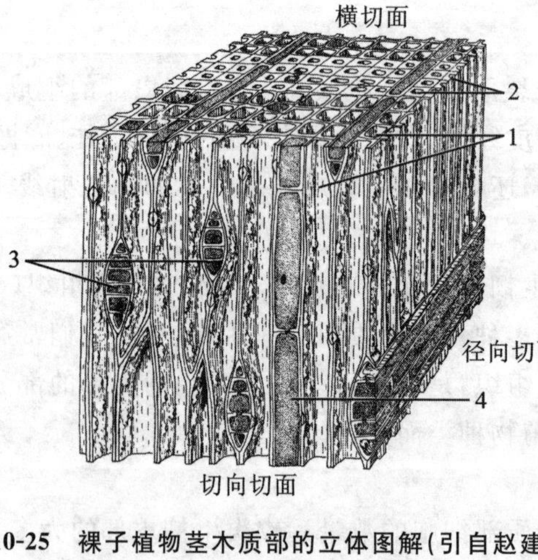

图 10-25　裸子植物茎木质部的立体图解(引自赵建成等)

1. 早材；2. 晚材；3. 射线；4. 薄壁细胞

射状排列，可见射线的长度和宽度。两射线间的导管、管胞、木纤维和木薄壁细胞等都呈大小不一、细胞壁厚薄不同的类圆形或多角形。

径向切面是通过茎的中心所作的纵切面。年轮呈垂直平行的带状，射线则横向分布，与年轮呈直角，可见射线的高度和长度，也可见导管、管胞、木纤维和木薄壁细胞等纵切面的长度、宽度、纹孔和细胞两端的形状。

切向切面是不通过茎的中心而垂直于茎的半径所作的切面。在切向切面上，年轮呈U形的波纹，射线为横切面，细胞群呈纺锤状，不连续地纵行排列。可见射线的宽度和高度及细胞列数。所见到的导管、管胞、木纤维和木薄壁细胞等的形态与径向切面相似。在木材三切面中，射线的形状最为突出，可作为判断切面类型的重要依据。

2. 次生保护组织

(1) 木栓形成层的发生和活动　多数植物的茎可由表皮内侧皮层薄壁组织细胞恢复分生能力，形成木栓形成层，进而产生周皮，以代替表皮行使保护作用。木栓形成层的形成开始于次生生长的初期。茎中第一次木栓形成层的发生部位各种植物有所不同，通常由紧接表皮的一层皮层细胞转变而成，如榆、胡桃、杨树等；或者由皮层的第二、第三层细胞转变而成，如马兜铃、刺槐等；还有的直接由表皮细胞转变而成，如欧洲夹竹桃、苹果等；另外一些则由近韧皮部内的薄壁细胞转变而成，如石榴、葡萄等。

(2) 树皮　木栓形成层的活动期限长短不一。一般木栓形成层的活动只不过数月，多数树木又可依次在其内方产生新的木栓形成层，形成新的周皮。如此反复进行，最后木栓形成层的产生部位可深达次生韧皮部。老周皮内方的组织被新周皮隔离后，由于水分和营养供应的终止，相继全部枯死，这些周皮及其被隔离的颓废组织的综合体，因常剥落，故称为落皮层(rhytidome)。有的落皮层呈鳞片状脱落，如白皮松；有的呈环状脱落，如白桦；有的裂成纵沟，如柳、榆；有的呈大片脱落，如悬铃木。但不少植物的周皮并不脱落，如黄柏、杜仲等。落皮层也称为树皮。但广义的"树皮"是指维管形成层以外的所有组织，包括次生韧皮部。多数皮类药材，如厚朴、杜仲、肉桂、黄柏、秦皮、合欢皮等即为广义的树皮。

(二) 单子叶植物茎的次生结构

大多数单子叶植物是没有次生生长的，因而也就没有次生结构，它们茎的增粗是细胞的长大或初生加厚，分生组织平周分裂的结果。但少数热带或亚热带的单子叶植物茎，除一般初生结构外，有次生生长和次生结构的出现，如龙血树、芦荟、丝兰、朱蕉等的茎也产生形成层，并进行次生生长，但它们的形成层的起源和活动情况与双子叶植物有很大的区别。如龙血树的形成层在维管束外方的薄壁组织细胞中发生，它们进行切向分裂，向外产生少量的薄壁组织细胞，向内产生一圈基本组织，在这一圈组织中，有部分细胞直径较小，细胞较长，并且成束出现，将来能分化成次生维管束。这些次生维管束也是散列的，比初生的更密，在结构上也不同于初生维管束，因为所含韧皮部的量较少，木质部由管胞组成，并包于韧皮部的外周，形成周木维管束。而初生维管束为外韧维管束，木质部是由导管组成的(图10-26)。

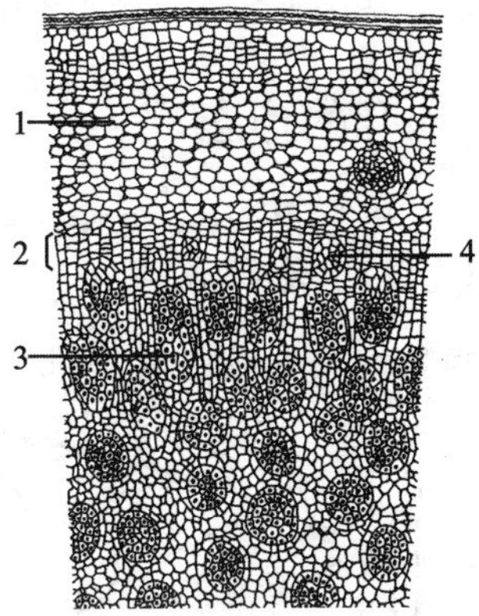

图10-26　龙血树茎的次生结构

1. 薄壁组织；2. 形成层；3. 初生结构中的维管束；4. 新形成的维管束

七、茎的生理功能和经济用途

（一）茎的生理功能

(1) 输导　茎是植物体内物质运输的主要通道。茎的木质部将根吸收的水分和无机盐向上运输到植物体的各部分，韧皮部将叶的光合产物向下运输到植物体的各部分。

(2) 支持　茎是植物体的支架。主茎和各级分枝支持着叶、芽、花和果实，使它们合理地在空间展布，有利于通风透光、传粉以及果实与种子的传播。

(3) 储藏　茎中的薄壁组织往往储存大量的营养物质，如根茎、块茎、球茎等变态茎是营养物质集中储藏的部位。尤其对多年生植物而言，茎内的储藏物质为其来年春季萌发提供营养和能量。

(4) 繁殖　不少植物的茎能形成不定根和不定芽，可用来进行营养繁殖。

(5) 光合作用　绿色的幼茎可进行光合作用，而叶片退化、变态的植物，如仙人掌科植物，其光合作用主要在茎中进行。

(6) 保护　有些植物茎的分枝变为茎刺，如山楂、皂荚的茎刺具有保护作用。

(7) 攀援　有些植物一部分枝变为茎卷须，如南瓜、葡萄等茎卷须具有攀援作用。

（二）茎的经济用途

(1) 食品原料　藕、马铃薯、芋、莴苣、茭白、姜等都是常用食品。

(2) 药用原料　合欢皮、桂枝、杜仲、黄柏、天麻、黄精、重楼等都是著名中药材。

(3) 工业原料　橡胶、生漆、软木、木材等重要工业原料主要来自于植物的茎。

第三节　叶

叶(leaf)是着生于茎节上的营养器官，是植物体中唯一完全暴露在空气中的营养器官，从其发生的位置来看，它是茎上的侧生器官。在长期自然选择过程中，植物叶形成了与其功能相适应的复杂的形态和解剖学特征。

一、叶的形态

（一）叶的组成

植物的叶一般由叶片(blade 或 lamina)、叶柄(petiole)和托叶(stipule)三部分组成(图10-27)。三部分俱全的叶，称为完全叶(complete leaf)，如桃、棉等植物的叶；仅具其中一部分或两部分的叶，称为不完全叶(incomplete leaf)，如丁香、茶、油菜、白菜等植物的叶缺少托叶，莴苣、烟草、芹菜等植物的叶缺少叶柄和托叶。叶片是最重要的组成部分，大多为薄的绿色扁平体，这种形状有利于光能的吸收和气体交换，与叶的功能相适应，不同的植物叶片形状差

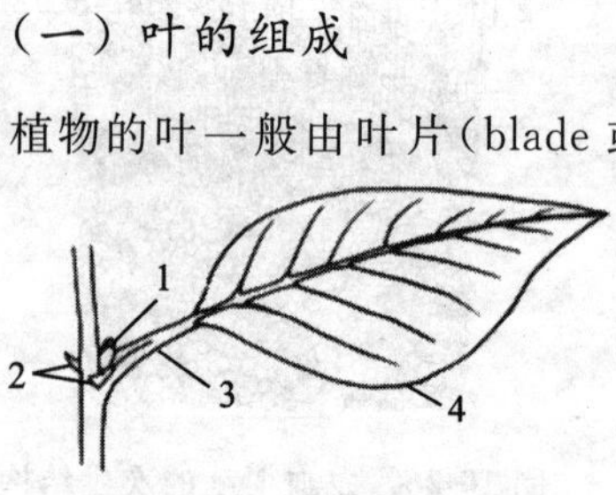

图 10-27　叶的组成

1. 腋芽；2. 托叶；3. 叶柄；4. 叶片

异很大。叶柄位于叶片的基部，连接叶片和茎，是两者之间物质交流的通道，还能支持叶片并通过本身的长短和扭曲使叶片处于光合作用有利的位置。托叶通常是位于叶柄基部两侧（或上部）的成对的附属物。托叶的有无及其形状、大小随不同植物而不同。托叶主要在叶发育早期协助保护幼叶。

（二）叶片的形态

叶片的大小和形状在不同的植物中有很大的不同，但对同一种植物而言是比较稳定的特征，可作为鉴别植物的依据。

叶片的大小差别极大。例如：芭蕉的叶片长 1～2 m；王莲的叶片直径可达 1.8～2.5 m，叶面能负荷 40～70 kg 物体，小孩在上面像坐小船一样；最大的亚马逊酒椰的叶片可达 22 m 长，12 m 宽；小的仅有数毫米长，如柏的鳞叶长仅 1～2 mm。

对于叶片的整体认识，主要是从叶形，叶尖、叶基、叶缘的形状，叶片的分裂和脉序等方面入手。

1. 叶形

叶和小叶的形状（叶片的轮廓）表现出相当的多样性，具有很大的分类学价值。叶片的形状主要根据叶片的长度和宽度的比例以及最宽处的位置来确定。若叶片在发育过程中长度的生长量占绝对优势，则呈剑形（ensiform）、线形（linear）等；若长度与宽度的生长量接近，而且最宽处在叶片中部，则呈椭圆形（elliptical）、圆形（orbicular）等；若最宽处偏在叶片的基部，则呈披针形（lanceolate）、卵形（ovate）等；若最宽处偏在叶片顶端，则呈倒卵形（obovate）、倒披针形（oblanceolate）等（图 10-28）。

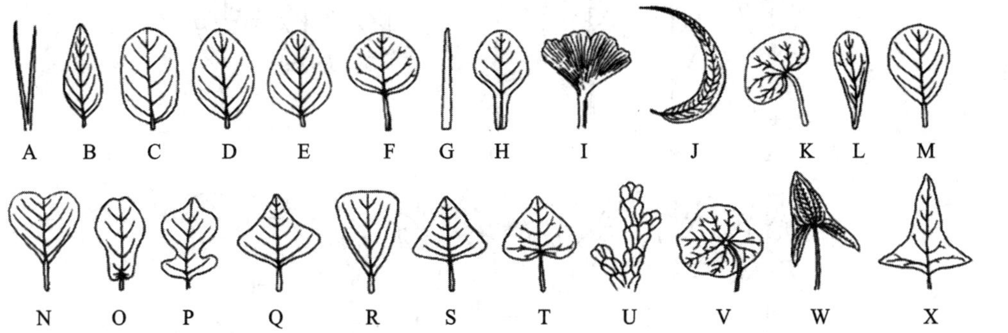

图 10-28　叶形的类型

A. 针形；B. 披针形；C. 矩圆形；D. 椭圆形；E. 卵形；F. 圆形；G. 条形；H. 匙形；I. 扇形；J. 镰形；K. 肾形；L. 倒披针形；M. 倒卵形；N. 倒心形；O、P. 提琴形；Q. 菱形；R. 楔形；S. 三角形；T. 心形；U. 鳞形；V. 盾形；W. 箭形；X. 戟形

上面是叶片的基本形状，其他常见的叶片形状还有：细辛叶为心形（cordate），松树叶为针形（acicular），文殊兰叶为带形（banded），积雪草的叶为肾形（reniform），莲叶为盾形（peltate），菠菜叶为戟形（hastate），慈姑叶为箭形（sagittate）等。但植物种类众多，仅用上述几种形状描述叶片显然不能满足其多样性的特点，因此，常用“长”“阔”“狭”等形容词加在叶的形状前描述，椭圆形而较长者称长椭圆形叶，卵形叶较宽者称阔卵形叶等。

2. 叶尖的形状

叶片的先端即叶尖（leaf apex），常见的形状有：急尖（acute）、钝形（obtuse）、渐尖

(acuminate)、截形(truncate)、倒心形(obcordate)、短尖(mucronate)、骤尖(cuspidate)、微凹(retuse)、微缺(emarginate)、圆形(rounded)、尾状(caudate)、芒状(aristate)、渐狭(attenuate)等(图 10-29)。

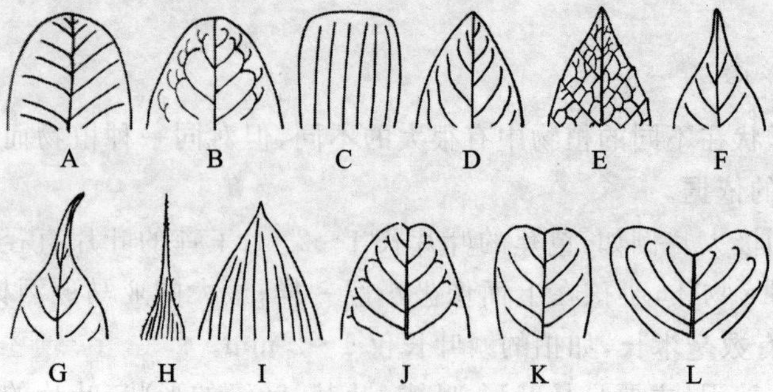

图 10-29　叶尖的形状(引自张浩等)

A. 圆形;B. 钝形;C. 截形;D. 急尖;E. 渐尖;F. 渐狭;G. 尾状;H. 芒状;I. 短尖;J. 微凹;K. 微缺;L. 倒心形

3. 叶基的形状

叶片基部即叶基(leaf base),常见的形状有:急尖(acute)、钝形(obtuse)、楔形(cuneate)、圆形(rounded)、截形(truncate)、心形(cordate)、耳形(auriculate)、戟形(hastate)、箭形(sagittate)、渐狭(attenuate)、偏斜(oblique)、盾形(peltate)、抱茎(amplexicaul)、穿茎(perfoliate)等(图 10-30)。

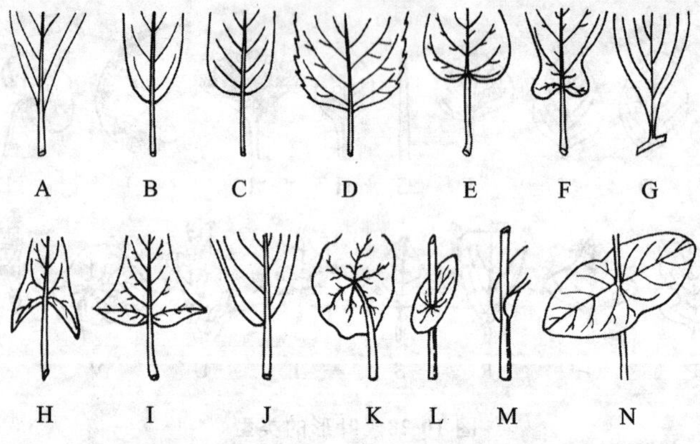

图 10-30　叶基的形状(引自张浩等)

A. 楔形;B. 钝形;C. 圆形;D. 截形;E. 心形;F. 耳形;G. 渐狭;H. 箭形;I. 戟形;J. 偏斜;K. 盾形;L. 穿茎;M. 抱茎;N. 合生穿茎

4. 叶缘的形状

叶片的边缘即叶缘(leaf margin),常见的形状有:全缘(entire)、波状(undulate)、牙齿状(dentate)、锯齿状(serrate)、重锯齿状(double serrate)、圆齿状(crenate)等(图 10-31)。

5. 叶片的分裂

植物的叶片一般为全缘或仅叶缘具齿或细小缺刻,但有些植物的叶片叶缘缺刻深而大,形成分裂状态,常见的叶片分裂有羽状分裂、掌状分裂和三出分裂三种。依据叶片裂隙的深浅,又可分为浅裂(lobate)、深裂(parted)和全裂(divided)。浅裂为叶裂深度不超过或接近叶片宽

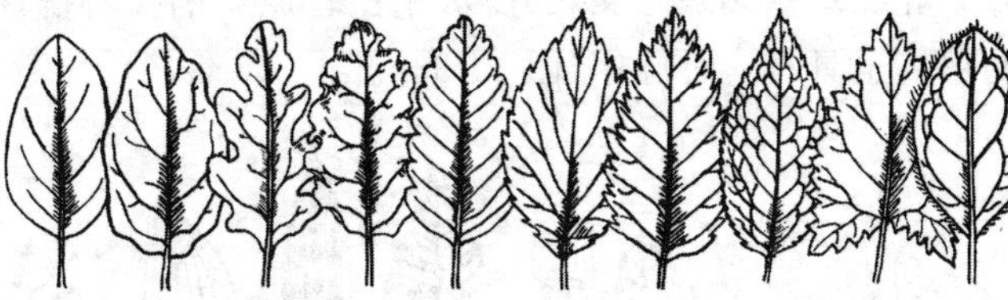

图 10-31　叶缘的形状(引自张浩等)

1. 全缘;2. 浅波状;3. 深波状;4. 皱波状;5. 圆齿状;
6. 锯齿状;7. 重锯齿状;8. 细锯齿状;9. 牙齿状;10. 睫毛状

度的 1/4,如药用大黄、南瓜;深裂为叶裂深度一般超过叶片宽度的 1/4,如唐古特大黄、荆芥;全裂为叶裂深度几达主脉或叶柄顶部,形成数个全裂片,如大麻、白头翁(图 10-32)。

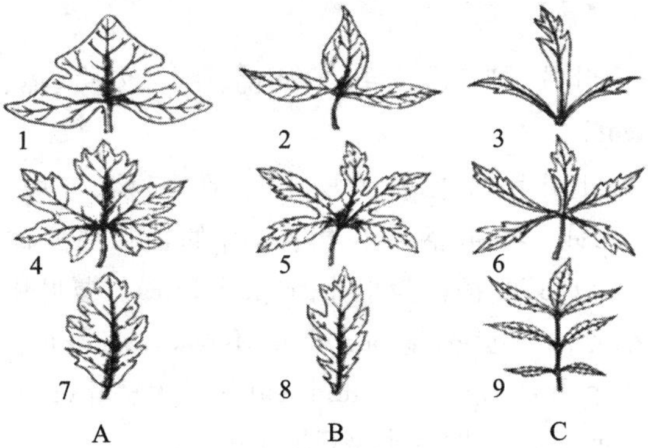

图 10-32　叶片的分裂类型

A. 浅裂;B. 深裂;C. 全裂
1～3. 三出;4～6. 掌状;7～9. 羽状

6. 叶脉

叶脉(vein)是贯穿在叶肉内的维管束,是叶内的输导组织和支持结构,叶脉通过叶柄的维管组织与茎内的维管组织相连。叶脉在叶片上有规律地分布,其分布形式称为脉序(venation)。在种子植物中脉序主要有网状脉序(netted venation)、平行脉序(parallel venation)和叉状脉序(dichotomous venation)三种类型。

(1) 网状脉序　叶片具有明显的主脉,由主脉分枝形成侧脉,侧脉再经多级分枝,彼此连接成网状,是多数双子叶植物叶脉的特征。其中叶片有一条主脉,其全长均有二级脉的分布,就像梳子的齿一样,称为羽状网脉(pinnate venation),如桂花、桃等;叶片有多条主脉,主脉从叶基或近基部发散到叶片中,犹如手指对手掌,称为掌状网脉(palmate venation),如南瓜、蓖麻等。

(2)平行脉序　叶片具有许多平行的叶脉,各条叶脉平行或近于平行分布,是多数单子叶植物叶脉的特征。其中主脉和侧脉从叶片基部平行伸出直到叶端者,称为直出平行脉(straight parallel venation),如淡竹叶。有的中央主脉明显,其两侧有许多平行排列的侧脉与主脉垂直,称为横出平行脉(pinnately parallel venation),如芭蕉。有的各条叶脉均自基部以辐射状态伸出,称为辐射脉(radiate venation),如棕榈。有些植物的叶脉从叶片基部直达叶尖,中部弯曲形成弧形,称为弧形脉(arc venation),如车前、黄精。

(3)叉状脉序　每条叶脉均呈多级二叉状分枝，是比较原始的一种脉序，在蕨类植物中普遍存在，种子植物中的银杏也具有这种脉序(图10-33)。

图 10-33　叶脉的类型

A. 二叉脉序；B、C. 掌状网脉；D. 羽状网脉；E. 直出平行脉；F. 弧形脉；G. 射出平行脉；H. 横出平行脉

(三) 单叶和复叶

1. 单叶(simple leaf)

1个叶柄上只着生1个叶片的叶，称为单叶，如桃、厚朴、女贞、樟、李、柳等的叶。

2. 复叶(compound leaf)

1个叶柄上生有2个以上叶片的叶，称为复叶，如月季、槐、五加、大豆等的叶。复叶的叶柄称为总叶柄(common petiole)，总叶柄以上着生叶片的轴状部分称为叶轴(rachis)；总叶柄上着生的叶称为小叶(leaflet)，其叶柄称为小叶柄(petiolule)。复叶中小叶的数量和排列方式因植物种类而异。根据小叶的数量和排列方式的不同，可将复叶分为三出复叶(ternately compound leaf)、掌状复叶(palmately compound leaf)、羽状复叶(pinnately compound leaf)和单身复叶(unifoliate compound leaf)四种类型(图10-34)。

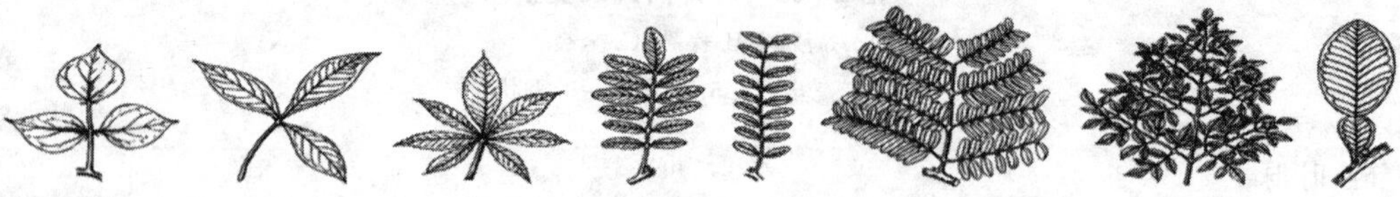

图 10-34　复叶的主要类型

A. 羽状三出复叶；B. 掌状三出复叶；C. 掌状复叶；D. 单数羽状复叶；
E. 双数羽状复叶；F. 二回羽状复叶；G. 三回羽状复叶；H. 单身复叶

(1) 三出复叶　三出复叶是叶轴上着生有3片小叶的复叶。若顶端小叶柄较长的，称为三出羽状复叶，如大豆、胡枝子叶等；若三个小叶柄是等长的，称为三出掌状复叶，如酢浆草、半夏等。

(2)掌状复叶　叶轴缩短，在其顶端着生3片以上小叶，呈掌状展开，如五叶木通、五加、人参等。

(3) 羽状复叶　叶轴长，小叶片在叶轴两侧呈羽状排列。若羽状复叶的叶轴顶端生有1片小叶，则称为单(奇)数羽状复叶(odd-pinnately compound leaf)，如槐、苦参、黄檗等。若羽状复叶的叶轴顶端具2片小叶，则称为双(偶)数羽状复叶(even-pinnately compound leaf)，如蚕豆、决明、皂荚等。若叶轴有一次羽状分枝，在每一分枝上又形成羽状复叶，则称为二回羽状复叶(bipinnate leaf)，如合欢、云实等。若叶轴有二次羽状分枝，在最后一次分枝上又形成羽状复叶，则称为三回羽状复叶(tripinnate leaf)，如苦楝、南天竹等。

(4) 单身复叶　单身复叶是一种特殊形态的复叶，叶轴的顶端具有一片发达的小叶，两侧的小叶退化成翼状，其顶生小叶与叶轴连接处具一明显的关节，如柑橘、柠檬等芸香科柑橘属植物的叶。

单叶和复叶之间的区分可由腋芽的位置来确定：腋芽一定是包在整片叶子的叶腋中而不会是单个小叶的腋部。

复叶易和生有单叶的小枝相混淆，在识别时首先要弄清叶轴和小枝的区别：第一，叶轴的先端没有顶芽，而小枝的先端具顶芽；第二，小叶叶腋内无腋芽，仅在总叶柄腋内有腋芽，而小枝上的每一单叶的叶腋均具腋芽；第三，通常复叶上的小叶在叶轴上排列在同一平面上，而小枝上的单叶与小枝常成一定的角度；第四，复叶脱落时，是整个脱落或小叶先脱落，然后叶轴连同总叶柄一起脱落，而小枝一般不脱落，只有叶脱落。

（四）叶序和叶镶嵌

1. 叶序

叶在茎上有规律地排列的方式，称为叶序(phyllotaxy)。叶序主要有互生、对生、轮生和簇生四种类型(图 10-35)。

(1)互生(alternate)　每节只生一叶，常沿茎做螺旋状排列。如桑、樟等的叶序。

(2)对生(opposite)　叶成对着生于每节，每个叶位于茎的相对的一边。如小叶女贞、水杉、薄荷、忍冬、龙胆等的叶序。

(3)轮生(whorled，verticillate)　当三片或更多叶片着生在一个节上时，称为轮生。如夹竹桃、直立百部、轮叶沙参等的叶序。

(4) 簇生(fascioled)　两片或两片以上的叶着生在节间极度缩短的侧生短枝上，密集成簇，如银杏、落叶松、枸杞等的叶序。

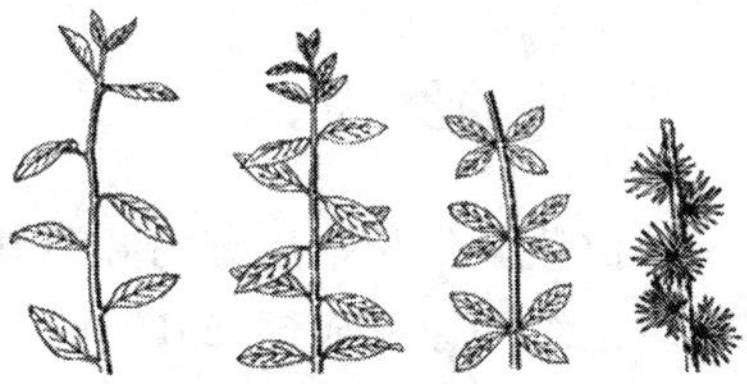

图 10-35　叶序的类型

A. 互生叶序；B. 对生叶序；C. 轮生叶序；D. 簇生叶序

同一植物可以同时存在 2 种或 2 种以上的叶序，如桔梗的叶序有互生、对生及轮生，栀子的叶序有对生和轮生。

2. 叶镶嵌

叶在茎上排列无论是哪一种方式，相邻两节的叶片都不重叠，它们总是利用叶柄长短的变化，或以一定的角度彼此相互错开排列，使同一枝上的叶以镶嵌状态排列而不会重叠，这种现象称为叶镶嵌(leaf mosaic)。叶镶嵌使茎上的叶片互不遮蔽，有利于植物进行光合作用，另外，叶的均匀排列也使茎的各侧受力均衡。叶镶嵌现象比较明显的有常春藤、爬山虎、烟草等。

（五）异型叶性

通常一种植物具有一定形状的叶，可作为分类的鉴别特征。但某些植物在同一植株上具有不同形状的叶，这种现象称为异型叶性(heterophylly)。异型叶性的发生有两种情况。一种是由于植株发育年龄的不同，所形成的叶形各异，如人参，一年生的只有 1 枚由 3 片小叶组成的复叶，二年生的为 1 枚掌状复叶(5 小叶)，三年生的有 2 枚掌状复叶，四年生的有 3 枚掌状复叶，以后每年递增 1 叶，最多可达 6 枚复叶(图 10-36)。半夏幼苗期的叶为单叶，而以后生长的叶为三全裂。另一种是由于外界环境的影响，引起叶的形态变化，如慈姑的沉水叶是线形，漂浮叶呈椭圆形，气生叶则呈箭形（图 10-37）；水毛莨气生叶扁平广阔，而沉水叶却细裂成丝状。

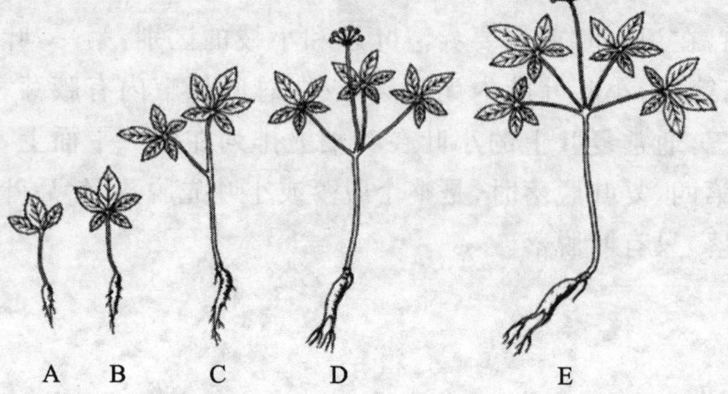

图 10-36　不同生长年限人参的形态

A. 一年生；B. 二年生；C. 三年生；D. 四年生；E. 五年生

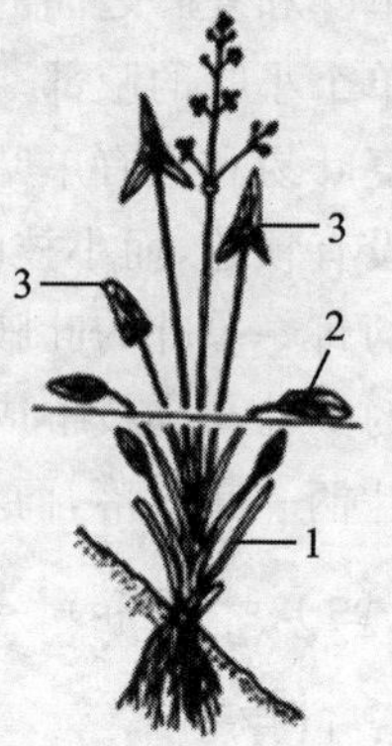

图 10-37　慈姑的异型叶

1. 沉水叶；2. 漂浮叶；3. 气生叶

二、叶的结构

叶由茎尖生长锥后方的叶原基发育而来，叶的初生组织与根和茎一样，分为原表皮层、基本分生组织和原形成层，幼叶在发育过程中已完全成熟，其上不再保留原分生组织，没有生长锥。叶片通过叶柄与茎相连。

（一）双子叶植物叶的结构

植物的叶片多为绿色扁平体，成水平方向伸展，由于上、下两面受光不同，因此其内部结构也有所不同。一般将向光的一面称为上表皮或近轴面，因其距离茎比较近而得名；相反的一面称为下表皮或远轴面。

1. 叶片的结构

植物叶片通常由表皮（epidermis）、叶肉（mesophyll）和叶脉（vein）三部分组成（图 10-38）。

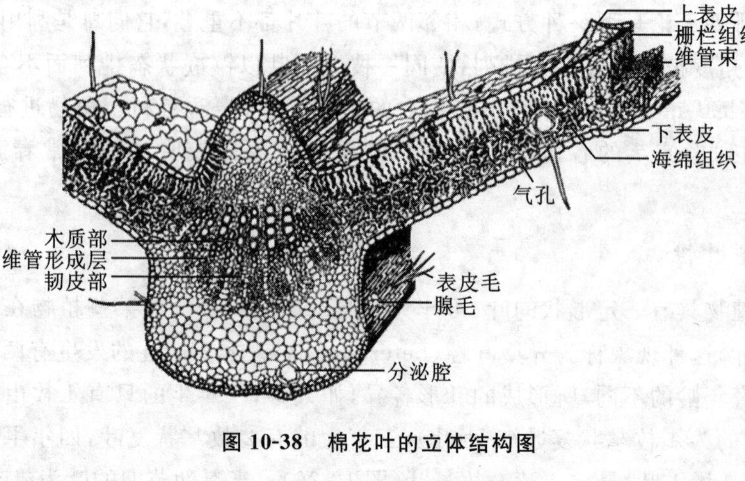

图 10-38　棉花叶的立体结构图

1）表皮

表皮覆盖着整个叶片，通常分为上表皮和下表皮。表皮通常由一层细胞组成，不具叶绿体；细胞彼此紧密嵌合，无细胞间隙。表皮细胞的表面观多呈不规则形，而横切面观呈长方形或正方形，外壁较厚，并覆盖有角质层。角质层的厚薄因植物种类和环境条件不同而变化。

表皮上分布有气孔、表皮毛、排水器等。多数植物种类的上、下表皮均有气孔分布，一般下表皮的气孔数量比上表皮的多，但有些植物的上表皮没有气孔分布。气孔的数目、类型、分布及表皮毛的多少与形态因植物种类不同而异。

表皮一般为一层细胞，但也有少数植物叶片的表皮是由多层细胞组成的，称为复表皮（multiple epidermis），如夹竹桃叶的复表皮为2～3层，而印度橡胶树叶的复表皮为3～4层。

2）叶肉

叶肉分布在上、下表皮之间，主要由绿色同化组织组成，是叶片内最发达、最重要的部分。叶肉细胞内富含叶绿体，是叶进行光合作用的场所。一般近上表皮的叶肉细胞为长柱形，垂直于叶片表面，排列整齐而紧密，呈栅栏状，称为栅栏组织（palisade tissue），通常为1～3层，也有多层的。栅栏组织的细胞层数与细胞长度因植物而异。例如：棉为1层，长达叶片厚度的1/3～1/2；甘薯1～2层；茶树因品种不同而有1～4层的变化。栅栏组织与下表皮之间的同化组织称为海绵组织（spongy tissue），细胞形状不规则，排列疏松，形成短臂状突起并互相连接而形成较大的细胞间隙。海绵组织细胞所含叶绿体比栅栏组织细胞少，细胞间隙大而多，所以从叶的外表可以看出其近轴面为深绿色，远轴面为浅绿色。这样在结构上有上、下面区别的叶，称为异面叶（dorsi-ventral leaf，bifacial leaf）。大多数双子叶植物和部分单子叶植物的叶为异面叶。有些植物的叶在枝上着生时，近于和枝的长轴平行，或与地面相垂直，叶片两面的受光情况差异不大，因而两面的外部形态和内部结构也就相似，即上、下两面均有气孔和栅栏组织等，这种叶称为等面叶（isobilateral leaf）。

3）叶脉

叶脉是叶片中的维管束，具有输导和支持叶片的作用，各级叶脉的结构因其大小而不同。

主脉和大的侧脉结构比较复杂，与茎内的维管束结构相似，包含有一至数个维管束。维管束包埋在叶肉组织中，外有薄壁组织和厚壁组织组成的维管束鞘包围；木质部在近轴面，韧皮部在远轴面，两者间常具有形成层，不过形成层活动有限，只产生少量的次生结构。

中小型叶脉的形成层消失，维管束鞘为薄壁组织，并可以一直延伸到叶脉末端；木质部只有一个螺纹导管，韧皮部只有短而窄的筛管分子和增大的伴胞。

（二）单子叶植物叶的结构

单子叶植物的叶无论在外部形态还是内部结构上，都有许多不同的类型，并且与双子叶植物有明显的区别。以禾本科植物的叶为例，其叶片同样是由表皮、叶肉和叶脉三部分组成（图10-39），但各部分都有不同的特征。

1. 表皮

表皮由一层细胞组成，形状比较规则，往往沿叶片的长轴平行排列。表皮通常由长、短两种类型的细胞构成，长细胞为长方形，其长径与叶的长轴方向一致，外壁角质化并含有硅质；短细胞为正方形或稍扁，夹在长细胞之间。短细胞又可分为硅质细胞和栓质细胞，细胞还充满硅

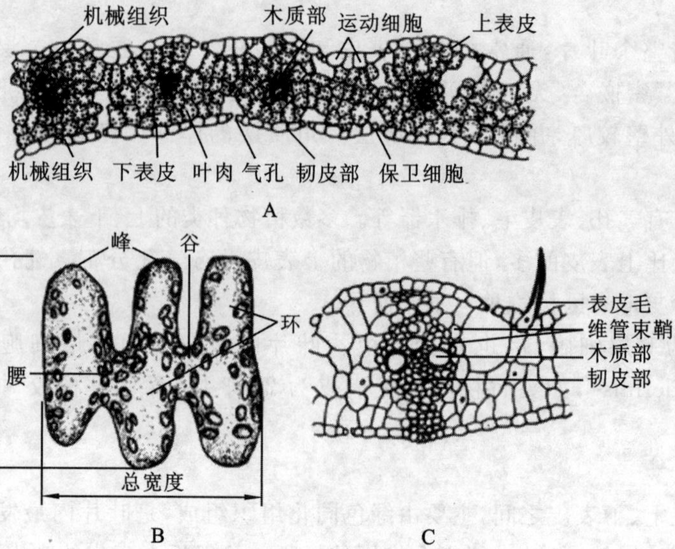

图 10-39　小麦叶的结构

A. 叶片部分横切面；B. 一个叶肉细胞；C. 一个维管束（叶脉）横剖面

质块；栓质细胞壁栓质化。长细胞和短细胞的形状、数量及分布情况因植物种类不同而异。

在上表皮中还分布有一些特殊、大型的薄壁细胞，称为泡状细胞（bulliform cell），这类细胞具有大型液泡，在横切面上排列略呈扇形，干旱时由于这些细胞失水收缩，使叶子卷曲成筒，可减少水分蒸发，这种细胞与叶片的卷曲和张开有关，因此也称运动细胞（motor cell）。

表皮上、下两面均分布有气孔器，气孔器的保卫细胞呈哑铃形，每个保卫细胞的外侧具一个略呈三角形的副卫细胞。

细胞外壁不仅角质化，并含有硅质，在表皮上常有乳头状突起、刺或毛茸，因此叶片表面比较粗糙。

2. 叶肉

禾本科植物的叶片多呈直立状态，叶片两面受光近似，因此，叶肉组织由均一的薄壁细胞构成，叶肉没有栅栏组织和海绵组织的明显分化，属于等面叶类型。叶肉细胞排列紧密，细胞间隙小，仅在气孔的内方有较大的胞间隙，形成气孔下室。

3. 叶脉

叶内的维管束一般平行排列，中脉明显粗大，与茎内的维管束结构相似。维管束为有限外韧型维管束，在维管束与上、下表皮之间有发达的厚壁组织，增加了机械支持力。维管束外围常有一层、两层或多层细胞，这些细胞是薄壁组织或厚壁组织，这一结构称为维管束鞘，维管束鞘可作为禾本科植物分类上的特征。

（三）裸子植物叶的结构

裸子植物多为常绿植物，叶多为针叶。以裸子植物中松属植物马尾松的针叶为例，松针叶的结构包括表皮、叶肉组织和维管组织三部分（图 10-40）。

1. 表皮

表皮为一层厚壁的细胞，细胞腔很小，细胞壁强烈木质化，外面覆盖有较厚的角质层；气孔纵行排列，保卫细胞下陷到下皮层（hypodermis）中，其上方被副卫细胞拱盖着，呈旱生植物的

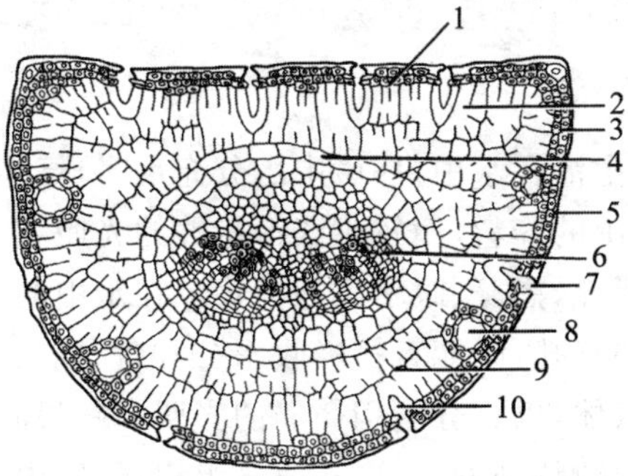

图 10-40 马尾松针叶的横切面结构(引自张浩等)

1. 下皮层;2. 叶肉组织;3. 表皮;4. 内皮层;5. 角质层;6. 维管束;7. 下陷的气孔;8. 树脂道;9. 薄壁细胞;10. 孔下室

特征。下皮层在表皮之内,为一至多层木质化的厚壁细胞。

2. 叶肉组织

叶肉组织的细胞排列紧密,细胞壁内陷,有无数的褶襞,叶绿体沿褶襞分布,扩大了叶绿体的分布面积,从而使细胞扩大了光合作用的面积。叶肉组织中常有树脂道分布,其数目多少和分布位置是鉴别松属植物种类的依据之一。叶肉组织以内有明显的内皮层,其细胞内含有淀粉粒。

3. 维管组织

内皮层以内为维管组织,有 1 个或 2 个维管束;木质部在近轴面,韧皮部在远轴面。维管束外面被转输组织(transfusion tissue)包围,该组织由转输管胞和转输薄壁细胞构成,有助于叶肉组织与维管组织之间的物质交流。

三、叶的生态类型

长期生长于不同环境下的植物,其植物体各部分结构都会发生适应性变化,并作为遗传性状固定下来,从而形成了叶的各种生态类型。其中,植物的叶在结构上的变异性和可塑性是最大的,以水分、光照的影响最为明显。

(一)水分的影响——旱生植物和水生植物的叶

1. 旱生植物的叶

在相当干旱的条件下正常生长的植物称为旱生植物(xerophyte)。旱生植物具有较强的抗旱能力,通常植株较矮小,根系发达,叶小而厚,或多茸毛。表皮高度角质化,并具表皮毛;其叶片的结构特点主要是朝着降低蒸腾和储藏水分两个方面变化,形成两种类型。

一方面是叶的表皮细胞壁厚,角质层发达。有些种类的表皮由多层细胞组成,气孔下陷或生于气孔窝内。一般栅栏组织层次较多,海绵组织和胞间隙却不发达,机械组织较多。旱生植物的叶脉比较稠密,适应在干旱的大气中得到较充足的水分,维持光合作用的进行。这些特征可减少蒸腾面积或使蒸腾作用进行迟滞而抑制水分散失,以适应干旱的环境。有些旱生植物具有复表皮,或气孔陷入表皮平面之下,也有位于特殊气孔窝内(如夹竹桃)的叶(图 10-41)。另一方面,旱生植物向储藏水分方面发展,即所谓的肉质植物,它们的共同特征是叶肥厚多汁;

叶肉内有发达的薄壁组织，储存了大量水分，以适应旱生环境，如仙人掌、景天、芦荟、马齿苋、菠萝、龙舌兰等。

2. 水生植物的叶

水生植物全部或大部分生活在水中，环境中水分充足，但气体和光照明显不足。它们在水中容易获得水分和溶解于水中的养料，而较难获得足够的光照和气体（溶于水中的气体较大气中少，水中的光为漫射光），因此，黑藻、眼子菜等植物沉在水中的叶片的表皮细胞壁薄，无角质层或角质层很薄，无表皮毛和气孔，既能直接吸收水分和气体，又可防止水流等异物直接进入叶内；表皮细胞内还含有叶绿体，以充分利用微弱的光照。一般叶肉不发达、层次少、无栅栏组织和海绵组织的分化，但胞间隙特别发达，形成通气组织，气腔中充满气体，以补充环境中空气之不足（图 10-42）。由于沉水植物的全部表面都能进行吸收，所以导管不发达，机械组织十分衰退，叶常裂成丝状，以减少流水的冲击力和增加与水的接触面。浮水叶只有上表皮具有少量的气孔。有些植物有气生叶，除叶肉组织中通气组织发达外，其他结构和中生植物相似。

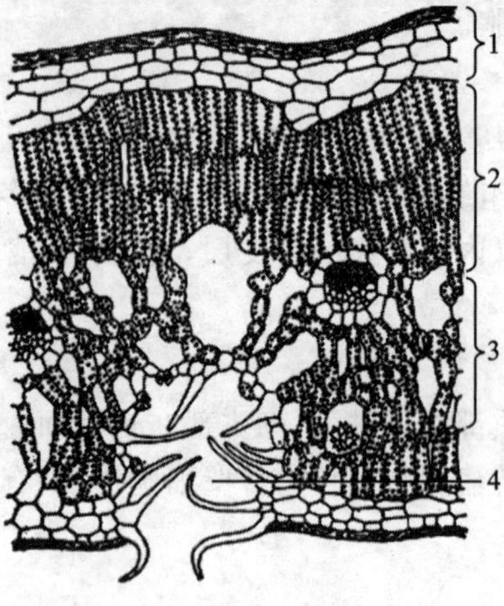

图 10-41 夹竹桃叶的横切面（示旱生结构）

1. 复表皮；2. 栅栏组织；3. 海绵组织；4. 气孔窝

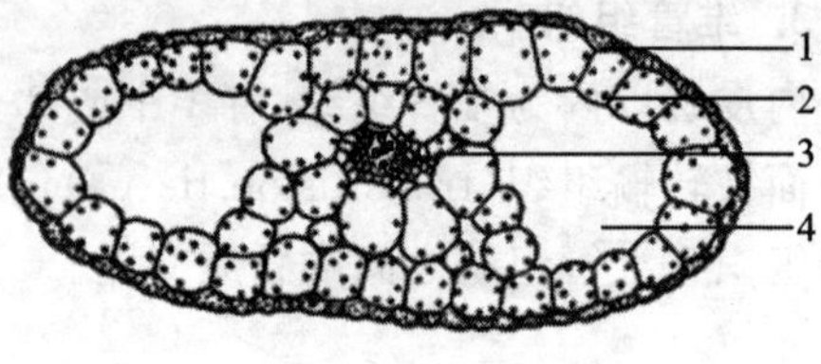

图 10-42 角果藻叶的横切面详图

1. 表皮；2. 叶肉组织；3. 主脉维管束；4. 通气组织

（二）光照的影响——阳生植物和阴生植物的叶

光照强度是影响叶片结构的另一重要因素。许多植物的光合作用适应于在强光下进行，而不能荫蔽，这类植物称为阳生植物（sun plant），其叶为阳叶（sun leaf），如大多数农作物。另一类植物的光合作用适于在较弱的光照下进行，在全日照的条件下，光合强度反而降低，这类植物称为阴生植物（shade plant），其叶为阴叶（shade leaf），许多林下植物属此类。阳生植物和阴生植物在叶片的解剖结构上有很明显的差异（图 10-43）。

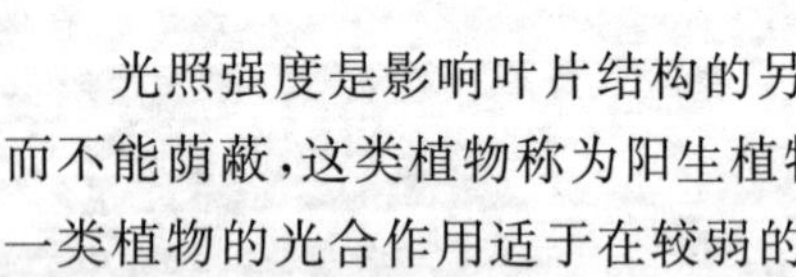

图 10-43 栎树叶的横切面

A. 阳生叶；B. 阴生叶

1. 阳生植物的叶

阳生植物由于受光受热较强，周围空气比较干燥，常具有上述旱生结构特点。一般表现为叶片较厚而小，表皮的角质层较厚，气孔小而密集，栅栏组织、机械组织均较发达，海绵组织不甚发达，叶肉细胞间隙较小。阳生植物不等于旱生植物，如水稻既是水生植物又是阳生植物。阳生植物的气生环境与旱生植物相似，但地下环境大不相同，甚至完全相反。

2. 阴生植物的叶

阴生植物因为植物体长期处于荫蔽条件下，其结构常倾向于水生植物的特点。叶片常大而薄，角质层较薄，栅栏组织发育不良，叶肉的大部分或全部是海绵组织，细胞间隙发达，叶绿体较大，叶绿素 b 的比例较大，表皮细胞也常含有叶绿体。这些特点，适应于荫蔽条件下吸收和利用散射光来进行光合作用。如果将阴生植物置于强光下，由于水分蒸腾过多，水分的供需失去平衡，植株容易发生萎蔫并导致气孔关闭。

实际上，具有相同基因型而生长在不同环境下的两株植物以及同一株植物的叶，均会对环境条件表现出相应的适应性。一般顶部和向阳的叶倾向于阳叶结构，下部和荫蔽的叶倾向于阴叶结构。因此，为了作物群体合理利用光能，增加产量，了解阳叶和阴叶的比例和分布规律，具有重要的意义。

四、落叶与离层

叶的生命周期从几天到许多年，但多数叶只有一到两个生长季节。叶的生命周期主要是植物适应环境的一种表现。落叶(deciduous)植物的叶在生长季末脱落，如柳、杨树等；常绿(evergreen)植物全年具叶，如芒果、松树、棕榈等。一些叶片是凋萎型(marcescent)，它们在冬季或旱季枯萎但不脱落，如壳斗科的许多植物。

叶在脱落前要经历衰老变化：叶肉细胞间隙扩大、气孔提前关闭、光合效率下降、叶绿素降解，而不易被破坏的叶黄素、胡萝卜素以及液泡中的花青素显现，使叶转为黄色、橙色或紫红色等。

叶的衰老，就整株而言，是由底部向顶部进行的；就单叶而言，则因植物类群而异，双子叶植物大多由叶基向叶尖进行，禾本科植物则由叶尖向叶基进行。

叶即将脱落时，在叶柄基部或靠近叶柄基部的某些细胞由于形态结构和生物化学性质的改变产生了离区(abscission zone)。离区包括离层(abscission layer)和保护层(protective layer)(图 10-44)。离区外层细胞的细胞壁胶化，细胞成为游离状态，只有维管束还连在一起，这个区域称为离层或分离层。离层的支持力异样薄弱，当有外力作用时，叶就从离层脱落。叶脱落后，离层下面的细胞壁和细胞间隙中有木栓质形成，构成保护层，能避免水的散失和病虫的伤害。叶片脱落后，在茎节处留下叶痕和叶迹。

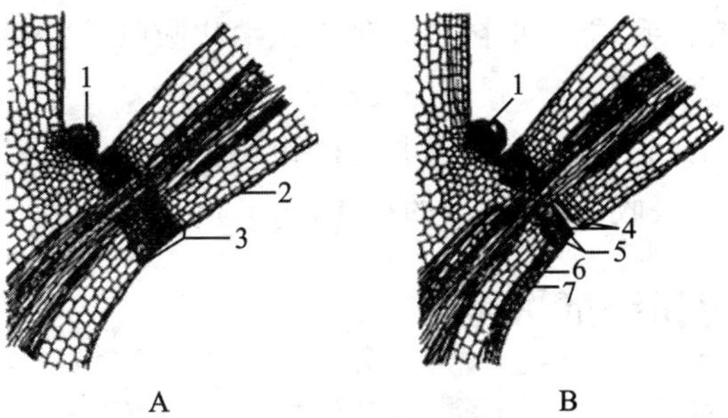

图 10-44 离层和离区

1. 腋芽；2. 叶柄；3. 离区；4. 离层；5. 保护层；6. 表皮；7. 周皮

五、变态叶的类型

叶的可塑性很大，是植物器官中最容易随环境变化而发生形态结构改变的器官。因此，叶的变态类型多种多样，主要有以下类型(图 10-45)。

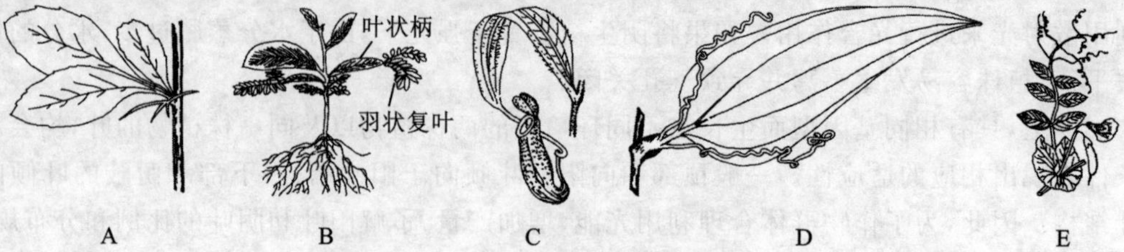

图 10-45　叶的变态(引自赵建成等)

A. 叶刺(小檗)；B. 叶状柄(金合欢)；C. 捕虫叶(猪笼草)；D. 叶卷须(菝葜)；E. 叶卷须(豌豆)

(1) 苞片(bract)　生于花或花序下面的变态叶称为苞片。其中生在花序外围或下面的苞片称为总苞片(involucre)，花序中每朵小花花柄上或花萼下的苞片称为小苞片(bractlet)。苞片的形状多与普通叶不同，常较小，绿色，但也有大型而呈各种颜色的。苞片有保护花和果实的作用，有些还有吸引昆虫的作用，如鱼腥草的大而白色的总苞。苞片的形状、大小和色泽，因植物种类不同而异，可作为种属的鉴别依据。

(2) 鳞叶(scale leaf)　叶的功能特化或退化成鳞片状，称为鳞叶。鳞叶有三种类型：①木本植物鳞芽外的鳞叶，也称芽鳞，具保护芽的作用；②洋葱、百合鳞茎上肉质、肥厚、具储藏功能的鳞叶；③地下根茎上退化的叶——鳞叶或鳞片。

(3) 叶刺(leaf thorn)　由叶或托叶变态成坚硬的刺状，称为叶刺，它对植物有保护作用。如小檗的叶变为刺状叶，刺槐、酸枣的托叶变态为硬刺，仙人掌的叶退化成针刺状。叶刺和茎刺一样，都有维管束和茎相通。

(4) 叶卷须(leaf tendril)　叶的全部或一部分变为卷须状，借以攀援他物。如豌豆的卷须是由羽状复叶先端的一些叶片变成的，菝葜的卷须是由托叶变成的。

(5) 叶状柄(phyllode)　有些植物的叶片退化，叶柄变为扁平的叶片状，并具有叶的功能，称为叶状柄，如台湾相思树等。

(6) 捕虫叶(insect-catching leaf)　食虫植物的部分叶可特化成瓶状、囊状或其他形状，其上有分泌黏液和消化液的腺毛，能捕捉昆虫并将昆虫消化吸收，这种叶称为捕虫叶。如猪笼草的瓶状捕虫叶、茅膏菜的盘状捕虫叶、狸藻的囊状捕虫叶等。

(7) 根状叶(rhizomorphic leaf)　某些水生植物如金鱼藻、槐叶萍等，其沉浸于水中的叶常细裂变态成细须根状，有吸收养料、水分的作用。

六、叶的生理功能和经济用途

(一) 叶的生理功能

(1) 光合作用　叶是绿色植物进行光合作用的主要器官。通过光合作用，植物制造自身生长、发育所必需的葡萄糖，并以此为原料合成淀粉、脂肪、蛋白质、纤维素等。动物和人类的食物及某些工业原料都是光合作用直接或间接的产物。因此，叶的发育和总面积的大小，对植物的生长发育、作物的稳产高产都有极其重要的影响。

(2) 蒸腾 叶又是蒸腾作用的主要器官。蒸腾作用是根系吸水的动力之一,并能促进植物体内矿物质的运输,还可降低叶表温度,使叶免受过强日光灼伤。但过于旺盛的蒸腾对植物生长不利。

(3) 呼吸 呼吸作用主要在叶中进行,它和光合作用一样,有较复杂的气体交换,其气体交换主要通过叶表面的气孔来完成。除叶外,呼吸作用也在植物的其他生活细胞中发生。

(4) 吸收 向叶面喷洒一定浓度的肥料或杀虫剂等,叶片表面就能吸收进入植物体内,达到根外施肥或杀虫的目的。

(5) 吐水 吐水作用也为植物水分代谢中水分排出的形式之一,它与蒸腾作用的不同之处是所排出的水是液体而非气体,排出的通道是特殊的水孔而非气孔。水孔仅存在于某些植物种属的叶片中,并以禾本科植物较为多见。

(6) 储藏 洋葱、百合、贝母等的肉质鳞叶内含有大量的储藏物质。

(7) 繁殖 有少数植物的叶还具有繁殖的能力,如落地生根,在叶片边缘上生有许多不定芽或小植株,脱落后掉在土壤上即可长成一个新个体;柑橘、秋海棠和柠檬等的叶可进行扦插繁殖。

(8) 净化空气 有些植物的叶能吸收空气中的 SO_2、CO、HF、Cl_2 等,起到净化空气的作用。

(9) 其他作用 豌豆复叶顶端的叶变成卷须,有攀援作用;猪笼草的叶呈囊状,可以捕食昆虫;小檗的叶变态形成针刺状,起保护作用。

(二) 叶的经济用途

(1) 食用 青菜、菠菜、白菜、韭菜、卷心菜等的叶可供食用。

(2) 药用 板蓝根、颠茄、薄荷等的叶可供药用。

(3) 工业原料 香叶天竺葵、留兰香等的叶可提取香精,剑麻的叶可造纸,烟草的叶可制成卷烟,茶叶的叶可做饮料。

第四节 营养器官间的相互联系

种子植物营养器官间的分工是长期对陆地环境适应并经自然选择逐渐形成的,是进化的表现。虽然植物根、茎、叶的结构和功能各不相同,但在植物生长发育过程中,各器官相互联系、相互协作和相互影响,其表皮、皮层和维管组织共同构成一个统一的整体,从而体现了植物营养器官在结构和功能上的整体性和相关性。

一、营养器官间结构的联系

(一) 根、茎维管系统的联系部位

种子萌发时,胚轴的一端发育为主根,另一端发育为主茎,二者之间通过下胚轴相连。然而根的维管组织的结构特点(木质部和韧皮部间隔排列,外始式木质部)与茎的维管组织的结构特点(外韧维管束的环状排列,内始式木质部)明显不同,所以在根、茎的交界处,维管组织必

须从一种形式逐步转变为另一种形式，发生这一转变的部位称为根茎过渡区（transition region），一般是在下胚轴的一定部位。

（二）根、茎间维管系统的分化和联系

主张根茎过渡区位于下胚轴的学者认为：根的木质部外始式星状中柱是最原始的，茎的内始式真中柱是最进化的。维管组织在下胚轴部位发生由根部向茎部的转变。转变时维管柱有增粗的变化过程，维管组织中木质部或韧皮部，或两者都发生分叉、旋转、靠拢和并合的变化过程。转变之后的维管组织在根、茎之间就建立起了统一联系。

根据维管组织的变化，一般可将根茎过渡区分为四种类型。

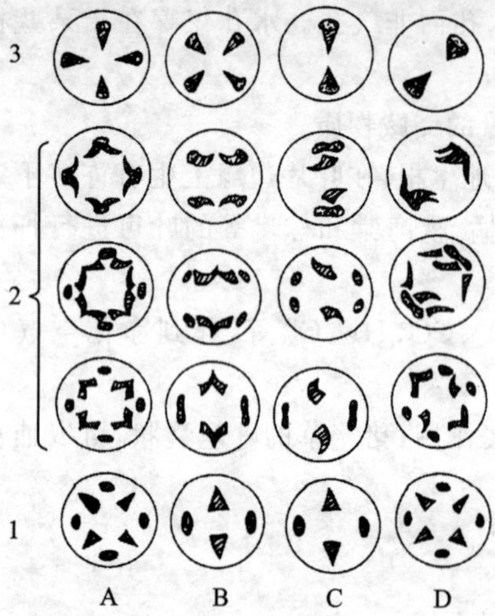

图 10-46　根茎过渡区维管结构联系图解

1. 根维管柱的横切面；2. 根茎过渡区横切面；3. 茎维管柱横切面

类型 A：由四原型幼根转变为具有 4 个外韧维管束的幼茎。在根茎过渡区，每个维管束的木质部分为二叉，并转向 180°，每一分叉与相邻木质部的分叉汇合成束，同时逐渐移位到 2 个韧皮部之间，使原来木质部与韧皮部相间排列转变成内外排列，如棉花的根茎过渡区（图 10-46A）。

类型 B：由二原型幼根转变为具有 4 个外韧维管束的幼茎。在根茎过渡区，根中的 2 个韧皮部一分为二，2 个木质部分叉转向后分别移位到 4 个韧皮部外方，形成 4 个外韧维管束，如菜豆、南瓜的根茎过渡区（图 10-46B）。

类型 C：由二原型幼根转变为具有 2 个外韧维管束的幼茎。在根茎过渡区，韧皮部分成二叉，每个韧皮部的一部分与另一个韧皮部的一部分合并，重新形成 2 个韧皮部。根中 2 个木质部不分裂，只转向 180°，分别排在韧皮部内方，形成 2 个外韧维管束，如山黎豆、苜蓿的根茎过渡区（图 10-46C）。

类型 D：由四原型幼根转变为具有 2 个外韧维管束的幼茎。在根茎过渡区，根中 4 个木质部只有 2 个相对的木质部分成两叉，并转向 180°。另外两个相对的木质部不分叉，也转向 180°。然后，未分叉的木质部与相邻的 2 个木质部中的各一分叉汇合，重新形成 2 个木质部。与此同时，与未分叉的木质部相邻的 2 个韧皮部合并，重新形成 2 个韧皮部，并移位到木质部外方，形成 2 个外韧维管束，如知母的根茎过渡区（图 10-46D）。

（三）茎、叶维管束系统的联结

在植物体中，维管束最初由下胚轴进入子叶节，或由上胚轴进入第一叶，继而进入各叶内，其基本规律如下：维管束先旋转、交叉、增生和合并，再发生分离，分别进入下一节间和所在节部的腋芽和叶柄内。进入腋芽的维管束的发育、分布和结构特点与主茎相似；进入叶内的维管束，如为外韧型维管束，其原本位于内侧的木质部则在进入叶内后，木质部总是朝向叶片的上（内）表面或叶结构的上表皮一侧，而韧皮部则总是位于朝向下（外）表皮或叶结构的下表皮一侧。当叶片脱落后，在茎节处总是可见到叶片脱落后留下的斑痕——叶痕（leaf scar），而叶痕内分布的斑点，则是叶片脱落后由茎进入叶柄的维管束断裂后留下的痕迹——叶迹（leaf trace）。

二、营养器官在植物生长中的相关性

植物的营养器官之间，在生长过程中存在着相互促进或相互抑制的关系，这种关系就是生长相关性。生长相关性主要是由于各器官之间有机营养物质的供应与分布、激素的调节以及水分和矿质元素的影响引起的。

(一) 地下部分与地上部分的生长相关性

植物地下部分和地上部分的生长相互依赖。地下部分的生长活动必须依赖于地上部分的光合产物和生理活性物质，而地下部分吸收的水分、矿质元素以及合成的细胞分裂素等运往地上部分供其利用。它们相互促进，共同发展而成一个整体。

地下部分和地上部分的生长也存在相互制约的一面，主要表现在对水分和营养的争夺。当土壤缺水时，地下部分一般不易发生水分亏缺而照常生长，而地上部分因水分不足，其生长会受到一定程度的抑制；相反，当土壤水分较多时，由于土壤通气性差，根的生长受到不同程度的抑制，但地上部分因水分供应充足而保持旺盛的生长。“旱长根，涝长苗”就是这个道理。

(二) 主茎和侧枝以及主根和侧根的生长相关性

一般来说，植物的顶芽生长较快，侧芽生长则受到不同程度的抑制，主根和侧根之间也有类似现象。如果将植物的顶芽(或根尖)除掉，侧枝(或侧根)就会迅速长出。这种顶端生长占优势的现象称为顶端优势(apical dominance)。顶端优势的强弱与植物种类有关。松、杉、柏等裸子植物的顶端优势强，近顶端的侧枝生长缓慢，远离顶端的侧枝生长较快，因而树冠呈宝塔形。玉米、高粱等也有明显的顶端优势，但小麦、水稻、大麦等顶端优势很弱或没有顶端优势。生产上可以根据需要利用顶端优势来调节植物的株型。

思考与探索

1. 区别下列各组名词：

直根系与须根系；周皮与树皮；单叶与复叶；等面叶与异面叶；气孔与皮孔。

2. 举例说明根是植物长期适应陆生生活所形成的产物。

3. 为什么在苗木移栽时常切断主根？

4. 试述根的初生结构与其生理功能的相互适应关系。

5. 根的内皮层有什么特点？在根的生理功能中担负的作用如何？

6. 比较单子叶植物根与双子叶植物根结构的异同。

7. 试举例说明双子叶植物根的初生构造是如何发展为次生构造的。

8. 根瘤和菌根的形成在农业生产实践中有何重要意义？

9. 请说明形成层、初生分生组织、维管形成层和木栓形成层的区别及其分化结果。

10. 试举例说明双子叶植物根和茎初生结构的异同点。

11. 试述双子叶植物根和茎的次生结构的区别。

12. 双子叶植物茎和单子叶植物茎构造之间有何异同？试举例说明。

13. 试举例说明双子叶植物木本茎的初生构造是如何发展为次生构造的，并与根的次生构造的产生过程进行比较。

14. 树为什么不怕空心而怕剥皮?
15. 从外部形态与内部结构来看,马铃薯为什么是茎而不是根?
16. 从叶的形态结构说明它与光合作用相适应的特点。
17. 单子叶植物叶的结构与双子叶植物叶的相比有何特点?
18. 简述叶脱落的过程和原因。
19. 为什么秋季树叶脱落时大部分背面朝上?

第十一章 种子植物的繁殖器官

第一节　植物的繁殖

一、繁殖的概念

繁殖是植物生命的基本特征之一，是其繁衍后代，延续种群的一种自然现象。植物不仅能通过繁殖增加下一代的个体数量和扩大生活范围，还能够保证物种的遗传稳定性和多样性。

二、繁殖的类型

根据植物繁殖方式的不同，植物的繁殖可以分为无性繁殖和有性繁殖。

（一）植物的无性繁殖

植物的无性繁殖是指植物在繁殖过程中，遗传物质来源于单一亲本，子代遗传信息与亲代基本相同的一种繁殖方式。它主要包括营养繁殖和孢子繁殖。

植物的营养繁殖是一种不产生生殖细胞的繁殖方式，又称为克隆生长，是植物营养体的一部分直接形成新个体的繁殖方式。营养繁殖在植物界中普遍存在，尤其是在藻类植物和被子植物中最为常见，如多细胞藻类植物在繁殖过程中，其植物体通常发生断裂，每一裂片均会生长成为一个新个体；多年生的被子植物也拥有极强的营养繁殖能力，其脱离或者未脱离母体的营养器官能够再生出不定根和不定芽，进而发育成新的个体。另外，有些植物的块根、块茎、鳞茎、球茎及根状茎也具有营养繁殖的能力。

在农业生产实践中，采用扦插、压条、嫁接等营养繁殖技术，对保留农作物珍稀物种的优良性状有重要意义。

孢子繁殖是低等植物在营养生长到一定时期之后，产生孢子并不经过两性的结合（无性孢子）可直接发育成新个体。只能进行孢子繁殖的植物称为孢子植物，如大多数蕨类植物等。但是某些真菌也可以通过有性生殖产生有性孢子进行生殖。

（二）植物的有性繁殖

有性繁殖也称有性生殖，是通过两性细胞的结合形成新个体的一种繁殖方式。在植物有性生殖过程中，植物体首先产生配子，两个配子结合成合子，再由合子发育形成新个体。根据所结合的两个配子间的差异程度，可将有性生殖分为同配生殖、异配生殖以及卵式生殖三种类型。

所谓同配生殖，是指两种相互结合的配子形态、结构、大小和运动能力相同，从形态学上难以鉴别其性别，对于不同性别的配子分别用“＋”和“－”表示，同配生殖一般存在于较低等的藻类中。

与同配生殖不同，在异配生殖中，植物所产生的两个配子大小不同，一般来说，较大的为雌配子，而较小的为雄配子，这两种配子的结合便可产生能够发育成为后代的合子。该生殖方式也主要存在于低等的藻类中。

随着植物个体的不断进化，两性配子在大小、形态结构以及运动能力等方面发生了巨大的变化。雌配子一般较大，但是不具备运动能力，常称为卵，而雄配子则生长出可运动的鞭毛，相对雌配子较小，常称为精子。在该类植物的有性生殖中，精子会与卵子发生结合形成受精卵（又称为合子），然后再由受精卵发育成个体植株，此类生殖方式称为卵式生殖。高等植物均具有卵式生殖的能力，此外，还有一些相对低等的藻类植物也可以进行卵式生殖。

除了以上常见的三种有性生殖方式以外，在一些低等植物中，还存在接合生殖、子囊生殖以及体细胞交配生殖等其他生殖方式。

不论是何种类型的有性生殖，它产生的配子均为单倍体，两个配子结合形成二倍体的合子，合子内含有两个亲本所有的遗传物质，由合子发育而成的子代个体遗传了亲本特性的同时，还产生了一定程度上的变异，相比无性繁殖的个体对环境的适应性更强。

第二节　花

一、花的组成和形态

（一）花的概念

种子植物营养生殖达到一定阶段，光照、温度等因素满足要求，在某些因素的诱导下就开始进入生殖生长阶段。这时，一部分或者全部茎端分生组织不再形成叶原基和腋芽原基，转而形成花原基或花序原基，这时的芽即为花芽。花是由花芽开放形成的，因此，花和枝叶具有同源性。

德国的博物学家和哲学家哥德认为，花是适合于繁殖的变态枝。从高等植物系统进化的角度来看，产生大、小孢子的花的各部分应该是由植物茎轴的孢子囊和孢子囊柄演变而来的。因此花是不分枝的变态短枝，在有性生殖过程中能形成大、小孢子和雌、雄配子，并且进一步发育为种子和果实。

（二）花的组成

一朵典型的花可分为五部分，即花柄（pedicel）、花托（receptacle）、花被（perianth）、雄蕊群（androecium）和雌蕊群（gynoecium）（图 11-1）。

（三）花的形态

1. 花柄和花托

花柄也称花梗，是支持花的部分，着生花的小枝，连接花朵和茎的短柄。不同植物的花柄

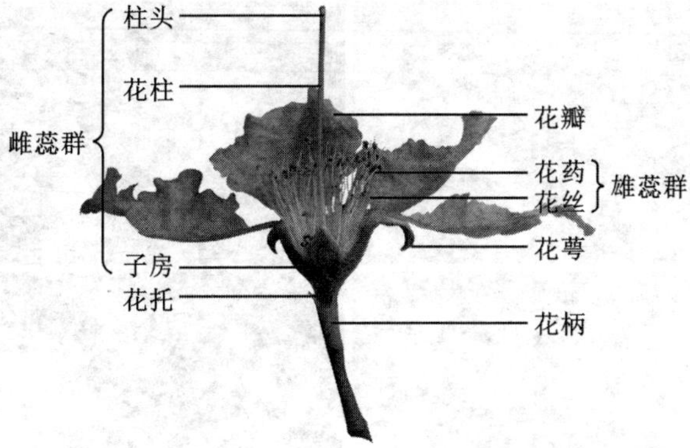

图 11-1　花的组成

长短各异，有的植物甚至没有花柄。花柄有分枝的，也有不分枝的，分枝的花柄称为小梗。花柄的结构与茎的结构相同。

花托是花柄顶端部分，花的其他部分按一定方式排列在上面。花托的形状随植物种类而各异(图 11-2)，一般可以按形状分为以下七种类型。

(1) 花托突出如圆柱状，如玉兰。

(2) 花托突出如覆碗状，如草莓。

(3) 花托凹陷如碗状：很多蔷薇科植物的花托中央部分向下凹陷，并与花被、花丝的下部愈合形成盘状、杯状或壶状的结构，称为托杯(hypanthium)，如蔷薇等。

(4) 花托膨大呈倒圆锥形，如莲。

(5) 花托延伸成为雌蕊柄：有的花托在雌蕊群基部向上延伸成为柄状，称为雌蕊柄，如落花生的雌蕊柄在花完成受精作用后迅速延伸，将先端的子房插入土中，形成果实，所以也称为子房柄。

(6) 花托延伸成为雌雄蕊柄：西番莲等植物的花托，在花冠以内的部分延伸成柄，称为雌雄蕊柄或两蕊柄。

(7) 花托延伸成为花冠柄：也有花托在花萼以内的部分伸长成花冠柄，如石竹。

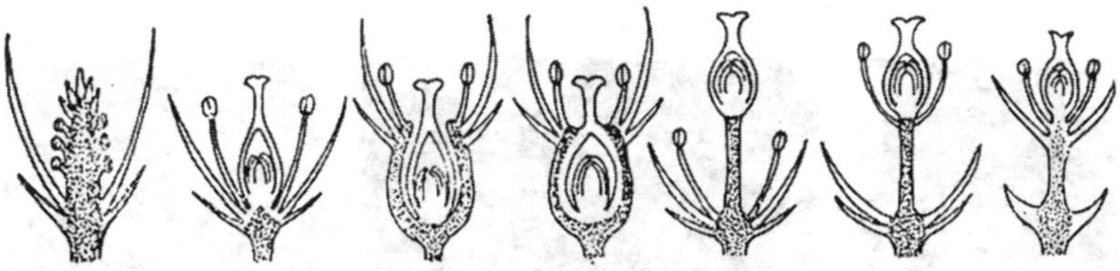

图 11-2　几种不同形状的花托(引自强胜等，2006)

A. 花托突出如圆柱状；B. 花托突出如覆碗状；C、D. 花托凹陷如碗状；E. 雌蕊柄；F. 雌雄蕊柄；G. 花冠柄

2. 花被

花被是着生在花托的周围或边缘的扁平状结构，是花萼(calyx)和花冠(corolla)的总称。很多植物的花被有明显的分化，在外面的称为花萼，内侧的称为花冠，这样的花称为二被花(double perianth flower，图 11-3)，如豌豆、油菜、番茄的花；有些植的花只有一轮花被，大多只有花萼，没有花冠，称为单被花(simple perianth flower)，如大麻的花；有的花被虽然有两轮，但内、外瓣片在色泽等方面并无明显的区分，称为同被花(The same flower)，它们的每一瓣片

图 11-3　花被类型

A. 两被花（美丽异木棉）；B. 单被花（蓖麻雄花）；C. 同被花（紫玉兰）；D. 无被花（垂柳）

称为被片（tepal），如百合和丝兰的花；也有完全没有花被的，称为无被花（achlamydeous flower），如垂柳、胡椒和杜仲的花等。

1）花萼

花萼位于花的最外轮，由若干萼片（sepal）组成（图 11-1、图 11-4）。萼片一般为绿色叶状薄片，结构与叶类似，内部充满含叶绿体的薄壁细胞，但没有栅栏组织和海绵组织的分化。大部分植物的萼片各自分离，这样的花萼称为离生萼，如油菜等。有些植物的萼片彼此联合成筒状，称为合生萼，如樱花等。合生萼下端联合的部分称为萼筒。有些植物的萼筒伸长成细长空管，称为距，如凤仙花、旱金莲等植物的花萼。萼片大小同或不同，分别称为整齐萼或不整齐萼。萼片比花冠先脱落的称为早落萼，如罂粟。有的花萼与花冠一起脱落，称为落萼，如油菜和桃。也有花萼常留在花柄上，随同果实一起发育，称为宿萼，如茄子、番茄和辣椒等。花萼通常一轮，也有具有两轮的，外轮的花萼称为副萼，如锦葵、棉和草莓等。花萼具有保护幼蕾和幼果的作用，并能进行光合作用。有的花萼大且具有各种颜色，具有吸引昆虫传粉的作用，如铁线莲和绣球花。有的萼片变成冠毛而有助于果实的散布，如蒲公英等菊科植物的花萼。

A　B　C

图 11-4　花萼类型

A. 合生萼（木本曼陀罗）；B. 离生萼（凤凰木）；C. 距（旱金莲）

2）花冠

花冠位于花萼的上方或内侧，由若干花瓣（petal）组成，排列为一轮或多轮。花瓣细胞中含有花青素或有色体，因此具有鲜艳的颜色。含花青素的花瓣呈现红、蓝和紫各色；含有色体的则呈现黄色、橙黄色或橙红色；有的花瓣两者兼有，则呈现出各种色彩；有的两者皆无，则呈白色。有时花瓣的表皮细胞形成乳突，经光线折射后，呈现出丝绒般光泽。有些植物的花瓣中含有挥发油，能释放出芳香的气味。有些植物的花瓣上有能分泌蜜汁的蜜腺。花冠的色彩与芳香适应于昆虫传粉，此外，花冠还有保护雄蕊和雌蕊的作用。玉米和大麻的花冠退化，以利于风力传粉。

花瓣也有分离或联合之分，前者称为离瓣花（choripetalous flower），如苹果的花；后者称为合瓣花（synpetalous flower），合瓣花的每一裂片称为花冠裂片，如牵牛和番薯的花。也有些合瓣花只在下部联合，上部仍然分离，如南瓜的花。

花冠的形状是多种多样的（图 11-5），有十字形的，如油菜花；有蝶形的，如豌豆花；有漏斗状的，如牵牛花；有钟状的，如风铃草花；有管状的，如马兜铃花；有唇形的，如芝麻花；有舌状的，如菊花的边缘花等。

图 11-5 花冠类型

A. 十字形花冠（油菜花）；B. 蝶形花冠（鸡冠刺桐花）；C. 漏斗状花冠（牵牛花）；D. 钟状（吊钟花）；E. 唇形（鸭嘴花）；F. 管状、舌状（肿柄菊花）

3. 雄蕊群

雄蕊群是一朵花中雄蕊的总称，由多数或一定数目的雄蕊（stamen）组成。雄蕊位于花被的内方或上方，在花托上呈螺旋或轮状排列，一般直接生长在花托上，也有的基部和花冠愈合，着生在花冠上。一朵花中雄蕊数目不同，且随植物种类而异。

雄蕊由花丝（filament）和花药（anther）两部分组成。

花丝的长短、形状随植物种类而不同，一般细长如丝，也有扁平如带的。

花药是雄蕊的主要部分，是产生花粉粒的地方，通常由四个或者两个花粉囊组成，分为两半，中间以药隔相连。花粉成熟后，花粉囊自行破裂，花粉从裂口处散出。花粉囊的破裂方式有以下几种（图 11-6）：①沿两粉囊交界处纵行裂开的，称为纵裂，如油菜、百合和牵牛等；②沿花药中部横向裂开的，称为横裂，如木槿和蜀葵等；③在花药的侧壁上裂成几个小瓣，花粉由瓣下小孔散出的，称为瓣裂，如香樟等；④在花粉囊上端裂开一个孔，花粉由小孔散出的，称为孔裂，如番茄、杜鹃和马铃薯等。

花药在花丝上的着生方式也有几种(图 11-7):①花丝顶端直接连接花药基部,称为底着药;②花药背部全部贴在花丝上,称为贴着药;③花丝顶端与花药背面中部一点相连,花药可自由摆动,整枚雄蕊呈丁字形,称为丁字着药。此外,花药的生长方向也有不同,如花药向着雌蕊一面生长的称为内向药,向着花冠生长的称为外向药。

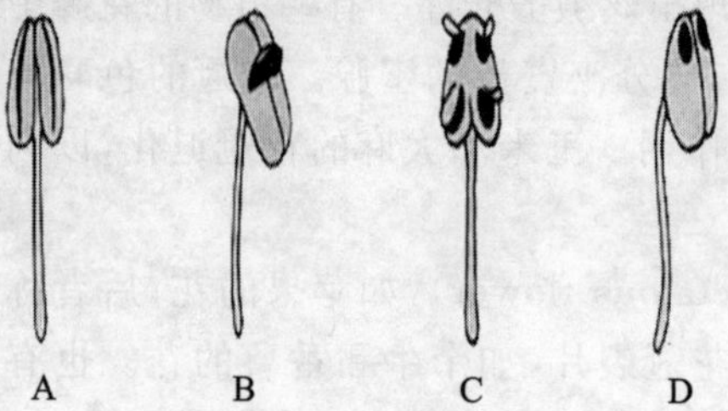

图 11-6 花粉囊的几种破裂方式

A. 纵裂;B. 横裂;C. 瓣裂;D. 孔裂

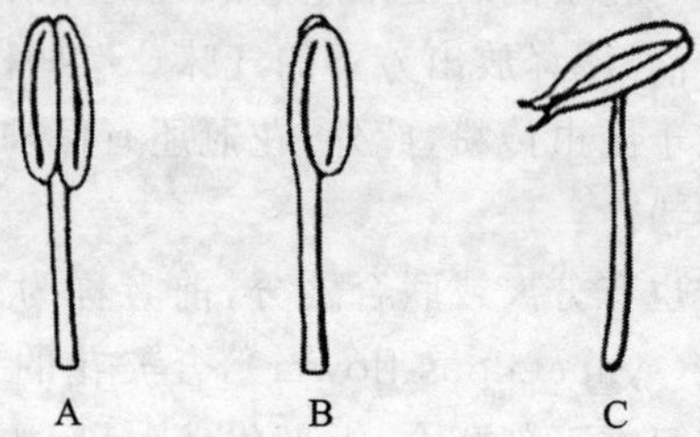

图 11-7 花药的几种着生方式(引自李名扬等,2003)

A. 底着药;B. 贴着药;C. 丁字着药

雄蕊的数目和长短随植物种类的不同而异(图 11-8),一般一朵花中的雄蕊长短相等,但也有同一朵花的雄蕊长短不同,如十字花科的植物,雄蕊共 6 个,外轮 2 个较短,内轮 4 个较长,称为四强雄蕊(tetradynamous stamen)。而唇形科和玄参科植物每朵花的雄蕊共 4 个,两长两短,称为二强雄蕊(didynamous stamen)。

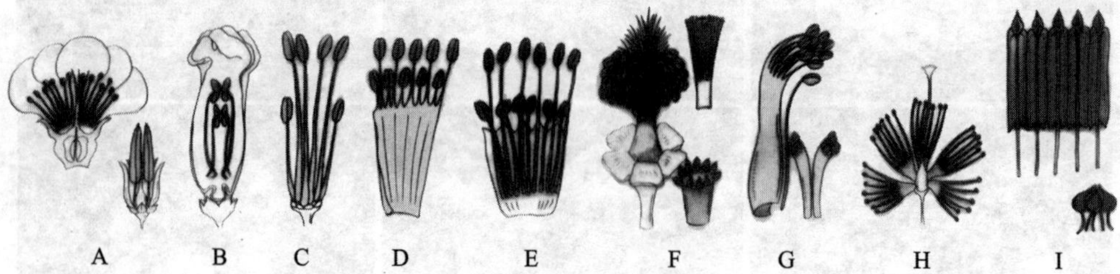

图 11-8 雄蕊的种类

A. 离生雄蕊;B. 二强雄蕊;C. 四强雄蕊;D. 五强雌蕊;E. 六强雄蕊;

F. 单体雄蕊;G. 二体雄蕊;H. 多体雄蕊;I. 聚药雄蕊

雄蕊通常是分离的,但也有各种方式的联合,有的在花丝部分,有的在花药部分。花药完全分离而花丝联合成一束的称为单体雄蕊(monodelphous stamen),如陆地棉和山茶等;花丝联合成两束的称为二体雄蕊(diadelphous stamen),如蚕豆的 10 枚雄蕊,9 枚联合,1 枚分离,形成两束;花丝联合形成三束的称为三体雄蕊(tridelphous stamen);花丝联合形成四体以上的称为多体雄蕊(polydelphous stamen),如蓖麻和金丝桃等。也有雄蕊的花丝分离而花药相互联合的,称为聚药雄蕊(synatherous stamen),如向日葵。

4. 雌蕊群

雌蕊群是一朵花中雌蕊的总称,位于花的中央或花托顶部。每枚雌蕊由柱头(stigma)、花柱(style)和子房(ovary)三部分组成。构成雌蕊的单位称为心皮(carpel),是具有生殖作用的变态叶。有些植物,一朵花中的雌蕊是由一个心皮构成的,称为单雌蕊(simple pistil),如蚕豆和大豆等。更多的植物雌蕊是由几个心皮构成的,这些心皮有的彼此分离,即离生雌蕊(apocarpous pistil),也属单雌蕊,如莲、草莓和玉兰等;有的各个心皮相互联合,组成一枚雌蕊,称为合生雌蕊(syncarpous pistil),属复雌蕊(compound pistil),如陆地棉和番茄,多数被子植物具有这种类型的雌蕊。合生雌蕊各部分的联合情况不同，有的子房、柱头和花柱全部联合，有的子房花、柱联合而柱头分离，有的仅子房联合而花柱和柱头都是分离的。

单雌蕊是通过心皮两侧边缘向内愈合而成的。心皮边缘相结合的部分称为腹缝线(ventral suture)。胚珠通常着生在腹缝线上，维管束由此分枝进入胚珠中，构成胚珠中的维管系统，向胚珠提供营养物质。在心皮中间相当于叶片中脉的部分称为背缝线(dorsal suture)。这两道缝线处都有维管束分布。在心皮联合的复雌蕊上，也可以见到这两种缝线，但复雌蕊的腹缝线位于 2 个心皮彼此联合的部分，如果复雌蕊由 3 个心皮合成，则可见到 3 条腹缝线，也有 3 个背缝线。

1）柱头

柱头位于雌蕊顶端，是接受花粉的部分，一般膨大成多种形状。柱头的表皮细胞有延伸成乳头、短毛或长形分枝绒毛的。有的柱头表面湿润，表皮细胞分泌水分、糖类、激素和酶等物质，以便传粉时可以黏住更多花粉，并为花粉萌发提供必要的基质，这类柱头称为湿柱头，如烟草和百合等的柱头；有的柱头表面是干燥的，这类柱头在传粉时不分泌物质，但柱头表面有亲水性蛋白质薄膜，能从薄膜下角质层中断处吸收水分，如十字花科植物、凤梨、水稻和小麦等的柱头。

2）花柱

花柱是柱头和子房的连接部位，也是花粉管进入子房的通道。一般植物的花柱呈细长状，但也有极短、不明显的花柱，如小麦和水稻的花柱。多数植物的花柱中央为引导组织，构成组织的细胞长形，薄壁呈疏松状排列，细胞内含丰富的原生质和淀粉。也有的花柱中央是空心的管道，称为花柱道(stylar canal)，管道的周围是花柱的内表皮或为分泌细胞，当花粉管沿着花柱生长进入子房时，花柱能为花粉管的生长提供营养和某些趋化物质。花柱内的维管束一端与花托相连，另一端止于柱头。

3）子房

子房是雌蕊基部膨大成囊状的部位，由子房壁(ovary wall)和胚珠(ovule)组成(图 11-9)，着生在花托上，有柄或无柄。子房的中空部分称为室。由一个心皮构成的子房称为单子房，只有一室，如蚕豆。由多个心皮组成的子房称为复子房。复子房有两种情况：心皮向内弯入，在子房的中心彼此相结合，心皮一部分形成子房壁，一部分形成子房的隔膜，将子房隔为数室，如牡丹等；有的子房原为多室，以后由于隔膜消失，成为一室，如石竹等。

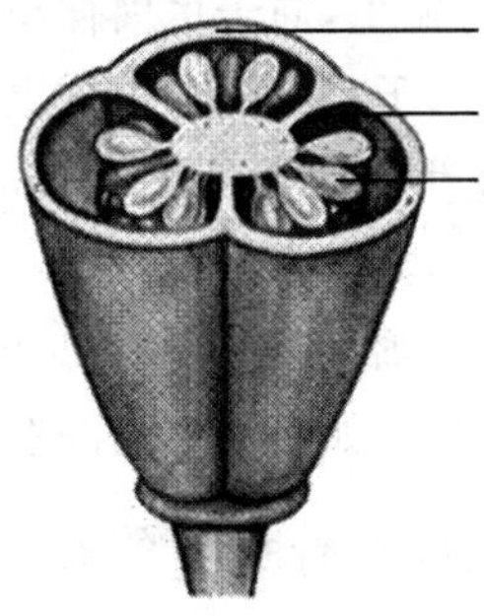

图 11-9　子房的横切图

子房着生在花托上，有些植物只是子房的底部和花托相连，其余部分都独立，这种子房称为上位子房(superior ovary)，如油菜、水稻的子房。有的子房和花托完全愈合，称为下位子房(inferior ovary)，如南瓜的子房。也有子房下半部分和花托愈合，上半部分及花柱和柱头都是独立的，这种子房称为半下位子房，如忍冬的子房(图 11-10)。

子房内包含胚珠，胚珠是种子的前身，各种植物每一个子房内胚珠的数目不同。胚珠由珠心(nucellus)、珠被(integument)和珠柄(funiculus)所组成。胚珠通常沿心皮的腹缝线着生在子房上，着生的部位叫做胎座(图 11-11)。

(1) 边缘胎座(marginal placentation)　雌蕊由单心皮构成，子房 1 室，胚珠着生在腹缝线上，如蚕豆等豆类植物的胎座。

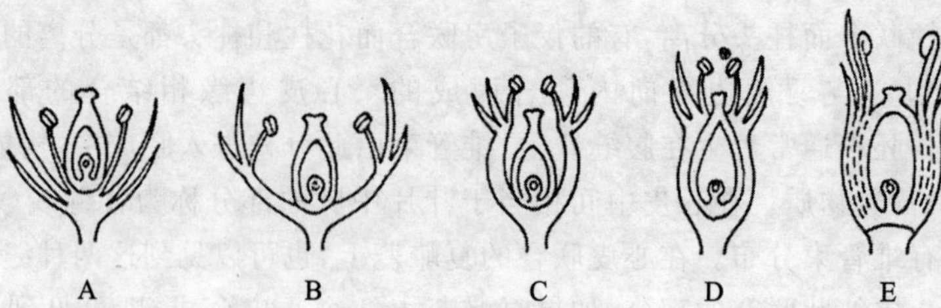

图 11-10　子房的位置(引自陆时万等,1991)

A. 子房上位(下位花);B、C. 子房半上位(周位花);D. 子房下位(上位花);E. 子房半下位(周位花)

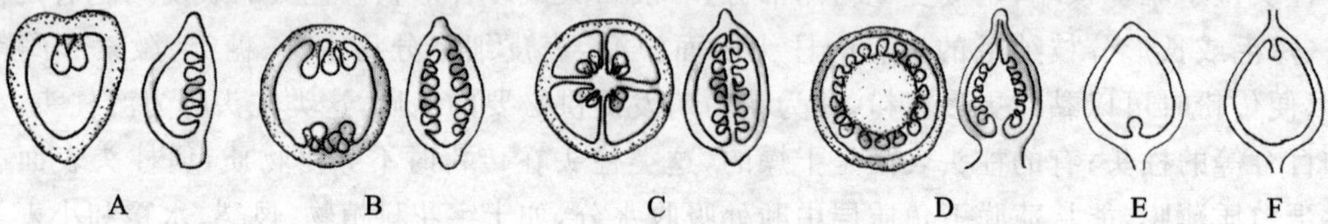

图 11-11　胎座类型

A. 边缘胎座;B. 侧膜胎座;C. 中轴胎座;D. 特立中央胎座;E. 基生胎座;F. 顶生胎座

(2) 侧膜胎座(parietal placentation)　雌蕊由多心皮构成,各心皮边缘合生,子房 1 室,胚珠着生在腹缝线上,如油菜、三色堇等植物的胎座。

(3) 中轴胎座(axial placentation)　雌蕊由多心皮构成,各心皮互相联合,在子房中形成中轴和隔膜,子房室数与心皮数相同,胚珠着生在中轴上,如陆地棉和柑橘等植物的胎座。

(4) 特立中央胎座(free-central placentation)　雌蕊由多心皮构成,子房 1 室,心皮基部和花托上部贴生,向子房内伸出,成为特立于子房中央的中轴,不到子房的顶部,胚珠着生在中轴上;有的因子房内隔或中轴上部消失而形成,前者如樱草,后者如石竹等植物的胎座。

(5) 基生胎座(basal placentation)　雌蕊由 2 心皮构成,子房 1 室,胚珠着生在子房的基部。如向日葵等植物的胎座。

(6) 顶生胎座(apical placentation)　雌蕊由 2 心皮构成,子房 1 室,胚珠着生在子房的顶部呈悬垂状态,如桑等植物的胎座。

(四) 禾本科植物的花

禾本科是被子植物中的单子叶植物,花的形态和结构比较特殊,现以小麦为例说明禾本科植物花的结构(图 11-12)。

小麦的花集中生长在麦穗上,按照一定的方式排列,整个麦穗是小麦的花序。穗的主轴上着生许多小穗,每个小穗的基部都有两片大的硬片,称为颖片(glume),分为一枚内颖和一枚外颖。颖片之内有几朵花,一般基部的 2～3 朵花能正常结实,上面的几朵往往是发育不完全的不育花。每一朵发育的花的外面又有 2 片鳞片状薄片,其中外面的一片称为外稃(lemma),里面的一片称为内稃(palea)。有的小麦外稃的中脉显著,并常延长成芒(awn)。在内稃的内侧基部有两个小的囊状突起,叫做浆片(lodicule),内稃和浆片是由花被退化而成的。在开花时,浆片膨胀,可使内稃、外稃撑开,花药和柱头露出花外。花的中央有 3 枚雄蕊和 1 枚雌蕊,雌蕊具 2 个羽毛状柱头,子房 1 室,不育花只有内、外稃,没有雌蕊和雄蕊。

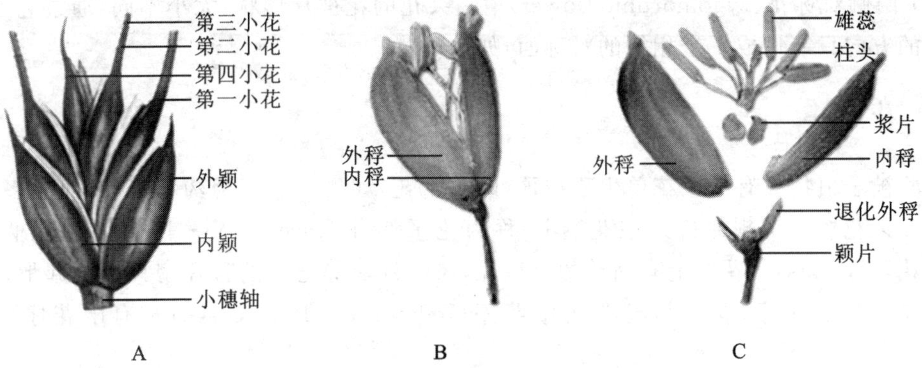

图 11-12　禾本科植物花解剖图

二、花的类型

（一）按花的组成划分

（1）完全花（complete flower）　一朵花中花萼、花冠、雌蕊、雄蕊四部分都有，如苹果。

（2）不完全花（incomplete flower）　一朵花中花萼、花冠、雄蕊、雌蕊四部分，任缺其中1～3部分，如南瓜雄花。

（二）按雌蕊和雄蕊类型划分

（1）两性花（bisexual flower）　一朵花中雄蕊和雌蕊都存在且充分发育，如大豆、小麦。

（2）单性花（unisexual flower）　一朵花中只有雄蕊或者只有雌蕊存在且充分发育。只有雄蕊的花叫做雄花，只有雌蕊的花叫做雌花。雌花和雄花同生于一植株上的叫做雌雄同株，如玉米。雌花和雄花不生于同一植株上的叫做雌雄异株，如大麻等。

（3）中性花（neutral flower）　一朵花中雌蕊和雄蕊均不完整或缺少，如向日葵花盘缘生长的假舌状花。

（4）杂性花（polygamous flower）　一种植物上或者同种植物不同植株上既有单性花也有两性花。

（5）孕性花（fertile flower）　能够结出种子的花，即雌蕊发育正常的花。

（6）不孕花（sterile flower）　不能结出种子的花，即雌蕊发育不正常的花。

（三）按花被的状况划分

（1）两被花（dichlamydeous flower）　一朵花同时具有花萼和花冠，如白菜。

（2）单被花（monochlamydeous flower）　一朵花中只有花萼而无花冠，如菠菜。

（3）无被花（achlamydeous flower）　又称裸花（naked flower），是指缺花萼和花冠的花，如垂柳。

（4）重瓣花（double flower）　在一些栽培植物中花瓣的层数增多的花，如月季。

（四）按花被的排列状况划分

（1）辐射对称花（actinomorphic flower）　一朵花的花被片大小、形状相似，通过它的中心可以切成 2 个以上相等的对称面，如桃、油菜。

(2) 两侧对称花(zygomorphic flower)　一朵花的花被片形状、大小不同,通过它的中心,按一定的方向只能切成1个相等的对称面,如益母草。

三、花序

有些被子植物只有一朵花单生于枝顶,即单生花,如桃、玉兰、芍药和莲等,而更多的被子植物是多朵花按一定规律排列在花柄上,称为花序(inflorescence)(图11-13),总花柄称为花序轴或花轴(rachis)。花序上有简单的小苞片,像向日葵等植物的苞片密集在一起形成总苞。按照开花的先后顺序,花序可分为无限花序(indefinite inflorescence)和有限花序(definite inflorescence)。

A　　B

图11-13　花类型

A. 单花;B. 花序

(一) 无限花序

在开花期间,无限花序的花序轴(主轴)可继续生长,不断产生新的苞片并在其叶腋内形成花芽,花序轴基部的花先开放,然后向顶端依次开放。若花序轴缩短,则花从边缘向中央依次开放。

无限花序有多种形式,常根据花序轴的变化、花柄的有无、是否为单性花等划分。图11-14所示为常见的几种无限花序。

图11-14中花序的花序轴不分枝,为简单花序。有些无限花序的花轴分枝,每个分枝相当于一种花序,称为复合花序(图11-15)。常见的复合花序有圆锥花序(panicle)(复总状花序),即每个分枝为总状花序,整个花序呈圆锥形,如水稻等;复穗状花序(compound spike),即每个分枝为穗状花序,如大麦等;复伞形花序(compound umbel),即花轴顶端丛生若干等长的分枝,每个分枝为伞形花序,如胡萝卜、茴香等;复伞房花序(compound corymb),即花轴分枝为伞房花序的排列,每个分枝为伞房花序,如花椒属的花序。除此之外,还有复头状花序(compound capitulum)等。

(二) 有限花序

有限花序又称聚伞花序,其花轴顶端的花先开放,也不再向上产生新的花芽,而是由顶花下部分化形成新的花芽,因而有限花序的花开放顺序是从上向下或从内向外。有限花序可分为以下几种类型(图11-16):

(1) 单歧聚伞花序(monochasium,monochasial cyme)　花轴(主轴)顶端的顶芽发育成花后,其下形成一侧枝,在枝端又生一花,如此反复。根据分枝排列的方式不同,可分为蝎尾状聚

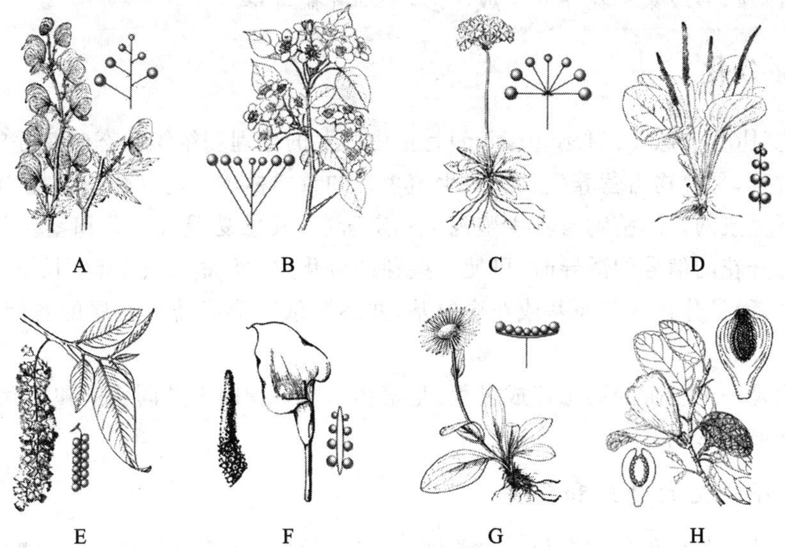

图 11-14　无限花序的类型

A. 总状花序；B. 伞房花序；C. 伞形花序；D. 穗状花序；E. 柔荑花序；F. 肉穗花序；G. 头状花序；H. 隐头花序

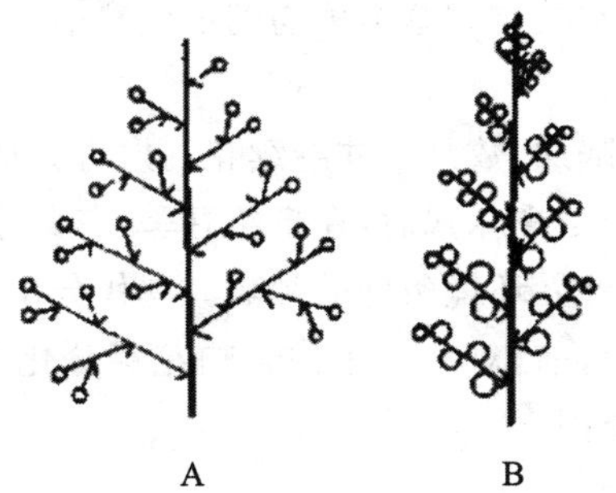

图 11-15　复合花序类型

A. 圆锥花序；B. 复穗状花序；C. 复伞形花序

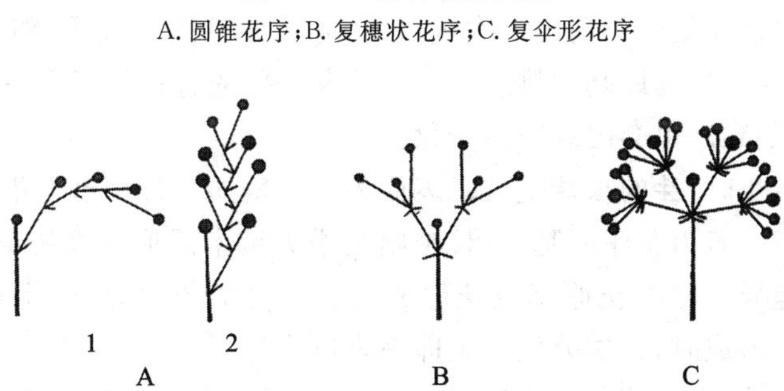

图 11-16　有限花序类型

A. 单歧有限花序（1. 螺状聚伞花序；2. 蝎尾状聚散花花序）；B. 二歧聚伞花序；C. 多歧聚伞花序

伞花序（scorpioid cyme），如唐菖蒲的花序；螺状聚伞花序（helicoid cyme），如勿忘草。

（2）二歧聚伞花序（dichasium）　又称歧伞花序，主轴顶端发育成花后，其下面分出两个分枝，枝端各发育成一花，如此反复分枝，如冬青、卫矛、石竹。

（3）多歧聚伞花序（pleiochasium）　主轴顶花下分出三个以上的分枝，侧枝长度超过主轴，各侧枝形成一小的聚伞花序，如此反复分枝，如京大戟；花梗短而密集的多歧聚伞花序称为密伞花序，如泽漆；多歧聚伞花序对生成轮形，如细叶益母草。

四、花芽分化

花芽分化(flower bud differentiation)是指由叶芽的生理和组织状态向花芽的生理和组织状态转化的过程，是植物由营养生长进入生殖生长的重要标志。花芽分化是植物体内、外因素的共同作用下完成的。当植物营养生殖到了一定阶段，其感受器官叶芽和茎生长锥受到光照和温度等决定开花的信号的诱导时，可使一些芽的分化发生质的变化，其生长锥不再产生叶原基和腋芽原基，而是分化成花原基或花序原基，并逐渐依次形成花或花序的各组成部分，分化成花或花序。

花芽分化是一个复杂的形态建成过程，是植物体内各种因素共同作用和相互协调的结果，并受到外界环境的影响。

(一) 花芽分化的时期和条件

不同植物的花芽分化时期有很大的差别，一年生植物(如草莓和茄子)在播种后一个月便受到外界环境因素的诱导开始花芽的分化，而一些多年生植物，往往需要经过一年或几年的营养生殖后，经内、外因素的诱导才能开始花芽的分化，如竹子需要数十年之久的营养生长后才开始发生花芽的分化。大多数多年生木本植物和草本植物到了成熟期后，能年年重复开花，但竹类一生只开一次花，花后植株则死亡。

许多果树的花芽分化完成后进入休眠期，数月后才继续花的发育。如桃等一般落叶树种，从开花前一年的夏季即开始花芽分化，经冬季休眠后，在来年春季，花芽才继续发育至开花。

花芽分化受到植物遗传因子控制和外界环境条件的影响。现代分子遗传学研究已探明植物花发育中开花阶段的基因表达模式。目前，对外界条件影响花芽分化了解比较清楚的是温度和光照(光周期、光照强度和光质)两个因素。

(二) 花芽分化的过程

花原基分化顺序往往是由外向内依次进行的，萼片原基发生最早，随着生殖生长的进行，依次向内产生花瓣原基、雄蕊原基和雌蕊原基。花芽分化的过程并不是一成不变的，随着植物种类不同，花芽分化的顺序也会出现一些变化。

植物进入生殖生长时，芽的顶端生长锥表面积明显增加。若为单生花的原基，生长锥则是逐渐增宽变平，如桃等；若为花序原基，生长锥则是增大呈半圆形或圆锥形，随植物种类不同，所形成的花序存在差异。随着花原基或花序原基各部分的依次分化，生长锥面积逐渐缩小。当花中心的心皮原基形成时，顶端分生组织即完全退化。

从细胞生理学上看，在花芽分化的过程中，茎生长锥细胞中的高尔基体、线粒体和核糖体的数量增加，琥珀酸氢化酶活性增强，继而呼吸强度增大。与此同时，可溶性糖增多，尤其是氨基酸和蛋白质含量增加，核酸的合成速率加快，为细胞快速的分裂提供了物质基础。

冬季的低温对有些植物在翌年春、夏季开花有一定的影响，没有适当的低温就不能形成花原基，比较典型的例子是冬小麦必须在秋季播种，出苗后越冬，来年夏季抽穗开花。这种现象称为春化。

春化现象指一、二年生的植物，在苗期需对其进行低温处理(约 3 ℃)，也称春化处理(vernalisation)后，才能从营养生长过渡到生殖生长阶段(花、果实和种子的发育)的现象。

与光周期诱导一般需要可诱导的日照长度处理一到几天即可促使提前开花相比，春化作用通常需要低温处理数周。

春化是由完整植株的茎顶端来感受的。这一点可用局部加热或者冷却旱芹的茎顶端的实验来证明。冷处理其顶端，而与此同时将芹菜的其他部分置于室温，最终植株的表现与已经春化过的植株一样。反之，将植物顶端置于室温，其他部位做冷处理，结果植物开花表现得与未春化处理的植株一样。

五、花程式和花图式

为了说明一朵花的结构和组成部分，可以用一个公式表示出来，其中包括各种符号和数字，称为花程式(floral formula)。为了展示花各部分的排列位置和相互关系，使用图案符号来表示，则称为花图式(floral diagram)。

(一) 花程式

花的各部分以其拉丁文的第一个字母表示，通常用 K 表示花萼(kalyx)，C 表示花冠(corolla)，A 代表雄蕊群(androecium)，G 代表雌蕊群(gynoecium)。如果花萼和花冠不能区分，用 P 代表花被(perianth)。每一个字母的右下角可以记上一个数字来表示各轮的实际数目。如果缺少某一轮，可记下“0”，如果数目极多，没有定数，则可用“∞”表示。如果某一部分的各单位相互联合，可在数字外加上“()”。如果某一部分不止一轮，可在每轮数字间加上“+”号。在公式中子房位置的表示方法：在 G 下面加一横线，表示子房上位；在 G 上面加一横线表示子房下位；周位子房则通常在 G 上、下各加一横线。在 G 的右下角写上一个数字，可以表示心皮的数目，在数字后加上一个数字可表示子房的室数，两数字间可用“:”相连。如果是整齐花，可在公式前加“*”号，两侧对称的花用“↑”表示。♂表示单性雄花，♀表示单性雌花。两性花的符号有时略而不写。其中 $K_{(3/2)}$ 表示花萼二唇形，上唇 3 裂，下唇 2 裂。$C_{(3/2)}$ 表示花冠二唇形，上唇 3 裂，下唇 2 裂。$C_{(5)}A_5$ 表示雄蕊冠生。

下面举例说明：

(1)百合花花程式：$^{*}P_{3+3}A_{3+3}\underline{G}_{(3:3)}$

表示百合花为两性整齐花，花被 2 轮，每轮 3 片离生，雄蕊 2 轮，每轮 3 个分离，雌蕊 3 心皮合生，子房 3 室，上位。

(2)泡桐花的花程式：$\uparrow K_{(5)}C_{(5)}A_{2+2}\underline{G}_{(2:2)}$

表示泡桐花为两侧对称花，花萼 5 片，萼片合生；花冠 5 片且合生；雄蕊 4 枚，2 轮排列，每轮各 2 枚；雌蕊 2 心皮组成，合生，子房 2 室，上位。

(3)苹果花：$^{*}K_{(5)}C_5A_{\infty}\overline{G}_{(5:5)}$

表示苹果花为两性整齐花，萼片 5 个，合生，花瓣 5 个，离生；雄蕊多数不定，雌蕊 5 心皮，合生 5 室，子房下位。

(二) 花图式

花图式是花的横切面简图，用以表示花各部分的轮数、数目、离合、排列(包括花被卷叠方式)和胎座类型等内容(图 11-17 和表 11-1)。

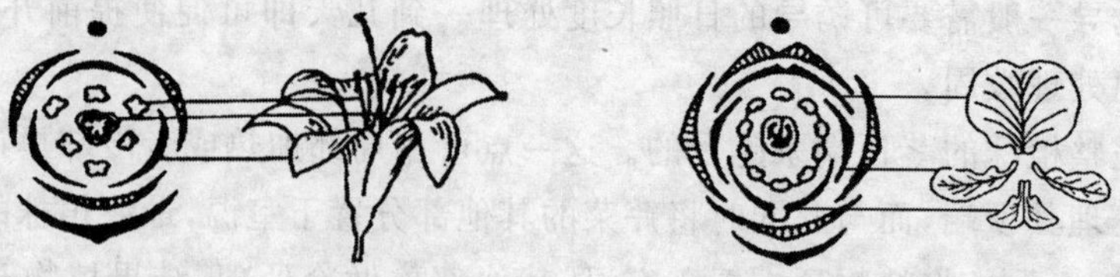

A　　　　B

图 11-17　花图式

表 11-1　花图式常见符号

符号	名称	符号	名称	符号	名称
	花轴		花被	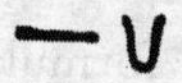	联合
	苞片		花瓣		成轮
	萼片		雄蕊		缺少或退化
			冠生雄蕊		心皮

如图 11-17 所示，最外层的实心弧线表示苞片，带横线的弧线表示萼片，内方的实心弧线表示花瓣。雄蕊和雌蕊就以它们的实际横切面图表示。

六、花各部分的演化

在植物的生活史中，作为繁殖器官的花出现的时间比营养器官晚，花受环境的影响及变异较小，即在同一种植物中，花的各部分形态是相对稳定的。然而，在植物长期的系统演化过程中，花的形态不断演化，使被子植物不同类群花的形态有很大的差异，因而可以将花部特征作为对被子植物进行分类的重要依据。从被子植物不同类群间花的形态结构特征中可以看出花各部分的演化情况及各类群之间的亲缘关系。

（一） 数目的变化

花的各部分数目的变化是从多而无定数到少而有定数。如玉兰、莲等较原始的被子植物，雄蕊和雌蕊多而无定数；在大多数被子植物中，其花被、雌蕊、雄蕊的数目有所减少，稳定在 3、4 和 5，或为 3、4、5 的倍数。花的各部分的固定数目叫做花基数。大多数植物的萼片数目等于花基数，花瓣的数目等于或成倍于花基数。雄蕊的数目常为花基数的二倍，雌蕊中心皮数目一般与花基数一致。但有些植物的花各部分有退化现象，有的花没有花冠，有的雄蕊数目减少或完全退化。

（二） 排列方式的变化

被子植物中，花部以螺旋状排列的方式较为原始，如玉兰和毛茛，大多数被子植物的花部呈轮状排列。

（三） 对称性的变化

花瓣和萼片在同一轮中形态可能相同也可能不同，这构成了花部的对称方式。在被子植物中，两侧对称花可能是由辐射对称花经过多次独立演化发展而来的。

（四）联合

从演化的过程来看，花部从分离到联合是进化的趋势。离生是原始的，联合是较为高级的形态。比较原始的花，如莲和玉兰花的各部分花被和雌雄蕊是离生的。

（五）花托的形状和子房位置的变化

花托有各种形状，较为原始的花托呈柱状和圆锥形，在演化中逐渐成为圆顶形、平顶形和凹顶形等。子房着生在花托上，仅底部与花托相连，为子房上位。在进化过程中：花托逐渐变短，宽度加大，呈圆顶形，如毛茛的花托；花托进一步扩大，顶部扩展呈平顶形，如牡丹的花托。进一步演化，花托中央凹陷，不同植物间的凹陷程度不同，在月季等蔷薇科植物中，花托凹陷很深，子房着生在花托的凹陷中央的底部，仅子房底部与花托相连，而子房的其他部位与花托分离，这种类型也为上位子房。有的植物，如苹果、向日葵等，子房不但位于花托凹陷的中央，而且子房壁与周围的花托愈合成为下位子房（图 11-10）。

花各部分的演化是参差不齐的，如苹果的花，其花萼、花冠离生，雄蕊多数是原始的形状，而其子房下位又是进化的形态。

第三节　被子植物的生殖结构与发育

一、雄蕊的发育和结构

雄蕊由花丝和花药两部分组成。花芽分化过程中，雄蕊原基形成后，经过顶端生长和局部有限的边缘生长，雄蕊原基迅速伸长，顶端膨大发育成花药，基部伸长形成花丝。

（一）花丝的结构与功能

花丝的结构简单。最外一层为表皮，内为基本组织，中央有一个维管束，上连花药的药隔，下连花托。花丝在花芽中常不明显伸长，临开花前或开花初始阶段，在生长素的诱导下，进行居间生长，迅速伸长，将花药送出花外。花丝向花药转运营养物质、支持花药、促进开花，使花药暴露在空中，有利于花药的开裂和传粉。

（二）花药的发育与结构

花药是雄蕊产生花粉的结构，通常由花粉囊（pollen sac）和药隔（connective）组成。花粉囊是产生花粉粒（pollen grain）的囊状结构，多数植物的花药有 4 个花粉囊，少数植物为 2 个。花粉成熟时，花药开裂，花粉粒由花粉囊内散出进行传粉。药隔是花药中部连接花粉囊的部分，药隔由通入花丝的维管束和周围的薄壁细胞所组成。

1. 幼嫩花药的发育与结构

雄蕊原基经顶端生长和边缘生长基本完成幼嫩花药的发育。幼嫩花药最初为一团分生组织，外面为一层原表皮，垂周分裂将来形成花药的表皮；内方是基本分生组织，参与药隔和花粉囊的发育；原基的近中央部分为原形成层，将来形成药隔维管束，与花丝维管束相连（图 11-18）。

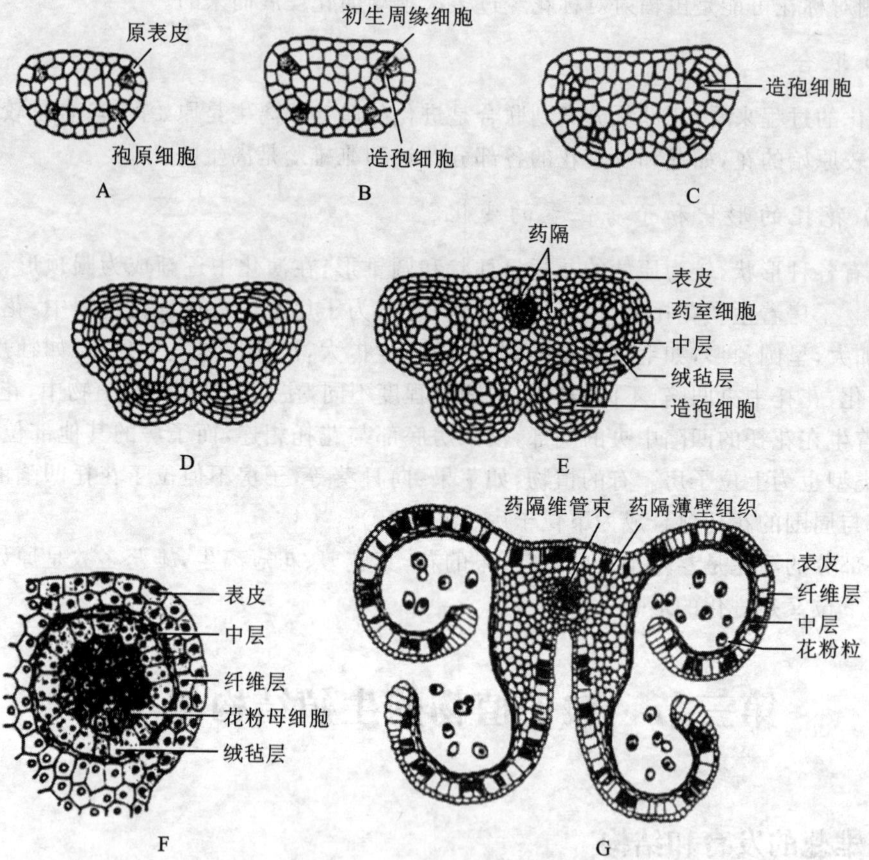

图 11-18　花药的发育与结构(引自李扬汉)

A～E. 花药的发育过程；F. 花粉母细胞；G. 花药的结构及成熟花粉粒

幼小花药经细胞分裂而逐渐长大，由于 4 个角隅处的细胞分裂较快，横切面上由近圆形变成四棱形。以后在四棱处原表皮层下面的第一层基本分生组织细胞分化成为多列的孢原细胞(archesporial cell)，其细胞较大，核大、质浓，分裂能力较强。有的植物(如小麦、棉花等)只有一列孢原细胞，这样，在幼花药的横切面上，可见 4 个角隅各有一个孢原细胞。随后，孢原细胞进行平周分裂，形成内、外两层，外层为初生周缘层(primary parietal layer)，内层为初生造孢细胞(primary sporogenous cell)。花药中部的原形成层细胞逐渐分裂、分化形成维管束，和其他基本分生组织发育来的薄壁细胞一起构成药隔。

表皮为整个花药的最外一层细胞，以垂周分裂形式增加细胞数目以适应内部组织的生长。

初生周缘层细胞继续进行平周分裂和垂周分裂，自外而内逐渐形成药室内壁(endothecium)、中层(middle layer)和绒毡层(tapetum)，与表皮(epidermis)一起构成花粉囊壁。药室内壁常为一层细胞，初期常储藏大量的淀粉和其他营养物质；中层由一至数层较小而扁平的细胞组成，并有大量的淀粉等营养物质；绒毡层是花粉囊壁的最内一层细胞，其细胞较大，初期为单核，中期可形成多核细胞。绒毡层细胞质浓，细胞器丰富，含较多的 RNA、蛋白质以及丰富的油脂和类胡萝卜素等营养物质和生理活性物质，对小孢子的发育和花粉粒的形成起重要的营养和调节作用。

初生造孢细胞经有丝分裂或不经过有丝分裂发育成花粉母细胞。在花药成熟过程中，花粉母细胞经减数分裂发育成花粉粒。

2. 花药的成熟与结构

成熟的花药由药隔和花粉囊两部分组成。药隔是连接花丝和花粉囊的重要结构，包括表皮、药隔基本组织和药隔维管束三部分。表皮和药隔基本组织细胞中的淀粉等储藏物质被逐渐分解转移，药隔维管束则进一步分化成熟，表现为导管壁增厚、腔明显。花粉囊（或称药室）由花粉囊壁（分为药室外壁与药室内壁）和花粉室（花粉囊腔和花粉粒）组成。

在花粉囊的成熟过程中，花粉囊的外壁（表皮）细胞呈扁长形，外壁可外凸，通常具明显的角质层，有气孔器。

药室内壁细胞径向扩展，细胞壁内五面呈斜纵向条纹状的次生加厚（有的植物为螺旋状加厚），加厚的壁物质主要为纤维素和少量的木质素。在此过程中，细胞内的储藏物质逐渐消失，此时的药室内壁又称为纤维层（fibrous layer）。药室内壁在纤维束状增厚时，常在两个相邻花粉囊交接处不发生加厚，留下狭条状的薄壁细胞（有人称此类细胞为唇细胞）区域。开花后，花药暴露，细胞失水，因纤维层外切向壁不增厚而产生较多的皱缩，所形成的机械力使邻近的花粉囊交接处断开，并形成裂口，花粉粒则由花粉囊的裂口或裂缝处散出。

中层细胞在花药成熟过程中，其细胞内的储藏物质被分解和转移，成为花粉粒发育成熟过程中的养分，其细胞壁被挤压变扁逐渐解体并被绒毡层吸收和利用。因此，成熟的花药中，无中层或仅有残留的中层。

绒毡层在花粉母细胞开始减数分裂时，其细胞核分裂但不伴随细胞质的分裂，常形成具有双核或多核的细胞。绒毡层细胞的生长过程可分为两个时期：①前期，从花药特异组织的分化到花粉粒形成的早期，绒毡层处于一种旺盛的生长状态，它对花粉粒发育的影响也主要集中在这一时期；②后期，随着单细胞花粉粒的中央大液泡的形成及第一次有丝分裂的进行，绒毡层细胞程序性死亡而逐渐衰退，直至消失。根据绒毡层发育后期的形态差别，可将其分为腺质（分泌）绒毡层和变形（周原质团）绒毡层两种类型。

花粉母细胞经减数分裂形成四分体，四分体解离，发育成单细胞花粉，经 1～2 次有丝分裂，逐步发育成为成熟花粉粒。

当花粉粒发育完成后，花药也已成熟，此时，花粉囊或花药的部分壁常因绒毡层解体而消失或仅存痕迹，故成熟的花粉囊只剩有表皮、纤维层和成熟的花粉粒。

（三）花粉粒的发育与结构

1. 花粉粒的发育

在花粉囊壁发育的同时，初生造孢细胞也进行分裂（图 11-19）。大多数植物的初生造孢细胞经几次分裂后，形成花粉母细胞（pollen mother cell，PMC）。刚形成的花粉母细胞在双子叶植物中多呈多边形，单子叶植物中多为近圆形，体积较大、细胞核大、细胞质浓且无明显的液泡。花粉母细胞之间以及与绒毡层细胞之间有胞间连丝存在，表明其结构与生理上保持密切联系，花粉母细胞逐渐积累胼胝质形成胼胝质壁，并逐渐加厚直至胞间连丝被阻断。花粉母细胞发育到一定时期开始减数分裂。

花粉母细胞经减数分裂形成四分体以后，四分体的细胞逐渐彼此分离，形成四个单核的花粉粒（小孢子）。但有些植物由同一花粉母细胞形成的四个花粉粒始终结合在一起，保持四分体的状态，如杜鹃、香蒲的花粉。兰科、萝藦科的花粉粒多数胶着成块，叫做花粉块。

减数分裂后，由于胼胝质壁的溶解，单核花粉粒从四分体中游离出来，释放到花粉囊中。它们还需要进一步发育才能形成成熟的花粉粒进行传粉。

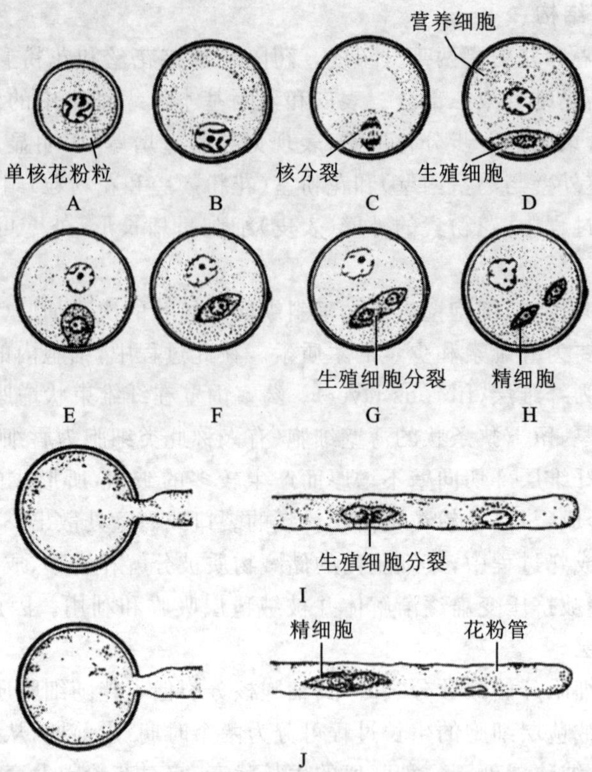

图 11-19　被子植物花粉粒的发育与花粉管中精细胞的形成(引自 Maheshwari)

A. 新形成的单核花粉粒；B. 单核花粉粒的后期阶段，产生了液泡，细胞核移到近细胞壁的位置上；
C. 单核花粉粒的核分裂；D. 分裂结束，二细胞时期，示营养细胞和生殖细胞；
E. 生殖细胞开始与细胞壁分离；F. 生殖细胞游离在营养细胞的细胞质中；
G、H. 生殖细胞在花粉粒中分裂，形成精细胞；I、J. 生殖细胞在花粉管中分裂，形成精细胞

花粉粒初期细胞壁薄，细胞质浓，细胞核位于细胞的中央。它们不断地从周围吸取绒毡层的分泌物或其降解物，体积增大，细胞质中的小液泡合并成中央大液泡，细胞质成一薄层，细胞核通常被挤向与花粉粒壁上萌发孔相对的一侧(单核靠边期)，如水稻、小麦等禾本科植物。此后，细胞核在近壁处不均等分裂，其纺锤体多与花粉粒的壁垂直，细胞板呈弧形弯向生殖核一侧。分裂结果，形成一大一小两个细胞，大的为营养细胞(vegetative cell)，小的为生殖细胞(generative cell)。

营养细胞包含单核花粉的大液泡及大部分细胞质，细胞器丰富，代谢活跃，并含有大量的淀粉、脂肪、色素及生理活性物质等，营养细胞的功能主要与花粉发育中的营养以及花粉管的生长有关。生殖细胞最初紧贴着花粉粒的内壁，呈凸透镜形或半球形，细胞核大，只有少量的细胞质。随着生殖细胞收缩、内移，细胞渐渐变圆，与花粉粒的内壁分离，游离在营养细胞之中，出现细胞中有细胞的独特现象。此时，生殖细胞变为球形，胼胝质壁消失，成为裸露的细胞，浸泡在营养细胞之中，成为细胞中细胞。以后，生殖细胞渐渐伸长，呈纺锤形。

四分体形成后不久，花粉粒壁即开始发育。最初，在单细胞花粉的胼胝质壁和质膜之间形成纤维素的初生外壁(原外壁，primexine)。几乎在初生外壁发育的同时，在质膜上形成许多圆柱状突起，穿过初生外壁呈辐射状排列于花粉粒的表面。其外侧进一步积累孢粉素，形成基粒棒，基粒棒基部扩展，并互相连接形成基足层(foot layer)。基粒棒的顶端扩展、联结，形成

覆盖层(tectum)。覆盖层、基粒棒层(baculum)构成花粉外壁(exine)的外层,基足层又称为花粉外壁内层Ⅰ,花粉的质膜分泌纤维素物质,形成外壁内层Ⅱ,它与基足层(内层Ⅰ)共同构成花粉外壁内层。内壁(intine)通常在花粉粒分裂阶段开始形成。花粉内壁与外壁内层Ⅱ相同,主要是纤维素等。

花粉成熟时,只有生殖细胞和营养细胞的花粉粒称为二细胞花粉粒,约70%的被子植物,如双子叶植物的棉花、茶、桃、梨、柑橘等,单子叶植物的百合、薯蓣、香蒲及许多兰科植物等的花粉粒成熟时是二细胞花粉粒;另外一些植物如水稻、小麦、玉米、莎草和向日葵等,它们的花粉粒尚需进一步发育,其生殖细胞进行一次有丝分裂,形成两个精细胞(sperm),成为三细胞花粉粒。

2. 成熟花粉粒的形态

花粉粒的形态和构造十分多样,其形状、大小、外壁上纹饰的差异,萌发孔的有无、数量和分布等特征,都随植物种类而异,且其特征非常稳定。

成熟花粉粒的形状一般呈球形、椭圆形,也有略呈三角形或长方形的(图11-20、图11-21)。例如:水稻、小麦、玉米、棉花、柑橘、桃、番瓜、紫云英等的成熟花粉粒为球形;油菜、蚕豆、桑、梨、苹果等的成熟花粉粒为椭圆形;茶的成熟花粉粒略呈三角形。此外,有的花粉粒呈线形或四方形等。

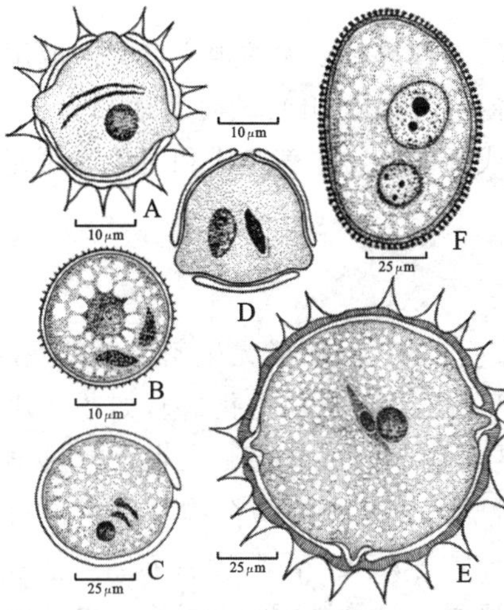

图 11-20　不同植物的花粉粒形态(引自郑湘如等)

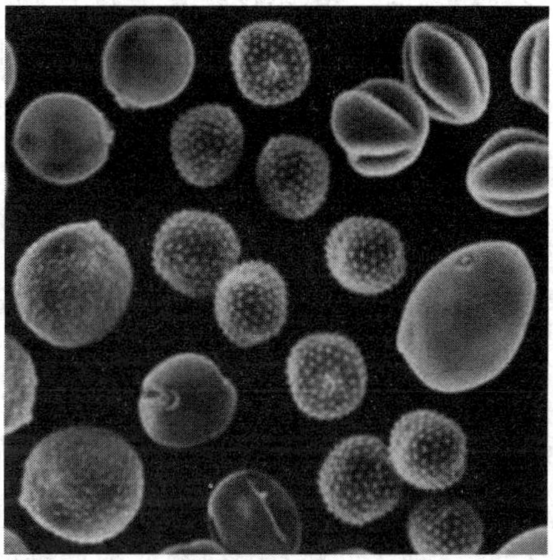

图 11-21　不同植物花粉粒的扫描电镜图

3. 成熟花粉粒的结构

成熟花粉粒具有两层细胞壁,即外壁和内壁,内含2个或3个细胞,即1个营养细胞和1个生殖细胞或2个精细胞。

(四) 花粉的生活力与单倍体育种

花粉的生活力因植物种类不同而差异很大,它既取决于植物的遗传性,又受到环境因素的影响。在自然条件下,大多数植物的花粉从花药中散出后,短的只能存活几小时,长的能存活几天或几周。一般木本植物花粉的生活力长于草本植物,苹果的花粉能存活10～70天,柑橘为40～50天,麻栎为1年。多数禾本科植物的花粉存活不超过1天,玉米为1～2天。花粉粒的类型也与生活力有关,通常三细胞花粉粒因多分裂一次而消耗了一部分营养,其生活力较二细胞花粉粒的低，不耐储存，对外界不良条件耐受力较差。

影响花粉生活力最重要的环境因素是温度、相对湿度和气体环境。控制这几个因素，最大限度地降低花粉的代谢水平，使花粉处于休眠状态，这是延长花粉生活力的基本原则。近年来，在储藏花粉方面利用超低温（−192 ℃的液态空气或−196 ℃的液氮）、真空或降低氧分压以及快速冷冻干燥等方法，大大延长了花粉的生活力，取得了良好的效果。在生产和杂交育种时，常常需要采集和储藏花粉，进行人工辅助授粉和杂交授粉，以提高结实率或获得优良的杂交组合。因此，研究花粉粒的生活力和储存条件很有实践意义。

利用花药和花粉粒离体培养，使其产生愈伤组织（callus）或胚状体（embryoid），然后分化成植株的方法已得到普遍应用。这种来自花粉粒的植株，称为花粉植物（pollen plant），因花粉粒的染色体是单倍体，故又称其为单倍体植物（haploid plant）。不过这种植物比较矮小，不能正常开花结实，其细胞中的染色体需经过人工或自然加倍后，才能产生正常开花结实的纯合二倍体植物（pure diploid plant）。

由花粉诱导形成单倍体植株有两种方式：一是由花粉直接形成"胚状体"，"胚状体"一般经过与合子胚相类似的各个发育时期，形成单倍体植株；二是由花粉形成愈伤组织，再将愈伤组织进行分化培养，诱导出单倍体植株。花药和花粉的培养，花药的不同发育时期对诱导分化有很大的影响，由于培养条件及培养基成分的不同，同一植物的花药适于培养的发育时期也相应地发生变化，一般采用处于单核中期或晚期的花粉。

花粉植物的培养，不仅是育种方法上的一种新手段，而且具有较大的现实意义。应用这种方法育种，可以减少杂种分离，缩短育种年限，提高选择效率，减少田间试验用地和人力，对异花传粉的植物能迅速获得自交系。对品种提纯、复壮，或开展植物器官建成和遗传等研究很有意义。

（五）花粉败育与雄性不育

由于外界条件和遗传因素的影响，花粉的正常发育受到干扰，形成无生殖能力的花粉，这一现象称为花粉败育（abortion）。花粉败育的原因包括：①结构（花药退化）型，如花药瘦小或畸形，或药隔维管组织中的导管、筛管分化不完全，或花粉囊壁的绒毡层肥大宿存或过早解离等；②生理（花粉败育）型，如花粉母细胞不能正常进行减数分裂，或减数分裂后花粉停留在单核或双核阶段，不能产生精细胞，或绒毡层的细胞代谢异常等；③营养型，因营养因素而致雄蕊发育不良，一般无花粉；④环境型，温度过低或过高，或严重干旱等导致雄蕊发育异常等。

由于外界环境的影响，雄蕊发育不正常而花药畸形或完全退化，这一现象称为雄性不育（male sterility）。雄性不育植物其雌蕊一般发育正常，这种现象已见于40多科的几百种植物中。雄性不育性可遗传的品系称为雄性不育系。水稻、高粱、玉米、油菜、棉花、番木瓜等植物育出的雄性不育植株群体为雄性不育系。雄性不育植物可划分为遗传性雄性不育（genic male sterility，如细胞核雄性不育）、细胞质雄性不育（cytoplasmic male sterility）和核质互作型雄性不育（genic-cytoplasmic sterility），以及受环境影响的雄性不育，如光敏、温敏雄性不育水稻，分别在长日照、低温下才表现出雄性不育现象等。此外，应用化学杀雄等方法诱导，也可产生非遗传性的雄性不育植株。

雄性不育在杂交育种中有很重要的作用，作物的杂种一代有着很强的杂种优势，利用雄性不育系进行杂交育种，可免去人工去雄这一复杂的操作过程，既能节约大量人力，又保证了种子的纯度。

二、雌蕊的发育和结构

从形态发生上，雌蕊由一至数个变态的叶卷合而成。组成雌蕊的变态叶称为心皮(carpel)，每个心皮通常有 3 条维管束，其中相当于叶片中脉的维管束称为背束(dorsal carpellary bundle)，两侧的维管束称为腹束(ventral carpellary bundle)。心皮在形成雌蕊时，常向内卷合，使近轴的一面(或称腹面)闭合起来，心皮边缘联合处称为腹缝线；与近轴相背的一面为远轴面(或称为背面)，在心皮中间相当于叶片中脉的部分称为背缝线。雌蕊包括柱头、花柱和子房三部分。

(一) 柱头的类型

柱头位于雌蕊的顶端，一般略膨大或扩展成不同形状。大多数被子植物的柱头表皮细胞常变为乳突状，其表面凹凸不平，也有的伸展为单细胞或多细胞的毛状，有利于接受更多的花粉。柱头表皮及乳突的角质膜外侧覆盖着一层亲水的蛋白质薄膜，可截获与识别花粉，有利于花粉萌发。

1. 干型柱头

干型柱头(dry stigma)是指那些在开花时其表面并不产生分泌物的柱头，如油菜、棉、柿和禾本科等植物的柱头。干柱头的外表存在蛋白质薄膜，具有亲水性，可以通过其下层的角质膜的不连续处吸收水分，使得花粉萌发和花粉管生长。

2. 湿型柱头

湿型柱头(wet stigma)是指那些在开花时能产生液态分泌物的柱头，如烟草、茄、苹果、梨等植物的柱头。柱头分泌物常因植物的不同而不同，主要为脂类、糖类、酚类化合物、氨基酸和蛋白质等。其中脂类有助于黏住花粉粒，减少柱头失水或防湿；蛋白质参与花粉粒和柱头的识别反应；酚类化合物被认为有助于防止病虫对柱头的侵害，可以有选择性地促进或抑制花粉粒的萌发；糖类主要是阿拉伯糖，它们是花粉粒萌发及花粉管生长时的营养物质。

(二) 花柱的类型

花柱是连接柱头和子房的柱状结构，是花粉管进入子房的通道。花柱常细长，如玉米的须状花柱；也有的很短而不明显，如小麦、水稻等。花柱主要有空心型花柱(hollow style)和实心型花柱(solid style) 两大类型。

1. 空心型花柱

空心型花柱的中央有一条至数条纵行的沟道，称为花柱道(stylar canal)，自柱头通向子房，豆科植物和油菜等的花柱属于这种类型，沟道的表面为高度腺性的花柱道细胞(style canal cell)，其所产生的黏性分泌物释放到花柱道的表面。传粉后，花粉粒萌发所形成的花粉管沿着花柱道并吸收和利用花柱道表面的分泌物营养，而进一步生长和穿行。

2. 实心型花柱

实心型花柱没有中空的花柱道，但花柱中央具有富含细胞器、代谢旺盛的引导组织，如棉花、烟草、荠菜、芝麻等大多数双子叶植物的花柱。在花柱的横切面上，引导组织细胞多呈圆形、细胞间隙大，其中充满糖类(果胶质)、蛋白质等分泌液。传粉后，多数植物的花粉管是在引导组织的胞间物质中通过。但水稻、小麦等的实心花柱无引导组织，花粉管通常在花柱中央的薄壁细胞间隙中穿过。

（三）子房的结构

子房着生在花托上，是雌蕊基部膨大的部分。由子房壁(ovary wall)、子房室(locule)、胚珠(ovule)和胎座(placenta)等组成。子房壁位于子房外围，分为外层、中层和内层。外层表皮上有气孔和表皮毛；中层具多层薄壁细胞及维管组织系统；内层与外层相近，但气孔和外壁上的角质层分化不完全。子房室是子房内的空腔，其数目因植物的种类、心皮的数目和心皮联合形成的雌蕊类型不同而不同。

单雌蕊仅由1个心皮构成，子房内仅有1个子房室，如大豆、桃等；复雌蕊由2个以上的心皮数联合而成，其子房内有1个(如石竹、葫芦等植物)至多个子房室(如锦葵、百合等植物)。胚珠是着生在胎座(心皮边缘愈合的地方，即腹缝线)上的卵形小体，是种子的前体(图11-22)。

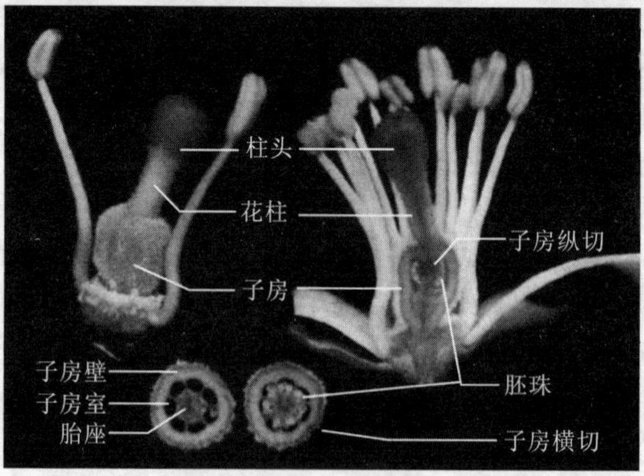

图 11-22　枸橘子房横切和纵切

1. 胚珠的发育与结构

随着雌蕊的发育，在子房中胎座的一定部位发育产生胚珠。首先，胎座表皮下层的一个或几个细胞经平周分裂，产生一团细胞，突起成为胚珠原基。胚珠原基的前端为珠心(nucellus)，是胚珠中最重要的结构部分。胚珠中的胚囊就是由珠心的细胞发育而成的。胚珠原基的基部发育成珠柄(funiculus)。珠心基部的表皮层细胞可快速分裂，产生环状的突起，逐渐向上生长、扩展，形成珠被，将珠心包围，仅在珠心的前端或一定部位留下的小孔称为珠孔(micropyle)。许多双子叶合瓣花植物(如番茄、向日葵等)和一些离瓣花植物(如胡桃等)，只有一层珠被，但多数双子叶离瓣花植物(如油菜、棉花、桃、百合等)和单子叶植物(如水稻、大麦、小麦等)，它们的珠心有内、外两层珠被，但内珠被(inner integument)发生早于外珠被(outer integument)。在珠心基部或其一侧，珠被、珠心和珠柄汇合的部位称为合点(chalaza)。心皮中的维管束分枝从胎座经过珠柄到达合点而进入胚珠内部，成为胚珠输送养料的途径。因此，一个发育成熟的胚珠，其结构包括珠心、珠被、珠柄和合点等几部分(图 11-23)。

2. 胚囊的发育

1) 胚囊母细胞的发育

胚囊发育于珠心组织。珠被原基开始形成时，在靠近珠孔一端的表皮层下发育出一个与周围不同的孢原细胞(archesporial cell)，其细胞的体积较大，细胞质较浓，细胞器丰富，液泡化程度低，细胞核大而显著。棉等植物的孢原细胞可先进行一次平周分裂，形成内、外两个细胞：外侧的一个称为周缘细胞(parietal cell)，内侧的一个称为造孢细胞(sporgenous cell)，由造孢

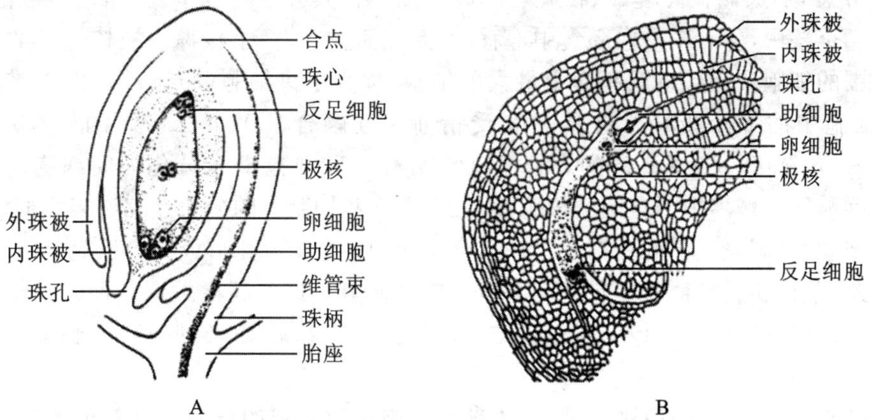

图 11-23　成熟胚珠的结构(引自郑湘如等)

A. 胚珠结构模式图;B. 油菜的成熟胚珠,示胚囊的结构

细胞发育成胚囊母细胞(embryosac mother cell,EMC),或称为大孢子母细胞(macrosporal mother cell);周缘细胞继续进行垂周分裂和平周分裂,增加珠心的细胞层数,形成厚珠心。向日葵、百合、水稻、小麦等的孢原细胞可直接发育成胚囊母细胞(图 11-24)。

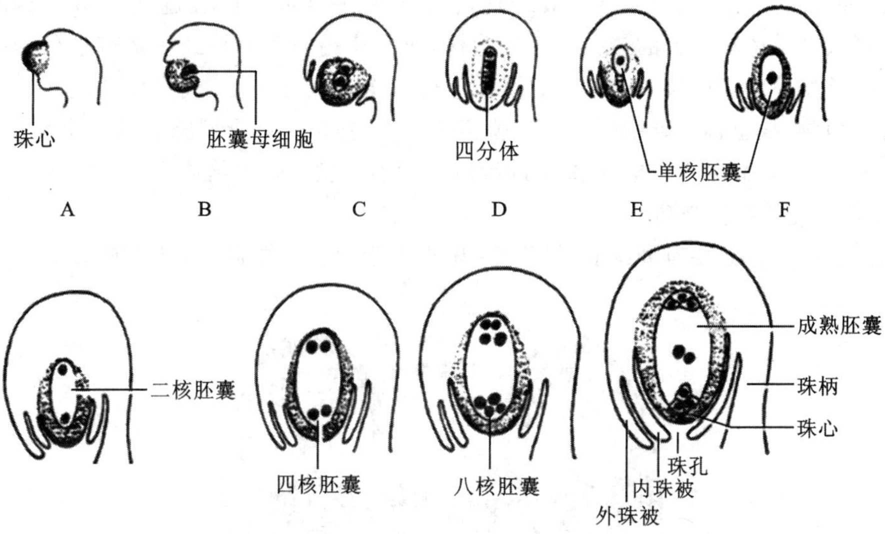

图 11-24　胚珠和胚囊发育过程模式图(引自李扬汉)

2) 胚囊发生的多样性

胚囊母细胞经减数分裂,形成单细胞胚囊(大孢子或大孢子核),根据其发生方式可区分为单孢型(蓼型)、双孢型(葱型)和四孢型(贝母型)三类胚囊。

(1) 单孢型胚囊　单孢型胚囊是指胚囊母细胞减数分裂形成 4 个单倍体的大孢子,4 个大孢子沿珠心呈线形或 T 形排列,其中靠近珠孔端的 3 个细胞相继程序化死亡,仅远离珠孔端的 1 个具功能的大孢子继续发育,形成单细胞胚囊(embryo sac),再由单细胞胚囊发育成成熟胚囊的方式。单细胞胚囊的细胞体积增大、具大液泡,其后,细胞核连续三次有丝分裂,第一次分裂形成 2 个核,随着液泡的形成,这 2 个核分别移至胚囊两端,形成二核胚囊,二核胚囊连续进行2次分裂,形成四核胚囊、八核胚囊。胚囊细胞在其分裂过程中发育长大,液泡化增强。在每端的4个核中,各有1核向胚囊中部移动,互相靠拢,这2个核称为极核(polar nucleus)。极核与周围的细胞质一起组成胚囊中最大的细胞,称为中央细胞(central cell)。在一些植物中,中央细胞中的2个极核常在传粉和受精前相互融合成1个二倍体的核,称为次生核(secondary nucleus)。近珠孔端的3个核,1个分化成卵细胞,2个分化为助细胞(synergid),它们常合称卵器。卵器中的这两类细胞在形态、极性和细胞壁的分化上有许多相似之处,彼此间有胞间连丝,协同完成卵的受精过程。近合点端的3个核分化形成3个反足细胞(antipodal cell)。至此,单核胚囊发育成具有7个细胞的成熟胚囊。这种胚囊发育的形式最初见于蓼科植物,称为蓼型(polygonum type)胚囊。在被子植物中,约有81%的植物的胚囊发育是蓼型胚囊。

(2) 双孢型胚囊　双孢型胚囊是指胚囊母细胞减数分裂的第一次分裂形成二分体,其中近珠孔端的一个细胞逐渐退化消失,近合点端的一个完成减数分裂的第二次分裂,形成具有双核的单细胞胚囊,再由双核的单细胞胚囊发育成成熟胚囊的方式。这种类型的胚囊发育多见于葱、慈姑等植物。

(3) 四孢型胚囊　四孢型胚囊是指胚囊母细胞的减数分裂只有核分裂而无细胞质的分裂,结果形成具4个核的单细胞胚囊,再由具4个核的单细胞胚囊发育成成熟胚囊的方式。在四孢型胚囊的发育初期,近合点端的3个核,在随后的一次有丝分裂过程中,3个核的染色体先合并再形成2个体积较大的三倍体的细胞核,而珠孔端的1个核经一次有丝分裂形成2个体积较小的单倍体的细胞核,以后,4个核各进行一次有丝分裂,形成八核胚囊。四孢型胚囊见于贝母等植物,故也称贝母型胚囊。与蓼型胚囊不同的是,贝母型胚囊的3个反足细胞和1个极核都是三倍体,而另1个极核、2个助细胞和卵器细胞都是单倍体。

3) 成熟胚囊的结构与功能

成熟胚囊的结构主要有卵细胞、助细胞、中央细胞和反足细胞几部分(图11-25)。

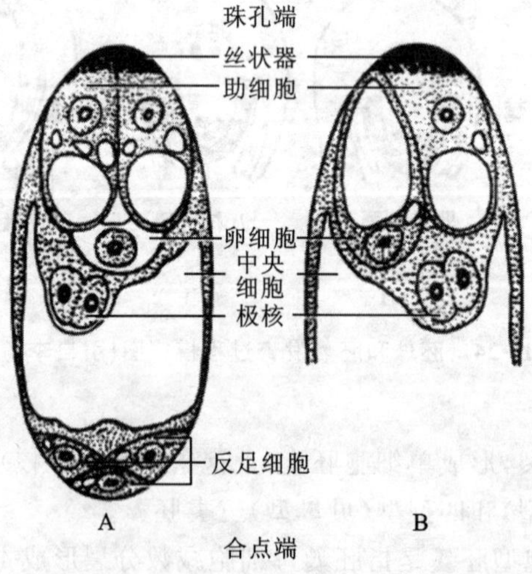

图11-25　成熟胚囊模式图(引自Johri)

A. 胚囊正面观;B. 胚囊侧面观(粗黑线表示细胞壁和质膜)

(1) 卵细胞　卵细胞在胚囊中有极其重要的作用,它受精后发育成胚,即新一代的孢子体。成熟的卵细胞多呈梨形,是一个高度极性分化的细胞。其细胞壁通常在近珠孔端最厚,近合点端逐渐变薄且呈蜂窝状或无，大液泡位于珠孔端，而细胞核、细胞质多位于合点端。如棉花的卵细胞壁仅延伸到细胞的一半，玉米的卵细胞合点端也不存在壁，只有质膜为界。成熟的卵细胞中，细胞器常解体、退化、数量减少，说明卵细胞代谢活动弱。卵细胞与助细胞间有胞间连丝相通，有人将卵细胞和助细胞一起称为雌性生殖单位(female germ unit，FGU)。

(2) 助细胞　助细胞与卵细胞在珠孔端排列成三角形，也是具有高度极性的细胞。助细胞的壁基本完整，其厚薄趋势与卵细胞相似，但在珠孔端的细胞壁上有丝状器(filiform apparatus)结构，它是壁向内的延伸，类似传递细胞壁的内褶突起。丝状器主要由果胶质、半纤维素及纤维素组成。丝状器的结构大大地增加了质膜的表面积，具有将珠心与珠被细胞内的营养物质转运给胚囊，特别是转运给卵细胞的短距离运输作用，也可以将其产生的某种化学物质分泌到珠孔或珠孔附近的珠心细胞。成熟助细胞的细胞质多集中在珠孔端或丝状器附近，而且含有大量的细胞器，为代谢活跃的细胞，除了吸收物质进入胚囊外，还可以合成和分泌某些向化性物质；Ca^{2+}可以作为信号分子，指导花粉管进入珠孔。通常在受精前后，胚囊的两个助细胞中，一个退化，另一个宿存。当花粉管进入胚囊时，总是到达退化的助细胞中，在这里释放花粉管的内容物，包括两个精细胞。

(3) 中央细胞　中央细胞是胚囊中最大的一个细胞，也是高度液泡化的细胞。中央细胞也具有极性，其壁不完整，与珠心或珠被连接处的细胞壁较厚，并常向细胞腔内生出许多指状突起，可从珠心或珠被组织活跃地吸收营养物质；同时，也可向外分泌酶参与珠心细胞的消化。与卵器和反足细胞相邻的界面，仅合点端具有细胞壁，而在珠孔端近于无壁；中央细胞的大部分细胞质及其所包含的两个极核或它们融合后形成的次生核靠近卵器处。细胞器丰富，有大量的线粒体、质体、内质网、高尔基体、核糖体等，质体中含有淀粉，表明中央细胞不仅代谢强度高，而且是胚囊营养物质的主要储藏场所。

(4)反足细胞　反足细胞是胚囊中变化最大的细胞。多数植物常具3个反足细胞，反足细胞的寿命一般较短，通常在受精作用发生之后，或在受精作用发生之前就已经退化消失。反足细胞之间，反足细胞与珠心细胞或中央细胞相接处，常有很多胞间连丝，细胞质中含有丰富的线粒体、高尔基体、内质网和质体等细胞器以及大量的储藏物质，反映了反足细胞也是代谢非常活跃的细胞，对胚囊发育起着吸收、转运和分泌营养物质的多种功能。

第四节　开花、传粉和受精

一、花的性别分化与植物的性系统

根据被子植物花中雌、雄蕊的存在与否，可以把花分为两性花、单性花和无性花。一般从三个层次对植物雌雄功能组合类型进行划分：同一植株的同一朵花中；同一植株的不同朵花之间；不同植株之间。不同植株花的性别分化方式一致的植物称为性单态植物，不同植株花的性别分化方式不一致的植物称为性二态植物。根据同株和不同株植物花的性别分化，可将植物的性系统分为七种类型，其中性单态植物有四种，性二态植物有三种。

性单态植物花的性别分化类型：①雌雄同花(hermaphrodity)植物，即两性花植物，自然界中的花有72%属于此类，如水稻、百合等；②雌雄同株异花(monoecy)植物，雌花和雄花着生在同一个植株上，自然界中占5%，如玉米、核桃、板栗、榛子等；③雄全同株(andro-monoecious)

植物，即雄花和两性花着生在同一植株上，自然界中占1.7%，如百合科藜芦等；④雌全同株(gyno-monoecious)植物，即雌花和两性花着生在同一个植株上，自然界中占2.8%，如菊科千里光属、紫菀属的某些植物等。

性二态植物的性别分化类型：①雌雄异株(dioecy)植物，指雌花和雄花着生在不同植株上，自然界中占5%，如银杏、垂柳等；②雄全异株(andro-dioecious)植物，即雄花和两性花着生在不同植株上，自然界中极为罕见，如马尾树等；③雌全异株(gyno-dioecious)植物，即雌花和两性花着生在不同植株上，自然界中占7%，如活血丹等。

二、开花

当雄蕊中的花粉和雌蕊中的胚囊成熟时，或者二者之一成熟时，原来由花被包住的花张开，露出雌、雄蕊，为下一步的传粉做准备，这一现象称为开花。开花是被子植物生活史上的一个重要阶段，是大多数有花植物性成熟的标志。

各种植物的开花习性不全相同，不仅开花年龄和开花季节很不一致，而且很多植物从第一朵花开放至最后一朵花开毕所延续的开花期也不一样。

对于开花年龄，一年、二年生的植物，一般生长几个月就能开花，一生中仅开花一次，开花结实后，整个植株枯萎凋谢。多年生植物在达到开花年龄后，就能每年到时候开花，延续多年。各种植物的开花年龄往往有很大差异，有3～5年的，如桃属；10～12年的，如桦属；20～25年的，如椴属。竹子虽是多年生植物，但一生往往只开花一次，花后即死去。

对于开花季节，不同植物的开花季节虽不完全相同，但大体上集中在早春季节的较多。一般来说，开花植物多后叶开花，但也有先叶开花的，如腊梅、玉兰等。有的植物在冬天开花，也有在晚上开花的，如晚香玉。

对于花期的长短，不同植物也有很大差异，桃、杏、李等仅几天花期，腊梅的花期能持续1～2个月或更长。有的一次盛开以后全部凋落，有的持久地陆续开放，热带植物中有些种类几乎终年开花。小麦单朵花开放的时间只有5～30 min，每天开花有两次高峰；水稻单花开花持续时间为1～2 h，苹果单花开放时间较长，可达3天左右，一个花序为5～7天。有人按照24 h内不同植物的开花顺序编制出“花时钟”(表11-2)。

表11-2　花时钟

开花时间	植物	开花时间	植物
3时	蛇床	12时	马齿苋
4时	牵牛	15时	万寿菊
5时	野蔷薇	17时	茉莉
6时	蒲公英	18时	烟草
7时	芍药	19时	剪秋萝
8时	莲花	20时	夜来香
10时	半枝莲	21时	昙花

三、传粉

成熟花粉被传送到雌蕊柱头上的过程，称为传粉(pollination)。传粉是有性生殖所不可缺少的环节，没有传粉，也就不可能完成受精作用。传粉有两种不同方式，即自花传粉和异花传粉。这两种传粉方式在自然界都普遍存在。

（一）传粉的方式

1. 自花传粉(self-pollination)

花粉从花粉囊散出后，落到同一朵花的柱头上的传粉现象，称为自花传粉。小麦、大麦、棉、豆类、芝麻、番茄等都是自花传粉植物。在实际应用上，自花传粉的概念，还指在果树栽培上同品种间的传粉和在农业上同株异花间的传粉。

自花传粉植物的花必须满足三个条件：①两性花，花的雄蕊常围绕雌蕊而生，而且挨得很近，所以花粉易于落在本花的柱头上；②雄蕊的花粉囊和雌蕊的胚囊必须是同时成熟的；③雌蕊的柱头对于本花的花粉萌发和花粉管中雄配子的发育没有任何生理阻碍。

闭花传粉(cleistogamy)是一种典型的自花传粉，其花不待花苞张开，就已经完成受精作用，花粉直接在花粉囊里萌发，花粉管穿过花粉囊的壁，向柱头生长，完成受精。因此，严格地讲，闭花受精不存在传粉这一环节，例如豌豆、落花生等。闭花受精在自然界是一种合理的适应现象，当环境条件不适宜开花传粉时，闭花受精就弥补了这一不足，完成生殖过程，而且花粉可以不受雨水淋湿和昆虫取食。

2. 异花传粉(cross-pollination)

异花传粉是指借助于生物的和非生物的媒介，将一朵花中的花粉粒传播到另一朵花的柱头上的过程。异花传粉是植物界最普遍的传粉方式，是植物多样化的重要基础。异花传粉可以发生在同一株植物的各朵花之间，也可发生在作物的品种内、品种间，或植物的不同种群、不同物种的植株之间，玉米、油菜、向日葵、梨、苹果、瓜类植物等，都是异花传粉植物。生产上，果树的异花传粉一般指不同品种之间的传粉，林业上指不同植株之间的传粉。

从植物进化的生物学意义分析，异花传粉比自花传粉优越。连续长期的自花传粉对植物是有害的，可使后代的生活力逐渐衰退，这在农业生产实践中已得到证明。如小麦是自花传粉的植物，如果长期连续自花传粉，30～40 年后会逐渐衰退而失去栽培价值。同样，大豆在连续10～15 年的自花传粉后，也会产生同样现象。自花传粉植物所产生的两性配子，是处在同一环境条件下，配子的遗传性缺乏分化作用，差异很小，所以融合后产生的后代生活力和适应性差。而异花传粉由于雌、雄配子是在彼此不完全相同的生活条件下产生的，遗传性具较大差异，融合后产生的后代，就有较强的生活力和适应性。

虽然自花传粉是一种原始的传粉形式，但在自然界被保存了下来，这是因为当异花传粉缺乏必要的条件时，自花传粉则成为保证植物繁衍的特别适应形式。正如达尔文曾经指出的，对于植物来说，用自体受精方法来繁殖种子，总比不繁殖种子或繁殖很少量来得好些。何况在自然界没有一种植物是绝对自花传粉的，在它们中间总会有比较少的一部分植株是在进行异花传粉。因此，长期来自花传粉的植物种类，仍能普遍存在。

（二）传粉的媒介

植物进行异花传粉，必须依靠各种外力的帮助，才能把花粉传布到其他花的柱头上去。传送花粉的媒介有风力、昆虫、鸟和水，最为普遍的是风和昆虫。各种不同外力传粉的花，往往产生一些特殊的适应性结构，使传粉得到保证。

1. 风媒花

靠风力传送花粉的传粉方式称为风媒(anemophily)，借助这类方式传粉的花，称为风媒花

(anemophilous flower)。据估计，被子植物约有 1/10 的种类是风媒传粉，如禾本科的大部分植物和木本植物中的栎、杨、桦、榛等都是风媒植物。

风媒植物的花多密集成穗状花序、柔荑花序等，能产生大量花粉，同时散放(图 11-26A)。花粉一般质轻、干燥、表面光滑，容易被风吹送。禾本科植物(如小麦、水稻等)的花丝特别细长，花药早期就伸出至稃片之外，受风力的吹动，使大量花粉吹散到空气中去。风媒花的花柱往往较长，柱头膨大呈羽状，高出花外，增加接受花粉的机会(图 11-26B)。多数风媒植物有先叶开花的习性，开花期在枝上的叶展开之前，散出的花粉受风吹送时，可以避免受枝叶的阻挡。此外，风媒植物也常是雌雄异花或异株，花被常消失，不具香味和色泽，但这些并非是必要的特征。有的风媒花照样是两性的，也具花被，如禾本科植物的花是两性的，枫、槭等植物的花也具花被。

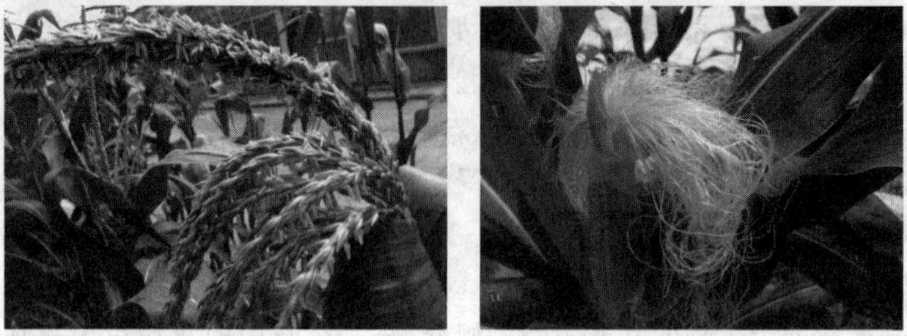

A　　　　　　B

图 11-26　同一株玉米上的雄蕊花粉与雌蕊柱头

A. 雄蕊花粉；B. 雌蕊柱头

2. 虫媒花

靠昆虫为媒介进行传粉的方式称为虫媒(entomophily)，借助这类方式传粉的花，称为虫媒花(entomophilous flower)。多数有花植物依靠昆虫传粉，常见的传粉昆虫有蜂类、蝶类、蛾类、蝇类等。这些昆虫来往于花丛之间，或是采食花粉、花蜜作为食料，或是为了在花中产卵，或是以花朵为栖息场所。在这些活动中，不可避免地要与花接触，这样也就将花粉传送出去了。

适应昆虫传粉的花多具有以下特征：

(1)虫媒花多具特殊的气味以吸引昆虫。不同植物散发的气味不同，所以趋附的昆虫种类也不一样，有喜芳香的，也有喜恶臭的。

(2)虫媒花多半能产蜜汁。蜜腺有的分布在花的各部分，有的发展成特殊的器官。花蜜经分泌后积聚在花的底部或特有的距内。花蜜暴露于外的，往往由甲虫、蝇和短吻的蜂类、蛾类所趋集；花蜜深藏于花冠之内的，多为长吻的蝶类和蛾类所吸取。昆虫取蜜时，花粉粒黏附在昆虫体上而被传布开去。

(3)虫媒花一般花大而显著，并有各种鲜艳的色彩。一般昼间开放的花多呈红、黄、紫等颜色，而晚间开放的多呈纯白色，只有夜间活动的蛾类能识别，帮助传粉。

(4)此外，虫媒花在结构上也常和传粉的昆虫间形成互为适应的关系。如昆虫的大小、体形、结构和行为，与花的大小、结构和蜜腺的位置等，都是密切相关的。例如唇形科植物鼠尾草的传粉(图 11-27)，它的花萼、花冠都合生成管状，但 5 片花瓣的上部分裂成唇形，有 2 片合成头盔状的上唇，另 3 片联合，形成下唇，沿水平方向伸出。上唇的下面有 2 枚雄蕊和 1 个花柱，雄蕊结构特殊，成为 1 个活动的杠杆系统，它的药隔延长成杠杆的柄，上臂长，顶端有 2 个发达

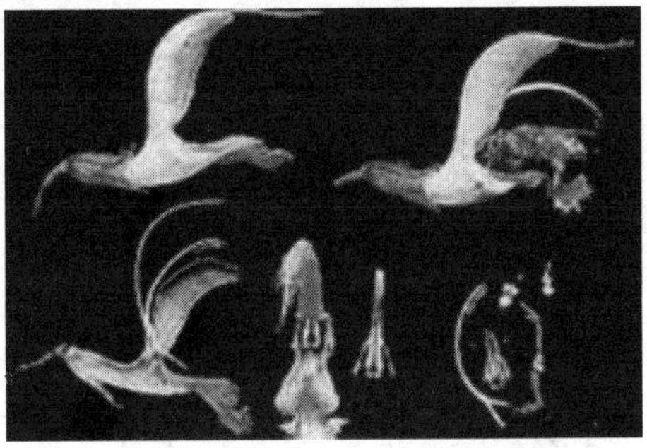

图 11-27　鼠尾草的传粉方式

的花粉囊，下臂短，花粉囊不发达，发展为薄片状。2 雄蕊的薄片状下臂同位于花冠管的喉部，遮住花冠管的入口。当蜜蜂进入花冠管的深处吸蜜时，先要停留在下唇上，然后用头部推动薄片，才能进入花部，吸取花蜜，由于杠杆的道理，当薄片向内推动时，上部的长臂向下弯曲，使顶端的花药降落到蜜蜂的背部，花粉也就散落在蜜蜂背上。开花初，鼠尾草的花柱较短，到花粉成熟散落以后，花柱开始伸长，柱头正好达到蜜蜂背部的位置上，等到带有花粉的另一蜜蜂进入这一花内采蜜时，背上的花粉正好涂在弯下的柱头上，完成传粉作用。

(5)虫媒花的花粉粒一般比风媒花的要大，花粉外壁粗糙，多有刺突。花药裂开时不为风吹散，而是粘在花药上，昆虫在访花采蜜时容易触到，附于体周；雌蕊的柱头也多有黏液分泌，花粉一经接触，即被黏住；花粉数量也远较风媒为少。

除以昆虫传粉为主的虫媒花外，还有其他借助鸟类、蝙蝠等小型哺乳动物传粉的(图 11-28)。如借鸟类传粉的称为鸟媒花(ornithophily)，传粉的多是一些小形的蜂鸟，有长喙，在摄取花蜜时把花粉传开。

A　　　　B　　　　C

图 11-28　不同动物媒介的传粉类型

3. 水媒花

除风媒和虫媒传粉外，水生被子植物中的金鱼藻、黑藻、水鳖等都是借水力来传粉的，这类传粉方式称为水媒(hydrophily)。例如苦草属植物是雌雄异株的，它们生活在水底，当雄花成熟时，大量雄花自花柄脱落，浮升水面开放，同时雌花花柄迅速延长，把雌花顶出水面，当雄花飘近雌花时，两种花在水面相遇，柱头和雄花花药接触，完成传粉和受精过程，以后雌花的花柄重新卷曲成螺旋状，把雌蕊带回水底，进一步发育成果实和种子(图 11-29)。

(三) 植物异花传粉的多样性

异花传粉是植物进化的原动力之一。植物在长期的历史发展中，其生理上和形态构造上形成了许多适应于异花传粉的特性，常见的有以下六种类型。

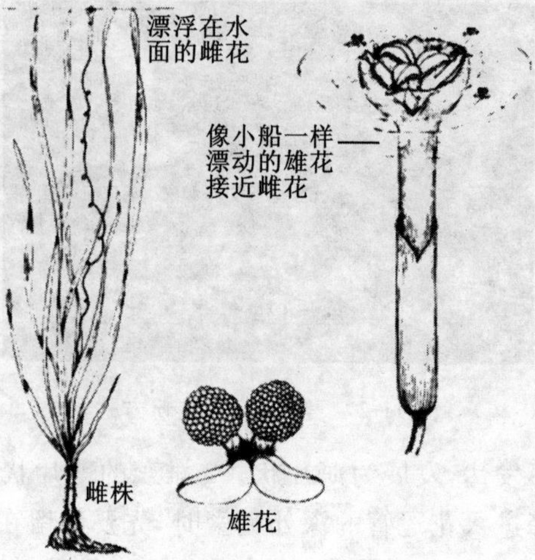

图 11-29 苦草(*Vallisneria natans*)的水媒传粉过程

1. 单性花(unisexual flower)

单性花植物的传粉一般是异花传粉。例如玉米、板栗、胡桃等雌雄同株植物,大麻等雌雄异株植物。

在雌雄同花→雌雄异花同株→雌雄异株的进化途径中,雌雄同花首先通过不育突变进化产生单性花(雌雄异花同株),然后在雌雄异花种群中,对雌花和雄花的分裂选择(disruptive selection)将使种群逐渐产生性别分化,最终形成了完全产生雄花和完全产生雌花的单性个体。Renner 和 Ricklefs 在 1995 年发现,在被子植物的 143 科中,有 959 属大约 14620 个物种(占 6%)具有雌雄异株的性系统或有雌雄异株现象。

2. 自交不孕(self-sterility)

自花不孕是指花粉粒落到同一朵花或同一植株的柱头上不能结实的现象。自交不孕有两种情况:一种是花粉粒落到自花的柱头上,根本不能萌发,如向日葵、荞麦、黑麦等;另一种是自花的花粉粒虽能萌发,但花粉管生长缓慢,一般没有异花的花粉管生长快,最终不能完成自体受精,如玉米(玉米等自交系的培育,必须在人工传粉后进行套袋隔离)、番茄等。此外,某些兰科植物的花粉对自花的柱头有毒害作用,常引起柱头凋萎,导致花粉管不能生长。

3. 雌雄异熟(dichogamy)

雌雄异熟是指一株植物或一朵花中的雌、雄蕊成熟时间不一致或雌、雄性功能在时间上的分离。雌雄异熟能有效地避免自身的花粉和柱头间的性别干扰。雌雄异熟的类型很多,按两性功能出现的时间顺序分为雌蕊先熟(protogyny)和雄蕊先熟(protandry),如油菜、甜菜的两性花为雌蕊先熟,柳兰、向日葵、梨、苹果的两性花为雄蕊先熟(图 11-30)。按雌雄异熟表现在花内或花间分为花内雌雄异熟(intraflora dichogamy)和花间雌雄异熟(interflora dichogamy),如玉米的雄花序比雌花序先成熟。根据雌雄异熟的分离程度分为完全雌雄异熟(complete dichogamy)、不完全雌雄异熟(incomplete dichogamy)。按照株内雌雄成熟的同步性分为同步雌雄异熟(synchronouse dichogamy)和异步雌雄异熟(asynchronouse dichogamy),前者可见于胡萝卜、花蔺等植物中,后者可见于核桃科、藜科、瑞香科、桦木科和榛属等植物中。

4. 雌雄异长(heterogony)

雌雄异长是指同居群内不同个体柱头和花药高度位置不一致。雌雄异长可分为同型雌雄

A　　　　B

图 11-30　柳兰(*Chamerion angustifolium*)的雌雄异熟现象

A. 雄蕊成熟时，雌蕊未成熟；B. 雌蕊成熟时，雄蕊已凋谢

异长和异型雌雄异长两类。同型雌雄异长是指种群内所有个体间有着相同的异位方式，包括柱头高于花药、柱头低于花药两种类型，前者如西番莲，后者如紫竹梅。异型雌雄异长是指种群内不同个体雌、雄蕊长度不同。①二型花柱(dimorphic style)，不同花中的花柱有长、短两种类型，其雄蕊有等长型二型花柱(图 11-31)。有些植物的种群中各有两类植株，一类植株花中雌蕊的花柱与柱头高于雄蕊的花药，另一类植株中的雌蕊的花柱与柱头低于雄蕊的花药，传粉时，只有高雄蕊上的花粉传到高柱头上，低雄蕊的花粉传到低柱头上，才能受精。如龙胆科、报春花科、茜草科、亚麻科、紫草科和白花菜等科中的许多植物具有二型花柱。②三型花柱(trimorphic style)，同一个种群内的个体共有三种类型的两性花(其中花柱长度分别有高、中、低三种类型)，每类花中的雄蕊均有两种长度，形成柱头高度和花药高度交互对应的三种类型。三型花柱在雨久花科、酢浆草科和千屈菜科中大量分布，石蒜科、亚麻科和瑞香科中也有报道。植物的同种个体能产生三种长度类型的花柱，雄蕊花丝的长度也有交互对应的三种长度，不同花间只有对应高度一致的雄蕊和雌蕊间才能成功传粉，否则传粉不孕或传粉无效。

图 11-31　鄂报春(*Primula obconica*)的雌雄蕊异位现象

5. 雌雄异位(herkogamy)

雌雄异位既可以指花内雌雄异位，即同一朵花内的雌、雄蕊空间的分离，即同型雌雄异长，也可以指同一植株不同花间雌雄异位。花间雌雄异位主要有三种形式：雌花、雄花同株；雌全同株；雄全同株。

花内雌雄异位是指种群内不同个体只产生一种类型的两性花，但花中雌、雄蕊的空间排列不同，可避免自花传粉。如：石竹科植物，其两性花的雌蕊高于雄蕊，花粉不易传到柱头上；百合科的嘉兰属植物，开花时，雌蕊的花柱基部在近子房处呈直角状，向外折伸，远离雄蕊，以避免自花传粉；玄参科的某些植物的粗大而分裂的柱头紧盖在花药之上，传粉者进入花中不可避免地会碰到柱头，而柱头一旦被接触就卷曲，露出花药；小檗属的雄蕊贴着花被，昆虫采蜜时触动雄蕊，6 枚雄蕊弹出，花粉散落在昆虫身上。

6. 卷曲性花柱(flexistyly)

卷曲性花柱是指一些植物的两性花开花过程中，其花柱通过反向卷曲，回避自身的花药（背对着花药开裂传粉的一侧），而避免自花授粉的现象。李庆军等 2001 年在热带山姜属（*Alpinia*）植物和草豆蔻（*Alpinia hainanensis*）中发现了花柱反卷曲促进异交的行为机制。具有这一机制的植物开花行为有两种表型：一种是上午散发花粉者，其柱头向上反卷，远离昆虫拜访的通道；另一种是柱头上午垂向唇瓣，能够接受拜访昆虫的传粉，但自身的花药不开裂。到中午时分，两种表型花通过互为相反的柱头卷曲运动转换性别角色，前者柱头向下卷曲，后者柱头向上卷曲且花药打开。而此时上午散发的花粉已经在上午被频繁拜访的昆虫带走，不能再给垂下来的柱头授粉，这种独特的柱头反向运动和花粉散发的时间差异，以及与授粉者拜访频率的巧妙结合，使有效的传粉只能发生在两种表型的花之间，从而不但避免了自花授粉，而且避免了同株异花授粉和同型个体间的授粉，从而促进了不同基因型间的异交。

（四）人工辅助授粉

异花传粉往往容易受到环境条件的限制，得不到传粉的机会，如风媒传粉没有风，或低温多雨使昆虫活动受限等，从而降低了传粉和受精的机会，影响到果实和种子的产量。在农业生产上常采用人工辅助授粉的方法，以克服传粉的不足，达到预期的产量。在品种复壮的工作中，也需要采取人工辅助授粉，以达到预期的目的。人工辅助授粉可以大量增加柱头上的花粉粒，使花粉粒所含的激素相对总量有所增加，酶的反应也相应有了加强，起到促进花粉萌发和花粉管生长的作用，受精率可以得到很大提高。如玉米在一般栽培条件下，由于雄蕊先熟，到雌蕊成熟时已得不到及时的传粉，因而果穗顶部往往形成缺粒，降低了产量。人工辅助授粉就能克服这一缺点，使产量提高 8%～10%。又如向日葵在自然传粉条件下，空瘪粒较多，如果辅以人工辅助授粉，同样能提高结实率。

不同作物采取的人工辅助授粉的方法不完全一样，一般是在花期从雄蕊上采集花粉，然后撒到雌蕊柱头上。对于花期不遇的植物，可将收集的花粉储藏在低温和干燥的条件下，以备不时之需。

四、受精

传粉后，花粉便在柱头上萌发，长出花粉管，管内产生的雄性配子——精子通过花粉管的伸长直达胚珠的胚囊内部，与卵细胞和极核互相融合，这个过程称为受精作用(fertilization)，受精后的胚珠进一步发育为种子。

被子植物花粉管中的 2 个精子释放到胚囊内后，其中 1 个精子和卵细胞融合，形成受精卵，将来发育为胚；另 1 个精子和 2 个极核融合，形成初生胚乳核，将来发育为胚乳，这种现象称为双受精(double fertilization)。双受精是被子植物有性生殖的特有现象。

（一）花粉与柱头的识别作用

在自然条件下，落在某柱头上的花粉种类和数量通常很多，但并不是所有落在柱头上的花粉都能萌发形成花粉管并进入花柱，完成受精。一般认为，花粉与柱头之间存在某种识别过程。当花粉粒落到柱头上，从柱头表面吸水膨大，并释放出花粉粒壁蛋白（一种糖蛋白）时，壁蛋白与柱头及花柱内细胞表面的蛋白质相互识别，决定花粉与柱头的亲和性（compatibility）或不亲和性（incompatibility）。对亲和性好的花粉，柱头提供水分、营养物质及刺激花粉萌发生长的物质，内壁突出，同时，花粉内壁分泌角质酶，溶解与柱头接触处的柱头表皮细胞的角质膜，以利于花粉管穿过柱头的乳突细胞。如果是自花或远缘花粉不具亲和性，则产生"拒绝"反应，柱头乳突细胞基部产生胼胝质，在花粉萌发孔，或在开始伸出花粉管的一端，形成胼胝质，将萌发孔阻塞，阻断花粉的萌发和花粉管的生长。因此，花粉与柱头的相互识别对于完成受精作用有重要意义。

（二）花粉管的生长

1. 花粉管的发育与结构

花粉粒和柱头之间经识别后，亲和的花粉粒产生水合反应（pollen hydration）而从柱头分泌物中吸收水分和营养，内壁从萌发孔处向外突出，形成细长的花粉管（图 11-32）。花粉的内含物流入管内，花粉管穿过被侵蚀的柱头乳突的细胞壁，向下进入柱头组织的细胞间隙，向花柱和子房方向生长。花粉管生长时，其细胞质处于运动状态，如为二细胞型花粉，生殖细胞和营养细胞随之进入花粉管先端，一般营养细胞在前，生殖细胞在花粉管中分裂一次，形成两个精子；如为三细胞型花粉，则营养细胞和两个精子都进入花粉管中。

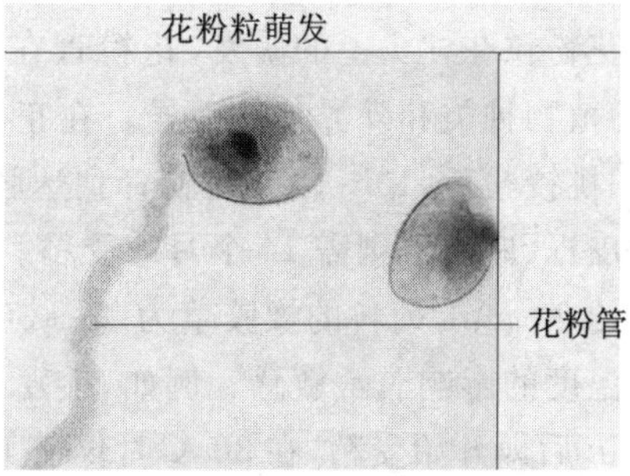

图 11-32 花粉管的萌发

2. 花粉管的定向生长

花粉管的生长从突破柱头开始，花粉管有顶端生长的特性，它的生长只限于前端 3～5 μm 处，形成后能继续向下延伸，插入花柱后，在空心的花柱中，常沿着花柱道表面上的黏性分泌物生长，在实心的花柱中，常沿着引导组织细胞间隙或细胞壁中生长，而后穿越子房壁，进入胚珠，最终到达胚囊，将精子释放到胚囊内，完成受精过程。

一般情况下，只有一条生活力最强的花粉管能进入胚囊，将精子送入胚囊中进行受精。有时可能有几条花粉管同时进入一个胚囊中，此时，胚囊中就有 2 对以上的精子，这称为多精子现象。但卵细胞总是选择遗传上最合适的精子受精，多余的精子被胚及胚乳同化。有时可能有两个以上的精子入卵，称为多精入卵，但一般也只有一个精子与卵融合，其余的精子被卵同化吸收。

花粉管到达子房以后，或者直接伸向珠孔，进入胚囊（直生胚珠），或者经过弯曲，折入胚珠的珠孔口（倒生、横生胚珠），再由珠孔进入胚囊，统称为珠孔受精（porogamy）（图 11-33A）。花粉管经胚珠基部的合点而达胚囊的，称为合点受精（chalazogamy）（图 11-33B）。前者是一般植物所有，后者是少见的现象，榆、胡桃的受精即属这一类型。此外，也有穿过珠被，由侧道折入胚囊的，称为中部受精（mesogamy）（图 11-33C），这种类型很少见，如南瓜。无论花粉管在生长中取道哪一条途径，最后总能准确地伸向胚珠和胚囊，一般认为产生这一现象的原因是在雌蕊某些组织，如珠孔道、花柱道、引导组织、胎座、子房内壁和助细胞等存在某种化学物质，能诱导花粉管的定向生长。

花粉管经过花柱进入子房，直达胚珠，然后穿过珠孔，进而伸向胚囊。在珠心组织较薄的

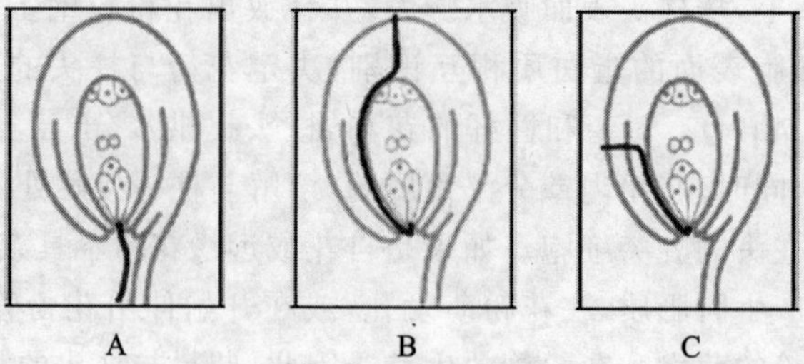

图 11-33 三种受精类型

A. 珠孔受精；B. 合点受精；C. 中部受精

胚珠里，花粉管可以立即进入胚囊，但在珠心较厚的胚珠里，花粉管需先通过厚实的珠心组织，才能进入胚囊。

3. 影响花粉管生长的因素

花粉粒在柱头上的萌发，花粉管在花柱中的生长，以及花粉管最后进入胚囊所需要的时间，随植物种类和外界条件而异。在正常情况下，多数植物需要 12～18 h。木本植物一般较慢，如桃授粉后，10～12 h 花粉管到达胚珠，柑橘需 3 h，核桃需 72 h，白栎和槲栎约需 2 个月，而栓皮栎、麻栎等则需 14 个月才受精。草本植物一般较快，如水稻、小麦从授粉到花粉管到达胚囊约 30 min，菊科的橡胶草为 15～30 min，蚕豆需 14～16 h。花粉粒的萌发和花粉管的生长对温度的影响非常敏感。例如，小麦在 10 ℃时，传粉后 2 h 开始受精，在 20 ℃时萌发最好，30 min 后即开始受精，在 30 ℃时仅需 15 min 即可受精。大多数温带地区的植物，花粉粒萌发和花粉管生长的最适温度为 25～30 ℃。不正常的低温和高温，都不利于花粉粒的萌发和花粉管的生长，甚至会使受精作用不能进行，用较多的花粉粒传粉，其花粉管的生长速率常比用较少花粉粒传粉的速率要快得多，结实率也高。此外，水分、盐类、糖类、激素和维生素等，都对花粉粒的萌发和花粉管的生长有影响。

（三）被子植物的双受精的生物学意义

被子植物的双受精具有重要的生物学意义：首先，通过单倍体的雌配子体（卵细胞）与单倍体的雄配子体（精子）的结合，形成一个二倍体合子，恢复了植物体原有的染色体数目，保持了物种的稳定性；其次，它使父、母本具有差异的遗传物质组合在一起，形成具有双重遗传性的合子，由此发育的个体有可能形成新的变异；最后，被子植物中的胚乳也是经过受精的，多数被子植物的胚乳为三倍体，也具有父母亲本的双重遗传性，它作为新一代植物胚期的养料，能够提供更好的发育条件与基础。因此，双受精是植物界有性生殖过程中进化程度最高的形式。

（四）无融合生殖及多胚现象

1. 无融合生殖

在正常情况下，被子植物的有性生殖是卵细胞和精子融合而发育成胚的过程，但在有些植物中，精、卵不融合，也能直接发育成胚，这种现象称为无融合生殖（apomixis）。它虽然发生于有性器官中，但却无两性细胞的融合，虽然不经过精、卵融合，但仍然能形成胚，它以种子形式繁殖，而非通过营养器官繁殖。无融合生殖现象已在被子植物 36 科 300 多种中发现，形式多样，主要有以下几种类型。

（1）孤雌生殖（part-henogenesis） 卵细胞不经过受精，直接发育成胚，如蒲公英、早熟禾等。

(2) 无配子生殖(apogamy)　由助细胞、反足细胞或极核等非生殖性细胞直接发育成胚，如葱、鸢尾、含羞草等。

(3) 无孢子生殖(apospory)　由珠心或珠被细胞直接发育成胚，如柑橘属(*Citrus*)植物。它们所产生的胚是二倍体，由胚发育形成的植株也是二倍体，有正常的生殖能力，可以产生后代。

2. 多胚现象

在1枚种子中产生2个或2个以上的胚，称为多胚现象(polyembryony)。在一般情况下，被子植物的胚珠只产生1个胚囊，每个胚囊也只有1个卵细胞，受精后只能发育成1个胚。多胚现象的产生，可以是无配子生殖或无孢子生殖的结果，也可能是由1个受精卵分裂成几个胚，或者是1枚胚珠中发生多个胚囊的缘故。

五、环境条件对开花、传粉和受精的影响

影响传粉和受精的因素很多，概括起来可分为内因和外因两类。内因通常是雄性不育和雌蕊与花粉粒之间的遗传不亲和性，或者是受精障碍等；外因主要是气候条件及栽培措施等。

温度是影响传粉、受精最重要的外界环境因素。低温不仅使花粉粒的萌发和花粉管的生长减慢，甚至还使花粉管不能到达胚囊，而且加速卵细胞和中央细胞的退化，使精细胞接近卵细胞和中央细胞的过程受到抑制，或精细胞与卵细胞接触和融合的时间延长等。如水稻传粉、受精的最适温度为26～30 ℃，如日平均温度在20 ℃以下、最低温度在15 ℃以下，则传粉、受精受阻。在我国双季稻地区，早稻或连作晚稻的传粉、受精期间，如遇低温、多雨，就会出现大量的空粒、瘪粒。

湿度或水分对传粉、受精也有很大影响，干旱、高温导致柱头和花柱干枯。在稻、麦开花季节，保持适宜的田间湿度，有利于传粉和受精。但开花季节雨水过多，易导致花粉粒吸水破裂。因此，雨水的淋洗或稀释柱头分泌物，不利于花粉粒的萌发，能降低结实率。因此，结合当地气候，选用生育期合适的良种，或适当调节栽种季节，加强栽培管理、提高营养水平，保证在各种作物的传粉和受精期间，减少不良环境条件的影响，有助于作物的高产优产。

第五节　种　　子

种子(seed)是裸子植物和被子植物特有的繁殖体。被子植物完成受精作用后，由胚珠发育成种子，子房发育成果实。植物学意义上的种子不包括果实。种子一般由种皮、胚和胚乳三部分组成，有的植物成熟的种子只有种皮和胚两部分。种子的形成使幼小的孢子体胚得到母体的保护，并像哺乳动物的胎儿那样得到充足的养料。种子还有种种适合于传播或抵抗不良条件的结构，为植物的种族延续创造了良好的条件。所以在植物的系统发育过程中，种子植物能够代替蕨类植物取得优势地位。

一、种子的结构和类型

(一) 种子的结构

植物的种类不同，种子的形状、颜色和条纹各异。如种子的大小：椰子的种子很大，直径可

达 15～20 cm;油菜、芝麻、烟草等的种子很小。种子的形状:大豆、菜豆种子呈肾形,油菜、豌豆种子呈圆形,西瓜种子呈扁形等。种子的颜色:有纯色的,如大豆种子为黄色,花生种子为红色,南瓜种子为白色;也有具花纹的,如蓖麻的种子。正因为不同种类植物种子的外部形态差异很大,因此可以利用种子的外形特点来鉴别植物的种类。虽然不同植物种子的外部形态千差万别,但种子的基本结构是一致的。一般种子都由种皮、胚和胚乳三部分组成。

1. 种皮

种皮(seed coat)是种子外面的保护结构,具有保护种子不受外力机械损伤和防止病虫害入侵的作用,常由多层细胞组成。一般来说,种皮外有一层角质层,角质层之内为一层表皮细胞,表皮细胞常为厚壁的,但也有薄壁的,如石榴种子的表皮细胞肉质化,细胞内充满带色物质,是果实的可食部分。棉花种子的表皮细胞上生有絮状的表皮毛,被用于纺纱织布。表皮层之内含有一些厚壁的细胞层和常常被压扁的薄型细胞层。种皮的性质和厚度常因植物种类的不同而不同。

成熟种子的种皮上还可以看到一些附属结构,如种脐(hilum)、种孔(micropyle)、种脊(raphe)和种阜(caruncle)等。种脐是种子与种柄脱离时留下的痕迹;种孔是原来胚珠珠孔留下的痕迹;种脊是种皮上的一条棱状突起,是由倒生胚珠的一部分珠被与珠柄的愈合而形成的。有些植物的种皮上还生有毛状(如柳属)或翅状(如槭属)的附属物,这些附属物有助于种子借风力散布。

2. 胚

胚(embryo)是构成种子最重要的部分,是新植物体的原始体,由胚芽(plumule)、胚轴(embryonic axis)、胚根(radicle)和子叶(cotyledon)四部分组成。被子植物胚的形状极多,呈椭圆形、长柱形、马蹄形、螺旋形,或有不同程度的弯曲等,但不管胚的形状如何不同,它们的位置总是一定的。

胚根和胚芽的体积很小,胚根一般呈锥形,胚芽常呈雏叶的形态,胚轴连接胚根与胚芽,同时又与子叶相连。胚根与胚芽的先端都有生长点,当种子萌发时,这些细胞能快速地分裂和生长,使胚根突破种皮而形成植物的主根,胚芽突破种皮而成为植物的茎和叶。胚轴也随之一起生长而成为植物幼根或幼茎的一部分。由子叶着生处到第一片真叶的一段称为上胚轴,由子叶着生处到胚根的一段胚轴称为下胚轴。

子叶着生在胚芽之下、胚轴的两侧。子叶和正常的叶不同,它是一种变态的叶,具有储藏营养物质或从胚乳中吸收营养物质的功能。如蚕豆、花生等种子子叶肥厚,其中储藏有大量的营养物质,供种子萌发和幼苗生长时利用;而小麦、玉米及蓖麻等种子子叶则成薄片状,其作用是在种子萌发时分泌酶,以便消化和吸收胚乳中的养料,再转运到胚里供胚利用。有些种子的子叶在种子萌发后露出地面,进行短期的光合作用,制造养分,供胚芽和胚根生长利用,如棉花、向日葵等。

种子中具一枚子叶的被子植物称为单子叶植物,如小麦、玉米、韭菜、葱等,在禾本科植物中这一枚子叶称为盾片。具两枚子叶的被子植物称为双子叶植物,如棉花、蓖麻、蚕豆等。裸子植物种子内的子叶有两片的,如银杏,有 3～8 片的,如冷杉属,也有 3～18 片的,如松属。

3. 胚乳

胚乳(endosperm)是种子内储藏营养物质的组织,通常由薄壁细胞组成,细胞排列紧密,无细胞间隙。胚乳细胞内含有大量的营养物质,如淀粉、脂肪、蛋白质等,胚乳细胞中储藏的营养物质供给种子萌发幼苗生长发育的需要,同时也是中后期胚胎发育的主要营养来源。胚乳细胞或游离核多数是三倍体的，但由于核内复制等，也常形成多倍体，所以成熟胚乳中有几种倍体的细胞核同时存在。胚乳细胞核的多倍性与胚乳旺盛的代谢关系密切，这有利于营养物质的合成、转运与储藏。

在种子植物中有不少种类的种子是无胚乳的，例如花生、油菜、棉花、柑橘等。无胚乳种子有两种情况：一是种子在形成时根本不产生胚乳，如兰科、川苔草科及菱科等；二是初生胚乳核在形成胚乳过程中，胚乳逐渐被发育中的胚所吸收，营养物质主要储藏在子叶里面，所以这类种子在成熟后没有胚乳，或仅残存一干瘪的薄层，如蚕豆、花生等植物。

少数植物的种子在其形成、发育过程中，珠心组织未被完全吸收，而保留于种子中，形成外胚乳(perisperm)，外胚乳也储藏有丰富的营养物质，如甜菜种子。

胚乳或子叶储藏的物质随植物种类而异，主要是淀粉、脂肪和蛋白质。此外还有维生素、无机盐或酶等。禾谷类种子胚乳组织的最外层或数层细胞，是富含蛋白质、维生素 B 的糊粉层，其细胞在种子萌发时会产生水解酶，动用胚乳中储藏的营养物质。柿子、咖啡、海枣、葱等的种子，在胚乳或子叶的细胞壁中储藏有半纤维素。根据储藏物质的主要成分，植物种子可分为淀粉类种子（如水稻、小麦、玉米等）、脂肪类种子（如花生、油菜、芝麻等）和蛋白质类种子（如大豆等）。

（二）种子的类型

根据成熟种子内胚乳的有无，可将种子分为两种类型，即有胚乳种子和无胚乳种子。

1. 有胚乳种子

有胚乳种子(albuminous seed)由种皮、胚和胚乳三部分组成。胚乳占种子大部分，胚较小。许多双子叶植物如蓖麻、番木瓜、烟草、番茄、辣椒，大多数单子叶植物和全部裸子植物的种子，都是有胚乳种子。由于养分主要储存在胚乳中，所以这类种子的子叶相对较薄弱。

1）双子叶植物有胚乳种子

这类种子的结构以蓖麻种子为例加以说明。蓖麻的种子呈椭圆形、稍侧扁，蓖麻种子有两层种皮，外种皮坚硬光滑，具有花纹；有红色与黑色两种颜色。种子一端有海绵状突起，称为种阜，它由外种皮延伸而成，有吸收和储藏水分的作用，有利于种子的萌发。种孔被种阜遮盖，种脐不甚明显。在种子的腹面中央有一长条状隆起，称为种脊，其长度与种子几乎相等。种脊是倒生或横生胚珠的珠柄和珠被的愈合处在种子形成后留在种皮上的痕迹。内种皮薄而膜质。剥去硬壳状的外种皮，可见一团白色结构，覆盖于其外层的是白色、膜质、半透明的内种皮，内方是含有大量油脂、占有很大体积的白色胚乳。胚藏于胚乳中，两片子叶大而薄，上面有明显脉纹。两片子叶基部与短的胚轴相连，胚轴的上方是胚芽，下方是锥形的胚根（图 11-34）。番茄种子也属于双子叶植物有胚乳种子，其结构如图 11-35 所示。

2）单子叶植物有胚乳种子

大多数单子叶植物的种子都有胚乳种子。水稻、小麦等禾本科植物的种子较特殊，种皮与果皮愈合，种子不能分离出来。

以小麦、玉米为例（图 11-36、图 11-37），其果皮由几层栓化细胞组成，种皮由一层薄壁细胞组成，并与果皮及胚乳愈合。胚乳由薄壁细胞组成，占整个颖果的大部分。胚乳可分为糊粉层胚乳细胞和淀粉层胚乳细胞两部分：糊粉层为紧贴种皮的一至数层细胞，含大量的糊粉粒；其余大部分为充满淀粉粒的淀粉储藏细胞。胚甚小，位于子实基部的一侧，紧贴胚乳。胚由胚芽、胚根、胚轴和子叶构成。胚芽位于胚轴上端，由生长点和幼叶组成。胚芽外方有胚芽鞘

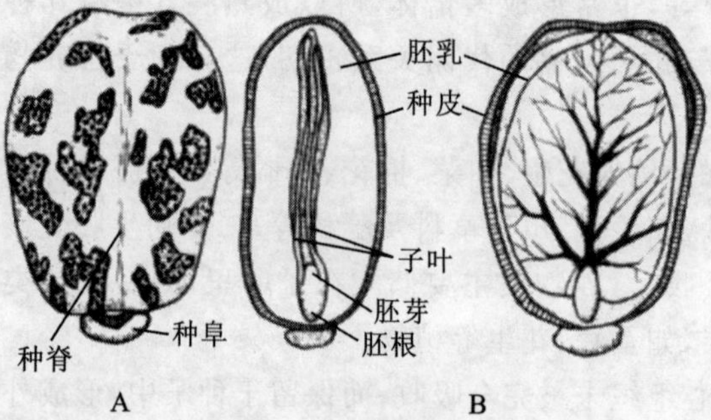

图 11-34　蓖麻种子结构

A. 外形；B. 内部结构

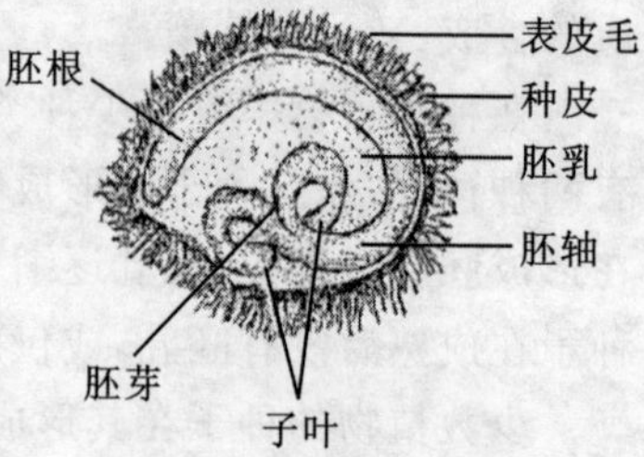

图 11-35　番茄种子结构

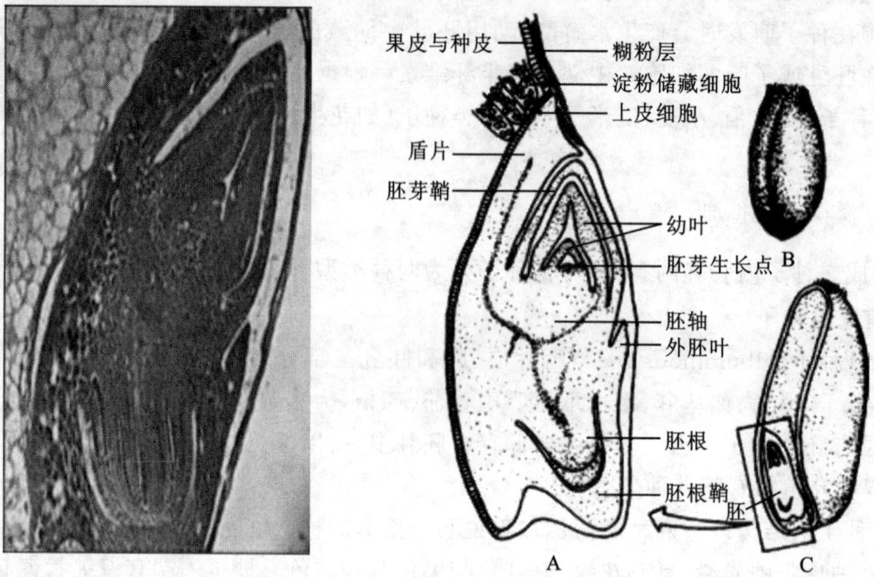

图 11-36　小麦颖果的结构

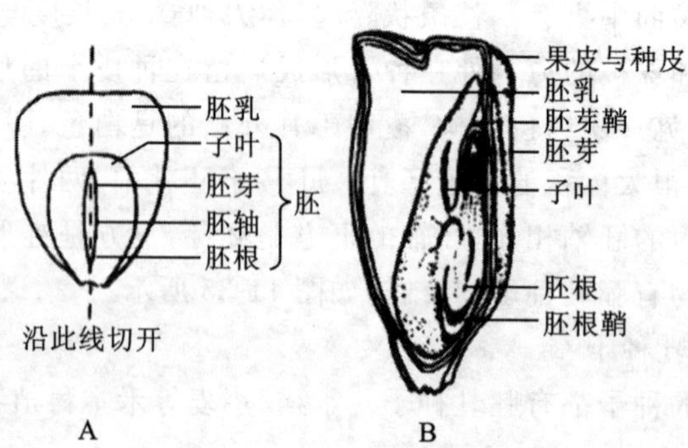

图 11-37　玉米颖果的结构

(coleoptile)。胚根位于胚轴的下端，由生长点和根冠组成。胚根外方有胚根鞘(coleorhiza)。胚轴较短，上连胚芽，下连胚根。

在胚轴的一侧生有一片肉质的子叶，形如盾状，故称为盾片(scutellum)，紧贴胚乳。在盾片相对的另一边的胚轴上有一个极小的突起，有的学者认为是一片退化的子叶，称为外胚叶。

由于只有一片子叶发育而形成单子叶类型。盾片与胚乳交界处，有一层整齐的细胞，称为上皮细胞。种子萌发时，上皮细胞分泌植物激素到胚乳中，促进胚乳细胞内的营养物质分解，然后由上皮细胞吸收并转运到胚的生长部位，供胚生长利用。稻胚腹面，从盾片前端衍生出帽舌状狭小鳞片，称为腹鳞；稍下方盾片两侧衍生出两片侧鳞，与外胚叶嵌合，覆盖了胚芽鞘，成为稻胚的特有形态。

2. 无胚乳种子

无胚乳种子由种皮和胚组成，子叶肥厚，储藏大量的营养物质，代替了胚乳的功能。许多双子叶植物（如花生、棉花、豆类、瓜类和柑橘类）的种子，都属于这种类型。

1）双子叶植物无胚乳种子

（1）菜豆种子　菜豆种子呈肾形，种皮表面具斑纹或无斑纹。如图 11-38 所示，种子一侧的中央有一个椭圆形的疤痕，称为种脐。种脐一端有一个圆形的种孔，是种子萌发时水分进入种子的通道，胚根首先从这里突破种皮向外伸长。种脐另一端有一个略为伸长的突起物，即种脊，靠近种脐一端的种脊上生有一对小瘤形突起物，称为脊突。将种皮剥掉就可以见到胚。胚由两片子叶、胚芽、胚轴和胚根四部分构成。菜豆种子的子叶肥厚、乳白色，其内储藏着大量的营养物质。胚芽夹在两片肥厚的子叶之间，为小芽状物。与胚芽相对一端的光滑锥状突起为胚根，连接胚根与胚芽的部分为胚轴。胚根的顶端正对着种孔。

（2）棉花种子　种子外面的黑色硬壳是种皮，其上面的毛状物是表皮毛，也就是棉絮（纤维）。种脐和种孔都位于较尖一端。钝圆一端的种皮较薄，晒种时这部分薄壁细胞被破坏，种子萌发时此处就成为水和氧气的重要通道。种皮内有一层白色薄膜，是胚乳遗迹，薄膜以内为胚。子叶皱褶，占很大的体积，胚芽很小，胚轴短，胚根尖端露于子叶之外（图 11-39）。

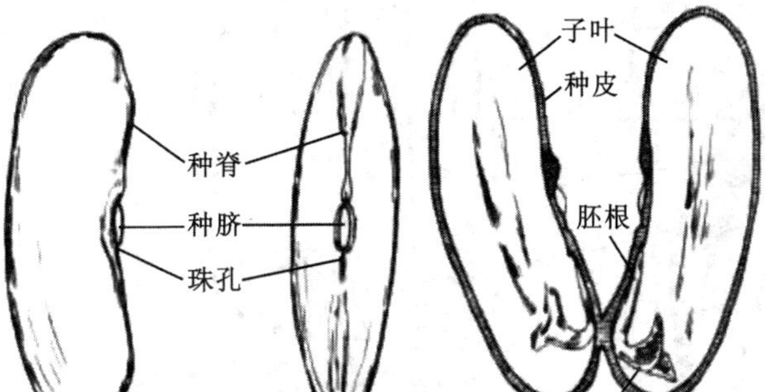

图 11-38　菜豆种子的结构

A. 外形；B. 把子叶分开

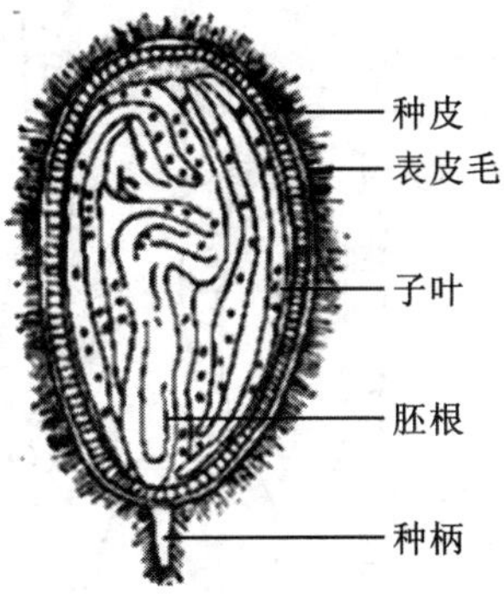

图 11-39　棉花种子的结构

2）单子叶植物无胚乳种子

慈姑、泽泻等的种子属于这一类型。慈姑每个果实仅有 1 枚种子。种子很小，由种皮和胚两部分组成。没有胚乳，种皮很薄，胚弯曲，子叶 1 片。

总之，任何 1 枚种子成熟时，在构造上都有胚和种皮，有的还有胚乳，而种子的子叶或胚乳都占种子较大部分。饱满的种子储存着丰富的营养物质，有利于种子的萌发和幼苗的生长。因此，在播种前精选种子，对促进农业增产有重要的意义。

二、种子的形成

种子是植物有性生殖过程的最终产物，也是新生命的开始。种子是由胚珠发育形成的。种子通常由胚乳、胚和种皮三部分组成，它们分别由初生胚乳核（受精极核）、合子（受精卵）和珠被发育而来。在种子的形成过程中，原来胚珠内的珠心和胚囊内的助细胞、反足细胞一般均被吸收而消失。

（一）胚的发育与结构

1. 双子叶植物胚的发育与结构

现以十字花科植物荠菜为例说明双子叶植物胚的发育过程（图 11-40）。荠菜合子不均等横向分裂一次，产生一个基细胞（近珠孔，细胞大，高度液泡化）和一个顶细胞（远离珠孔，细胞小，细胞质浓）。随后，基细胞分裂一次，远离顶细胞的那个细胞继续进行 3～4 次横分裂，形成单列多细胞的胚柄，将胚体推向胚囊中部，以利于胚在发育中吸收周围的营养物质。同时，胚柄基部的一个细胞膨大成泡状，靠着珠孔附近的细胞壁内凸成传递细胞特征，从珠被、珠心组织中吸收、加工、转化和运输养分供给胚的发育。而与顶细胞紧邻的细胞小，内质网和高尔基体丰富，但核糖体少，蛋白质与核酸也少，该细胞分裂滞后，且仅分裂两次，参与胚根的发育，并对胚根从珠孔处伸出有引导作用。

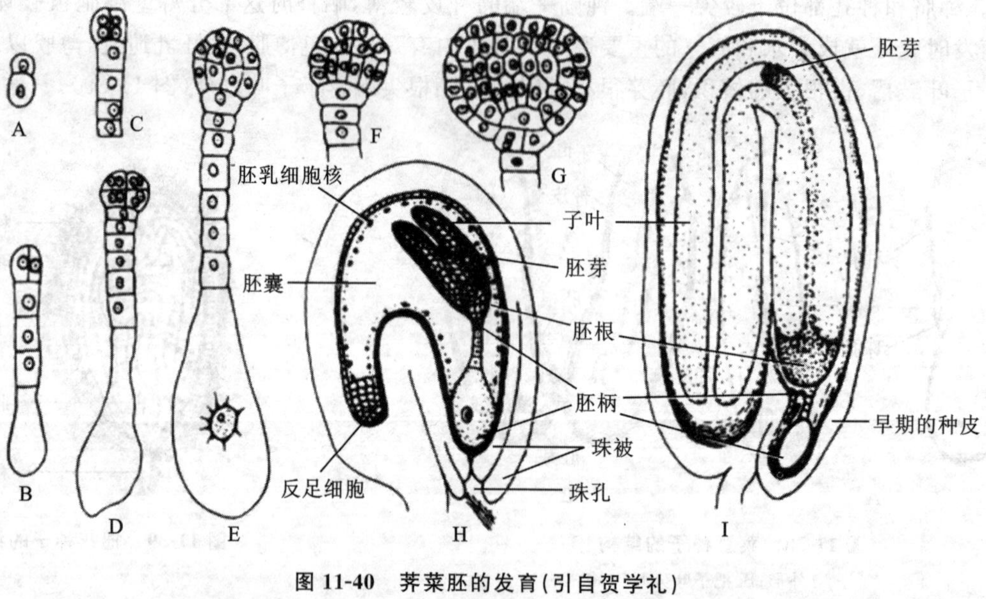

图 11-40　荠菜胚的发育（引自贺学礼）

A. 合子的第一次分裂，形成两个细胞，上为顶细胞，下为基细胞；

B～E. 基细胞发育为胚柄（包括一列细胞），顶细胞经多次分裂形成球形胚的过程；

F、G. 胚继续发育；H. 胚在胚珠中已初步发育完成，出现胚的各部分结构；I. 胚和种子初步形成，胚乳消失

在胚柄的生长过程中，顶细胞相应进行分裂，首先发生一次纵向分裂，接着进行与第一次分裂面相垂直的第二次纵向分裂，形成四分体胚体。然后各个细胞分别进行一次横向分裂，形成八分体。八分体再经过各个方向的连续分裂，形成多细胞的球形胚体。胚体继续增大，在顶端两侧部位的细胞分裂较多，生长较快，形成两个子叶原基突起。此时，整个胚体呈心形，胚体内部细胞已开始分化。随着子叶的生长，紧接其基部的胚轴也相应伸长，整个胚体呈鱼雷形。

以后，在两片子叶基部相连处的凹陷部位分化出胚芽；与胚芽相对的一端，胚体的基部细胞和与其相接的一个胚柄细胞不断分裂，共同参与胚根的发育分化而完成幼胚分化。随着幼胚的发育，胚轴和子叶显著延伸并在胚囊内弯曲成马蹄形，胚柄退化消失。

2. 单子叶禾本科植物胚的发育与结构

单子叶禾本科植物胚发育的早期阶段，与双子叶植物大致相似，但后期发育过程则差别显著。如小麦合子经过两次分裂形成四细胞原胚，以后继续进行各个方向的分裂，形成基部稍长的梨形原胚。不久，梨形原胚一侧出现小凹沟。凹沟以上区域将来形成盾片（内子叶）的主要部分和胚芽鞘的大部分；凹沟稍下处的附近，即原胚的中间区域，将来形成胚芽鞘的其余部分以及胚芽、胚轴、胚根、胚根鞘和一片不发达的外胚叶；原胚的基部形成盾片的下部和胚柄（图11-41A）。冬小麦胚发育成熟所需时间为传粉后约16天，春小麦约22天，玉米胚的发育较慢，约在传粉后45天才接近成熟。水稻的合子启动分裂较小麦快，开花后7天，胚的各部分基本分化完成，8～14天，胚继续长大，直至分化成熟。水稻成熟胚的胚轴弯折明显，在形态上与小麦胚存在差别（图11-41B）。水稻10天左右的胚已具有发芽能力。单子叶植物的胚只形成一片子叶，因此，发育进程中不出现心形期和鱼雷形期。

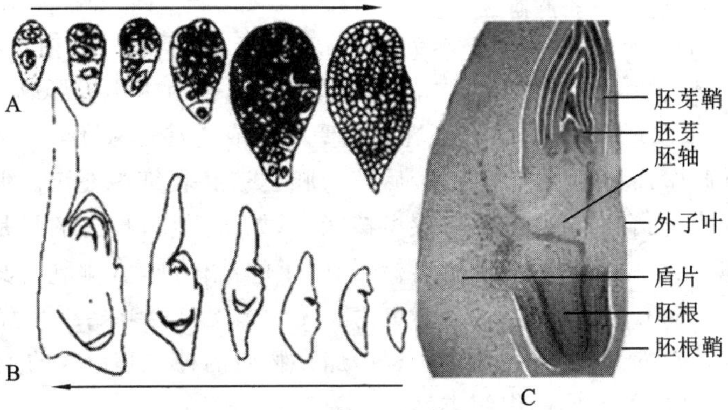

图 11-41　禾本科植物胚的发育过程

A. 小麦胚发育过程；B. 水稻胚发育过程；C. 玉米胚

单子叶禾本科植物胚的组成和双子叶植物一样，都具有胚芽、胚轴、胚根和子叶四部分，所不同的是成熟胚只有一片宽大的子叶，因其形如盾牌，而有"盾片"之称。水稻、小麦等禾本科植物的子叶（盾片）具有从胚乳中吸收养料的作用，其盾片上皮细胞能分泌植物激素，促进糊粉层细胞中淀粉酶（基因）的活性表达，对胚乳细胞的营养物质分解，促进胚生长有重要作用。

（二）胚乳的发育

被子植物胚乳的发育始于初生胚乳核。一般来说，胚乳的发育进程早于胚的发育，为幼胚的生长发育及时提供必需的营养物质。胚乳的发育形式一般有核型胚乳、细胞型胚乳和沼生目型胚乳三种类型。

1. 核型胚乳

核型胚乳（nuclear endosperm）在单子叶植物和双子叶离瓣花植物中普遍存在，是被子植物中最普遍的胚乳发育形式。核型胚乳的发育可分为合胞期（syncytial stage）、细胞化期（cellular stage）、分化期和成熟期四个时期。

（1）合胞期　合胞期是三倍体的细胞核连续分裂但不伴随着细胞质分裂的时期，即初生

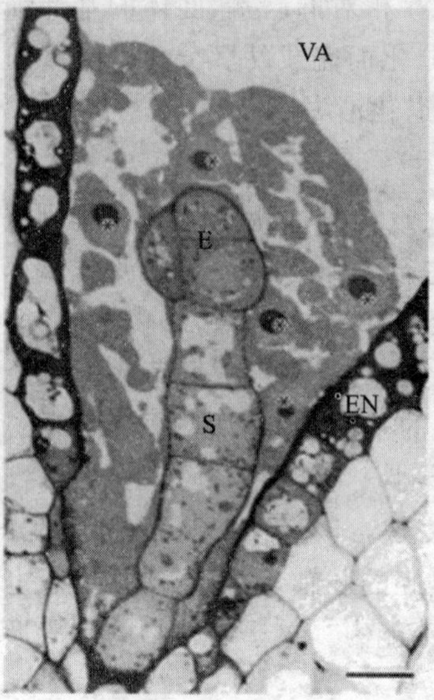

图 11-42　拟南芥胚乳发育的合胞期

E 为原胚；EN 为胚珠内表皮；
S 为胚柄细胞；VA 为液泡；* 为游离核

胚乳核的分裂和以后核的多次分裂，都不会伴随产生细胞壁，众多的细胞核游离分散于细胞质中。随着游离核的增多和胚囊内中央液泡的形成与扩大，游离核连同细胞质被挤向胚囊的周缘，出现一个细胞中有多个细胞核的现象，这样的细胞叫做合胞体(syncytium，图 11-42)。合胞体的发育、大小与游离核数目常随植物种类而异。咖啡合胞体发育时间短，合胞体小，只形成 4 个游离核；向日葵、灰毛菊、马利筋可产生 8～16 个游离核；小麦开花后 48～50 h，游离核可达百余个；水稻、柑橘、胡桃、苹果有数百个；棉花、石刁柏等的合胞体发育时间长，合胞体相对较大，合胞体的细胞质会形成管状的结构，叫做腔槽(alveoli)。腔槽的平周分裂引发细胞质分裂和胚乳的细胞化。

(2) 细胞化期　胚乳细胞形成前，游离核间的微管、微丝变得丰富起来，内质网、高尔基体小泡成片状排列，形成成膜体，成膜体中的内质网膜、小泡膜相互融合，形成细胞板，再由细胞板形成细胞壁(图 11-43)。胚乳细胞壁的形成通常是从胚囊最外围开始的，此后，向心地逐渐产生细胞壁而形成胚乳细胞，最后整个胚囊被胚乳细胞充满。但也有植物仅在原胚附近形成胚乳细胞，而合点端胚乳保持游离核状态，如菜豆属；也有的只是胚囊周围形成少数层次的胚乳细胞，胚囊中央仍为胚乳游离核，如椰子的液体胚乳(椰乳)，其内含有许多游离核，以及蛋白质粒、油滴和生长激素。此外，更为少见的情况是胚乳始终为游离状态，如旱金莲等。由于胚乳细胞存在的部位、分化成熟过程中储存物质的种类和形式的不同，胚乳细胞可分化成淀粉胚乳、糊粉胚乳等不同的组织类型。

(3) 分化期　当胚乳细胞充满整个胚囊，或其生长受到珠被的限制时，细胞分裂便停止。对于禾本科植物，在外层胚乳细胞分裂的同时，处于内部的胚乳细胞便在质体内开始积累淀粉与蛋白质(液泡也参与蛋白质的合成与积累)，这些储藏物质由内而外在胚乳细胞中积累推进，而由母体运来的灌浆物质却是由外向内输送分配的。由于灌浆物质并非都是合成淀粉和蛋白质的原料，其中的一些矿物质、脂类等积累在胚乳外层细胞中，胚乳外层细胞因积聚矿物质、脂类以及蛋白质等而转化为糊粉层细胞(图 11-43)。

(4) 成熟期　胚乳细胞发育后期，随着淀粉的大量积累，颗粒的充实度提高，胚乳细胞(尤其是以储藏淀粉为主的胚乳细胞)中的胞基质、质体以外的细胞器和细胞核等开始程序化凋亡：细胞核成变形虫状、核内物质凝缩，形成凋亡小体；线粒体内膜解体、空泡化；高尔基体等消失。细胞中淀粉粒充分发育，数量增多，充满整个细胞。在禾本科植物中，子粒成熟时，一般只有糊粉层细胞具有生物学活性，以储藏淀粉为主的胚乳细胞已失去活性(图 11-43G)。在油菜、苹果和大豆等植物中，随着胚的发育成熟，胚乳细胞程序性死亡，营养物质逐渐被胚吸收、利用，并在子叶中形成新的储藏物质，最后，胚乳细胞消失。胚乳细胞程序性死亡，还能使细胞更有效地积累和储藏营养物质，使子粒饱满、粒重增加。

2. 细胞型胚乳

细胞型胚乳(cellular endosperm)的特点是初生胚乳核分裂伴随细胞壁的形成，且以后各

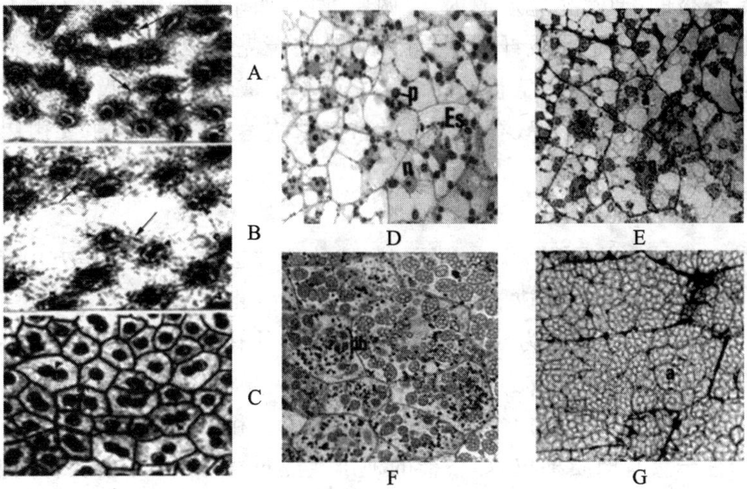

图 11-43　水稻胚乳细胞的发育与成熟

A～C. 胚乳细胞形成；D、E. 细胞分化期；F、G. 细胞成熟期

←示细胞板；ph 为初生壁；a 为淀粉粒；Es 为液泡；n 为细胞核；p 为蛋白质

次分裂都是常规的有丝分裂，即细胞核分裂一次，细胞质也分裂一次，不出现游离核时期。大多数双子叶合瓣花植物，如番茄、矮茄、烟草、芝麻等，其胚乳的发育均属细胞型(图 11-44)。细胞型胚乳在发育过程中，有时产生吸器，从珠心组织吸取养分，吸器的结构常因植物种类而不同。

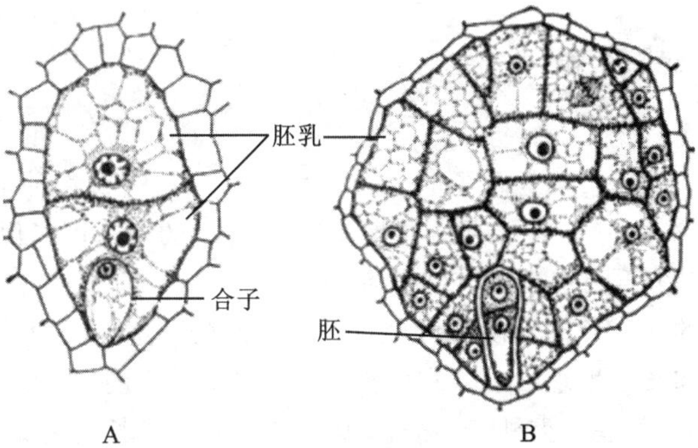

图 11-44　细胞型胚乳

3. 沼生目型胚乳

沼生目型胚乳(helobial endosperm)的特点介于核型胚乳和细胞型胚乳之间。初生胚乳核的首次分裂伴随细胞质的分裂，将胚囊腔分隔为二，形成一大一小两个细胞，大细胞位于珠孔端，小细胞位于合点端。前者可进行多次的游离核分裂，最后形成细胞。后者极少分裂或不分裂，呈合胞体状态。具沼生目型胚乳特征的植物多见于沼生目的慈姑和百合目的紫萼等。少数双子叶植物，如虎耳草属、檀香属等植物也属此类型。

（三）种皮的形成

1. 种皮的发育

种皮是由珠被发育而来的保护结构。胚珠仅具单层珠被的只形成一层种皮，如向日葵、番茄、胡桃;具双层珠被的,通常相应形成内、外两层种皮,如蓖麻、苹果等。有些植物虽然有两层珠被,但内珠被发育过程中退化成纤弱的单层细胞,甚至完全消失,只由外珠被继续发育成为种皮,如大豆、蚕豆、菜豆等;有些植物的外珠被在种子形成过程中被吸收而消失,内珠被形成极不发达的种皮,如小麦、水稻等残存的种皮常常与果皮紧贴在一起,主要由果皮对胚起着保护作用。

2. 种皮的结构特征

各种植物种皮的结构差异很大,一方面与胚珠的珠被层数有关,另一方面还与种子成熟时珠被在发育上的变化有关。种皮成熟时,内部结构也发生相应改变。大多数植物的种皮,其外层常分化为厚壁组织,内层分化为薄壁组织,中间各层往往分化为纤维、石细胞或薄壁组织。以后随着细胞的失水,整个种皮成为干燥的包被结构,干燥、坚硬的种皮使保护作用得以加强。有些植物的种皮十分坚硬,不易透水、通气,与种子的萌发和休眠有一定关系。

少数植物的种子具有肉质种皮,如石榴的种子成熟过程中,内珠被发育为坚硬的种皮,而种皮的外表皮层细胞却辐射状扩展,形成多汁含糖的可食部分。裸子植物中的银杏,其外种皮为肥厚肉质结构。还有一些植物的种子,它们的种皮上出现毛、刺、腺体、翅等附属物,对于种子的传播具有适应意义。

3. 假种皮

少数植物的种子形成假种皮,假种皮是由珠柄或胎座发育而来、包于种皮之外的结构,常含有大量油脂、蛋白质、糖类等储藏物质,如龙眼、荔枝果实的肉质多汁的可食部分等。

三、种子的萌发和幼苗的形成

(一) 种子的寿命和休眠

1. 种子的寿命

种子保持发芽能力的期限称为种子的寿命。种子的寿命因植物种类的不同而不同,如杨树、柳树等植物种子的寿命只有数天或数星期,而榆树种子的寿命可以保持数月之久。在一般的保存条件下,多数作物种子的寿命为 1~3 年。

低温、低氧、干燥的保存条件可以大大延长种子的寿命。这是因为低温、低氧、干燥条件降低了种子的呼吸作用和其他生理活动。在一般情况下,具有坚硬、不透气、不透水种皮的种子具有较长的寿命。例如,某些豆类种子、棉籽、莲子等都具有较长的寿命。在我国东北地区的泥炭层中曾发现埋藏了长达 1000 年之久的莲子,将它播种后仍能发芽生长。

2. 种子的休眠

有些植物的种子脱离母体后在适宜的环境条件下会立即萌发,如小麦、玉米、豌豆等。但大多数植物的种子脱离母体后并不能立即萌发,必须经过一定的时期后才能萌发,这种由于种子本身某些内在因素而导致种子在适宜环境条件下不能立即萌发的现象,叫做种子的休眠(seed dormancy)。在自然界中很多植物种子的休眠时期恰好与不利于幼苗生长的季节是一致的,因此,种子的休眠可以使幼苗避开不利的生活环境。

种子的休眠有四种类型:生理休眠、形态休眠(胚后发育)、形态生理休眠和强迫休眠。另外,根据休眠的机制又可将种子休眠分为物理休眠、化学休眠和生理休眠等。根据休眠的程度又可将种子休眠分为浅休眠、中休眠和深休眠等。根据休眠因素与种子的关系,可将种子休眠分为外源休眠(种壳休眠)、内源休眠(胚休眠),以及两者兼有的休眠。根据休眠的原因,又可将种子休眠分为强迫休眠(条件休眠)和生理休眠(physiological dormancy)或机体休眠(原发性休眠)。强迫休眠指种子由于缺乏适当的条件,如成熟种子的含水量低和极端温度等而不萌发;生理休眠与种子本身的特性有关,因植物种类和胁迫条件而异,引起生理休眠的原因有外部(源)、内部(源)和内外部三类。

1) 种子休眠的内因

种子休眠的内在生理因素主要有:种皮机械压迫,对水、气的不透性,或有抑制性物质等;胚本身未发育成熟,缺少必需的激素或含有代谢抑制物质,以及胚乳的合成、积累、转化等尚未完成等。

(1) 胚未成熟　一种情况是胚尚未完成发育,如银杏种子成熟后从树上掉下时还未受精,等到外果皮腐烂,水和氧气进入后,种子里的生殖细胞分裂,释放出精子后才受精;兰花、人参、冬青、当归、白蜡树等的种胚体积很小,结构不完善,要经过一段时间的继续发育,才达到萌发状态。另一种情况是胚在形态上似已成熟,但生理上还未成熟,需通过后熟作用(after ripening)才能萌发。后熟期长短因植物而异,莎草种子长达 7 年,小麦种子少则 5 天(白皮),多则 35～55 天(红皮),而油菜种子在田间就已完成后熟作用。

(2) 种皮(果皮)的限制　有些植物种子有坚厚的种皮、果皮,或附有致密的蜡质和角质,称为硬实种子。这类种子往往由于种壳的机械压迫或由于种(果)皮不透水、不透气而阻碍胚的生长,呈现休眠,如莲子、椰子、苜蓿、紫云英等。

(3) 抑制物的存在　种子内抑制萌发的物质多数是一些低相对分子质量的有机物,如具挥发性的氢氰酸、氨、乙烯、芥子油,醛类化合物中的肉桂醛,酚类化合物中的水杨酸、没食子酸,生物碱中的咖啡碱、古柯碱,不饱和内酯类中的香豆素、花楸酸以及脱落酸等。这些物质存在于果肉(苹果、梨、番茄、西瓜、甜瓜)、种皮(苍耳、甘蓝、大麦、燕麦)、果皮(酸橙)、胚乳(鸢尾、莴苣)、子叶(菜豆)等处,能使其内部的种子潜伏不动。

2) 解除种子休眠的途径

解除种子休眠的方法主要有以下几种:

(1) 物理机械作用可打破种皮“硬实”,减少种皮对发芽的障碍,提高发芽率。由于种皮(或果皮)及其附属物影响种子通透性,造成种子发芽困难,通过剥壳、搓洗、变温、变湿、高温干燥、冷热水浸种等方法可改善种皮通透性。剥壳、高温干燥引起种皮龟裂,变温、变湿使种皮反复膨胀收缩变得疏松,搓洗种子使种皮变薄,冷热水浸种使种皮孔隙变大有利于种子发芽。

(2) 低温层积加快种子后熟,促进种子发芽。低温层积(stratification)处理,即将种子置于 1～10 ℃湿沙中,经 1～3 个月的低温处理,或用冰箱冷藏种子来打破休眠,如香菜、莴苣种子在 4 ℃冰箱中处理 24 h 后,发芽率明显提高。

(3) 化学物质和激素刺激种子发芽。一些化学物质如双氧水、硫酸、硝酸钾、丙酮、酒精、聚乙二醇,激素如赤霉素、细胞分裂素、生长素、乙烯利等对种子发芽有影响。用化学物质和激素处理种子对提高种子发芽率虽然十分有效,但应掌握适宜的浓度。如生长素一般在低浓度下促进发芽,但浓度稍高反而会抑制种子的发芽。

(4) 清水漂洗。西瓜、甜瓜、番茄、辣椒和茄子等种子种皮内含有萌发抑制物,播种前将种子浸泡在水中,反复漂洗,流水更佳,让抑制物渗透出来,能够提高发芽率。

(5) 光照处理。需光种子种类很多,对光照的要求也不一样。有些种子一次性感光就能萌发。如泡桐浸种后光照 10 min 就能诱发 30%种子萌发,8 h 光照萌发率达 80%。有些植物的种子则需 7～10 天,每天 5～10 h 的光周期诱导才能萌发,如榕树等。藜、莴苣、云杉、水浮莲、芹菜和烟草的某些品种，种子吸胀后照光也可解除休眠。

此外，X射线、超声波、高频和低频电流、电磁场可破除种子休眠，子叶醇和子叶素E也有破除生菜种子休眠的作用。寄生植物独角金种子的萌发受寄主植物根部的渗出液——独角金醇的促进，类似的作用物也从棉籽中分离得到。

（二）种子萌发的外界条件

1. 种子萌发的概念

种子萌发（seed germination）是指具有生活力的种子吸水后，胚生长突破种皮并形成幼苗的过程。通常将胚根突破种皮作为种子萌发的标志。萌发是无休眠或已解除休眠的种子吸水后由相对静止状态转为生理活动状态，呼吸作用加强，储藏物质被分解并转化为可供胚利用的物质，引起胚生长的过程。萌发的本质是水分、温度等因素使种子的某些基因表达和酶活化，引发一系列与胚生长有关的反应。

2. 种子萌发的条件

影响种子萌发的外因主要有水分、温度、氧气，有些种子的萌发还受光照的影响。

(1) 水分　水分是种子萌发的首要条件。种子只有充分吸胀后，细胞中的原生质体才能由凝胶变为溶胶，使细胞器结构恢复，基因活化、转录并合成蛋白质。同时，吸水后的种子呼吸代谢加强，储藏物质不断水解成可溶性物质，供胚生长发育；吸水后种皮膨胀软化，有利于种子内外气体交换，抑制物分解或溶失，也有利于胚根、胚芽突破种皮而继续生长；使种子内储藏的植物激素由束缚型转化为游离型，可以调节胚的生长。在萌发过程中，种子吸水的程度和速率与种子类型、温度以及环境中水分含量有关。一般淀粉和油料种子吸水量达干重的30%～70%即可发芽，蛋白质含量高的种子吸水量要达到干重的110%以上才能发芽，这是因为蛋白质有较大的亲水性。

(2) 温度　种子萌发时，种子内部要进行极其复杂的生理生化反应，往往需要多种酶的催化作用才能完成。而酶的催化作用需要在一定的温度范围内才能进行，因此，温度便成了种子萌发的必要条件之一。在一定的范围内，温度低时反应缓慢，温度高时反应增快。不过酶本身是蛋白质，过高的温度将使酶遭到破坏，而会失去其作用。种子萌发时对于温度的要求表现出三个基点，即最低温度、最适温度和最高温度。在最低温度时，种子萌发所需时间长，发芽不整齐，易烂种；最适温度是在最短的时间内萌发率最高的温度。高于最适温度，虽然萌发速率较快，但发芽率低。低于最低温度和高于最高温度时种子都不能够萌发，只有最适温度才是种子萌发的最理想的温度条件。当我们掌握了种子萌发的最适温度后，就可以选择适当的季节进行播种。播种过早或延迟都不能很好地满足种子萌发时对温度条件的要求，因而影响种子的正常萌发和幼苗的正常生长。

(3) 氧气　种子萌发时，种子内发生的一系列生理生化反应都需要能量的供应，而能量的来源是呼吸作用。种子在呼吸过程中需要足够的氧气。把种子内储藏的营养物质（如葡萄糖）逐步氧化、分解并释放出能量，供给各种生理生化反应利用。一般植物的种子在10%以上的氧气浓度时才能正常萌发，当氧气浓度低于5%时，很多植物种子不能萌发。脂肪含量较高的花生、大豆和棉花等的种子萌发时需氧量更多。因此，这类种子宜浅播；若播后遇雨，要及时松土排水，改善土壤的通气条件，否则会引起烂种。

(4) 光照　对大多数植物种子来说，萌发不受光照条件影响。但有些植物，如莴苣、紫苏、胡萝卜、桦木以及多种杂草种子，它们在有光条件下萌发良好，在黑暗中则不能发芽或发芽不良，这类种子称为需光种子。而另一类植物如葱、韭菜、苋菜、番茄、茄子、南瓜等，它们的种子在光下萌发不好，而在黑暗中反而发芽很好，这类种子称为喜暗（或嫌光）种子。光对种子萌发的影响是通过光敏色素实现的。

综上所述，农业生产上播种时要充分考虑种子萌发的三个条件，三者缺一不可。

（三）种子萌发成苗的过程

发育正常的种子，在充足的水分、适宜的温度和足够的氧气条件下萌发形成幼苗，其具体过程如下：种子从外界环境中吸收足够的水分后，原来干燥、坚硬的种皮逐渐变软。水分继续不断地向胚和胚乳细胞渗入，整枚种子因吸水而呈膨胀状态。吸水后的种皮增强了对氧气和二氧化碳的渗透性，有利于呼吸作用的进行。吸水后在一定的温度条件下，细胞中的各种酶活性增加，将储存在种子里的不溶性大分子化合物分解成简单的可溶性物质，运送到胚根、胚芽和胚轴等部分，供细胞吸收利用。胚细胞吸收这部分营养后，细胞的体积开始增大，经过细胞分裂，细胞数目增加，使胚根、胚芽及胚轴很快地生长出来。经过一系列生长过程，种子里的胚根和胚芽迅速伸长，在一般情况下，胚根首先突破种皮，露在种子外面，然后向下生长形成主根。主根形成不久，胚轴细胞也相应地生长和伸长，把胚芽或胚芽连同子叶一并顶出土面。胚轴将胚芽推出土面后，胚芽很快就形成新植物地上部分的茎和叶。有些植物的种子，子叶随胚芽一起伸出土面，展开见光后转为绿色，便开始进行光合作用，待胚芽的幼叶张开行使光合作用后，子叶才枯萎脱落。至此，一株能独立生活的幼小植物体——幼苗形成了。

（四）幼苗的类型

根据种子萌发时子叶的位置，将幼苗分为子叶出土型幼苗（epigaeous seedling）和子叶留土型幼苗（hypogaeous seedling）两大类。

1. 子叶出土型幼苗

在种子萌发时，胚根首先突破种皮，向下生长，接着下胚轴迅速伸长，将子叶带离种壳并推出地面，子叶出土后变为绿色，暂时进行光合作用，并逐渐长大而展开。此后，胚根、胚芽则相继发育为地下的根系和地上茎叶系统。裸子植物的松树，双子叶植物中的大豆（图 11-45）、蓖麻（图 11-46）、油菜、向日葵、棉花、瓜类，以及单子叶植物的洋葱等的种子萌发时均形成子叶出土型幼苗。

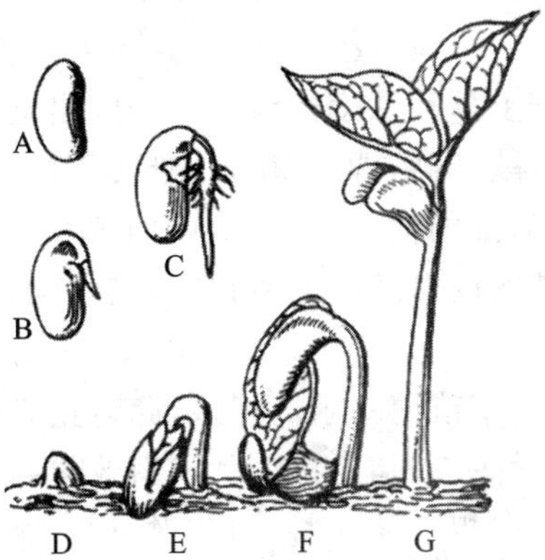

图 11-45　大豆种子的萌发

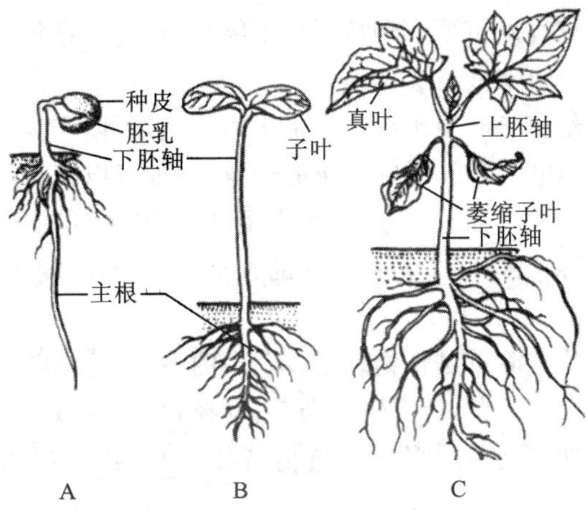

图 11-46　蓖麻幼苗

2. 子叶留土型幼苗

有些植物的种子萌发时，仅子叶以上的上胚轴或中胚轴伸长生长，它们连同胚芽向上伸出地面，形成植物的茎叶系统。而下胚轴并不伸长或伸长极其有限，使子叶和种皮藏留于土壤中。如双子叶植物的蚕豆(图 11-47)、豌豆、柑橘、荔枝的无胚乳种子，核桃、三叶橡胶树的有胚乳种子，以及单子叶植物的水稻、小麦、玉米(图 11-48)的有胚乳种子，它们萌发形成的幼苗均属于子叶留土型。

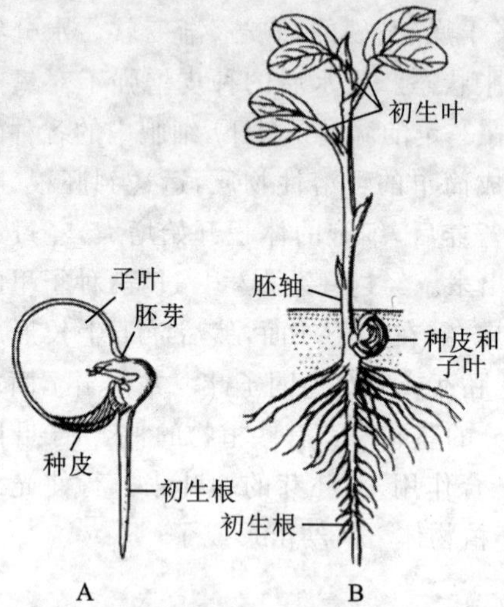

图 11-47　蚕豆种子的留土萌发(引自李扬汉)

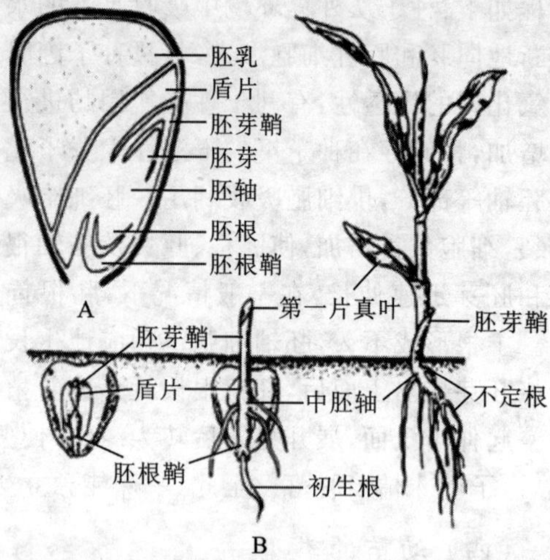

图 11-48　玉米种子的留土萌发(引自 Raven)

此外，有一些植物种子的萌发兼有子叶出土和子叶留土的特点。如花生种子萌发时，上胚轴和胚芽生长较快，同时下胚轴也相应生长。饭包草、鸢尾种子发芽时，既不是典型的子叶出土型，也不是子叶留土型，而是介于以上两种情况之间。其胚的下胚轴长出土面，并发育成植株的主茎，而其种壳却完全留在土中，子叶也不完全出土，子叶变成纤细的丝状结构留于种子的胚乳中。随着下胚轴的生长，这部分留于胚乳的子叶也随着伸长，顶端膨大成球状，当种子中的胚乳营养消耗殆尽，丝状结构的子叶也逐渐萎缩断离。

(五) 植物幼苗形态学特征在生产上的应用

植物幼苗形态学特征对植物栽培、遗传育种、森林更新、植被调查、杂草识别和化学防除等方面具有实践意义。

幼苗子叶出土和子叶留土的特点，可以作为农业生产上播种深度的参考。子叶出土的幼苗，播种时宜浅；子叶留土的幼苗，播种可以稍深点。禾本科植物中胚芽鞘顶土能力强的，可以略加大深度播种；子叶出土类型幼苗，其下胚轴的顶土能力强的播种可以深点，如菜豆。播种的实际深度，还要考虑种子的大小、土壤的湿度等条件，最终以提高出苗率和培育健壮的幼苗为标准。

化学除草是作物栽培管理中的一个重要环节。由于杂草苗期的耐药性差，此时正确识别各种杂草幼苗，针对不同杂草，选择相应的除草剂进行化学防除，是发挥除草剂高效作用的最佳时期。幼苗的形态在遗传特征和科、属系统方面常具有相对稳定性，可以作为植物鉴别依据。

四、人工种子

种子是种子植物所特有的有性繁殖器官。自然界中正常的植物种子分为两类:一类是植物经过受精作用后,由胚珠发育形成的;另一类是植物不经过受精作用由不定胚直接发育形成的。植物人工种子是植物离体培养条件下创造的自然种子之外的繁殖材料。作为新的繁殖体,人工种子由于具有健康、可远距离运输和节省耕地等优点,因此具有较大的潜在应用价值。

(一) 人工种子的概念

人工种子(artificial seeds)或合成种子(synthetic seeds)技术是在植物离体培养技术基础上发展起来的一门新技术。人工种子是指利用细胞的全能性,将离体培养所产生的体细胞胚或具有发育成完整植株的分生组织(如胚状体、芽和茎段等)包裹在一层含有营养物质并具有保护功能的外膜内,形成在适宜条件下能够发育成完整植株的小颗粒。近年来,该概念已从狭义的体细胞胚的包被发展到对任何合适的植物繁殖体的包被,如不定芽、块茎、腋芽、芽尖、原球茎、愈伤组织和发根等繁殖体的包被。人工种子的概念是 Murashige 于 1978 年提出的,1977 年 Murashige 在国际园艺作物组织培养讨论会上提出了建立大规模、高速度无性繁殖技术的设想,并在 1978 年首次报道了人工种子的概念。

(二) 人工种子的结构和类型

1. 人工种子的结构

人工种子具备类似于天然种子的基本结构和功能,由体细胞胚、人工胚乳和人工种皮三部分组成。一是胚状体(分生组织),由组织培养中获得的胚状体、愈伤组织、原球茎、不定芽、顶芽、腋芽、小鳞茎等;它相当于天然种子的胚,是有生命的物质结构。二是供胚状体维持生命力和保证它在适宜的环境条件下生长发育的人工胚乳,包括矿质元素、维生素、碳源以及激素,有时添加有益微生物、杀虫剂和除草剂等。三是具有保护作用的人工种皮,最外层的包膜能通气并控制种内水分和营养物质流失,具有机械保护作用,能防止外部一定的冲击力;它像天然种皮一样能在适宜条件下维持胚状体正常的生长发育,具有透水透气、固定成型、耐机械冲击且不损坏的特性。人工种子是类似于自然种子的人造颗粒,在外形上它就像一颗颗乳白色、半透明、圆粒状的石榴果实内的小颗粒。

2. 人工种子的类型

(1) 按繁殖体划分　根据 Redenbaugh 对人工种子的分类方法,可将人工种子分为三大类。① 裸露的或休眠的繁殖体:如微鳞茎,微块茎等,它们在不加包被的情况下也具有较高的成株率。② 人工种皮包被的繁殖体:一些体细胞胚、原球茎等不能过度干燥,但只需要用人工种皮包被即可维持良好的发芽状态,如胡萝卜体细胞胚。③ 水凝胶包埋再包被人工种皮的繁殖体:大多数体细胞胚、不定芽、茎尖等均需要先包埋在半液态凝胶中,再经人工种皮包裹才能避免失水,从而维持良好的发芽能力。

(2) 按细胞胚划分　根据体细胞胚的类型,人工种子可分为两类:体细胞胚人工种子和非体细胞胚人工种子。

(三) 人工种子的特点

人工种子不仅能够像天然种子一样可以储存、运输、播种、萌发和长成正常植株,而且还有许多独特的优点：一是名贵优良植物快速繁殖，通过组织培养技术生产的胚状体数量多、繁殖快、结构完整，且不受季节限制，可在短期内大量生产优良种苗，如同源或异源多倍体品种、名贵的突变材料、生物工程植株、生长周期长的多年生木本植物等可在短期内提供足够的种源；二是固定杂种优势，天然种子是有性繁殖，在遗传上具有因减数分裂引起的重组分离现象，所以杂种优势只能体现在第一代，第二代便参差不齐。而人工种子本质上属于无性繁殖，即使外植体来自杂合体，其后代群体一般不出现性状分离，从而保持杂种优势，多年使用而不需要复杂的制种过程。三是控制植物的生长发育和抗逆性，人工胚乳除含有营养物质外，还可加入除草剂、杀菌剂、杀虫剂、抑制休眠物质和有益菌等，使其具备抗逆性和耐贮性等特性，也可添加植物生长调节剂，开展体细胞胚的基础生物学理论研究。此外，与试管苗技术相比，人工种子技术在理论上具有成本低、储藏运输方便、无玻璃化缺陷、减少移栽驯化过程和生产周期短等优点，可以繁殖大量从人工杂交和遗传工程植株筛选出的优良基因型。人工种子还可以为不育和不稳定的基因型提供繁殖方法。

第六节 果 实

被子植物开花受精后，子房发育形成果实，果实包括果皮与种子两部分。果皮包裹着种子，既起到保护种子的作用，又有助于种子的传播。果实类型繁多，是植物分类的重要依据之一。本节着重介绍果皮及果实整体的形态结构与类型。

一、果实的发育和结构

卵细胞受精后，花各部分发生显著变化。通常花冠凋谢，花萼枯落（少数植物的花萼宿存），雄蕊和雌蕊的柱头、花柱也都枯萎。在雌蕊完成受精后，雌蕊的子房细胞继续分裂，借以增加细胞的数量，但细胞分裂的时间一般是比较短暂的，只在花后数周，即只在果实发育的早期才进行细胞分裂，此后果实的生长主要是子房细胞体积和质量的增加，最终发育为果实。

根据果实的发育来源与组成，可将果实分为真果和假果两类。真果（true fruit）是直接由子房发育而成的果实，如小麦、玉米、棉花、花生、柑橘、桃等的果实（图 11-49）。假果（pseudocarp 或 false fruit）是由子房、花托、花萼，甚至整个花序共同发育而成的结构，如梨、苹果（图 11-50）、瓜类、石榴、菠萝和无花果等的果实。

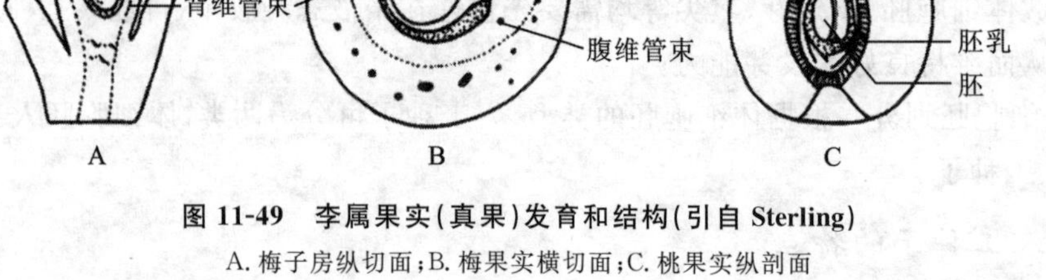

图 11-49 李属果实（真果）发育和结构（引自 Sterling）

A. 梅子房纵切面；B. 梅果实横切面；C. 桃果实纵剖面

（一）真果

真果的结构较简单，外层为果皮（pericarp），内含种子。果皮由子房壁发育而成，可分为外果皮、中果皮和内果皮三层。果皮的厚度不一，视果实种类而异。果皮的层次性有的易区分，如核果，有的互为混合，难以区分，如浆果的中果皮与内果皮，还有的难分离，如禾本科植物如小麦、玉米的子粒和水稻除去稻壳后的糙米，其果皮与种皮结合紧密，难以分离。现就果皮和胎座的发育简述如下。

1. 外果皮

外果皮（exocarp）由子房壁的外表皮（相当于叶片的下表皮）发育而来，可以由一层细胞或由数层细胞构成。如外果皮有数层细胞，则除含有外表皮细胞层外还有表皮下层的一至数层厚角组织细胞，如桃、杏等，也可能是厚壁组织细胞（如菜豆、大豆等）。一般外果皮上分布有气孔、角质、蜡被，有的还生有毛、翅、钩等附属物，它们具有保护果实和有助于果实传播的作用，也是识别物种的依据之一。

2. 中果皮

中果皮（mesocarp）由子房壁的中层（相当于叶片的叶肉和叶脉部分）发育而来，由多层细胞构成。中果皮在结构上变化很大：有的中果皮由富含营养的薄壁细胞构成，成为果实中的肉质可食部分（如桃、杏、李等）；有的中果皮的薄壁组织中还含有厚壁组织；有的在果实成熟时，中果皮变干收缩成膜质、革质，或成为疏松的纤维状，维管组织发达，如柑橘的“橘络”。

3. 内果皮

内果皮（endocarp）由子房壁的内表皮（相当于叶片的上表皮）发育而来，多半由一层细胞构成。但也可由多层细胞构成，如番茄、桃、杏等。在番茄等果实中，内果皮由多层薄壁细胞所组成；在桃、杏等果实中，内果皮的多层细胞通常厚壁化、石细胞化，形成硬核。在柑橘、柚子等果实中，内果皮的许多细胞成为大而多汁的汁囊；在葡萄等的果实中，内果皮细胞在果实成熟过程中，细胞分离成浆状；在禾本科植物中，因其果实的内果皮和种皮都很薄，在果实的成熟过程中，通常两者愈合，不易分离，形成独特的颖果类型。

4. 胎座

胎座（placenta）是心皮边缘愈合形成的结构，是胚珠孕育的场所，是种子发育成熟过程中的养分供应基地。在果实的成熟过程中，多数植物的果实中的胎座逐步干燥、萎缩。但也有的胎座更加发达，参与形成果肉的一部分，如番茄、猕猴桃等植物的果实。有些植物的胎座包裹着发育中的种子，除提供种子发育所需的营养外，还进一步发育形成厚实、肉质化的假种皮，如荔枝、龙眼等植物。

（二）假果

假果（图 11-50）的结构除由子房发育成的果实外，还有其他部分参与果实的形成。例如，梨、苹果的食用部分，主要由花萼筒肉质化而成，中部才是由子房壁发育而来的肉质部分，且所占比例很少，但外、中、内三层果皮仍能区分，其内果皮常革质、较硬。在草莓等植物中，果实的肉质化部分是由花托发育而来的；在无花果、菠萝等植物的果实中，果实中的肉质化部分主要由花序轴、花托等部分发育而成。

二、果实的类型

根据果实的形态结构，可将果实分为三大类，即单果、聚合果和复果。

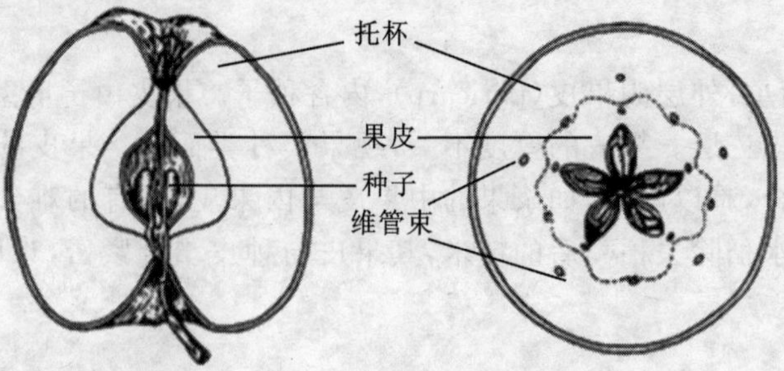

图 11-50　苹果果实(假果)发育和结构

(一) 单果

单果(simple fruit)是由一朵花中的一个单雌蕊或复雌蕊发育而成的。根据果皮及其附属部分成熟时果皮的质地和结构,可分为肉质果和干果两类。

1. 肉质果

肉质果(fleshy fruit)是指果实成熟时,果皮或其他组成部分肉质多汁,常见的有以下几种(图 11-51):

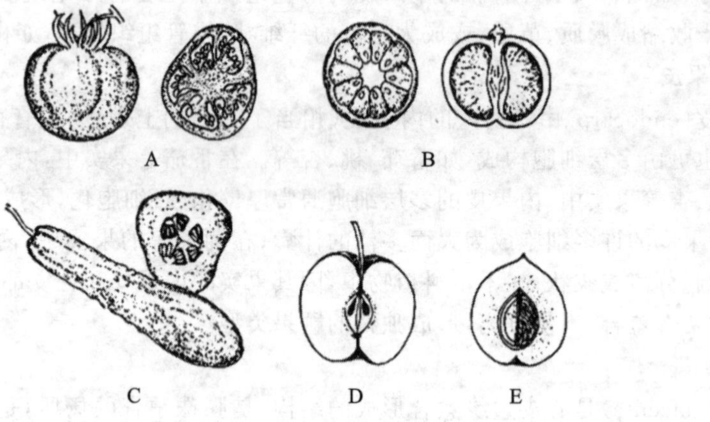

图 11-51　肉质果的主要类型

A. 浆果(番茄);B. 柑果(蜜柑);C. 瓠果(黄瓜);D. 梨果(苹果);E. 核果(桃)

(1) 浆果(berry)　浆果由一个或几个心皮形成,含一枚至多枚种子。外果皮薄,中果皮、内果皮和胎座均肉质化,浆汁丰富。如番茄、葡萄、柿、茄等。

(2) 柑果(hesperidium)　柑果是柑橘类植物特有的一类肉质果,由多心皮具中轴胎座的上位子房发育而成。外果皮厚,外表革质,分布许多分泌腔(油囊);中果皮较疏松,具多分枝的维管束(橘络);内果皮膜质,分为若干室,向内产生许多多汁的汁囊,是主要的食用部分。

(3) 瓠果(pepo)　瓠果为瓜类所特有,由 3 个心皮组成,是具侧膜胎座的下位子房发育而成的假果。花托与外果皮常愈合成坚硬的果壁,中果皮和内果皮肉质,胎座较发达。南瓜、冬瓜和甜瓜的食用部分为肉质的中果皮和内果皮,西瓜的主要食用部分为发达的胎座。

(4) 核果(drupe)　核果是具有坚硬内果皮的一类肉质果,通常由单雌蕊发育而成,内含 1 枚种子。外果皮极薄,由表皮层和表皮下的几层厚角组织组成;中果皮厚,是肉质的食用部分,由薄壁细胞组成;内果皮石质化,是由石细胞构成的硬核,内含 1 枚种子,如桃、梅、李、杏等的果实。椰子也是核果,但它的中果皮干燥无汁,成纤维状,俗称椰棕;内果皮即为椰壳。

(5) 梨果(pome)　梨果是由多心皮的下位子房和花托愈合发育而成的一类肉质假果。外面很厚的肉质部分是原来的花托，肉质部分以内才是果皮部分。外果皮和花托，以及外果皮和中果皮之间均无明显界限；内果皮木质化，较易分辨；中轴胎座，内果皮将果实的核心分为5个小室，每小室含2枚种子。如梨、苹果、山楂等的果实。

2. 干果

干果(dry fruit)成熟时果皮干燥，根据果皮开裂与否，可分为裂果和闭果。

(1)裂果(dehiscent fruit)　果实成熟后果皮开裂，依心皮数目和开裂方式不同，分为下列几种(图11-52)。

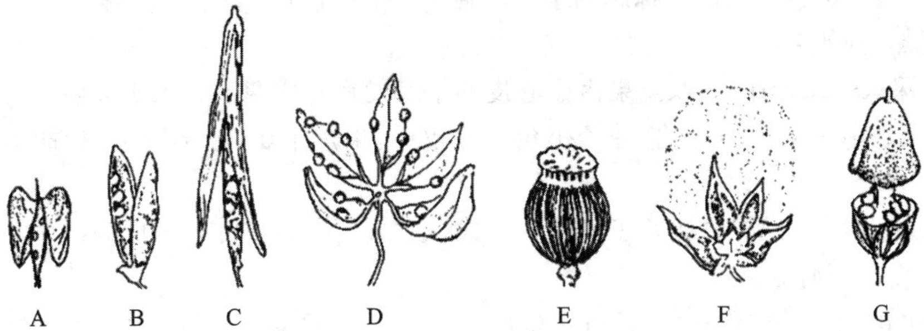

图11-52　裂果的主要类型(引自李扬汉)

A. 短角果(荠菜)；B. 荚果(豌豆)；C. 长角菜(油菜)；D. 聚合蓇葖果(梧桐)；
E. 蒴果(虞美人)；F. 蒴果(棉)；G. 蒴果(车前)

①荚果(legume)　荚果是豆科植物特有的一种干果，由一个心皮发育而成。成熟时果皮沿背缝和腹缝两面开裂，如大豆、豌豆、蚕豆等。有些豆科植物的荚果比较特殊，如落花生、合欢的荚果在自然情况下不开裂；含羞草、决明、山蚂蟥等的荚果呈分节状，每节含1枚种子，成熟时分节脱落，这类果实称为节荚果；槐的荚果为圆柱形分节，呈念珠状；苜蓿的荚果螺旋状，边缘有齿刺。

②蓇葖果(follicle)　由一个心皮或离生心皮发育而成，果实成熟时，沿腹缝线(如牡丹、芍药、飞燕草)或背缝线开裂(如木兰、辛夷)。

③蒴果(capsule)　蒴果由两个或两个以上合生心皮发育而成，每室含多枚种子。蒴果是较普遍的一类果实，果实成熟时有以下几种裂开方式：

a. 室背开裂(loculicidal dehiscent)，即沿心皮的背缝裂开，如棉、百合、鸢尾、酢浆草等；

b. 室间开裂(septicidal dehiscent)，即沿心皮相接处的隔膜裂开，如烟草、马兜铃、秋水仙等；

c. 室轴开裂(septifragal dehiscent)，即果皮外侧沿心皮的背缝线或腹缝线相接处裂开，但中央的部分隔膜仍与中轴相连，如牵牛、曼陀罗、杜鹃花；

d. 周裂(circumscissile dehiscent)，即果实中上部环状横裂，成盖状脱落，如马齿苋、车前；

e. 孔裂(porous dehiscent)，即果实成熟时，每一心皮顶端裂一小孔，以散发种子，如罂粟、虞美人、桔梗、金鱼草。

④角果　角果是十字花科植物特有的开裂干果，由二心皮的子房发育而来。子房一室，后来由心皮边缘合生处向中央生出假隔膜，将子房分隔为两室。果实成熟时，果皮沿两腹缝线裂成两片而脱落，只留假隔膜，种子附于假隔膜上。油菜、甘蓝、白菜的角果很长，称为长角果(siligue)；荠菜、独行菜的角果短阔，称为短角果(silicle)。

(2) 闭果(achenocarp)　果实成熟后，果皮不开裂，可分为下列几种(图 11-53)。

①瘦果(achene)　瘦果由 1～3 个心皮组成，内含 1 枚种子。成熟时，果皮革质或木质，容易与种皮分离。一心皮瘦果如白头翁，二心皮瘦果如向日葵，三心皮瘦果如荞麦。

②颖果(caryopsis)　颖果是禾本科植物特有的果实类型。果皮薄、革质，只含 1 枚种子，果皮与种皮紧密愈合而不易分离，如水稻、小麦、玉米等的果实。

③翅果(samara)　翅果的果皮一部分延伸成翅状，有利于果实的散播，如榆、白蜡、槭、枫杨等的果实。

④坚果(nut)　坚果的果皮坚硬木质化，内含 1 枚种子。坚果外面常包有壳斗，壳斗由原花序的总苞发育而成，如栗属和栎属的果实。通常，一个花序中仅有一个果实成熟，但也有两三个果实成熟的(如栗)。

⑤双悬果(cremocarp)　双悬果由二心皮的子房发育而成两室。果实成熟时，子房室分离成两瓣，分悬于中央果柄的上端，种子仍包在心皮中，果皮干燥，但不开裂，如胡萝卜、茴香的果实。

⑥分果(schizocarp)　复雌蕊子房发育而成，成熟后各心皮分离，形成分离的小果，但小果的果皮不开裂。如蜀葵。

⑦胞果(utricle)　亦称囊果，是由合生心皮形成的一类果实，具 1 枚种子，成熟时干燥而不开裂，果皮薄，疏松地包围种子，极易与种子分离，如藜、菠菜等。

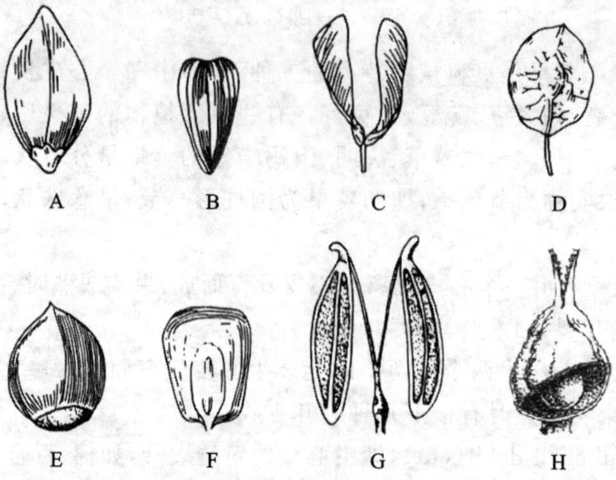

图 11-53　闭果的主要类型

A. 瘦果(荞麦)；B. 瘦果(向日葵)；C. 翅果(槭树)；D. 翅果(榆树)；
E. 坚果(板栗)；F. 颖果(玉米)；G. 双悬果(伞形科)；H. 胞果(藜)

(二) 聚合果

聚合果(aggregate fruit)是由一朵花中多数分离心皮雌蕊发育而来的，每一雌蕊都形成一个独立的小果而集生在膨大花托上(图 11-54)。因小果不同，聚合果可以是聚合蓇葖果(如八角、玉兰)，也可以是聚合瘦果(如蔷薇、草莓)，或者是聚合核果(如悬钩子)。

(三) 复果

复果是由整个花序发育成的果实(图 11-55)，也称聚花果(collective fruit)或花序果。花

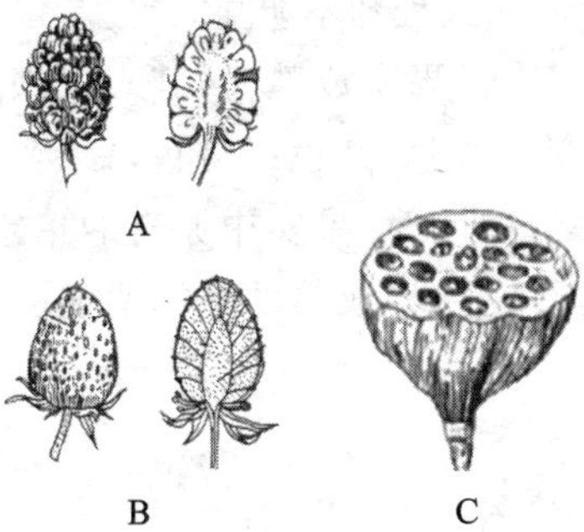

图 11-54　聚合果(引自陆时万等)

A. 悬钩子;B. 草莓;C. 莲

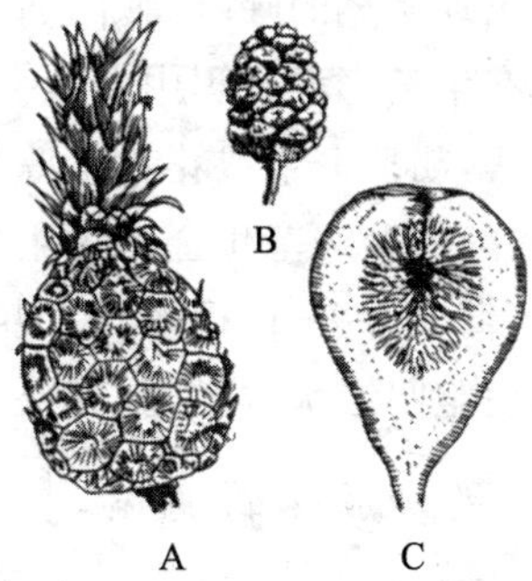

图 11-55　聚花果(复果)(引自陆时万等)

A. 凤梨;B. 桑葚;C. 无花果

序中的每朵花形成独立的小果,聚集在花序轴上,外形似一果实。如凤梨(菠萝)的果实由许多花聚生在肉质花轴上发育而成;无花果的肉质花轴内陷成囊状,囊内壁上着生许多小坚果。

三、单性结实和无籽果实

在一般情况下,植物通过受精才能形成果实。但有些植物不经过受精,子房也能长大发育成果实,这种现象称为单性结实(parthenocarpy)。单性结实所形成的果实不含种子,称为无籽果实(seedless fruit,stenospermocarpy)。单性结实能形成无籽果实,但无籽果实不一定完全由单性结实所致。有些植物虽然完成了受精作用,但由于种种原因,胚的发育中途停止,其子房或花的其他部分继续发育,也可形成无籽果实,如无籽葡萄、无籽柑橘、无籽香蕉、无籽柿子等。

单性结实有两类:一种是自发单性结实(autonomous parthenocarpy),即花不经传粉、受精或其他刺激而形成果实,如香蕉、柿、葡萄和柑橘的某些品种的单性结实;另一种是诱导单性结实(induced parthenocarpy),即通过外界刺激而引起的单性结实现象。用种间花粉刺激柱头,如马铃薯花粉刺激番茄柱头或苹果花粉刺激梨的柱头,都可以得到无籽果实。用某些植物生长调节剂刺激花蕾,如低浓度 2,4-D 或吲哚乙酸处理番茄和茄子花蕾、浸葡萄花序,均可诱导单性结实。

生产上单性结实可以提高果实的含糖量和品质。同时,由于果实不含种子,便于食用。

四、果实的生长与调控

(一) 果实的生长与成熟

果实的生长发育过程是通过细胞的分裂和细胞体积与质量的增加而实现的,具有 S 形生长曲线特征。但植物种类不同,果实的生长特点也不同。如苹果、梨、香蕉和茄子等的果实只有一个迅速生长期,即“慢—快—慢”,其生长曲线呈单 S 形;而桃、杏、李、樱桃、柿子等的果实,其生长曲线呈双 S 形。这类果实具有核,可能是在生长中期养分主要向核内的种子集中,使果实生长减慢而造成的。

当果实成熟到一定程度时,呼吸速率首先降低,然后突然增高,最后又下降,此时果实便进入完全成熟期。这个呼吸高峰,便称为果实的呼吸跃变(respiratory climacteric)。呼吸跃变的出现标志着果实达到成熟可食的程度,也意味着果实即将衰老。梨、香蕉、番茄等果实在成熟过程中出现明显的呼吸高峰，而草莓、柑橘、葡萄等果实的成熟过程却不明显。

果实在生长膨大过程中发生一系列生理生化变化达到成熟。果实成熟时，其表皮细胞中叶绿素分解，胡萝卜素或花青素等积累，果皮颜色由绿色转变为黄色、红色或橙色。果实内部合成醇类、酯类和羧基化合物为主的芳香性物质而散发出香气。同时，果实中原有的单宁、有机酸减少，糖分增多，使得涩味、酸味减弱，甜味明显增加。此外，果实成熟的另一明显变化则是水解酶使胞间层水解，细胞间松散，组织软化。

（二）果实成熟的调控

果实成熟是分化基因表达的结果。番茄的 PG 酶（多聚半乳糖醛酸酶）反向调节转基因果实，其 PG 的 mRNA 减少，PG 的活性明显降低，果实能保持相当的硬度。PE 酶（果胶甲酯酶）参与细胞壁果胶物质的脱甲基化，在植物体中至少存在三种同工酶。果实成熟过程中，PE 酶的脱甲基产物是 PG 酶作用的基质。将 ACC（1-氨基环丙烷-1-羧酸）合成酶 cDNA 的反义系统导入番茄，得到的转基因番茄的乙烯合成被抑制了 99.5%，果实不出现呼吸高峰，储存 3～4 个月也不变红变软，用乙烯处理则果实成熟。而 ACC 脱氨基酶基因过度表达的转基因植物，可将 ACC 大量转变为 α-丁酮酸，因而乙烯的生成减少了 90%～97%，也可延长储存期，而且果实的表型和品质都与正常果实无异。其他还有通过转基因改变果实的颜色或糖的含量等都获得了成功。

乙烯被认为是调节果实成熟的激素，乙烯启动果实的成熟取决于乙烯的阈值浓度、作用的时间和果实对乙烯的敏感性。不同果实成熟的乙烯阈值浓度有很大的差异，如芒果只需 0.01 mg/kg，而梨只需 0.9 mg/kg。只有在果实停止增重、呼吸速率降低时才对乙烯敏感。研究表明，使用乙烯生物合成的抑制剂也可延迟果实的成熟。

果实成熟的调节也和其他激素相关。ABA（脱落酸）可促进果实成熟和衰老。许多跃变型果实在成熟期间，ABA 水平上升伴随着乙烯的跃升，或在乙烯水平上升之前，ABA 水平上升；而对于非跃变型果实，只有 ABA 的增加而没有乙烯的增加。外源 ABA 处理能刺激苹果和番茄的乙烯产生。ABA 可能通过乙烯或独立于乙烯发挥作用，其对果实成熟的调控作用值得深入研究。生长素影响果实成熟的启动时间，一般可延缓果实的成熟，但不影响果实的成熟程度。细胞分裂素不影响成熟起始时间，但降低成熟度。赤霉素的作用和细胞分裂素类似。综合所述，果实成熟可能是多种植物内源激素平衡作用的结果。

五、果实与种子的传播

在长期自然选择过程中，植物的果实和种子形成了适应不同传播媒介的多种形态特征，以利于果实和种子的散布，扩大后代植株生长分布的范围，使种族繁衍昌盛。

果实和种子的散布主要依靠风力、水力、动物和人类的携带，以及通过果实本身的力量。

（一）风力传播

借风力传播的果实和种子，一般体积小而轻，常具毛、翅等附属物，有利于随风远扬。例如，兰科植物的种子细小质轻，易飘浮于空中而吹送到远处；莴苣、蒲公英等菊科植物的果实上生有冠毛；垂柳、白杨的种子外有细绒毛；榆、槭、枫杨的果实及松、云杉的种子具翅；酸浆的果实外具薄膜状气囊等。这些都是适应风力传播的结构（图 11-56）。

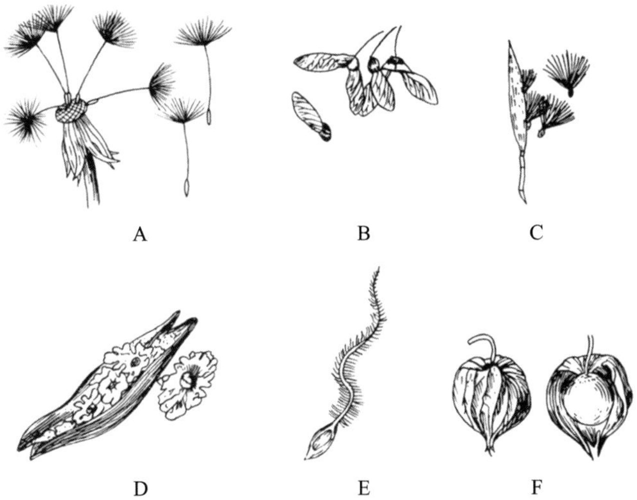

图 11-56　依靠风力传播的果实和种子(引自陆时万等)

A. 蒲公英果实(顶端具冠毛);B. 槭果实(具翅);C. 马利筋种子(顶端有种毛);
D. 紫薇种子(具翅);E. 铁线莲果实(花柱残留呈羽状);F. 酸浆果实(外包花萼形成气囊)

(二) 水力传播

借水力传播的果实和种子,主要是水生植物和沼泽地带植物,其果实或种子多形成漂浮结构。例如,莲的聚合果,其花托组织疏松,形成“莲蓬”,可以漂载果实进行传播;生于海边的椰子,其果实的外果皮平滑,不透水,中果皮疏松,呈纤维状,充满空气,可随海流漂流到远处海岛沙滩而萌发,因此热带海边常出现成片分布的椰林。此外,农田沟渠边生长许多苋属、藜属、酸模属的一些杂草,它们的果实成熟后散落水中,常随水漂流至湿润土壤上,萌发生长,传播开来。

(三) 借人类和动物的活动传播

借动物、人类活动传播的果实和种子有不同的适应结构。有些植物,如窃衣、苍耳、鬼针草、葎草等,它们的果实外面生有钩刺,能附于动物的皮毛上或人们的衣服上而被携至远方;马鞭草及鼠尾草的一些种,果实具有宿存黏萼,易黏附在动物皮毛上面而被传播。有些植物的果实或种子具有坚硬的果皮或种皮,被动物吞食后不易受消化液的侵蚀,以后随粪便排出体外而散播。另外,有些杂草的果实和种子常与栽培植物同时成熟,借人类收获作物和播种活动而传播,如稻田恶性杂草——稗,往往随稻被收割,随稻播种,造成防除上的困难。

(四) 果实的自身弹力传播

有些植物的果实急剧开裂时,产生机械弹力或喷射力,将种子散发出去。干果中的裂果类,果皮成熟后成为干燥、坚硬的结构,由于果皮各层厚壁细胞排列形式不一,随着果皮含水量的变化,容易在收缩时产生扭曲现象,借此把种子弹出,实现了对种子的传播。常见的此类植物有凤仙花、大豆、油菜等植物的果实(图 11-57)。

图 11-57　依靠果实的自身弹力传播（引自陆时万等）

A. 凤仙花果实自裂散出种子；B. 老鹳草果皮翻卷散发种子；C. 菜豆果皮扭转散出种子；
D. 喷瓜果实成熟，果实脱离果柄，由断口处喷出浆液和种子

第七节　被子植物的生活史

一、被子植物的生活史简介

被子植物从种子萌发形成幼苗，经过营养生长，然后开花、传粉、受精、结实并产生新一代种子的全部历程称为被子植物的生活史或生活周期（图 11-58）。

被子植物的生活史包括两个基本阶段，即二倍体（$2n$）阶段和单倍体（$1n$）阶段。两个阶段的转折点是双受精和减数分裂。二倍体阶段（无性世代）从双受精形成的合子开始，至形成胚囊母细胞和花粉母细胞止，植物体细胞染色体数为 $2n$，故称二倍体，也称孢子体。单倍体阶段（有性世代）从胚囊母细胞和花粉母细胞减数分裂分别形成单核胚囊（大孢子）和单核花粉粒（小孢子）开始，至形成含 7 个细胞胚囊（雌配子体）和含 3 个细胞的成熟花粉粒或花粉管（雄配子体）止，这个阶段细胞的染色体数目为 n，故称单倍体。

二、被子植物的生活史特征

被子植物的生活史特征如下。

（1）孢子体：有根、茎、叶等器官分化，结构复杂完善，适应性强，在生活周期中占绝大部分时间。

（2）配子体：结构简单，雄配子体仅由 2～3 个细胞组成（营养细胞、生殖细胞），极度退化；雌配子体由 7 个细胞组成（2 个助细胞、3 个反足细胞、1 个中央细胞、1 个卵细胞），必须依附在孢子体上，生活时间很短。

（3）双受精：这是被子植物生活史的一大特征，也是被子植物在地球上占优势的主要原因。

（4）世代交替：被子植物生活史中，二倍体的孢子阶段（无性世代）和单倍体的配子体阶段（有性世代）有规律地交替出现的现象。被子植物的无性世代占优势，占生活史的大部分时间，有性世代只占生活史的极短时期，且不能独立生活而须依附在孢子体上。

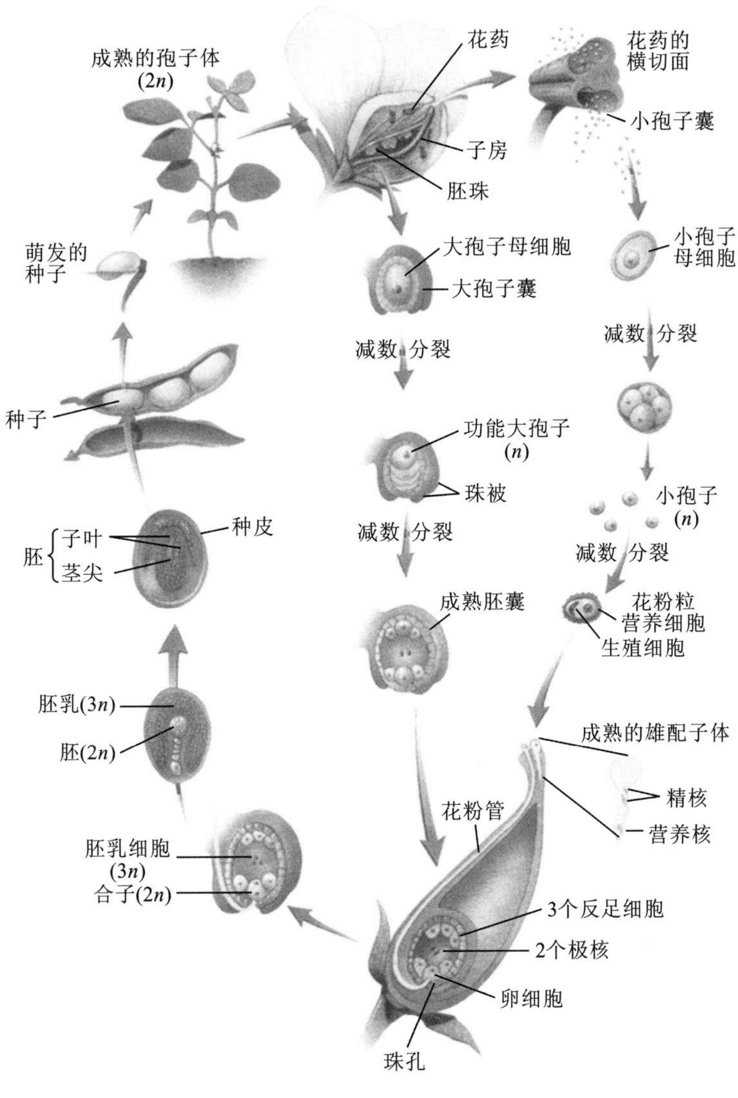

图 11-58　被子植物的生活史

思考与探索

1. 区别下列各组名词：

花图式与花程式；完全花与不完全花；无配子生殖与无孢子生殖；异花传粉与自花传粉；真果与假果；二胞花粉与三胞花粉；种子与人工种子；单性结实与无籽果实。

2. 典型的花具有哪些主要部分？各部分的形态和功能如何？

3. 绘制玉兰的花图式和花程式。

4. 花的性别分化有哪几种类型？

5. 植物适应异花传粉的多样性有哪些类型？

6. 论述被子植物的双受精过程及其生物学意义。

7. 双子叶植物胚与单子叶植物胚在结构上有明显的不同，试从形态发育的角度分析造成差异的原因。

8. 某些植物的果实适于人类食用，对于植物本身有何生物学意义？

9. 在被子植物的个体发育过程中，胚和胚乳的发育命运如何？

10. 试分析被子植物雄配子体和雌配子体及其雌、雄配子的形态特征与功能。

11. 试分析绒毡层在花粉形成和发育过程中的功能。

12. 被子植物胚乳发育方式有哪几种？简述其发育过程。

第十二章

裸子植物

第一节　裸子植物的主要特征

裸子植物的主要特征如下。

1. 孢子体发达

裸子植物的孢子体发达，并占绝对优势，其配子体十分简化，不能脱离孢子体而独立生活。裸子植物均为木本植物，大多数为单轴分枝的常绿高大乔木；叶多为针形、条形或鳞形；具有强大的根系。次生木质部主要由管胞、木质薄壁细胞和木质射线组成；除少数种类外，大多无导管，缺乏典型的木纤维。韧皮部由筛胞、韧皮薄壁细胞和韧皮射线组成，无筛管和伴胞。

2. 配子体简化并寄生在孢子体之上

雄配子体由小孢子发育而来，在多数种类中仅由 4 个细胞组成，包括 2 个退化的原叶细胞、1 个生殖细胞和 1 个管细胞。雌配子体由大孢子发育而来，除百岁兰属(*Welwitschia*)、买麻藤属(*Gnetum*)外，雌配子体的近珠孔端均产生 2 至多个颈卵器，但结构简单，埋藏于胚囊中，仅有 2～4 个颈细胞露在外面。颈卵器内有 1 个卵细胞和 1 个腹沟细胞，无颈沟细胞，比蕨类植物的颈卵器更加退化。雌、雄配子体均无独立生活的能力，完全寄生在孢子体上。

3. 胚珠裸露，形成种子

孢子叶多数聚生成球果状，称为孢子叶球(strobilus)。孢子叶球单生或多个聚生成各种球序，通常都是单性，同株或异株；小孢子叶(雄蕊)聚生成小孢子叶球(相当于雄花，staminate strobilus)，每个小孢子叶下面生有储藏小孢子(花粉)的小孢子囊(花粉囊)，大孢子叶(心皮)丛生或聚生成大孢子叶球(相当于雌花，female cone)，胚珠(大孢子囊)裸露，不为大孢子叶所形成的心皮所包被。胚珠发育为种子，内含有胚。

4. 形成花粉管，受精作用不再受水的限制

裸子植物的花粉粒，通常由风力传播，经珠孔直接进入胚珠，在珠心上方萌发，形成花粉管，进入胚囊，将由生殖细胞产生的 2 个精子直接送到颈卵器内，完成受精作用。因此，受精作用不再受到水的限制。

5. 具多胚现象

裸子植物普遍存在多胚现象(polyembryony)，可以分为两种：一是简单多胚现象(simple polyembryony)，即由 1 个雌配子体上的数个颈卵器的卵细胞同时受精，形成数个胚；二是裂生多胚现象(clearage polyembryony)，即 1 个受精卵在发育过程中，胚原组织分裂成数个胚的现象。两种多胚现象可以同时存在，但通常只有一种能够正常发育，成为种子中的有效胚。

第二节　裸子植物的生活史

现以松科松属(*Pinus*)为例,介绍裸子植物的生活史(图 12-1)。松属的大、小孢子叶球(雌、雄球花)同株。小孢子叶球排列成穗状,着生于当年新生的长枝基部,小孢子叶(雄蕊)背部生有 2 个小孢子囊(花药),其中小孢子母细胞(花粉母细胞)经减数分裂形成小孢子(花粉粒),每个小孢子具有 2 个气囊。大孢子叶球有 1 个或数个着生于当年新枝的顶端,初时呈红色或紫红色,以后变成绿色,成熟时为褐色,每个大孢子叶球由许多珠鳞(雌蕊)组成,其下有苞鳞,有 2 枚胚珠,珠心中的大孢子母细胞(胚囊母细胞)经减数分裂形成大孢子(胚囊),有 2～7 个颈卵器,其内各有 1 个卵细胞。传粉后,小孢子长出花粉管,有 2 个不具鞭毛的精子,可与每个颈卵器中的卵结合,但只有其中的一个发育成胚,继而大孢子叶球发育成球果。通常,从传粉至受精,需一年以上的时间才能完成:传粉在第一年的春天,而受精却在第二年的夏天,故受精作用常在授粉后 13 个月才进行。

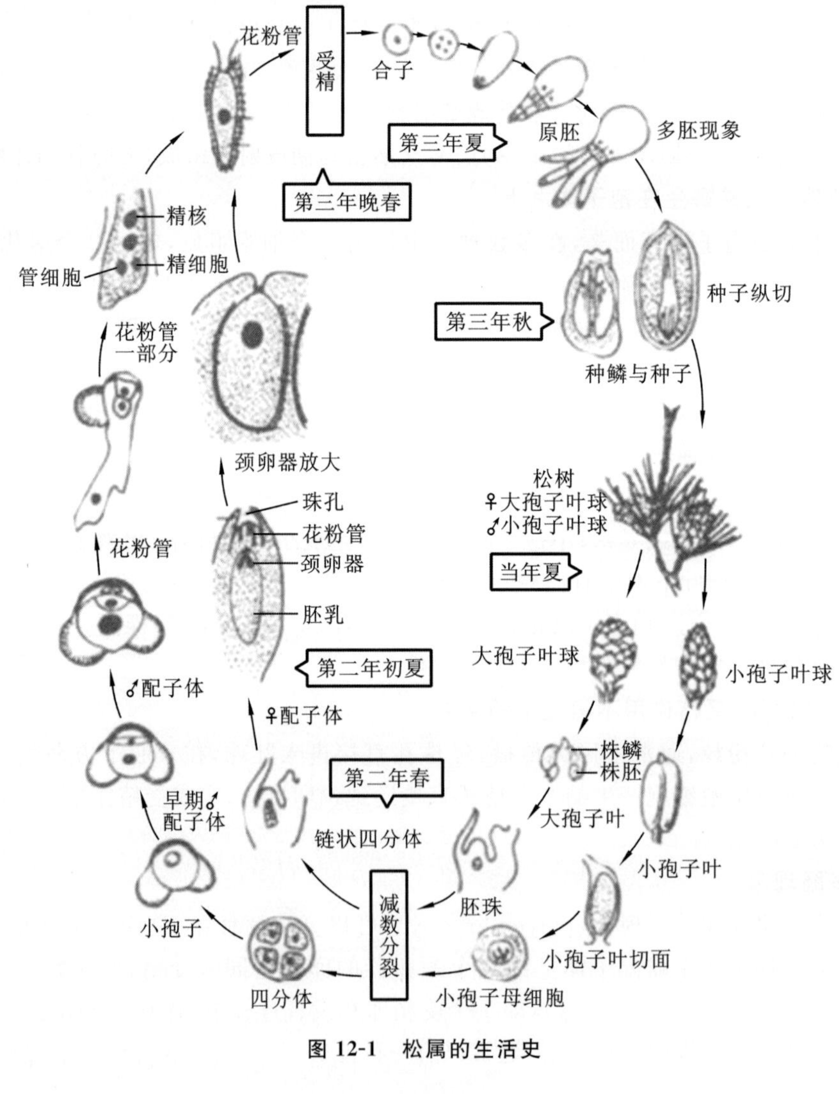

图 12-1　松属的生活史

第三节　裸子植物的分类

裸子植物是原始的种子植物，其发生、发展历史悠久。裸子植物出现于三亿年前的古生代，最盛时期是中生代，在中生代至新生代，它们是遍布各大陆的主要植物。现代生存的裸子植物有不少种类出现于第三纪，后又经过冰川时期而保留下来，并繁衍至今。据统计，目前全世界生存的裸子植物约有 850 种，分为 15 科 79 属，其种数虽仅为被子植物种数的 0.36%，但分布于世界各地，特别是北半球的寒温带和亚热带的中高山带，常形成大面积的各类针叶林。我国有 12 科 39 属近 300 种(含栽培的 31 种)。

现存裸子植物分为 5 纲，分述如下。

一、苏铁纲(Cycadopsida)

苏铁纲主要特征：常绿木本植物，茎干不分枝。羽状复叶，有鳞叶及营养叶，二者相互成环着生；鳞叶小，密被褐色毡毛；营养叶大，羽状深裂，集生于树干顶部。孢子叶球亦生于茎顶，雌雄异株。游动精子有多数纤毛。

代表植物：本纲在古生代的末期(二叠纪)兴起，中生代的侏罗纪相当繁盛，以后逐渐趋于衰退，现存的只有苏铁科(Cycaceae)9 属 100 种左右，分布于南、北半球的热带及亚热带地区，其中 4 属产美洲、2 属产非洲、2 属产大洋洲、1 属产东亚；我国仅有苏铁属(*Cycas*)约 8 种，常见的有苏铁(*C. revoluta*)和华南苏铁(*C. rumphii*)(图 12-2)等。

A　　　　B

图 12-2　苏铁营养体

A. 苏铁；B. 华南苏铁

苏铁为雌雄异株(图 12-3)，大、小孢子叶球均集生茎顶。大孢子叶两侧有大型胚珠(图 12-4)，一层珠被，珠心顶端有贮粉室，珠心中的大孢子母细胞经减数分裂形成胚囊(大孢子)，胚囊进而形成 2～5 个颈卵器(图 12-5)，其颈部仅由 2 个细胞组成，颈卵器中的核二分裂，上有一个腹沟细胞，不久解体，下有一个卵。小孢子叶上有小孢子囊(花粉囊)，其中的小孢子母细胞(花粉母细胞)经减数分裂，形成小孢子，进入花粉室，生出花粉管，在花粉管中形成 2 个陀螺形、有多数鞭毛的精子(图 12-6)。精子、卵结合后形成合子，继而发育成种子。种子橘红色，外层种皮肉质，胚具 2 枚子叶，胚乳丰富。

苏铁在亚热带地区为优美的庭院和街道绿化观赏树种。茎内含淀粉，可供食用。种子含油和丰富的淀粉，有小毒，可供食用与药用，具治痢疾、止咳与止血的功效。

图 12-3　苏铁的雄株和雌株

A. 雄株；B. 雌株

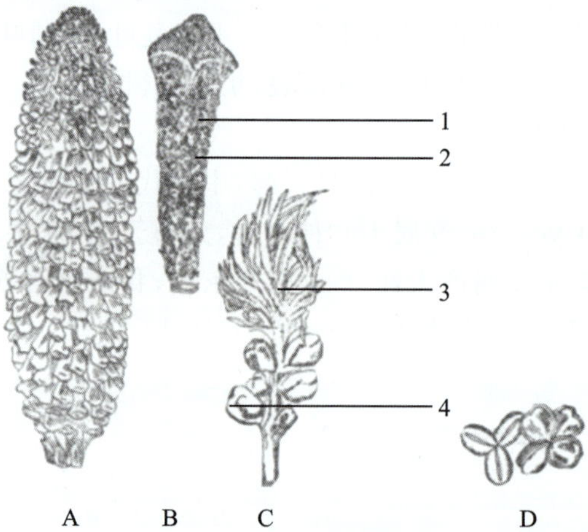

图 12-4　苏铁的雌、雄花

A. 小孢子叶球(雄花)；B. 小孢子叶上着生多数小孢子囊；

C. 大孢子叶上着生胚珠；D. 小孢子囊

1. 小孢子囊；2. 小孢子叶(背面观)；3. 大孢子叶；4. 胚珠

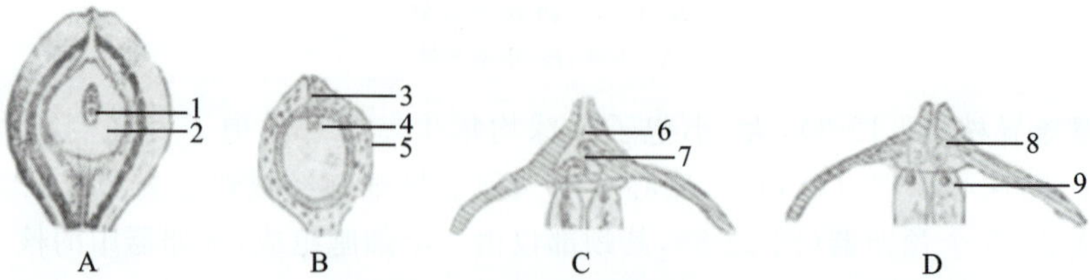

图 12-5　苏铁胚珠的发育

A、B. 胚珠的纵切面(不同时期)；C、D. 珠心及雌配子体的放大

1. 大孢子；2. 珠心；3. 珠孔；4. 颈卵器；5. 珠被；6. 贮粉室；7、8. 花粉管；9. 卵

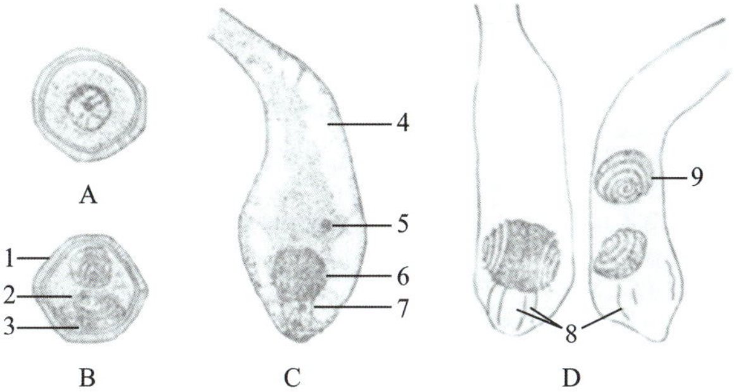

图 12-6　华南苏铁的雄配子体

A. 小孢子(花粉粒);B. 传粉时期的花粉粒;C、D. 花粉管的不同时期

1. 花粉管细胞;2. 生殖细胞;3. 原叶细胞;4. 花粉管;5. 粉管细胞;6. 体细胞;7. 柄细胞;8. 正在解体的原叶细胞;9. 精子

二、银杏纲(Ginkgopsida)

银杏纲主要特征:落叶乔木,枝条有长枝、短枝之分,叶扇形,先端二裂或波状缺刻,具分叉的脉序,在长枝上螺旋状散生,在短枝上簇生。球花单性,雌雄异株,精子具有多纤毛。种子核果状,具 2 层种皮,胚乳丰富。

代表植物:本纲是单目单科(银杏科,Ginkgoaceae)单属单种,现仅存银杏 1 种,为我国特产树种,是著名的孑遗植物和风景树,世界各地均有栽培。

银杏(*Ginkgo biloba*,图 12-7) 为落叶乔木,雌雄异株。每年春天,雄株的短枝上长有小孢子叶球,为柔荑花序,每个小孢子叶上生有一对小孢子囊。雌株的短枝顶端长有大孢子叶球,但它极度简化,通常只有一个长柄,其上有一对胚珠,胚珠下有 2 个环形的大孢子叶。在多数情况下,每个大孢子叶球只有一枚胚珠发育成种子。种子核果状,由肉质的外种皮、骨质的中种皮、膜质的内种皮和种皮内的胚乳与胚构成。

图 12-7　银杏

A. 银杏;B. 小孢子叶;C. 大孢子叶

银杏生长较快,树形美观,木材优良,多用于园林绿化与建筑材料。去掉外种皮的种子,俗称白果,可入药;叶片富含黄酮类化合物,如山柰酚、槲皮素、芸香苷等,可用于防治冠心病。

三、松柏纲(Coniferopsida)

本纲为现存裸子植物中数量最多、分布最广的类群，分为南洋杉科(Araucariaceae)、松科(Pinaceae)、杉科(Taxodiaceae)、柏科(Cupressaceae)。我国是松柏类植物最丰富的国家，也是本纲最古老植物的起源地。现有3科23属150余种。松柏纲为乔木和灌木，具树脂道(resin duct)，多分枝(有长枝与短枝之分)。茎髓部较小，次生木质部发达，仅有管胞，无导管。叶为单叶，针形、鳞片状、条形、披针形或折扇形。雌雄同株或异株；孢子叶常集成球果状或种子核果状。小孢子有气囊或无气囊，精子无鞭毛。球果的种鳞与苞鳞离生(仅基部合生)、半合生(顶端分离)及完全合生。种子有翅或无翅，胚乳丰富，子叶2～10枚。松柏纲植物因叶子多为针形，故称为针叶树或针叶植物；又因孢子叶常排成球果状，也称为球果植物。

(一) 松科(Pinaceae)

松科是裸子植物中最大的一科，有10属230种，主要分布于北半球。我国有10属113种(包括引种栽培24种)，分布于全国。常绿或落叶乔木，稀灌木；仅具长枝，或兼具长枝及短枝；叶条形或针形，条形叶扁平，在长枝上螺旋状排列，散生，在短枝上簇生；针叶2、3或5针一束，着生于极不发育的短枝顶端，基部包有叶鞘，常有树脂。球花单性，雌雄同株，雄蕊与珠鳞(ovuliferous scale)多数，螺旋状排列，每雄蕊具2花药，每珠鳞的腹面具2枚倒生胚珠，珠鳞和苞鳞分离；球果成熟时种鳞张开，种子上端具一膜质翅，稀无翅。

(1) 松属(*Pinus*)　常绿乔木，稀灌木。具特化短枝。长枝具鳞形叶，螺旋状互生；短枝具针形叶，2、3、5(少1、4、7、8)针束生，基部有叶鞘或早落。80余种，广布于北半球。我国产22种，分布遍及全国。松属的大、小孢子叶球(雌、雄花)同株。小孢子叶(雄蕊)背部生2个小孢子囊(花药)，其中的小孢子母细胞(花粉母细胞)，经减数分裂形成小孢子(花粉粒)。大孢子叶球由许多珠鳞组成，其下有苞鳞。有2枚胚珠，珠心中的大孢子母细胞经减数分裂，形成大孢子，继而形成胚乳，其上端有2～7个颈卵器，各有1个卵、几个颈细胞、1个腹沟细胞(很快解体)。传粉后，小孢子生成花粉管，其中有2个不具鞭毛的精子，每个颈卵器的卵都可受精，但只有一个发育成胚，继而大孢子叶球发育成球果。

图12-8　油松

松属中常见的种类：油松(*P. tabulaeformis*)，2叶一束，较短而硬(图12-8)；马尾松(*P. massoniana*)，2叶一束，长而柔；白皮松(*P. bungeana*)，3叶一束，树皮灰白色；红松(*P. koraiensis*)，5叶一束。

(2) 冷杉属(*Abies*)　我国有19种，分布于东北、华北、西北地区及浙江、台湾等省的高山地带。常见的有臭冷杉(*A. nephrolepis*)，一年生枝有毛，树脂道中生，产于东北、华北。冷杉(*A. fabric*)，一年生枝无毛，树脂道中生，为我国特有树种，产于四川。百山祖冷杉(*A. beshanzuensis*)为我国新近发现的稀有珍贵树种，产于浙江南部百山祖。

(3) 云杉属(*Picea*)　我国有16种，另引种栽培2种，产于东北、华北、西北、西南地区及台湾等省的高山地带。常见的有云杉(*P. asperata*)，一年生枝褐黄色或淡黄褐色，或多或少有白粉，叶横切面为四棱形，为我国特有树种，产于陕西、甘肃及四川。

(4) 雪松属(*Cedrus*) 我国有 1 种,另引种栽培 1 种。雪松(*C. deodara*),高大乔木,可达 50 m;针叶在长枝上辐射型伸长,短枝上簇生;雄球花长卵圆形或椭圆状卵圆形,雌球花小,卵圆形;球果成熟时红褐色(图 12-9)。雪松雄伟挺拔,姿态优美,是重要的园林观赏植物。

图 12-9 雪松

A. 雪松植株;B. 雌球花;C. 雄球花

(5) 落叶松属(*Larix*) 我国产 10 种,广布于东北、华北、西北、西南,常组成纯林。落叶松(*L. gmelini*),又叫黄花松,小枝不下垂,球果卵圆形或椭圆形,苞鳞较种鳞为短,为我国东北林区的主要森林树种。

松科植物大多是优良木材,并在荒野造林和园林绿化中占有重要地位。

(二) 杉科(Taxodiaceae)

杉科为常绿或落叶乔木。叶多披针形、钻形、条形或鳞形,多螺旋状散生,少交互对生或近对生。球花单性同株:雄球花小,单生或簇生,或为圆锥花序,花药 3～4,花粉无气囊;雌球花常顶生,珠鳞与苞鳞合生。球果当年成熟,种子 2～9 枚,子叶 2～9 枚。杉科有 10 属 16 种,主要分布于北温带;我国产 5 属 7 种,引入栽培 4 属 7 种,分布于长江流域及秦岭以南各省。

(1) 杉属(*Cunninghamia*) 共 2 种,为我国特产,分布于长江流域以南及台湾省。杉木(*C. lanceolata*,图 12-10),叶在主枝上辐射伸展,在侧枝上叶基扭转成二列状,叶缘有细锯齿,下面中脉两侧各有 10 条白色气孔线;种子两侧边缘有窄翅。杉是重要的用材树种。

(2) 水松属(*Glyptostrobus*) 现存水松(*G. pensilis*)1 种,叶螺旋状着生,有三种类型:鳞形叶较厚,辐射伸展,宿存;条形叶薄,常排成二列状;条状钻形叶,辐射伸展三列状。仅产我国,原分布于华南、西南,现各大城市均有栽培。

(3) 水杉属(*Metasequoia*) 现仅有水杉(*M. glyptostroboides*,图 12-11)1 种,小枝对生或近对生,条形叶交互对生,基部扭转排成两列,冬季与侧生小枝一同脱落,为我国特产,有"活化石"之誉。水杉不仅是活化石,而且是优良的风景树。

此外,柳杉(*Cryptomeria fortunei*)、日本柳杉(*C. japonica*)和池杉(*Taxodium*

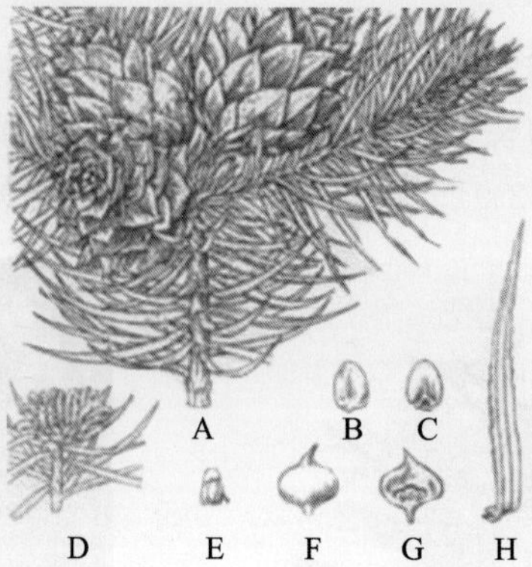

图 12-10　杉木

A. 球果枝；B、C. 种子背、腹面；D. 小孢子叶球枝；E. 小孢子囊；
F. 苞鳞背面；G. 苞鳞腹面及珠鳞、胚珠；H. 叶

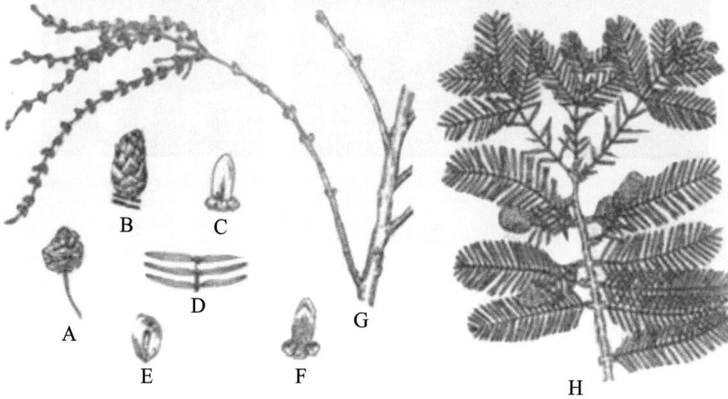

图 12-11　水杉

A. 球果；B. 小孢子叶球；C. 小孢子叶背面；D. 叶；E. 种子；
F. 小孢子叶腹面；G. 小孢子叶球枝；H. 球果枝

ascendens)也普遍栽培作用材或行道树。

（三）柏科(Cupressaceae)

柏科为常绿乔木或灌木，叶鳞形或刺形。交互对生或 3～4 叶轮生。球花单性，同株或异株：雄球花有 3～8 对交互对生雄蕊，每枚雄蕊具 2～6 个花药，花粉无气囊；雌球花有 3～16 枚交互对生或 3～4 片轮生的珠鳞，其下有 1 至多枚胚珠。珠鳞与苞鳞完全合生。球果圆形或卵圆形，种子具窄翅或无翅。

柏科有 22 属约 150 种，我国有 8 属 30 余种，分布全国。本科植物多为优良用材树种和庭园树木。常见的植物如下。

（1）侧柏(*Platycladus orientalis*，图 12-12A)　常绿乔木，小枝扁平；叶鳞片状，交互对生。球花单性同株：雄球花黄绿色，雌球花蓝绿色。球果成熟前蓝绿色，有白粉，成熟后木质，红褐色；种鳞 2 枚，每枚下有种子 2 枚。3—4 月开花，10 月球果成熟。

（2）柏木(*Cupressus funebris*，图 12-12B)　常绿乔木，小枝细，下垂，叶鳞片状，交互对生，叶背中部有腺点。雌雄同株，球果翌年成熟，种子微扁，两侧具窄翅。主要分布在长江流域

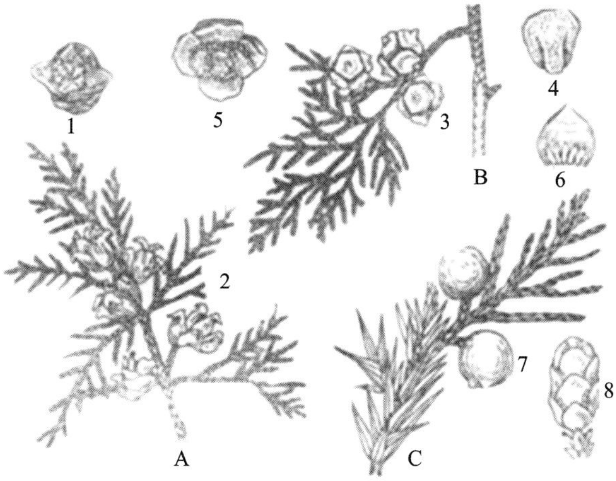

图 12-12　侧柏、柏木、圆柏

A. 侧柏；B. 柏木；C. 圆柏

1. 侧柏大孢子叶球；2. 侧柏球果；3. 柏木球果；4. 柏木珠鳞背面；
5. 柏木大孢子叶球；6. 柏木珠鳞腹面；7. 圆柏球果；8. 圆柏大孢子叶球

及以南地区。

(3) 圆柏(*Sabina chinensis*)　叶兼有鳞叶与刺叶，刺叶 3 叶轮生，小枝不下垂(图 12-12C)。原产我国，分布于华北、华东、西南及西北等地区。朝鲜、日本也有分布。

(4) 刺柏(*Juniperus formosana*)　冬芽显著，叶全为刺形，3 叶轮生，基部有关节。我国特产，分布很广。

四、红豆杉纲(Taxopsida)

红豆杉纲主要特征：常绿乔木或灌木，多分枝；叶为条形、披针形、鳞形或退化的叶状枝；孢子叶球单性异株，稀同株；胚珠生于盘状或漏斗状的珠托上，或由囊状或杯状的套被所包围；种子具肉质的假种皮或外种皮。代表植物如下。

(一) 罗汉松科(Podocarpaceae)

本科约 8 属 100 种，主要分布于南半球。我国有 14 种、3 变种，分布于长江以南各省和台湾省。

罗汉松(*Podocarpus macrophyllus*，图 12-13)，叶条状披针形，中脉显著隆起。种子卵圆形，成熟时呈紫色，颇似一秃顶的头，而其下的肉质种托，膨大呈紫红色，仿佛罗汉袈裟，故名罗汉松。产于江苏、浙江、云南和广西等省(自治区)。本属还有大叶罗汉松(*P. macrophylla*)和竹柏(*P. nagi*)等。

(二) 三尖杉科(粗榧科)(Cephalotaxaceae)

本科仅三尖杉属(粗榧属)1 属 9 种。我国产 7 种、3 变种。

常见的有三尖杉(*Cephalotaxus fortunei*，图 12-14)，为我国所特有，第三纪孑遗植物，分布广泛。常绿乔木，树皮红褐色，叶线形，螺旋状着生，排成 2 列，叶长 4～13 cm，宽 3.5～4.4 mm，先端渐尖成长尖头；小孢子叶球有明显的总梗，长 6～8 mm。其所含三尖杉碱具有抗癌活性。粗榧(*C. sinensis*)，叶较短，长 2～5 cm，宽约 3 mm，先端渐尖或微凸尖，基部近圆形，几

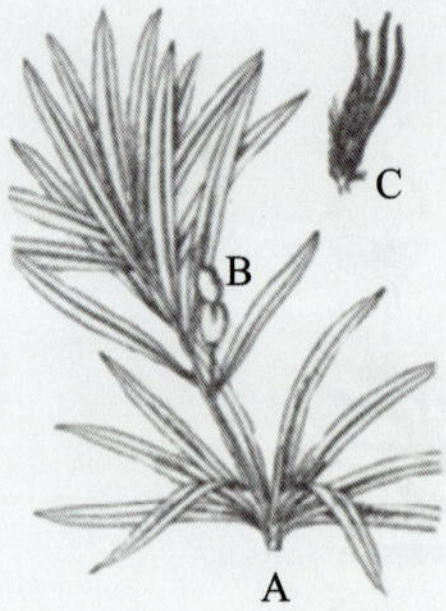

图 12-13 罗汉松

A. 种子枝;B. 种子与种托;
C. 小孢子叶球枝

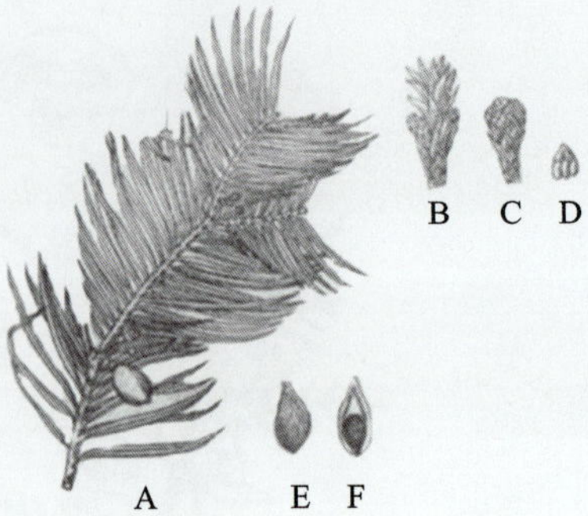

图 12-14 三尖杉

A. 种子及大孢子叶球枝;B. 大孢子叶球;C. 小孢子叶球;
D. 小孢子叶;E、F. 核果状种子及纵切

乎无柄;小孢子叶球总梗长约 3 mm。

(三) 红豆杉科(Taxaceae)

我国有 4 属 12 种及 1 栽培种。

(1) 红豆杉属(紫杉属)(*Taxus*) 我国 4 种 1 变种,广布全国,包括红豆杉(*T. chinensis*)、东北红豆杉(*T. cuspidata*)、云南红豆杉(*T. yunnanensis*)、西藏红豆杉(*T. wallichiana*)以及南方红豆杉(*T. chinensis* var. *mairei*)。该属为常绿乔木,多分枝;叶螺旋状排列,无树脂道,气孔呈淡黄色或淡绿色;孢子叶球单生;成熟种子核果状或坚果状,生于红色肉质的杯状假种皮中(图 12-15),红豆杉属植物已被国家列为一级珍稀濒危保护植物,其营养体各部分含紫杉醇,具有很强的抗癌活性。

(2) 白豆杉属(*Pseudotaxus*) 本属与红豆杉属的主要区别是小枝近对生或轮生;叶背面有两条白色气孔带,种子成熟时,肉质假种皮白色(图 12-16)。本属仅有白豆杉(*P. chienii*)1 种,为我国特有的单属种,产于浙江、湖南、广东和广西等省(自治区)。

图 12-15 红豆杉

图 12-16 白豆杉

五、买麻藤纲(Gnetopsida)

买麻藤纲主要特征:本纲植物多为灌木或木质藤本,稀乔木或草本状小灌木。次生木质部常具导管,无树脂道;单叶鳞片状或阔叶,对生或轮生;孢子叶球单性,异株或同株,或有两性的痕迹,孢子叶球有类似于花被的盖被(也称假花被),盖被膜质、革质或肉质;胚珠 1 枚,珠被1~2 层,具珠孔管(micropylar tube);颈卵器消失或退化,精子无鞭毛;成熟大孢子叶球球果状、浆果状或细长穗状。种子外由假种皮包围,种皮 1~2 层,胚乳丰富,形似果实。

(一) 麻黄科(Ephedraceae)

本科仅麻黄属(*Ephedra*)1 属，约 40 种，分布于亚洲、美洲、欧洲东南部及非洲北部干旱、荒漠地区。我国有 12 种及 4 变种。

草麻黄(*E. sinica*)：亚灌木，植物无直立木质茎，呈草本状，小枝丛生于基部，节间较长；叶鳞片状，膜质，基部鞘状；大孢子叶球成熟时近球形，种子常 2 粒(图 12-17)。茎与根入药，是提取麻黄碱的主要原料；广布于我国东北、华北及西北等地区。

(二) 买麻藤科(Gnetaceae)

本科仅买麻藤属(*Gnetum*)1 属 30 余种，热带分布，我国产 7 种。常见的有买麻藤(*G. montanum*)(图 12-18)和小叶买麻藤(*G. parvifolium*)。

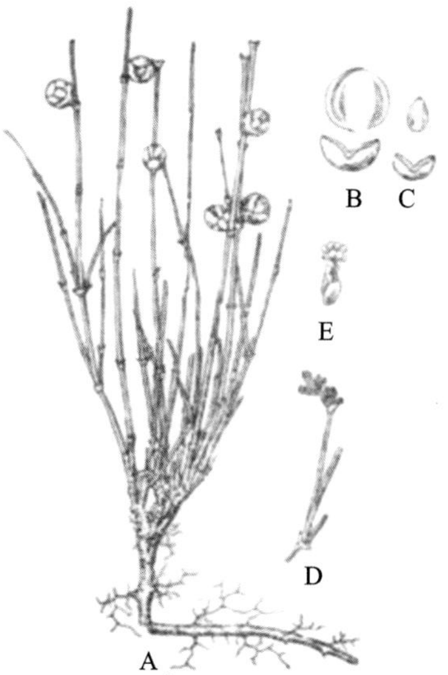

图 12-17　草麻黄

A. 大孢子叶球植株；B. 大孢子叶球及苞片；C. 种子及苞片；D. 小孢子叶球植株；E. 小孢子叶球及小孢子囊

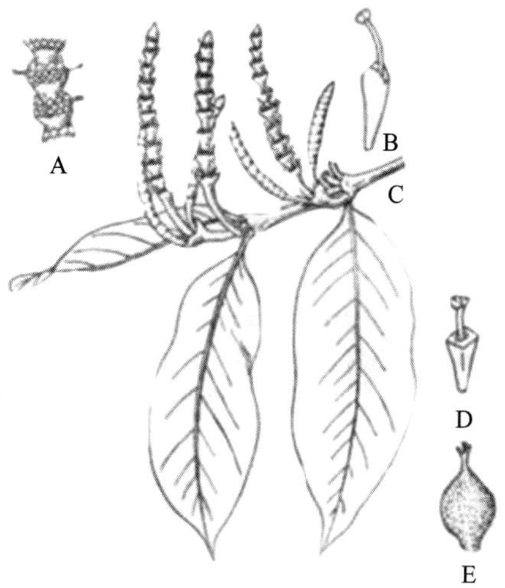

图 12-18　买麻藤

A. 小孢子叶球序部分放大；B. 小孢子叶；C. 小孢子叶球序枝；D. 小孢子叶；E. 大孢子叶

(三) 百岁兰科(Welwitschiaceae)

本科为单种科，仅百岁兰(*Welwitschia bainesii*)1 种(图 12-19)。旱生，终生只有两带状叶片，分布于非洲西南的海岸沙漠地带。我国部分植物园温室有栽培。

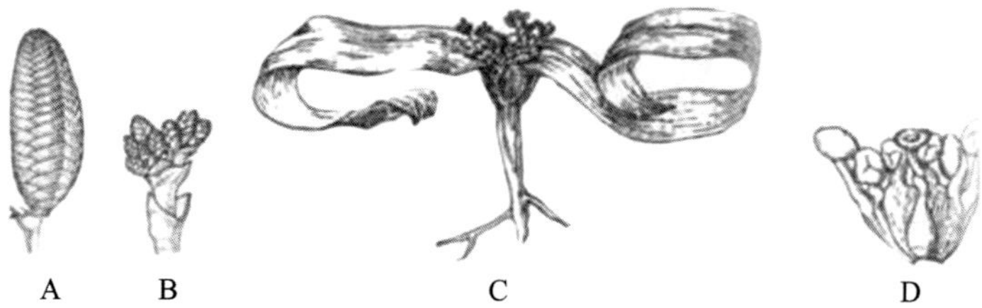

图 12-19　百岁兰

A. 小孢子叶球序；B. 小孢子叶球，示轮生小孢子叶和不完全发育的胚珠；C. 百岁兰植株外形；D. 大孢子叶球序

第四节　裸子植物的经济价值

裸子植物的经济价值体现在以下几个方面。

1. 林业生产中的作用

裸子植物大都是松柏类针叶林，材质优良，是林业生产上的主要用材树种。我国用在建筑、枕木、造船、制纸、家具上的大量木材，大部分来源于松柏类植物，如东北的红松、南方的杉木。

2. 工业上的应用

红豆杉材质结构细致，防腐力强，为水上工程优良木材。森林的副产品如松节油、松香、单宁和树脂等，具有重要的用途。柏木枝叶及种子可提取挥发油和润滑油。

3. 药用

金钱松树皮可提取栲胶，入药（俗称“土槿皮”），可治顽癣和食积等症，种子可榨油。三尖杉和红豆杉可提取抗癌药物。麻黄更是著名的中药材。苏铁茎内髓部富含淀粉，可供食用；其种子含油和丰富的淀粉，可供食用和药用，但有小毒，有治痢疾、止咳及止血之效。

4. 食用

银杏、华山松、红松、香榧等的种子可供食用。

5. 观赏和庭院绿化

很多针叶树终年常绿，如雪松、水杉、侧柏和罗汉松等树形优美，在美化庭园、绿化环境上有很大价值。苏铁、银杏在我国各大城市栽培极为广泛，可作为行道树及园林绿化的珍贵树种。

第五节　裸子植物的起源和演化

裸子植物的演化有以下趋势：①植物体的次生生长由弱到强；②茎干由不分枝到分枝；③孢子叶由散生到聚生，成为各式孢子叶球；④大孢子叶逐渐转化，颈卵器简化到无，雄配子体由吸器发展为花粉管，雄配子由游动精子到精核。生殖器官的演化，使它们更能适应于陆地生活，达到较完善的地步。

关于裸子植物的起源，一般认为由蕨类而来。从现存原始的苏铁和银杏来看，它们具有大叶型，厚囊型，孢子异型。在泥盆纪，唯一具有厚囊型、孢子异型的为古蕨属（*Archaeopteris*），因而古蕨属就很可能是裸子植物的远祖，只是没有胚珠。这可能是低级的过渡类型。在上泥盆纪出现的种子蕨（*Pteridosperma*）、苏铁蕨（*Cycadofilices*）尽管尚无真正的种子，却有胚珠，这可能是向裸子植物演化的高级过渡类型。

此外，凤尾蕨（*Lyginopteris*）以及进化程度较高的髓木（*Medullosa*），其木质部发达，茎能增粗，次生木质部有具缘纹孔的管孢和很宽的髓线。叶大型，孢子叶与营养叶异型，小孢子囊为“聚囊”，大孢子囊有杯状物，顶端有花粉室，内有一大孢子。它们可能是介于蕨类与裸子植物之间的植物，可能是许多裸子植物的起源。

思考与探索

1. 裸子植物的主要特征有哪些?
2. 试比较松科、杉科和柏科的异同点。
3. 试述松属植物的生活史特点。
4. 为什么说买麻藤纲是裸子植物中最进化的类群?

第十三章 被子植物概述

第一节　被子植物的主要特征

被子植物具有以下几个方面的特征。

1. 具有真正的花

典型的被子植物的花由花萼、花冠、雄蕊群和雌蕊群 4 部分组成，各部分称为花部。被子植物花的各部在数量上、形态上有极其多样的变化，这些变化是在进化过程中适应于虫媒、风媒、鸟媒或水媒等传粉方式，通过自然选择得以保留并不断加强而形成的。

2. 具雌蕊，形成果实

雌蕊由心皮所组成，包括子房、花柱和柱头三部分。胚珠包藏在子房内，得到子房的保护，避免了昆虫的啃食和水分的丧失。子房受精后心皮发育成果实，胚珠形成种子。果实形态多种多样，它不但有效地保护了种子，而且也促进了种子的散布。果实具有不同的色、香、味以及多种开裂方式；果皮上常具有各种钩、刺、翅、毛。果实的所有这些特点，对于保护种子成熟，帮助种子散布起着重要作用，它们的进化意义也是不言而喻的。

3. 具双受精现象

双受精现象是指 2 个精细胞进入胚囊以后，1 个与卵细胞结合形成 $2n$ 合子，另 1 个与 2 个极核结合，形成 $3n$ 染色体，发育为胚乳，幼胚以 $3n$ 染色体的胚乳为营养，使新植物体内矛盾增大，因而具有更强的生活力。所有被子植物都有双受精现象，这也是它们有共同祖先的一个重要证据。

4. 孢子体高度发达

被子植物的孢子体在形态、结构、生活型等方面比其他各类植物更完善、更多样化。有世界上最高大的乔木，如杏仁桉(*Eucalyptus amygdalina*)，高达 156 m；也有微细如沙粒的小草本，如无根萍(*Wolffia arrhiza*)，每平方米水面可容纳 300 万个体。有重达 25 kg 仅含 1 枚种子的果实，如王棕(大王椰子)(*Roystonea regia*)；也有轻如尘埃，5 万枚种子仅重 0.1 g 的植物，如热带雨林中的一些附生兰。有寿命长达 6 千年的植物，如龙血树(*Dracaena draco*)；也有在 3 周内开花结籽完成生命周期的植物，如一些生长在荒漠的十字花科植物。此外，被子植物孢子体可以适应于多种生境(如有水生、沙生、石生和盐碱地生的植物)以及以多种营养方式生存(如除自养植物外，还有腐生、寄生的植物)。

5. 配子体进一步退化

被子植物的小孢子(单核花粉粒)发育为雄配子体，多数植物成熟的雄配子体仅具有 2 个细胞(2 核花粉粒),其中 1 个为营养细胞,另 1 个为生殖细胞。少数植物在传粉前生殖细胞又分裂 1 次,产生 2 个精子,所以这类植物的雄配子体为 3 核花粉粒,如石竹亚纲的植物以及油菜、玉米、大麦、小麦等。被子植物的大孢子发育为成熟的雌配子体(称为胚囊),通常胚囊只有 7 个细胞和 8 个核:3 个反足细胞、2 个极核、2 个助细胞、1 个卵。由此可见,被子植物的雌、雄配子体均无独立生活能力,只能寄生在孢子体上,结构上比裸子植物更简化。配子体的简化在生物学上具有进化的意义。

6. 高度发达的输导组织(从解剖学角度)

在解剖构造上,被子植物输导组织中的木质部出现导管,韧皮部出现筛管、伴胞。导管、筛管、伴胞的出现加强了水分和营养物质的运输能力,相对于裸子植物的管胞来看(只有麻黄和买麻藤类例外),被子植物的输导组织结构和生理功能更加完善。

被子植物的种类如此多,适应性又如此广,这与上述复杂、完善的结构特征是分不开的,特别是繁殖器官的结构和生殖过程的特点,如具有真正的花、胚珠包藏在子房内、具有独特的双受精现象。这些特征都给予了被子植物适应和抵御各种不良环境的内在条件,使被子植物在生存竞争、自然选择的过程中不断产生新的变异和新的物种,从而使被子植物在现今地球的植物界中占绝对优势。

第二节　被子植物分类的一般原则

被子植物分类,不仅要把 20 多万种植物归类到一定的纲、目、科、属、种等阶层系统中,还要建立起一个能反映各分类群之间亲缘关系的分类系统。这个系统要能反映出各分类群哪些比较原始,哪些比较进化,各分类群之间在进化上彼此有怎样的联系。

形态学特征是被子植物分类的主要标准,花、果的形态学特征显得最重要,根、茎、叶及其附属物(如毛被、鳞片等)也常作为分类标准。此外,解剖学方面的特征也常用作辅助性的分类标准,如木材构造、脉序、花粉形态、染色体形态和数量等,化学成分也已运用于植物分类学上。近年来随着科学技术不断发展,根据染色体的形态和数目,生物化学成分的分析等发展起来的植物分子系统学方法,通过对植物遗传系统的核基因组以及叶绿体基因组的研究来探讨植物系统发育和进化问题,是对经典分类研究方法的深入和补充,特别对于确定某些在系统位置上有争议的类群,能提供有用的证据。数量性状在植物分类工作中也起了积极作用。

第三节　被子植物的主要分类系统

一、两大学说

在研究被子植物系统发育中,由于化石证据的缺乏,人们自然地把重心放在被子植物的生殖器官——花的发生和演化上,以寻求被子植物祖先的式样及其起源。目前已提出的有较大影响的假说包括假花(pseudanthium)学说、真花(euanthium)学说,以及由它们派生的真花孢子叶(euanthostrobilus)学说、生殖叶(gonophill)学说(R. Melville,1962、1963)、生殖茎节

(anthocorm)学说(A. D. J. Mecuse,1972)等。而其中影响最广的是假花学说和真花学说。

(一) 假花学说,恩格勒学派

该学说主张被子植物的花和裸子植物的球穗花完全一致,每枚雄蕊和心皮分别相当于1个极端退化的雄花和雌花。根据假花理论,现代被子植物的原始类群是单性花的柔荑花序类植物(弯柄麻黄)。理由如下:

(1) 化石及现代的裸子植物都是木本的,柔荑花序类植物大都是木本的;

(2) 裸子植物是雌雄异株,风媒传粉的单性花柔荑花序类植物也大都如此;

(3) 裸子植物的胚珠仅有1层珠被,柔荑花序类植物也大都如此;

(4) 裸子植物是合点受精的,这也和大多柔荑花序类植物是一致的;

(5) 花的演化趋势是由单被花进化到双被花,由风媒进化到虫媒类型。

(二) 真花学说,毛茛学派

被子植物的花相当于一个简单的孢子叶球,它是由早已绝灭的本内铁树目,特别是拟铁树的两性孢子叶的球穗花进化而来的;对应关系体现为苞片—花被、孢子叶球的轴—花轴、小孢子叶—雄蕊、大孢子叶—雌蕊(心皮);而多心皮类两性整齐花,尤其是木兰目植物被认为是现代被子植物中较原始的类群。理由如下:

(1) 本内铁树目的孢子叶球是两性的虫媒花,孢子叶的数目很多,胚有两枚子叶;

(2) 本内铁树目的小孢子是舟状的,中央有一条明显的单沟,木兰目中的木兰科花粉也是单沟型的舟形粉;

(3) 本内铁树目着生孢子叶的轴很长,木兰目的花轴也是伸长的;

(4) 具有伸长的花轴,心皮多数而离生的两性整齐花是原始的类群(木兰目)。

二、被子植物的分类系统

(一) 恩格勒系统

这是德国植物分类学家恩格勒(A. Engler)和勃兰特(K. Prantl)于1897年在其《植物自然分科志》巨著中所使用的系统,它是分类学史上第一个比较完整的系统。

恩格勒系统是一个自然分类系统,它是在Eichler(1883)系统的基础上提出来的,和林奈的人为分类系统完全不同。恩格勒系统把植物界划分为13门,第13门为种子植物门,再分为裸子植物和被子植物两亚门。被子植物亚门包括单子叶植物和双子叶植物两纲,并将双子叶植物纲分为离瓣花亚纲(古生花被亚纲)和合瓣花亚纲(后生花被亚纲)。

恩格勒系统将单子叶植物放在双子叶植物之前,将合瓣花植物归并一类,认为是进化的一群植物,将柔荑花序植物作为双子叶植物中最原始的类群,放在系统的最低位置,而把木兰目、毛茛目等看作较为进化的类群。整个系统的安排是从无花被到有花被,从单被到双被,从花被分离到合生,从单性到两性,花各部由少数到多数,由简单到复杂,由风媒到虫媒。这些观点中有些为现代分类学家所不赞同。

恩格勒系统几经修订,在1964年出版的《植物分科志要》(第12版)中,已把双子叶植物放在单子叶植物之前。将被子植物独立为门,原来被子植物280科提升到344科,其中双子叶植物48目290科,单子叶植物14目54科。

（二）哈钦松系统

哈钦松(Hutchinson)在1926年出版的《有花植物科志》一书中提出他的被子植物分类系统。在研究了化石植物给予的证据基础上，哈钦松认为木兰目(Magnoliales)和毛茛目(Ranales)是由本内苏铁目演化来的。这两目又是被子植物的两个起点，从木兰目演化出一支木本植物，从毛茛目演化出一支草本植物，但也有混合型的，如蔷薇科等。至于单被花、无被花，则是后来演化过程中退化而成的。

关于双子叶植物和单子叶植物的亲缘关系，哈钦松认为明显地表现在单子叶植物中的花蔺目(Butomales)和泽泻目(Alismatales)上。这两目与双子叶植物的毛茛目有密切关系，体现在以下几个方面：①都有离生心皮的雌蕊；②通常都有多数雄蕊；③花蔺目中有蓇葖果，泽泻目中有瘦果，这都出现在毛茛目中的果实类型中。因而哈钦松认为单子叶植物起源于双子叶植物的毛茛目，并将单子叶植物列于双子叶植物之后。

这一系统是继承了十九世纪英国边沁(Bentham)与虎克(Hooker)的系统，是以美国植物学家柏施(Bessey)的花是由两性孢子叶球演化而来的观念为基础加以改进的。在1973年修订的第3版中，共有111目411科，其中双子叶植物82目342科，单子叶植物29目69科。

哈钦松系统较易运用和掌握，目前在我国建立较晚的标本室，如中国科学院昆明植物所、华南植物所、广西植物所，福建、贵州的经济植物标本室，多用哈钦松系统。南方的高等院校植物标本室也多采用哈钦松系统排列标本。

但哈钦松系统过分强调了木本和草本两个来源，认为木本植物均由木兰目演化而来，草本植物均由毛茛目演化而来，结果使得亲缘关系很近的一些科在系统位置上都相隔很远，如草本的伞形科和木本的山茱萸科、五加科，草本的唇形科和木本的马鞭草科等，这种观点也受到现代多数分类学家的反对。有人认为1973年版系统比原版系统更不好用，人们宁可用旧版系统而不用它的新版系统，认为新版系统加重了二元思想的色彩。

（三）塔赫他间系统

苏联植物学家塔赫他间(A. Takhtajan)于1954年出版了关于被子植物起源的专著，其理论要点有以下几个方面：

(1) 坚持真花说，提出了幼态成熟理论，主张被子植物起源于种子蕨；

(2) 全部单子叶植物起源于具单沟花粉的水生双子叶植物睡莲目，而木兰目更原始，由它发展出毛茛目和睡莲目；

(3) 柔荑花序类起源于金缕梅目；

(4) 草本植物由木本植物演化而来，菊科、唇形目是高级类型，较原始的处于低级发展阶段的是木本类型。

塔赫他间系统首先打破了传统上把双子叶植物分为离瓣花亚纲和合瓣花亚纲的分类，在分类等级上增设了“超目”一级分类单元，使目的安排更为合理。他将原属毛茛科的芍药属独立成芍药科，对柔荑花序类的处理比原来更为进步，这些都和当今植物解剖学、孢粉学、植物细胞分类学和化学分类学的发展相吻合，在国际上取得共识。

塔赫他间系统经过多次修订，在1980年修订版中，共有28超目92目416科，其中双子叶植物(木兰纲)20超目71目333科，单子叶植物(百合纲)8超目21目77科。

（四）克朗奎斯特系统

美国学者阿瑟·克朗奎斯特(A. Cronquist)于1958年发表的有花植物分类体系。1981年在他的著作《有花植物的综合分类系统》中最终完善。该系统包括64目383科，是几个常被使用的被子植物分类系统之一。克朗奎斯特系统接近于塔赫他间系统，把被子植物门(称木兰植物门)分成木兰纲和百合纲，但取消了"超目"一级分类单元。科的划分也少于塔赫他间系统，并且引用了解剖学、古植物学、植物化学、地理学证据。现在我国的一些教科书采用这一系统。该系统的理论要点如下：

(1) 以真花说为理论基础，认为被子植物起源于种子蕨，现存的被子植物不可能由现存的原始类群发展而来，而只能是已灭绝的类群；

(2) 木兰目是现存被子植物中的原始类群；

(3) 柔荑花序类起源于金缕梅目；

(4) 单子叶植物起源于类似现代睡莲目的祖先。

（五）张宏达种子植物分类系统

1986年我国学者张宏达提出的种子植物分类系统，打破了传统上把种子植物划分为裸子植物和被子植物的分类法，把全部种子植物及种子蕨包括在他的系统里，作为种子植物门对待，并在门下设立了10亚门，有花植物是最后的亚门。对于有花植物，也在恩格勒系统的基础上提出了新的系统。其重要观点如下：

(1) 种子植物的胚珠分别来自无孢子叶的顶枝及孕性的孢子叶，并形成了五种不同类型的种子和果实，即银杏型、科达狄-本内苏铁型、紫杉型、苏铁-有花植物型和松柏型。只有松柏型才是真正的裸子植物。买麻藤类具有雏形的双受精现象，再加上买麻藤的营养器官包括茎、叶、维管束的各种结构，应将其归并于有花植物。

(2) 有花植物起源不迟于三叠纪，因为地球联合古陆自三叠纪开始解体，再不可能产生全世界统一的有花植物区系。

(3) 有花植物起源自种子蕨，从有花植物的子房及胚珠的结构看，具有异型孢子和孢子叶的种子蕨才是它可能的祖先。现代有花植物，包括木兰目，都不是最古老的有花植物，因为木兰目种系发达且花的结构完整，虽然雄蕊及离生心皮是原始的性状，但次生木质部具有明显的次生特征。故不同意把木兰目当作最原始的有花植物，以及全部被子植物均出自木兰目的单元单系观点，主张有花植物的起源是单元多系的。

(4) 孔型和3沟的花粉是古老的，单沟花粉从3沟花粉演化而来；孔型花粉不可能来自沟型花粉。

(5) 原始的有花植物只能从风媒的种子植物脱胎而来。不赞成风媒植物源于虫媒植物的观点，认为风媒植物即使不先于虫媒植物，二者至少也是同时出现的。

(6) 单花和两性花是次生的，花序和单性花是原生的，花被的出现是为了加强对雌、雄蕊的保护，因而无被花、单被花是原始的。

(7) 柔荑花序类并不限于无被花、单被花和单性花。榆科、荨麻科、马尾树科甚至山毛榉科都存在两性花或两性花的痕迹。二轮花被同样也出现在榆科、山毛榉科、桦木科、马尾树科。柔荑花序类基本上是孔型花粉，只有栎属(*Quercus*)是沟型花粉，因而不可能从多心皮类衍生。

(8) 不同意用百合植物来代表全部单子叶植物，至少不能代表泽泻目和棕榈目。

张宏达种子植物分类系统把化石植物与现生植物统一起来，纳入他的分类系统中，其最新的种子植物分类系统发表于2000年。

第四节　被子植物的起源与系统发育

一、被子植物的起源

被子植物的起源和发展是当前植物学最重要的研究课题，也是历来植物学界争论最多的论题。

（一）被子植物起源的时间

被子植物的化石在白垩纪（0.9亿～1.36亿年前）爆发性地大量出现，令植物学家们迷惑不解，达尔文曾将被子植物的起源说成是"可恶的神秘事件"。当前关于被子植物起源的时间有以下两种观点。

1. 古生代起源说

古生代起源说主要根据是在南非二叠纪的地层中发现舌羊齿（*Glossopteris*），这种舌羊齿为乔木，单叶互生，单网脉，具单性的生殖结构，双气囊花粉，胚珠生于壳斗。舌羊齿是介于蕨类植物和裸子植物的中间类型，又被当作现代被子植物的出发点。故一些学者主张被子植物起源不迟于古生代的二叠纪。

我国地质学家潘广在辽宁侏罗纪的地层中找到被子植物的化石，包括胡桃科枫杨属的果序化石及单子叶植物的狗尾草。张宏达提出的华夏植物区系理论也认为，有花植物应该在泛古大陆（pangaea）还未解体之前就已产生，并经过了萌芽阶段、适应阶段、扩展阶段到全盛阶段，因此被子植物的起源应不晚于三叠纪。近年来在辽宁发现的晚侏罗纪被子植物化石辽宁古果（*Archaefructus liaoningensis*）证实了在白垩纪之前，被子植物已经确定无疑地出现在地球上了。

持古生代起源说观点的一些学者认为，被子植物不可能一开始就具有完善的输导组织及花果结构，输导组织的演化大约需要1亿年时间（张宏达），被子植物从发生、发展到完全取代裸子植物成为地球上占统治地位的植被要经过渐进式的进化，待积累到一定的阶段才引起了跳跃式的发展，这就是被子植物到白垩纪早期突然大量出现的原因。

2. 中生代起源说

在东亚、北美、欧洲等北半球于白垩纪早期才出现无可置疑的被子植物化石。支持中生代起源说的包括塔赫他间、我国的古植物学家徐仁等。一些在白垩纪以前出现的被认为属于被子植物，例如法国和美国三叠纪地层中出现的"棕榈"叶（*Protopal mophyllum*），可能属于苏铁类，英国和德国三叠纪地层中发现的"阔叶树"的叶（*Phyllites*），可能属于买麻藤目或种子蕨目。东格陵兰岛三叠纪末期的地层中出现颗粒叉网叶（*Furcula gramulifera*）最初曾被认为可能属于被子植物，后来被证实是大羽羊齿一类的种子蕨。我国江西安源、内蒙古东胜同时代的地层也有。从印度侏罗纪地层中出现的印度同型木（*Homoxylon*），次生木质部由梯形管胞组成，有人曾认为与木兰目的昆栏树属、水青树属有关，后来证实是本内苏铁的次生木质部。从三叠纪地层出现，一直到白垩纪才灭绝的开通尼亚（*Caytonia*），它们的营养叶、脉序以及大孢子叶都有些像被子植物，但它们具有单性花，大孢子叶并不闭合，胚珠裸露，与原始的被子植物并无直接的亲缘关系。

（二）被子植物的起源地点

关于被子植物的起源地点，有以下三种观点。

1. 北极起源说（高纬度起源说）

由于格陵兰岛发现过木兰科及金毛蕨科植物的化石，于是 Heer 等主张有花植物从北极地区起源，然后向南迁移，有三条迁移路线：由欧洲到非洲；由欧亚大陆到中国、日本，再向南到马来西亚、澳洲；由加拿大经美国进入拉丁美洲。

这一假说存在两个问题：①极地植物区系无论现代还是化石都相当贫乏；②两极是变动的，现在的北极不一定是过去的北极，太阳与地球的倾角现在为 23°30′，过去则达到 35°。因此，北极起源的假说被认为是站不住脚的。

2. 热带起源说（中低纬度起源说）

北极起源说被否定之后，热带地区集中保存了许多较古老的被子植物吸引了系统学家们的注意，并提出热带起源的设想。塔赫他间提出从印度阿萨姆到西南太平洋的斐济是被子植物的起源中心。Smith 则认为被子植物的起源中心位于日本与新西兰之间，他们的依据都是斐济存在着木兰目的德坚勒木（*Degeneria vitiensis*），这种植物具有受精前保持开放的单心皮，是比较原始的性状。我国学者吴征镒也主张被子植物热带起源。

热带起源有三个地点：

（1）热带亚洲：吴征镒认为“我国南部、西南部和中南半岛，在北纬 20°到 40°间的广大地区是近代东亚温带、亚热带，也是北美洲、欧洲等温带植物区系的开端和发源地”。他在 1964 年提出热带亚洲起源的理论，1977 年更加详细阐述这一观点。第三纪以前，地球各大陆连成一片，在北纬 20°到 40°地区，现代被子植物丰富，拥有众多的古老植物，被子植物从这里起源后向北美洲、欧洲扩散。大陆漂移造成了现代植物分布的格局。

（2）热带美洲：由 Thomas 提出，认为现代亚马逊河流域拥有最丰富的被子植物（4.5 万种），极可能是其起源与演化中心。但南美洲的植物区系虽然很丰富，但缺乏原始类群代表，如无金缕梅科的代表，中美洲的木兰属是从北美洲传播来的，反映出南美洲植物区系不是最古老的，化石植物区系也说明了这一点。

（3）热带非洲：由 Devin 和 Axelrod 主张。依据板块学说，现在的非洲和南美洲在白垩纪之前还属于冈瓦纳大陆一部分，称为西冈瓦纳，另外两块即澳洲-南极、印度，也属于冈瓦纳。非洲的化石植物区系很丰富，但现存种类仅有 1.5 万种，相对于面积来说，种类是贫乏的。Devin 认为是非洲的干旱造成了物种的贫乏。而东南太平洋的岛屿是很久以前从冈瓦纳大陆漂移出去的，许多植物找到了避难所，于是保存了丰富的种类。

被子植物热带起源说为大多数人所接受。

3. 亚热带起源说（华夏植物区系起源说）

张宏达提出“华夏古陆在古生代末期、整个中生代都处于较稳定的状态，在这里有可能是原始的被子植物即有花植物起源的摇篮”。华夏植物区系（cathaysia flora）是指三叠纪以来，在华南及其毗邻地区发展起来的有花植物区系，这一名称是 Halle 使用于东亚古生代以大羽羊齿为代表的植物区系，张宏达扩大了这一名称的含义。它的范围包括现在长江以南广大地区。东部到达江苏、浙江、福建及台湾沿海地带，西部包括川、甘、云、贵等地带，还包括第三纪以后涌起的喜马拉雅山区。南部则有两广及毗邻的印度支那半岛在内。主要理由如下：

(1) 华夏植物区系的被子植物中有许多古老的类群，包括木兰目、毛茛目、昆栏树目、连香树目、睡莲目、金缕梅目。

(2) 华夏植物区系的被子植物区系拥有大量在系统发育过程的各个阶段具有关键作用的科和目以及它们的原始代表，包括五桠果目、杜仲目、虎耳草目、堇菜目、山茶目、芸香目、卫矛目、泽泻目和百合目等，组成了系统发育完整的体系，这种被子植物的网络是任何其他大陆不能比拟的。

(3) 华夏古陆到中生代以后海侵停止了，造山运动把华夏古陆和其他古陆连成一片并趋于稳定，最有条件成为有花植物的发祥地，已找到的各种有花植物的化石和花粉也证实了这一观点。而其他古陆，无论是澳洲、非洲、南美洲或热带亚洲在进入中生代之后，不是海侵，便是被冰川覆盖，很不稳定。再从现存的植物区系和出土的化石及孢粉的贫乏，也可以说明它们难以成为有花植物的摇篮。被子植物的散布和发展是在联合古陆还是一个完整的实体之前，如果不是这样，就无法解释地球上各大陆植物起源的统一性，以及各大陆植物区系发展的特殊性。

（三）被子植物的祖先

现代地球上的被子植物约有 25 万种，历史上的大陆漂移使得各大陆的被子植物各具特色。多数学者认为，尽管被子植物种系复杂，却是一个统一的整体，各类群有着共同的祖先，但具体到哪一类群的植物有着不同的观点。

1. 多元论（多系起源）

Wieland 等认为被子植物的祖先有多个来源，如种子蕨类的苏铁蕨、开通蕨（*Caytonia*）、本内苏铁等。单子叶植物也有多个起源，其中棕榈目是来自种子蕨的髓木类，整个被子植物竟有 20 多个来源。胡先骕在 1950 年也提出了被子植物多元起源的系统，认为双子叶植物有 12 个来源，单子叶植物有 3 个来源。Meeuse 是当代被子植物多元起源论点的积极拥护者，认为被子植物至少从四个不同的祖先型发生。

由于在形态学、解剖学及胚胎学等方面被子植物都具有高度的共同性，如胚囊发育过程以及双受精现象的普遍性，很难相信被子植物是多元起源的巧合。

2. 二元论（双系起源）

主张二元论的人认为被子植物花的构造，特别是从胚胎和珠被构造来看，被子植物可能来源于两个不同的祖先，即现存的单被花类（包括具柔荑花序的类群）从古石松的鳞种类（Lepidospermales）到松柏类，通过买麻藤类发展而来。而多心皮类则由真蕨通过苏铁发展而来。换句话说，单被类的心皮来源于轴性器官（轴生孢子），而多心皮类的心皮来源于叶性器官。拉姆（Lam）和恩格勒是二元论的代表。

二元论曾经统治了植物学界一段时间，但人们从染色体的研究，发现木兰目和金缕梅目在染色体上具有相似性，两者是有亲缘关系的，认为二元论是不可取的。

3. 单元论（单系起源）

既然多元论与二元论都不可取，不少人主张被子植物是单元起源的，是从种子蕨发展而来的。哈钦松、塔赫他间、克朗奎斯特等都主张被子植物单元起源，其理由如下：

(1) 被子植物除了较原始和特化的类群，木质部中均有导管，韧皮部都有筛管和伴胞。

(2) 雌、雄蕊群在花轴上排列的位置固定不变。

(3) 花药的结构一致，由 4 个花粉囊组成，花粉囊具有纤维层和绒毡层。花粉萌发，产生花粉管和两个精子。

(4) 雌蕊由子房、花柱和柱头组成，雌配子体仅为8核的胚囊。

(5) 具有“双受精”现象，形成三倍体的胚乳。

按照发生概率推算，全部具有上述特征的祖先不会多于一个。多数人主张被子植物是单系起源的。至于发生于哪一类植物，学者看法不同，藻类、蕨类、松柏类、买麻藤、本内苏铁、种子蕨、舌羊齿等都曾被作为被子植物的祖先。较多的人认同其祖先来自于本内苏铁或种子蕨。塔赫他间和克朗奎斯特认为被子植物起源于古老的裸子植物，它们应具有以下的特征：

(1) 管胞具有梯状穿孔。

(2) 具有两性、螺旋状排列的孢子叶球，大孢子叶(心皮)和小孢子叶为叶状的特征。

(3) 胚珠多数，具分离的小孢子囊。

(4) 叶隙多数。

据此他们认为木兰目是现代被子植物的原始类型。塔赫他间认为被子植物不可能起源于本内苏铁，而是起源于种子蕨。

被子植物从种子蕨演化而来，经过幼态成熟，幼年期具有孢子叶的枝条成为孢子叶球，再进而突变为原始被子植物的花。幼态成熟使胚囊最初的游离核阶段在8核时停止，发展出被子植物的胚囊。被子植物的各种形态都可以用幼态成熟来解释，如心皮是裸子植物大孢子叶幼态成熟的结果，掌状叶脉是羽状叶脉幼态成熟的结果，单子叶是双子叶幼态成熟的结果等。种子蕨的代表开通尼亚常被提出作为被子植物的祖先。

目前对于幼态成熟的理论还未得到证实。但它似乎揭示了古老植物化石中找不到令人满意的原始被子植物的原因。

4. 单元多系论

这是张宏达教授1986年提出来的，认为现代的有花植物都不可能是最古老的，它们是从最古老的类型通过多条途径发展出来的，属于第二阶段、第三阶段的产物。它们的祖先只能是具有异型孢子及孢子叶的原始种子植物。现代生存的木兰目、柔荑花序类、水青树目、昆栏树目、睡莲目、泽泻目等都是由不同的原始祖先演化出来的，它们之间是不连续的，而且也不是最原始的，因此彼此之间缺乏直接的亲缘关系。

以上关于被子植物起源的假说主要是以双子叶植物为例说明的。

(四) 单子叶植物的起源

关于单子叶植物的起源问题，目前多数学者认为双子叶植物比单子叶植物更原始、更古老，单子叶植物是从已灭绝的最原始的草本双子叶植物演变而来，是单元起源的一个分支。

恩格勒系统把单子叶植物安排在双子叶植物之前，裸子植物具有多子叶，接在双子叶植物之后，在他逝世后，由 Mechior 将这一安排颠倒过来。

单子叶植物由双子叶植物发展而来有以下几种假说：

(1) 水生莼菜类起源说　主要依据两者的花粉均为单沟。

(2) 陆生毛茛类起源说　由陆生毛茛类到百合类，向不同方向演化出各类群的单子叶植物。较多人赞同单子叶植物起源于双子叶植物较为原始的类型的说法。

二、被子植物系统演化过程

植物器官形态演化的过程，通常是由简单到复杂、由低级到高级的，但在与器官分化及特化的同时，常伴随着简化的现象。例如裸子植物未发展出花被，被子植物通常是有花被的，也有某些类型失去了花被。根、茎器官的组织也是由简单逐渐变复杂，但在草本类型中又趋于简化。这个由简单到复杂，最后又由复杂趋于简化的过程，是植物适应环境的结果。一般公认的形态构造的演化规律和分类依据，多以外部形态为主，也涉及一些解剖学特征。

目前被多数学者认可的性状演化规律见表 13-1。

表 13-1 被子植物性状演化规律

	初生的、原始性状	次生的、进化性状
根	主根发达(直根系)	主根不发达(须根系)
茎	乔木、灌木	多年生或一年、二年生草本
	直立	缠绕
	无导管，有管胞	有导管
叶	单叶	复叶
	互生或螺旋排列	对生或轮生
	常绿	落叶
	有叶绿素，自养	无叶绿素，腐生、寄生
花	花单生	花形成花序
	花部螺旋排列	花部轮状排列
	双被花	单被花或无被花
	花部离生	花部合生
	花部多数而不固定	花部定数(3、4 或 5)
	辐射对称	两侧对称或不对称
	子房上位	子房下位
	两性花	单性花
	花粉粒具单沟	花粉粒具 3 沟或多孔
	虫媒花	风媒花
果实	单果、聚合果	聚花果
	蓇葖果、蒴果、瘦果	核果、浆果、梨果
种子	胚小、有发达胚乳	胚大、无胚乳
	子叶 2 片	子叶 1 片

表 13-1 中所列各种器官的演化，在多数情况下是互相关联的，因此在讨论发育时不应孤立地强调某一器官的特征。同时在系统发育过程，各个器官不是同步并进的，因而会出现形形色色的分支类群。常可见到在同一植物体上，有些性状相当进化，另一些性状却保留着原始性；一类较进化的植物在某一方面具有较原始的性状，而另一类较原始的植物恰在这方面具有较进化的性状。因此，在评价某类植物的进化与原始的问题上不能孤立强调某一器官的特征，而要全面分析，看这种原始的性状是否是由于各器官进化的不同步而形成的分支类群。

思考与探索

1. 常用的分类系统有哪些？
2. 简述真花学说和假花学说的主要区别。
3. 如何理解被子植物的起源问题？

第十四章

双子叶植物分类

第一节　木兰亚纲

1. 木兰科(Magnoliaceae)　$*⚥ P_{(6\sim15)} A_{\infty} \underline{G}_{\infty:\infty:1\sim\infty}$

识别要点：木本，枝条上有环状托叶痕；花单生，两性，花萼、花瓣不分，雌、雄蕊多数且离生；花托于果时延长，聚合蓇葖果。

识 别 歌 诀

木本植物叶互生，枝上托叶留环痕。
花被一般不分化，柱状花托雌雄多。
花被分离 3 基数，螺旋排列原始性，
子房上位心皮离，果实常为聚合果。

科的特征：乔木或灌木；茎、叶含油细胞，树皮、叶和花均有香气；单叶互生，托叶大且包被幼芽，脱落后常在枝上留有明显的环状托叶痕。花大，两性，稀单性，单独顶生或腋生；辐射对称，花萼、花瓣相似，排成数轮，分离；雌、雄蕊多数，离生，分别螺旋状排列于柱状花托的上、下部，花托于果时延长。聚合蓇葖果，稀核果或翅果。种子有丰富的胚乳，胚小。

分类及代表植物：本科全世界现有 15 属 250 多种，主要分布在东亚和北美；我国有 11 属 130 余种，主要分布在华南和西南，以云南省分布最为集中，渐向东北及西北而渐少。本科植物花大而美丽，许多种类被引种栽培供观赏。

部分属检索表

1. 叶全缘；聚合蓇葖果
  2. 花顶生，雌蕊群无柄
    3. 每心皮具 1～2 胚珠 ………………………… 木兰属(*Magnolia*)
    3. 每心皮具 4 以上胚珠 ………………………… 木莲属(*Manglietia*)
  2. 花腋生，雌蕊群有柄 ………………………… 含笑属(*Michelia*)
1. 叶 4～6 裂；聚合带翅坚果 ………………………… 鹅掌楸属(*Liriodendron*)

1) 木兰属(*Magnolia*)

大灌木或乔木，叶常绿或脱落，通常全缘，稀叶端 2 裂；花常大而美丽，白色，顶生；花被片 9～21，有时外轮 3 片萼状，雄蕊多数，心皮多数，卵形，蓇葖果，有种子 2 枚，种子有一个时期悬挂于丝状的种柄上。约 90 种，我国有 30 种。玉兰(*M. denudata*，图 14-1)为落叶乔木，花大白色，先叶开放，除供观赏外，果实、芽和花蕾还可入药。紫玉兰(*M. liliflora*，图 14-2)又称辛夷，与玉兰同为我国两千多年的传统花卉，我国各大城市都有栽培，并已引种至欧美地区各都市，花色艳丽，紫红色。荷花玉兰（*M. grandiflora*，图 14-3）又名洋玉兰、广玉兰，为常绿乔木，叶革质，上面光亮，下面密被锈色茸毛，花白色，原产北美洲，可入药，也可做道路绿化。荷花玉兰树姿雄伟壮丽，叶阔荫浓，花似荷花芳香馥郁，为美化树种，耐烟抗风，对二氧化硫等有毒气体有较强抗性，可用于净化空气，保护环境。天女花（*M. sieboldii*）又称天女木兰，自然分布于长江以南和长城以北，多产于辽宁、安徽、江西、广西北部，也是我国东北地区唯一的野生木兰属植物。天女花为落叶小乔木，花与叶对生，花被片 9，外轮 3 片略带淡粉红色，余均白色，花茎 7～10 cm，花期五至六月份。它是古老、珍稀而又十分美丽的花木，除供观赏外，花可提制香浸膏，叶含芳香油。厚朴（*M. officinalis*，图 14-4）为落叶乔木，树皮厚，有辛辣味，入药能温中理气，降逆平喘，燥湿散满，治腹泻。

图 14-1　玉兰

图 14-2　紫玉兰

图 14-3　荷花玉兰

图 14-4　厚朴

2）木莲属（*Manglietia*）

木属 30 余种，主产于印度、马来西亚，我国有 20 余种，大部分产于西南部和南部。常绿乔木；叶互生，全缘；花两性，中等大，顶生；花被片 9～13，3 片 1 轮；雄蕊多数，花药内向开裂；雌蕊群无柄；心皮多数，螺旋排列于一延长的花托上，每一心皮有胚珠 4～14 枚。木莲（*M. fordiana*）为常绿乔木，是常绿阔叶林的常见树种，材质好，果实及树皮可药用，止咳，通便。巴东木莲（*M. patungensis*，图 14-5）产于湖北恩施巴东县，花白色，花药紫红色，聚合蓇葖果，为国家一级珍稀濒危植物。

3）含笑属（*Michelia*）

本属为灌木或乔木，与木兰属和木莲属的区别在于花腋生，雌蕊群有明显的柄，胚珠在每一子房室内通常为 2 枚以上。本属约 50 种，分布于亚洲热带、亚热带及温带，我国有 32 种，产于西南部至东部，南部尤盛，大部供观赏用，其中最常栽培的有：①白兰花（*M. alba*），又称为缅桂，花白色，原产于爪哇，现广为栽培供观赏，花可药用，花和叶还可提取香精；②含笑（*M. figo*，图 14-6），为常绿灌木，树皮灰褐色，芽、叶柄、嫩枝和花梗均密生黄褐色茸毛，花淡黄色

图 14-5　巴东木莲

图 14-6　含笑

而边缘有时红色或紫色，具甜浓的芳香，栽培供观赏。

4）鹅掌楸属（*Liriodendron*）

叶有裂片，先端截形；翅果。本属仅 2 种：①中华鹅掌楸（*L. chinense*，图 14-7），产于我国中部，为高大落叶乔木，叶似马褂，故又名马褂木，是良好的行道树和观赏树种；②北美鹅掌楸（*L. tulipifera*），产于北美。常见栽培的还有二者的杂交种。

图 14-7　中华鹅掌楸

木兰科的系统地位：木兰科是双子叶植物中最原始的科，被认为是被子植物中原始类群的典型。其原始性状表现在：木本；花两性，萼片、花瓣不分；雄蕊和心皮多数，螺旋状排列于柱状的花托上；蓇葖果，种子有丰富的胚乳。

2. 樟科（Lauraceae）　$*P_{3+3}A_{3+3+3+3}\underline{G}_{(3:1)}$

识别要点：木本，有香气，单叶互生，革质全缘，无托叶，三出脉或羽状脉。花两性、整齐、3 基数，轮状排列，花药瓣裂；子房上位，1 室；核果；种子无胚乳。

识别歌诀

乔木灌木稀草本，革质叶片多互生。
圆锥花序近伞形，花被多为三二倍。
雄蕊多轮药瓣裂，胚乳不见厚子叶。
名贵树种寻常见，体具樟香是樟科。

科的特征：乔木或灌木，稀为缠绕性寄生草本，常具芳香油或黏液的分泌腺；叶互生、对生或轮生，革质，稀膜质或纸质，羽状脉或 3 出脉；为圆锥花序、总状花序、近伞形花序；花两性或单性，辐射对称，花被通常 3 基数，稀为 2 基数，萼片状；雄蕊 3～12 枚，通常 9 枚，花粉无萌发孔；子房 1 室，上位，极少下位，胚珠 1 枚；果为浆果或核果；种子无胚乳，子叶厚，肉质。

分类及代表植物：本科约 45 属 2000 余种，产于热带及亚热带地区。我国产 22 属 420 余种，多产于长江流域及以南各省。只有少数落叶种类（木姜子属和山胡椒属）分布较往北。樟科植物为我国南部常绿阔叶林的主要树种。

部分属检索表

1. 花单性，异株，伞形花序，花药 2 室，开花时总苞常脱落 …… 山胡椒属（*Lindera*）
1. 花两性，圆锥花序，无总苞；常绿
  2. 花被片脱落；叶为三出脉或羽状脉；果梗顶端膨大 ……… 樟属（*Cinnamomum*）

2. 花被片宿存；叶为羽状脉；果梗顶端不膨大

3. 花被裂片在果熟时向外开展或反曲 ························ 润楠属(*Machilus*)

3. 花被裂片在果熟时紧抱果实基部 ···························· 楠木属(*Phoebe*)

1）樟属(*Cinnamomum*)

樟(*C. camphora*，图 14-8)俗称樟树或香樟树。树皮黄褐色，略暗灰，柔软。有樟脑气味。叶互生，具柄，卵状椭圆形。叶具离基三出脉，脉腋间隆起为腺体。圆锥花序腋生，花小，绿白或带黄色；花被外表面无毛，内表面密被短毛；能育雄蕊 9，花丝被毛，花药 4 室，瓣裂，第 1、2 轮花丝无腺体，药室内向，第 3 轮花丝基部有一对具柄腺体，药室外向，退化雄蕊 3，子房球形，无毛。核果卵珠形或近球形，紫黑色；其木材、根及枝叶是提取樟脑和樟油的重要原料，供医药和香料工业用。此外，樟树果核富含脂肪油，含量约 40%，油中饱和脂肪酸占 93%，可供工业用。根、木材、树皮、叶及果入药，性微温，味辛，有祛风散寒、理气调气、止痛止痒、强心镇痉和杀虫等功效。樟树木材尤为珍贵，所制成的箱柜美观防虫。本属著名的香料植物肉桂(*C. cassia*，图 14-9)，其叶、树皮(桂皮)、芽均可做食品、化妆品香料，有散寒、止痛、活血、通经、利尿、化痰、健胃、杀菌等功效。

图 14-8　樟

图 14-9　肉桂

2）楠木属(*Phoebe*)

本属约 90 种，分布于亚洲及热带美洲，我国有 34 种，常绿乔木或灌木；叶互生，通常聚生枝梢，羽状脉；花小，两性或杂性，为腋生或顶生聚伞状圆锥花序或近总状花序。本属植物很多种类为高大乔木，木材坚实，结构细致，不易变形和开裂，为建筑、家具、船板等的优良木材，产于四川、贵州西北部，中外驰名的楠木(*P. zhennan*)即是本属植物。

3）润楠属(*Machilus*)

本属多为优良用材树种，供建筑、贵重家具和细工用，如云南的滇润楠(*M. yunnanensis*)、红楠(*M. thunbergii*)。一些种类的木材含有黏液，可作黏合剂，如刨花润楠(*M. pauhoi*)。一些种类适生于水边河旁，可作为河岸护堤树种，如建润楠(*M. oreophila*)。此外，不少种类的树皮可做褐色染料，树皮和叶研粉，可做各种薰香的调合剂或饮水的净化剂，枝、叶和果可提取芳香油，种子油可提供制皂和润滑油用。

4）山胡椒属(*Lindera*)

本属为常绿或落叶的乔木或灌木，具香味。叶互生，全缘或 3 裂，羽状脉、三出脉或离基三出脉。花单性，雌雄异株，黄色或绿黄色；伞形花序在叶腋内单生，或在腋芽两侧及短枝上簇生；果为浆果状核果，球形或椭圆形，初时绿色，后变红色，干时呈紫黑色，内有种子 1 颗；果托膨大呈盘状或浅杯状。香叶树(*L. communis*)、山胡椒(*L. glauca*，图 14-10)为我国重要野生木本油脂植物，可供制皂及润滑油用。不少种类富含芳香油，可供香料及药用，如以块根入药的乌药（*L. aggregatee*）为我国著名的药材。

本科经济作物还有：木姜子属（*Litsea*）的山鸡椒（山苍子，*L. cubeba*），花、叶、果是提制柠檬醛的原料，供药用及工业用；钝叶木姜子（*L. veitchiana*，图 14-11）功效类似，果实供药用，能健胃温肾，行气散结；月桂属（*Laurus*）的月桂（*L. nobilis*）叶和枝条可蒸馏出月桂油，用于制香料和月桂香水。

图 14-10　山胡椒

图 14-11　钝叶木姜子

3. 睡莲科(Nymphaeaceae)　$*K_{4\sim14}C_{8\sim\infty}A_{\infty}\underline{G}_{12\sim40:(3\sim35)}$

识别要点：水生草本，有根茎；叶心形至盾状，芽时内卷；花单生，花萼、花瓣与雄蕊逐渐过渡，雄蕊多数；雌蕊由 3 至多心皮构成，分离或结合为多室子房；果实浆果状。

识别歌诀

水生草本出淤泥，茎叶出水或漂浮。
多有肥厚地下茎，单叶互生具长柄。
叶片盾形或心形，单生长梗花两性。
辐射对称 3 基数，花被鲜艳香非常。
雄蕊多数围子房，果实生于花托上。

科的特征：多年生，少数一年生，水生或沼泽生草本，有根茎。叶常二型：漂浮叶或出水叶互生，心形至盾形，芽时内卷，具长叶柄及托叶；沉水叶细弱，有时细裂。花大，单生，两性；萼片 3～12，常 4～6，绿色至花瓣状，离生或附生于花托；花瓣 3 至多数，或渐变成雄蕊；雄蕊多数；雌蕊由 3 至多个心皮构成，分离或结合为多室子房，子房上位、半下位或下位，胚珠 1 至多数，直生或倒生，从子房顶端垂生或生在子房内壁上。坚果或浆果，不裂或由于种子外面胶质的膨胀成不规则开裂；种子有或无假种皮，有或无胚乳，胚有肉质子叶。

分类及代表植物：睡莲科植物有 8 属约 100 种，在各大洲广泛分布。中国有 6 属约 15 种。

部分属检索表

1. 子房上位；心皮离生，不和花托愈合，每心皮有 1～3 枚胚珠；雄蕊少数至多数，具外向药或侧向药；坚果不裂，1 室，有 1 枚种子
   2. 萼片 4～5，花瓣多数，二者不同形，皆脱落；雄蕊多数，具外向药；心皮嵌生在花托的穴内，每心皮有 1～2 枚胚珠；种子无胚乳；叶圆形，叶柄及花梗常有刺；花大型、美丽 ………………………………………… 莲属（*Nelumbo*）
   2. 萼片及花瓣皆 3～4，花瓣状，均宿存；雄蕊 12～18，具侧向药；心皮不生在花托

的穴内，每心皮有2～3枚胚珠；种子有内胚乳及外胚乳；叶椭圆矩形，叶柄及花梗无刺；花小形 ………………………………………………… 莼菜属(*Brasenia*)

1. 子房半下位或下位；心皮合生，和花托愈合，每心皮有多枚胚珠；雄蕊多数，具内向药；浆果开裂，多室，有多数种子

3. 萼片常5～6(最多至12)，黄色或橘黄色，花瓣状；花瓣多数，花瓣状；心皮生在花托上；叶片基部有弯缺 ……………………………………… 萍蓬草属(*Nuphar*)

3. 萼片4，绿色，不呈花瓣状；心皮多少生在花托内

4. 子房下位；花瓣3～5轮；花丝条形；种子无假种皮；叶片基部多无弯缺 ……………………………………………………………………… 芡属(*Euryale*)

4. 子房半下位；花瓣多轮，有时内轮渐变成雄蕊；花丝花瓣状；种子常有假种皮；叶片基部有弯缺 ………………………………………… 睡莲属(*Nymphaea*)

图14-12　莲

1) 莲属(*Nelumbo*)

直立、水生草本，有乳状液汁；根茎平伸，粗大；叶盾状，近圆形，常突出水面；花大，单生，花梗常高于叶；果皮革质，平滑；种皮海绵质。仅有美洲莲和亚洲莲2种。莲(*N. nucifera*)又名荷花(图14-12)，根状茎(藕)横生，节间粗，有7～9个气腔，并有多数散生的维管束，在折断节间时螺纹导管和管胞的次生壁拉长而仍保持不断，叶盾状圆形，叶脉从叶片中央辐状展出，叶柄有小刺。花直径10～20 cm，美丽，有香气；萼片4～5；花瓣多数，粉红色、红色或白色；雄蕊多数。倒圆锥状的花托在果期膨大，海绵质。坚果长约2 cm。莲是重要的水生花卉，常栽培供观赏；莲叶、藕节、莲蓬、莲心(胚)等均可供药用；藕、莲子可供食用。

2) 莼菜属(*Brasenia*)

叶二型：漂浮叶互生，盾状，全缘，有长叶柄；沉水叶至少在芽时存在。叶柄及花梗有胶质物。花小，紫红色，单生；坚果革质。仅1种，莼菜(*B. schreberi*)为多年生水生草本，嫩叶可做蔬菜。

3) 芡属(*Euryale*)

叶二型，初生叶沉水，次生叶浮水。花梗基生，顶生一花，浆果革质，球形，被皮刺；种子黑色。芡实(*E. ferox*，图14-13)又称鸡头米、鸡头莲，分布于中国南部和东北地区。为一年生水生草本。叶漂浮水面，盾状圆形或心形，直径达1.3 m，上面多皱，下面紫色，沿脉具刺，叶柄也多刺。花单生，在水面开放，受精后花梗下弯，于水中结果；萼片4，密生钩刺，花瓣多数，紫红色；雄蕊多数；子房下位，8室，柱头盘状。浆果球形，直径约5 cm，形似鸡头，密生尖刺。种子球形，黑色，直径约10 mm，种皮厚，硬骨质。种子含丰富胚乳，可供食用或酿酒等；花可供观赏；种子也供药用，为滋养强壮药，茎、叶也可药用。

4) 睡莲属(*Nymphaea*)

根茎平生或直立；叶浮于水面，圆形或卵形，基部心形，有时稍盾状，背面常有颜色；花大而美丽，浮水或突出水面；果为一海绵质的浆果，于水中成熟；种子多数。睡莲(*N. tetragona*)花有白、黄、蓝紫和红紫等色(图14-14)；子房半下位，花常漂浮水面，直径约5 cm，夜间花梗弯入水中，故称“睡莲”。多植于公园、池塘供观赏。

图 14-13　芡实

图 14-14　睡莲

5）萍蓬草属（*Nuphar*）

多年生水生草本；根茎肥厚，横生。叶柄在叶片基部着生；花漂浮，黄色或橘黄色；浆果卵形至圆柱形；种子大型。萍蓬草（*N. pumilum*，图 14-15）花单生在花梗顶端，漂浮于水面，直径 3～4 cm；萼片 5，革质；花瓣多数，狭楔形；雄蕊多数；子房上位，柱头盘状，通常 10 浅裂。浆果卵形，长 3 cm，不规则开裂，具宿存萼片和柱头。萍蓬草是夏季水景园中极为重要的观赏植物，茎可入药。

本科中还有世界著名的观赏植物王莲属的王莲（*Victoria amazonica*，图 14-16），成熟叶可托坐一位 35 kg 重的小孩，原产于南美洲亚马逊河流域，现世界各地引种，在北方需栽在温室中。

图 14-15　萍蓬草

图 14-16　王莲

睡莲科的系统地位：本科植物属原始的水生多心皮类。表现在：花单生；3 基数；花瓣、雄蕊和心皮均多数，离生。其维管束分散排列，花部 3 基数等特征均与单子叶植物的原始类型（如泽泻科等）相同，因而被看作单子叶植物的近缘祖先。也有学者将本科分为莲科（*Nelumbonaceae*）、睡莲科（*Nymphaeaceae*）和芡实科（*Euryalaceae*）等 3 个独立的科。

4. 毛茛科（Ranunculaceae）　$* \uparrow K_{3\sim\infty} C_{0\sim\infty} A_{\infty} \underline{G}_{\infty:\infty:1\sim\infty}$

识别要点：草本，叶分裂或为复叶；花两性，雌、雄蕊多数离生，螺旋状排列于膨大的花托上；聚合瘦果或聚合蓇葖果。

识别歌诀

多数草本无托叶，单叶分裂或复叶。
基生互生稀对生，花被原始偶有距。
5 数花被雄蕊多，分离雌蕊多心皮。
子房上位胚珠多，聚合蓇葖或瘦果。

科的特征:草本,稀攀援藤本或灌木,无托叶;叶基生或互生,偶尔对生,掌状分裂或羽状分裂,也有1至多回三出复叶的。花两性,整齐,辐射对称,稀两侧对称,花部分离;花萼3至多数,在有些种类中花萼呈花瓣状或变成距;花瓣3至多数,或无花瓣;雌、雄蕊多数,离生,螺旋状排列于膨大的花托上。聚合瘦果或聚合蓇葖果。

分类及代表植物:毛茛科约59属2000种,分布世界各地,多见于北温带及寒带;根据果实类型,通常分为具蓇葖果的金莲花亚科(Helleboroideae)和具瘦果的毛茛亚科(Ranunculoideae)。我国有39属720种,分布全国。

部分属检索表

1. 子房有多枚胚珠;果实为蓇葖果
  2. 花大,直径通常在10 cm以上;雄蕊离心发育;花盘存在;果皮革质 …… 芍药属(*Paeonia*)
  2. 花直径在6 cm以下;雄蕊向心发育;花盘不存在;果皮膜质、纸质或肉质
    3. 花两侧对称;总状花序,花梗有2小苞片。上萼片无距;花瓣有 …… 乌头属(*Aconitum*)
    3. 花辐射对称;花单独顶生或少数组成单歧聚伞花序,花瓣不存在
      4. 心皮有细柄 …… 黄连属(*Coptis*)
      4. 心皮无细柄。花瓣与萼片近等大,有距,稀无距 … 耧斗菜属(*Aquilegia*)
1. 子房有1枚胚珠;果实为瘦果
  5. 叶对生
    6. 萼片覆瓦状排列;花柱在果期不延长,不呈羽毛状;多年生直立草本 …… 银莲花属(*Anemone*)
    6. 萼片镊合状排列;花柱在果期伸长,多年生直立草本或小灌木,常攀援 …… 铁线莲属(*Clematis*)
  5. 叶互生或基生。花瓣黄色;瘦果平滑,或有刺,或有瘤状突起 …… 毛茛属(*Ranunculus*)

1) 毛茛属(*Ranunculus*)

直立草本。花多黄色;萼片、花瓣各5,分离,花瓣基部有1蜜腺穴;雄蕊和心皮均为多数,离生,螺旋状排列于突起的花托上,瘦果集合成头状。共计有300余种,我国有78种,分布全国。毛茛(*R. japonicus*,图14-17)全株密被白色长毛,基生叶3深裂或3全裂,聚合果呈球形;茴茴蒜(*R. chinensis*)全株被毛,基生叶为三出复叶,聚合果呈长圆形;石龙芮(*R. sceleratus*,图14-18)茎叶光滑无毛,聚合果矩圆形;此外,还有小毛茛(*R. ternatus*)和禺毛茛(*R. cantoniensis*),均为杂草并可用作生物农药。

2) 芍药属(*Paeonia*)

多年生草本或亚灌木,地下部块状或粗厚;花大而美丽,花萼5,花瓣5~10,雄蕊多数离生,雌蕊心皮2~5,离生;蓇葖果。哈钦松根据本属植物心皮厚革质、有花盘、雄蕊离心发育、胎座突出形成外珠被、染色体基数$X=5$等特征将本属从毛茛科移出,单独成立芍药科(Paeoniaceae),但在恩格勒系统和克朗奎斯特系统中芍药属仍放在毛茛科中。本属约30种,我国有11种,分布于西南、东北、华北和西北。芍药(*P. lactiflora*,图14-19)原产于我国,是著名花卉,江苏扬州为芍药栽培盛地,其根可入药。牡丹(*P. suffruticosa*,图14-20)为亚灌

图 14-17　毛茛

图 14-18　石龙芮

图 14-19　芍药

图 14-20　牡丹

木，花特大而美丽，有“花王”之称，为著名花卉，河南洛阳和山东菏泽是牡丹栽培盛地；其根皮入药，称丹皮，可治中风、头痛。

3）铁线莲属（*Clematis*）

木质藤本，羽状复叶对生；萼片呈花瓣状；瘦果集成头状，具宿存的羽毛状花柱，约 300 种，广布全球；我国约 110 种，主产于西南，大多供观赏，少数入药。东北铁线莲（*C. mandshurica*），藤本，一回羽状复叶，小叶羽状披针形，分布于东北；棉团铁线莲（*C. hexapetala*，图 14-21），茎直立，叶对生，羽状复叶，小叶条状披针形，萼片背面密生绵绒毛，分布于东北、华北等地；威灵仙（*C. chinensis*），可药用或制生物农药；金毛铁线莲（*C. chrysocoma*），可药用和供观赏。

图 14-21　棉团铁线莲

4）乌头属（*Aconitum*）

草本；具膨大直根或块根；叶常掌状分裂；总状花序，花两侧对称，萼片 5，花瓣状，花瓣 2，特化为蜜腺和距，有退化雄蕊；蓇葖果。乌头（*A. carmichaeli*，图 14-22）又名草乌、附子，多年生草本，有块根；花两侧对称；花萼 5 枚，呈深蓝紫色，上方 1 片盔状，其余均长圆形，上萼片无距；花瓣仅成 2 个退化的蜜腺；心皮 3 个，分离；蓇葖果。块根入药，能祛风镇痛，但有大毒；也可供观赏。

5）黄连属（*Coptis*）

多年生草本，叶 3 裂，花小，白色，萼片花瓣状，花瓣存在；心皮 3～7 个，有柄，蓇葖果，种子多数。黄连（*C. chinensis*，图 14-23），草本，根状茎黄色，叶三角状卵形，3 全裂，中央裂片具细

图 14-22　乌头

图 14-23　黄连

柄；花两性，萼片条形，花瓣 5 片，基部有蜜腺；产于华中、华南和西南，是著名中药，含小檗碱 5%～8%，可治疗肠炎、痢疾、疮痈等症，也可提取黄连素（小檗碱），有良好的消炎解毒作用。同属其他种亦供药用。

6）银莲花属（*Anemone*）

叶浅裂、深裂或细裂，有长柄；花单生或成聚伞花序，美丽；萼片花瓣状，多红紫色；雄蕊与心皮多数，瘦果。本属 150 种，主产于北温带，我国有 52 种，分布甚广，但以东北、西北、西南最多。银莲花（*A. cathayensis*），叶圆肾形，3 全裂，分布于山西、河南。打破碗花花（*A. hupehensis*，图 14-24），三出复叶，有时单叶，分布于西南，全草杀虫，可用作农药。秋牡丹（*A. japonica*），产于粤北，具重瓣花，栽培供观赏。

图 14-24　打破碗花花

图 14-25　翠雀

7）耧斗菜属（*Aquilegia*）

多年生草本，叶 3 数分裂；花大，美观，萼片花瓣状，脱落，花瓣 5，各有一长距。本属约 70 种，分布于北温带，我国有 13 种，产于西南至西北和东北。耧斗菜（*A. viridiflora*），2 回三出复叶，花萼、花瓣黄绿色，分布于山西、河北、内蒙古和东北，俄罗斯西伯利亚也有。

毛茛科中尚有飞燕草，别名翠雀（*Delphinium grandiflorum*，图 14-25）、天葵（*Semiaquilegia adoxoides*，图 14-26）等观赏植物和升麻（*Cimicifuga foetida*）、白头翁（*Anemone chinensis*，图 14-27）等药材。独叶草（*Kingdonia uniflora*）和星叶草（*Circaeaster agristis*）均为小草本，具有开放式的二叉分枝脉，为原始特征，在系统研究上有重要意义，已被列为国家保护植物。

毛茛科与木兰科相似，是原始的双子叶植物，其原始性状有：萼片花瓣状；雌、雄蕊多数，分离；蓇葖果。由于本科多为草本，故比木兰科进化。哈钦松认为由毛茛目演化出了单子叶植物。

图 14-26　天葵

图 14-27　白头翁

5. 罂粟科(Papaveraceae)　$* \uparrow K_{2\sim3}C_{4\sim6}A_{\infty,4\sim6}\underline{G}_{(2\sim\infty:1:\infty)}$

识别要点：草本，常具白色或有色汁液，无托叶，萼早落，雄蕊多数，分离，子房上位，侧膜胎座，蒴果。

识别歌诀

多数草本有乳汁，单叶互生无托叶。
萼片 2 枚早脱落，花瓣 4 枚雄蕊多。
部分种类两侧对，花瓣往往还有距。
侧膜胎座两心皮，合生子房成蒴果。

科的特征：草本，稀灌木，无毛或被长柔毛，有时具刺毛，常具白色或有色汁液。基生叶具长柄，茎生叶多互生，常分裂，无托叶。花单生或成总状或聚伞花序；花辐射对称或两侧对称；萼片 2(3)，早落；花瓣 4～6，稀 8～12，2 轮；雄蕊多数，离生，或 4～6 枚，成 2 束，花粉 3 沟；子房上位，2 至多数合生心皮组成，标准的为 1 室，侧膜胎座，心皮于果时分离，或胎座的隔膜延伸到轴而成数室，或假隔膜的联合而成 2 室，胚珠多数，稀少数或 1。蒴果，瓣裂或孔裂。

分类及代表植物：全世界约 40 属 700 多种，主产于北温带，尤以地中海地区、西亚、中亚、东亚及北美洲西南部为多。中国有 20 属 300 多种，南北均产，但以西南部最为集中。其中血水草属(*Eomecon*)为中国特有的单种属；种类较多的紫堇属(*Corydalis*)和绿绒蒿属(*Meconopsis*)分布中心在中国西南部，而另一些多种属如罂粟属(*Papaver*)和花菱草属(*Eschscholtzia*)中国只有少数种或引种栽培；有些单种属或寡种属如荷青花属(*Hylomecon*)、白屈菜属(*Chelidonium*)、博落回属(*Macleaya*)和角茴香属(*Hypecoum*)在中国则较广泛分布。该科多种植物有毒性，主要存在于罂粟属、博落回属、紫堇属、白屈菜属，中毒症状表现为中枢神经系统的抑制、循环障碍和胃肠道刺激。

1）罂粟属(*Papaver*)

草本，具白色乳汁；叶互生，羽状分裂；花单生茎顶；萼片 2，早落；花瓣 4，鲜艳；花柱短或无，柱头盘状；蒴果球形孔裂，种子多数。罂粟(*P. somniferum*，图 14-28)，茎、叶及萼片均被白粉，花大，白色、粉红色或紫红色；原产于西亚；未成熟果实的乳汁含吗啡、可待因、罂粟碱等 30 多种生物碱，是制鸦片的原料。花、果供药用，可镇咳、止痛、麻醉、止泻；花鲜艳，可供观赏。虞美人(*P. rhoeas*，图 14-29)，花瓣红色，基部有黑斑；原产于欧洲，常见栽培供观赏，果实入药，镇痛止泻。

图 14-28　罂粟

图 14-29　虞美人

2）白屈菜属（*Chelidonium*）

2 至多年生草本，含橘黄色汁液；叶一至二回羽状深裂；花多数，排列成腋生的伞形花序；具苞片。花芽卵球形；萼片 2，黄绿色；花瓣 4，黄色，2 轮；雄蕊多数；子房圆柱形，1 室，2 心皮，无毛，花柱明显，柱头 2 裂。蒴果狭圆柱形，近念珠状，无毛，成熟时自基部向先端开裂成 2 果瓣，柱头宿存。种子多数，小，具光泽，表面具网纹，有鸡冠状种阜。白屈菜（*C. majus*，图 14-30），叶羽状全裂，被白粉；全草含有毒生物碱，可药用，镇痛、止咳、消肿毒。

3）紫堇属（*Corydalis*）

1 年或多年生草本；总状花序；花两侧对称，花瓣 4，紫色、蓝色、黄色、玫瑰色，稀白色，上面 1 枚延伸成距；雄蕊 6 枚，连成 2 束；蒴果瓣裂。多药用。紫堇（*C. edulis*，图 14-31）的全草及根可治肺结核咯血、遗精、疮毒、顽癣。

罂粟科常见的还有花菱草（*Eschscholzia californica*）、博洛回（*Macleaya cordata*）和荷包牡丹（*Dicentra spectabilis*）等药用及栽培植物。

图 14-30　白屈菜

图 14-31　紫堇

第二节　金缕梅亚纲

6. 桑科（Moraceae）　♀：$*K_{4\sim6}C_0\underline{G}_{(2:1:1)}$；♂：$*K_{4\sim6}C_0A_{4\sim6}$

识别要点：木本，单叶互生，常有乳汁。花小，单性，单被，集成各式花序；雄蕊与萼片同数对生；子房上位。聚花果。

识别歌诀

植物通常含乳汁，托叶早落花小型。

单性同株或异株，花序密集总类多。
柔荑头状圆锥状，隐头花序无花果。
果实发育连花序，桑葚复果最常见。

科的特征：乔木或灌木，稀草本或藤本，常有乳汁；单叶互生，全缘或具锯齿或分裂，托叶早落。花小，单性，雌雄同株或异株，集成穗状、聚伞、柔荑、头状或隐头花序；雄花单被，花萼 4～6 枚，雄蕊与萼片同数对生；雌花单被，花萼 4～6 枚，雌蕊由 2 个心皮结合而成，子房上位，1 室，每室有胚珠 1 枚。聚花果、核果或瘦果。

分类及代表植物：本科约 53 属 1400 多种，主产于热带和亚热带；我国有见血封喉属(*Antiaris*)、菠萝蜜属(*Artocarpus*)、构属(*Broussonetia*)、柘属(*Cudrania*)、水蛇麻属(*Fatoua*)、榕属(*Ficus*，即无花果属)、桑属(*Morus*)、鹊肾树属(*Streblus*)等 16 属 160 余种，主要分布于长江以南地区，以云南省南部为最多，少数分布于北部和西北部。桑属及榕属中有少数种为中国特有。

部分属检索表

1. 具乳汁；雄蕊在花芽时内折，花药外向
  2. 雌、雄花序均为假穗状或柔荑花序 …………………………………… 桑属(*Morus*)
  2. 雄花序假穗状或总状，雌花序为球形头状花序，雌花被管状；花柱单 ……………………………………………………………… 构属(*Broussonetia*)
1. 有或无乳汁(但有乳汁管存在)；雄蕊在芽时直立稀内折，花药内向稀外向
  3. 花序托盘状或为圆柱状或头状
    4. 雌、雄花序均为圆柱状或头状；雌花被管状，顶齿裂；雄蕊 1 枚 ……………………………………………………………… 菠萝蜜属(*Artocarpus*)
    4. 雌、雄花序均为球形头状花序；雄蕊在芽时直立；聚花果 … 柘属(*Cudrania*)
  3. 隐头花序，花生于壶形花序托内壁 ………………………………… 榕属(*Ficus*)

1）桑属(*Morus*)

落叶乔木或灌木；叶互生，全缘、有齿缺或分裂，基部 3～5 脉；托叶侧生，小，早落；花单性同株或异株，无花瓣，排成穗状花序；雄花萼片 4，雄蕊 4 枚，芽时内弯；退化雌蕊陀螺形；雌花萼片 4，结果时增大而肉质。约 12 种，我国有 9 种。桑(*M. alba*，图 14-32)原产于我国，桑叶为蚕的主要饲料，广为栽培；果实称为桑葚，可生食；根皮(桑白皮)、枝、叶、桑葚均可药用；茎皮纤维可造纸。鸡桑(*M. australis*，图 14-33)叶常多裂，具尾尖，广布于华北至西南，皮纤维可造纸或制人造棉；果实味酸甜，可生吃或酿酒；种子油可制肥皂和润滑油。

图 14-32　桑

图 14-33　鸡桑

2）榕属（*Ficus*）

常绿乔木或灌木。有乳汁，叶通常互生，多全缘，托叶合生，包被于顶芽外，脱落后留有环形的痕迹。花雌雄同株，生于球形中空的花托内，隐头花序。约 1 000 种，分布于热带、亚热带地区；我国有 120 种，产于西南至东部。无花果（*F. carica*）原产于地中海，现在各地广为栽培，果实可生食或加工成蜜饯。薜荔（*F. pumila*，图 14-34）又名凉粉树、冰粉树等，为野生果树，果实可做凉粉食用，全株均可药用。印度橡皮树（*F. elastica*，图 14-35）原产于印度，叶常绿，厚革质；我国南方引栽，其乳汁做橡胶；北方作为室内观叶植物。菩提树（*F. religiosa*）又称思维树、大青树，原产于印度，在我国、南亚热带有栽培；乳汁可制硬性橡胶；乳汁和花还可药用；在印度为佛教圣物。本属的榕（*F. microcarpa*，图 14-36）等多种乔木可做行道树，高山榕（*F. altissima*）可形成独木成林的景观，垂叶榕（*F. benjamina*）等灌木为室内观叶植物。

图 14-34　薜荔

图 14-35　印度橡皮树

图 14-36　榕

3）构属（*Broussonetia*）

落叶乔木，有乳汁，叶互生，常分裂。构树（*B. papyrifera*，图 14-37）托叶侧生，脱落；雌雄异株；雄花柔荑花序，雌花集成头状；聚花果红色。茎皮为造纸原料，果皮、根皮、叶及乳汁可入药。

4）菠萝蜜属（*Artocarpus*）

全世界约 50 种，分布于亚洲热带，我国约产 15 种、2 亚种。木菠萝（*A. heterophyllus*，图 14-38）又称菠萝蜜、牛肚子果，是印度土产，热带果树，托叶成对，大而抱茎，脱落后留有痕迹；雌雄同株，雌花组成假头状花序，雄花集成假柔荑花序。花被可生食；种子富含淀粉，可炒食；木材坚硬可制家具，也可做黄色染料；乳汁和叶药用。桂木（*A. lingnanensis*），广东有栽培。果酸甜可口，生食或糖渍，或作为调料；木材供建筑用；果根入药，清热开胃，收敛止血。

图 14-37　构树

图 14-38　木菠萝

5）柘属（*Cudrania*）

柘属植物中含有黄酮、二苯酮、生物碱、有机酸等化学成分，具有抗炎、抗脂质过氧化、抗乙型肝炎病毒和细胞毒等多种药理活性。柘树（*C. tricuspidata*，图 14-39）主产于我国华东、中南及西南各地，落叶小乔木，常呈灌木状。茎皮是很好的造纸原料；根皮入药，止咳化痰，祛风利湿，散淤止痛；木材为黄色染料；叶饲蚕；果食用和酿酒。柘树叶秀果丽，适应性强，可在公园的边角、背阴处、街头绿地作为庭荫树或刺篱。

图 14-39　柘树

本科中尚有其他资源植物：见血封喉（*Antiaris toxicaria*）又名箭毒木，是世界上已知的最毒的植物，树液会引起人畜中毒死亡，可制毒箭猎兽用。啤酒花（*Humulus lupulus*）又称蛇麻花，是一种多年生草本蔓性植物，古人取为药材。酒花始用于德国，学名为蛇麻，雌雄异株，酿造所用均为雌花。

7. 胡桃科（Juglandaceae）　♀：$K_{(3\sim5)}\ C_0\ \underline{G}_{(2:1)}$；♂：$K_{(3\sim6)}\ C_0\ A_{3\sim\infty}$

识别要点：落叶乔木，常具片状髓，羽状复叶互生；花单性，单被；雄花成柔荑花序，雌花单生或穗状花序；子房下位，1 室 1 枚胚珠；核果或翅果。

识别歌诀

落叶木本叶互生，羽状复叶无托叶。

雌雄同株花不同，雄花下垂柔荑状。

雌花单一或数朵，组成花序种类多。

坚果具翅或包被，皆由苞片发育来。

科的特征：落叶乔木，稀灌木；奇数羽状复叶互生，无托叶，常具片状髓。花单性，雌雄同株；雄花成下垂的柔荑花序，花萼 3～6 裂，雄蕊 3 枚至多枚；雌花单生、簇生或穗状花序，花萼与子房连生，3～5 浅裂，子房下位，1 室 1 枚胚珠。核果或翅果；种子无胚乳，子叶常皱褶，含油脂。

分类及代表植物：胡桃科约 8 属 60 种，分布于北半球；我国有 7 属 25 种，分布在全国各地。

1）胡桃属（*Juglans*）

乔木，小枝髓部薄片状；单性花，雌花序直立，雄花序侧生下垂；肉质核果。共 15 种，我国 4 种。核桃（*J. regia*，图 14-40）原产于欧洲和西亚，由张骞出使西域时引入，故有“胡桃”之称。乔木，小枝髓部薄片状。奇数羽状复叶，小叶 5～13 枚，卵形或卵状披针形，全缘，无毛；雌花单

图 14-40　核桃

生或 2～3 个聚生枝端；坚果呈核果状，外果皮肉质，内果皮木质，有雕纹。种仁含脂肪 52%～78%，蛋白质 12%～20%，并含多种维生素，是良好的强壮剂，能治疗慢性气管炎、哮喘等症。果皮可制活性炭；木材坚实，可制枪托等。核桃为重要的木本油料及国防用材树种。

胡桃楸（*J. mandshurica*）：小叶 9～17 枚，叶缘有锯齿，雌雄同株。雄花柔荑花序生叶腋，长而下垂；雌花穗状花序，雌花 4～10 朵，直立，花后果序下垂，常有 5～7 个球形核果，卵圆形，顶端稍尖，长 3.5～7.5 cm，直径 3～5 cm。外果皮肉质，内果皮骨质，外表具棱状皱纹。生于山间溪流两旁或山坡上。美国山核桃（*C. illinoensis*）又名“薄壳山核桃”“碧根果”，具 9～17 枚小叶；小叶具极短的小叶柄，果实矩圆状或长椭圆形，长 3～5 cm，直径 2.2 cm 左右，有 4 条纵棱。

2）枫杨属（*Pterocarya*）

乔木，羽状复叶、互生，无托叶；小叶近无柄，有锯齿；花单性同株，与叶同时开放，为下垂的柔荑花序；雄花生于苞腋内；萼片 1～4；雄蕊 6～18 枚；雌花有苞片 1 和小苞片 2；子房 1 室，包藏于一个 4 齿裂的总苞内，花柱 2 裂；胚珠 1 枚；果实为 1 枚坚果，有翅 2。

枫杨（*P. stenoptera*，图 14-41）：落叶乔木，髓片状，裸芽；奇数羽状复叶，小叶 11～25 枚，叶轴有狭翅，小叶边缘有锯齿；果序总状，小坚果，两侧带有小苞发育而成的翅。可作为行道绿化树。

本科还有以下资源植物：化香（*Platycarya strobilacea*，图 14-42），根皮、树皮、叶和果实为制栲胶的原料；种子可榨油，树皮纤维能代麻，果实可制黑色染料，树皮含单宁。青钱柳（*Cyclocarya paliurus*），为第四纪冰川幸存下来的珍稀树种，仅存于中国。果翅连成圆盘状；广布于长江以南地区，可观赏和材用，芽叶可制成青钱柳茶。

图 14-41　枫杨

图 14-42　化香

8. 壳斗科(Fagaceae)　♀：$K_{(4\sim8)}C_0\underline{G}_{(2:6)}$；♂：$K_{(4\sim8)}C_0A_{4\sim7,8\sim12}$

识别要点：木本，单叶互生，羽状脉直达叶缘。花单性，雌雄同株，无花瓣；雄花成柔荑花序；雌花 1～3 朵生于总苞中。坚果位于壳斗中。

识 别 歌 诀

木本落叶或常绿，叶脉羽状叶革质。

花序直立呈穗状，雄花花序偶柔荑。

雌雄同株无花瓣，苞片发达包雌花。
坚果生在总苞内，因而得名称壳斗。

科的特征：落叶或常绿乔木或灌木；单叶互生，全缘或分裂，羽状脉直达叶缘，托叶早落。花单性，雌雄同株，无花瓣；雄花为柔荑花序或头状花序，花萼4～8裂，雄蕊4枚至多枚，花药2室，纵裂，花粉粒为长球形，少数近球形或扁球形；雌花单生或簇生，花萼4～8裂，子房下位，2～6室，每室1～2枚胚珠，花柱3～7个。坚果含1枚种子，果实光滑，外有总苞形成的壳斗，部分或全部包围坚果。种子无胚乳，子叶平凸，波浪状镶嵌或脑叶状皱褶，富含淀粉或兼含鞣质，或含脂肪油。

分类及代表植物：本科约8属900种，主产于热带及北半球的亚热带；我国有栗属(*Castanea*)、栲属(*Castanopsis*)、水青冈属(*Fagus*)、柯属(*Lithocarpus*)、栎属(*Quercus*)、青冈属(*Cyclobalanopsis*)和三棱栎属(*Trigonobalanus*)等7属约300种，全国分布。本科植物是亚热带常绿阔叶林和温带落叶阔叶林的主要树种。

部分属检索表

1. 雄花序为直立向上之柔荑花序
  2. 叶多为二列状互生，壳斗全包稀杯状，内含坚果1～3枚
    3. 落叶，叶具芒状锯齿，壳斗全包，外被分枝刺 ………………… 栗属(*Castanea*)
    3. 常绿，叶上部有齿或全缘，壳斗全包稀杯状，小苞片刺状，稀鳞状或瘤状 ……………………………………………………………… 栲属(*Castanopsis*)
  2. 叶螺旋状互生，常绿，常全缘，壳斗盘状或杯状，稀全包内含坚果1枚，小苞片鳞状 ……………………………………………………………… 柯属(*Lithocarpus*)
1. 雄花序为下垂柔荑花序，叶螺旋状互生，壳斗杯碗状，内具坚果 ……………………………………………………………………… 栎属(*Quercus*)

1）栗属(*Castanea*)

落叶乔木，小枝无顶芽；雄花为直立柔荑花序；总苞完全封闭，外面密生针状长刺，内有1～3枚坚果。共12种，我国有4种。板栗(*C. mollissima*，图14-43)产于东北、华北、华中和西南等地区，为山区的重要果树，在我国已有2000多年的栽培历史，果实含淀粉62%～70%，蛋白质5.7%～10.7%，营养丰富。茅栗(*C. seguinii*)产于华东、华中、西南等地区，果小味甜，可食用或酿酒，壳斗可提栲胶。锥栗(*C. henryi*)产于华东地区、四川省、云南省等，果可食用，木材供建筑用。

2）栎属(*Quercus*)

本属约450种，我国有110种，南北各省均产之，为重要林木之一。落叶乔木；冬芽具数枚芽鳞，覆瓦状排列，叶螺旋状互生；雄花序下垂；雌花1～2朵簇生，坚果单生；壳斗盘状或杯状，不封闭。麻栎(*Q. acutissima*)，落叶乔木，高达25 m；树皮暗灰色，浅纵裂；幼枝密生绒毛，后脱落；叶椭圆状披针形，长8～18 cm，宽3～4.5 cm，顶端渐尖或急尖，基部圆形或阔楔形，边缘有锯齿；坚果卵球形或长卵形。种子含淀粉和脂肪，可酿酒和做饲料；木材坚硬、耐磨，可作为机械用材。栓皮栎(*Q. variabilis*，图14-44)又称软木栎，是我国重要的用材树种。分布广，生于向阳山坡。供建筑、车、船、家具、枕木等用。叶背有白色星状毛，茎部栓皮厚度可达15 cm，是优良的软木原料。此外，蒙古栎(*Q. mongolica*)和辽东栎(*Q. liaotungensis*)为温带地区的落叶阔叶林主要树种。上述各种的木材供建筑用，壳斗可提栲胶，种子可食用或酿酒。

图 14-43 板栗

图 14-44 栓皮栎(左下角为树干)

3) 栲属(*Castanopsis*)

常绿乔木。有顶芽,芽鳞多数。叶常 2 列互生,全缘或有锯齿,革质。雄花序直立,花被 5~6 裂;雌花单生或 2~5 生于总苞内,子房 3 室。总苞球形,稀杯状,开裂,稀不裂,全包坚果,外部具刺,稀为瘤状或鳞状;坚果 1~3 枚,当年或第二年成熟。共约 130 种,我国有 70 种。高山栲(*C. delavayi*)、苦槠(*C. sclerophylla*)、甜槠(*C. eyrei*)等的果实可生食或酿酒,树皮及壳斗可提栲胶。

4) 柯属(*Lithocarpus*)

常绿乔木,叶革质,常全缘;雄花为直立穗状花序;雌花单生;总苞杯状,鳞片覆瓦状、螺旋状或轮状排列,内有小坚果 1 枚。共约 300 种,我国约 100 种。绵槠(*L. henryi*)、石栎(*L. glaber*)等的果实淀粉含量高,可生食或酿酒;树皮及壳斗可提栲胶;材质坚韧、优良,是主要的用材树种。

本科中尚有青冈(*Cyclobalanopsis glauca*)、水青冈(*Fagus longipetiolata*)等经济树种。

9. 桦木科(Betulaceae) ♀:$P_0\underline{G}_{(2:2)}$;♂:$P_{4,0}A_{2\sim20}$

识别要点:木本,幼嫩部分常有腺点;单叶互生,叶脉羽状;花单性,雄花序为柔荑花序,雌花序球果状或穗状;坚果。

识别歌诀

落叶木本叶互生,托叶早落花单性。
雌雄同株花不同,雄花下垂柔荑状。
雌花花序圆柱状,聚伞花序集聚成。
坚果具翅或无翅,种子 1 枚无胚乳。

科的特征:落叶乔木或灌木,幼嫩部分常具腺点。单叶互生,有柄,叶缘常具齿,稀为全缘或浅裂,叶脉羽状,托叶早落。花单性,雌雄同株;雄花序为柔荑花序,下垂,先叶开放;花被与苞片结合,每苞片内有雄花 3 朵,雄蕊 2~20 枚,花药 2 室,花粉粒扁球形,具 3 或 4~5 孔;雌花序成球果状、穗状、总状或头状,每苞片内有雌花 2~3 朵,无花被或花被与子房合生而成子房下位;花柱 2 个,分离,宿存;心皮 2 个,合生;子房 2 室或不完全 2 室,每室有 1~2 枚胚珠,着生于子房顶端;坚果或小坚果具翅或无;种子子叶扁平或肉质,无胚乳。

分类及代表植物:本科约有 6 属 100 种,主要分布于北温带。我国有 6 属 70 种,分布于全国各地,其中虎榛子属(*Ostryopsis*)为我国特有属。

部分属检索表

1. 小坚果扁平，具翅，2～3个生于木质或膜质果苞内，组成球果状柔荑状果序；雄花具萼片，常4深裂，雌花无被
   2. 冬芽无柄；叶多重锯齿；果序柔荑状下垂，果苞膜质，深3裂，脱落 ………………………………………………………… 桦木属(*Betula*)
   2. 冬芽常具柄；叶单锯齿；果序球果状，果苞木质，浅5裂宿存 ………………………………………………………… 赤杨属(*Alnus*)
1. 坚果卵形或球形，无翅，簇生或单生于囊状或刺状果苞内，组成穗状或簇生果序；雄花无被 ………………………………………………………… 榛属(*Corylus*)

1）桦木属(*Betula*)

白桦(*B. platyphylla*，图14-45)。落叶乔木，高可达25 m，胸径50 cm，树皮幼时暗赤褐色，老时白色，有白粉。叶三角状卵形或菱状卵形，先端渐尖，基部广楔形，缘有不规则重锯齿，侧脉5～8对，背面疏生油腺点，无毛或脉腋有毛。雄花序苞内有雄花3朵，无花被，雄蕊2枚；雌花序下垂，苞内有雌花3朵。果穗的果苞硬质，有3尖头，由1苞片和2小苞片结合组成。坚果小，有翅，翅宽超过果身宽。分布于东北、华北、西北和西南。木材可做家具或建筑用。黑桦(*B. dahurica*，图14-46)，乔木，高6～20 m；树皮黑褐色，龟裂；枝条红褐色或暗褐色，光亮，无毛；叶厚纸质，通常为长卵形，长4～8 cm，宽3.5～5 cm，顶端锐尖或渐尖，基部近圆形、宽楔形或楔形，边缘具不规则的锐尖重锯齿，上面无毛，下面密生腺点。雌、雄花序均呈柱状椭圆形，雄花序下垂，雌花序直立。小坚果宽椭圆形，两面无毛，膜质翅宽约为果的1/2。枫桦(*B. costata*)，落叶乔木，树皮淡黄色或黄褐色，纸状分层剥裂。叶长圆形，先端有长尖；侧脉12～14对。生于阔叶混交林中。红桦(*B. albosinensis*，图14-47)，大乔木，高可达30 m；树皮淡红褐色或紫红色，有光泽和白粉，呈薄层状剥落，纸质；枝条红褐色，无毛；小枝紫红色，无毛，有时疏生树脂腺体；芽鳞无毛，仅边缘具短纤毛。材质较好，木材淡红色或淡红褐色，坚硬，为细木工、家具、枪托、飞机螺旋桨、砧板等优良用材。

图14-45 白桦

图14-46 黑桦

图14-47 红桦

2）赤杨属(*Alnus*)

赤杨(*A. japonica*)，落叶乔木，高达20 m。树皮暗灰褐色或灰褐色，无毛，小枝褐色，有时密生腺点。芽有短柄，无毛，有2枚芽鳞。单叶对生，先端锐尖或渐尖，基部楔形，稀圆形，边缘具疏细齿，有时具腺点；侧脉7～11对。花单性，雌雄同株，先叶开放；雄花为柔荑花序；雌花为穗状花序。果穗宽卵形，深棕色，长约2 cm；小坚果卵形或倒卵形，长3～4 mm，宽2～2.5 mm，果翅厚纸质。花期早春，果熟期7月。

3）榛属（*Corylus*）

榛属植物的坚果含淀粉 15%～20%，含油量 51%～64%，可炒食，树皮和叶可提取栲胶。榛（*C. heterophylla*，图 14-48），落叶灌木或小乔木，花黄褐色。果实叫榛子，为著名坚果。花期为 4—5 月，果期为 8—10 月。坚果外具叶状总苞。分布于东北、华北、华东、西北和西南等地区。

图 14-48　榛

第三节　石竹亚纲

10. 石竹科（Caryophyllaceae）　$*K_{4\sim5}C_{4\sim5}A_{5\sim10}\underline{G}_{(2\sim5:1:1\sim\infty)}$

识别要点：草本，节膨大；单叶全缘对生；花两性，雄蕊 5 枚或为花瓣的 2 倍；特立中央胎座；蒴果。

识别歌诀

草本通常节膨大，单叶对生基部合。
托叶膜质或缺如，辐射花冠组分全。
花萼 45 基成筒，花瓣同数常具爪。
雄蕊同数或 2 倍，胎座特立居中央。

科的特征：草本，节膨大；单叶全缘对生。花辐射对称，两性，二歧聚伞花序或单生；萼片 4～5，分离或结合成筒状，具膜质边缘，宿存；花瓣 4～5，分离，常有爪；雄蕊 2 轮，8～10 枚，或 3～5 枚排成 1 轮；雌蕊由 2～5 个心皮组成，子房上位，1 室，特立中央胎座或基底胎座，胚珠常多数。蒴果，顶端齿裂或瓣裂，稀为浆果。胚弯曲，有外胚乳。

分类及代表植物：石竹科约 75 属 2000 种，广布于全世界，主产于温带和寒带；我国有 30 属约 388 种，分布于全国各地。其中金铁锁属（*Psammosilene*）为我国所特有。部分种可供观赏，约 50 种可入药，其余多为农田杂草。

部分属检索表

1. 萼片离生，稀基部合生；花瓣近无爪，稀缺花瓣；雄蕊周位生，稀下位生
  2. 花柱 5 个，蒴果圆柱形或长圆形，裂齿等大；花瓣 2 裂达 1/3 或全缘 ………………………………………………………………… 卷耳属（*Cerastium*）
  2. 花柱 3 个，蒴果卵形或球形；花瓣 2 裂深达中部或基部，稀缺花瓣

………………………………………………………………………… 繁缕属(*Stellaria*)

1. 萼片合生;花瓣具明显爪;雄蕊下位生

3. 花柱3个或5个;花萼具联合纵脉。花萼通常被腺毛,果期膨大;萼脉不凸起,脉端常分叉 ………………………………………………………… 蝇子草属(*Silene*)

3. 花柱2个;花萼无联合纵脉。萼齿尖锐,稀钝,花萼全近革质;花瓣片齿裂或缝状 ………………………………………………………… 石竹属(*Dianthus*)

1) 石竹属(*Dianthus*)

多年生草本,稀一年生。根有时木质化。茎多丛生,圆柱形或具棱,有关节,节处膨大。花红色、粉红色、紫色或白色,单生或圆锥状聚伞花序;花萼圆筒状,5齿裂,花瓣5,具长爪,雄蕊10枚;花柱2个,子房1室,具多枚胚珠,蒴果。共约300种,我国有16种、10变种,均可供观赏。石竹(*D. chinensis*,图14-49)叶条形或宽披针形,花白色或红色,原产于我国,栽培供观赏。亦供药用,全草有清热、利尿之功能。须苞石竹(*D. barbatus*)又叫五彩石竹,聚伞花序,花多朵密集,深红色,有白斑,常栽培供观赏。香石竹(*D. caryophyllus*)又叫康乃馨,是著名栽培花卉,叶狭披针形,灰绿色,花单生或2~3朵簇生,有香气,花色有白色、粉红色、紫红色等,原产于南欧,现栽培做鲜切花。瞿麦(*D. superbus*,图14-50),多年生草本,叶对生,披针形或条状披针形,花瓣粉红色,可观赏和药用。

图14-49　石竹

图14-50　瞿麦

2) 繁缕属(*Stellaria*)

丛生或直立草本,叶卵形;花小,白色;花瓣5,每片2深裂;雄蕊10枚,常有毛;花白色;果3裂。共约100种,我国有50种,多为田间杂草。繁缕(*S. media*,图14-51)一年或二年生草本,茎细弱,侧生一列短柔毛,叶卵形,花瓣与萼近等长或稍短,雄蕊5枚,花柱3个;广布性杂草,全草入药,嫩苗可食。云南繁缕(*S. yunnanensis*)又名千针万线草,花序大,块根入药,能健脾补肾、接骨、调经、养肝。

3) 蝇子草属(*Silene*)

一年或多年生草本,花单生或聚伞花序;萼钟状或圆柱状,顶端5裂,有时膨胀,花瓣白色至红色;雄蕊10枚,与花瓣合生;子房基部不完全3~5室,花柱3个,稀5个;蒴果顶端3~6齿裂或瓣裂。共约500种,分布于北温带,地中海地区尤盛,我国有60余种,产于西南部至东北部,有些供观赏用,有些药用。麦瓶草(*S. conoidea*),一年生草本,萼筒圆锥状,基部特别膨大,先端渐狭缩;常见农田杂草,全草药用,止血、调经活血;嫩草可食。

4) 卷耳属(*Cerastium*)

本属60种,分布于北温带,我国约22种,产于西南、西北至东北。一年生或多年生、被毛草本；花白色，排成二歧状的聚伞花序；萼片5，稀4，分离；花瓣与萼片同数，先端2裂，稀全缘或凹头，或无花瓣；雄蕊10枚，很少5枚；子房1室，每室有胚珠多枚；花柱3～5个；蒴果圆柱状，顶部开裂为花柱数之2倍。球序卷耳（*C. glomeratum*，图14-52），全草药用，治乳痈、咳嗽，并有治疗高血压、风湿痛及降压作用。

石竹科中作为花卉栽培的尚有满天星（*Gypsophila oldhamiana*，又称丝石竹、霞草）、剪秋罗（*Lychnis fulgens*，图14-53）、剪春罗（*L. coronata*，图14-54）等。孩儿参（太子参，*Pseudostellaria heterophylla*）、金铁锁（*P. tunicoides*，稀有种，为中国特有的单种属植物）等为重要药用植物。麦仙翁（*Agrostemma githago*）、蚤缀（*Arenaria serpyllifolia*）、簇生卷耳（*Cerastium caespitosum*）、牛繁缕（*Malachium aquaticum*）、女娄菜（*Silene aprica*）、王不留行（麦蓝菜，*Vaccaria hispanica*）等为田间杂草，也有一定药用价值。

图14-51　繁缕

图14-52　球序卷耳

图14-53　剪秋罗

图14-54　剪春罗

11. 蓼科(Polygonaceae)　$* K_{3\sim6} C_0 A_{6\sim9} \underline{G}_{(2\sim4:1:1)}$

识别要点：草本，节膨大；单叶全缘互生，有膜质托叶鞘；花两性，单被，萼片呈花瓣状；瘦果，常包于宿存花被中。

识别歌诀

草本植物节膨大，单叶互生为全缘。
叶柄基部常扩大，托叶膜质呈鞘状。
整齐两性花簇生，聚集各式花序型。
花被片5花瓣状，子房上位仅1室。
三棱双凸小坚果，包于宿存花被中。

科的特征：草本，稀亚灌木或木质藤本，通常具膨大的节；单叶全缘互生；托叶膜质，鞘状抱茎，称为膜质托叶鞘。花两性，稀单性，辐射对称；花萼 3～6 枚，萼片呈花瓣状；无花瓣；雄蕊6～9 枚，极少 16 枚；雌蕊由 2～4 个(常 3 个)心皮合生而成，子房上位，1 室，内含 1 枚直生胚珠。瘦果，三棱形或凸透镜形，部分或全部包于宿存的花萼中。种子具丰富的胚乳，胚弯生或直立。

分类及代表植物：约 40 属 1200 种，主要分布于北温带，少数在热带。我国产 11 属 230 余种。蓼属(*Polygonum*)分布于全国各地；大黄属(*Rheum*)分布于西北、西南及华北的山区；沙拐枣属(*Calligonum*)、木蓼属(*Atraphaxis*)分布于西北的荒漠、半荒漠地区；冰岛蓼属(*Koenigia*)分布于西北及青藏高原的高山区；翼蓼属(*Pteroxygonum*)、翅果蓼属(*Parapteropyrum*)为我国的特有属。

部分属检索表

1. 花被片 6
   2. 瘦果无翅；柱头画笔状 …………………………………………… 酸模属(*Rumex*)
   2. 瘦果具翅；直立草本 …………………………………………… 大黄属(*Rheum*)
1. 花被片 5，稀 4；柱头头状
   3. 瘦果具 3 棱，明显比宿存花被长，稀近等长……………… 荞麦属(*Fagopyrum*)
   3. 瘦果具 3 棱或双凸透镜状，比宿存花被短，稀较长 ………… 蓼属(*Polygonum*)

1) 荞麦属(*Fagopyrum*)

叶三角形或箭形，全缘；花两性，花萼白色或红色，5 裂，花后不增大；瘦果三棱形，明显伸至宿存花萼之外。共约 15 种，我国有 8 种。荞麦(*F. esculentum*，图 14-55)又名甜荞，瘦果卵形，黄褐色，光滑，含淀粉 60%～70%，并富含水溶性蛋白质及 Fe、P、Ca 等矿质元素和维生素 B_1，营养价值高，可食用或饲用，普通荞麦和同属的苦荞麦(*F. tataricum*)、金荞麦(*F. cymosum*)都可以作为粮食作物栽培。

图 14-55　荞麦

2) 蓼属(*Polygonum*)

草本或藤本；花小，生于具节的短柄上，排成总状花序、穗状花序或头状花序；花被 4～6 裂，花瓣状而宿存；雄蕊 3～9 枚，通常 8 枚；子房通常三棱形，也有两面凸起的，有胚珠 1 枚，花柱2～3 个；瘦果三棱形或凸透镜形。我国约有 120 种。扁蓄(*P. aviculare*)一年生平卧草本植物，叶小，生长于田野、路旁、荒地及河边等处，茎叶晒干做药用。蓼蓝(*P. tinctorium*)，一年生的草本植物，叶可提制靛青，是主要蓝色植物染料。本属中尚有杠板归(*P. perfoliatum*，图14-56)、草血竭(*P. paleaceum*)、火炭母(*P. chinense*，图 14-57)等药用植物和水蓼(*P. hydropiper*)、酸模叶蓼(*P. lapathifolium*，图 14-58)、红蓼(*P. orientale*，图 14-59)等众多的田间杂草。

3) 酸模属(*Rumex*)

草本，多具茎生叶。花两性或单性，淡绿色，具柄，花被 6 深裂，外面 3 枚小而内弯，内面 3 枚扩大而成翅，翅背常有 1 小瘤体；雄蕊 6 枚；子房 3 棱，花柱 3 个；坚果被扩大的内花被片所包。共约 170 种，我国有 30 种。酸模(*R. acetosa*，图 14-60)，叶基箭形，嫩茎叶可作为蔬菜和青饲料。羊蹄(*R. japonicus*)，叶基心形，边缘波状，根入药。齿果酸模(*R. dentatus*)和皱叶酸模(*R. nepalensis*)的根叶入药，能清热解毒、凉血止血、通便，也可作为野生蔬菜。戟叶酸模(*R. hastatus*)的根茎入药，用于感冒、咳嗽、水肿、痰喘。

图 14-56　杠板归

图 14-57　火炭母

图 14-58　酸模叶蓼

图 14-59　红蓼

图 14-60　酸模

图 14-61　掌叶大黄

4）大黄属（*Rheum*）

多年生草本。根肥厚；根状茎极短；茎直立，花两性，红紫色，花被片 6，排成两轮；雄蕊 9 枚，花柱 3 个。瘦果椭圆形，暗褐色，有 3 棱，沿棱生翅，翅膜质。共约 60 种，我国有 37 种。药用大黄（*R. officinale*），叶掌状浅裂，花大，白色，根药用，有攻积滞、清湿热、泻火、凉血、祛瘀、解毒等功效。唐古特大黄（*R. tanguticum*）、掌叶大黄（*R. palmatum*，图 14-61）用途同大黄。

蓼科中常见的还有何首乌（*P. multiflorum*，图 14-62），为多年生缠绕草本，叶基心形，托叶鞘先端倾斜，其块根药用，为滋补强壮剂，治肝肾阳亏、发须早白、腰膝酸痛、遗精等症，茎藤可治失眠、劳伤、多汗。另外，还有虎杖（*P. cuspidatum*，图 14-63）、水蓼（*P. hydropiper*）、头花蓼（*P. capitatum*）等。竹节蓼（*Homalocladium platycladium*），茎节扁化似竹节，叶退化，常栽培供观赏。沙拐枣（*Calligonum mongolicum*），蓼科灌木，固沙造林先锋树种，我国西北各省荒漠地带都有分布。

图 14-62　何首乌

图 14-63　虎杖

12. 藜科(Chenopodiaceae)　$*K_{3\sim5}C_0A_{3\sim5}\underline{G}_{(2\sim3:1:1)}$

识别要点:草本,单叶互生,无托叶,常有粉粒;花小,单被,萼片草质;雄蕊与萼片同数对生;胞果,胚环形。

识别歌诀

草本稀为小灌木,单叶互生偶对生。

花小两性无托叶,单性菠菜不同株。

花被通常为绿色,果期出现附属物。

子房上位 1 胚珠,果实通常为胞果。

科的特征:草本,稀灌木,植株常具泡状毛,常附着有粉粒或皮屑状物;单叶互生,无托叶。花小,单被,常无色或草绿色,两性或单性,辐射对称;花萼 3～5 枚,花后常增大宿存;雄蕊常与花被同数而对生;雌蕊由 2～3 个心皮合生而成,花柱 2～3 个,子房上位,1 室,胚珠 1 枚。胞果,果皮疏松膜质或革质,常包于扩大的花萼中;种子扁平,胚环形,具外胚乳。

分类及代表植物:本科约 102 属 1400 多种,广布于全世界,多生于海边和荒漠地区;我国有 39 属 180 余种,以西部分布最多。

部分属检索表

1. 胚螺旋状;胚乳被胚分割成两块,或无胚乳 …………………… 碱蓬属(*Suaeda*)
1. 胚环形或半环形;胚乳被胚围绕在中间
   2. 花被的下部与子房合生,合生部分果时增厚并硬化 …………… 甜菜属(*Beta*)
   2. 花被与子房离生,果时不增厚,不硬化
      3. 花单性,雌雄同株或雌雄异株 ……………………………… 菠菜属(*Spinacia*)
      3. 花两性,有时杂性
         4. 植物体无柔毛,常被粉粒;叶为较宽阔的平面叶,有叶柄 ……………………………………………………… 藜属(*Chenopodium*)
         4. 植物体有柔毛;叶圆柱状、半圆柱状,或为较狭小的平面叶,无明显的叶柄 ……………………………………………………… 地肤属(*Kochia*)

1) 菠菜属(*Spinacia*)

一年生或二年生草本;茎直立,无毛,叶戟形或卵形,绿色肥厚;花单性,雌雄异株;雄花通常构成顶生的穗状花序或圆锥花序;花被片 4～5;雄蕊 4～5 枚,伸至花被外;雌花无花被,数朵成簇,腋生,具小苞片;果包于花后增大具刺状物的 2 苞片中。共有 4 种,我国仅菠菜(*S.*

oleracea,图 14-64)1 种,富含营养和铁质,为著名栽培蔬菜。

2) 甜菜属(*Beta*)

一年生或多年生草本,无毛;叶互生,卵形或长椭圆状卵形,近全缘,具长柄;花两性,单生或 2~3 朵簇生,腋生,组成穗状花序或圆锥状花序;花被片 5,基部联合,果时变硬,背面具纵脊;雄蕊 5 枚;子房半下位;柱头 2~3 个;胞果下部与花被的基部合生;种子横生,顶基扁;胚环形,胚乳丰富。有肥大直根。共 10 种,我国有 1 种、1 变种。甜菜(*B. vulgaris*)的肉质直根肥厚,呈纺锤形,多汁,供榨制蔗糖;叶用作蔬菜和饲料。其变种莙荙菜(*B. vulgaris var. cicla*)是南方常见的栽培蔬菜,也可供观赏。

3) 藜属(*Chenopodium*)

一至多年生草本,稀为半灌木,常有粉粒,无柔毛;花两性,花被与子房分离;胞果扁球形,果皮膜质;种子横生,稀直立,胚环形或马蹄形。共约 250 种,我国有 19 种。藜(*C. album*,图 14-65)又名灰灰菜,叶菱状卵形或宽三角形,幼叶被灰白色泡状或鳞片状毛,为农田杂草,嫩叶可作为蔬菜。土荆芥(*C. ambrosioides*),叶背具黄色腺点,有强烈的香味,可提制香料;全草还可入药,用于祛风除湿、杀虫、止痒。灰绿藜(*C. glaucum*),叶肉质,背面被较厚的白粉,中脉显著,黄褐色;生于盐碱地,包括菜园、撂荒地、住宅附近的盐碱地,幼嫩植株可作为猪饲料。

图 14-64　菠菜

图 14-65　藜

4) 地肤属(*Kochia*)

一年生或多年生草本,很少为半灌木,被柔毛,稀无毛;叶互生,线形或披针形;花两性,花被片 5,果时背面横生翅状附属物;雄蕊 5 枚,伸至花被外;子房宽卵形;柱头 2~3 个,丝状;胞果扁球形,包藏于花被内;种子横生,胚环形,有胚乳。共约 35 种,我国有 7 种,产于西北、华北和东北。地肤(*K. scoparia*),嫩叶可做蔬菜;植株老熟后可做扫帚;可栽培供观赏,还可入药。

5) 碱蓬属(*Suaeda*)

草本或灌木;叶互生,叶片肉质;花两性,花被片 5,肉质,果时背面具瘤状、角状或横生的狭翅状附属物,雄蕊 5 枚,柱头 2~5 个;胞果为花被所包围,果皮膜质,与种皮分离;种子横生或直立;胚呈平面螺旋状。碱蓬(*S. heteroptera*),叶丝状条形,灰绿色,种子双凸透镜形,黑色;分布于北方与华东沿海地区,生于盐渍荒漠与海边;它是一种高耐盐碱的植物,可作为盐碱地的指示植物,种子含油量约 25%,供食用或制肥皂,全草药用,清热消积。我国辽宁盘锦沿海著名景观——红海滩,即为碱蓬植物在秋季变红形成。

本科中尚有下列植物:梭梭(*Haloxylon ammodendron*)和白梭梭(*H. persicum*),是荒漠与沙漠的优势树种,具超旱生性,为荒漠区优良固沙植物与饲用植物;猪毛菜(*Salsola collina*),耐旱、耐盐碱,多生于含盐碱的沙质土壤上,是中等品质的饲料,调制后禽类喜食。

13. 苋科(Amaranthaceae)　$* K_{3\sim5} C_0 A_{3\sim5} \underline{G}_{(2\sim3:1:1)}$

识别要点：草本；单叶，无托叶。花小，单被，萼片干膜质；雄蕊与萼片同数对生。胞果盖裂。

识别歌诀

草本直立或伏卧，单叶互生或对生。
花小两性稀单性，色彩多样供栽培。
花序密集聚伞状，再集穗状或圆锥。
苞片花被干膜质，雄蕊与被成对生。
子房上位仅1室，胞果包于花被中。

科的特征：一年生或多年生草本，有时为小灌木或攀缘植物；单叶互生或对生，无托叶。花小，常两性，单生或排成穗状、头状或圆锥状的聚伞花序；花单被，萼片3～5枚，干膜质，常有色彩；雄蕊与萼片同数对生；雌蕊由2～3个心皮构成，子房上位，1室1枚胚珠。胞果，常盖裂；种子有胚乳，胚环形。

分类及代表植物：苋科约65属850种，分布于热带和温带；我国有13属50种，广布于全国。

1）苋属(*Amaranthus*)

一年生草本，茎直立或伏卧，叶互生，花小，单性，穗状花序。共约40种，我国有13种。苋菜(*A. tricolor*，图14-66)为一年生草本，花被片3，雄蕊3枚，叶呈卵形或菱形，绿色或紫红色，茎部纤维一般较粗，有润肠胃、清热功效；常栽培作为蔬菜，叶片可提取天然色素苋菜红。尾穗苋(*A. caudatus*)穗状花序特长，下垂，萼片与雄蕊各5个；常栽培作为蔬菜；种子富含赖氨酸，可作为粮食或饲料；也可供观赏。反枝苋(*A. retroflexus*)、凹头苋(*A. lividus*)、皱果苋(*A. viridis*)等均为农田杂草。

2）青葙属(*Celosia*)

花簇生或为一稠密的穗状花序；花被片5，着色，干膜质。共约60种，我国有3种。青葙(*C. argentea*，图14-67)，花序圆锥状或为长椭圆状穗状花序，花被白色或微带淡红色；植株可供观赏；嫩茎叶是野生蔬菜；种子入药，有消炎、强壮作用。鸡冠花(*C. cristata*，图14-68)，穗状花序顶生，扁平似鸡冠状，紫色、淡红色、黄色，常栽培供观赏，花序、种子和幼苗也可药用。

图14-66　苋菜

图14-67　青葙

3）牛膝属(*Achyranthes*)

多年生草本，稀亚灌木，叶对生；花两性，单生或为分枝的穗状花序，小苞片具1长刺，基部加厚，两旁各具1短膜质翅；花被片4～5，干膜质，顶端具芒尖，花后变硬，包住果实；雄蕊5枚，少数4枚或2枚，远短于花被片，花丝基部联合成一短杯；子房长椭圆形，1室，1枚胚珠。共约15种，我国有3种。牛膝（*A. bidentata*，图14-69），根圆柱形，节部膝状膨大，花后向下反折；根及全草入药，能活血化瘀、通利关节，为著名中草药。红柳叶牛膝（*Achyranthes longifolia* f. *rubra*，图14-70），叶片狭长，叶背面红色，药用功效同牛膝。

图14-68 鸡冠花

图14-69 牛膝

4）莲子草属（*Alternanthera*）

多年生宿根草本。茎基部匍匐、上部伸展，中空，有分枝，节腋处疏生细柔毛。叶对生，头状花序单生于叶腋，总花梗长1～6 cm；苞片和小苞片干膜质，宿存；花被片5，白色，不等大；雄蕊5枚。共约200种，我国有3种。锦绣苋（*A. bettzickiana*），叶倒披针形，黄白色斑或紫褐色斑，常栽培作为花坛组字及拼图的材料，供观赏。空心莲子草（*A. philoxeroides*，图14-71）又名水花生，属挺水型水生植物。一般簇生或大面积形成垫状物漂于水面。原产于巴西，1930年传入中国，是危害性极大的入侵物种，可作为饲料。莲子草（*A. sessilis*）为杂草。

图14-70 红柳叶牛膝

图14-71 空心莲子草

5）千日红属（*Gomphrena*）

草本或亚灌木；叶对生，少数互生；花两性，白色或紫色，为具柄的头状花序；花被片5，披针形；雄蕊5枚，花丝合生成一长管；无退化雄蕊；子房1室，有垂生胚珠1枚；果为1胞果，不开裂。共约100种，我国有2种，即银花苋（*G. celosioides*）和千日红（*G. globosa*），后者花非常娇艳，花团锦簇，花色为紫红色，花朵呈圆形。作为观赏植物，也可做切花和“干花”用；作为药用植物，有止咳平喘的作用；现在千日红也可作为花茶饮用。

第四节　五桠果亚纲

14. 锦葵科(Malvaceae)　$*K_5\ C_5\ A_{(\infty)}\ \underline{G}_{(3\sim\infty:3\sim\infty)}$

识别要点:单叶,茎皮纤维发达。花两性,整齐,5 基数;有副萼,单体雄蕊;子房上位;蒴果或分果。

识别歌诀

锦葵植体多黏液,单叶互生花两性。
花瓣5离具副萼,单体蒴果萼宿存。

科的特征:草本、灌木至乔木,常被星状毛,茎皮有很多纤维,茎皮和髓内有黏液;叶互生,单叶或分裂,叶脉常为掌状,具托叶;花腋生或顶生,单生、簇生、聚伞花序至圆锥花序;花两性,辐射对称;萼片 3～5,分离或合生;其下面附有总苞状的小苞片(又称副萼),3 至多数;花瓣 5,旋转状排列,近基部与雄蕊管合生;雄蕊多数,花丝联合成管,花药 1 室,花粉粒具刺;心皮 3～20 个,合生或分离;子房上位,2 至多室,以 5 室具多,由 2～5 个或更多的心皮环绕中轴而成。每室有 1 枚或较多的倒生胚珠;蒴果,常几枚果片分裂,很少为浆果状,种子肾形或倒卵形,有胚乳。

分类及代表植物:本科有 82 属约 1500 种,分布于温带及热带,我国有 17 属约 81 种。本科植物常供药用和观赏,也作为纤维材料,如棉属植物。

1) 棉属(*Gossypium*)

一年生灌木状草本,叶互生,掌状分裂;花大,单生于叶腋,副萼 3 或 5,花萼杯状;蒴果圆形或椭圆形,室背开裂,3～5 瓣;种子倒卵形或有棱角,种子表层细胞延伸成纤维。本属约 30 种,分布于热带和亚热带。我国栽培有 4 种。除最北部的少数地区和青藏高原外均有种植。陆地棉(*G. hirsutum*,图 14-72),枝常疏生长柔毛;叶常 3 裂;花黄色,副萼 3,具 7～13 细长尖齿;蒴果卵形,种子分离,具长棉毛和灰白色纤毛。原产于美洲,我国广为栽培。棉纤维用于纺织,种子榨油,根供药用。

2) 锦葵属(*Malva*)

一年生或多年生草本植物,茎直立多分枝;叶掌状分裂;花单生于叶腋内或成束,副萼 3,分离;花萼 5 裂;花瓣 5,顶部凹入,白色或玫瑰红色。本属约 30 种,分布于亚洲、欧洲、非洲北部。我国有 4 种,分布于南北各地。多用于观赏。锦葵(*M. sylvestris*,图 14-73),二年生或多年生草本植物;花数朵簇生于叶腋,淡紫色或白色;用作花坛材料或盆栽。

图 14-72　陆地棉

图 14-73　锦葵

3）木槿属（*Hibiscus*）

木本或草本植物；叶互生，不分裂或掌状分裂，有托叶，主脉通常具蜜腺；花常单朵腋生，副萼5片，全缘，花萼5裂，花萼钟形；单体雄蕊大；子房5室；蒴果，室背开裂；种子肾形。本属约200种，分布于热带和亚热带地区。我国约24种。多用于观赏和药用。木槿（*Hibiscus syriacus*，图14-74），落叶灌木；叶3裂，无毛；花单生于叶腋；花粉红色或白色。我国大部分地区有分布。用于栽培观赏或绿篱。全株均可入药。

此外，本科常见观赏植物有木芙蓉（*Hibiscus mutabilis*，图14-75）、蜀葵（*Alcea rosea*，图14-76）等，南方地区常见种苘麻（*Abutilon theophrasti*，图14-77），韧皮纤维发达，可织麻袋、渔网及绳索等。

图14-74　木槿

图14-75　木芙蓉

图14-76　蜀葵

图14-77　苘麻

15. 葫芦科（Cucurbitaceae）　♂：$* K_{(5)} C_{(5)} A_{1+(2)+(2)}$；♀：$* K_{(5)} C_{(5)} \underline{G}_{(3:1:\infty)}$

识别要点：蔓生草本，常具茎卷须，茎卷须侧生于叶腋。单叶互生，掌状分裂。花单性辐射对称，5基数；聚药雄蕊；雌蕊由3个心皮组成，子房下位，侧膜胎座。瓠果。

识别歌诀

藤本植物草本质，侧生卷须可攀援。
单叶互生掌状裂，雌雄同异花单性。
花萼5裂花冠合，雄蕊5枚药常曲。
子房下位3侧膜，柱头3个胚珠多。
瓠果肉质种子多，东西南北瓜水果。

科的特征：攀援或匍匐草本，有卷须。茎5棱，具双韧维管束，茎卷须侧生于叶腋。单叶互生，常掌状分裂。花单性，同株或异株，单生或为总状花序、圆锥花序；萼片、花瓣各为5枚，多合生；雄蕊5枚，常两两联合，一个分离，花药常弯曲成S形；雌蕊由3个心皮合生，子房下位，侧膜胎座，胚珠多数。瓠果。

分类及代表植物：本科约有90属700余种，主要产于热带和亚热带地区。我国产约20属130种，引种栽培7属约30种。本科有多种食用的瓜果和蔬菜，还有多种药用植物，经济价值高。

部分属检索表

1. 花白色，雄花花托伸长达约2 cm ……………………………… 葫芦属(*Lagenaria*)
1. 花黄色，雄花花托不伸长
　2. 花冠钟状 ……………………………………………………… 南瓜属(*Cucurbita*)
　2. 花冠辐状
　　3. 叶片心状卵形，卷须不分叉……………………………… 黄瓜属(*Cucumis*)
　　4. 叶羽状深裂，卷须2～3分叉 ………………………… 西瓜属(*Citrullus*)

1）葫芦属(*Lagenaria*)

草质藤本。叶片心状卵形，叶柄顶部有2个明显腺体。花白色，辐状。本属约6种，产于热带地区。我国仅有1种、3变种。葫芦(*L. siceraria*，图14-78)，一年生攀援草本，果下部大于上部，中部缢细，成熟后果皮木质化，可作为各种容器。变种瓠子(*L. siceraria* var. *hispida*)，瓠果长棒形，皮绿白色，果肉白色，嫩时作为蔬菜。

A　　　　B

图14-78　葫芦

A. 花；B. 果

2）南瓜属(*Cucurbita*)

草质粗壮藤本，茎粗糙，卷须分枝。叶具长硬毛，花冠钟状，黄色，5中裂。本属约有30种，原产于美洲。我国引种栽培的有南瓜(*C. moschata*)、西葫芦(*C. pepo*，图14-79)等，其果实均为重要的蔬菜，南瓜的种子还可药用和食用。

3）黄瓜属(*Cucumis*)

草质藤本，有不分枝的卷须。叶3～7裂。花冠辐状，黄色，5深裂；雄花单生或有时簇生；花萼裂片钻形，近全缘，不反折。本属约70种，分布于热带和亚热带地区。我国栽培有4种、3变种。黄瓜(*C. sativus*)，叶掌状5浅裂，雌雄同株，瓠果外面具刺，是重要的瓜类蔬菜，原产于

图 14-79　西葫芦

印度、南亚与非洲，现我国各地广泛栽培（图 14-80）。香瓜（*C. melo*），为著名水果，原产于印度，栽培已久，品种多，如哈密瓜、白兰瓜、菜瓜和黄金瓜等。

4）西瓜属（*Citrullus*）

卷须分枝。叶羽状深裂。花单性同株或异株，单生，淡黄色，花冠 5 深裂。西瓜（*C. lanatus*，图 14-81），夏季消暑水果，瓠果大型，胎座组织（瓜瓤）发达。原产于亚洲热带，各地栽培，品种甚多。有些品种专供食用瓜子。

图 14-80　黄瓜

图 14-81　西瓜

本科常见植物中，还有丝瓜（*Luffa cylindrica*），卷须分叉，果圆柱形，果内有网状纤维，果嫩时作为蔬菜，熟后其网状纤维称为丝瓜络，供药用或洗涤器皿用；冬瓜（*Benincasa hispida*），原产于亚洲热带，栽培作为蔬菜，种子入药，能清热利湿，排脓消肿；苦瓜（*Momordica charantia*，图 14-82），果有多数瘤状突起，果肉味苦稍甘，作为夏季蔬菜，我国各地均有栽培；绞股蓝（*Gynostemma pentaphyllum*），卷须常 2 裂或不分裂，叶鸟足状，5～7 枚小叶，有小叶柄，全草含有类似人参皂苷的绞股蓝苷，有强身健脑之功效，有“南方人参”之美誉；罗汉果（*Momordica grosvenori*），果球形，主产于广西，果为镇咳良药；栝楼（*Trichosanthes kirilowii*，图 14-83），根圆柱形，其制品称“天花粉”，瓜皮称“瓜蒌皮”，种子称“瓜蒌仁”，都供药用，有解热止渴、利尿、镇咳祛痰等作用，产于我国南北各省。

16. 杨柳科（Salicaceae）　♀：↑ $K_0C_0\underline{G}_{(2:1:\infty)}$；♂：↑ $K_0C_0A_{2\sim\infty}$

识别要点：木本，单叶互生；雌雄异株，柔荑花序；花单性，无花被，有花盘或腺体；蒴果；种子被长毛。

图 14-82 苦瓜

图 14-83 栝楼

识 别 歌 诀

落叶木本树皮苦，单叶互生花单性。
雌雄异株柔荑状，苞片膜质无花被。
雄花雄蕊 2 至多，雌花 2 皮合 1 室。
早春飞絮状如雪，种子基部生长毛。

科的特征：乔木或灌木，单叶互生，有托叶。花单性，雌雄异株，柔荑花序，常于初春先叶开放；无花被，有花盘或腺体；雄蕊 2 枚至多枚，离生；雌蕊由 2 个心皮构成，子房 1 室，侧膜胎座。蒴果 2～4 瓣裂；种子小，无胚乳，基部有长毛。

分类及代表植物：杨柳科包括 3 属 620 余种，多分布于北温带和亚热带；我国有 3 属 320 余种，全国都有分布，许多种类为优良的造林树种。喜光，适应性强；常用无性繁殖。

部分属检索表

1. 花序常下垂，苞片有裂，花下有杯状花盘，无蜜腺，冬芽有数鳞片，具顶生芽 ……………………………………………………………………… 杨属(*Populus*)
1. 花序直立或下垂，苞片不裂，无杯形花盘，有密腺，冬芽有 1 鳞片，无顶生芽
   2. 花柱 1 个，雄花序直立，雄蕊不生于苞片上而生于苞腋内 ……… 柳属(*Salix*)
   2. 花柱 2 个，离生，雄花序下垂，雄蕊生于苞片上，花无腺体 ……………………………………………………………………………… 钻天柳属(*Chosenia*)

1）杨属(*Populus*)

乔木，常单轴分枝，具顶芽；冬芽鳞片多枚；苞片边缘有尖裂口；柔荑花序下垂，雄蕊多数，花药常暗红色，有花盘，无蜜腺。共 100 多种，广布于欧洲、亚洲、北美大陆，我国 57 种。

钻天杨(*P. nigra* var. *italica*)，别名美国白杨，原产于意大利，广植于欧、亚、美洲。树皮暗灰褐色，老时沟裂；芽长卵形，先端长渐尖，淡红色，富黏质。树冠圆柱状，树形高耸挺拔，姿态优美；可做园林绿化用树，还可营造防护林。树皮可入药，用来治感冒、风湿疼痛、脚气肿、烧烫伤等有比较好的功效。毛白杨(*P. tomentosa*，图 14-84)，乔木，树皮灰白色，老时深灰色，纵裂；叶三角状卵形，基部近叶柄处常有 2 腺体，背面密生灰色绵毛；柔荑花序，雌雄异株，先叶开放；苞片卵圆形，尖裂，具长柔毛；雄蕊 8 枚；雌花序长 4～7 cm；子房椭圆形，柱头 2 裂。蒴果长卵形，2 裂。花期 3 月，果期 4 月。木材供建筑、家具、火柴杆、造纸、胶合板、人造纤维等用，又为防护林的庭园行道树种。响叶杨(*P. adenopoda*)，高大乔木，树皮深灰色，纵裂；叶卵状圆形或卵形，幼时被柔毛，齿端有腺体；叶柄扁平，顶端有 2 个显著腺体；分布在西北、华东、华

中、西南丘陵地区，生于海拔 300～2500 m 的阳地灌丛中；木材供建筑、器具、造纸等用；叶可做饲料。加拿大杨(*P. canadensis*)，单叶互生，叶三角形或三角状卵形，长 7～10 cm，长枝萌枝叶较大，长 10～20 cm，一般长大于宽，先端渐尖，基部截形或宽楔形，无或有 1～2 个腺体，边缘半透明，有圆锯齿，近基部较疏，具短缘毛。果序长达 27 cm；蒴果卵圆形，长约 8 mm，先端锐尖，2～3 瓣裂。夏季绿荫浓密，很适合做行道树、庭荫树及防护林。胡杨(*P. euphratica*，图 14-85)，又名异叶杨、胡桐，乔木，叶多变，幼树及萌条上叶狭长如柳叶，有短柄；老枝上叶广卵形、菱形或心形，边缘多有齿，叶柄较长，蒴果 3 瓣裂，分布于内蒙古西部、甘肃、青海、新疆等。向西通过印度西北部、中亚至非洲北部。在许多沙漠中的河岸形成特有的胡杨林。本种喜光、耐热、耐旱，抗盐碱和风沙，萌蘖性很强，主要用种子繁殖，插条难以成活。胡杨的树脂(俗称“胡杨泪”)和根、叶、花均可入药，有清热解毒、止酸、止痛的作用。

图 14-84 毛白杨

图 14-85 胡杨

2) 柳属(*Salix*)

落叶灌木或乔木，无顶芽；冬芽具 1 鳞片；花单性异株，无花被，排成柔荑花序，有蜜腺和花盘，苞片无裂口；雄蕊 3～12 枚，花丝基部有腺体 1～2；子房 1 室，侧膜胎座；柱头 2，全缘或 2 裂；蒴果 2 裂；种子有绵毛。分布于北半球的温带和寒带地区，少数分布在热带及南半球。共约 520 种，我国有 257 种，分布广泛，以西南、东北、西北山区种类最为集中。

图 14-86 垂柳

垂柳(*S. babylonica*，图 14-86)，乔木，小枝细长下垂，长度有 1.5～3 m。叶狭披针形至线状披针形，长 8～16 cm，先端渐长尖，缘有细锯齿，表面绿色，背面蓝灰绿色；叶柄长约 1 cm。雄花具 2 枚雄蕊，2 腺体；雌花子房仅腹面具 1 腺体。花期3—4 月；果熟期 4—5 月。常栽培供观赏，也可做行道树，木材供制家具、造纸。旱柳(*S. matsudana*)，落叶乔木，枝直立，高达 20 m，树冠圆卵形或倒卵形。树皮灰黑色，纵裂。枝条斜展，小枝淡黄色或绿色，无毛，枝顶微垂，无顶芽。叶背有白粉。为庭园重要绿化树种。

3) 钻天柳属(*Chosenia*)

钻天柳属全世界仅 1 种——钻天柳(*C. arbutifolia*)，乔木，高达 20～30 m，树皮褐色，小枝黄色带红或红色。叶互生，长圆状至披针形，长 5～8 cm，宽 1.5～2.3 cm，先端渐尖，基部楔形，两面无毛有白粉，边缘稍有锯齿或近全缘。花单性，雌雄异株，柔荑花序先叶开放；雄花序下垂，长 1～3 cm；雄蕊 5 枚，比苞片短，着生于苞片的基部，花药球形，黄色，苞片倒卵形，不脱落，边缘有长缘毛，无腺体；雌花序直立或斜展；子房近卵状长圆形，有短柄，无毛，花柱 2 个，柱头 2 裂；苞片倒卵状椭圆形，边缘有长毛。蒴果成熟后 2 瓣裂；种子长椭圆形，无胚乳，基部有长毛。

17. 十字花科(Cruciferae，Brassicaceae)　$* K_4 C_4 A_{2+4} \underline{G}_{(2:1:1\sim\infty)}$

识别要点：草本；叶异型；总状花序，花两性，十字花冠，四强雄蕊，心皮 2 个，侧膜胎座，具假隔膜；角果。

识别歌诀

蔬菜多由本科生，单叶基生或茎生。
总状花序花两性，十字花冠 4 基数。
雄蕊四强共 6 枚，2 皮 1 室膜隔离。
子房上位为角果，侧膜胎座长短果。

科的特征：一年生、二年生或多年生草本。单叶互生，基生叶常呈莲座状，无托叶，全缘或羽状深裂。花两性，辐射对称，常排成总状花序；萼片、花瓣各 4，花冠十字形，花瓣基部常成爪；花托上有蜜腺，常与萼片对生；雄蕊 6 枚，4 长 2 短，为四强雄蕊；雌蕊由 2 个心皮组成，被假隔膜分成 2 室，侧膜胎座，子房上位；果实为角果；种子无胚乳。

分类及代表植物：十字花科约 375 属 3200 种，全球分布，主产于北温带；我国有 96 属 410 种，常栽培作为蔬菜和油料，部分种可供药用和观赏。

部分属检索表

1. 叶全缘或有锯齿 ······································ 鼠耳芥属(*Arabidopsis*)
1. 叶羽状半裂、深裂、全裂或大头羽裂
　2. 短角果 ······································ 荠菜属(*Capsella*)
　2. 长角果
　　3. 花白色、淡红色或紫色 ······························ 萝卜属(*Raphanus*)
　　3. 花黄色或乳黄色，少有白色 ··························· 芸薹属(*Brassica*)

1）芸薹属(*Brassica*)

一年生、二年生或多年生草本，植株无毛或具疏毛，光滑或有白粉。基生叶及茎下部叶常大头羽裂，常有柄；茎上部叶抱茎或不抱茎。花黄色，稀为白色；萼片直立或开展，略呈囊状或扁平状；花瓣具长爪；雄蕊 6 枚，具蜜腺。长角果圆柱形，顶端具长喙。种子每室 1 列，近球形，子叶纵折。共约 100 种，中国有 13 栽培种、11 变种、1 变型，南北各地均有栽培。油菜(图 14-87)分为三种：白菜型油菜(*B. campestris*)、芥菜型油菜(*B. juncea*)和甘蓝型油菜(*B. napus*)。其中，甘蓝型油菜是我国的四大油料作物之一，榨出的油统称菜籽油，是我国重要的食用油；早春开花，是优良的蜜源植物。本属植物是蔬菜的宝库，栽培作为蔬菜的植物有白菜(*B. pekinensis*)、青菜(小白菜，*B. chinensis*，图 14-88)、卷心菜(包菜，甘蓝，*B. oleracea* var. *capitata*)、花椰菜(西蓝花，*B. oleracea* var. *botrytis*)，以及芥菜类蔬菜如芥菜(*B. juncea*)、雪里蕻(*B. juncea* var. *multiceps*)、榨菜(*B. juncea* var. *tumida*)等。羽叶甘蓝(*B. oleracea* var. *acephala* f. *tricolor*)是优良的冬季观叶植物，也可食用。

2）萝卜属(*Raphanus*)

一年生至多年生草本，有时具块根；叶大头羽状半裂；花大，白色或紫色，排成总状花序；萼

图 14-91 杜鹃

图 14-92 迎红杜鹃

图 14-93 羊踯躅

果，室背开裂。该属共约 10 种，我国 6 种。常见的有吊钟花(*E. quinqueflorus*)，花 5～8 朵排成下垂的伞形花序，花冠基部膨大成壶状，裂片反折，粉红色或红色。冬春之交开花，常先叶开放。

3）乌饭树属(*Vaccinium*)

灌木。花冠筒状、壶状或钟状；雄蕊背面有距，先端伸长，顶孔开裂；子房下位，浆果。本属共约 300 种，我国有 45 种。乌饭树(*V. bracteatum*)，常绿灌木，叶革质，椭圆形至卵形，背面主脉具短柔毛。总状花序腋生，有宿存苞片。产于长江以南地区。江南民间在 4 月初取其嫩叶捣汁染米做乌饭食，故名乌饭树。此属又称越桔属，含多种浆果类灌木，果实通称蓝莓(*Vaccinium* spp.，图 14-94)，因其具有较高的营养和保健价值而风靡世界，是世界粮农组织推荐的五大健康水果之一。我国大、小兴安岭及长白山有野生资源分布，20 世纪 90 年代开始从北美引种栽培。

A　　B

图 14-94 蓝莓

A. 花；B. 果

19. 报春花科(Primulaceae)　$* K_{(5)} C_{(5)} A_5 \underline{G}_{(5:1:\infty)}$

识别要点：草本，常有腺点或被白粉。花两性，辐射对称，5 基数；花冠合瓣；雄蕊与花冠裂片同数而对生；心皮数常为 5 个，特立中央胎座。蒴果，常具多枚种子。

识别歌诀

草本单叶各种生，常有腺点或白粉。
花冠合瓣裂片多，裂片均为覆瓦状。
雄蕊花瓣数目同，特立中央胎座明。
子房上位心皮 5，长短花柱蒴果多。

科的特征：一年生或多年生草本，稀为小灌木，常有腺点或被白粉。叶对生、轮生或互生，有时全部基生，单叶，稀为羽状分裂，无托叶。花两性，辐射对称，具苞片，排成总状或伞形花序，稀单生；花萼常 5 裂，宿存；花冠合瓣，通常 5 裂，裂片覆瓦状排列，偶无瓣或离瓣，常呈管状、轮状或高脚碟状；雄蕊与花冠裂片同数而对生，着生于花冠管上，有时具退化雄蕊；子房上位，稀半下位，心皮常为 5 个，1 室，特立中央胎座；胚珠少数或多数。蒴果，通常有多数、具棱角或平滑的种子，胚乳丰富。

分类及代表植物：本科约 30 属 1000 余种，广泛分布于全球，尤以北半球最多，我国有 11 属 700 余种，全国均有分布，主产于西南部。

部分属检索表

1. 花冠裂片在花蕾中覆瓦状或镊合状排列
　2. 花冠筒长于花冠裂片 ……………………………………… 报春花属(*Primula*)
　2. 花冠筒短于花冠裂片；花冠筒口紧缩 …………………… 点地梅属(*Androsace*)
1. 花冠裂片在花蕾中旋转状排列，或无花冠 ……………… 珍珠菜属(*Lysimachia*)

1) 报春花属(*Primula*)

叶全部基生，花冠裂片在花蕾中覆瓦状或镊合状排列，花冠筒长于花冠裂片，伞形花序，有苞片。本属共约 500 种，我国有 300 余种，全国均产，主产于西南，多数供观赏。报春花(*P. malacoides*)，植株被多细胞毛。叶卵形或长椭圆状卵形，基部心形，有或无粉。花葶上部有伞形花序 2～6 级，花冠粉红色或淡蓝色或近白色。原产于我国，是较早引种栽培的花卉。鄂报春(*P. obconica*)，叶椭圆形或近圆形，全缘，或有圆形波状缺刻或锯齿，腹面光滑，背面有纤毛。伞形花序常 1 轮，花萼漏斗形，萼齿小。花淡红色。原产于我国，现国内外温室广为栽培。我国云南、西藏等地常见的本属植物还有偏花报春(*P. secundiflora*，图 14-95)、钟花报春(*P. sikkimensis*，图 14-96)等。

图 14-95　偏花报春

图 14-96　钟花报春

2）珍珠菜属（排草属，*Lysimachia*）

直立或伏卧草本。花冠裂片在花蕾中旋转状排列，5或6基数。蒴果纵裂。本属共约200种，我国有130余种。珍珠菜（*L. clethroides*，图14-97），茎直立，具黄褐色卷毛。叶互生，具黑色腺体。总状花序顶生，花冠白色。分布几乎遍布全国。根含皂苷，药用可活血调经、解毒消肿。过路黄（*L. christinae*，图14-98），匍匐草本。叶对生，具黑色条状腺体。花黄色，成对腋生。分布于长江流域至山西、陕西、云南、贵州。全草药用，清热通淋，治疗各种结石有效。此外，本属植物细梗香草（*L. capillipes*）可治流感，长梗过路黄（*L. longipes*）可治疟疾，长蕊珍珠菜（*L. lobelioides*）可治慢性支气管炎等。星宿菜（*L. fortunei*）、广西过路黄（*L. alfredii*）亦可入药。

图14-97　珍珠菜

图14-98　过路黄

本科植物中，原产于希腊至叙利亚的仙客来（*Cyclamen persicum*），植物叶厚、肉质、光亮，花瓣强烈反卷，可供观赏。点地梅（*Androsace umbellata*），一年生或二年生铺地草本，全株被多细胞细柔毛。叶基生，圆形至心状卵形。花小，伞形花序。广泛分布于全国各地。全草入药，能清热解毒、消肿止痛，治咽喉炎等。

20. 山茶科（Theaceae）　$*K_{4\sim\infty}C_{5,(5)}A_{(\infty)}\underline{G}_{(2\sim8:2\sim8)}$

识别要点：常绿木本；单叶互生，叶革质；花两性，整齐，5基数；雄蕊多数，成数轮；子房上位；常为蒴果。

识别歌诀

木本山茶多常绿，单叶互生常革质。

两性花齐蕊多轮，子房上位多蒴果。

科的特征：多为常绿乔木和灌木。单叶互生，稀对生，常革质，羽状脉，无托叶；花两性，稀单性，通常大而整齐，单生或2～3朵簇生于叶腋，稀排成聚伞或圆锥花序，花萼4枚至多数，覆瓦状排列；花瓣5；雄蕊多数，花丝有时基部联合成1或5组；子房上位，少数半下位，3～5室，胚珠通常多枚。蒴果室背开裂，或浆果状，或核果状；种子有翅或无翅。

分类及代表植物：本科约30属700余种，分布于热带和亚热带。我国有15属340余种，主要分布于长江以南各地，多为著名饮料、油料、观赏和用材树种。

部分属检索表

1. 果为蒴果
   2. 蒴果肾形；种子周围无翅 …………………………………… 山茶属（*Camellia*）
   2. 蒴果球形；种子周围有翅；宿存萼片细小 …………………… 木荷属（*Schima*）
1. 果为不开裂的核果 ……………………………………………… 核果茶属（*Pyrenaria*）

1）山茶属（*Camellia*）

常绿乔木或灌木。单叶互生，革质，有锯齿。花两性，花冠白色、红色或黄色，花瓣 5～14，基部少连生；雄蕊多数，与花瓣基部连生，多轮。外轮雄蕊分离或联合成短管；蒴果木质，室背开裂，果皮木质；种子大，近球形，有棱角，无翅。本属约 220 种，分布于亚洲热带和亚热带地区。我国有 190 多种，主要分布于长江以南，直至云南。多为观赏树种和产茶叶的茶树。茶（*C. sinensis*，图 14-99），叶卵圆形，表面叶脉凹入，叶背面凸出；花单生或 2 朵聚生，白色有香气；蒴果球形，或呈三圆棱形。原产于中国。为世界著名三大饮料之一，我国栽培历史悠久，形成了丰富的茶文化。种子油可食，也可做润滑剂。油茶（*C. oleifera*，图 14-100），花瓣倒卵形，顶端常二裂，蒴果瓣厚而木质化，内含种子；种子茶褐色或黑色，三角状，有光泽。主要分布在我国长江以南，为著名油料树种。

图 14-99　茶

右下角为花果

图 14-100　油茶

右下角为果

2）木荷属（*Schima*）

常绿乔木；树皮不整齐块状纹裂；单叶互生，革质，叶全缘或有锯齿。花大，两性，单生于枝顶或叶腋；萼片 5，宿存，花瓣 5；花药丁字形着生；蒴果球形或扁球形，室背 5 裂，果皮木质；种子扁平，肾形，边缘具翅。本属约 30 种，分布于亚洲热带和亚热带。我国有 19 种，主要分布于长江以南，为华南常绿阔叶林的主要树种，多产优良坚重木材。木荷（*S. superba*，图 14-101），大乔木，嫩枝通常无毛，树冠广圆形；花生于枝顶叶腋，常多朵排成总状花序，白色；萼片半圆形，外面无毛，内面有绢毛；花瓣最外 1 片风帽状，边缘多少有毛；子房有毛。分布于浙江、福建、台湾、江西、湖南、广东、海南、广西、贵州等地。用作医药材料和观赏树种。

本科还有供观赏的厚皮香（*Ternstroemia gymnanthera*）、金花茶（*Camellia chrystantha*，图 14-102，国家一级保护植物，被誉为茶中“皇后”）。

图 14-101　木荷

图 14-102　金花茶

第五节　蔷薇亚纲

21. 蔷薇科(Rosaceae)

识别要点:叶互生,常有托叶;花两性,辐射对称,5 基数,雄蕊多数,着生花托边缘,花托凸隆至凹陷;核果、梨果、聚合果或蓇葖果。

识别歌诀

多具托叶叶互生,蔷薇花冠有萼筒。
花萼 5 枚基联合,花瓣 5 数或重瓣。
花萼凹凸心皮数,四个亚科借此分。
心皮 1 个为桃李,心皮离生绣线梅。
心皮合生苹果梨,花托凹陷为蔷薇。

科的特征:草本、灌木或乔木,常有刺及皮孔;叶互生,单叶或复叶,托叶常附生于叶柄上而成对。花两性,辐射对称,单生或排成伞房、圆锥花序,5 基数,花托隆起或凹陷;花萼 5 枚;花瓣 5 片,分离;雄蕊多数,着生花托边缘,花丝分离;雌蕊由 1 至多个心皮构成,子房上位或下位。核果、梨果、聚合果或蓇葖果;种子无胚乳。

分类及代表植物:蔷薇科约 124 属 3300 种,分布全球;我国有 47 属 854 种,全国均有分布。本科是一个经济价值极高的大科,常根据花托、花筒、雌蕊群和果实的特征将它们分为 4 亚科(图 14-103)。

蔷薇科 4 亚科检索表

1. 果实为开裂的蓇葖果。心皮 1～5 个或 12 个,每心皮有 2 至多枚胚珠;花托浅盘状,常无托叶 ………………………………………… 绣线菊亚科(Spiraeoideae)
1. 果实不开裂(红果树属(*Stranvaesia*)例外)。有托叶
  2. 下位子房,心皮 2～5 个,与下陷成壶状的花托内壁愈合。果实为梨果 ………………………………………………………… 苹果亚科(Maloideae)
  2. 上位子房,心皮 1 至多个,着生在凸起或下凹的花托上。果实为核果或瘦果
    3. 心皮多数,生长在凸起或下凹的花托上;萼裂片常宿存。果实为瘦果或小核果 ……………………………………………………… 蔷薇亚科(Rosoideae)
    3. 心皮常为 1 个,萼脱落。果实为核果 ………………… 李亚科(Prunoideae)

1) 绣线菊亚科(Spiraeoideae)　$*K_5C_5A_\infty \underline{G}_{1\sim5}$

灌木,常无托叶;花托扁平或微凹;心皮 1～5 个,分离,子房上位,周位花;蓇葖果。常见属种如下:

(1) 绣线菊属(*Spiraea*)　单叶,伞房花序。本属约 100 种,我国有 50 种。中华绣线菊(*S. chinensis*)、麻叶绣线菊(*S. cantoniensis*)、绣线菊(*S. salicifolia*)等均常在庭园中栽培,供观赏或药用。

(2) 珍珠梅属(*Sorbaria*)　珍珠梅(*S. kirilowii*),奇数羽状复叶互生,圆锥花序,生于林缘、路边等处,可作为绿化树种。

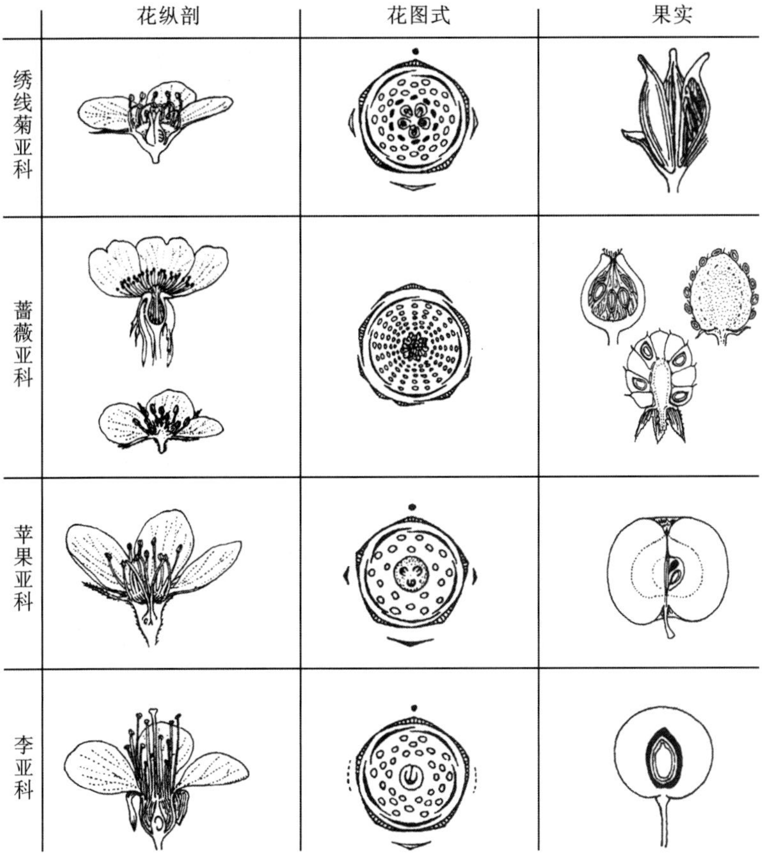

图 14-103　蔷薇科 4 亚科比较图

本亚科中还有观赏植物白鹃梅(*Exochorda racemosa*)，姿态秀美，叶片光洁，花开时洁白如雪，光彩照人，是优良的观赏树木，适于在草坪、亭园、林缘、路边、假山、庭院角隅栽培。

2）蔷薇亚科(Rosoideae)　$* K_5 C_5 A_\infty \underline{G}_\infty$

木本或草本，叶互生，托叶发达；周位花，心皮多数，分离，着生于凹陷或突出的花托上，子房上位；聚合果。常见属种如下：

(1) 蔷薇属(*Rosa*)　有刺灌木，羽状复叶，托叶贴生于叶柄；花托壶状，多数雌蕊形成多数小型瘦果，包于肉质的壶状花托内，称蔷薇果。本属约 150 种，我国约有 100 种。玫瑰(*R. rugosa*，图 14-104)，落叶直立灌木，具皮刺；奇数羽状复叶，小叶 5～9；花紫红色，观赏或提取香精，花瓣可加工成玫瑰糖。月季(*R. chinensis*，图 14-105)，小叶 3～5，托叶有腺毛，萼片羽状裂，花常单生，粉红色、红色、白色等。原产于我国，自 18 世纪末 19 世纪初传入欧洲以来，经与各地野生蔷薇反复杂交，现已培育出 20000 多个品种，成为世界著名花卉。切花月季也称玫瑰花，是四大切花之一。蔷薇(*R. multiflora*，图 14-106)，小叶 5～9，花多朵成圆锥花序，花白色。各地广泛分布，常栽培供观赏。刺玫蔷薇(*R. davurica*)，枝上有刺，刺弯曲。叶为奇数羽状复叶，小叶背面有腺点。花单生或 2～3 朵集生；花托杯状凹陷；花萼 5 枚，狭披针形；花瓣 5，蔷薇色；雄蕊多数；雌蕊多心皮，离生在杯状的花托内。果实球形，成熟时红色，内含数枚瘦果。生于林缘、山坡。果实可药用，花可提取香精，种子可榨油。花大美丽，为良好的观赏花木。刺梨(*R. roxbunghii*)分布于西南地区，果实富含维生素 C，可生食或制蜜饯、酿酒，是工业上提取维生素 C 的原料。金缨子(*R. laevigata*,图 14-107),果可熬糖、酿酒,根及果可入药。

图 14-104　玫瑰

图 14-105　月季

图 14-106　蔷薇

图 14-107　金樱子

(2) 悬钩子属(*Rubus*)　多刺灌木;聚合小核果。本属约 700 种,我国有 280 种,为灌木类野生果树。茅莓(*R. parvifolius*,图 14-108),聚合果红色,可生食、熬糖和酿酒,根茎叶入药能舒筋活血、消肿止痛。山莓(*R. fruticosus*,图 14-109),果含有丰富的铁和维生素 C,可鲜食,也可做蜜饯、果酱和果子冻,或做馅饼,在欧洲和我国都有栽培。

图 14-108　茅莓

图 14-109　山莓

(3) 草莓属(*Fragaria*)　多年生草本,心皮各有 1 枚胚珠;聚合瘦果。本属约 50 种,我国有 7 种。草莓(*F. ananassa*,图 14-110),多年生草本,具葡匐茎,掌状三出复叶。副萼与萼片近等长,花白色;聚合瘦果,花托肉质多汁,味酸甜,全国各地均有栽培。

本亚科中尚有以下经济植物:龙芽草(*Agrimonia pilosa*),又名仙鹤草,全草入药,有收敛和强壮止泻作用,近年研究表明还有驱虫和抗癌作用;地榆(*Sanguisorba officinalis*),根为收敛止血药;棣棠(*Kerria japonica*,图 14-111),常栽培做绿篱供观赏,也可做切花。

图 14-110　草莓

图 14-111　棣棠

3）苹果亚科（Maloideae）　$* K_5 C_5 A_\infty \underline{G}_{(2\sim5:2\sim5:2\sim4)}$

乔木，单叶互生，有托叶；子房下位，梨果。本亚科共 17 属，有 12 属中有果树，但常见的重要果树多分布在苹果属（*Malus*）、梨属（*Pyrus*）、山楂属（*Crataegus*）、枇杷属（*Eriobotrya*）、木瓜属（*Chaenomeles*）5 属中。

（1）苹果属（*Malus*）　花柱基部合生；果实梨果，果肉无石细胞。本属约 35 种，我国有 24 种。苹果（*M. pumila*，图 14-112），乔木；叶椭圆形或卵形，两面有毛；花白色或粉红色，花柱基部合生；果为梨果，果梗短。全世界栽培品种有 1000 种以上。我国常见而著名的品种有"红富士""黄香蕉""青香蕉""国光""红玉"等。花红（*M. asiatica*），果柄长，萼片宿存，常栽培，可生食或制成冰糖葫芦。垂丝海棠（*M. halliana*，图 14-113），萼片脱落，栽培供观赏或作为嫁接苹果的砧木。本属的其余种类均可作为苹果或花红的砧木。

图 14-112　苹果

图 14-113　垂丝海棠

（2）梨属（*Pyrus*）　花柱 2～5 个，离生；果实梨形，果肉有石细胞。本属共 30 种，我国有 14 种，作为果树栽培的有 8 种。西洋梨（*P. communis*），果黄色，稍带红晕，梨形，直径 2～7 cm，有宿存萼片，果实须经后熟后食用，味好但不耐储藏。豆梨（*P. calleryana*，图 14-114），常野生于温暖、潮湿的山坡、沼地、杂木林中，可用作嫁接西洋梨等的砧木。根、叶有药用价值，可润肺止咳，清热解毒，治疗急性眼结膜炎；果实可健胃、止痢。沙梨（*P. pyrifolia*），叶基圆形或近心形，果褐色，萼脱落，常栽培用于生产，有雪梨、砀山酥梨、云南宝珠梨、黄皮水梨和贵州威宁大黄梨等许多优良品种。白梨（*P. bretschneideri*，图 14-115），果黄色，叶基宽楔形，是重要的栽培梨种，有白梨、蜜梨、鸭梨、雪花梨等栽培品种，品质好，耐储藏。

（3）山楂属（*Crataegus*）　本属约 1000 种，我国有 16 种，作为果树栽培的有 2～3 种。山楂（*C. pinnatifida*，图 14-116），有枝刺，叶片羽状深裂，果实红色，小核 3～4 个。变种山里红（*C. pinnatifida* var. *major*，图 14-117），常栽培，果实可鲜食、制果汁或加工成山楂片等。野

图 14-114 豆梨

图 14-115 白梨

图 14-116 山楂

图 14-117 山里红

山楂(*C. cuneatae*),叶浅裂;入药有健胃消积、收敛止血、散瘀止痛之功效。

(4) 枇杷属(*Eriobotrya*) 常绿乔木或灌木。单叶互生,边缘有锯齿或近全缘,托叶多早落。花成顶生圆锥花序,雄蕊 20～40 枚;花柱 2～5 个,基部合生,常有毛;子房下位,合生,2～5 室,每室有 2 枚胚珠。梨果肉质或干燥,内果皮膜质,有 1 枚或数枚大种子。本属约有 30 种,分布在亚洲温带及亚热带,我国产 13 种。有些种类果实可供生食或加工。其中枇杷(*E. japonica*,图 14-118)各地广为栽植,其果供食用或为观赏用,叶入药,有化痰止咳之效。该属多数木材硬重坚韧,可供制农具柄及器物之用。

(5) 木瓜属(*Chaenomeles*) 落叶灌木或小乔木,枝常有刺;单叶互生,有大托叶。花单生或簇生,萼片 5,花瓣 5,大型,雄蕊 20 枚或多数,排成两轮,花柱 5 个,基部合生,子房 5 室,每室具有多枚胚珠,排成两行。梨果大型,萼片脱落,花柱常宿存,内含多枚褐色种子;种皮革质,无胚乳。本属有 5 种,我国产 4 种。木瓜(*C. sinensis*,图 14-119),果皮光滑美观,果肉厚实、香气浓郁、甜美可口、营养丰富,有"百益之果""水果之皇""万寿瓜"之雅称。贴梗海棠(*C. speciosa*),其花朵鲜润丰腴、绚烂耀目,是庭园中主要春季花木之一,既可在园林中单株栽植布置花境,也可成行栽植作为花篱,还可盆栽观赏,是理想的花果树桩盆景材料。果实叫做皱皮木瓜,是我国特有的珍稀水果之一,具有很高的药用价值和食用价值。

本亚科中尚有下列经济植物:火棘(*Pyracantha fortuneana*,图 14-120),又名火把果、救军粮,在庭院中用作绿篱以及园林造景材料,在路边可以用作绿篱,美化、绿化环境;小叶栒子(*Cotoneaster franchetii*,图 14-121),为优良的地被植物,枝、花、果均可供观赏,果实可食,植株也可制作盆景和根雕;榅桲(*Cydonia oblonga*),适于孤植院前庭后观赏。实生苗可作为梨、木瓜、苹果的矮化砧木,嫁接枇杷可增强其抗寒性。

图 14-118 枇杷

图 14-119 木瓜

图 14-120 火棘

图 14-121 小叶栒子

4）李亚科（Prunoideae） $* K_5 C_5 A_\infty \underline{G}_1$

木本，单叶互生，有托叶，叶基常有腺体；花托凹陷或杯状，心皮 1 个，子房上位；核果。常见的樱桃属（*Prunus*）又名桃属、李属、梅属。乔木或灌木，枝条髓部坚实，花柱顶生，胚珠下垂，核果。本属约 200 种，我国有 140 种，有许多是重要果树和观赏植物。桃（*P. persica*，图 14-122），落叶小乔木，花可以观赏，果实多汁，可以生食或制桃脯、罐头等，桃仁为镇咳祛痰药；其变型碧桃（*P. persica* f. *duplex*），花重瓣美丽，花后不结实，供观赏；梅（*P. mume*，图 14-123），为著名观赏植物和重要果树；李（*P. salicina*，图 14-124），作为果树栽培，是传统水果之一；杏（*P. armeniaca*），果实可食用，种仁入药，能润肺、止咳、平喘、滑肠；樱桃（*P. pseudocerasus*，图 14-125），常栽培作为果树或供观赏；榆叶梅（*P. triloba*）、郁李（*P. japonica*）等，均为栽培的观赏花木。

图 14-122 桃

图 14-123 梅

图 14-124　李

图 14-125　樱桃

22. 豆科(Leguminosae)　$* \uparrow K_{(5),5} C_5 A_{\infty,(9)+1,(10)} \underline{G}_{1:1:1\sim\infty}$

识别要点:叶常为羽状或三出复叶,叶枕发达;常具根瘤;花冠多为蝶形或假蝶形;雄蕊为二体、单体或分离;子房上位;荚果。

科的特征:为木本或草本。常具根瘤。多为复叶,少单叶,互生,有托叶,有发达的叶枕。花两性,5 基数;花萼 5 裂;花瓣 5,花冠多为蝶形或假蝶形;雄蕊多数至定数,常 10 枚,二体雄蕊;雄蕊 1 个心皮,1 室,含多数或 1 枚胚珠,边缘胎座;荚果;种子无胚乳。

分类及代表植物:豆科是被子植物的第三大科(在菊科和兰科之后),有 600 余属约 18000 种,广布于全世界,从一年生草本到大型乔木,应有尽有。我国约有 150 属 1200 多种,各地均产。豆科有很多重要的经济作物。如大豆(*Glycine max*)、落花生(*Arachis hypogaea*)是著名的油料植物。豆科的演化趋势是雄蕊群由不定数到定数,由分离到结合,花冠由整齐趋向不整齐。依据花的形状、花瓣的排列及雄蕊特点,豆科又可分为含羞草亚科(Mimosaceae)、云实(苏木)亚科(Caesalpiniaceae)和蝶形花亚科(Fabaceae)。

豆科分亚科检索表

1. 花辐射对称,花冠镊合状排列 ………………………… 含羞草亚科(Mimosaceae)
1. 花两侧对称,花冠不为镊合状排列
    2. 花冠呈下降覆瓦状排列,二体雄蕊 …………………… 蝶形花亚科(Fabaceae)
    2. 花冠呈上升覆瓦状排列,雄蕊 10 枚,分离 ………… 云实亚科(Caesalpiniaceae)

1) 含羞草亚科(Mimosaceae)　$* K_{(3\sim6)} C_{3\sim6;(3\sim6)} A_{\infty(3\sim6)} \underline{G}_{1:1}$

识别要点:叶常为二回羽状复叶;花辐射对称;花瓣镊合状排列;雄蕊常多数;荚果。

识别歌诀

含羞草科多乔木,头状花序花辐射;
雄蕊多数分或合,房上一室结荚果。

亚科的特征:多为木本,稀草本;叶多为二回羽状复叶,稀一回羽状复叶,互生,小叶全缘,具托叶;头状、总状或穗状花序;花常两性,辐射对称;萼管状,常 5(3～6)齿裂,裂片镊合状排列,稀覆瓦状;花瓣与萼齿同数,镊合状排列,分离或合生成短管;雄蕊 5～10 枚或多数,分离或合生成单体雄蕊,花药小,2 室,纵裂,顶端常具一脱落性腺体,花丝细长;子房上位,花柱丝状,柱头小,顶生。荚果。种子具少量胚乳或无胚乳。

分类及代表植物:含羞草亚科约 64 属 2900 余种,分布于热带和亚热带地区。我国产 8 属,引种 9 属,约 60 余种。在我国华南和西南地区多用于造林和观赏。

部分属检索表

1. 乔木或灌木，二回羽状复叶不敏感 ……………………………… 合欢属(*Albizia*)

1. 多年生草本或灌木，二回羽状复叶敏感 ……………………… 含羞草属(*Mimosa*)

(1) 合欢属(*Albizia*)　落叶乔木或灌木；叶互生，二回羽状复叶；柄球形头状花序或圆柱形穗状花序；萼片 5，花瓣 5，雄蕊多枚，胚珠多枚；荚果扁平。本属约 150 种，分布于亚洲、非洲及美洲热带、亚热带地区。我国有 17 种，主产于南方，多用作城市绿化树种。如合欢(*A. julibrissin*，图 14-126)，乔木，小叶线状，矩圆形，头状花序，萼片、花瓣小，不显著；花丝细长，淡红色。分布于黄河流域至珠江流域广大地区，生于山坡或疏林中。花、皮均可入药。多栽培供观赏。

(2) 含羞草属(*Mimosa*)　多年生、有刺草本或灌木，稀为乔木或藤本。托叶很小，钻状。二回羽状复叶，常很敏感，触之即闭合而下垂，叶轴上通常无腺体；小叶细小，多数。花小，通常 4～5 数，组成稠密的球形头状花序或圆柱形的穗状花序；萼钟状，具短裂齿；花瓣下部合生；雄蕊与花瓣同数或为花瓣数的 2 倍，花药顶端无腺体；子房无柄或有柄，胚珠 2 枚至多枚。荚果长椭圆形或线形，扁平。本属约 500 种，主要分布于热带美洲，少数分布于温带地区。我国有 3 种，分布于台湾、广东、广西和云南。本属多做药用和观赏。如含羞草(*M. pudica*，图 14-127)，亚灌木状草本，茎具钩刺及倒生刺毛；托叶披针形，被刚毛；羽片通常 2 对，掌状排列，羽片和小叶触之即闭合而下垂；球形头状花序，花小，淡红色，多数。花瓣 4，雄蕊 4 枚。现我国各地均有栽培，无明显地理分布分区，华东、华南、西南等地区较为常见。全株均可入药，多用于庭院绿化或室内观赏。

图 14-126　合欢

图 14-127　含羞草

本亚科还有金合欢属(*Acacia*)，常为乔木或灌木，常具多对小叶，花小而多，大多黄色，呈有柄球形头状花序，子房上位。广布于热带和亚热带地区，尤以大洋洲及非洲种类最多。我国仅见于广东、海南、台湾及香港地区。台湾相思(*A. confusa*)，乔木，叶片退化，叶柄扁化成叶状，头状花序腋生，黄色。我国华南常见，耐旱，为荒山造林、水土保持和沿海防护林的优良树种。

2) 云实亚科(Caesalpiniaceae)　$\uparrow K_{(5)} C_5 A_{10} \underline{G}_{1:1}$

识别要点：叶一回或二回羽状复叶；花两侧对称；假蝶形花冠；雄蕊 10 枚或较少，常分离；荚果。

识别歌诀

云实科为乔灌草，假蝶花冠要记牢。

10 枚雄蕊房上位，1 个心皮结荚果。

亚科的特征:多为乔木、灌木,稀为草本;叶为一至二回羽状复叶,稀单叶或单小叶;托叶通常缺;花两性,两侧对称,排成总状花序或圆锥花序,稀为聚伞花序;萼片5或上面2合生;花瓣5或更少或缺,上面1芽时位于最内方,其余的为上升覆瓦状排列;雄蕊通常10枚或较少,分离或联合,花药通常纵裂,有时顶孔开裂;子房上位,1室;荚果,通常2瓣开裂。

分类及代表植物:云实亚科约180属3000种,主要分布于热带和亚热带。我国有22属110余种,主产于西南部,少数种分布较广。可食用、药用或用作染料、牧草、绿肥等。

部分属检索表

1. 单叶
   2. 花小簇生,先花后叶…………………………………………紫荆属(*Cercis*)
   2. 花大单生,叶后开花 ……………………………………羊蹄甲属(*Bauhinia*)
1. 羽状复叶
   2. 一回或二回偶数羽状复叶 …………………………………皂荚属(*Gleditsia*)
   2. 二回羽状复叶………………………………………………云实属(*Caesalpinia*)

(1) 云实属(*Caesalpinia*) 乔木、灌木或藤本,通常有刺。二回羽状复叶;花黄色或橙黄色,总状花序或圆锥花序腋生或顶生;花托凹陷;萼片离生,覆瓦状排列;花瓣5,常具柄,展开,其中4片通常圆形,最上方一片较小,色泽、形状及被毛常与其余四片不同;雄蕊10枚,离生,2轮排列;子房1室,有胚珠1~7枚,花柱圆柱形。荚果卵形、长圆形或披针形;种子卵圆形至球形,无胚乳。本属约100种,分布于热带和亚热带地区,我国约13种,主产于西南至南部,少数种分布较广。药用或观赏。如云实(*C. decapetala*,图14-128),落叶攀援灌木,密生倒钩状刺。小叶长椭圆形;花黄色,有光泽,组成顶生总状花序;雄蕊稍长于花冠;荚果长椭圆形,木质,沿腹缝线有窄翅。分布于长江以南各省。根、果实均有较高药用价值,也用作园林绿化树种。

(2) 紫荆属(*Cercis*) 乔木或灌木,单叶互生,全缘,掌状脉;花簇生;花萼红色,荚果扁平,沿腹缝线有窄翅。本属有9种,分布于北美、东亚和南欧。我国有6种,分布于西南和中南地区,多为观赏树种。如紫荆(*C. chinensis*,图14-129),灌木,叶近圆形,叶基心形,全缘。花先叶开放,多生于老枝上,紫色,簇生。辽宁以南广泛栽培;少数生于南方山坡及疏林中,多用作观赏树种;树皮、花梗可入药。

图14-128 云实

图14-129 紫荆

(3) 皂荚属(*Gleditsia*) 落叶乔木或灌木;枝干常具分枝的枝刺。一至二回偶数羽状复叶;花杂性或雌雄异株;雄蕊6~10枚,花丝分离。荚果带状。本属有16种,分布于亚洲和美洲。我国有9种,广布于南北各地。可做药用、观赏树种。如皂荚(*G. sinensis*,图14-130),落叶乔木，枝刺圆柱形，常分叉。一回羽状复叶，小叶3～7对，卵形。花萼，4枚，花瓣4，荚果近伸直，肥厚，终冬不落。主要分布于河北、山西、山东、河南、陕西以及长江以南。多栽培于低山丘陵地区。荚果煎汁可代皂，枝刺、果实、种子均可入药。

（4）羊蹄甲属（*Bauhinia*）　乔木或灌木，托叶常早落，单叶全缘，先端凹缺或分裂为2裂片，有时深裂达基部而成2片离生的小叶；中脉常伸至2裂片间形成一小芒尖。花两性，荚果扁平。香港区花红花羊蹄甲（*B. blakeana*，图14-131），乔木，叶片阔心形，顶端两裂，花大美丽，著名的观赏植物。

图14-130　皂荚

图14-131　红花羊蹄甲

3）蝶形花亚科（Fabaceae）　$\uparrow K_{(5)}C_5A_{(9)1,(5)(5),(10)(10)}\underline{G}_{1:1}$

识别要点：常为复叶；花两侧对称；蝶形花冠；雄蕊10枚，常结合成二体或单体；荚果。

识别歌诀

本科植物多生豆，单叶互生花蝶形。

旗瓣翼瓣龙骨瓣，二体雄蕊为特征。

子房上位雌蕊1，单心皮来荚果生。

亚科的特征：为草本、木本或灌木，直立或攀援状；羽状复叶或三出复叶互生；花两性，两侧对称，常成总状花序或圆锥花序，少为头状花序或穗状花序；花萼5裂，花瓣5，蝶形花冠，覆瓦状排列，最上一枚为旗瓣，在最外方，两侧两枚为翼瓣，最下方两瓣为龙骨瓣；雄蕊常10枚，常为二体雄蕊，成(9)+1或(5)+(5)两组，也有10个全部联成单体雄蕊或全部分离；子房上位，1个心皮1室，胚珠2枚至多枚，生于沿腹缝线着生的侧膜胎座上；荚果；种子通常无胚乳。

分类及代表植物：蝶形花亚科植物种类多，有480多属12000多种，广布于世界各地。我国产118属1000多种，全国各省均有分布。

部分属检索表

1. 三出复叶
　2. 荚果线形，扁平 ………………………………………………… 大豆属（*Glycine*）
　2. 荚果卵形，常有网纹 ……………………………………… 胡枝子属（*Lespedeza*）
1. 羽状复叶
　3. 奇数羽状复叶
　　4. 小叶互生 …………………………………………………… 刺槐属（*Robinia*）
　　4. 小叶对生 …………………………………………………… 槐属（*Sophora*）
　3. 偶数羽状复叶 ……………………………………………… 锦鸡儿属（*Caragana*）

(1) 大豆属(*Glycine*) 一年或多年生缠绕、攀援或匍匐草本。羽状复叶有小叶3枚，具小托叶；花小，组成腋生的总状花序；花萼5裂，上面2裂齿多合生；花冠略伸出萼外，白色、蓝色或紫色，花瓣具长柄；雄蕊10枚，单体，或对旗瓣的1枚离生而成二体(9+1)；子房有胚珠数枚；荚果线形或长圆形，扁平或稍膨胀；种子间常有缢纹。本属约10种，分布于东半球温带和热带地区；我国有7种，南北各地都有分布。多食用、药用。如大豆(*G. max*，图14-132)，一年生草本；3小叶复叶；小叶纸质，总状花序短的少花，长的多花；旗瓣倒卵状近圆形，先端微凹并通常外反，雄蕊二体；子房基部有不发达的腺体；荚果肥大，长圆形，种皮光滑。原产于我国。全国各地均有栽培，以东北最著名，也广泛栽培于世界各地。大豆最常用来做各种豆制品、榨取豆油、酿造酱油和提取蛋白质。豆渣或磨成粗粉的大豆也常用作禽畜饲料。野大豆(*G. soja*，图14-132)，一年生缠绕性草本，主根细长，侧根稀疏，蔓茎纤细，略带四棱形。叶互生，3小叶，花蝶形，淡红紫色，腋生总状花序，花萼钟状，5裂，旗瓣近圆形，雄蕊单体。荚果线状长椭圆形。除新疆、青海和海南外，遍布全国。主要用作牧草。种子、根、茎、叶均可入药。

A　B　C　D

图14-132　大豆与野大豆

A. 大豆花；B. 大豆果；C. 野大豆花；D. 野大豆果

(2) 槐属(*Sophora*) 小乔木或灌木；奇数羽状复叶，小叶对生，全缘；花排成顶生的总状或圆锥花序；萼片5，齿裂；花冠白色或黄色，少为蓝紫色，旗瓣圆形或阔倒卵形，通常比龙骨瓣短，翼瓣斜长圆形，龙骨瓣近于直立；雄蕊10枚，分离或很少于基部合生为环状；子房具短柄，有胚珠多枚，花柱内弯；荚果具短柄，圆柱形，在种子间缢缩成念珠状；种子倒卵形或球形。本属约80种，广泛分布于两半球的热带至温带地区。我国有23种、14变种、2变型，主要分布在西南、华南和华东地区，少数种分布到华北、西北和东北地区。本属植物多用于医药、建筑和家具用材，也用作观赏树种。如槐(*S. japonica*，图14-133)，乔木，冠球形，老时呈扁球形或倒卵形。树皮灰褐色，纵裂，无刺，枝叶密生。圆锥花序顶生，花蝶形，夏季开黄白色花，略具芳香。

一年生枝暗绿色，具淡黄色皮孔，初时被短毛。荚果念珠状肉质，不开裂。原产于我国北部，但也可生长于高温高湿的华南、西南地区，尤以黄河流域华北平原及江淮地区最为习见。越南、日本、朝鲜和欧洲、美国也有栽培。为中国庭院常用的特色树种。栽培品种龙爪槐（*Sophora japonica* var. *pendula*），枝屈曲下垂，树冠呈华盖状；适宜广场、庭院栽培。槐花性凉味苦，有清热凉血、清肝泻火、止血的作用，并可食用。

图 14-133　槐

图 14-134　刺槐

(3) 刺槐属（*Robinia*）　落叶乔木或灌木；叶互生，奇数羽状复叶，常有刺状的托叶；小叶全缘，有小托叶；花组成腋生、弯垂的总状花序，萼片钟状，5 齿裂；花冠白色或紫红色，各瓣具柄，旗瓣圆形，翼瓣镰状长圆形，龙骨瓣钝；荚果线形，扁平，沿腹缝有狭翅，2 瓣裂；种子长圆形或肾形。本属约 20 种，原产于北美。我国引栽 2 种。主要作为建筑、家具用材及水土保持树种。如刺槐（*R. pseudoacacia*，图 14-134），乔木，树冠倒卵形。树皮灰褐色，不规则深纵裂。一年生枝灰绿色至灰褐色，有纵棱，无毛，具托叶刺。与槐的区别为小枝褐色，有托叶刺；总状花序春天开花，荚果扁平带状，开裂。原产于北美，树皮可做造纸和橡胶原料，树皮及叶可入药，为我国北方重要的生态建设树种，也是重要的蜜源植物。

(4) 锦鸡儿属（*Caragana*）　落叶灌木，偶为小乔木；偶数羽状复叶，叶轴先端常刺状；托叶小，脱落或成刺状。花单生，花冠黄色，稀白带红色，旗瓣卵形或近圆形，直展，边微卷，基部渐狭为长柄，翼瓣斜长圆形，龙骨瓣直，钝头，荚果线形，成熟时圆柱状，2 瓣裂。我国约 50 种，主要分布于黄河以北干燥地区。如锦鸡儿（*C. sinica*，图 14-135），落叶灌木，小枝细长有棱；偶数羽状复叶，在短枝上丛生，在嫩枝上单生，叶轴宿存，顶端硬化呈针刺，托叶 2 裂，硬化呈针刺；小叶 2 对，倒卵形，无柄，顶端 1 对常较大。春季开花；花单生于短枝叶丛中，蝶形花，黄色或深黄色，凋谢时变褐红色。荚果稍扁，无毛。分布于我国长江流域及华北地区的丘陵、山区的向阳坡地，现已作为园林花卉广泛栽培。根、花可入药。

(5) 胡枝子属（*Lespedeza*）　多年生草本至灌木；羽状 3 小叶；托叶小，宿存；花小，组成腋生的总状花序或花束；花常 2 型，一种有花冠，称开花受精花，结实或不结实，另一种无花冠，称闭锁花，结实；萼片钟状，5 裂，裂片近相等；花瓣白、黄、红或紫色；子房有胚珠 1 枚；荚果扁平，卵形或圆形，不开裂，常包于宿存萼内，果瓣常有网纹。本属约 90 种，分布于亚洲、澳大利亚和北美。我国约 65 种，广泛分布于全国，主要用作改良土壤、饲料、水土保持树种。如胡枝子（*L. bicolor*，图 14-136），落叶灌木，分枝细长而多，常拱垂，有棱脊；三出复叶互生，托叶 2，条形。总状花序腋生；花萼杯状，花冠蝶形，紫色，旗瓣倒卵形，翼瓣矩圆形，龙骨瓣与旗瓣近等长。荚果倒卵形，网脉明显；种子歪倒卵形，有紫色斑纹。分布于我国的东北、内蒙古、华北、西北，以及湖北、浙江、江西、福建等省；蒙古、朝鲜、日本也有分布。可用作绿肥及饲料。根为清

图 14-135　锦鸡儿

图 14-136　胡枝子

热解毒药，治疗疮、蛇伤等。

蝶形花亚科所含属众多，很多种类有重要的经济价值，是人类食品中蛋白质、食用油、蔬菜以及部分药材的重要来源。例如著名的油料作物落花生（*Arachis hypogaea*，图 14-137），还有普遍栽培的豆类作物如豌豆（*Pisum sativum*，图 14-138）、蚕豆（*Vicia faba*，图 14-139）、扁豆（*Lablab purpureus*，图 14-140），用作牧草和绿肥的苜蓿属（*Medicago*）等。

图 14-137　落花生

图 14-138　豌豆

图 14-139　蚕豆

图 14-140　扁豆

23. 大戟科（Euphobiaceae）　$* ♂: K_{0\sim5} C_{0\sim5} A_{1\sim\infty}; ♀: K_{0\sim5} C_{0\sim5} \underline{G}_{(3:3:1\sim2)}$

识别要点：植物体常具乳汁；多单叶；花单性；子房上位，3 个心皮合生成 3 室；中轴胎座，胚珠悬垂；常为蒴果。

识别歌诀

大戟含乳花瓣无，总苞杯状花聚伞。

子房上位具花盘，蒴果 3 室种阜显。

科的特征:草本、灌木或乔木;植株体内常有乳白色乳汁;叶通常互生,单叶,稀复叶,有托叶;花单性,雌雄同株或异株,聚生成各种花序,通常为聚伞花序或特殊的杯状聚伞花序(大戟花序);有些属的种类有花萼而无花瓣,也有的花萼和花瓣均无;萼片离生或合生,覆瓦状或镊合状排列;有花盘或退化为腺体;雄花中雄蕊与花被片同数,或2倍,或极多或很少或1枚;花丝离生或联合成柱状;雌花中退化雄蕊有或无;子房上位,通常3室,稀1至多室,每室有胚珠1～2枚,生于中轴胎座上。果多数为蒴果,成熟时分裂成3瓣,有时不开裂而成浆果状或核果状。种子常有种阜,内有丰富的肉质胚乳。

分类及代表植物:本科约300属7500多种,主要分布于热带地区。我国有70属460多种,分布于全国各地,主产地为长江以南各地。多为橡胶、油料、药材、观赏及用材树种,有些种类为水土保持树种,有些种类有毒,可为农药。

部分属检索表

1. 一年生或多年生草本 ……………………………… 大戟属(*Euphorbia*)
1. 乔木
  2. 常绿乔木 ……………………………………… 橡胶属(*Hevea*)
  2. 落叶乔木
    3. 圆锥花序 …………………………………… 油桐属(*Vernicia*)
    3. 穗状花序 …………………………………… 乌桕属(*Sapium*)

1) 大戟属(*Euphorbia*)

一年生或多年生草本,偶有亚灌木,有白色乳汁;茎直立或匍匐,草质或木质或肉质而无叶;单叶,互生或对生,或有时轮生,全缘或有锯齿;花无花被,组成杯状聚伞花序,又称大戟花序(此花序由1朵雌花居中,周围环绕以数朵或多朵仅有1枚雄蕊的雄花所组成),总苞萼状,辐射对称,通常4～5裂,裂片弯缺处常有大的腺体,常具花瓣状附片;雄花多数生于一总苞内,每一朵花由单一的雄蕊组成;雌花单生于总苞的中央,具长的子房柄伸出总苞之外;子房3室,每室1枚胚珠,花柱3个,离生或多少合生,顶常2裂或不裂;蒴果成熟时开裂为3个2瓣裂的分果。本属约2000种,分布于亚热带和温带地区。我国有60种以上,广泛分布于全国各地,有些种类有毒,有些种类茎、叶可入药;有些可为观赏用。如泽漆(*E. helioscopia*,图14-141),二年生草本,全株有白色乳汁;叶互生,倒卵形或匙形;茎顶部有5片轮生的叶状苞片;多歧聚伞花序顶生,有5伞梗;杯状花序钟形,顶端4浅裂,腺体4,肾形;蒴果表面平滑无毛;种子卵形,表面有突起的网纹。分布于除新疆、西藏以外的全国各省(市、自治区),以江苏、浙江产量较多。全草入药。大戟(*E. pekinensis*,图14-142),多年生草本,根圆锥状;叶长圆状披针形至披针形,蒴果3棱状球形,表面有疣状突起。种子卵形,光滑。分布于我国南北各地。根入药。全株也可用作兽药。

2) 橡胶属(*Hevea*)

常绿乔木,有丰富的白色乳液;叶互生或生于枝顶的近对生,三出复叶,叶柄顶端有腺体,小叶全缘;花小,单性同株并同序,无花瓣,组成聚伞花序,蒴果分裂为3个2裂的分果;种子大,近球形至长圆形,常有斑块。本属约20种,分布于热带美洲。我国引入栽培1种,为生产橡胶的主要原料植物。如橡胶树(*H. brasiliensis*,图14-143),乔木,三出复叶,革质全缘。原产于巴西,18世纪末引入亚洲,我国海南省和云南省南部有栽培,是世界著名的橡胶树种。

图 14-141 泽漆

图 14-142 大戟

A

B

图 14-143 橡胶

A. 植株；B. 果实

图 14-144 油桐

3）油桐属(*Vernicia*)

落叶乔木，单叶互生，全缘或 3～5 裂；花大，单性同株或异株，组成圆锥花序；萼 2～3 裂；花瓣 5，白色或基部略带红色；蒴果，种子具厚壳状种皮。本属共 3 种，我国有 2 种，广泛分布于长江以南各地区，其种子榨出的油称为桐油，为制油漆、印刷油墨的优良原料，树皮可提制栲胶，果壳可制活性炭，根、叶、花、果均可入药。如油桐(*V. fordii*，图 14-144)，叶大，卵形，花白色有橘红色条纹，蒴果核果状，果皮光滑。油桐是我国淮河以南地区的重要木本工业油料树种，种仁含油量大(70%)，为优良油漆原料，也是我国重要的出口物资，我国桐油产量占世界总产量的 70%以上。

4）乌桕属(*Sapium*)

落叶乔木，具有毒乳液；单叶互生全缘；花单性同株，组成顶生或侧生的穗状花序；蒴果 3 裂，种子常有蜡质的假种皮。本属共有 120 种以上，分布于热带地区，我国约 10 种，产于西南部至东部。为我国重要的工业油料树种，也可用作家具用材、农药、观赏树。乌桕(*S. sebiferum*，图14-145)，落叶乔木，幼龄树皮为灰白色，成年树皮为黑褐色；蒴果棕色，3 室，每室 1 枚种子。种子黑色，外被白色蜡质层。乌桕具有药用、经济和园艺价值，以根皮、树皮、叶入药。种子外被之蜡质称为“桕蜡”，可提制“皮油”，供制高级香皂、蜡纸、蜡烛等；种仁榨取的油称为“桕油”或“青油”，供制油漆、油墨等用，其木也是优良木材。

大戟科是一个热带性大科，多为橡胶、油料、药材、淀粉、观赏及用材等经济植物。如蓖麻(*Ricinus communis*，图 14-146)，种子含油率高达 73%，供工业和医药上用；木薯(*Manihot esculenta*)，为热带重要的食用植物之一，有肥厚的块状根，富含淀粉，是工业上主要用粉原料之一。

图 14-145　乌桕

图 14-146　蓖麻

24. 鼠李科(Rhamnaceae)　$*K_{4\sim5}C_{4\sim5,0}A_{4\sim5}\underline{G}_{(2\sim4:2\sim4:1)}$

识别要点：单叶，不分裂；花两性，周位花，雄蕊与花瓣同数而对生；子房上位。

识别歌诀

鼠李木本常具刺，叶互聚伞托叶存。

花数五四蕊对瓣，花盘周位埋子房。

科的特征：常绿或落叶乔木或灌木，常有枝刺或托叶刺。单叶互生，叶脉显著，全缘或有锯齿，常有托叶；花小，两性或杂性异株，多为聚伞花序。花萼筒状，4～6 浅裂，镊合状排列，花瓣 5、4 或缺；雄蕊 5 枚，稀 4 枚，与花瓣对生，且常为花瓣所包藏，有花盘，肉质；子房上位或一部分埋藏于花盘内；核果或蒴果或有时果实顶端具翅状边缘；种子胚乳薄或无。

分类及代表植物：本科约 58 属 900 余种，广泛分布于全球，主要分布于北温带。我国有 14 属 130 余种，全国各地均有分布，以华南和西南种类最多。主要用于家具建材、果树、食用、药用、黄绿色染料(如冻绿)、水土保持林等。

部分属检索表

1. 叶羽状脉，托叶不变态成刺 ……………………………………… 鼠李属(*Rhamnus*)
1. 叶基出 3 脉，托叶变态成针刺 ………………………………… 枣属(*Ziziphus*)

1) 鼠李属(*Rhamnus*)

落叶灌木或小乔木；小枝顶端常具刺或无。叶互生，羽状脉；花 4～5 基数，具花盘；核果浆果状，具 3～4 分核，基部为宿存的萼管所围绕。种子倒卵形或长圆状倒卵形，背面或背侧具纵沟，稀无沟。本属约 200 种，分布于热带及温带。我国有 60 余种，南北均有分布。多数种类的茎皮、果实含黄绿色染料。种子含油，供工业用；少数种类可供药用。鼠李(*R. davurica*，图 14-147)，灌木或小乔木；幼枝无毛，小枝对生或近对生，褐色或红褐色。叶纸质，对生或近对生于长枝，簇生于短枝上，宽椭圆形或卵圆形；花单性，雌雄异株，4 基数，有花瓣，雌花 1～3 朵，生于叶腋或数朵至 20 余朵簇生于短枝端。核果球形，黑色，具 2 分核；种子卵圆形，黄褐色，背侧有与种子等长的狭纵沟。分布于我国东北、华北。冻绿(*R. utilis*，图 14-148)，落叶灌木或

图 14-147 鼠李

图 14-148 冻绿

小乔木；小枝无毛，枝端刺状，腋芽小。叶长圆形、椭圆形或倒卵状椭圆形，上面无毛或中脉被疏柔毛，下面干后黄色或金黄色，沿脉或脉腋被金黄色柔毛；雄花数朵至 30 余朵簇生，雌花2～6 朵簇生。果近球形，黑色。种子背侧基部有短纵沟。主要分布于我国河北、山西、河南、甘肃及长江以南地区。果实、树皮、叶用作绿色染料，还可入药，种子榨油。

2）枣属（*Ziziphus*）

落叶乔木或灌木；单叶互生，叶缘有锯齿或全缘，基部三出脉，具托叶刺；花小，两性，组成腋生的聚伞花序或有时呈圆锥花序；萼片、花瓣为 5，雄蕊为 5 枚；子房埋藏于花盘内，2 室，稀 3～4 室，每室有胚珠 1 枚，花柱 2 裂；肉质核果球形或长椭圆形，种子无胚乳。本属约 100 种，主要分布于热带和亚热带地区，我国有 12 种，主要分布于华南和西南。大部分为果树或果树砧木。枣树（*Z. jujuba*，图 14-149），落叶小乔木；托叶刺 2，一长一短，长者直伸，短者钩曲；腋生成短聚伞花序；花小，黄绿色，核果椭圆形，果核两端尖。原产于我国，现全国各地广泛栽培。国外也有引栽。枣含丰富糖、蛋白质、维生素（维生素 C 含量比苹果的高 70～80 倍），同时也是优良的用材及蜜源植物。酸枣（*Z. jujuba* var. *spinosa*，图 14-150），托叶刺长于枣树。叶较小，果较小，近球形，果核两端圆钝。主要分布于东北地区南部和东部、华北地区、华东地区。核仁入药，即“酸枣仁”，为强壮、镇静剂。北方常作为嫁接枣树的砧木。

图 14-149 枣树

图 14-150 酸枣

鼠李科还有供观赏用的树种。如多花勾儿茶（*Berchmia florbunda*，图 14-151），攀援灌木，圆锥花序顶生，核果红色，栽培供观赏；雀梅藤（*Sageretia thea*），攀援状灌木，果味酸可食，叶可代茶，也可药用，常栽培作为绿篱或用作盆景材料。

图 14-151　多花勾儿茶

25. 葡萄科(Vitaceae)　$*K_{5\sim4}C_{5\sim4}A_{5\sim4}\underline{G}_{(2)}$

识别要点:攀援藤本;茎具卷须;花序多与叶对生;雄蕊与花瓣对生;子房常 2 室;浆果。

识别歌诀

攀援葡萄茎卷须,单叶花序对生长。
雄蕊花瓣面对面,二室子房肉浆果。

科的特征:攀援木质藤本,稀为草本;常具与叶对生的卷须;单叶、羽状或掌状复叶,互生;花小,两性或单性;排列成伞房状多歧聚伞花序、复二歧聚伞花序或圆锥状多歧聚伞花序,常与叶对生;萼呈碟形或浅杯状,萼片细小;花瓣与萼片同数,4～5,分离或凋谢时呈帽状黏合脱落;雄蕊与花瓣对生;花盘呈环状或分裂;子房上位,通常 2 室,每室有 2 枚胚珠,或多室而每室有 1 枚胚珠;浆果,种子有形状各异的胚乳。

分类及代表植物:本科约 16 属 700 余种,多分布于热带及温带。我国有 7 属约 100 种,全国各地均有分布。野生或栽培攀缘植物,供绿化用;有的种类果实可食。

部分属检索表

1. 草质藤本 …………………………………………………… 蛇葡萄属(*Ampelopsis*)
1. 木质藤本
    2. 髓白色 ………………………………………………… 爬山虎属(*Parthenocissus*)
    2. 髓褐色 ………………………………………………………………… 葡萄属(*Vitis*)

1) 葡萄属(*Vitis*)

木质藤本,有卷须,髓心褐色;单叶,常掌状分裂;花杂性异株,圆锥花序与叶对生,有卷须;萼微小,花瓣黏合而不张开,成帽状脱落;下位花盘明显;浆果球形或近球形;种子 2～4 枚。本属约 70 种,分布于温带和亚热带地区;我国约 38 种,南北均有分布。食用和酿酒原料。葡萄(*V. vinifera*,图 14-152),落叶木质藤本,小枝圆柱形,有纵棱纹,无毛;卷须二叉分枝;掌状叶,3～5 缺裂,复总状花序,通常呈球形,浆果多为球形或椭圆形,色泽随品种而异。原产地为亚洲西部地区,绝大部分在北半球。我国葡萄多在北纬 30°～43°。栽培葡萄的品种繁多,全世界有 8000 多个,中国有 500 多个。果实为著名果品和酿酒原料。山葡萄(*V. amurensis*,图 14-153),多年生蔓性藤本,茎赤褐色有毛;卷须顶端与叶对生;单叶互生,深绿色、宽卵形。圆锥花序与叶对生,花小而多、黄绿色。雌雄异株。果为球形浆果,黑紫色带蓝白色果霜。原产于中国东北、华北,以及朝鲜、俄罗斯远东地区。可鲜食和酿酒。

图 14-152　葡萄

图 14-153　山葡萄

2）蛇葡萄属（*Ampelopsis*）

落叶草质藤本；卷须分叉，顶端不扩大；髓白色；花杂性，排成与叶对生的聚伞花序；花萼不明显；花瓣 4～5，分离而扩展，逐片脱落；花盘隆起，与子房合生；子房 2 室，有柔弱的花柱；小浆果，有种子 1～4 枚。与葡萄属区别：髓白色，聚伞花序，花瓣离生。本属约 60 种，分布于北美和亚洲；我国有 9 种，南北均有分布。如蛇葡萄（*A. brevipedunculata*，图 14-154），落叶藤本，幼枝有柔毛；单叶纸质；花黄绿色；浆果近球形，鲜蓝色。我国东北及华南低海拔平地或山野广泛分布。

3）爬山虎属（*Parthenocissus*）

多年生大型落叶木质藤本植物。老枝灰褐色，幼枝紫红色，有吸盘状卷须攀附于他物上；叶互生，单叶或指状复叶或分裂；花常两性，很少杂性，雌雄同株，聚伞花序着生在短枝上叶与叶之间，常 5 数；花瓣开展，逐片脱落；下位花盘缺；子房 2 室，每室有胚珠 2 枚；小浆果，球形，蓝黑色，有种子 1～4 枚。本属约 15 种，分布于北美和亚洲；我国有 10 种，分布于西南部至东部。主要用作垂直绿化树种。根与茎蔓也可入药。爬山虎（*P. tricuspidata*，图 14-155），叶绿色，无毛，背面具有白粉，叶背叶脉处有柔毛，秋季变为鲜红色。幼枝上的叶较小，常不分裂；花小，成簇不显；聚伞花序常着生于两叶间的短枝上，萼全缘；花瓣顶端反折，子房 2 室，每室有 2 枚胚珠，浆果小球形，熟时蓝黑色，被白粉。广泛分布于我国各地。根、茎可入药，果可酿酒。

图 14-154　蛇葡萄

图 14-155　爬山虎

26. 芸香科（Rutaceae）　$*, \uparrow K_{4\sim5} C_{4\sim5} A_{8\sim10} \underline{G}_{(4\sim5,\infty:4\sim5,\infty:1\sim2)}$

识别要点：多木本；复叶或单身复叶互生，叶上常具透明腺点；花萼、花冠常 4～5，花盘明显，子房上位；多为柑果和浆果。

识别歌诀

芸香草木均芳香，花盘下位雄蕊多。

聚伞花序花 5 数，叶型果实分亚科。
芸香蓇荚多回羽，柑橘柑果单身叶。
黄柏核果羽状叶，蒴果树大巨盘木。

科的特征：常绿或落叶，乔木或灌木，少有草本，常具刺。叶多互生，少对生，多为单身复叶或羽状复叶，稀有单小叶，常有透明油腺点，含挥发油，无托叶。花两性，稀单性，辐射对称，萼片 4～5，常合生。花瓣 4～5，多为离生或不存在；雄蕊与花瓣同数、2 倍或多数，如系 2 轮时，外轮雄蕊与花瓣对生，花盘生于雄蕊内侧。子房上位，心皮 4～5 个，多合生，少数离生，花柱分离或合生；胚珠多数或少数，常为 2 枚。果实为浆果、核果、翅果或柑果，稀为蓇葖果。种子有胚乳。

分类及代表植物：芸香科共有 150 属约 1700 种，分布于热带和温带，南非及澳洲最多。我国有 29 属 150 余种，南北均产，以南部和西南部最多。芸香科植物具有重要的经济价值，有些种类为著名的果品（如柑橘），有的种类入药或为著名香料（如花椒），有的产优良木材（如黄檗），有的供观赏用。

部分属检索表

1. 叶互生
  2. 奇数羽状复叶；蓇葖果 ………… 花椒属（*Zanthoxylum*）
  2. 单叶；柑果 ………… 柑橘属（*Citrus*）
1. 叶对生 ………… 黄柏属（*Phellodendron*）

1）花椒属（*Zanthoxylum*）

灌木，具皮刺；叶为奇数羽状复叶，互生，有透明的油腺点；花小，单性，雌雄异株，心皮 5～10 个，常有明显的柄，胚珠 2 枚；单被花；聚合蓇葖果，果皮有瘤状突起的腺点。种子黑色，有光泽。花椒属约 250 种，主产于热带和温带。我国约 50 种，南北均产。材质优良，有些果入药或为著名香料。如花椒（*Z. bungeanum*，图 14-156），落叶灌木，枝具宽扁的皮刺，叶轴具窄翅，奇数羽状复叶，小叶数目 7～11，花序顶生，蓇葖果。除新疆外，几乎遍布全国，子实辛辣芳香，做调味料，有温中散寒、燥湿之效。也可药用或提取芳香油。

图 14-156　花椒

2）柑橘属（*Citrus*）

常绿小乔木，常有枝刺；叶互生，单身复叶，革质；花常两性，萼片合生、杯状宿存，果时增大；雄蕊多数，生于花盘基部，花丝中部以下合生；柑果大，球形或扁球形。本属约 20 种，分布于亚洲热带和亚热带。我国南方各省（自治区）均有栽培，其中不少种类为优良果树和观赏树种。橘（*C. roticulata*，图 14-157），常绿乔木，常具针刺，单身复叶，具透明油点，柑果，果皮疏松，极易剥离。主产于浙江、广东，全国各地均有栽培，品种很多。为著名水果。果皮、果肉、种子均可入药。橙（甜橙）（*C. sinensis*，图 14-158），果皮紧贴果肉，彼此不易分离。原产于我国南方及亚洲的中南半岛，我国各地均有栽培，品种很多。为著名水果。叶、果皮均可入药。柠檬（*C. limonia*，图 14-159），叶柄有边，但不呈翅状，果长卵形，果皮较厚，味酸。原产于东南亚，主产于美国、意大利和西班牙。柚（*C. grandis*，图 14-160），果大，直径 10 cm 以上，果皮黄

图 14-157　橘

图 14-158　橙

图 14-159　柠檬

图 14-160　柚

色或黄青色，皮厚难剥离，以广西容县产的沙田柚为最佳。我国长江以南各省均广泛栽培，根、叶及果皮入药或提取香料。其近缘属种金橘(*Fortunella margarita*)，果较小，直径不超过 3 cm，金黄色，可生食或做蜜饯。常绿，花香，可供观赏。主要分布于秦岭、长江以南，金橘均有很高的药用价值。

27. 伞形科(Umbelliferae)　$*K_{(5)\sim 0}C_5A_5\underline{G}_{(2:2)}$

识别要点：芳香性草本；常有鞘状叶柄；具典型的复伞形花序；花 5 基数；子房下位；双悬果。

识别歌诀

中药宝库伞形科，全草芳香柄成鞘。

复伞花序花小形，房下双悬具油槽。

科的特征：一年生至多年生草木，茎圆柱形，中空有髓；体内常含有挥发性油而具香气；叶互生，常为一回掌状分裂或一至四回羽状分裂的复叶或三出式羽状分裂的复叶，叶柄基部常扩大成鞘状抱茎；花小，两性或杂性，呈顶生或兼有侧生的复伞形花序或单伞形花序，少数为头状花序；花萼与子房贴生，萼齿 5 或无；花瓣 5；雄蕊 5 枚，与花瓣互生。子房下位，2 室；花柱 2 个，上位花盘；双悬果，成熟时沿 2 个心皮从合生面分离成 2 分果片，顶端悬挂于细长丝状的心皮柄上。

分类及代表植物：本科约 275 属 2850 种，近于全球分布，以北温带最丰富。我国约 95 属 525 种，各地都有分布。某些种类有食用价值，有些可做食品香料或工业用香料，有些可做饲料，有些可做观赏植物。

部分属检索表

1. 单叶全缘 ………………………………………………………… 柴胡属(*Bupleurum*)

1. 羽状分裂

2. 二回或三回羽状分裂，末回裂片窄小 ……………………… 胡萝卜属(*Daucus*)

2. 三出式羽状分裂或羽状多裂 ………………………………… 当归属(*Angelica*)

1）胡萝卜属(*Daucus*)

一年生或二年生草本，具粗大的肉质根，黄色或橙黄色；叶为二回或三回羽状分裂，末回裂片窄小；花序为疏松的复伞形花序，花序梗顶生或腋生；伞辐少数至多数，开展；花白色或黄色，小伞形花序中心的花呈紫色，通常不孕；萼齿小或不明显；花瓣倒卵形，有辐射瓣；果实长圆形至圆卵形，棱上有刚毛或刺毛，每棱槽内有油管 1，合生面油管 2；胚乳腹面略凹陷或近平直；心皮柄不分裂或顶端 2 裂。本属约 60 种，分布于欧洲、非洲、美洲和亚洲；我国有 1 种和 1 栽培变种。栽培种多供食用，也可入药。胡萝卜(*D. carota*，图 14-161)，二年生草本，具肥大肉质的圆锥根；叶二至三回羽状全裂，茎生叶近无柄，有叶鞘，末回裂片小或细长。复伞形花序；花通常白色，有时带淡红色；果实圆卵形，棱上有白色刺毛。全球广泛栽培，供食用和药用。

2）当归属(*Angelica*)

二年生或多年生草本，有粗大的圆锥状直根。茎直立，圆筒形，常中空，无毛或有毛。叶三出式羽状分裂或羽状多裂；叶柄膨大成管状或囊状的叶鞘。复伞形花序，顶生和侧生；花白色带绿色，稀为淡红色或深紫色；萼齿通常不明显；花瓣卵形至倒卵形；双悬果卵形至长圆形，背棱及中棱线形、肋状，稍隆起，侧棱宽阔或狭翅状。本属约 80 种，大部分种类产于北温带和新西兰；我国约 40 种，分布于南北各地，主产于西南、东北和西北地区。白芷(*A. dahurica*，图 14-162)，根黄棕色；叶片轮廓为卵形至三角形，二至三回三出式羽状分裂；茎上部叶简化，仅有膨大的鞘；复伞形花序顶生及侧生；花白色；果实椭圆形。我国东北及华北有野生。根入药为中药材。

图 14-161　胡萝卜

图 14-162　白芷

3）柴胡属(*Bupleurum*)

多年生草本，较少一年生草本；单叶全缘，下部叶常呈禾叶状，茎生叶基部渐狭或心形而抱茎；复伞形花序；苞片呈叶状而宿存，或狭而少数；萼齿退废；花瓣近圆形或棱形，背部有突起的中脉；果侧面压扁，合生面稍收缩；心皮五角形，主棱明显或扩大成翅，或极纤细或不明显，棱槽内油管 1～3(6)，合生面 2～4(6)，较细或全部不明显。本属约有 120 种，分布于北半球的亚热带地区。我国有 36 种、17 变种，主产于西北与西南高原地区，其他地区种类较少。多做药用。如北柴胡(*B. Chinense*)，多年生草本，主根较粗大，棕褐色，质坚硬；茎单一或数茎，上部多回分枝，稍做之字形曲折；茎中部叶倒披针形或广线状披针形，基部收缩成叶鞘抱茎，叶表面鲜绿色，背面淡绿色，常有白霜；茎顶部叶同型，但更小。复伞形花序很多，花序梗细，常水平伸出，形成疏松的圆锥状；花瓣鲜黄色，花柱基深黄色，宽于子房；双悬果广椭圆形，棕色，两侧略扁，棱狭翼状。分布于我国东北、华北、华东、中南、西南及陕西、甘肃等地。根、茎入药。

本科经济植物较多，供药用的还有前胡（*Peucedanum decursivum*）、防风（*Saposhnikovia divaricata*）等。蔬菜植物有旱芹（*Apium graveolens*）、芫荽（*Coriandrum sativum*，图14-163）、茴香（*Foeniculum vulgare*，图14-164）等。

图 14-163　芫荽

图 14-164　茴香

28. 五加科（Araliaceae）　$* K_{(5)} C_5 A_5 \underline{G}_{(5\sim2:5\sim2)}$

识别要点：多为木本；伞形花序；花 5 基数；子房下位，每室 1 枚胚珠；浆果。

识别歌诀

五加复叶成掌状，花为 5 数多伞形。

花盘顶生下位房，心皮 4、5 果核浆。

科的特征：多为乔木、灌木或木质藤本，稀为草本，常有刺。茎枝的髓大，体内有分泌管或分泌腔，含挥发油、树脂、树胶或乳状汁。叶为单叶、掌状复叶或羽状复叶，常互生；托叶常与叶柄基部合生成扁鞘状，很少无托叶。花小，整齐，两性或杂性，少有单性异株；伞状花序、头状花序、总状花序或穗状花序，这些花序再组成圆锥状复花序；花萼筒与子房合生，萼齿 5；花瓣 5，偶为 10，常分离，稀部分结合；雄蕊与花瓣同数而互生，有时为花瓣的 2 倍或无定数，着生在花盘上，位于子房的顶部；雌蕊由 2～5 个（或更多）心皮结合而成，子房下位，子房室和心皮同数，每室有 1 枚倒生胚珠。果实为浆果或核果。种子有丰富的胚乳。

分类及代表植物：本科约 80 属 900 多种。分布于两半球热带至温带地区。我国有 23 属 170 余种，除新疆未发现外，分布于全国各地，西南地区较多。

部分属检索表

1. 叶互生；木本植物，稀草本植物，如草本植物或半灌木则为羽状复叶
　2. 植物体有刺 ………………………………………… 五加属（*Acanthopanax*）
　2. 植物体无刺 ………………………………………… 通脱木属（*Tetrapanax*）
1. 叶轮生，掌状复叶；草本植物 ………………………………………… 人参属（*Panax*）

1）五加属（*Acanthopanax*）

灌木至小乔木，枝常有刺；叶为掌状复叶；花两性或杂性；伞形花序单生或排成顶生的大圆锥花序；萼 5 齿裂，稀全缘；花瓣 5，稀 4；雄蕊与花瓣同数；子房下位，常 2(3～5)室，花柱离生或合生成柱状，宿存；果近球形，核果状，有 2～5 棱；种子的胚乳均一。本属约有 35 种，分布于亚洲。我国有 26 种，分布几遍全国。根皮供药用。五加（*A. gracilistylus*），落叶灌木，有时蔓

生状；枝无刺或在叶柄基部有刺；掌状复叶在长枝上互生，在短枝上簇生；小叶 5，中央小叶最大，叶缘有锯齿，两面无毛，或叶脉有稀刺毛；伞形花序单生于叶腋或短枝的顶端；花瓣 5，黄绿色；花柱 2 或 3 个，分离至基部；果近于球形，紫黑色，含种子 2 枚。主要分布于长江流域及以南各省。根、皮、茎均可入药。

2）人参属（*Panax*）

多年生草本，根状茎肉质，纺锤形或竹节状至念珠状；茎单生，直立，基部具鳞片；掌状复叶轮生茎顶，有锯齿；花两性或杂性异株，伞形花序顶生，花萼有不明显的 5 齿，花瓣 5，覆瓦状排列；雄蕊 5；子房下位，2～5 室，每室 1 枚胚珠，倒垂，花盘肉质，环状，花柱 2～5 个，分离或基部联合；核果状浆果，扁球状肾形，红色，有 2～3 枚种子。本属约有 8 种，分布于亚洲东部和北美洲；我国有 6 种，主要分布于东北、西南部和中部。多为名贵的药用植物。如人参（*P. ginseng*，图 14-165），根状茎短，上有茎痕和芽苞，下端为纺锤状肉质根，须根细长；伞形花序顶生，花小，淡黄绿色；浆果状核果扁球形，成熟时鲜红色；种子 2 枚，扁圆形，黄白色。我国吉林、辽宁、黑龙江、河北、山西、湖北等地都有分布，为名贵药材。

本科植物在经济上还有多方面的用途，有许多种类在医药上有重要意义。例如：三七（*Panax notoginseng*）是著名的药材，块根历来用作止血、散瘀、消肿药；刺五加（*Acanthopanax senticosus*，图 14-166）产于东北、河北及山西，根皮及茎皮入药；通脱木（*Tetrapanax papyriferus*），茎中充满白色的髓部，此髓称“通草”，供药用，除水肿，下乳汁。

图 14-165 人参

图 14-166 刺五加

第六节 菊 亚 纲

29. 龙胆科(Gentianaceae) $* K_{4\sim5,(4\sim5)} C_{(4\sim5)} A_{4\sim5} \underline{G}_{(2:1:\infty)}$

识别要点：草本。单叶，常对生，无托叶。花两性，辐射对称，聚伞花序，花冠裂片常旋转状排列，裂片间具褶或裂片基部有大型腺体或腺窝；心皮 2，1～2 室，子房上位。蒴果，胚珠多数。

识 别 歌 诀

多为草本少灌木，叶常对生无托叶。
萼片合生成管状，花冠合瓣四五裂。
子房上位 2 心皮，侧膜胎座种子多。
本科常有生物碱，药用植物种类多。

科的特征：一年生或多年生草本，偶灌木。叶通常对生，全缘，无托叶。花两性，稀单性，辐射对称或近辐射对称；通常排成聚伞花序或单生；萼片合生，4～5（稀 12）裂；花冠合瓣，4～5（偶 12）裂，漏斗状或辐射状，裂片常旋转状排列，裂片间具褶或裂片，基部有大型腺体或腺窝；雄蕊与花冠裂片同数而互生，着生于花冠筒上，药 2 室，纵裂；雌蕊由 2 个心皮组成，子房上位，1 室（稀 2 室），胚珠多数；花柱单生，柱头全缘或 2 裂。蒴果，成熟 2 瓣裂，种子小而多，胚乳丰富。

分类及代表植物：本科约 80 属 800 余种，广泛分布于全世界，主产于北温带及寒温带。我国有 22 属 427 种，各省均产，主要分布于西南高山地区。

部分属检索表

1. 蜜腺轮生于子房基部，绝不出现于花冠管的基部 …………… 龙胆属（*Gentiana*）
1. 蜜腺轮生于花冠管的基部，与雄蕊互生 ……………………… 獐牙菜属（*Swertia*）

1）龙胆属（*Gentiana*）

直立草本。叶对生，稀轮生。花冠裂片间有褶，无腺。龙胆（*G. scabra*），多年生草本，具根状茎，无莲座状叶丛。叶卵形至卵状披针形，边缘及叶背面脉上粗糙。根及根状茎药用。秦艽（*G. macrophylla*），多年生草本。植株基部具枯叶纤维，聚伞花序簇生成头状，花冠蓝紫色，种子椭圆形，具细网纹，无翅，产于东北、华北等地。根药用，有祛风湿、舒筋络、清虚热的功效，可治疗风湿关节痛、结核病等。近缘种麻花艽（*G. straminea*，图 14-167），根入药，药效同秦艽。本属植物常含多种生物碱，除上述种类外，还有大叶龙胆（*G. macrophylla*，图 14-168）、灰绿龙胆（*G. yokusai*）、条叶龙胆（*G. manshurica*）、三花龙胆（*G. triflora*）、粗茎龙胆（*G. crassicaulis*）等，均可入药。

图 14-167　麻花艽

图 14-168　大叶龙胆

2）獐牙菜属（*Swertia*）

草本。花萼裂片近相等，花冠幅状，每 1 裂片基部有 1～2 个腺体。本属约 100 种，我国有 70 余种。獐牙菜（*S. bimaculata*，图 14-169），一年生草本，茎光滑。花黄绿色，花冠裂片上部具紫色小斑点，中部具 2 个黄褐色蜜腺。广泛分布于华东、中南、西南和甘肃、陕西等地。含龙胆碱、雏菊叶龙胆酮等，药用可抗菌消炎、抗氧化、抗癌等。

图 14-169　獐牙菜

30. 夹竹桃科（Apocynaceae）　$* K_{(5)} C_{(5)} A_5 \underline{G}_{(2:2:\infty)}$

识别要点：有乳汁。单叶对生或轮生，全缘。花两性，辐射对称；花萼合生，5 裂；花冠合瓣，常 5 裂，裂片旋转状排列，花冠喉部常具附属物；花药常箭形，互相黏合并贴生在柱头上；子房上位，心皮 2 个，离生或合生。蓇葖果，偶呈浆果状或核果状。种子有翅或长丝毛。

识 别 歌 诀

草木藤本多年生，乳汁水液遍全身。
单叶全缘对或轮，托叶常无脉羽状。
大花两性形整齐，萼常 5 裂冠合瓣。
花冠喉部有附属，5 枚雄蕊生于上。
子房上位心皮 2，浆核蒴果蓇葖果。

科的特征：木本或草本，常蔓生，有乳汁或水汁。单叶，对生或轮生，稀互生，全缘，无托叶，在叶柄基部常有腺体或腺鳞。花两性，辐射对称，单生或多朵排成聚伞花序或圆锥花序；花萼合生成筒状或钟状，常 5 裂，稀 4 裂，基部内面通常有腺体；花冠合瓣，高脚碟形或漏斗形，裂片 5，稀 4 裂，旋转状排列，喉部常有附属物；雄蕊与花冠裂片同数，着生在花冠筒上或喉部，花药常箭形或矩圆形，分离或互相黏合并贴生在柱头上；子房上位，心皮 2 个，中轴胎座或侧膜胎座。蓇葖果，偶呈浆果状或核果状。种子有翅或长丝毛。

分类及代表植物：本科约 250 属 2000 余种，分布于全世界热带、亚热带地区，少数在温带地区。我国产 46 属 176 种，主要分布于长江以南各地及台湾。

部分属检索表

1. 小乔木或灌木，叶轮生 …………………………………………… 夹竹桃属（*Nerium*）
1. 多年生直立草本，叶对生 ………………………………… 长春花属（*Catharanthus*）

1）夹竹桃属（*Nerium*）

常绿灌木，含水汁。叶常轮生，革质，全缘。伞房状聚伞花序顶生，花冠漏斗状，喉部有 5 片撕裂状的副花冠；药箭形，顶端药隔延长成丝状。夹竹桃（*N. inducum*，图 14-170），原产于伊朗，我国各地栽培供观赏。叶含强心苷、欧夹竹桃苷，治心力衰竭，但有剧毒，须慎用。

2）长春花属（*Catharanthus*）

直立多年生草本，花药顶端无毛。长春花（*C. roseus*，图 14-171），草本或亚灌木。叶对生，长椭圆形或倒卵形，基部渐窄成短柄。花 1～2 朵，生于叶腋，花冠淡红色或白色；花盘由 2 片舌状腺体组成。蓇葖果细长，种子无毛。原产于非洲东部，我国南方多栽培供观赏。全草含长春碱、长春新碱等，用于降血压，治疗急性淋巴细胞性白血病、淋巴肉瘤等。

本科植物常有毒，尤以种子和乳汁毒性最大。夹竹桃属、黄花夹竹桃属（*Thevetia*）、羊角

图 14-170　夹竹桃

图 14-171　长春花

拗属(*Strophanthus*)等含有多种生物碱,为重要的药物原料。本科植物中,供药用的还有萝芙木(*Rauvolfia verticillata*,图14-172),分布于我国华南、西南各省。根、茎、叶可入药,为国产中药"降压灵"的原料。供观赏的植物还有鸡蛋花(*Plumeria rubra* var. *acutifolia*,图14-173)、黄花夹竹桃(*Thevetia peruviana*)、黄蝉(*Allamanda schottii*)等。

图14-172 萝芙木

图14-173 鸡蛋花

31. 茄科(Solanaceae) $*K_{(5)}C_{(5)}A_5\underline{G}_{(2:2:\infty)}$

识别要点:常草本,具双韧维管束,单叶互生。花两性,辐射对称,稀两侧对称,单生或聚伞花序;花萼常5裂,结果时常增大而宿存;雄蕊常与花冠裂片同数而互生,花药常孔裂;子房上位,2个心皮,2室,中轴胎座,胎座偏斜,胚珠多数。浆果或蒴果。

识别歌诀

双韧维管叶互生,聚伞花序顶或侧。
合瓣花冠常成筒,雄蕊5枚相互生。
中轴胎座2心皮,每室多胚果实生。
浆果常可做蔬菜,烟草常用蒴果栽。

科的特征:直立或蔓生的草本或灌木,稀乔木;具双韧维管束。叶互生,单叶或羽状复叶,无托叶。花两性,辐射对称,稀两侧对称,单生或聚伞花序,5基数;花萼5裂,结果时常增大而宿存;花冠5裂,辐状、漏斗状、高脚碟状、钟状或坛状;雄蕊与花冠裂片同数互生,着生于花冠筒部,花药2室,纵裂或孔裂;2个心皮2室,稀由假隔膜隔成3~5室,中轴胎座,胚珠多数。浆果或蒴果,种子具丰富的肉质胚乳。

分类及代表植物:本科约有80属3000种,广布于热带及温带地区,主产于美洲热带。我国有24属约115种。有多种重要的蔬菜、经济植物和观赏植物。

部分属检索表

1. 多年生、多刺小灌木 …………………………………… 枸杞属(*Lycium*)
1. 一年生草本
  2. 花单生,偶簇生 …………………………………… 辣椒属(*Capsicum*)
  2. 花集生于各式聚伞花序上
    3. 蒴果,花冠钟状 …………………………………… 烟草属(*Nicotiana*)
    3. 浆果,花冠辐状
      4. 单叶(马铃薯除外) …………………………………… 茄属(*Solanum*)

4. 羽状复叶 …………………………………………… 番茄属(*Lycopersicon*)

1) 枸杞属(*Lycium*)

灌木,常有刺。单叶,全缘。花单生或簇生于叶腋。浆果。宁夏枸杞(*L. barbarum*,图 14-174),主产于宁夏、甘肃等地。果实入药,称为“枸杞子”,具补肝肾、益精明目的功效。枸杞(*L. chinense*),野生或栽培,果、根及根皮均入药。

图 14-174　宁夏枸杞

2) 辣椒属(*Capsicum*)

花单生,花萼杯状,具不明显 5 齿,果梗粗壮。浆果无汁,有空腔,果皮肉质,有辛辣味。本属约 25 种,原产于南美洲,我国栽培 1 种。辣椒(*C. annuum*),原产于墨西哥及南美,世界各地普遍栽培,为重要蔬菜和调味品。种子油可食用,果可驱虫及发汗。根据果实生长状态、形状和辣味的程度等,可划分为若干变种,如:菜椒(*C. annuum* var. *grossum*,图 14-175),主要作为蔬菜食用;朝天椒(*C. annuum* var. *conoides*,图 14-176),主要做盆景观赏用;五色椒(*C. annuum* var. *cerasiforme*),既可观赏,也可供调味用。

图 14-175　菜椒

图 14-176　朝天椒

图 14-177　烟草

3) 烟草属(*Nicotiana*)

一年生或多年生草本,常被腺毛。聚伞花序;花萼果时稍增大,宿存;花冠筒状、漏斗状或高脚碟状;雄蕊不等长或近等长,花药纵裂。蒴果 2 裂,种子多数。本属约有 95 种,分布于美洲、非洲及大洋洲。我国栽培 3 种。烟草(*N. tabacum*,图 14-177),高大草本,全体被腺毛,叶大。圆锥状聚伞花序顶生。原产于南美,现广植于全世界温带和热带地区,我国各地广为栽培。叶为卷烟和烟丝的原料。全株含尼古丁,有剧毒,可做农药杀虫剂,也可入药。

4) 茄属(*Solanum*)

草本、灌木或小乔木,有时攀援,或有刺,常被星状毛。单叶互生,偶复叶。花两性,花冠辐状或浅钟状;花药黏合成筒,顶孔开裂。浆果。本属约有 2000 种,我国有 39 种。马铃薯(*S. tuberosum*,图 14-178),草本,奇数羽状复叶,花白色或淡紫色;原产于南美洲,现广为栽培;块茎富含淀粉,是主要的粮食兼蔬菜作物。茄(*S. melongena*),全株披星状毛;单叶互生,卵形至矩圆状卵形,叶缘波状;花单生,紫色,花冠辐状;浆果;原产于亚洲热带,全世界广泛栽培,果做蔬菜。龙葵(*S. nigrum*,图 14-179),一年生草本,植株粗壮,多分枝,花 4～10 朵组成短蝎尾状花序,腋外生;浆果黑色;全世界广布;全草入药,可抗癌。乳茄(*S. mammosum*),果实有几个突起,栽培供观赏。

图 14-178　马铃薯

图 14-179　龙葵

5) 番茄属(*Lycopersicon*)

羽状复叶。花序腋外生,花萼、花冠辐状,5～7 裂。浆果。番茄(西红柿)(*L. esculentum*,图 14-180),全株被黏质腺毛,叶为羽状复叶或羽状分裂;圆锥式聚伞花序腋外生,花药靠合,纵裂;浆果由假隔膜分隔成 3～5 室;原产于南美洲,现全世界广泛栽培,果做蔬菜或水果,品种很多。

本科植物不少种类含生物碱及其他成分,可供药用。除上述种类外,供药用的植物还有:曼陀罗(*Datura stramonium*,图 14-181)、洋金花(*D. metel*,图 14-182),全株剧毒,含莨菪碱和东莨菪碱,花为中药麻醉剂;颠茄(*Atropa belladonna*),含阿托品、颠茄碱等,叶为镇痛、镇静药,根治盗汗,并有散瞳功效。供观赏的植物还有夜香树(*Cestrum nocturnum*)、矮牵牛(*Petunia hybrida*,图 14-183)等。

图 14-180　番茄

图 14-181　曼陀罗

图 14-182　洋金花

图 14-183　矮牵牛

32. 唇形科(Labiatae,Lamiaceae)　↑ $K_{(5)}C_{(4\sim5)}A_{4,2}\underline{G}_{(2:4:1)}$

识别要点:常草本,植株常含挥发性芳香油。茎四棱,单叶对生或轮生,无托叶。轮伞花序,唇形花冠,花萼宿存;二强雄蕊,子房上位,2 个心皮,4 室。4 个小坚果。

识别歌诀

茎四棱,叶对生,挥发油脂遍全身。
轮伞花序唇形冠,二强雄蕊高处站。
子房上位 2 心合,留下 4 个小坚果。
薄荷藿香与荆芥,益母黄芩可活血。

科的特征:草本,稀灌木,常含挥发性芳香油。茎常四棱形。叶对生,稀轮生或互生,无托叶。腋生聚伞花序构成轮伞花序,稀总状或单花腋生;花两性,两侧对称;花萼宿存,具 4～5 齿;花冠 5 裂,稀 4 裂,二唇形;雄蕊 4 枚,2 强,或 2 枚;雌蕊心皮 2 个,子房上位,浅裂或深裂为 4 室,每室有 1 枚直立的倒生胚珠,花柱常生于子房裂隙基部,柱头 2 裂。结果时 1 个子房形成 4 个小坚果,常宿存于花萼内。种子无或有少量胚乳。

分类及代表植物:本科约有 220 属 3500 种,是世界性的大科,近代分布中心为地中海和小亚细亚。我国有近 100 属 800 余种,全国性分布,尤以西部干旱地区为多。本科植物富含芳香性的挥发油,可提取香精,有的植物可药用,有些可供观赏。

部分属检索表

1. 花冠明显 2 唇
  2. 花药条形而有细长的药室,雄蕊 2 枚 ………………………… 鼠尾草属(*Salvia*)
  2. 花药卵形,雄蕊 4 枚
    3. 叶非卵形,深裂 ……………………………………………… 益母草属(*Leonurus*)
    3. 单叶卵形
      4. 后对雄蕊长于前对雄蕊 ………………………………… 藿香属(*Agastache*)
      4. 后对雄蕊短于前对雄蕊 ………………………………… 夏枯草属(*Prunella*)
1. 花冠近于辐射对称,有近似或略为分化的裂片
      5. 雄蕊 4 枚,2 长 2 短 ……………………………………… 紫苏属(*Perilla*)
      5. 雄蕊 4 枚,近等长 ………………………………………… 薄荷属(*Mentha*)

1) 鼠尾草属(*Salvia*)

草本,稀半灌木。轮伞花序组成顶生及腋生的假总状或圆锥花序;花冠唇形,上唇直立而拱曲,下唇展开;雄蕊 2 枚,花丝短。本属有 900 余种,我国有 84 种。丹参(*S. miltiorrhiza*,图 14-184),多年生草本;羽状复叶,小叶常 3～5,两面被疏柔毛,下面较密;花冠蓝色,根肥厚,肉质,外红内白,故名丹参;分布于辽宁、华北、陕西、华东、华中等地;根入药,有活血祛瘀、凉血、安神的功效,为心血管疾病的要药。一串红(*S. splendens*,图 14-185),半灌木状草本,花冠红色、紫色或白色;原产于巴西,我国引种栽培供观赏。

2) 益母草属(*Leonurus*)

草本。花萼漏斗状,5 脉,萼齿近等大,内面无毛环或具斜向或近水平向的毛环。本属约有 20 种,我国有 12 种。益母草(*L. japonicus*,图 14-186),叶两型,基生叶卵状心形,茎生叶数回羽裂;花冠上唇全缘,下唇 3,小坚果矩圆状三棱形;产于全国各地;全草活血调经,为妇科

常用药；小坚果称“茺蔚子”，除做妇科药外，还有利尿、明目作用。

3）藿香属（*Agastache*）

草本。叶卵形。萼具15脉，内面无毛环。花冠上唇直立，2裂，下唇3裂，展开，中裂片特大。本属约有9种。我国仅藿香（*A. rugosa*，图14-187）1种，叶心状卵形至长圆状披针形，缘有粗锯齿；轮伞花序组成密集的圆筒形穗状花序，顶生；各地广泛栽培；全草入药，能健胃、化湿、止呕、清暑热等。

图14-184　丹参

图14-185　一串红

图14-186　益母草

图14-187　藿香

4）夏枯草属（*Prunella*）

多年生草本。花萼有极不相等的齿，二唇形，果期下唇向上唇斜伸；花冠上唇盔状，后2枚雄蕊短于前2枚雄蕊。本属有7种，我国有3种。夏枯草（*P. vulgaris*，图14-188），全株具白色粗毛；轮伞花序集成假穗状花序，全株夏末枯萎；广布于欧、亚、美等洲，我国各地均有；全草或果穗入药，具清肝明目、消肿散结的功效。

5）紫苏属（*Perilla*）

一年生草本。花萼具10脉，花冠近于辐射对称；能育雄蕊4枚，具展开直伸的花丝；子房完全4裂。仅紫苏（*P. frutescens*，图14-189）1种，叶紫色，茎、叶、种子均可入药，分别称苏梗、苏叶、苏子，有解表散寒、行气和胃、降气消痰、止咳平喘、止痛安胎等功效；茎、叶含芳香油，可做香料，也可做蔬菜。

6）薄荷属（*Mentha*）

芳香草本，叶背有腺点。轮伞花序腋生，花冠4裂，雄蕊4枚。本属约有30种，我国有12种。薄荷（*M. haplocalyx*，图14-190），多年生草本，具清凉浓香气味。叶卵形或长圆形，两面有毛。轮伞花序腋生。我国南北各地均有野生或栽培。全草含薄荷油，可药用和提取芳香油，茎、叶为蔬菜和调味品。

本科常见的植物还有：薰衣草（*Lavandula angustifolia*），叶线形，全草有持久的香气，为传统的衣柜驱虫药，原产于地中海；黄芩（*Scutellaria baicalensis*，图 14-191），分布于我国北方各省（自治区），根肥厚肉质，为重要的清热消炎药；半枝莲（*S. barbata*），叶三角状卵形至卵状披针形，产于华北、华中、华南及西南，全草可清热解毒、治蛇伤等；甘露子（*Stachys sieboldii*），又称螺蛳菜、草石蚕、宝塔菜，匍匐枝顶端膨大呈螺丝状的块茎，可制酱菜。

图 14-188　夏枯草

图 14-189　紫苏

图 14-190　薄荷

图 14-191　黄芩

33. 玄参科（Scrophulariaceae）　$\uparrow K_{(4\sim5)} C_{(4\sim5)} A_4 \underline{G}_{(2:2:\infty)}$

识别要点：多为草本。单叶，常对生。花两性，常两侧对称，排成各种花序；花萼 4～5 枚，宿存，唇形花冠；雄蕊 4 枚，2 强；子房上位，2 个心皮，2 室，中轴胎座，胚珠多数。蒴果，稀浆果。

识别歌诀

草多稀有树木生，单叶多为相对生。
两性花成各花序，萼片宿存冠合生。
二唇裂片 4～5，二强雄蕊冠筒生。
子房上位有 2 室，中轴胎座蒴果成。
唇形与之多相似，茎圆而非四方棱。

科的特征：草本，稀灌木或乔木。单叶对生，稀互生或轮生，无托叶。花两性，常两侧对称，稀辐射对称，排成各种花序；花萼 4～5 深裂，宿存；花冠合瓣，4～5 裂，常 2 唇形，覆瓦状排列；雄蕊 4 枚，2 强，着生于花冠筒上；子房上位，2 个心皮，2 室，中轴胎座，胚珠多数。蒴果，稀浆果。种子多数，稀少数，有胚乳。

分类及代表植物：本科有 200 余属 3000 种以上，广布于世界各地。我国有 54 属约 600 种，全国均产，主产于西南地区。本科有多种重要的药用植物和经济树种，有些是常见的观赏植物和农田杂草。

部分属检索表

1. 乔木 …………………………………………………… 泡桐属(*Paulownia*)
1. 草本
  2. 雄蕊 2 枚 …………………………………………… 婆婆纳属(*Veronica*)
  2. 雄蕊 4 枚
    3. 聚伞花序 ………………………………………… 玄参属(*Scrophularia*)
    3. 花单生叶腋或总状花序
      4. 花冠大而喇叭状,长度超过 3 cm ……………… 地黄属(*Rehmannia*)
      4. 花冠小得多,长度不超过 2 cm ………………… 通泉草属(*Mazus*)

1) 泡桐属(*Paulownia*)

落叶乔木。单叶对生,叶具长柄。花排成顶生的聚伞圆锥花序,花冠大,花冠裂片不明显唇形,裂片近相等。蒴果木质或革质,室背开裂。种子小而多,有膜质翅。本属有 7 种,分布于东亚,我国各地均产。白花泡桐(*P. fortunei*,图 14-192),阳性速生树种,木材轻且易加工,耐酸耐腐,防湿隔热,为制造家具、航空模型、乐器、胶合板等的优良木材;花大而美丽,可栽培观赏。毛泡桐(*P. tomentosa*),枝条有明显皮孔,叶和花具星状毛;萼浅钟状,花冠淡紫色,稍 2 唇形;原产于我国,分布于辽宁以南至湖北、华东各省,各地多栽植为行道树及庭院树。

2) 婆婆纳属(*Veronica*)

草本。叶多对生。顶生或腋生,总状花序或穗状花序;花萼 4 裂,花冠筒短,花冠常辐状;雄蕊 2 枚。蒴果,室背开裂。本属约有 250 种,我国有 53 种。北水苦荬(*V. anagallis-aquatica*),多年生水生或沼生草本,具根状茎。花序腋生。蒴果卵圆形。广布于长江以北及西南、西北各省(自治区)。全草药用,能清热利湿、止血化瘀;嫩叶可作为野生蔬菜。婆婆纳(*V. polita*),全草入药,治疝气、腰痛、白带。阿拉伯婆婆纳(*V. persica*,图 14-193),花蓝紫色。全草药用,治肾虚、风湿。

图 14-192 白花泡桐

图 14-193 阿拉伯婆婆纳

3) 玄参属(*Scrophularia*)

草本。叶对生,常有透明腺点。花冠球形或卵形;能育雄蕊 4 枚,退化雄蕊 1 枚。蒴果。本属有 200 余种,主产于北温带,我国有 30 余种。玄参(*S. ningpoensis*,图 14-194),多年生草本。茎四棱形,叶对生。顶生圆锥花序,花冠紫褐色,上唇明显长于下唇。分布于陕西和河北以南各省(自治区),主产于浙江。块根具滋阴清火、生津润肠、行瘀散结的功效。

4）地黄属（*Rehmannia*）

草本，被黏毛。叶互生，边缘具粗齿。花大，萼钟形，5 裂。花冠唇形，有毛。蒴果，藏于宿萼内。本属有 8 种，我国全产。地黄（*R. glutinosa*，图 14-195），多年生草本，全株有白长毛和腺毛。根肥厚，黄色。茎上常无叶，顶生总状花序。蒴果 2 裂，种子多数。分布于东北、西北、华北到华东，常见于路边荒地。根含地黄素等成分，为名贵中药，主产于河南。新鲜的根称为鲜地黄，清热凉血；根干后称为生地，能滋阴养血；加酒蒸煮后称为熟地，能滋肾补血。

图 14-194 玄参

图 14-195 地黄

5）通泉草属（*Mazus*）

草本。叶以基生为主，多为莲座状或对生，茎上部的互生，有齿或分裂。花蓝色或白色，排成顶生的总状花序；萼钟形，5 裂；花冠 2 唇形，二强雄蕊。蒴果球形或压扁，有多数细小的种子。本属约 35 种，我国有 22 种，多分布于西南及华中地区。常见种有通泉草（*M. pumilus*，图 14-196）、弹刀子菜（*M. stachydifolius*，图 14-197）等，二者均可全草入药，止痛、健胃、治毒蛇咬伤等。

图 14-196 通泉草

图 14-197 弹刀子菜

除上述种类外，本科供药用的植物还有：毛地黄（*Digitalis purpurea*），其叶含毛地黄素，为强心要药；阴行草（*Siphonostegia chinensis*，图 14-198），全草含挥发油，清热利湿，凉血止血，祛瘀止痛。供观赏用的植物有荷包花（*Calceolaria crenatiflora*）、炮仗竹（*Russelia equisetiformis*）、金鱼草（*Antirrhinum majus*，图 14-199）等。

34. 木樨科（Oleaceae） $\uparrow K_4 C_4 A_2 \underline{G}_{(2:2)}$

识别要点：木本；叶对生，托叶无；花 4 基数，整齐，雄蕊 2 枚，子房上位，2 室。

识 别 歌 诀

木本植物对生叶，两性花冠无托叶。

圆锥聚伞顶或腋，花萼花冠常 4 裂。

雄蕊2枚常下位，两个心皮房上位。

浆核翅蒴种类多，观赏绿化用此科。

图 14-198　阴行草

图 14-199　金鱼草

科的特征：乔木、灌木或藤本。叶对生，少互生或轮生，单叶或复叶，无托叶。花辐射对称，两性或单性，常组成圆锥花序或聚伞花序；花萼通常4裂，花冠合瓣，4～9裂，有时缺；雄蕊通常2枚；子房上位，中轴胎座，2室，花柱单一，柱头2裂或头状。果实为核果、蒴果、浆果或翅果。

分类及代表植物：本科有29属600余种，广布于温带和热带各地。我国有12属约200种，南北各省均有分布。

部分属检索表

1. 翅果 …………………………………………………………… 梣属(*Fraxinus*)
1. 非翅果
　2. 单叶对生
　　3. 花簇生叶腋 ……………………………………………… 木樨属(*Osmanthus*)
　　3. 顶生圆锥或穗状花序 …………………………………… 女贞属(*Ligustrum*)
　2. 三出复叶或羽状复叶 ………………………………………… 素馨属(*Jasminum*)

1）梣属(*Fraxinus*，即白蜡树属)

图 14-200　湖北梣

本属有60余种，我国产27种。落叶乔木，羽状复叶对生，翅果。梣(*F. chinensis*，即白蜡树)，小叶5～9，无毛。萼钟形，无花冠。我国特产，全国性分布，可做行道树或护堤树。小叶白蜡树(*F. bungeana*)，树皮入药，即中药的“秦皮”，含秦皮素和七叶树素等，有清热、明目之效。水曲柳(*F. mandshurica*)，木材致密，坚固有弹力，抗水湿，可供建筑、船舰、仪器、枕木、枪托等用。湖北梣(*F. hupehensis*，图14-200)，又名对节白蜡，为我国特有种，模式标本产于湖北省京山，因树形优美，四季常绿，常用作优良盆景观赏。

2）木樨属(*Osmanthus*)

本属约30种，我国产25种。单叶，对生，叶革质或薄革质，雌雄异株或雄花、两性花异株，聚伞花序聚生与叶腋，核果。木樨(*O. fragrans*，图14-201)，常见品种有金桂、银桂、丹桂以及

A

B

图 14-201　木樨

A. 金桂；B. 丹桂

四季桂等，花香浓郁，是我国各地常见的园林绿化及行道树植物。

3）女贞属（*Ligustrum*）

本属约 45 种，我国产 29 种，西南地区居多。单叶对生，全缘。花两性，花萼、花冠均 4 裂，核果。女贞（*L. lucidum*，图 14-202），小枝无毛，叶薄革质，无毛。产于长江以南各省和甘肃等地。其果称“女贞子”，补肾养肝，明目。小蜡（*L. sinense*），分布于长江以南各省，枝叶可放养白蜡虫，果可酿酒。

图 14-202　女贞

4）素馨属（*Jasminum*）

本属又名茉莉属，约 200 种，我国产 47 种，叶为三出复叶或羽状复叶，稀单叶，浆果。茉莉花（*J. sambac*），花白色，芳香。原产于阿拉伯和印度之间，我国各地有栽培，花可提取香精和用于熏茶。迎春花（*J. nudiflorum*，图 14-203），早春开花，花黄色，先叶开放，常栽培供观赏。其叶和根均含丁香苷和迎春花苷，叶能消肿解毒，治肿痛恶疮、跌打损伤；花能解热利尿，治发热头痛、小便热痛。

本科供观赏的还有丁香属（*Syringa*）植物等，常见的有紫丁香（*S. oblata*，图 14-204）、红丁香（*S. villosa*）、华丁香（*S. protolaciniata*）等。供药用的有暴马丁香（*S. reticulata* subsp. *amurensis*），其树皮、树干及茎枝入药，具消炎、镇咳、利水作用；花的浸膏质地优良，可广泛调制各种香精，是一种使用价值较高的天然香料。

图 14-203　迎春花

图 14-204　紫丁香

35. 桔梗科(Campanulaceae)　$* \uparrow K_{(5)} C_{(5)} A_5 \underline{G}_{(3:3:\infty)}$

识别要点：草本，稀木本，常含乳汁。单叶，常互生，无托叶。花两性，5 基数，辐射对称或两侧对称；花冠合瓣，常钟状，5 裂；雄蕊与花冠裂片同数。子房下位或半下位，稀上位，常 3 室。蒴果。

识别歌诀

多为草本稀木本，直立攀援汁液多。
常单叶生无托叶，聚伞花序单二歧。
两性花常相对称，萼筒子房相合生。
花冠 5 裂样式多，雄蕊同数基处着。
子房下位半下位，中轴胎座蒴果成。

科的特征：草本，稀木本，常含乳汁和汁液。单叶，常互生，稀对生或轮生，无托叶。花两性，5 基数，辐射对称或两侧对称；花萼合生，5 裂，宿存；花冠合瓣，常钟状，5 裂；雄蕊 5 枚，子房下位或半下位，稀上位，2～5 室，3 室居多。蒴果，稀肉质浆果。种子小，胚乳丰富。

分类及代表植物：本科约有 70 属 2500 种，全球性分布，主要分布在温带和亚热带地区。我国有 16 属 170 种，各地均产，以西南地区较多。

部分属检索表

1. 花单生于主茎与侧枝顶端，蒴果在花萼分裂处以上裂瓣 … 党参属(*Codonopsis*)
1. 聚伞花序，蒴果在基部 3 孔裂 ………………………………… 沙参属(*Adenophora*)

1) 党参属(*Codonopsis*)

多年生草本。根常肥大，呈圆柱状、圆锥状、球状或念珠状等。茎基短，有多数瘤状茎痕，茎直立，缠绕或平卧。叶互生、对生、簇生或假轮生。花单生主茎和侧枝顶端。本属有 40 余种，分布于亚洲东部和中部，我国约有 39 种，全国各地均产，主产于西南。党参(*C. pilosula*，图 14-205)，根圆柱形，下端分枝或不分枝，外皮灰黄色至灰棕色。茎缠绕，花冠淡黄绿色。主产于东北、华北等地区。根药用，有补中益气、健脾益肺的功效。羊乳(*C. lanceolata*)，根倒卵状纺锤形，略似海螺，故又名山海螺。在全国均有分布，根入药。

2) 沙参属(*Adenophora*)

多年生草本。根胡萝卜状。茎直立或上升。叶互生，稀轮生。花下垂，花冠钟形。蒴果自基部不规则裂开。本属有 50 种，主要分布在亚洲东部，我国约有 40 种，主产于四川至东北地区。本属的轮叶沙参(南沙参)(*A. tetraphylla*)、杏叶沙参(*A. hunanensis*)、狭叶沙参(*A. gmelinii*，图 14-206)、长柱沙参(*A. stenanthina*)和无柄沙参(*A. stricta* subsp. *sessilifolia*)的根均有清肺化痰作用。

本科植物常含皂苷和生物碱，供药用。除上述药用植物外，供药用的植物还有半边莲(*Lobelia chinensis*，图 14-207)，多年生蔓生小草本，有乳汁。花单生，偏冠，故名“半边莲”。产于长江流域及华南，全草清热解毒、利尿消肿。桔梗(*Platycodon grandiflorus*，图 14-208)，全国广布，根入药，能宣肺、散寒、祛痰、排脓。铜锤玉带草(*Pratia nummularia*)，产于西南、华南至华东，全草药用，治风湿、跌打损伤等。本科常见的观赏植物有风铃草(*Campanula medium*)，原产于欧洲南部，其花冠蓝色，公园常栽培观赏。

36. 茜草科(Rubiaceae)　$* K_{(4\sim5)} C_{(4\sim5)} A_{4\sim5} \underline{G}_{(2:2:1\sim\infty)}$

识别要点：单叶对生或轮生，全缘，具托叶。花辐射对称，4 或 5 基数；子房下位，2 室，中轴

图 14-205　党参

图 14-206　狭叶沙参

图 14-207　半边莲

图 14-208　桔梗

胎座，胚珠多数或 1 枚。蒴果、核果或浆果。

识别歌诀

单叶对生或轮生，两片托叶柄基生。
花多两性辐射称，4、5 基数样式多。
雄蕊花冠相互生，子房下位常 2 室。
蒴果核果和浆果，胚珠多数或 1 枚。

科的特征：乔木、灌木或草本，有时攀援或匍匐。单叶对生或轮生，全缘，有托叶 2，常生叶柄间，分离或合生，明显而常宿存，稀脱落。花两性，稀单性或杂性，常辐射对称，常 4 或 5 基数，单生或排成各种花序；萼筒与子房合生，裂片 4～5，有时 1 片增大成叶状或花瓣状而具彩色；花冠合瓣，管状、漏斗状、高脚碟状或辐状，裂片常 4～5，旋转、镊合或覆瓦状排列；雄蕊与花冠裂片同数而生花冠筒上；子房下位，常 2 室，中轴胎座，稀 1 室，侧膜胎座，每室胚珠 1 枚至多数。蒴果、浆果或核果，种子有胚乳。

分类及代表植物：本科约 637 属 10700 多种，广泛分布于热带和亚热带地区，少数产于温带地区。我国含引种有 98 属 676 种，主产于西南和东南地区。本科有多种药用、观赏和香料植物，有些为农田杂草。

部分属检索表

1. 灌木或乔木
   2. 子房 1 室，胚珠多数 ………………………………………… 栀子属(*Gardenia*)
   2. 子房 2 室，每室胚珠 1 枚 ……………………………………… 咖啡属(*Coffea*)
1. 草本

3. 花 5 基数,果肉质 ………………………………………………… 茜草属(*Rubia*)
3. 花 4 基数,果干燥或近干燥 ……………………………………… 拉拉藤属(*Galium*)

图 14-209　栀子

1) 栀子属(*Gardenia*)

灌木。叶对生或轮生,托叶生叶柄内,基部合生成鞘。花冠高脚碟状,裂片旋转状排列。浆果。本属约有 250 种,分布于东半球热带及亚热带地区。我国有 5 种,产于华南及西南。栀子(*G. jasminoides*,图 14-209),叶对生或 3 叶轮生,仅背面脉腋有簇生短毛。花白色,芳香。果卵状至长椭圆形,有纵棱 5～9,萼宿存,熟时橙黄色。产于长江以南各省。常庭园栽培供观赏,果入药,清热泻火、凉血、消肿,也可做黄色染料。

2) 咖啡属(*Coffea*)

灌木或小乔木。花簇生叶腋或成聚伞花序。花冠高脚碟状,裂片旋转状排列。浆果,有种子 2 枚。本属有 90 余种,主产于热带非洲,我国引入栽培 5 种。咖啡(*C. arabica*),叶对生,薄革质,矩圆形或披针形,边缘波状或浅波状,先端渐尖,托叶宽三角形。聚伞花序簇生叶腋,无花序总梗。浆果椭圆形,红色,种子有纵槽。种子含生物碱,药用或做饮料。

3) 茜草属(*Rubia*)

草本。根成束,常红褐色。茎常被糙毛或皮刺。叶 4～8 片轮生。聚伞花序,花 5 基数,花冠辐状或短钟状。子房 2 室,每室 1 枚胚珠。果 2 裂,肉质浆果状。茜草(*R. cordifolia*,图 14-210),多年生蔓生草本。茎四棱形,有倒生皮刺。叶常 4 片轮生(其中 2 片实为托叶),卵状心形。花黄色,果橘黄色,肉质,黑色,球形。根可药用,也可提取茜红色素。我国大部分地区有产。

4) 拉拉藤属(*Galium*)

草本。叶 4～10 枚轮生。花 4 基数。果常干燥,小坚果状,双生,稀单生,常被毛。拉拉藤(*G. aparine* var. *echinospermum*),蔓生草本,高而粗壮,茎有 4 棱角,茎棱、叶缘及叶脉有倒生小刺毛;花序多花。除海南外,广布于全国,常见杂草,全草可药用。猪殃殃(*G. aparine* var. *tenerum*,图 14-211),植株矮小柔弱,花常单生;分布于我国大部分地区,为常见杂草,药用同拉拉藤。

图 14-210　茜草

图 14-211　猪殃殃

本科富含生物碱和苷类,入药种类很多,除上述种类外,尚有:金鸡纳树(*Cinchona ledgeriana*),常绿乔木,树皮及根皮含奎宁,是治疟疾的特效药;巴戟天(*Morinda officinalis*),分布于广东、广西,根为著名中药,有补肾阳、强筋骨、祛风湿功效;钩藤(*Uncaria rhynchophylla*)、华钩藤(*U. sinensis*),以带钩藤入药,有清热、平肝、止痛、降血压之效;白花蛇舌草(*Hedyotis diffusa*)，纤弱草本，全株无毛。叶线形，托叶长刺状。花白色，单生或成对，蒴果扁球形。分布于东南至西南。全草清热解毒、活血、利尿，治盲肠炎有效，对癌症也有一定疗效。此外，六月雪(*Serissa japonica*)、五星花(*Pentas lanceolata*，图 14-212)、玉叶金花(*Mussaenda pubescens*，图 14-213)、龙船花(*Ixora chinensis*，图 14-214)等，均为常见庭园观赏植物。

图 14-212　五星花

图 14-213　玉叶金花

图 14-214　龙船花

37. 忍冬科(Caprifoliaceae)　$* \uparrow K_{(4\sim5)} C_{(4\sim5)} A_{4\sim5} \underline{G}_{(2\sim5:2\sim5:1\sim\infty)}$

识别要点：木本，稀草本。叶对生，常无托叶。花两性，4 或 5 基数，辐射对称或两侧对称；花冠合瓣，常覆瓦状排列；雄蕊与花冠裂片同数而互生，着生于花冠筒上；子房下位，常 3 室。浆果或核果，少蒴果。

识 别 歌 诀

灌木缠绕或直立，本质柔软大髓心。
对生叶来无托叶，两性花来多聚伞。
花筒子房基处合，雄蕊 4、5 与互生。
子房下位浆核果，药用观赏价值多。

科的特征：木本，稀草本。单叶对生，稀轮生和奇数羽状复叶，常无托叶。花两性，辐射对称至两侧对称，4 或 5 基数；聚伞花序，或由聚伞花序组成各种花序，也有数朵簇生，稀单生；花萼筒与子房贴生，裂片 4～5；花冠合瓣，4～5 裂，有时 2 唇形，覆瓦状排列，稀镊合状排列；雄蕊与花冠裂片同数而互生，着生于花冠筒上；子房下位，2～5 室，每室具 1 枚至多数胚珠。浆果或核果，少蒴果。种子有胚乳。

分类及代表植物：本科约有 13 属 500 种，主要分布于北温带和热带高山，东亚、北美东部种类最多。我国有 12 属 200 余种，南北均有分布。

部分属检索表

1. 浆果，内有1枚至多数种子 …………………………………… 忍冬属(*Lonicera*)
1. 核果，内有种子1枚 ………………………………………………… 荚蒾属(*Viburnum*)

1) 忍冬属(*Lonicera*)

直立或缠绕灌木。单叶对生，全缘。花成对着生于腋生花序梗顶端，相邻二花萼筒常多少合生或分离。花冠2唇形，上唇4，下唇1，反转。浆果。本属约有200种，产于北美洲、欧洲、亚洲北部温带和亚热带地区，我国有98种。忍冬(金银花)(*L. japonica*，图14-215)，常绿藤本，茎向右缠绕，小枝中空。花双生于枝上部叶腋，苞片叶状；花冠2唇状，初开时白色，后转黄色，芳香。我国南北均产，花蕾入药，含木樨草素、忍冬苷等，清热解毒，也是优良的垂直绿化和棚架绿化植物。

2) 荚蒾属(*Viburnum*)

常绿灌木或小乔木。聚伞花序组成顶生或侧生伞形式、圆锥式或伞房式花序。有些种类的边缘花放射状，不结实，花冠辐状。核果。本属约有200种，分布于北半球温带至亚热带地区。我国约有74种，南北均产。绣球荚蒾(*V. macrocephalum*，图14-216)，灌木，冬芽裸露，幼枝、叶均被星状毛；叶卵形，侧脉5～6对，不达齿尖；花序几乎全由不育花组成，白色。江苏、浙江、江西、河北等地常见栽培。珊瑚树(*V. odoratissimum*)，常绿乔木，花白色，芳香。分布于我国南部至印度，日本也有，常作为风景树栽培。

图 14-215　忍冬

图 14-216　绣球荚蒾

本科供药用的植物还有接骨木属(*Sambucus*)的接骨木(*S. williamsii*，图14-217)、接骨草(*S. chinensis*)，这两种植物的茎叶均为祛风通络、活血止痛药。常见的供观赏的植物还有糯米条(*Abelia chinensis*)、锦带花(*Weigela florida*，图14-218)等。

图 14-217　接骨木

图 14-218　锦带花

38. 菊科(Asteraceae,Compositae)　$* \uparrow K_{0\sim\infty} C_{(5)} A_{(5)} \underline{G}_{(2:1:1)}$

识别要点:多为草本。叶互生。头状花序,有总苞;花冠合瓣,管状或舌状;聚药雄蕊,子房下位,2 个心皮 1 室,1 枚胚珠。瘦果顶端具各种宿存冠毛。

识别歌诀

此乃被子第一科,分布极广用处多。
头状花序有总苞,舌花管花萼变毛。
5 枚雄蕊常合生,紧抱一起称聚药。
下位子房珠室 1,瘦果有毛随风跑。

科的特征:草本,稀半灌木、灌木或乔木,有的具乳汁和树脂道。叶常互生,稀对生或轮生,无托叶。头状花序单生或多数再排成各式花序,头状花序外围由 1 至多层苞片组成的总苞所围绕;花两性或单性,稀中性,5 基数;每朵花的基部常有 1 苞片,称为托片;萼片退化,变态成冠毛状、鳞片状或刺毛状,常宿存,稀无;花冠合瓣,管状、舌状,稀二唇状或漏斗状,辐射对称或两侧对称;雄蕊 5 枚,为聚药雄蕊;子房下位,2 个心皮合生,1 室,1 枚胚珠,花柱顶端 2 裂。瘦果,常连宿萼;种子无胚乳。

分类及代表植物:菊科是世界第一大科,约有 1000 属 25000～30000 种,广布于全世界,热带较少。我国有 200 余属 2000 多种,全国各地均有分布。本科植物经济用途极广,有数百种药用植物和观赏植物,还有多种油料作物、蔬菜等,农田杂草也很多。

根据乳汁的有无和花冠的类型,通常将本科分为两个亚科。

1. 植物体无乳汁,头状花序全由管状花组成,或边缘花为假舌状花,中央盘花为管状花 ………………………………………………… 管状花亚科(Carduoideae)
1. 植物体具有乳汁,头状花序全由舌状花组成 ……… 舌状花亚科(Cichorioideae)

1) 管状花亚科(Carduoideae)

部分属检索表

1. 头状花序小,集成总状或圆锥状 ……………………………… 蒿属(*Artemisia*)
1. 头状花序枝顶单生或伞房排列
  2. 叶有刺
    3. 瘦果长椭圆形,冠毛刚毛短羽毛状 …………………… 红花属(*Carthamus*)
    3. 瘦果多少四角形,冠毛刚毛长羽毛状 …………………… 蓟属(*Cirsium*)
  2. 叶无刺
    4. 花序托无托片 ………………………………… 菊属(*Dendranthema*)
    4. 花序托有托片 ………………………………… 向日葵属(*Helianthus*)

(1) 蒿属(*Artemisia*)　草本或半灌木,常有异味。叶常分裂。头状花序小,多个排成总状或圆锥状,总苞片边缘膜质;花序托无托毛;花筒状,边缘花雌性,纤细,2～3 齿裂,盘花两性,结实或否。瘦果小,有微棱,无冠毛。我国有 200 余种,广布。艾蒿(*A. argyi*,图 14-219),草本;中下部的叶卵状椭圆形,一回羽状深裂,叶上面疏生白色腺点,下面密生灰白色绒毛;叶入药为艾叶,能散寒止痛,温经养血;广布于全国。黄花蒿(*A. annua*),又名青蒿,一年生草本,叶二至三回羽状全裂或深裂,异味浓,雌花与两性花均结实;广布于全国各地,为常见农田杂草,可入药,是治痢疾的良药。茵陈蒿(*A. capillaris*),半灌木,叶二回羽状深裂;雌花结实,两性花不育;分布于欧亚大陆,我国广布;本种多变异,在华东、东南部为半灌木,我国中部地区为多年生草本;全草入药,可治肝炎。

(2) 红花属(*Carthamus*) 一年生草本,叶有刺状利齿。头状花序单生或伞房状排列;总苞多列,外方2～3列呈叶状,边缘有针刺。花序全为两性管状花。本属有18～20种,我国引入栽培2种。红花(*C. tinctorius*,图14-220),一年生草本,叶互生,近无柄。花初开时黄色,后变为红色。瘦果无冠毛。各地栽培,种子榨油,食用有降低血脂和胆固醇的作用;花为传统中药,具活血祛淤、通经功效,还可提取天然色素。

图14-219 艾蒿

图14-220 红花

(3) 蓟属(*Cirsium*) 二年生或多年生草本,常具刺。叶具齿或分裂。头状花序集成圆锥状,总苞多层,顶端刺状,花序托有刺毛;花筒状,两性,均结实。瘦果常四棱形,冠毛多层,羽状。刺儿菜(*C. setosum*,图14-221),多年生草本,根状茎长;茎直立,叶缘有刺;雌雄异株,雌株的头状花序、总苞及花冠均较雌株的大,花冠红紫色。广布于我国大部分地区,为常见恶性杂草。全草入药,破血化瘀,凉血止血,也治肝炎、肾炎,嫩茎叶可做猪饲料。

(4) 菊属(*Dendranthema*) 多年生草本,稀二年生,有香气。叶分裂或不分裂。头状花序大,单生枝顶或伞房状排列。盘花管状两性,边缘花假舌状雌性。瘦果具多数纵肋,无冠毛。菊花(*D. morifolium*),多年生草本,基部木质,全体具白色绒毛;瘦果无冠毛;为著名观赏植物,栽培品种多达3 000余种,有的还供药用,如滁菊、杭白菊等;花序能疏风清热、解毒、明目。野菊花(*D. indicum*,图14-222),花序可药用,能清热解毒、治感冒。

图14-221 刺儿菜

图14-222 野菊花

(5) 向日葵属(*Helianthus*) 一年生或多年生草本,体内有树脂道。下部叶常对生,上部的互生。头状花序单生或排成伞房状,总苞片数轮,外轮叶状。边缘花假舌状,中性不孕;盘花管状,两性能结实。瘦果倒卵形,稍压扁。本属约有100种,主产于北美洲。我国引种栽培4～5种。向日葵(*H. annuus*,图14-223),种子含油量高,可榨油食用;种仁可生食或炒食;有些品种可栽培供观赏。菊芋(*H. tuberosus*,图 14-224),又名洋姜,其块茎富含淀粉,可做蔬菜食用,也可酿酒,还是工业上提取淀粉的原料。

图 14-223 向日葵

图 14-224 菊芋

2)舌状花亚科(Cichorioideae)

部分属检索表

1. 头状花序单生于花序顶端 ………………………………… 蒲公英属(*Taraxacum*)
1. 头状花序复伞房或圆锥花序
  2. 舌状小花通常 80 片以上 ……………………………………… 苦苣菜属(*Sonchus*)
  2. 舌状小花 7~25 片 ……………………………………………… 莴苣属(*Lactuca*)

(1)蒲公英属(*Taraxacum*) 多年生草本,叶基生成莲座状,倒向羽状分裂或琴状羽裂。头状花序生于花茎之顶,全为舌状花,黄色。瘦果纺锤形,有棱,先端延长成喙,冠毛多。本属有 60 余种,主产于北温带,我国有 40 种。蒲公英(*T. mongolicum*,图 14-225),全国各地野生,全草入药,能清热解毒、消肿散结、治感冒,也是优良的野生蔬菜。

(2)苦苣菜属(*Sonchus*) 一年生或多年生草本。茎上部有腺毛或无。头状花序有 80 片以上的小花。冠毛有极细的柔毛,杂以较粗的直毛;果极扁压,上端狭窄,无喙。本属约 50 种,我国有 8 种。苦苣菜(*S. oleraceus*,图 14-226),一年生草本。叶柔软无毛,羽状深裂,果具显著 3 棱,棱间有横纹。原产于欧洲或中亚细亚,栽培作为蔬菜。

图 14-225 蒲公英

图 14-226 苦苣菜

(3)莴苣属(*Lactuca*) 一至多年生草本,叶全缘或羽状分裂。瘦果扁平,冠毛多而细,基部连成环。本属有 70 余种,我国产 40 余种。莴苣(*L. sativa*),原产于欧洲或亚洲,各地常栽培,为主要蔬菜,品种甚多。如莴笋(*L. sativa* var. *angustata*),茎叶均可食用;生菜(*L. sativa* var. *romana*),叶狭长不卷心,以叶为蔬菜。

菊科的经济用途很广，供药用的就有300余种。如白术(*Atractylodes macrocephala*)、苍术(*A. lancea*)、千里光(*Senecio scandens*)、一枝黄花(*Solidago decurrens*)、牛蒡(*Arctium lappa*，图14-227)、苍耳(*Xanthium sibiricum*，图14-228)等。除虫菊(*Pyrethrum cinerariifolium*)，著名杀虫植物，花、叶含除虫菊素、灰菊素等，作为农业杀虫剂和制蚊香的重要原料。观赏植物还有雏菊(*Bellis perennis*)、翠菊(*Callistephus chinensis*)、百日菊(*Zinnia elegans*，图14-229)、金光菊(*Rudbeckia laciniata*)、黑心金光菊(黑眼菊)(*R. hira*)、波斯菊(*Cosmos bipinnata*)、大丽花(*Dahlia pinnata*，图14-230)、两色金鸡菊(*Coreopsis tinctoria*)、万寿菊(*Tagetes erecta*，图14-231)、孔雀草(*T. patula*)、天人菊(*Gaillardia pulchella*)、瓜叶菊(*Pericallis hybrida*)、金盏菊(*Calendula officinalis*)、矢车菊(*Centaurea cyanus*)、非洲菊(*Gerbera jamesonii*)等。常见杂草还有小蓬草(*Conyza canadensis*)、鬼针草(*Bidens pilosa*)、苍耳(*Xanthium sibiricum*)、黄鹌菜(*Youngia japonica*)等。本科中还有许多外来恶性杂草，如紫茎泽兰(*Eupatorium adenophorum*)，原产于美国，二十世纪上半叶传入我国云南，现广布于西南，已列入我国首批入侵生物名单。另外，入侵植物还有飞机草(*Eupatorium odoratum*)、豚草(*Ambrosia artemisiifolia*)、三裂叶豚草(*A. trifida*)、加拿大一枝黄花(*Solidago canadensis*，图14-232)、薇甘菊(*Mikania micrantha*)、一年蓬(*Erigeron annuus*)、加拿大飞篷(*E. canadensis*)等。

图14-227　牛蒡

图14-228　苍耳

图14-229　百日菊

图14-230　大丽花

菊科是被子植物进化历程中最年轻的科之一，在地球上广为分布，属种数和个体数为被子植物之首。菊科植物的快速发展和分化，与其结构上、繁殖上的多样性和高度适应性有紧密联系。如萼片变态成冠毛、刺毛，并宿存，有利于果实远距离传播；不少种类具块茎、块根、匍匐茎或根状茎，有利于进行营养繁殖；花序及花的构造与虫媒传粉的高度适应，有利于异花传粉。头状花序在功能上如同一朵花一样，外围1到多层总苞片，起着花萼一样的保护作用，舌状的

图 14-231　万寿菊

图 14-232　加拿大一枝黄花

边缘花具有一般虫媒花冠所共有的作用——招引传粉昆虫，而中间集中大量的盘花，则有效地增大了受粉率和结实率；聚药雄蕊，药室内向开裂，使花粉粒留在花药筒内，当昆虫来访时，引起花丝收缩，或花柱伸长，柱头及其下面的毛环将花粉推出花药筒，有利于传粉。此外，菊科植物多为草本，生命周期短，更新迅速。

菊科植物绝大部分是虫媒花，风媒传粉的种类很少，它们的花药通常是分离的，花柱伸至花冠筒外，花粉变得干燥，不具蜜腺，且常常是单性花。菊科植物通常还是异花传粉的，雄蕊先于雌蕊成熟，只在特殊情况下，或得不到昆虫传粉时，才进行自花传粉，如花色不显著的蒿属，常进行自花传粉。

思考与探索

1. 豆科植物分为几亚科？试述各亚科的区别点。
2. 观察并记录校园内被子植物主要科的植物，比较同一科不同物种的相似特征。
3. 分别列举校园中木本观赏植物、草本观赏植物各 10 种，用检索表加以区分。
4. 熟练掌握被子植物主要科的识别要点和代表植物。
5. 哪些科的植物为下位子房？列举 10 种以上具下位子房的植物名称。
6. 哪些科的植物具有香气？列举 10 种以上具香气的植物名称。
7. 试述伞形科植物的基本特征及其主要经济用途。
8. 葫芦科植物有哪些主要识别特征？举出几种常见的经济植物。
9. 杜鹃花科、报春花科植物有哪些主要识别特征？举出几种常见的观赏植物。
10. 夹竹桃科植物有哪些主要识别特征？举出几种重要的观赏植物和药用植物。
11. 茄科、唇形科、玄参科、桔梗科的主要识别特征是什么？有哪些重要经济植物？
12. 茜草科和忍冬科如何区分？各有何重要的经济植物？
13. 菊科有哪些主要特征？有哪些重要经济植物？为什么说菊科是被子植物中最进化的类群？

第十五章 单子叶植物分类

第一节 泽泻亚纲

1. 泽泻科(Alismataceae) $*P_{3+3}\ A_{6\sim\infty}\ \underline{G}_{6\sim\infty}$

识别要点:草本,水生或沼生,花在花轴(葶)上轮状排列,花萼、花瓣各3。心皮离生,聚合瘦果。

识别歌诀

水生沼泽多草本,地下球茎根状茎。
单叶基生开裂鞘,叶形多变羽状脉。
花序总状圆锥状,花被6枚2轮生。
雄蕊心皮6至多,子房上位多胚珠。
聚合瘦果无胚乳,食用药用南北有。

科的特征:水生或沼生草本。有根状茎或球茎。单叶基生,有柄,基部有开裂的鞘。叶脉羽状,叶形变化较大。花两性或单性,辐射对称,轮生总状花序或圆锥状花序;花被2轮,外轮3片绿色,萼片状,宿存,内轮3片花瓣状,脱落;雄蕊6至多枚,稀为3枚;花粉常为球形或带多面体形,外壁有时表面具小刺;心皮6至多个,稀为3个,离生,螺旋状排列于凸起的球形花托上或轮状排列于扁平的花托上;子房上位,胚珠1枚。多为聚合瘦果,种子1枚。少数为基部开裂的聚合蓇葖果;种子无胚乳,胚马蹄形。

分类及代表植物:本科有13属约100种,广布于全球。我国有5属约13种,南北均有分布。其中常见的慈姑为水生蔬菜,泽泻为药用植物。

部分属检索表

1. 花两性或杂性
   2. 花两性……………………………………………………………… 泽泻属(*Alisma*)
   2. 花杂性 ………………………………………………… 冠果草属(*Lophotocarpus*)
1. 花单性 ………………………………………………………………… 慈姑属(*Sagittaria*)

1) 慈姑属(*Sagittaria*)

多年生草本。叶形变化大,沉水叶带形,漂浮叶椭圆形,气生叶箭形,总状花序,花单性,雄蕊多数,心皮多数并多轮着生于球形花托,通常雄花位于花序上部,雌花位于下部。花雄蕊多数,心皮多数离生,螺旋状着生于凸起的花托上。瘦果扁平有翅。该属约20种。分布于热带和温带，我国有8种1亚种3变种1变型（陈家宽，1989），常见于南北各地水稻田或沼泽地。慈姑（*S. sagittifolia*，图15-1），多年生草本，地下有根状茎，枝端膨大成球茎（通称的“慈姑”）。叶箭形，具长柄，沉水叶狭带形。花单性，总状花序下部为雌花，上部为雄花；雄蕊和心皮均多数。聚合瘦果。球茎供食用、药用，具滋养强壮、清热解毒、止血之功效。在辽宁丹东鸭绿江口湿地新发现一外来种——禾叶慈姑（*S. graminea*，图15-2），该种原产于北美，为东亚地区首次发现（张彦文，2009）。

图15-1　慈姑

图15-2　禾叶慈姑

2）泽泻属（*Alisma*）

沼生多年生挺水草本。叶卵形或椭圆形，圆锥花序，花两性，雄蕊常为6枚，心皮多数，排列呈轮状，花托扁平，茎药用。分布于北温带及澳洲，广布于我国。泽泻（*A. orientale*，图15-3），沼生多年生草本，叶顶端尖，基部楔形或心形；花两性，雄蕊常为6枚；我国各地都有分布；球茎供药用，有清热、利尿、渗湿之功效。东方泽泻（*A. orientale*），我国各地零星分布，生于沼泽、浅水池或稻田中，球形根状茎入药。窄叶泽泻（*A. canaliculatum*，图15-4）为江南常见种。

图15-3　泽泻

图15-4　窄叶泽泻

泽泻科植物具有心皮常多数、分离，花托球形等特点，被认为是单子叶植物中一群最古老的原始类型，并与双子叶植物木兰亚纲中的毛茛科或睡莲目有密切关系。泽泻科的花与毛茛科的花很相似，但各部分的组成不同，胚具单子叶。从植物演化的位置来说，泽泻科绝不会在单子叶植物进化的主干上，因为原始的单子叶植物应该具有双核花粉和具胚乳的种子。因此，泽泻科被看作靠近植物演化主干基部的一个旁支。

第二节 棕榈亚纲

2. 棕榈科(Palmae) $*\male:P_{3+3}\ A_{3+3}\quad \female:P_{3+3}\underline{G}_{3,(3)}$ 或 $K_3\underline{G}_3\ A_{3+3}\underline{G}_{3,(3)}$

识别要点:木本,树干不分枝,大型叶丛生于树干顶部。花小,密生成肉穗花序,外通常以大型佛焰苞包被,花3基数。子房上位,浆果,种子有丰富的胚乳。

识别歌诀

木本茎直主干明,叶基宿存常抱茎。
鞘片纤维用处广,棕垫棕绳与棕箱。
叶似圆扁簇生顶,掌状分裂皱褶长。
花序常为圆锥状,花小整齐性难分。
6花被片6雄蕊,两轮排列单雌蕊。
子房上位多3室,浆果核果长圆状。

科的特征:乔木,少藤本。茎常覆盖不脱落的叶基,叶柄基部常扩大成纤维状的鞘,叶簇生于茎顶,叶常绿,大型,互生,掌状分裂或为羽状复叶,多集生于树干顶部,形成"棕榈型"树冠。花小,通常淡黄绿色,具苞片或小苞片,辐射对称,两性或单性,同株或异株,多3基数,整齐或有时稍不整齐,组成分枝或不分枝的肉穗花序,外为一至数枚大型的佛焰状总苞包着,生于叶丛中或叶鞘束下;花被片6,排成2轮,分离或合生,镊合状或覆瓦状排列;雄蕊6枚,2轮,花药2室,纵裂;心皮3个,分离或不同程度联合;花粉2核,多数具单沟;子房上位,1～3室,稀为4～7室,每室有1枚胚珠;果为浆果、核果或坚果,外果皮肉质或纤维质,有时覆盖以覆瓦状排列的鳞片。种子与内果皮分离或黏合,胚乳丰富,均匀或嚼烂状。

分类及代表植物:本科约215属2500余种,分布于热带和亚热带,主要以美洲热带和亚洲热带为分布中心,是热带地区重要的植物资源。我国有22属约72种,主要分布于西南至东南各省,以热带经济植物为主,多为重要纤维、油料、淀粉及观赏植物,如棕榈、椰子、油棕、槟榔等。

部分属检索表

1. 叶掌状分裂
    2. 叶柄两侧有刺或至少近基部有刺 ……………………………… 蒲葵属(*Livistona*)
    2. 叶柄全部无刺 ……………………………………………… 棕榈属(*Trachycarpus*)
1. 叶为一至三回羽状分裂
        3. 中果皮通常厚而纤维质;内果皮骨质、坚硬,近基部有3个萌发孔 ……………………………………………………………………… 椰子属(*Cocos*)
        3. 中果皮通常薄而非纤维质;内果皮无萌发孔 ………………… 槟榔属(*Areca*)

1) 棕榈属(*Trachycarpus*)

常绿乔木。叶掌状分裂;裂片多数顶端浅2裂。叶柄无刺,花常单性,异株,心皮3个,离生。多分枝的肉穗状或圆锥状花序;佛焰苞显著。果实肾形或球形。分布于东南亚及我国南方各地。棕榈(*T. fortunei*,图15-5),分布于长江以南各省,广泛栽培。除供观赏外,叶鞘纤维可制绳索、地毯、床垫、蓑衣、刷子等，嫩叶可制扇、帽等。树干可做亭柱、水槽、扇骨、木梳等，果实（名“棕榈子”）及叶鞘纤维（名“陈棕”）供药用。

2）椰子属（*Cocos*）

只有椰子（*C. nucifera*，图 15-6）1 种，高大常绿乔木。叶羽状全裂或为羽状复叶。花单性，雌雄同株，成分枝肉穗花序，总苞纺锤形，厚木质，雄花生于花序上、中部，每朵花具 6 枚花被和 6 枚雄蕊；雌花生于花序基部，具 3 室子房，每室 1 枚胚珠，但只 1 枚胚珠成熟。果实为大型坚果，倒卵形或近球形，外果皮革质，中果皮纤维质，内果皮（椰壳）骨质坚硬，近基部有 3 个萌发孔；种子 1 枚，种皮薄，内紧贴着一层坚实、白色的胚乳（椰肉），胚乳内有一个空腔，储藏乳状汁液。椰子主要分布于热带海岸，尤以东南亚为盛，我国海南、广东、台湾、云南西双版纳等地均有分布。用途很多，木材坚硬，可供建筑用；根能止痛止血；叶可编篮、织席、盖屋；花期割伤花序的总轴，有汁液流出，内含较多糖分，可做饮料或酿酒；果实是热带著名佳果，椰肉（胚乳）可榨油或食用，也用于制糖果食品；椰汁（胚乳空腔汁液）是良好的饮料，并由于富含生长素物质而用于组织培养；椰棕（中果皮纤维）可制绳索、扫帚等；椰子果皮纤维层很厚，轻而易浮于海面，有助于远距离传播。

图 15-5　棕榈

图 15-6　椰子

3）槟榔属（*Areca*）

乔木；干单生，有环纹；叶长，簇生于茎顶，羽状全裂，裂片多数；花序生于叶鞘束之下；花单性，雌雄同序；雄花生于分枝上部，多数，有雄蕊 3～6 枚；雌花生于下部，少数；核果卵形至长圆形，红褐色，被黄色鳞片，含红色树脂，常自鳞片下渗出。果皮纤维质，新鲜时稍带肉质，基部为花被所包围，有种子 1 枚。槟榔（*A. cathecu*，图 15-7），叶羽状全裂。种子（药材名“槟榔”）含单宁和多种生物碱，供药用，能杀虫、消积、行气、利水，果皮（药材名“大腹皮”）能下气宽中、利水消肿。原产于马来西亚，我国广东、云南南部、台湾有栽培。果作为嗜好品，当地居民把果切成薄片，涂以石灰少许，卷于蒌叶（*Piper betle*）内嚼之，唾液即变为鲜红色，据说可助消化、固齿、防痢疾，但近年来发现与口腔癌的发生有关。

4）蒲葵属（*Livistona*）

乔木；叶柄长，边缘有刺，叶柄上部具逆刺；叶片掌状深裂，裂片条形，顶端渐失并分裂为 2 小裂片。花小，两性，黄绿色；佛焰苞片多数而套着花柄；雄蕊 6 枚，花丝合生成一环。子房由 3 个近离生的心皮组成，3 室。核果橄榄状、球形或卵状椭圆形。分布于亚洲热带和澳大利亚，我国约 4 种，分布于南部及台湾。蒲葵（*L. chinensis*，图 15-8），常绿乔木；叶大，宽肾状扇形，直径达 1 m，深裂至中部。产于我国华南、西南地区。嫩叶制蒲扇，老叶制蓑衣、笠帽、船篷等；叶裂片的中脉可制刷子、牙签；叶柄外皮（葵皮）编织葵花席、枕席等，叶鞘纤维可制绳等；果实种

图 15-7　槟榔

图 15-8　蒲葵

子及根、叶药用。

棕榈科是单子叶植物唯一兼有乔木状的习性、宽阔的叶片和很发达的维管束系统（整个营养器官都具导管）的一群。这些综合特征与木本双子叶植物近似，很可能直接来自于百合科的祖先。但棕榈科缺少充分的次生生长，而且从来没有发展落叶的习性，除少数种类外，不能适应温、寒带的气候。因此和木本双子叶植物相比，其生态变幅是有限的。它们在热带地区生长很好，是热带雨林下层林木的普通成分。

3. 天南星科(Araceae)　$*P_{0,4\sim6}\ A_{6\sim1}\ \underline{G}_{(2,3\sim15)}$

识别要点：陆生或水生草本，叶形状各异。体内含汁液或辛辣味，肉穗花序；花序外或花序下具有一片佛焰苞。多药用植物和观赏植物。

识别歌诀

草本常有球根茎，体含乳汁气生根，
茎基常有膜质鞘，叶形叶脉样式多。
肉穗花序佛焰苞，宿存早落色彩耀。
花小味臭性难分，雄蕊稀 1、2、4、8。
雌蕊 1 枚心室多，浆果密集穗轴生。

科的特征：草本，稀为木质藤本，有根状茎或块茎。茎含水汁或乳状汁液，常具草酸钙结晶，对人的皮肤、舌和咽喉具刺痒或灼热感。叶基出或茎上互生，网脉状，形状各异，全缘或掌状、羽状分裂，叶基部常具膜质鞘。花小，两性或单性，排列成肉穗花序，外为一佛焰苞片所包，佛焰苞常具彩色，花被缺或为 4～6 个鳞片状体。单性花常无花被，单性同株时，雄花通常生于肉穗花序上部，雌花生于下部，中部为不育部分或为中性花。雄蕊 4 或 6 枚（偶 1 或 8 枚），分离或合生（常愈合成雄蕊柱）。花粉椭圆形至近球形，具单沟、散孔或无萌发孔，外壁表面平滑或粗糙，具网状或条纹状雕纹。雌蕊由 3（稀 2、4～15）个心皮组成，子房上位，有 1 至多室。浆果密集生于花序轴上。染色体数为 7～17。

分类及代表植物：本科为主产于热带和亚热带的一个草本科，约 115 属 2450 种，我国有 35 属 210 余种，主要分布于华南、西南。天南星科许多种类为药用植物，某些属种的块茎富有淀粉，可供食用。其中芋为常见蔬菜，水浮莲为高产饲料，更多的是药用植物和观赏植物，如半夏、磨芋、广东万年青、马蹄莲、龟背竹等。

部分属检索表

1. 花全部单性，雌雄同株或异株；花被通常不存在或至多为环状

2. 佛焰苞边缘席卷，但不合生；雌雄异株，稀同株 ………… 天南星属（*Arisaema*）
2. 佛焰苞管喉部闭合；雌雄同株 …………………………………… 半夏属（*Pinellia*）
1. 花全部两性；肉穗花序上部无附属器 …………………………… 菖蒲属（*Acorus*）

1）天南星属（*Arisaema*）

多年生草本，有块茎或根茎。具由花草、芽苞叶和叶鞘组成的假掌状复叶，叶片 3 裂至更多，有时鸟足状或放射状全裂，无柄或具柄。佛焰苞管部席卷，圆筒形，肉穗花序单性或两性，无花被，雌花序花密，雄花序大多花疏；附属体有多种形状，有时延伸很长。据研究，该属植物的性别与植株年龄或球茎大小有关，小球茎生出的植株多开雄花序，大球茎生出的植株多开雌花序或两性花序。子房上位，浆果红色。本属约 150 种，主要分布于东非及亚洲热带、北美洲、墨西哥；我国有 82 种，分布于南北各地，尤以西南最盛。天南星（*A. heterophyllum*，图 15-9），草本，叶片鸟足状分裂，裂片 13～19；附属体向上渐细呈尾状；佛焰苞顶端开张，雌雄异株，肉穗花序顶端附属体近棒状，子房 1 室，2 至多枚胚珠；全国大部分省份都有分布；块茎扁球形，供药用，能解毒消肿、祛风定惊、化痰散结。一把伞南星（*A. erubescens*），叶片放射状分裂，裂片 5～20；附属体棒状、圆柱形；广布于黄河流域及以南各地，北起河北，西南至西藏，东至台湾，南至广东；块茎也当作天南星入药。

2）半夏属（*Pinellia*）

多年生草本，具球形小块茎。叶基出，叶片全缘或分裂，有柄，叶柄基部常有珠芽。花单性同株，无花被；肉穗花序具细长柱状附属体，佛焰苞顶端合拢；雌花部分与佛焰苞贴生。分布于我国和日本，约 7 种；我国有 5 种，除西北和东北外，各地均有分布。半夏（*P. ternata*，图15-10），块茎小球形。叶从块茎顶端生出，叶异型，一年生的叶为单叶，卵状心形或戟形，多年生的叶为 3 小叶复叶。佛焰苞绿色，上部呈紫红色；雌雄同株，雌花与佛焰苞贴生，雄花生于穗轴上，雄花和雌花之间为不育部分。穗轴顶端细鞭状，伸至佛焰苞之外，子房 1 室，1 枚胚珠。花序轴顶端有细长附属物。浆果小，卵形，熟时红色。分布于我国南、北各省，生于田间、林下、荒坡，为恶性杂草之一。块茎有毒，炮制后入药，能燥湿化痰，降逆止呕，治慢性气管炎、咳嗽、痰多。因仲夏可采其块茎，故名“半夏”。掌叶半夏（*P. pedadjerm*），植株、块茎较大，块茎周围常生有数个小块茎；一年生者心形；多年叶片鸟足状全裂，披针形；分布于华北、华中及西南，生于林下、荒坡；块茎（药材名：虎掌南星）为化痰药，能燥湿化痰、降逆止呕、消痞散结。

图 15-9　天南星

图 15-10　半夏

3）菖蒲属（*Acorus*）

多年生沼泽草本，根状茎横走。叶基生，2 列，叶狭长剑形，剑状线形无中脉。平行脉，基部叶鞘套叠并具膜质边缘，基部互抱。肉穗花序圆柱形，佛焰苞叶状而不包着花序；花两性，花被片 6，线形。雄蕊 6 枚，与花被对生，子房 2～3 室，浆果红色。植物体常有香气。广布于北温带，我国多分布于华东、华中、华南、西南。菖蒲（*A. calamus*，图 15-11），植株较高，根状茎粗大，横卧。叶剑状条形，有明显中肋，生于浅水池塘、水沟及溪涧湿地。全草芳香，具浓烈香气，可做香料、驱蚊；根状茎入药，能开窍化痰、辟秽杀虫、镇静安神、化湿和胃。石菖蒲（*Acorus gramineus*，图 15-12），禾草状多年生草本植物，根茎横卧，具芳香气味，外皮黄褐色，根茎上部分枝甚密，因而植株呈丛生状，叶全缘，叶片薄，线形，排成 2 列。肉穗花序圆柱状，花梗绿色，佛焰苞叶状。花白色。幼果绿色，成熟时黄绿色或黄白色。花期 5—6 月，果期 7—8 月。根茎常供药用。用于化湿开胃，开窍豁痰，醒神益智。分布于亚洲，包括印度东北部、泰国北部，以及中国、韩国、日本、菲律宾与印尼等国，多生在密林下。

图 15-11　菖蒲

图 15-12　石菖蒲

天南星科的经济植物还有：芋（*Colocasia esculeuta*，图 15-13）及磨芋（*Amorphophallus konjac*，图 15-14），南北栽培，块茎可食；独角莲（*Typhonium giganteum*），块茎有毒，中药称“禹白附”“白附子”，可治头风头痛、中风口眼歪斜等症。著名的观赏植物有：马蹄莲（*Zantedeschia aethiopica*），佛焰苞白色；花烛（*Anthurium andraeanum*，图 15-15），佛焰苞红色；海芋（*Alocasia odora*），叶大型；龟背竹（*Monstera deliciosa*，图 15-16），叶大有穿孔，因形似龟背而得名；花叶芋（*Caladium bicolor*），叶上有红色或各色透明的斑点。

图 15-13　芋

图 15-14　磨芋

图 15-15　花烛

图 15-16　龟背竹

第三节　鸭跖草亚纲

4. 莎草科(Cyperaceae)　$\uparrow ⚥ K_{(4\sim5)} C_{(4\sim5)} A_{4\sim5} \underline{G}_{(2\sim3:1)}$

识别要点:草本,茎三棱形,实心。叶常 3 列,叶鞘闭合。花被无或退化为刚毛状或鳞片状,小穗组成各种花序,小坚果。

识 别 歌 诀

草本常有根状茎,地上无节三棱形。
叶有三列茎实心,或仅叶鞘闭合生。
各种花序或小穗,毛鳞常见花被退。
雄蕊常 3 雌蕊复,子房上位 1 珠室。
坚果三棱凸球形,荸荠香附作药行。

科的特征:多年生或一年生草本,多数具有根状茎,少数块茎或球茎;秆实心,常三棱形,无节;叶通常 3 列,有时缺,叶片狭长,有封闭的叶鞘;花小,两性或单性,生于小穗鳞片(常称为颖)的腋内,小穗排成穗状花序、总状花序、圆锥状花序、头状花序或聚伞花序等各种花序;花被缺或为下位刚毛、丝毛或鳞片;雄蕊多为 3 枚;子房上位,1 室,有直立的胚珠 1 枚,花柱单一,细长或基部膨大而宿存,柱头 2～3;果为一瘦果或小坚果。

分类及代表植物:本科约 96 属 9300 多种,广布于世界各地。我国有 31 属 670 多种,全国性分布,其中许多为农田杂草。

部分属检索表

1. 雌花的基部有先出叶 …………………………………………… 苔草属(*Carex*)
1. 雌花无先出叶
    2. 小穗的鳞片螺旋状排列,小坚果具下位刚毛 ………………… 藨草属(*Scirpus*)
    2. 小穗的鳞片排成 2 列,小坚果无下位刚毛 ………………… 莎草属(*Cyperus*)

1) 莎草属(*Cyperus*)

本属约 380 种,分布于温带和热带。我国约 30 种,分布于华南、华东和西南地区。秆散生或丛生,常三棱形。花序下具叶状总苞,小穗常两侧压扁,不脱落。颖片 2 列,柱头 3,小坚果具 3 棱。香附子(*C. rutundus*,图 15-17),根状茎细长,具多数黑褐色块茎;干燥块茎称"附子”,可提取香附子油作为香料,入药有理气解郁、调经止痛的作用。油莎豆(*C. esculentus*),多年生草本,根状茎细长,顶端膨大成块茎;原产于非洲和地中海,我国多数地区引种栽培;块茎含油27%以上,油脂主要成分为油酸、饱和酸、亚油酸,是良好的食用油和工业用油,其油饼可制糖、酿酒,茎叶做造纸原料或饲料。扁穗莎草(*C. compressus*)等可作为草坪植物。

2) 苔草属(*Carex*)

本属约2000种,我国约400种,各省均产,主要分布于北方。秆三棱,叶基生或秆生。小穗单一或为圆锥状复穗状花序。乌拉草(*C. meyeriana*),秆丛生,粗糙。小穗2～3,雄小穗顶生,雌小穗位于雄小穗下方。分布于华北,为“东北三宝”之一;主要用于冬季作为填充物,具有保温作用,全草还供编织和造纸用。十字苔草(*C. cruciata*)分布于西南、华南等地,种子含油及淀粉,可供食用。异穗苔草(*C. heterostachya*)可作为草坪植物。

3) 藨草属(*Scirpus*)

本属约200种,我国有40余种。藨草(*S. triqueter*),秆粗壮,三棱柱形,近基部有2～3个叶鞘,最上叶鞘顶端具叶片;花序假侧生,苞片1枚,为秆的延长;除广东以外,各地均有分布;茎纤维为编织草席和草帽原料,也可造纸。荆三棱(*S. yagara*,图15-18),秆高大粗壮,叶秆生,条形;叶状苞片3～5,长于花序;下位刚毛6,几乎与坚果等长,分布于东北、华东和西南等地;茎叶可造纸、做饲料,块茎药用。

图15-17　香附子

图15-18　荆三棱

本科其他重要的经济植物有:荸荠(*Eleocharis dulcis*),秆圆柱形丛生,叶退化仅有膜质叶鞘,匍匐根状茎,顶端膨大成球茎,可供食用,入药清热、止渴、明目、化痰、消积;蒲草(*Lepironia articulata*),嫩叶作为蔬菜,老叶编织席、袋等;双穗飘拂草(*Fimbristylis subbispicata*)、短叶水蜈蚣(*Kyllinga brevifolia*)等,为南、北方农田常见杂草,后者入药可活血解毒、清热利湿,治疗风湿性关节炎和跌打损伤。

5. 禾本科(Gramineae)　↑⚥ $P_{2\sim3}$ $A_{3,6}$ $\underline{G}_{(2:1:1)}$

识别要点:秆圆柱形,节间常中空;叶2列,叶鞘边缘分离而覆盖;小穗组成各种花序,颖果。

识别歌诀

此科常有禾与竹,农工绿化功勋著。
秆空有节基分枝,单叶互生成2列。
叶鞘舌耳有或缺,脉纵平行好分别。
两性花小装小穗,颖包稃片裹浆片。
雄蕊常3药丁字,子房上位一珠室。

颖果常做粮食用，稻麦黍粟见四处。

科的特征：草本，少有木本。在竹类中，其茎为木质，呈乔木或灌木状；根系为须根系；茎有节与节间，节间常中空，称为秆，圆柱形；常于茎基部分枝，称为分蘖；单叶互生成2列，由叶鞘、叶片和叶舌构成，有时具叶耳，叶鞘包围秆，叶舌膜质或退化为一个卷毛状物，很少缺；叶片狭长线形，或披针形，具平行叶脉，不具叶柄，通常不从叶鞘上脱落；在竹类中，叶具短柄，与叶鞘相连处具关节，易自叶鞘上脱落，秆箨与叶鞘有别，箨叶小而无中脉；花序顶生或侧生，多为圆锥花序，或为总状、穗状花序。小穗是禾本科的典型特征，由颖片、小花和小穗轴组成；通常两性，或单性与中性，由外稃和内稃包被着，小花多有2枚微小的鳞被，雄蕊常3(1～6)枚，子房1室，含1枚胚珠；花柱通常2个，稀1或3个，柱头多呈羽毛状；果为颖果。

分类及代表植物：本科是种子植物中仅次于菊科、兰科、豆科的第四大科，在单子叶植物中是排列于兰科之后的第二大科，遍布于全世界，有750多属12000多种，我国产230余属约1500种。本科是经济价值最高的科，稻、麦、玉米、粟(小米)和高粱等是人类的主要粮食作物。甘蔗、牧草、竹类等均属本科。其他如造纸、纺织、地被草皮、保堤护岸、水土保持等方面，禾本科也占有相当重要的地位。

禾本科的分类比较复杂，在不同分类系统中差别较大。哈钦松分类系统将其分为竹亚科、稻亚科、早熟禾亚科、画眉草亚科与黍亚科共5亚科；恩格勒分类系统分为7亚科，包括竹亚科、稻亚科、早熟禾亚科、黍亚科、假淡竹叶亚科、虎尾草亚科和芦竹亚科。本书为方便学生学习，采用传统的分类方法，将该科分为2亚科，即根据茎是否木质化分为竹亚科和禾亚科。

1) 禾亚科(Agrostidoideae)

秆通常草质，秆生叶即是普通叶，通常无叶柄，叶片与叶鞘相连处无关节，不易从鞘脱落；花具2枚浆片，雄蕊3或6枚。

部分属检索表

1. 花单性同株 ………………………………………… 玉米属(*Zea*)
1. 花两性或杂性
  2. 穗状花序顶生
    3. 穗轴每节着生3枚均能发育的小穗 ……………… 大麦属(*Hordeum*)
    3. 穗轴各节有单生小穗 ………………………………… 小麦属(*Triticum*)
  2. 圆锥花序
    4. 小穗3小花中仅有1花结实 …………………………… 稻属(*Oryza*)
    4. 小穗含2至多花
      5. 外稃背面中部以下遍生丝状柔毛 ………………… 芦竹属(*Arundo*)
      5. 外稃背面中部不具丝状柔毛
        6. 第2花的外稃及内稃质地坚韧而无芒 …………… 狗尾草属(*Setaria*)
        6. 外稃及内稃质地均为膜质或透明膜质
          7. 成对小穗均可成熟并同形，总状花序近无梗 …………………………………… 甘蔗属(*Saccharum*)
          7. 成对小穗并非均可成熟，其大小、形状可不相同，总状花序近有梗 …………………………………… 高粱属(*Sorghum*)

(1) 稻属(*Oryza*)　本属有20余种，分布在热带和亚热带。水生或陆生，疏散圆锥花序顶生，小穗两侧压扁，颖片退化成两半月形，着生于小穗柄顶；小花 3，仅中央结实，两侧退化，仅存外稃；结实小花外稃硬纸质；雄蕊 6 枚，颖果与稃片难以分离。我国产 4 种，我国野生稻有普通野生稻(*O. rufipogon*)、药用野生稻(*O. officinalis*)和疣粒野生稻(*O. meyeriana*)。水稻品种或品系很多，广泛栽培于我国南方的水稻(*O. sativa*，图 15-19)，是我国栽培历史最悠久的作物之一，现全世界广为栽培，为最有价值的粮食作物。根据近年发现的浙江河姆渡新石器时代遗址中的籼稻种子，我国至少在 6000 年前就已经开始种植水稻，是栽培稻的起源国。20 世纪 70 年代以来，我国科学家袁隆平培育的杂交水稻得到成功普及，对于解决人类的温饱问题发挥了重要作用。稻米除做主粮外，还可制淀粉、酿酒、造米醋；米糠可制糖、榨油和提炼糠醛，供工业、医药上用，又为营养较高的牲畜饲料；稻秆为良好的牛草和造纸原料；谷芽和糯稻根可以药用，前者健脾开胃、消食，后者止盗汗。

(2) 小麦属(*Triticum*) 本属约 15 种。顶生穗状花序，小穗单生于穗轴各节，由 2～5 朵小花组成，背腹压扁，顶端一小花不孕，叶有叶舌、叶耳，颖片 2 枚，内、外稃等长，雄蕊 3 枚。小麦(*T. aestivum*，图 15-19、图 15-20)，品系繁多，主产于北方，麦粒磨成的面粉是我国北方重要的粮食，麦麸是家畜的好饲料，麦秆可编织草帽、刷子、玩具及造纸等。

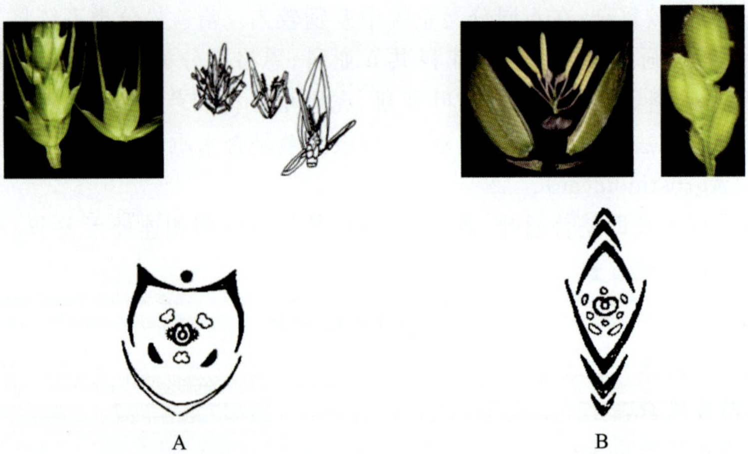

图 15-19 小麦与水稻(引自金银根，2006)

A. 小麦；B. 水稻

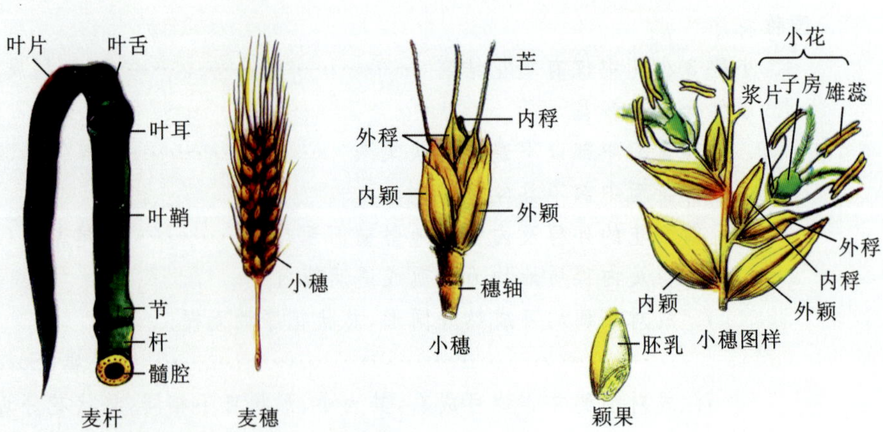

图 15-20 小麦花部结构

(3) 大麦属(*Hordeum*)　本属有20余种，小穗背腹压扁，含1朵小花，3个小穗聚生于穗轴节上，全部结实时，麦穗成6列；但当小穗与相对的侧小穗互相覆盖时，麦穗成4列；当只有中间的小穗结实时，麦穗成2列；颖极狭，外稃有芒。大麦(*H. vulgare*)，颖果不易与稃分离，叶鞘两侧有较大的叶耳；大麦是制啤酒和麦芽糖的主要原料，也可做面食。青稞(*H. vulgare* var. *coeleste*，图15-21)及其近缘种藏青稞(*H. vulgare* var. *trifurcatum*)，颖果易与稃分离，是西部高原地区主要粮食作物。此外，该属的短芒大麦草(*H. brevisubulatum*)等为优良牧草。

图15-21　青稞

(4) 玉米属(*Zea*，即玉蜀黍属)　一年生栽培植物，秆直立，基部节处常有气生根，秆顶生雄性圆锥花序；雌花序圆柱状叶腋内抽出，外包多数鞘状苞片；雌小穗密集成纵行排列于粗壮的穗轴上。该属仅玉米(*Z. mays*，图15-22、图15-23)1种，原产于中美洲和南美洲，现全世界广泛栽培，为主要的粮食作物之一。变种和栽培品种很多，我国各地广为种植。玉米芯可提制淀粉、葡萄糖、油脂及酒精等；玉米胚芽含油量高，可榨油供食用；花柱入药，有利尿、消肿功效，可治肾炎、高血压、糖尿病及肝炎等症；秆、叶可做饲料，并可造纸和作为其他工业用原料。

(5) 高粱属(*Sorghum*，即蜀黍属)　本属约30种，分布于热带和亚热带，我国产5种。一年生或多年生草本。圆锥花序；小穗成对着生于穗轴各节，穗轴顶端1节有3小穗；无柄小穗

A　　B

图15-22　玉米花部结构(引自金银根，2006)

A. 雄花序与小穗；B. 雌花序与小穗

图15-23　玉米

两性；有柄小穗雄性或中性。高粱（*S. bicolor*，图 15-24）为一年生栽培作物，北方较多，秆实心，基部具支柱根，叶狭长披针形，小穗卵状椭圆形；我国广为栽培，为重要杂粮之一。谷粒供食用、制饴糖及酿酒；种子及根入药，有和胃、健脾、消积、温中、涩肠胃、止霍乱的功效，根入药有平喘、利尿、止血等作用。本属的苏丹草（*S. sudanense*）主要分布于美洲等地，是优良的牧草，产量高，也可制成干草备用，我国各地普遍引种栽培。

（6）狗尾草属（*Setaria*） 本属约 140 种，分布于热带和温带，我国约 17 种。一年生或多年生草本，圆锥花序紧密呈圆柱状，少数为疏散而展开至塔形；小穗含 1～2 朵小花，全部或部分小穗下托以 1 至数枚由不育小枝形成的刚毛。狗尾草（*S. viridis*，图 15-25）为农田杂草，但可做饲料。粟（*S. italica*），即小米、谷子，是我国北方主要粮食之一，谷粒营养价值很高，可供煮粥、酿酒、造醋；茎、叶为牲畜的优良饲料，谷糠也是猪、鸡的良好饲料。

图 15-24　高粱

图 15-25　狗尾草

（7）芦竹属（*Arundo*） 本属约 10 种，多分布于热带和亚热带。芦竹（*A. donax*，图 15-26），多年生，具发达根状茎。秆粗大直立，坚韧，具多数节，常有分枝。叶鞘长于节间，无毛或颈部具长柔毛；叶舌截平，先端具短纤毛；叶片扁平，上面与边缘微粗糙，基部白色，抱茎。雄蕊 3，颖果细小、黑色。分布于长江以南地区，南方各地庭院有引种栽培。其秆可做管乐器中的簧片。茎纤维长，长宽比值大，纤维素含量高，是制优质纸浆和人造丝的原料。幼嫩枝的粗蛋白质含量达 12%，是牲畜的良好饲料。

图 15-26　芦竹

图 15-27　甘蔗

（8）甘蔗属（*Saccharum*） 本属约 12 种，多分布于亚洲的热带与亚热带地区。我国约 5 种。多年生草本，秆粗壮。圆锥花序；小穗两性，成对生于穗轴各节，1 无柄，1 有柄；穗轴易逐节脱落。甘蔗（*S. officinarum*，图 15-27），秆直立，高约 3 m，在花序以下有白色丝状毛，表面常具白粉，节间深紫褐色或绿色。甘蔗原产于印度，现广种于全世界的热带和亚热带地区，我国南方广为种植，秆含糖量高，可以鲜食，也可制糖，为我国南方重要的制糖原料；蔗渣用于造纸、培养香菇;蔗梢和蔗叶是优良的饲料。

禾亚科其他杂粮作物有燕麦(*Avena sativa*,图 15-28)、黑麦(*Secale cereale*)等,小黑麦(*Triticale*)是小麦和黑麦有性杂交,再经人工或自然染色体加倍而育成的作物新种,具有抗逆性强、品质和小麦相似的优点。

经济植物有菰(*Zizania latifolia*)、薏苡(*Coix lacryma-jobi*,图 15-29)等。菰的秆基被一种黑穗菌(*Ustilago edulis*)寄生后,变为肥嫩而膨大的茭白(或称茭笋),为上等蔬菜;颖果称茭米,营养价值很高;秆、叶可做家畜饲料;根茎入药,称"菰根",能清热、止渴、利尿。薏苡,种仁含脂肪油、薏苡内酯、氨基酸、糖类等,不仅是优良营养品,还具有利尿和抗癌作用;薏苡根为驱蛔药。

图 15-28　燕麦

图 15-29　薏苡

草坪植物有狗牙根(*Cynodon dactylon*)、结缕草(*Zoysia japonica*)、高羊茅(*Festuca elata*)、草地早熟禾(*Poa pratensis*)、剪股颖(*Agrostis matsumurae*)等,草原牧草有针茅(*Stipa capillata*)、羊茅(*Festuca ovina*)、冰草(*Agropyron cristatum*)等。

其他重要杂草类有稗(*Echinochloa crusgalli*)、马唐(*Digitaria sanguinalis*)、看麦娘(*Alopecurus aequalis*)、白茅(*Imperata cylindrica*)、鹅观草(*Roegneria kamoji*)等。大米草(*Spartina anglica*)于 1963 年引入江苏及浙江海滨,现已归化。其根茎蔓延迅速,是一种优良的海滨先锋植物,可保滩护堤,积淤造陆,并可做饲料、肥料、燃料及造纸等原料。而同属的互花米草(*S. alterniflora*),原产于美国东南部海岸,于 1979 年引入我国后,曾取得了一定的经济效益,但目前已经成为比较典型的、影响当地渔业生产并威胁到红树林的外来入侵种。

2) 竹亚科(Bambusoideae)

竿木质坚硬,多年生;主竿叶为竿箨,即笋壳,与普通叶明显不同;普通叶片具短柄,与叶鞘相连处有 1 关节。本亚科(不包括我国不产的草本竹类)有 70 余属约 1000 种,主要分布在除欧洲以外的热带和亚热带地区,在温带和寒温带中也有少量的分布。我国除引种栽培外,有 37 属 500 余种,主要分布在长江流域及以南各省,少数种类还可向北延伸至秦岭、汉水及黄河流域各处。

本书介绍竹亚科中常见 4 属。

常见属检索表

1. 地下茎为合轴型
   2. 地下茎具由竿柄延伸所成的假鞭,假鞭节间实心 ………… 箭竹属(*Fargesia*)
   2. 地下茎因竿柄不甚延伸,无明显假鞭,地面竿一般为较密的单丛,竿和大枝的某些节上具有枝刺,竿节仅具 1 芽 ……………………………… 簕竹属(*Bambusa*)

1. 地下茎单轴或复轴

3. 竿通常高 1～2 m，每节仅具 1 主枝 …………………… 箬竹属（*Indocalamus*）

3. 竿高十余米，每节具 2 枝 ……………………………… 刚竹属（*Phyllostachys*）

（1）箭竹属（*Fargesia*） 本属有 80 余种。据目前所知，除尼泊尔东部和锡金产有总花箭竹（*F. racemosa*）以外，其余种均产于我国。本属植物为灌木状或稀乔木状竹类。地下茎合轴型，竿柄假鞭粗短，其两端不等粗，节间长多在 5 mm 以下，实心。竿直立，维管束呈开放型或半开放型；竿芽单一，长卵形，贴竿而生；花序呈圆锥状或总状，着生于具叶小枝的顶端。模式种箭竹（*F. spathacea*，图 15-30），原产于四川城口，湖北神农架箭竹分布较多。

（2）簕竹属（*Bambusa*） 全世界有 100 余种，我国有 60 多种。地下茎合轴，竿丛生，节间圆筒形，每节有多数分枝，小枝在某些种类可硬化为刺。箨叶直立，基部与箨鞘的顶端等宽，箨耳显著。孝顺竹（*B. multiplex*），枝条多数簇生于 1 节。叶常 5～10 枚，生于 1 小枝上；分布于华南、西南各省，通常栽培供观赏。变种凤尾竹（*B. multiplex* var. *nana*），叶片通常 10 余枚，生于小枝上，形似羽状复叶；分布于长江流域及以南地区，多栽培。佛肚竹（*B. ventricosa*），竿有异型，畸形竿节间瓶状；广东特产，各地栽培或盆栽，供观赏。黄金间碧玉竹（*B. vulgaris* var. *striata*，图 15-31），竿有黄绿相间的花条纹，色泽鲜亮，是世界著名的园林观赏树种。

图 15-30 箭竹

图 15-31 黄金间碧玉竹

（3）箬竹属（*Indocalamus*） 全世界有 20 多种，均产于我国，主要分布于长江以南各省。灌木或小乔木；竿散生或丛生，直立，节不甚隆起；具一分枝，常与主竿同粗。叶片大型。阔叶箬竹（*I. latifolius*，图 15-32），竿高约 1 m；竿箨宿存。分布于华东、陕南、汉江流域等地区。竿宜做毛笔竿或竹筷；叶宽大，可制防雨用品；也用于包裹米粽，有特殊清香气味；此外，称为箬竹的尚有其他近缘种，叶均可入药，其味甘性寒，有清热止血、解毒消肿之效。现代药理分析发现，在箬竹叶中除含有大量的维生素 C、氨基酸、叶绿素和矿物质外，还含黄酮类物质，它具有杀菌、防腐、抗癌等多种功效。

（4）刚竹属（*Phyllostachys*，即毛竹属） 本属有 50 余种，均产于我国，主要分布在黄河流域及以南，本属是竹亚科最重要的材用竹类。竿散生，圆筒形，在分枝的一侧扁平或有沟槽，每节两分枝。本属经济价值最大的竹类植物为毛竹（*P. edulis*，图 15-33），高大乔木。新竿有毛茸与白粉，老竿无毛；分布于长江流域及以南各地区，适宜生长在海拔 400～1000 m 的山地；其竹笋供食用，可加工制成笋衣、笋干等，竿为建筑用材、造纸和编织等的重要原料。刚竹（*P. sulphurea* cv. *viridis*），分布于黄河流域至长江以南各省，竹材强韧。桂竹（*P. reticulata*），竿环隆起而使各节有明显的 2 环，新竿绿色，常无粉；主要分布于长江流域；竿坚韧，为重要材用

图 15-32　阔叶箬竹

图 15-33　毛竹

竹种；嫩叶名为“苦竹叶”，竹皮内层名为“苦竹茹”，均可入药，前者解热利尿、清热明目，后者止吐。栽培种龟甲竹（*P. heterocycla*）及黄槽毛竹（*P. edulis* cv. *luteosulcata*）为美丽的观赏竹种。同属的早竹（*P. praecox*）、乌哺鸡竹（*P. vivax*）等均为华东地区常见的优良食用笋竹。

禾本科植物花的演化：禾本科物种是典型的风媒传粉植物，花小，结构简单，无鲜艳色彩，花被退化，花丝细长，花丝丁字形着生而易摇动，花粉细小干燥和柱头羽毛状等，均为高度适应风媒传粉的典型特征。本科沿着风媒传粉的道路，经过不断发展已进入一个高级阶段。花从单子叶植物 5 轮 3 数的典型结构，已演化成只有 3 轮结构，即花被已简化为 2 枚微小的浆片，雄蕊只剩 1 轮 3 枚；辐射对称发展为两侧对称，花序也发生了特化。禾本科是风媒植物发展的最高阶段。

禾本科和莎草科是紧密相关的姐妹科，它们有许多共同的特征，两者花部已达到简化的阶段，子房明显地由 2 或 3 个（稀 4 个）心皮组成，1 室，1 枚胚珠，化学成分分析证实了两科之间存在着亲缘关系。莎草科以秆三棱形，具密闭的叶鞘，无叶舌，花仅有单个颖片而区别于禾本科。

第四节　姜　亚　纲

6. 姜科(Zingiberaceae)　$\uparrow K_3C_3A_1\overline{G}_{(3)}$ **或** $\uparrow P_{3+3}A_1\overline{G}_{(3)}$

识别要点：多年生草本，常有香气，叶鞘顶端有明显的叶舌，花被分为外轮和内轮，具发育雄蕊 1 枚和通常呈花瓣状的退化雄蕊。

识别歌诀

多年草本清香气，根茎球茎单生茎。
单叶有鞘叶舌在，椭叶线形羽状脉。
花序总状或单生，两性花来左右称。
花被 6 枚 2 轮生，雄蕊 1 育 2 退去。
子房下位有 3 室，中轴胎座蒴果成。

科的特征：多年生草本，通常有芳香，匍匐或块状根茎。地上茎很短，为叶鞘包叠。叶基生或茎生，2 列或螺旋状排列，基部具张开或闭合的叶鞘，鞘顶常有叶舌；叶脉多为羽状斜出平行脉。花两性，两侧对称，单生或组成具苞片的穗状、头状、总状或圆锥花序；花被片 6，2 轮，外轮常合生成管状或佛焰苞状；内轮花冠状，鲜艳；能育雄蕊 1 枚，退化雄蕊 2 或 4 枚，常花瓣状；雌蕊 3 枚，心皮合生，子房下位，1～3 室，中轴或侧膜胎座。蒴果或浆果，种子具假种皮，有丰富的坚硬或粉质的胚乳。染色体数为 9～26。

分类及代表植物：本科约 50 属 1000 种以上，广布于热带及亚热带地区。我国约 9 属 143 种，主要分布于西南部至东部。为药用、香料、调味、观赏等植物资源。

部分属检索表

1\. 侧生退化雄蕊大，花瓣状，与唇瓣分离 ………………………… 姜黄属(*Curcuma*)

1\. 侧生退化雄蕊小或不存在

  2\. 花序顶生 ………………………………………………………… 山姜属(*Alpinia*)

  2\. 花序生于单独由根状茎发出的花葶上

    3\. 侧生退化雄蕊与唇瓣联合，致使唇瓣具 3 裂片，药隔顶端具包卷着花柱的钻状附属体 ………………………………………………………… 姜属(*Zingiber*)

    3\. 侧生退化雄蕊小，齿状或无，药隔顶端附属体各式，但不包卷着花柱 ……………………………………………………………… 豆蔻属(*Amomum*)

姜属(*Zingiber*)　根茎块状，具芳香及辛辣味；叶 2 列；花序由根茎抽出，穗状花序，具覆瓦状排列的苞片；花冠裂片白色或淡黄色，花冠管长于苞片，唇瓣下弯；退化雄蕊小且与唇瓣合生；中轴胎座；蒴果，种子黑色。该属约 30 种，主要产于热带，我国约 12 种。姜(*Z. officinale*，图 15-34)，根状茎肉质，扁平，淡黄色，有短指状分枝；叶片披针形，基部狭窄，无叶柄。穗状花序由根茎抽出；苞片淡绿色；花冠黄绿色，唇瓣倒卵状圆形，下部 2 侧各有小裂片，有紫色、黄白色斑点。原产于太平洋群岛。现广为栽培。我国中部、东南部至西南部广为栽培。根状茎含辛辣成分和芳香成分，又用作蔬菜和调味品。入药能发汗解表、温中止呕、解毒。同属的蘘荷(*Z. miog*，图 15-35)，与姜的主要区别为根状茎圆柱形，叶片披针形或狭长，椭圆形，基部渐狭成短柄。苞片披针形，长 3～4 cm，顶端常带紫色；花冠裂片披针形，白色；唇瓣淡黄色而中部颜色较深。分布于我国东南部，常栽培做蔬菜。嫩花序可做菜用，根状茎入药。

图 15-34　姜

图 15-35　蘘荷

本科植物供药用的还有砂仁(*Amomum villosum*)，产于华南、西南等地区，常栽培于山地阴湿处。果为芳香性健胃、祛风药。益智(*Alpinia oxyphylla*)，主产于海南和广东南部，生于林下阴湿处。果实(药材名"益智仁")为补阳药，能温脾开胃摄涎、暖肾固精缩尿。山姜(*Alpinia japonica*)，产于南方各省，果实和根状茎供药用，能散寒、暖胃、止痛。郁金(*Curcuma aromatica*)，产于我国东南部至西南部。块根供药用，有行气解郁、破瘀、止痛的功用。还有一些美丽的观赏植物，如姜花、海南三七、象牙参、闭鞘姜等，可供盆栽或布置于庭园内。

第五节 百合亚纲

7. 百合科(Liliaceae) $*⚥ P_{3+3} A_{3+3} \underline{G}_{(3:3)}$

识别要点:单叶;花被片6,排列成两轮,雄蕊6枚,与之对生,子房3室;蒴果或浆果。

识别歌诀

多年草本稀木本,基生单叶基互生。
辐射对称花两性,6枚花被两轮生。
同数雄蕊与花对,子房大多安上位。
3室子房中轴座,心皮3数雌蕊复。
茎大花美蒴果浆,葱蒜百合郁金香。

科的特征:多年生草本,少为木本。茎直立或攀援;常具根状茎、鳞茎或块根。叶为单叶,互生、基生,少有轮生,叶有时退化为膜质鳞片,以枝行使叶的作用。花两性,少单性。花序种类多,花被花瓣状,排列为2轮,通常6枚,辐射对称;雄蕊6枚,与花被片对生。花药纵裂。雌蕊由3个心皮构成,子房3室,子房上位、下位或半下位。果实为蒴果或浆果。

分类及代表植物:本科200多属2800多种,广布于世界各地,尤以温带和亚热带居多,许多漂亮花卉、重要药用植物、经济植物蔬菜类都归属此科。

部分属检索表

1. 植株具长或短的根状茎,绝不具鳞茎
  2. 叶退化成鳞片或膜质 ………………………… 天门冬属(*Asparagus*)
  2. 叶片明显,条形或椭圆形
    3. 花单性,雌雄异株,叶椭圆形等,具网状支脉 ……………… 菝葜属(*Smilax*)
    3. 花两性,叶条形,具平行支脉 ……………………… 萱草属(*Hemerocallis*)
1. 植株具膨大的球形鳞茎
    3. 花序为典型的伞形花序,植物具葱蒜味 ……………………… 葱属(*Allium*)
    3. 花序不为典型的伞形花序,植物不具葱蒜味
      4. 花药丁字状着生 ……………………………………… 百合属(*Lilium*)
      4. 花药基部着生 ……………………………………… 贝母属(*Fritillaria*)

1) 百合属(*Lilium*)

本属约80种,产于北温带,我国有60多种。具鳞茎,鳞瓣肉质多数,无鳞被;茎直立,常不分枝。花大,单生或排成总状花序;花被漏斗状;雄蕊花药丁字形着生;中轴胎座;蒴果。常见的有野百合(*L. brownii*,图15-36)及其变种——百合(*L. brownii* var. *viridulum*),野生或栽培供观赏,鳞茎可供食用,也可入药,有润肺止咳、清热安神、利尿之功效;卷丹(*L. lancifolium*,图15-37),与百合的区别在于卷丹花橘红色并有紫黑色斑点,叶腋常有珠芽,鳞茎与花均可入药,具有养阴润肺、清心安神的功效,用于阴虚久咳、痰中带血、虚烦惊悸、失眠梦多、精神恍惚等症状。此外,麝香百合(*L. longiflorum*)、王百合(*L. regale*)等皆为常见观赏植物。麝香百合原产于我国台湾和日本,现全世界广为栽培,是百合切花中最有价值的品种。

图 15-36 野百合

左下角为鳞茎

图 15-37 卷丹

右下角为珠芽

2）贝母属(*Fritillaria*)

本属约100种，主产于北温带，我国产20余种，多可入药。鳞茎近球形，肉质，无鳞被；叶对生、轮生或散生，先端卷须状；花钟状下垂，单生或排成总状花序；蒴果有宽翅。浙贝母(*F. thunbergii*，图15-38)，茎基部以上具叶，花单生于枝顶或上部叶腋，分布于江浙一带；鳞茎入药即“浙贝”，含多种生物碱，有润肺、止咳、化痰、清热之效，治疗外感咳嗽、咽喉肿痛、支气管炎等。天目贝母(*F. monantha*，图15-39)分布于浙江、湖北等地，药效同浙贝。川贝母(*F. cirrhosa*)分布于西南，鳞茎入药，能清热润肺、养阴生津、止咳化痰。

图 15-38 浙贝母

图 15-39 天目贝母

3）葱属(*Allium*)

本属约300种，主产于北温带，我国有100余种。多年生草本，有刺激性葱蒜味；鳞茎有鳞被。叶基生，伞形花序顶生，初为膜质总苞包被；花被分离或基部合生；子房上位，蒴果。本属有多种广为栽培的著名蔬菜，常见的有：葱(*A. fistulosum*，图15-40)，多种植于北方，为重要蔬菜，我国南方作为调味料用得更多的是香葱(*A. cepiforme*)，二者的鳞茎及种子均可入药，前者能解表散寒，消肿止痛，后者补肾明目；洋葱(*A. cepa*)，原产于中亚，世界各地广为栽培，鳞茎供食用；蒜(*A. sativum*)，鳞茎球形至扁球形，常由多个小鳞茎(蒜瓣)紧密排列组成，我国各地广为栽培，为重要蔬菜和调味料，幼苗和花葶(青蒜和蒜薹)均可炒食，蒜头含挥发性大蒜辣素，有健胃、止痢、止咳、杀菌、驱虫、防腐和消毒的作用；韭菜(*A. tuberosum*)，具根状茎，叶供食用，为常见蔬菜种类。

图 15-40 葱

4）萱草属（*Hemerocallis*）

萱草属又称黄花菜属，约 16 种，我国有 8 种。多年生草本，常具肉质块根；叶基生，带状。花葶单一，螺壳状聚散花序；花大，漏斗状；雄蕊 6 枚，生于花被筒喉部，花药背部着生；蒴果室背开裂。黄花菜（*H. citrina*，图 15-41），花黄色芳香，较大，午后开放，次日午前凋萎。花蕾干制品称金针菜或黄花菜，供食用；其花、叶、根晒干后，均可入药，花有健胃、通乳、补血的功效，根有利尿、消肿的功效，叶有安神的作用。萱草（*H. fulva*，图 15-42），花橘红色或橘黄色，无香味，各地栽培供观赏。

图 15-41　黄花菜

图 15-42　萱草

5）天门冬属（*Asparagus*）

本属约 300 种，我国产 24 种。茎直立或蔓生，叶退化成干膜质，鳞片状，叶状枝线形或针形；花两性或单性；浆果。常见的有：天门冬（*A. cochinchinensis*），攀援草本，我国广布，块根入药，有滋阴润燥、清热止咳之效；石刁柏（*A. officinalis*），多年生直立草本，分布于中亚和英国，现广为栽培作为蔬菜，称“芦笋”，食用其春季发出的肉质茎，营养价值很高；文竹（*A. setaceus*），原产于南非，其叶退化成干膜质鳞片，小枝羽毛状展开，多用于插花，是常见的园林及庭院花卉。

6）菝葜属（*Smilax*）

本属约 300 种，产于温带、热带和亚热带，我国约有 60 种。攀援灌木，根状茎块状，叶互生，具 3～7 大脉。叶柄两侧常有卷须，通常视为变态的托叶。花单性异株，浆果。菝葜（*S. china*），根状茎横走，呈竹鞭状，茎有硬刺，浆果成熟时红色，根状茎富含淀粉和鞣质，可酿酒和提制栲胶；也可入药，根状茎含生物碱、酚类、氨基酸、糖类等，可祛风利湿、解毒散瘀，治疗关节疼痛、肌肉麻木等。

本科常见的药用植物还有黄精属（*Polygonatum*）的玉竹（*P. odoratum*）和黄精（*P. sibiricum*），重楼属（*Paris*）的华重楼（*P. polyphylla* var. *chinensis*，图 15-43）等。此外，丝兰（*Yucca smalliana*）、麦冬（*Ophiopogon japonicus*）、万年青（*Rohdea japonica*）、吉祥草（*Reineckia carnea*）、芦荟（*Aloe vera* var. *chinensis*），以及郁金香（*Tulipa gesneriana*，图 15-44）、风信子（*Hyacinthus orientalis*，图 15-45）、玉簪（*Hosta plantaginea*）、紫萼玉簪（*Hosta ventricosa*，图 15-46）、吊兰（*Chlorophytum comosum*）、蜘蛛抱蛋（*Aspidistra elatior*）等常栽培供观赏，或作为地被植物。

8. 鸢尾科（Iridaceae）　$\uparrow * P_{3+3} A_3 \underline{G}_{(3:3:\infty)}$

识别要点：多年生草本；根状茎、球茎或鳞茎；叶条形或剑形基部对折，基部抱茎而呈叶鞘状；聚伞花序，花被 6 枚，子房下位，心皮 3 个，中轴胎座，蒴果。

图 15-43　华重楼

图 15-44　郁金香

图 15-45　风信子

图 15-46　紫萼玉簪

识别歌诀

多年草本茎多样，长叶基生套折状。
两性对称两轮生，花被皆为花瓣相。
雄蕊 3 枚基处生，柱头 3 裂似花瓣。
子房下位 3 心皮，胎座 3 室中轴长。
蒴果背裂易种植，药用观赏皆为上。

科的特征：多年生草本；常具根状茎、球茎或鳞茎；叶多基生，条形或剑形基部对折，成 2 列；叶脉平行，基部抱茎而呈叶鞘状，顶端渐尖；茎基部常合生而呈管状；常为聚伞花序，花两性，辐射对称或两侧对称；花被 6 枚，2 轮排列，花瓣状，雄蕊 3 枚，子房下位，3 心皮 3 室，中轴胎座，每室胚珠多数，柱头 3 裂，有时呈花瓣状；蒴果。

分类及代表植物：本科有约 60 属 800 多种，分布于热带和温带地区。我国原有 2 属（鸢尾属和射干属），经引种共 70 多种。常见种类有鸢尾、番红花、射干、马蔺、唐菖蒲等。全国各地均有分布。

部分属检索表

1. 花被管缺或极短
  2. 具球茎或鳞茎 ……………………………………………… 红葱属（*Eleutherine*）
  2. 具根状茎 ……………………………………………… 射干属（*Belamcanda*）
1. 花被管明显
    3. 花辐射对称，花被管直立；雄蕊彼此间的距离相等；花柱分枝花瓣状
    ……………………………………………………………… 鸢尾属（*Iris*）

3. 花左右对称,花被管多少弯曲;雄蕊通常多少偏于一侧;花柱分枝不为花瓣状 …………………………………………………… 唐菖蒲属(*Gladiolus*)

1) 鸢尾属(*Iris*)

多年生草本。根状茎长条形或块状,横走或斜伸,纤细或肥厚。叶多基生,相互套叠,叶剑形、条形或丝状,大多数的种类只有花茎而无明显的地上茎,花茎自叶丛中抽出,多数种类伸出地面;花及花序基部着生数枚苞片,膜质或草质;花较大,有各色。全世界约 300 种,分布于北温带;我国约产 60 种,主要分布于西南、西北及东北。鸢尾(*I. tectorum*,图 15-47),多年生宿根草本。根状茎粗且短,淡黄色,节间较短,叶剑形,质薄、淡绿色,花茎单一或二分枝,常有花 1～4 朵,花大而美丽。苞片草质,花蓝紫色,外花被宽卵形,内花被有一行鸡冠状白色带紫纹的突起。花柱分枝 3 个,花瓣状,蓝色,覆盖着雄蕊,顶端 2 裂。蒴果,胚珠多数,种子具有假种皮。

2) 唐菖蒲属(*Gladiolus*)

多年生草本。地下部分为球茎,外有薄膜质的包被。叶剑形或条形,2 列,互相套叠。花茎直立,不分枝;花无梗,每朵花基部包有草质或膜质的苞片;花两侧对称,大而美丽;花被管较短而弯曲,花被裂片 6,2 轮排列,椭圆形或卵圆形,顶端钝或有短尖,上面 3 枚较宽大;雄蕊 3 枚,偏向花的一侧,花丝着生在花被管上;蒴果;种子扁平,边缘有翅。产于地中海沿岸、非洲热带、亚洲西南部及中部。唐菖蒲(*G. gandavensis*,图 15-48),多年生草本,为著名切花。鳞茎扁圆形,肥大,外有膜质鳞茎皮。基生叶剑形、2 列,灰绿色,花拳直立,通常为单生,蝎尾状聚伞花序顶生,花有各色。花被筒漏斗状,多向外稍弯曲,上部 6 裂,裂片倒外圆形,内轮 3 片较大,有各种颜色的线条斑。雄蕊 3 枚,子房 3 室,胚珠多数。蒴果椭圆形或倒卵形,成熟时室背开裂;种子扁而有翅。花期 7—9 月,果期 8—10 月。

图 15-47 鸢尾

图 15-48 唐菖蒲

鸢尾科常见植物还有:射干(*Belamcanda chinensis*,图 15-49),草本。根状茎横走,断面黄色;叶互生,嵌迭状排列;花两性,辐射对称,2～3 歧分枝的伞房状聚伞花序,顶生;花被 6 枚,橙黄色,基部合生成短管,散生暗红色斑点;雄蕊 3 枚,子房下位,柱头 3 裂。蒴果,倒卵圆形。分布于干燥山坡、草地、沟谷及滩地。根状茎(药材名“射干”)能清热解毒、消肿利咽。番红花(*Crocus sativus*,图 15-50),草本。具球茎,外被黄褐色膜质鳞片。叶基生。条形花自球茎发出。花两性,辐射对称,花被 6 枚,花被管细管状;雄蕊 3 枚;子房下位,花柱细长,顶端 3 深裂,柱头略扁,顶端楔形,有浅齿,较雄蕊长,子房狭纺锤形。蒴果椭圆形。原产于欧洲南部,我国各地常见栽培,花柱及柱头供药用(即“藏红花”)。味辛、性温,有活血、化瘀、生新、镇痛、健胃、通经之效。

图 15-49　射干

图 15-50　番红花

9. 兰科(Orchidaceae)　↑P_{3+3} A_{2-1} $\underline{G}_{(3:1)}$

识别要点:草本;花两侧对称,花被内轮 1 片特化成唇瓣,能育雄蕊 1 或 2 枚,花粉结合成花粉块,雄蕊和花柱结合成合蕊柱,子房下位,侧膜胎座;种子微小。

识别歌诀

草本陆生或附生,根状块茎气生根。
叶形披针或肥厚,茎基丛生假鳞茎。
花葶顶生或侧生,两侧对称花两性。
特化唇瓣合蕊柱,虫媒传粉巧适应。
子房下位是侧膜,种子微小菌共生。
种类繁多广种植,观赏药用皆上品。

科的特征:多年生草本,陆生、附生或腐生,亚灌木或极少数为攀援藤本。陆生及腐生的常具根状茎或块茎,有须根。附生的具有肥厚根被层的气生根,生于热带雨林中。茎直立,悬垂或攀援,常在基部或全部膨大为具 1 节或多节、呈各种形状的假鳞茎。单叶互生或螺旋状排列,常排成 2 列,少数对生或轮生,基部常具抱茎的叶鞘,有时退化成鳞片状。花单生或成花序,着生花的茎称花葶。花葶顶生或侧生,单花或排列成总状、穗状或圆锥花序;花两性,两侧对称(图 15-51),常因子房呈 180°角扭转,弯曲而使唇瓣位于下方。花被片 6,排列为 2 轮。外轮花被:3 萼片,花瓣状。内轮花被:3 枚,2 枚称花瓣,1 枚特化而称唇瓣。唇瓣具有复杂结构,基部有时具囊或距,内含蜜腺。兰科植物的花最显著的特征是雄蕊和花柱合生而成的柱状体,称合蕊柱。通常为半圆柱形,正面向唇瓣,基部有时延伸为蕊柱脚,顶端通常有药床。雄蕊 1 或 2 枚(极少为 3 枚)。雄蕊 1 枚时,能育雄蕊为外轮中央雄蕊,生于合蕊柱顶端背面;花药两室,花粉常结成花粉块;3 个柱头中,2 个可育,1 个不育变成 1 个小突起,称为蕊喙。雄蕊 2 枚时,能育雄蕊为内轮侧生雄蕊,生于合蕊柱两侧;花粉粒状不结成花粉块;退化雄蕊呈花瓣状;3 个柱头全发育合生成单柱头。子房下位,180°角扭转,3 心皮,合生成 1 室,侧膜胎座。蒴果三棱状圆柱形或纺锤形,成熟时顶部开裂,种子极多,微小如尘,无胚乳,胚小而未分化。

分类及代表植物:兰科是单子叶植物最大的科,为种子植物第二大科(仅次于菊科),约有 730 属 20000 种,约占单子叶植物的 1/4。但主要分布在热带。我国有 171 属约 1241 种(包括亚种、变种、变型)。南北均产,尤以云南、海南和台湾为多。兰科有很多是著名的观赏植物,各地多栽培,供观赏,经历代培育出许多叶艺、花艺品种,流传至今,观赏及经济价值极高。还有一些植物可供药用。

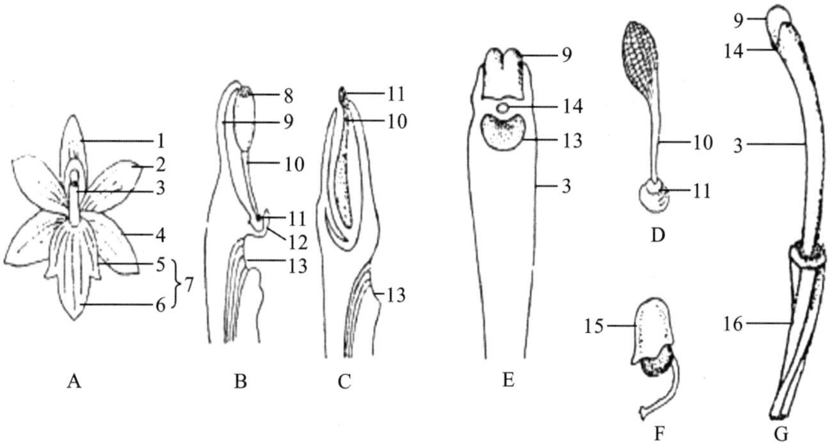

图 15-51　兰科植物花的结构

A. 兰花花被各部分；B. 兰花的基盘部；C. 兰花的顶盘部；

D. 花粉块；E. 合蕊柱；F. 花药；G. 子房和合蕊柱

1. 中萼片；2. 花瓣；3. 合蕊柱；4. 侧萼片；5. 侧裂片；6. 中裂片；7. 唇瓣；8. 花粉团；9. 花药；

10. 花粉块柄；11. 黏盘；12. 黏囊；13. 柱头；14. 蕊喙；15. 药帽；16. 子房

部分属检索表

1. 花粉为粒状，柔软，药多半不脱落；花序常顶生
  2. 叶基部有关节，具折扇脉 ……………………………………… 白及属(*Bletilla*)
  2. 茎上只有叶鞘状叶而没有绿色叶片状叶，无关节；腐生植物 ……………………………………………………………………… 天麻属(*Gastrodia*)
1. 花粉蜡质或骨质；药一般脱落；花序顶生或侧生
    3. 花序顶生，有时由于顶生花序不发达以致生在上部的叶腋间 …………………………………………………………… 石斛属(*Dendrobium*)
    3. 花序侧生，生在靠近假鳞茎的基部，或生在茎下部的叶腋间 ……………………………………………………………… 兰属(*Cymbidium*)

1）兰属(*Cymbidium*)

附生、陆生草本(稀腐生)，茎极短或变态为假鳞茎。叶常带状，革质，近基生。总状花序直立或下垂；花大而美丽，有香味；花被张开；蕊柱长；花粉块 2 个；蒴果长椭圆形。本属近 50 种，分布于亚洲热带和亚热带。我国有 20 种及许多变种，分布于长江以南各省。常见的有建兰(*C. ensifolium*，图 15-52)，叶带形，较柔软。花葶直立，通常短于叶；总状花序，3～7 朵花；苞片远比子房短；花浅黄绿色，有清香。夏、秋开花，各地庭园常栽培，供观赏，有许多栽培品种。根和叶入药，有清热止带、镇咳祛痰之功效。墨兰(*C. sinense*，图 15-53)，似建兰，但叶宽且深绿色而有光泽，全缘。花葶通常高出叶外，有 10 余朵花。品种也很多。冬末春初开花，花色多变，有香气。春兰(*C. goeringii*)，叶狭带形。花单生，淡黄绿色；唇瓣乳白色，有紫红色斑点。春季开花，有芳香。主要分布于长江流域各省；从古至今为重要的栽培观赏植物。根可入药，有清热利湿、消肿之功效。

2）石斛属(*Dendrobium*)

附生草本。假鳞茎丛生，伸长呈茎状，茎黄绿色，节间明显。花大而艳，单生、簇生或排列

图 15-52 建兰

图 15-53 墨兰

成总状花序，常生于茎的上部节上；花被片开展；侧萼片和蕊柱基部合生成萼囊；花药药柄丝状，药囊 2 室；花粉块 4。本属约 1400 种，主要分布于亚洲热带、亚热带至澳大利亚及太平洋岛屿。我国约有 60 种，以东南、西南及台湾种类较多。常见的有石斛(*D. nobile*，图 15-54)，茎丛生，黄绿色。叶狭长椭圆形至长圆状披针形，顶端钝有凹缺，叶鞘紧抱节间。花大，白色，微带紫红。分布于秦岭以南各省。因花大而美丽，通常室内盆栽为观赏植物。茎供药用，为中华“九大仙草”之一，能滋阴清热，养胃生津。

图 15-54 石斛

图 15-55 天麻

3) 天麻属(*Gastrodia*)

腐生草本。块状根状茎肥厚，横生，表面有环纹。茎直立，节上具鞘状鳞片。总状花序顶生；花较小；萼片和花瓣合生成筒状，顶端 5 齿裂；花粉块 2，多颗粒状。本属约 20 种，分布于东亚、马来西亚至大洋洲。我国有 3 种，分布于西南、华东、华北、东北和台湾。天麻(*G. elata*，图 15-55)，腐生兰，植株高 30～150 cm。根状茎横生，肥厚肉质，长椭圆形，表面有均匀的环节。茎直立，黄褐色，节上具鞘状鳞片。总状花序顶生；花序通常数花至多花，稀减退为单花；花中等大，黄褐色，萼片与花瓣合生成斜歪筒，口偏斜，顶端 5 齿裂，萼裂片大于花冠裂片，唇瓣藏于管内，无距；蕊柱一般较长，具短的蕊柱足；花粉块 2 粒，粉质。蒴果倒卵状长圆形，6～7 月开花。分布于我国东北、西南、华东等地区。根状块茎入药，称“天麻”，为著名中药。含香草醇、苷类和微量生物碱，有熄风镇痉、通络止痛作用，用于治疗高血压病、头痛、眩晕、肢体麻木、神经衰弱及小儿惊风等。研究发现，天麻须与白蘑科真菌密环菌(*Armillariella mellea*)和紫萁小菇(*Mycena osmundicola*)共生，紫萁小菇为天麻种子萌发提供营养，蜜环菌为天麻原球茵长成块茎提供营养。在此基础上人工繁殖已取得成功。

4) 白及属(*Bletilla*)

陆生草本。具假鳞茎，球茎扁平，上有环纹。叶数枚，具折扇状脉；薄纸质，一般集生于茎基部，有时仅有 1 叶。花较大，较艳，常数朵组成顶生总状花序；萼片与花瓣近似。唇瓣 3 裂，无距，上面有褶片，侧裂片或多或少围抱蕊柱；蕊柱细长，无蕊柱足；花粉块 8，成 2 群，粒粉质，有不明显的花粉块柄，无黏盘。本属约 9 种，分布于东亚；我国有 4 种，从东部至西南部皆有。假鳞茎均供药用，有止血补肺、生肌止痛之效。常见的有白及（*B. striata*，图 15-56），陆生兰，高 15～50 cm。假鳞茎扁球形，常为连接的扁平三角状厚块，上面具荸荠似的环纹，富黏性。茎粗壮，劲直。叶 4～5 枚，叶披针形至长椭圆形。花序具 3～8 朵花；花苞片开花时常凋落；花大，紫色或淡红色。生于山谷地带或林下湿地。分布于我国长江流域至南部和西南各省；朝鲜、日本也有。球茎含白及胶质黏液、淀粉、挥发油等；药用，有补肺止血、消肿生肌、润筋行气等作用；花美丽，供观赏。

图 15-56　白及

图 15-57　蝴蝶兰

兰科还有许多著名的观赏植物，如蕙兰（*Cymbidium faberi*）、寒兰（*C. kanran*）、蝴蝶兰（*Phaiaenopsis aphrodite*，图 15-57）、大花蕙兰（*C. hybridum*，图 15-58）、虎头兰（*C. hookerianurn*）、文心兰（*Oncidium hybrid*，图 15-59）、铁皮石斛（*Dendrobium officinale*）、大花万代兰（*Vanda coerulea*）、杏黄兜兰（*Paphiopedilum armeniacum*，图 15-60）和卡特兰（*Cattleya hybrida*，图 15-61）等。

图 15-58　大花蕙兰

图 15-59　文心兰

兰科植物花高度特化，几乎被植物学家公认为代表单子叶植物最进化的类群，主要表现在以下几个方面。

（1）草本植物，附生或腐生。

（2）种类多，已知约 20000 种。

（3）花具有各种不同的形状、大小和颜色。

（4）花两侧对称，内轮花被中央 1 枚特化为唇瓣；唇瓣具有复杂的结构，基部形成具有蜜腺的囊和距。

图 15-60 杏黄兜兰

图 15-61 卡特兰

(5) 雄蕊数目减少并与雌蕊合生成合蕊柱，子房下位，柱头具有蕊喙，花药结合成花粉块。

(6) 花的结构体现了对昆虫传粉的高度适应性，其适应机制非常复杂。一般来说，兰花常大型而美丽，有香气，易引诱昆虫，花的蜜液多藏于唇瓣基部的距内或蕊柱的基部，昆虫进入花内采蜜时，落在唇瓣上，头部恰好触到花粉块基部的黏盘上，昆虫离开花朵时，带着一团胶状物和黏附其上的花粉块而去，至另一朵花采蜜时，花粉块恰好又触到有黏液的柱头上，完成授粉作用。

但是，兰科植物产生大量种子是一个原始的特征，并且兰科的种子在果实开裂时，并未完全发育，需待种子落在基质上，与真菌共生，分解脂肪后，摄取必需的养分，才能继续发育。

思考与探索

1. 区别下列各组名词：

肉穗花序与佛焰花序；苞片与总苞；小穗与颖果。

2. 百合科的基本特征是什么？有哪些重要的经济植物？

3. 禾本科植物在风媒传粉方面有哪些适应性特征？概述禾本科的主要特征和经济价值。

4. 简述兰科植物的花是如何适应昆虫传粉的。某些学者将兰科作为单子叶植物中最进化的类群，其依据是什么？

第五篇

资源保护与利用

第十六章 植物资源的保护和可持续利用

第一节　生物多样性与保护

“生物多样性”一词已经成为当今的热门词汇。人类的生存发展，依赖于整个地球的生物和非生物环境。伴随着全球气候和环境的改变，地球上的许多生物物种正在加速灭绝，这意味着人类所处的生态环境正遭受前所未有的破坏。从狭义的生物学角度来理解，生物多样性的保护有助于人类自身的生存和发展。广义而言，“生物多样性”保护还是一个文化的概念，越来越与城市文明、社会发展以及我们自身息息相关。

一、生物多样性概述

（一）生物多样性概念的提出及含义

“生物多样性”(biodiversity)是用于衡量人类所生存的生态环境的重要指标。这个名词最早由美国生物学家E. O. Wilson在一个研讨会上提出，他在随后的《生物多样性》一书中指出，生物多样性是对地球上所有生物物种的普查，包括植物、动物、真菌及微生物。

生物多样性的定义也是多样化的。国际生物多样性计划(DIVERSITAS)中国委员会秘书长马克平将其定义为：“多样化的生命实体群的特征，每一级实体——基因、细胞、种群、物种、群落乃至生态系统都不止一类，亦即都存在多态性。生物多样性包括所有植物、动物、微生物物种以及所有的生态系统及其形成的生态过程。”美国技术监督局给予的定义是“生命有机体及其赖以生存的生态综合体(ecological complexes)之间的多样性(variety)和变异性(variability)”。

生物多样性在学术上的定义被扩充到地球上所有生命形态的总称，包括所有生态系统中生活物体的变异性，它涵盖了所有从基因、个体、族群、物种、群集、生态系统等各种层次的生命形式，这些生命形式可以概括为遗传多样性、物种多样性及生态系统多样性这三个层次。另外，生物多样性还被赋予了文化内涵，各式各样的生命生活在不同形式的人文及自然系统中，它们相互依赖，维持着复杂、紧密而脆弱的关系，它们和人类在地球的生物圈生生不息、共荣共存。生物多样性的观念已经超越了生物学本身，具有生态、经济、科学、教育、文化、伦理与美学等价值。

（二）生物多样性的层次

狭义的生物多样性是指物种及物种以下的生命实体群在代谢、生理、形态、行为等方面表现出的差异性，包含有机体的多样性、个体的多样性、分类学多样性等不同层次。广义的生物多样性还要综合生态学的和生物地理学的观念，重在了解群落、生态系统和景观在组成、结构、功能及动态等方面的过程及差异。广义的生物多样性组成包括三个层次：个体水平的遗传多样性(genetic diversity)、物种水平上的物种多样性(species diversity)和群落水平上的生态系统多样性(ecosystem diversity)，三者间的关系如图16-1所示。

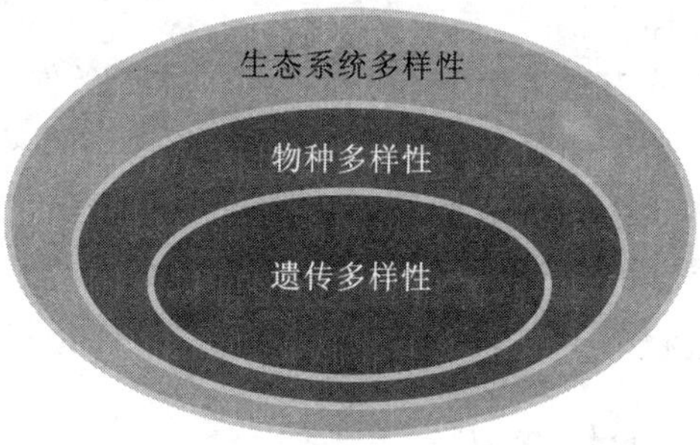

图16-1 不同层次生物多样性间的相互关系

1. 遗传多样性

遗传多样性的含义有广义和狭义之分。广义的遗传多样性是指地球上所有生物所携带的遗传信息的总和。狭义的遗传多样性是指种内个体之间或一个群体内不同个体的遗传变异。本质上，遗传多样性是物种内基因的差别和变异，地球上同一生物物种的任何两个不同的个体之间均存在遗传多样性。遗传多样性的外在表现形式是表型，表型是基因型和环境综合作用的结果。

植物的遗传多样性，常常以居群(population)的形式体现。所谓居群，是指在一定环境条件下，生活在同一时空内的同种植物构成的有机整体。植物的演化、绝灭、物种形成往往是以居群为单位的。植物的遗传多样性一般具有如下规律：首先，对同一物种而言，往往居群越大，遗传多样性越高；其次，一个物种的遗传多样性越高，往往分布范围也越广；遗传多样性的高低与生境的面积有关系。

遗传多样性产生的原因与遗传信息的改变有关，包括基因的突变，染色体的重组、交换、缺失、反转、重复等。植物遗传信息的改变通常发生在植物的繁殖过程，特别是开花、传粉、受精的过程。一些濒临灭绝的物种，往往开花、传粉、受精的过程不能正常进行，或者遗传变异的幅度很小，在环境变迁的过程中无法产生足够多的具有适应能力的个体。

决定遗传多样性差异的，不仅包括染色体的结构和DNA的序列，还有DNA的甲基化组、转录组(transcriptome)、蛋白组(proteome)、代谢组(metabolome)等，对于遗传多样性的决定，都是一个重要的补充。DNA的甲基化组与"表观遗传学"有关。DNA甲基化可以记忆环境或发育过程中的基因调控，传递给子代细胞。瑞士科学家Dirk Schübeler于2012年在《Science》上论述了DNA甲基化的这种效应。

2. 物种多样性

物种多样性是生物多样性的第二个层次。但物种的定义到目前仍然是具有争议的问题。物种是一个分类学上的基本单元，常常指一群可以交配并繁衍后代的个体，但这个群体与其他群体不能交配或交配后产生的杂种不可育。目前用DNA条形码(DNA barcoding)技术的标准基因片段对物种进行鉴定，可以快速地获取物种的信息，这对于发现未知物种，进行物种多样性的保护都是十分重要的。一个物种不是孤立的，而是存在于一定的生态系统中，有自己的时空范围。一个居群在生态系统中的时空范围,以及与其他物种的关系,统称为一个生态位(ecological niche)。

3. 生态系统多样性

在同一时空范围内,不同物种以及它们生存的非生物环境共同构成了生态系统。生物本身的多样性和非生物环境的复杂性,决定了生态系统的多样性。这种多样性包括生态系统类型的多样性和生态过程的多样性。

生态系统类型有多种划分方式。按生态系统具有的水分条件可以划分为水生生态系统和陆生生态系统。按植被类型划分为热带雨林生态系统、常绿阔叶林生态系统、草原生态系统、针叶林生态系统和苔原生态系统。按是否受人类影响划分为自然生态系统、半自然生态系统、人工生态系统、城市生态系统和农田生态系统。生态过程的多样性包括能量流动、物质循环、生产过程、消费过程、分解过程。不同类型的生态系统,其生态过程也是迥异的。

二、植物多样性的保护与意义

如何减少生物多样性的丧失,是人类面临的挑战之一。早在1992年在巴西召开的联合国环境与发展大会(United Nations Conference on Environment and Development,UNCED),包括中国在内的多个国家的元首或政府首脑参加了这次会议,并签署了《保护生物多样性公约》。会议将生物多样性的保护作为全人类共同关心的问题提上日程,促使各国采取了相关的行动,推动生物多样性的研究和保护。该公约旨在实现三大目标:保护受威胁的生物多样性;保证生物多样性的可持续利用;保证遗传资源惠益共享。

国际植物园保护联盟(Botanic Gardens Conservation International,BGCI)成立于1987年,是目前最大的植物保护机构,也是三大国际环保组织之一。2002年通过的《全球植物保护战略》(GSPC)确定了在全球范围内保护植物多样性,遏制物种丧失的目标。BGCI在《Guide to the GSPC》(全球植物保护战略指南)一书中,对植物多样性面临的问题进行了归纳,包括栖息地破坏、入侵、污染、气候改变等。经过10年的不断努力和探索,在包括中国在内的多个国家的大力支持之下,BGCI在2012年召开的保护生物多样性公约第十六次会议上,为植物多样性的保护提出了具体目标,为实现2020年之前遏制植物种类丧失的目标提出了更加清晰的规划。

植物多样性保护受到国际社会的广泛关注,这是由于植物资源与人类的生存和发展息息相关。每一种植物都有其自身的价值,但每一种植物不可能具有所有的价值,只有植物多样性才能保证我们这个世界的多姿多彩。植物的价值有哪些呢?归纳起来,至少包括以下几个方面。

(1) 直接利用价值　人类主要的粮食和蔬菜都来自植物,很多现代药物,包括治疗心脑血管疾病的阿司匹林、治疗疟疾的青蒿素、具有抗癌作用的紫杉醇等都是植物的提取物。此外,制衣服的棉花和纤维、取暖用的煤炭、建筑用的材料、家具等,很多也来自于植物。

(2) 生态价值　绿色植物通过光合作用合成有机物,为整个生态系统提供了物质能量的来源;绿色植物呼出氧气,吸入二氧化碳,与其他生物一同维持了大气成分的相对稳定;土壤中的微生物分解死去的生物尸体和有机垃圾,维持了生物圈物质循环;森林和草地起到保持水土的作用;在旧的生态系统消失,新的生态系统形成过程中,往往是植物充当了开拓者的角色。

(3) 科学和环保价值　植物多样性本身,就是科学家研究的一个热点;而有的植物,可以起到环境指示物的作用，指示空气质量、水体的污染或富营养化的状况等。

(4) 美学价值　很多植物属于园林和观赏植物。植物的多样性决定了它们在不同的时空中的分布，并且具有对不同环境的适应性。例如，利用植物在不同季节的生长繁殖情况，古人春赏兰，夏赏竹，秋赏菊，冬赏梅，在不同的季节都能享受植物之美。根据植物对环境不同的适应性，古人赋予了它们不同的品格。适应于水生的莲花被赋予"出淤泥而不染"的特性，四季常青的松柏被赋予"坚韧不拔"的品质等。

(5) 哲学价值　当我们追问生命起源这样的哲学命题时，生物多样性为我们提供了数以万计的证据；自然界包括植物资源在内的生物资源，是古往今来哲人、诗人、智者、艺术家和科学家创作的源泉。

每个物种都有其生存的权利，所有物种也是相互依存的，保护植物多样性，是我们义不容辞的责任。

第二节　中国植物资源利用和保护现状

植物资源的保护是一个系统工程。首先需要经过本底调查，确定本国或本地区资源的基本情况。然后制定相关的策略，对于那些已经可以产业化的植物资源，通过革新技术，更加有效地进行资源开发利用，获得更多资金支持，使这种资源的保护形成良性循环；对于暂时没有经济效益的植物，可以通过保护区、植物园等机构进行保护。在资源保护中，还应发动全社会共同关注、共同参与。而制定相应的法律法规，可以保证开发利用的合理性、有序性和开发者的积极性。对于那些濒危植物，由于其具有的遗传资源往往也是稀有的，需要特别加以重视。

一、中国植物资源现状

资源是指任何有形或者无形、具有可利用性或有助于维持生存的要素以及要素的总和。生物资源指的是在目前的社会经济技术条件下，人类可以利用和可能利用的生物方面的资源；广义而言，包括生物圈中所有的动物、植物和微生物。植物资源，包括陆地、湖泊、海洋中的所有植物，是生物资源的重要组成部分。

我国辽阔的地域和复杂的地理环境，造就了极为丰富的植物多样性。我国植物占世界物种的10%，其中约30000种高等植物，拥有丰富的种质资源；物种特有程度高，特有属和特有种占总数的50%～60%；同时由于我国生物区系起源古老、成分复杂，含有大量的珍稀孑遗物种，如水杉(*Metasequoia glyptostroboides* Hu et Cheng)、银杏(*Ginkgo biloba* L.)、鹅掌楸(*Liriodendron chinense* (Hemsl.) Sarg.)等。但总体而言，植物资源的状况并不乐观，由于我国人口众多，人均资源相对不足，加上经济的高速发展和人口的不断增长，对生态环境造成了严重破坏，大量植物资源受到威胁。2004年编写的《中国物种红色名录》评估的4408个物种中，裸子植物受威胁和近危的比例分别为69.91%和21.23%，被子植物受威胁和近危的比例分别为86.63%和7.22%。植物的濒危物种比例远远超出了此前的估计。

我国从加入《生物多样性公约》以来，一直都很重视植物资源的保护和可持续利用。以植物资源重要类型的森林资源(包括树木、植被以及整个的森林生态系统)为例，截至2012年，我国森林资源从1992年的1.34亿公顷增加到1.95亿公顷，净增近6200万公顷；森林覆盖率由1992年的13.92%增加到20.36%，净增6.44%。森林蓄积量由101亿立方米增加到137亿立方米，净增36亿立方米；人工林保存面积6168万公顷，居世界首位；总碳储量78.11亿吨，年生态服务功能价值达10万亿元。

与此同时，沙化面积由20世纪末的年均扩展3436平方千米，下降到目前的年均扩展1717平方千米；国际重要湿地数量达41处，约50%的自然湿地得到有效保护；林业系统建设管理了占全国80%的自然保护区，面积达到1.23亿公顷，占国土面积的12.77%，90%的陆地生态系统类型、85%的野生动物种群和65%的高等植物群落得到有效保护。虽然在物种保护方面取得了很多成就，但物种的快速灭绝和湿地面积的日益缩小仍在继续，物种保护的任务仍然十分艰巨。

二、中国近年来对植物资源开发利用的成果

(一) 新品种的研发

我国通过广泛搜集国内外的种质资源，利用物理和化学方法诱变突变体，并结合传统育种和分子育种的方法等，在粮食、工业、油料、花卉等方面，对植物资源的开发取得了丰硕的成果。例如以华中农业大学张启发团队为代表，围绕“绿色超级稻”为目标，获得一批具有自主知识产权的重要基因，创制了一批具有抗虫、抗旱、营养、高效优质的水稻品种，在转基因水稻领域步入世界先进行列。在棉花的抗逆性方面，中国农业科学院生物技术研究所郭三堆研究员成功研发了具有自主知识产权的转基因棉花新品种，解决了困扰我国棉花虫害频发的问题，使我国成为第二个独立自主成功研制抗虫棉的国家。北京市农林科学院蔬菜研究所许勇研究员选育了主导北京及全国部分地区西瓜市场的“京欣”品种，同时还开发了可以像水果一样通过削皮食用的西瓜品种。国内一些地方机构以及个人，也通过传统育种和分子遗传育种学的方法，培育了具有较高观赏价值、高产或抗逆性强的优良品种。例如，浙江嵊州市木兰科新品种研究所所长王飞罡培育了20个玉兰新品种，其中8个申请了新品种保护。浙江农林大学、深圳仙湖植物园、西安植物园对木兰科遗传背景开展研究，对木兰新品种进行选育和推广，在新品种的开发方面作出了卓有成效的贡献。上述这些成就，标志着我国在植物资源的开发利用方面，逐渐走上了自主研发的道路。

(二) 药用植物

中药资源是我国具有特色的资源，新中国成立后我国政府一直致力于中药资源的开发，并先后开展了三次中药普查。自2003年《中药材生产质量管理规范》(GAP)颁布实施以来，我国中药资源的开发利用开始了新的阶段。近年来，在抗癌药物的开发方面进行了一系列的研究，包括胃癌、肺癌、肝癌方面的抗性研究，涉及人参、黄芩、莪术等中药及其提取物。在中药的规范性管理方面，我国于2013年正式开展第四次中药普查工作，2011—2012年已经完成中药资源普查的试点工作，对中药资源种类、分布、数量、品质和应用等方面进行全面调查，探索建立中药资源动态监测信息服务体系、种子种苗繁育示范基地、种质资源库和国家中心。调查结果可为我国中药资源的可持续开发利用、中药信息的实时监测、中药现代化提供大量的信息和资源。

(三) 植物新品种的保护和产业化

1999年4月我国加入国际植物新品种保护联盟(UPOV)以后，植物新品种保护制度在我国开始建立和实施。目前我国进行植物新品种审批的机构有两个，即农业部植物新品种保护办公室和国家林业局新品种办公室。截至2012年11月2日，我国农业部植物新品种保护办

公室受理植物新品种权累计申请量突破一万件。共公布9批植物新品种保护名录，第九批包括荠菜、芥蓝、枇杷、樱桃、莴苣、三七、苦瓜、燕麦、芒果、万寿菊属、郁金香属、烟草。国家林业局新品种办公室截至2012年年底，5年内新品种申请量突破1000件，授权500件；先后分5批共发布了198种(属)的保护名录，涵盖了主要造林树种和观赏植物，扩大了林业植物新品种保护范围，有效满足了育种者申请植物新品种保护的需求。

在我国加入《国际植物新品种保护公约》的10多年里，我国植物新品种保护事业从无到有，取得了长足进步。

近年来，一批又一批的林木、经济林和花卉优良新品种得到转化应用，育种者的付出得到了回报，有力推动了中国林业生态建设以及花卉产业的发展。在国家林业局授权新品种中，花卉等观赏植物新品种占67%。花卉品种的创新以及保护，推动了中国花卉产业规模不断扩大。2012年我国花卉生产总面积达112万公顷，销售总额超过1200亿元，其中出口额达5.33亿美元。

三、中国对植物资源的保护

2002年，在生物多样性公约缔约国第六次大会上，《全球植物保护战略》得到通过，中国以实际行动履行作为一个资源大国和缔约国的义务。作为最早加入《生物多样性公约》的国家之一，为加强野生植物保护管理，中国先后出台了《野生植物保护条例》《自然保护区条例》等专项法规，进行野生植物保护管理；开展了全国野生动植物保护及自然保护区建设工程、全国天然林保护工程、植物园创新建设工程等国家重点生态建设工程。国家林业局作为植物保护主管部分，组织编写了“中国野生植物保护行动计划”；在国际植物园保护联盟(BGCI)的推动下，国家林业局、中国科学院和国家环境保护部等部门根据1999年拟定的《全球植物保护战略》，结合我国的实际情况，制定了《中国植物保护战略》。《中国植物保护战略》包括四个方面的内容。

(一) 现存植物多样性的了解与编目

内容包括：以现有标本和研究资料为基础，在全国范围内对植物物种资源及其生境进行调查；对已知和新发现植物物种编目，确定名称、数量和分布；争取建立以国家植物标本馆为中心的标本馆网络体系；构建现代化的植物标本数字化共享平台；建立植物保护状况的科学评价标准；动态监测和定期评估野生植物的就地保护和迁地保护状况，更新《中国物种红色名录》及植物的濒危等级；发掘和创新植物保护和可持续利用模式。

(二) 植物多样性保护

内容包括：对自然保护区及网络进行调查、完善、规范评估，落实生物多样性保护措施；加强就地和迁地保护；评估并保存经济植物遗传多样性。

(三) 野生植物资源的可持续性利用

内容包括：宣传有机农业，扩大有机农业生产规模；评估进出口贸易对野生资源的影响；促进森林认证和可持续经营；鼓励资源人工培植；保护传统知识。

(四) 植物多样性教育和公众意识的提高

建立专门宣传机构、加强宣传，在学校创建相关的活动。

经过10多年的努力，我国在植物资源保护方面，取得了显著成效。第一，基本了解现存植物多样性的情况。2004 年年底，中国科学院完成了《中国植物志》的出版工作，与此前的卷册一起，共收录 300 多科 30000 多种植物。截至 2013 年，中国科学院和美国等开展的重大国际合作项目——《Flora of China》(《中国植物志》英文版)也全面完成，在中文版的基础上对植物及相关系统分类的问题进行了全面的考察、考证和研究，通过融合中外学者不同的观点，将本领域的最新进展融会其中。还建立了一批网络共享平台，包括中国植物志电子版网站(frps.eflora.cn)、中国数字植物标本馆(http://www.cvh.org.cn/)、中国植物数据库(http://www.plant.csdb.cn/)、中国植物图谱数据库(www.plantphoto.cn)、中国自然标本馆(www.nature-museum.net)。

第二，在植物多样性的保护方面也取得了显著成效。中国目前已经建立起较为完整的就地和迁地保护体系。在就地保护方面，截至 2012 年年底全国已建立自然保护区 2801 处；由环境保护部建立和批准建立的国家级自然保护区截至 2013 年 6 月 8 日共 386 处。这些保护区保护了绝大多数的陆地生态系统和多数的高等植物群落。在迁地保护方面，截至 2013 年，建立植物园 200 多家，建立和完善了一批植物专类园，例如苏铁、木兰科、姜科、兰科、水生植物、药用植物、能源植物、沙漠植物、亚高山植物、园林花卉植物、蕨类植物等专类园。但植物园对物种的保护中还存在一些问题，例如这些植物园仅保存了本土植物 66%的物种、34%的珍稀濒危植物，缺乏不同遗传多样性和地理种源的平衡保护；植物园之间缺乏分工协作的机制。针对这些问题，48 家植物园于 2012 年 6 月 6 日成立"中国植物园联盟"，发起"本土物种全覆盖保护计划"，旨在通过 10 年努力对本土植物实行全覆盖搜集和安全保护；计划 5 年内提高本土和珍稀濒危物种的保存比例，预计将分别提高到 80%和 70%。此外，在国家种质资源库和药用植物遗传资源库的建设方面，保存了数十万份种质资源，其中包括相当数量的珍稀、濒危和特有种。

第三，通过制定战略、法规和开展资源普查，使得资源保护逐渐与产业经营相挂钩，为资源的有效利用奠定基础。例如，农业部启动"无公害食品行动计划""农产品质量安全绿色行动"，实施有机食品、绿色食品、无公害农产品的发展战略；由国家林业局制定的《中国森林认证实施规则》《产销监管链国家标准》《森林经营国家标准》等法律法规，构建了中国森林认证体系；国家中医药管理局通过启动第四次中药资源普查，旨在整理和发掘野生天然药用资源的相关信息，并收集传统知识。

第四，生物多样性保护的观念在政府和各种非政府环保组织的大力宣传下，已经深入人心。环境教育在中小学的教育中，已经成为重要的一环，并且渗透到多个学科。"绿色大学"创建活动在全国高等院校开展，也为生物多样性的保护起到了宣传作用。清华大学、浙江大学、同济大学等高校于 2011 年成立绿色大学联盟，2013 年被中国建筑节能协会吸收为二级团体机构，表明植物资源保护的观念已经得到相当一部分人的认可。在很多大专院校，"绿色大学"的开展，激发起大学生从认识校园植物开始，关注身边的植物资源。由武汉大学教授汪小凡、黄双全编撰的《珞珈山植物原色图谱》，将武汉大学校园的 700 多种植物的照片汇成了精美的彩色图集，该书一经出版就受到欢迎。继该书出版之后，一批高校的校园植物图鉴相继出版。

四、中国植物资源保护的法律基础

(一) 野生植物资源保护的法律基础

我国最早涉及植物资源保护的法律性公文是 1963 年国务院发布的《森林保护条例》；第一

部森林法是1979年全国人民代表大会常务委员会原则通过的《中华人民共和国森林法（试行）》，对森林的所有权、用途类型、森林的保护和病虫害防治、采伐利用、法律责任等进行了规定。其中对如何禁止滥采滥伐、控制资源消耗、防治自然灾害和保护珍稀植物资源进行了规定，为现行的《森林法》的颁布打下基础。现行的《中华人民共和国森林法》（以下简称《森林法》）是1984年9月20日通过，并根据1998年4月29日第九届全国人民代表大会常务委员会第二次会议《关于修改〈中华人民共和国森林法〉的决定》修正的。与此相关的规章有：于1986年国务院批准的《中华人民共和国森林法实施细则》；于2000年1月29日国务院令第278号公布的《中华人民共和国森林法实施条例》。《森林法》及其实施条例、实施细则对树木及珍稀树种的保护进行了法律上的规定，但对于其他非木本的植物资源则没有很好的法律约束。

1985年6月18日第六届全国人民代表大会常务委员会第十一次会议通过，并于2002年12月28日第九届全国人民代表大会常务委员会第三十一次会议修订的《中华人民共和国草原法》（以下简称《草原法》）规定：应当在"珍稀濒危野生动植物分布区"建立草原自然保护区，"县级以上人民政府应当依法加强对草原珍稀濒危野生植物和种质资源的保护、管理"。

1996年9月30日国务院颁布的《中华人民共和国野生植物保护条例》（以下简称《野生植物保护条例》），对珍稀植物的保护问题进行了更加明确的规定。《野生植物保护条例》对野生植物及其环境、保护等级、就地迁地保护等进行了规定。对野生植物资源的采集进行了规定，例如第十六条规定"禁止采集国家一级保护野生植物"，"因科学研究、人工培育、文化交流等特殊需要"，"必须经采集地的省、自治区、直辖市人民政府野生植物行政主管部门签署意见后，向国务院野生植物行政主管部门或者其授权的机构申请采集证"。第十八、二十四、二十六条对重点保护野生植物、一级保护植物的出售、收购等行为进行明令禁止或者限制。第二十八条规定：对违反《野生植物保护条例》，构成犯罪的，应"依法追究刑事责任"。第二十九条专门规定："野生植物行政主管部门的工作人员滥用职权、玩忽职守、徇私舞弊，构成犯罪的，依法追究刑事责任；尚不构成犯罪的，依法给予行政处分。"

《中华人民共和国刑法》对《森林法》《草原法》《野生植物保护条例》的实施也是重要的保障。我国《森林法》第四十条规定，对非法采伐、毁坏珍贵树木的，追究刑事责任，而非法采伐、毁坏、收购、运输、加工、出售其他保护植物的如何追究，并未界定。2002年通过的《刑法修正案》第344条规定："违反国家规定，非法采伐、毁坏珍贵树木或者国家重点保护的其他植物的，或者非法收购、运输、加工、出售珍贵树木或者国家重点保护的其他植物及其制品的，处三年以下有期徒刑、拘役或者管制，并处罚金；情节严重的，处三年以上七年以下有期徒刑，并处罚金。"这对于《森林法》和《野生植物保护条例》起到了很好的补充作用。

（二）新品种的保护

1997年3月20日国务院公布的《中华人民共和国植物新品种保护条例》（以下简称《新品种保护条例》）为植物新品种的保护提供了法律基础。我国1999年加入国际植物新品种保护联盟（UPOV）。我国先后颁布了《中华人民共和国植物新品种保护条例实施细则》《植物新品种保护复审委员会审理规定》《中华人民共和国种子法》等一系列文件，以保证新品种保护的顺利开展。《新品种保护条例》对完成新品种育种的单位和个人授予排他性的独占权，且权利可以依法转让，对于侵权行为，将依法没收违法所得并罚款。

2001年,世界贸易组织(WTO)多哈会议批准我国为WTO正式成员,中国开始履行"乌拉圭回合谈判"所达成《与贸易有关的知识产权协议》(简称TRIPS)规定的保护植物新品种的国际义务。TRIPS第27条第3款第二节规定,"缔约方对下述主题可不予专利保护:植物或动物品种或本质上生产植物或动物的生物工序;本规定不适用于微生物工序,不适用于在该工序帮助下获得的发明,不适用于不包括在植物品种保护法所列品种单中的植物品种发明,不适用于这种植物品种生产的工序发明。但缔约方应采用专利制度或某种行之有效的特别制度,或前两种制度的结合方式对植物新品种提供保护。"这条规定意味着,专利设立的对象仅限于植物新品种的生产方法,而非针对植物新品种本身。例如,中国的植物资源如果被美国取得,美国通过基因工程技术从植物资源中提取相应的基因,制造出优良性状的新品种,所产生的利益完全属于美国,拥有植物资源国利益并没有受法律保护。这条规定有利于专利大国在植物遗传资源丰富的发展中国家获取更多的利益。《中华人民共和国专利法》颁布于1984年,并经过三次修订,修订的过程参考TRIPS协定的相关内容,也仅对植物新品种的生产方法授予专利,植物新品种本身则不属于专利授予的范畴。《中华人民共和国专利法》的颁布意味着我国与世界新品种保护的国际条例相接轨,但对于我国这样的资源大国,新品种有可能被发达国家无偿获取,这是资源保护的重大损失。

五、植物濒危分级与现状

国际濒危植物保护的机构主要包括世界自然保护联盟(World Conservation Union,常简称为IUCN)、世界自然基金会(WWF)、联合国环境规划署(UNEP,United Nations Environment Programme)等,此外还有国际植物园协会(IANG)、联合国教科文组织(UNESCO)领导的"人与生物圈计划"(MAB)、联合国粮农组织(FAO)、国际植物遗传委员会(BPGR)、全球环境监测系统(GEMS)以及环境问题科学委员会(SCOPE)等。

作为世界最大的自然保护联盟,IUCN的宗旨包括:①拯救濒危动植物物种;②建立国家公园和保护区;③评估物种及生态系统的保护并帮助其恢复。IUCN下辖的6个委员会中,物种存续委员会(Species Survival Commission,SSC)及几个物种评估机构合作编制,将物种编入9个不同的保护级别:绝灭(EX),野外绝灭(EW),极危(CR),濒危(EN),易危(VU),近危(NT),无危(LC),数据缺乏(DD),未评估(NE)。IUCN于1978年12月出版《世界自然保护联盟濒危物种红色名录》,收录了约250种受威胁植物,阐述了其威胁因素、生境地、分布、植物类群和保护措施。

中国植物红皮书第一册《中国植物红皮书——稀有濒危植物(一)》于1992年正式出版,该书采用"濒危""稀有""渐危"三个等级。全书共收录稀有和濒危的380多种植物,对每种植物的现状、生态学和生物学特征、分布、数量和濒危原因进行了阐述。

按照国务院环境保护委员会1984年公布的第一批《珍稀濒危保护植物名录》,将珍稀濒危保护植物分为三级:一级重点保护植物8种,指"具有极为重要的科研、经济和文化价值的稀有濒危种类";二级重点保护植物143种,指"在科研或经济上有重要意义的稀有或濒危的种类";三级重点保护植物203种,指"在科研或经济上有一定意义的渐危或稀有的种类"。

这些濒危植物在就地和迁地保护中,大多得到了不同程度的保护。其中自然保护区和植物园发挥了主要的作用。但随着生境的破坏,濒危植物的状况并不都是乐观的。随着技术的革新、法制的不断健全和完善,相信濒危物种都能得到更好的保护。

第三节 植物引种与驯化

随着生境的破坏，很多植物资源只有通过移栽实行迁地保护。而植物资源的广泛利用往往要在异地栽培。这些都需要利用引种与驯化的技术。

一、植物引种、驯化的概念与意义

植物的引种是指把植物转移到自然分布地或当前分布范围以外的区域进行栽培。驯化是指通过植物自身的遗传特性，利用植物的变异性，选育适应新栽培地环境，并且能够保持自身繁殖过程的品种的行为。

植物引种、驯化的意义如下。①增加了新的资源种类。例如，一个地区因缺乏高产粮食作物的自然分布而粮食短缺，或者虽有野生的作物分布但未经过人工驯化，这时可以考虑将本地具有潜在驯化能力的种类或者从外地引进的种类进行驯化，一旦驯化成功，就可以增加该地的资源种类。②以良种替代劣种。良种通常产量高、抗逆性强、有效成分高、具有生态效应等，劣种则生长缓慢、病虫害严重等，通过引进优良种类即可获得相应的经济和生态效益。③扩大栽培范围，或保护珍稀濒危植物。如果某种经济植物分布或栽培范围小、产量低、不能满足市场需求，或者该植物属珍稀濒危物种，那么扩大种植面积，实行推广种植，对于野生植物的引种驯化、孑遗植物和其他濒危植物的引种具有重要意义。④丰富园林植物种类。这是一种需时短、见效快、节省人力、物力的方法。⑤发挥植物的优良特性。有的植物在新的区域可以发挥自己的某些特性，表现出更好的适应性。

二、中国植物引种、驯化的历史

我国植物驯化的历史十分悠久，大致分为三个时期。第一个时期从原始农业时代到西汉，这个时期引种驯化主要采用国内的植物。1973 年在浙江余姚河姆渡遗址发现了稻谷稻壳，表明至少在 7000 年前，我国古代先民就已经开始作物的引种驯化了。在古籍《管子》中记载，约在公元前 27 世纪的神农时代，有播种“五谷”的历史，“五谷”包括稻、麦、稷、黍、菽(大豆)。在商周时代，除了五谷之外，开始种植桑麻，桃的引种、驯化在这一时期也已经完成。之后的秦汉时代，龙眼和荔枝也开始了人工栽培。1972—1974 年在长沙马王堆出土物中，发现西汉初年的农作物大致包括以下几类：①谷类及豆类，稻、小麦、大麦、黍、粟、大豆、赤豆；②水果类，甜瓜、枣、梨、梅、杨梅、橘、橙；③蔬菜类，芥菜、葵、姜、藕；④花卉类，蕙兰、菊花。

第二个时期是从西汉到明清时期，这是大量利用外来植物的时期。从张骞通西域起，通过丝绸之路与中亚、中东、西方国家的贸易往来，大量植物在我国成功引种、驯化。从两汉到两晋时期，从陆路引进的植物包括黄瓜、苜蓿、胡椒、芝麻、胡桃、胡豆等；其中值得一提的是黄瓜，在引进中国后，逐渐培育出自己的品种，一些品种后被苏联、日本等国作为抗寒、抗病等优良品种引进。自南北朝以后，随着海运的发展，很多物种从印度、中东等地引种并驯化成功，例如从印度引种的海棠，从中东引进的伊拉克蜜枣，以及海芋、海桐花等。宋、元、明、清时期，随着航海事业的进一步发展和美洲大陆的发现，许多原产于南美洲、东南亚等地的物种引进中国，例如西红柿、红薯、番荔枝、番石榴、洋葱、马铃薯、菊芋、洋槐等。

第三个时期是近70年来，我国植物引种、驯化工作在科学技术的引导下，得到了迅速进步。新中国成立前建立的南京中山植物园和江西庐山植物园，以及新中国成立后陆续建立的植物园、树木园、植物研究所、树木研究所等，开展了大量的引种工作。引入林木、花卉、药用植物、农作物等约2000种或变种，涉及的品种在7000种以上。

三、植物引种、驯化的理论

遗传学和生态学原理是引种和驯化过程的主要原理。引种的环节要考虑遗传学上是否适合，驯化过程侧重于对生态因子的适应程度。

(一) 遗传学原理

遗传学原理是指引种过程中利用植物具有遗传和变异的特性。依照达尔文的进化论，植物因适应环境而生存。每种植物受到基因的限制，都有自己的适应范围，在历史上的自然分布范围是对环境长期适应的结果；植物现在的分布范围是历史分布和现代因子综合作用的结果。依照达尔文进化论，通过人工选择可保持新的变异，甚至选育出新的品种或类型。

因此，引种是否成功必须满足以下两个条件之一：①植物的本身就具有适应新环境的性状并且这种性状是可遗传的；②植物在新的环境中能够产生适应性的变异，而这种变异也是可遗传的，有时候在新的环境中能够表达出更加优良的性状。

(二) 生态学原理

要保证驯化的成功，需要保证原产地和引种地的主要因素相一致。常用的方法有并行植物指示法、生态历史分析法等，这些方法都强调生态因素的一致性对于植物引种成功的重要意义。并行植物指示法由美国植物学家F. E. Clements提出，通过比较某些“指示植物”在不同的生态地区是否同时存在，可以评价不同地区的生态条件是否相似，从而决定是否进行引种。而生态历史分析法则通过植物历史上的分布区，将一些植物迁移回原来的分布地。

驯化必须考虑的生态环境中的主要因子有三种：首先是气候生态因子，包括温度、日照、雨量、湿度；其次是土壤生态因子，包括土质、水分、pH值、盐分、其他离子；还有生物生态因子，例如病毒、害虫、杂草等。在这三种因子中，考虑得最多的是气候生态因子。德国慕尼黑大学迈依尔(Meier)提出的“气候相似论”表明，引种成功的首要因素是原产地和栽培地气候的相似性。

而驯化成功与否则需要考虑整个植物的生长、发育、繁殖过程。充分考虑那些对植物生长发育起关键作用的主导因子、限制因子、有害因子对植物生长和繁殖过程(无性繁殖、开花、结果)的影响。保证植物在引种地区不受明显的致命危害，且能够利用原来的繁殖方式(无性繁殖或有性繁殖)进行正常繁殖，植物的驯化才算是成功。

(三) 我国的引种、驯化理论

我国在长期的栽培实践中，也总结出了一套自己的引种、驯化理论，大致可归为“气候相似性”和“土壤相似性”的范畴。先秦时期的《周礼》《尚书》《管子》等书就提出了根据土壤的类别和地形来安排不同的粮食作物，称为“土宜论”。北魏贾思勰的《齐民要术》、宋代《陈旉农书》提出植物的栽培需要根据不同的季节、气候，不同的土壤，施以不同的人力，称为“三才”理论，其中涉及土壤的部分称为“土宜论”和“土脉论”。

四、植物引种、驯化的途径和步骤

（一）引种、驯化的途径

国际间植物引种的途径包括：①派遣科学家到南美等遗传资源丰富的国家，野外实地考察，选取有引种潜力的物种带回国内；②与其他国家签订交换植物种植资源的协定，或通过国际植物遗传资源研究所(IPGRI)等协调进行交换；③通过驻外使馆，收集该国的遗传资料，并进行引种；④从国际农业研究磋商组织(Consultative Group on International Agricultural Research)下属的15个国际农业研究中心引种。

不同地区之间引种、驯化的途径包括：①近区采种，邻近地区由于气候条件常常相似，比遥远地区引种更容易存活；②优先选择遗传可塑性大的植物材料；③逐代迁移驯化，对于气候条件差异大的地区，需逐渐迁移；④严格选择生长良好、适应性强的个体；⑤对气候差异大的地区，采用不同的栽培技术、种子处理技术等。

特定植物性状的引种途径如下。①抗寒品种。抗寒品种的引种通常有以下的引种途径：从高纬度地区引种，从高海拔地区引种，从曾经被冰川覆盖的地区引种，从抗寒强的亲本杂交后代中引种。例如，哈尔滨的冬季气温为零下几十度，为了丰富哈尔滨的冬季花卉资源，从大兴安岭引入掌叶白头翁(*Pulsatilla patens* subsp. *multifida*)，从长白山引入毛山菊(*Chrysanthemum zawadskii* var. *alpinum*)，这些植物都能在哈尔滨顺利过冬。在大麦的引种方面，来自南斯拉夫、法国、丹麦等国的品种表现出较强的耐寒性。②抗旱品种。在干旱的西北地区，优先选择抗旱的玉米、苹果、钙果等品种，能够适应西北干旱的环境，保持较高的产量。③一些有利的性状还包括不同花期的花卉植物、较高产量的农林植物等。

（二）引种、驯化的步骤

引种、驯化一般包括以下步骤。

(1) 选择引入材料。通过查阅资料，分析植物品种是否符合引种目标，是否具有潜在的适应性，原产地和引种地的自然生态环境有何异同，以及引种后是否能保存所需的性状等。

(2) 进行引种实验。引种实验需要通过育苗繁殖、适应性实验、生产力测试等，选择优良的品种、个体或生态类型，并对引种进行评价。评价的内容一般包括：生长和繁殖的情况；植物适应性和抗逆性的表现；对经济植物，需测算生产指标，评估推广价值；归纳栽培技术等。

(3) 引种、驯化成功标准的鉴定。成功标准包括：以正常状态发育繁殖；能保持或发展原有经济性状；对药用植物来说，化学成分基本不变或含量增高。鉴定是指：经过引种实验、生产力测定与批量生产后，认为已经达到成功引种的，应及时进行引种成果鉴定。

(4) 推广应用和建立技术档案。依照“林木引种”的国家标准，坚持先试验后推广的原则，按照选择引种树种、初选试验、区域性试验、生产性试验等推广程序进行。

第四节　植物资源的合理开发与利用

合理开发植物资源首先必须了解植物资源的概念和基本特性。植物资源指的是植物所有的可以开发利用的潜能。而资源植物指某一类具有开发利用价值的植物，这些植物一般还未形成商品生产规模。野生的观赏花卉、可用于园林的野生树种都可以属于此类。一旦这些植物成功进行人工栽培,并形成了生产规模,资源植物就转化为经济植物。所谓经济植物,G. E. Wickens 1990 年在《What is Economic Botany?》一文中定义,是指可以直接或间接用于满足人类利益的那些植物。直接的利益是指植物用于直接满足人类的需要;间接的利益包括提供人类驯养的家畜所必需的食物,以及维持人类生存环境正常运转的需要。不论直接利益或间接利益,大致都可以分为人工驯化的(如农作物、果树等)、商业的(如用于工业生产的油料植物)、环境的(如用于保持水土、防风固沙的树木和草皮)和美学的(如观赏花卉)几大类。开发资源植物,可以将许多自然界具有某些性状的植物开发出来,既能满足人类自身的需求,又能保护物种的多样性,使植物物种的保护得到良性的发展。

植物资源通常具有以下特性。

第一,相对性。同一种植物对不同的地区的人具有不同的作用。例如,蕺菜(*Houttuynia cordata*)在我国西南地区是重要的蔬菜,在北方地区却无人问津。同一种植物是否可以作为植物资源是相对的,一些目前被认为无开发价值的植物,随着科学技术的进步可能逐渐成为宝贵的资源植物。例如,红豆杉属(*Taxus*)植物在未被当作资源植物时未遭受破坏。20 世纪 90 年代,美国食品药品监督管理局(FDA)批准紫杉醇(红豆杉属植物提取物)用于治疗卵巢癌和乳腺癌后,该属植物成了资源植物,遭到了无节制的开采,在我国无节制开采的情况尤为严重。1999 年国家将红豆杉列为一级保护植物,正式开始对红豆杉进行保护。红豆杉的例子表明,保护自然界植物的多样性非常有必要。我国有 30000 余种高等植物,约占世界种类的 10%,而蕨类和裸子植物则分别占世界的 1/5 和 1/4,资源极其丰富。天然资源的开发,比起人工合成具有更多的优势。而且化学合成物很难完全替代植物天然合成的一些代谢物质。

第二,可再生性。资源植物具有不断更新和繁殖的能力,这是植物资源的基本属性。与非生物资源相比,这是一大优势。在当今能源缺乏的时代,很多研究人员利用这一特点,尝试开发植物能源,以期替代非生物能源。虽然植物资源具有自我更新能力,但如果管理不善,很可能遭到破坏或退化。因此,必须坚持合理开发的原则。

第三,地域性。地理环境的差异,导致植物不同的适应特征,以及不同的群落类型。我国自然条件复杂,从北到南依次出现针叶林、针阔混交林、落叶混交林、常绿阔叶林、季雨林和雨林;从东到西也表现明显的差异性。地域性特点也强烈影响着植物的利用,必须根据这一特点进行资源植物开发。

第四,多用性。植物资源具有多种功能和用途,在开发时需要综合考虑,选择最适合的利用方案。

第五,可解体性。植物资源的可解体性,是指植物因自然和人为的原因而导致的数量减少、遗传多样性的丧失,甚至灭绝。每一种植物资源都具有独特的遗传基因,存在于种群之中,任何植物个体都不能代表整个的基因库。当种群个体减少到一定数量时,遗传基因库便有丧失的危险,从而导致物种的解体,也即植物资源的解体。

第六,复杂性。从生态、社会等角度来考虑,几乎所有的植物种类对人类的生存发展都具有一定的作用,这就决定了植物资源的复杂性。

第七,其他。例如,植物资源采收利用具有时间性,植物资源具有可栽培性等。

一、合理开发利用的一般原则

植物资源开发一般需遵循以下原则。

一是生态利益大于其他一切利益。由于植物资源具有复杂性，对资源的合理开发利用，首先必须将生态利益放在第一位。对某一物种而言，生态优先原则有助于可持续利用；对于整个生态系统而言，不能因开发个别物种而牺牲整个生态系统中其他珍稀物种。

二是植物资源增长量与开发利用速度相协调。植物资源是可更新资源，但更新过程需要一定的周期，只有开发的速度不高于更新速度，才能维持植物资源的长期有效使用。同时，在保护野生植物资源的前提下，维持较高产量。

三是综合开发利用，提高经济效益。例如，同一种植物的不同部位可作为不同的资源进行开发利用；不同植物具有某种用途，也可以同时进行开发。这样可以节省原材料、时间，获得最大的经济利益。

四是因地制宜，充分发挥本地优势。原材料的生产可以遵循就近原则，选取适合本地生长的植物种类进行开发，可以节省人力、物力、财力的开支，提高利用的效率。

五是根据市场需求，不断开发新资源。资源的开发要加强科学研究工作，适应市场的变化，积极开拓市场，不断更新产品的品质和种类。

二、植物资源保护与可持续利用策略

（一）保护植物资源的重要意义

从生物学的角度而言，保护遗传资源大概包括以下四个方面：保护植物资源的存在；保护植物资源的再生能力；保护植物资源的多样性；保护植物资源形成的生态环境。因此，保护植物资源首先要保护野生植物物种本身。从社会的角度而言，还应该保护与植物资源开发相关的知识产权，包括个人的知识产权，以及本国的基因资源。

野生植物是国家重要的自然资源、生态资源、战略资源。野生植物是花卉、药品、食品、纺织、建材、化工等的重要来源，是维持环境、保持生态平衡的关键，同时是储存基因、蛋白质和代谢资源的重要宝库。以中药资源为例，大部分资源为野生，但由于监管不到位、野生药材的无序采挖，野生中药资源急剧减少。保护和合理开发利用野生植物，才能为我国的经济和社会的飞速发展提供物质保障，对保护生态环境具有十分重要的意义。

植物资源的多样性，也包括了遗传多样性。在分子生物学迅速发展的今天，植物遗传信息的多样性本身，是分子生物学存在和发展的基础。当今经济全球一体化的背景之下，对遗传资源获得和利益共享，对现存独特的知识和物质的保护尤为重要。针对遗传资源的创新，一般情况下并非制造出具有特定功能的基因，而是从现存的生物体中分离出来。通过基因工程的手段开发新的品种，更加依赖于已知的具有特定功能的基因资源。因此，对植物新产品的研发方面，基因资源的提供比技术本身更重要。如何保证遗传资源的所有国和开展研究并获得知识产权的国家之间获得平等的利益分享，是亟待解决的问题。1961 年 12 月在巴黎签署的《保护植物新品种国际公约》，以及 1992 年 6 月在里约热内卢签订的《生物多样性公约》，都对惠益分享的原则进行说明，但目前还缺乏具体措施保护资源拥有国的权利。在国家层面而言，必须加强管理，提高全民保护植物遗传资源的意识，让全民行动起来，加入野生资源保护的队伍中来，减少植物资源的流失。

（二）野生资源的保护及保护区

野生资源保护首先需要完善法制建设。《中华人民共和国森林法》《中华人民共和国野生植物保护法》和《中华人民共和国行政监察法》均对此做了相应规定。对于盗取野生植物资源的情况，要坚决进行打击，杜绝野生资源的违法利用。

《中华人民共和国森林法》第二十四条规定，应当在不同自然地带的典型森林生态地区、珍贵动物和植物生长繁殖的林区等，划定自然保护区，加强保护管理。对自然保护区以外的珍贵树木和林区内具有特殊价值的植物资源，应当认真保护；未经省、自治区、直辖市林业主管部门批准，不得采伐和采集。保护野生资源和可持续利用的措施大概包括以下几个方面。

第一，建立保护区是有效保护野生植物资源的一个重要的方式，通过扩大保护区面积、加强保护区管理、加强封山育林等措施，可以有效恢复森林植被的功能。

第二，建立迁地保存基地，是就地保存植物的重要补充。通过建立植物园，将各地濒危珍稀植物收集起来统一管理，是对濒危珍稀植物的有效和可持续利用最为经济的方式。应该对这些濒危植物的濒危机制、繁殖特性等开展科学研究，最终解决濒危的问题，将这些植物应用于相关经济领域。中国科学院下辖的五个相关科研机构，即植物研究所、昆明植物研究所、华南植物园、武汉植物园、西双版纳热带植物园，称为"三园两所"，这五个机构之下，建立了一系列专类园，例如华南植物园的"兰园""濒危植物园"，西双版纳植物园的"民族植物园""龙血树园"，武汉植物园的"水生植物专类园"等。其他植物园也在迁地保护方面作出了卓越的贡献。例如深圳仙湖植物园，建立亚热带裸子植物迁地保存中心、国际苏铁保存中心、兰科中心等一系列的迁地保存中心，保护了大批具有当地特色的植物。

第三，应借鉴野生植物资源保护先进的地区，通过引进先进技术，例如"3S"技术（RS即遥感技术、GIS即地理信息系统、GPS即全球定位系统），应用到野生植物监测中，在此基础上建立野生植物资源的监测网络体系，解决从个体、种群到生态系统的监测体系。

第四，保证经费和人员的投入，促进资源的可持续利用，形成良性循环。通过政策引导，吸引优秀人才和资金投入野生资源的保护中。对于一些有良好商业价值，同时具备生态效应的植物资源，应进行广泛栽种和管理。对于未解决繁殖问题的珍稀植物资源，应当鼓励高校、科研单位等开展繁育技术的研究。对于已解决技术难题，但还未大量生产的资源，引导其面向市场开展栽培，并逐步形成产业化。

此外，还应大力开展公众教育。利用网络、电视、刊物等多种渠道开展宣传。例如，邀请知名专家在网络和电视节目中，对植物资源的重要意义和保护价值开展专题讲座；组织社会各界的人员到保护区、植物园、森林公园等地，了解植物资源在衣食住行、医药、观赏等方面的重要作用；组织学生下乡，到广大农村地区，对当地农民进行科普教育，并对珍稀植物进行挂牌，呼吁当地群众自发保护资源。

思考与探索

1. 生物多样性包括哪些层次？它们之间的关系如何？以你熟悉的地区（自然保护区、公园、湿地等）为例，分析当地生物多样性的情况及不同层次间的相互关系。

2. 通过文献查阅，了解中国近年来对植物资源开发利用的情况。选择你感兴趣的一个物种或者一类植物，简述该种或该类植物的开发历史和现状，并分析该植物资源的利用前景。

3. 假设你自己从事当地的植物园管理工作，你是否有计划引进外来物种？如果有，你希望引进哪些？理由是什么？你认为引种、驯化过程应该注意哪些事项？

4. 通过网络资源及文献查阅，了解其他国家植物资源保护的现状。以某个国家或机构为例，简述该国或该机构在植物资源的保护中的成果和经验。

5. 植物资源的开发和植物资源的保护，是两项既有联系又相区别的工作，它们之间的相互关系如何？你对其中某一方面是否有兴趣？结合实际谈谈你的体会。

术语汇编

B

白色体(leucoplast):植物细胞质中的无色质体,具有储存淀粉、脂肪和蛋白质的功能。

板块状厚角组织(plate collenchyma):细胞壁在弦切壁上加厚的厚角组织。

伴胞(companion cell):被子植物韧皮部中一种特化的薄壁细胞,与筛管分子来自共同的母细胞。在遗传物质进入筛管分子的过程中发挥作用。

孢囊孢子(sporangiospore):在孢子囊内形成的不动孢子,借气流传播。

孢子(spore):真菌和植物进行无性生殖的生殖细胞。

孢子体(sporophyte):在植物生活史中能产生孢子、具二倍染色体数的植物体。

孢子叶(sporophyll):能产生孢子囊和孢子的叶,又称能育叶(fertile leaf)。

孢子叶球(strobilus):由多数孢子叶聚生而成的一种生殖结构,广泛存在于蕨类植物和裸子植物。

孢子植物(spore plant):生活史中不形成种子,以孢子进行无性繁殖的植物。

胞间层(middle lamella):位于细胞壁的最外面、相邻细胞之间,主要由果胶类物质组成,多细胞植物依靠胞间层使相邻细胞黏结在一起。

胞间连丝(plasmodesmata):穿过相邻细胞细胞壁的原生质丝。

胞质分裂(cytokinesis):细胞分裂过程中,两个新的子核之间形成新细胞壁,把一个母细胞分隔成两个子细胞的过程。

薄壁组织(parenchyma tissue):由薄壁细胞组成的基本组织,在植物体中行使合成、分解、储存等重要的生理作用。

保护组织(protective tissue):覆盖在植物体表面有保护作用的组织,如表皮和周皮。

保卫细胞(guard cell):围绕气孔的两个特殊细胞,呈肾形或哑铃形,含有叶绿体和特殊的不均匀加厚的细胞壁,通过改变其形状来控制气孔的开放或关闭,调节气体的出入和水分的蒸腾。

被子植物(angiosperm):胚珠完全包藏在子房内并由子房发育为果实的植物。

边材(sap wood,alburnum):为生活的木本或灌木木材的一部分,其中包含着生活细胞,并能储存物质。

编织中柱(plectostele):低等维管植物茎所特有的一种原生中柱类型,在横切面上木质部与韧皮部交互镶嵌排列,如石松属植物。

变型(form):主要指没有特定分布区的、零星分布的变异个体。

变异(variation):由遗传差异或环境因素引起的细胞间、生物个体间或同种生物各居群间的任何不同。

变种(variety):多指具有稳定的形态差异,但分布范围比较局限的个体群。

表面层(surface layer)或表面分生组织(surface meristem):裸子植物苗端的一种细胞(组织)区。

表皮(epidermis):植物体初生结构表面起保护作用的细胞层。

补充细胞(complementary cell):在皮孔部位,由木栓形成层向外产生的一群球形的、排列疏松且细胞间隙发达的细胞。

不定根(adventitious root):由茎、叶或老根上长出的根。

不定芽(adventitious bud):从植物体茎端或叶腋以外部位发生的芽。

不完全叶(incomplete leaf):叶片、叶柄和托叶三者中缺乏任一部分的叶。

不育花(sterile flower):雄蕊或雌蕊不能正常发育以致不能结实的花。

C

糙面内质网(rough endoplasmic reticulum):表面粗糙、附着核糖体的内质网。

侧根(lateral root):由主根上发生的许多侧枝。

侧生分生组织(lateral meristem):围绕轴存在的、向增粗方向增殖细胞的组织,如维管形成层和木栓形成层。

成膜体(phragmoplast):核分裂后期,染色体接近两极时,在分裂面两侧由密集的微管相对呈圆盘状排列而构成的桶状结构。

成熟区(maturation zone):伸长区后具有根毛的部分,故又称为根毛区(root hair zone),成熟区的各种细胞已停止伸长,并多已分化成熟。

成熟组织(mature tissue)或永久组织(permanent tissue):在器官发育过程中,由分生组织衍生的细胞分化发展而成的组织,并且多数丧失了分裂的能力。

赤道板(equatorial plate):细胞两极当中的垂直于纺锤体纵轴的平面。

初生壁(primary wall):植物细胞中紧贴胞间层的,主要由纤维素、半纤维素和果胶组成的细胞壁。

初生分生组织(primary meristem):由根和茎顶端分生组织衍生而来的分生组织,包括原表皮、原形成层和基本分生组织。

初生结构(primary structure):由初生生长形成的结构。

初生生长(primary growth):由顶端分生组织及其衍生细胞的增生和成熟所引起的生长过程。

初生纹孔场(primary pit-field):初生壁生长时由于不均匀增厚而在壁上形成的薄的区域,以后在此区域可发育成一个或几个纹孔。

初生组织(primary tissue):通过初生生长形成的各种成熟组织。

穿孔(perforation):导管分子端壁上缺乏初生壁和次生壁的区域。

穿孔板(perforation plate):导管分子间有穿孔的细胞壁部分。

传递细胞(transfer cell):一类与植物体中细胞内外物质转运密切相关的薄壁细胞,这种细胞最显著的结构特征是具有内突生长的细胞壁。

传粉(pollination):成熟花粉借助一定的媒介从雄蕊转移到雌蕊柱头上的过程。

垂周分裂(anticlinal division):细胞分裂方向与器官表面垂直,分裂结果使组织或器官的周径扩大的细胞分裂方式。

春化作用(vernalization):低温对植物开花的促进作用。

雌蕊(pistil):植物花中由心皮构成的雌性器官,通常分为柱头、花柱和子房三部分。

雌蕊柄(dynophore):在雌蕊和心皮之间形成的一个延长花轴,因而形成一个柄,使雌蕊群升起。

雌蕊群(gynoecium):一朵花中雌蕊的总称。

雌性生殖单位(female germ unit):被子植物雌配子体中卵器(卵和助细胞)与中央细胞一起构成的功能单位,共同参与受精过程。

雌雄蕊柄(androgynophore):一种柄状的伸长的花轴结构,位于花被与雄蕊之间,使雄蕊群和雌蕊群向上升起。

次生壁(secondary wall):在细胞停止生长、不再增加初生壁表面积后,由原生质体代谢产生的壁物质沉积在初生壁的内侧而形成的与质膜相邻的细胞壁。

次生结构(secondary structure):通过次生生长形成的结构,包括次生维管组织和周皮。

次生生长(secondary growth):源于维管形成层或木栓形成层的活动而进行的生长过程,导致茎和根增粗。

D

大孢子(magaspore):从雌配子体产生的雌性孢子。

大型叶(macrophyll):具叶隙和叶迹、叶脉多分枝的叶。

担孢子(basidioapore):担子菌有性生殖结束时从担子上产生的外生孢子。

担子(basidium):担子菌完成核配和减数分裂而产生担孢子的单细胞或多细胞结构。

担子果(basidiocarp):担子菌的子实体,高等担子菌产生担子和担孢子的高度组织化结构。

单倍体(haploid):仅有一组染色体的细胞或机体。

单被花(simple perianth flower):仅有花萼或者花萼、花冠分化不明显的花。

单雌蕊(simple pistil):由单个心皮构成的雌蕊。

单位膜(unit membrane):由蛋白质和类脂分子组成的结构,通常分为三层,两侧为蛋白质,中间为类脂分子,在电镜下显示出明显的暗带—明带—暗带三层结构的膜。

单纹孔(simple pit):纹孔的类型之一,纹孔四周的次生壁不加厚形成穹形的边缘。

单性结实(parthenocarpy):子房不经受精而形成果实的现象。

单叶(simple leaf):叶柄上只着生一个叶片的叶。

单中柱(haplostele):原生中柱的一种类型,体轴中央仅有单一的维管柱,在横切面上维管柱边缘比较整齐,多见于原始维管植物。

导管(vessel):由导管分子通过穿孔板连接而成的连续的柱状或管状结构。

导管分子(vessel element):组成导管的管状分子。

等面叶(isobilateral leaf):外形上没有背面、腹面的区别,内部叶肉组织也没有明显的栅栏组织和海绵组织分化的叶。

低等植物(lower plant):植物界中的起源较早、构造简单的一类植物,通常无根、茎、叶的分化,有性生殖过程中无胚形成,又称无胚植物,包括藻类、菌类和地衣植物。

电子传递链(electron transport chain):由一系列有序的电子传递体组成的电子传递途径。

淀粉鞘(starch sheath):茎中分布在维管柱周围的1～2层含淀粉体的细胞。

顶端分生组织(apical meristem):位于根和茎顶端的分生组织。

顶端细胞(apical cell):有些根和苗端的顶端分生组织中的单个的原始分生细胞,典型地存在于许多低等维管植物。

顶端优势(apical dorminance):主茎上顶芽的生长抑制侧芽生长、抑制侧根生长的现象。

顶枝(telome):二叉分枝轴的顶端部分,具有孢子囊的为营养顶枝,没有孢子囊的为不育顶枝,按胚顶枝学说,最原始的维管植物全部由顶枝系统组成。

盾片(scutellum):禾本科胚的一部分,认为是与子叶同源;可以从胚乳输送营养物质到正在萌发的胚的其他部分。

多倍体(polyploid):含有三组或三组以上染色体的细胞或个体。

多核细胞(apocyte,polycaryon):具有多个细胞核的细胞。

多胚现象(polyembryony):一枚胚珠产生两个以上胚的现象。

多原型(polyarch):根的初生木质部中,原生木质部束的数目,通常多于5。

E

二倍体(diploid):含有两组染色体的细胞或个体。

F

反足细胞(antipodal cells):被子植物雌配子体成熟胚囊中合点端的细胞。

纺锤丝(spindle fiber):细胞有丝分裂时期组成纺锤体的丝状结构。

纺锤体(spindle):由从染色体着丝点向外伸展的一组蛋白质维管构成的结构,有助于核的分裂。

纺锤状原始细胞(fusiform initial cell):维管形成层中长而扁、略呈纺锤形,且长轴与茎的长轴平行的细胞。

分类系统(classification system):将不同分类群按一定标准排列的阶层系统,反映不同分类群的起源、演化及其亲缘关系。

分裂间期(interphase):从前一次分裂结束到下一次分裂开始的一段时间,间期细胞进行着一系列复杂的细胞活动,为细胞分裂做准备。

分泌组织(secretory tissue):能够分泌和含有分泌物的组织。

分生孢子(conidiospore):由分生孢子囊梗的顶端或侧面产生的一种不动孢子,借气流或动物传播。

分生区(meristematic zone):也称生长锥,由顶端分生组织细胞及其附近活跃分裂的细胞组成。

分生组织(meristematic tissue,meristem):由未分化的、具有分裂能力的胚性细胞组成的组织。

风媒(wind pollination):通过风力将花粉传播到雌蕊柱头上的过程。

腐生(saprophytism):通过分解死的动植物有机体而摄取养分的生活方式。

复表皮(multiple epidermis):由原表皮层经过平周分裂形成、由多层细胞组成的表皮。

复合组织(complex tissue):由多种类型细胞构成的组织。

复叶(compound leaf):叶柄上着生两个或两个以上叶片的叶。

副卫细胞(accessory cell,subsidiary cell):邻近气孔保卫细胞的表皮细胞,这种细胞不同于普通生物表皮细胞。

腹沟细胞(ventral canal cell):颈卵器中卵细胞与颈沟细胞之间的细胞。

G

高等植物(higher plant):植物体有根、茎、叶的分化,且有胚的结构,又称有胚植物,包括苔藓植物、蕨类植物和种子植物。

高尔基器(Golgi apparatus):在给定细胞中所有高尔基体的总称。

高尔基体(Golgi body,dictyosome):由一叠扁平、蝶形的泡囊(cisterna)组成的细胞器。

个体发育(ontogeny):生物体器官或组织的成熟发育的过程。

根(root):植物体用于固着和吸收水分及无机盐的器官,通常位于地下。

根被(velamen):气生根上的多列表皮层细胞,如兰科和天南星科的某些热带附生植物的根。

根被层(epiblem):根最外层的表皮细胞层。

根冠(root cap):根尖顶端的圆锥状结构,由许多排列不规则的薄壁细胞组成。

根尖(root tip):从根的顶端到着生根毛的部位,是根中生命活动最活跃的部分。

根毛(root hair):根成熟区表皮细胞的外壁突出并延伸而成的管状结构,具有吸收功能。

共生(symbiosis):两种不同的生物共同生活在一起,发生生理上的联系且双方都获利的生活方式。

管胞(tracheid):组成木质部的一种管状细胞,末端尖锐,具有输水功能。

管状中柱(siphonostele):中柱的一种,维管组织连接成圆筒状包围在中央髓部的外围。

光合细菌(photosynthetic bacteria):含细菌叶绿素,能够通过光合作用直接利用光能合成有机物的一类细菌。

光合作用(photosynthesis):绿色植物在光照下利用二氧化碳和水合成有机物质,并放出氧气的过程。

光面内质网(smooth endoplasmic reticulum):表面光滑、不附着核糖体的内质网。

光系统(photosystem):类囊体膜上能催化光化学反应的蛋白-色素复合体,由反应中心蛋白-色素复合体和天线蛋白-色素复合体两部分构成。

光周期(photoperiod):一天当中白天和黑夜的相对长度。

硅质细胞(silica cell):一种短表皮细胞,内充满硅质,为禾本科植物的表皮组织细胞。

果胶化合物(pectic compounds):又称果胶质(pectic substances),为一种糖类的复合体。衍生于多聚糖醛酸,为构成胞间层的主要原料。

果实(fruit):被子植物的繁殖器官,由受精后的子房发育形成。

过氧化物酶体(peroxisome):微体的一种,与叶绿体、线粒体相配合,参与乙醛酸循环,把光合作用产生的乙醇转化为己糖。

H

海绵组织(spongy tissue):位于栅栏组织与下表皮之间,由形状不规则、排列疏松、细胞间隙发达的叶肉细胞构成的组织。

旱生的(xeromorphic):具有典型旱生结构的。

旱生植物(xerophyte):适应旱生生境的植物。

合点(chalaza):珠心基部与珠被汇合的部位。

合生雌蕊(syncarpous pistil):由多个心皮彼此联合构成的雌蕊。

合生心皮(syncarpy):花和子房的心皮愈合的一种情况。

合子(zygote):雌、雄配子结合形成的细胞。

核分裂(karyokinesis):细胞核一分为二,产生两个在形态和遗传上相同的子细胞核过程。

核孔(nuclear pore):真核生物核膜上直径为 70～150 mm 的圆形特殊结构,是核质之间物质交换的通道。

核膜(nuclear membrane):包围着细胞核的双层膜结构。

核仁(nucleoli):在光学显微镜下,细胞核中折光性很强的小球体。

核糖体(ribosome):由蛋白质和 RNA 组成的微小颗粒,是细胞合成蛋白质的场所。

核纤层(nuclear lamina):内核膜与染色体之间紧贴内核膜的蛋白质网络结构。

核型胚乳(nuclear endosperm):植物胚乳发育的一种方式,即受精极核每次分裂后,并不伴随着进行胞质分裂和细胞壁的形成因而形成具多数游离核的胚乳。

核液(karyolymph):细胞核的液。

后含物(ergastic substance):细胞代谢的产物,有些是储藏物质,另一些可能是废物。

后生木质部(metaxylem):初生木质部中在原生木质部分化之后形成的木质部。

后生韧皮部(metaphloem):初生韧皮部中在原生韧皮部分化之后形成的韧皮部。

后熟作用(after-ropening):某些植物的种子在脱离母体时,胚体并未发育完全或胚在生理上并未完全成熟,因而在发芽前必须经过一定的代谢作用变化。

厚壁孢子(akinete):由普通营养细胞体积增大、营养物质积累和细胞壁增厚而形成的可长期休眠的孢子,以度过不良环境期。

厚壁细胞(sclerenchyma cell):细胞壁均匀增厚并木质化、成熟后失去原生质的细胞。

厚壁组织(sclerenchyma):由厚壁细胞组成的组织。

厚角组织(collenchyma):由厚角细胞组成的组织。

呼吸根(pneumatude):在根被中的一群(组)细胞具有很厚的螺旋加厚壁,当根为湿气所饱和时,能进行气体交换。

呼吸作用(respiration):生物体内的有机物通过氧化还原作用产生 CO_2,同时释放能量的过程,其间主要经过脱氢(或电子)、递氢(或电子)和受氢(或电子)三个阶段。

糊粉层(aleurone layer):环绕在禾谷类种子胚乳外围的一层特殊的细胞,富含蛋白质和脂肪,并与种皮紧贴。

糊粉粒(aleurone grain):多数种子植物的胚乳中的一种特殊结构,贮有蛋白质的颗粒,蛋白质颗粒常在最外层细胞之中,此层细胞也称为糊粉层。

花(flower):被子植物的繁殖器官,一朵完整的花由花梗、花托、花被、雄蕊群和雌蕊群组成。

花被(perianth):花萼和花冠的总称。

花萼(calyx):花被的外轮,由若干萼片(sepal)组成,一般为绿色叶状。

花粉管(pollen tube):花粉粒萌发时,原生质体随花粉内壁向外突出生长所形成的管状结构。

花粉块(pollinium):一个花粉囊内全部花粉集结形成的团块。

花梗(pedicel):着生花的小枝,也是花与茎联系的桥梁。

花冠(corolla):花被的内圈,位于花萼的上方或内侧,由花瓣(petal)组成,一轮或多轮,花瓣细胞内通常含有花青素或有色体而使花瓣呈现出多种颜色。

花托(receptacle):花梗的顶端部分,是花被、雄蕊群和雌蕊群着生的位置。

花序(inflorescence):花在花轴上的着生方式。

花药(anther):雄蕊的主要部分,是形成花粉粒(pollen grain)的场所,通常由 4 个或 2 个花粉囊组成,中间以药隔相连。

花柱(style):连接柱头和子房的部分,也是花粉管进入子房的通道。

化能自养细菌(chemoautotrophic bacteria):不含光合色素,通过化能合成作用而获得能量的一种细菌。

环境(environment):作用于生物个体或群体的外界动力和物质的总和,包括生物存在的空间以及维持其生命活动所需要的物质和能量。

J

机械组织(mechanical tissue):由厚角细胞或厚壁细胞组成的在植物体内起支撑作用的组织。

基本分生组织(ground meristem):初生分生组织的一部分,由顶端分生组织分化而来。

基粒(granum):叶绿体中由圆盘状的类囊体堆叠而成的结构。

基因库(gene pool):一个居群中所有个体所包含的全部基因。

嵴(cristae):线粒体内膜向内折叠而成的片状或隔板状突起的结构。

寄生(parasitism):从活的生物体上摄取自身生长发育所需要的养料的生活方式。

荚膜(capsule):某些细菌分泌的具黏性的多糖类物质积累在细胞壁外形成的结构,对细菌有保护作用。

假根(rhizoid):某些植物(如苔藓和蕨类植物配子体)产生的具有根的形态和功能,但不具备维管组织的结构。

假果(spurious fruit):除子房外,尚有花托、花萼或花序轴等参与形成的果实。

假种皮(aril):由珠柄或胎座发育形成的包围种子的结构。

减数分裂(meiosis):与有性生殖过程密切相关的一种细胞分裂方式,细胞连续分裂两次,但DNA只复制一次,因此子细胞中染色体数目减半。

简单组织(simple tissue):由单一类型细胞构成的组织。

胶质鞘(gelatinous sheath):蓝藻细胞壁外由果胶酸(pectic acid)和黏多糖(mucopolysaccharide)构成的结构。

角质(cutin):表皮细胞外周壁上沉积的脂肪性物质。

阶层系统(hierarchy):生物分类的等级序列,包括界、门、纲、目、科、属、种等。

节(node):茎上着生叶的位置。

节间(internode):两个节中间的部分。

进化速率(rate of evolution):单位时间内生物进化改变的量。

茎(stem):植物体地上部分联系根和叶的营养器官,少数植物的茎生于地下。

晶细胞(lithocyst):含有钟乳体的一种细胞。

精子(sperm):卵式生殖中的雄性生殖细胞。

精子囊(spermatangium):藻类和菌类植物中产生雄配子的单细胞结构。

精子器(antheridium):苔藓植物和蕨类植物中产生精子的多细胞结构。

颈沟细胞(neck canal cell):颈卵器上部细狭的颈部内的一串细胞。

颈卵器(archegonium):苔藓植物、蕨类植物和裸子植物特有的雌性生殖器官,是卵细胞和原胚发育的场所。

静孢子(aplanospore):特指水生菌类和藻类产生的不具鞭毛、不能游动的孢子。

居间分生组织(intercalary meristem):来源于顶端分生组织,在植物发育过程中被成熟组织隔开的、与顶端分离的分生组织，通常位于延伸节间的局部区域或其他或多或少已成熟的组织之间。

居群(population)：占据特定空间的、具有共同基因库的、由交配和亲子关系联系起来的同一物种的个体群，是物种存在的具体形式。

具缘纹孔(bordered pit)：纹孔四周次生壁不均匀加厚，向中央隆起，悬在纹孔腔上，形成一个穹形的边缘，纹孔口明显变小。

聚合果(aggregate fruit)：离生心皮子房发育而成的一种果实，心皮是单独发育的，有各自的果皮。

菌根(mycorrhiza)：植物根与真菌之间寄生。

K

开花期(anthesis)：花的雄器官和雌器官成熟的时间。

凯氏带(Casparian strip)：环绕内皮层细胞径向壁和横向壁的栓质化(有时还木质化)的带状加厚部分。

L

类胡萝卜素(carotenoid)：红色、橙色或黄色的脂溶性色素，是光合作用中捕获光能的辅助色素。

类囊体(thylakoid)：叶绿体中由单层膜构成的扁平囊状结构。

离层(separation layer)：在离区中，解体的或分离的细胞层，可以引起有关器官或其中一部分，例如叶、枝、果实、果瓣等的脱落。

离区(abscission zone)：含有导致器官(如叶、果实和花)脱落的组织的区域。

离生雌蕊(apocarpous pistil)：由多个彼此分离的心皮构成的雌蕊。

联会(synapsis)：在减数分裂中，来自父本和母本的同源染色体两两配对的现象。

裂溶生的(schizo-lysigenous)：两细胞沿胞间层分离，同时细胞解体。

裂生的(schizogenous)：细胞沿着胞间层形成胞间隙的一种方式。

裂生多胚现象(cleavage polyembryony)：在胚胎发育过程中，由一个受精卵形成的胚原组织裂解为几个胚的现象。

卵(egg)：卵式生殖中的雌性生殖细胞。

卵式生殖(oogamy)：精卵结合的有性生殖方式。

裸子植物(gymnosperm)：形成种子，但种子不被子房包被的一类植物。

落皮层(rhytidome)：部分树皮，包括周皮及由周皮隔断的其他组织，也称为外皮。

M

脉序(venation)：叶片中叶脉的排列顺序。

毛状体(trichome)：一表皮的附属物，具有各种形状、大小、结构和功能，包括毛、鳞片等。

萌发孔(germ pore)或**萌发沟**(germ furrow)：花粉粒壁上缺乏外壁的区域，花粉萌发时，花粉管由这里向外突出生长。

蜜腺(nectary)：为一种腺体组织，能分泌糖液，常见于花中(花蜜腺)或植物的营养器官(花外蜜腺)。

模式标本(type):植物新种命名所依据的标本。

母细胞(mother cell):通过细胞分裂能产生幼小细胞的细胞。

木本的(woody):整个植物或植物器官具有极发达的次生木质部。

木射线(xylem ray):通过次生木质部的维管射线。

木栓层(phellem,cork):周皮的一部分,由木栓形成层的衍生细胞分化而来,主要起保护作用。

木栓形成层(phellogen,cork cambium):产生周皮的次生的侧生分生组织,向外产生木栓层,向内产生栓内层。

木质部(xylem):由导管分子、管胞、纤维和薄壁细胞等多种细胞构成的、主要用于输导水分和无机养料的复合组织。

木质素(lignin):由苯基丙烷衍生物构成的高分子聚合物,是植物细胞次生壁的主要成分。

N

内壁(intine):成熟花粉的内壁。

内果皮(endocarp):果皮的最内层。

内皮层(endodermis):皮层最内层排列紧密的一层特化的细胞,缺乏细胞间隙,并具凯氏带结构。

内起源(endogenous origin):由植物体深层(内部)的组织发育形成新的器官的方式,如侧根的起源。

内始式木质部(endarch xylem):植物初生木质部束分子成熟的方向是,束中首次形成的分子(原生木质部)靠近于轴的中心部位,即离心成熟。

内质网(endoplasmic reticulum):细胞器的一种,在切面上显示为平行的双层膜结构,在细胞中形成复杂的三维膜系统。

拟核(nucleoid):原核细胞中染色质的分布区域,没有固定形态,没有核膜与核仁。

O

偶线期(zygotene):减数分裂过程中同源染色体两两配对(联会)的时期。

P

P-蛋白(P-protein):双子叶植物和某些单子叶植物筛分子中原生质体所含的一种特殊的蛋白质。

排水器(hydathode):此种结构能分泌水液,主要存在于叶中。

泡状细胞(bulliform cell):又称运动细胞(motor cell),禾本科植物叶表皮中的一种大型含水细胞,通常位于两个维管束之间,常沿叶成行排列,与叶片的卷曲和张开有关。

胚(embryo):由受精卵(合子)发育形成的孢子体雏形。

胚柄(suspensor):合子分裂后,由近珠孔端的细胞分裂形成的连接胚和胚囊壁的结构。使胚伸入胚囊内部以利于胚的发育,同时还有供应胚发育所需营养的作用。

胚根(radicle):胚的组成部分之一,能发育形成植物的主根。

胚囊(enbryo sac):被子植物的雌配子体,位于胚珠的珠心内。

胚乳(endosperm):种子内的一种特殊营养组织,在被子植物种子中指由受精极核发育而来的三倍体营养组织。

胚芽(plumule):胚的组成部分之一,可发育形成植物的茎和叶。

胚轴(embryonal axis):胚中胚根与胚芽中间的部分。

胚珠(ovule):种子植物特化的大孢子囊及其外面的包被,通过胎座着生在腹缝线上,由珠柄(funicle)、珠心(nucellus)、珠被(integument)和珠孔(micropyle)几部分组成,受精后发育成种子。

配子(gamete):参与有性生殖的单倍体生殖细胞。

配子体(gametophyte):产生配子进行有性生殖的单倍体植物。

配子体世代(gametophyte generation):植物世代交替过程中的单倍体世代。

皮层(cortex):在根与茎中指表皮与维管组织之间的部分,主要由薄壁组织组成,是一种初生组织结构。

皮孔(lenticel):植物周皮上的通气组织,由排列疏松的补充细胞组成。

胼胝质(callose):一种无定形的多糖,经常存在于种子植物筛分子的筛板或筛域上,形成凸透镜形的后含物。

平周分裂(periclinal division):又称切向分裂或弦向分裂,指细胞分裂方向和新壁与器官表面平行,结果增加细胞层次,使器官或组织加厚。

Q

脐(hilum):①淀粉粒的一小区域,围绕着它形成淀粉层;②存在于种子上,为种子从珠柄脱落的脱落层痕迹。

起源(或发生)中心(center of origin):某一物种或更高级别的分类学单位在地球表面发生的地点。

气孔(stoma):表皮上两个保卫细胞间的小缝隙,为气体进入植物体的门户。

气孔窝(stomatal crypt):有气孔分布的叶表皮向内凹陷的部分,多见于适应旱生环境的植物。

器官(organ):由多种组织构成的、能行使一定功能的结构单位。

前质体(proplastid):未分化的、具有分裂能力的较小的无色体。

侵填体(tylosis):射线细胞或轴向薄壁组织细胞进入导管腔而成的突起,常使导管部分或完全堵塞。

全能性(totipotency):植物体的每一个细胞都携带有一套完整的基因组,并具有发育成完整植株的潜在能力。

R

染色体(chromosome):细胞在有丝分裂或减数分裂过程中由染色质聚缩而成的棒状结构。

染色质(chromatin):间期细胞内由 DNA、组蛋白、非组蛋白及少量 RNA 组成的线性复合结构,是间期细胞遗传物质存在的形式。

韧皮部(phloem):由筛管分子或筛胞、伴胞、薄壁细胞和纤维等多种不同类型的细胞构成的复合组织,在维管植物体内负责有机物质的运输。

韧皮射线(phloem ray):通过次生韧皮部的维管射线部分。

绒毡层(tapetum):由周缘细胞形成的花药壁最内一层或几层细胞,为花粉的发育提供营养。

溶酶体(lysosome):一种含有水解酶的细胞器。

溶生的(lysigenous):由于细胞解体而形成胞间隙的一种方式。

乳汁管(laticifer):一个或一列含有特殊物质——乳汁的细胞。

S

三原型(triarch):根的初生木质部中有三束原生木质部束。

散生中柱(atactostele):维管束星散分布于薄壁组织中的一种中柱式样,存在于单子叶植物茎中。

筛板(sieve plate):具有一个或几个高度分化的筛域的筛管分子端壁。

筛胞(sieve cell):一种细长、无明显端壁的筛分子,细胞侧壁上有分化程度较低的筛域,分布均匀,不形成筛板。

筛管(sieve tube):由筛管分子通过筛板连接成的纵向细胞行列。

筛管分子(sieve tube element):具有筛板结构、组成筛管参与有机物质运输的管状分子。

筛域(sieve area):筛分子端壁或侧壁上有筛孔分布的区域。

上胚轴(epicotyl):胚和子叶上部的幼苗的茎。

射线(ray):由维管形成层的射线细胞产生,在次生维管组织中呈辐射状分布,起横向转运物质作用的结构。

射线原始细胞(ray initial cell):维管形成层中近等径、形成射线的原始细胞。

伸长区(elongation zone):根尖中位于根毛区与分生区之间的区域,伸长区的细胞已逐渐停止分裂,体积扩大,并明显地沿根的长轴方向伸长。

生活史(life history):生物个体在一生中所经历的生长发育全过程。

生境(habitat):植物分布地段上各种环境因子的总和。

生态位(ecological niche):在自然生态系统中,一个种群在时间、空间上的位置及与之相关联的种间的机能关系。

生态系统(ecosystem):栖息在某个地区的全部生物以及非生物环境的总和。

生态因子(ecological factor):对植物的生长、发育和分布产生直接影响的环境因子,如水、二氧化碳、氧气和温度等。

生物进化(organic evolution):生物与其生存环境之间相互作用并导致遗传上和表型上发生一系列不可逆的改变的过程,生物进化的结果不仅表现在生物多样性种类和数量的增加,还表现在生物体的结构不断趋于复杂和完善。

生物圈(biosphere):地球表面生物有机体及其生存环境的总称。

生长轮(growth ring):在一个生长季节中,次生木质部与韧皮部之间有明显区别的区域。

生长锥(growing tip):根端或茎端顶端分生组织所在部位,其外形呈锥状。

生殖隔离(reproductive isolation):生物不能自由交配或交配后不能产生可育性后代的现象,生殖隔离涉及一系列生理和生态隔离机制。

生殖生长(reproductive growth):植物开花、结实和种子形成的过程,以各种繁殖器官的形成和发育为标志。

石细胞(sclereid):厚壁细胞的一种,细胞壁显著增厚且木质化,具清楚的层状结构并形成单一的或分枝的管状纹孔。

世代交替(alternation of generations):在生活史中,二倍体的孢子体世代与单倍体的配子体世代互相更替的现象。

束间形成层(interfascicular cambium):髓射线中与束中形成层相当部位的细胞恢复分裂能力

形成的次生分生组织，束中形成层和束间形成层衔接后构成完整的圆筒状维管形成层。

束中形成层(fascicular cambium)：维管束中初生木质部和初生韧皮部之间保留分裂能力的一层细胞，在茎的次生生长中具有重要作用。

树胶(gum)：一般为一种黏质，即多糖类物质，常由解体的细胞所形成。

树皮(bark)：集合名词，指维管形成层以外的所有组织。

树脂道(resin canal)：存在于某些裸子植物(如松树)皮层中的一种特殊的分泌结构，由管状的细胞间隙(树脂腔)和周围的泌脂细胞(上皮细胞)组成，常含有树脂。

衰老(senescence)：一个器官或整个个体的生命功能逐渐衰退的过程。

栓内层(phelloderm)：由木栓形成层向内形成的薄壁细胞组织。

栓质(suberin)：不溶于水的脂质物质，存在于木栓和内皮层细胞的细胞壁中。

双韧管状中柱(amphiphloic siphonostele)：木质部内、外两侧均有韧皮部分布的一种管状中柱。

双受精(double fertilization)：被子植物受精过程中，两个精细胞中的一个与卵细胞融合成合子(受精卵)，另一个则与中央极核结合形成受精极核的过程。

双线期(diplotene)：减数分裂的一个时期，同源染色体开始分离，但在一处或多处仍相连(交叉)。

水势(water potential)：水可以用来做功(如通过半透膜的移动、团流)或发生化学反应的能量大小的度量。

四分体(tetrad)：减数分裂过程中粗线期染色体缩短变粗的同时，成对的同源染色体各自纵裂，每一同源染色体形成两条染色单体。

四原型(tetrarch)：根的初生木质部，具有四个原生木质部束。

髓(pith)：茎和根维管柱中央的薄壁组织区。

髓射线(pith ray)：茎初生维管束之间的薄壁组织。

穗状花序(spike)：由多数无柄花着生在一个不分枝的且能无限生长的花轴上的花序类型。

锁状联合(clamp connection)：担子菌双核细胞进行细胞分裂的一种方式。

T

胎座(placenta)：子房中胚珠着生的区域。

糖酵解(glycolysis)：植物呼吸作用的一个主要阶段，是将葡萄糖分解成丙酮酸的过程。

通道细胞(passage cell)：根的内皮层中少数不具凯氏带加厚的细胞，是皮层与维管柱之间物质交流的通道。

通气组织(aerenchyma)：薄壁组织的一种形式，其特点是具有较大的细胞间隙。

通水组织(epithem)：脉端和排水器的分泌孔之间的组织。

同配生殖(isogamy)：形状、结构、大小和运动能力完全相同的两个配子结合的有性生殖方式。

同形世代交替(isomorphic alternation of generations)：在世代交替中，形态构造基本相同的孢子体与配子体互相交替的现象。

同型孢子(isospory)：孢子囊中产生的形态、大小一致的孢子。

同型叶(isophylly)：同一植株上没有明显分化的叶，都兼有营养和生殖的功能。

突变(mutation)：广义而言，指除孟德尔重组以外的任何可遗传的变异，包括基因突变和染色体突变。

托叶(stipule):着生于叶柄和茎连接处的小型叶状物,通常早落。

脱分化(dedifferentiation):“成熟”组织重新恢复分裂能力的过程。

W

外壁(exine):成熟花粉粒的外壁。

外层(sexine):花粉粒的外壁外层。

外果皮(exocarp):果皮的最外层。

外胚乳(perisperm):有些植物种子中,由珠心组织发育而成的类似胚乳的储藏组织。

外胚叶(epiblast):在一些禾本科植物中的与盾片相对存在的一个小突起。

外皮层(exodermis):在某些根中,皮层的最外一层或多层细胞,细胞排列紧密,无细胞间隙。其结构与内皮层的相同,即细胞壁或多或少加厚并含有栓质层,也是一种下皮层。

外韧管状中柱(ectophloic siphonostele):韧皮部位于木质部外围的一种管状中柱。

外韧维管束(collateral vascular bundle):初生韧皮部在近皮层一侧,初生木质部则在内侧的维管束类型。

外始式(exarch):由外向内渐次成熟的发育方式,如根中初生木质部和韧皮部的发育。

外始式木质部(exarch xylem):指初生木质部束分子成熟的方向是,束中最初形成的分子(原生木质部)离轴的中心最远,即向心成熟。

完全叶(complete leaf):同时具有叶片、叶柄和托叶三部分的叶。

网状中柱(dictyostele):中柱的维管系统被重叠的大叶隙分隔成许多呈圆筒形排列的束,每束的韧皮部位于木质部之外,常见于真蕨类植物,如蕨属、水龙骨属等。

微管(microtubule):由微管蛋白(tubulin)组装成的长管状细胞器。

微管蛋白(tubulin):一种球蛋白,是微管装配的基本单位。

微丝(microfilament):又称肌动蛋白纤维(actin filament),主要成分是肌动蛋白。

微体(microbodies):由单层膜包被的细胞器,如乙醛酸循环体和过氧化物酶体。

微纤丝(microfibre):由链状的纤维素分子团(微团)组成的构成植物细胞壁的结构单位。

维管射线(vascular ray):径向穿过次生韧皮部和次生木质部的组织带,系由形成层形成。

维管束(vascular bundle):维管植物体内由初生木质部、形成层(如果存在)、初生韧皮部中及其周围的机械组织共同组成的束状结构,具有输导和支持功能。

维管束鞘(bundle sheath):包围在维管束外的一层或多层薄壁或厚壁细胞构成的结构。

维管形成层(vascular cambium):产生次生木质部和次生韧皮部的次生分生组织。

维管植物(vascular plant,tracheophyte):具有木质化维管系统的光合自养生物,包括蕨类植物、裸子植物和被子植物。

维管柱(vascular cylinder):根和茎内由维管组织构成的轴状结构。

纹孔(pit):次生壁上凹陷的结构,物质可通过纹孔在细胞间转运。

纹孔道(pit canal):次生壁特别加厚,纹孔腔成为扁小而呈漏斗形的孔道,常见于裸子植物的管胞和纤维管胞。

纹孔对(pit-pair):由细胞壁上相对的两个纹孔加上纹孔膜构成。

无被花(achlamydeous flower):既没有花萼,也没有花冠的花。

无胚乳种子(exalbuminous seed):种子成熟后胚乳消失。

无融合生殖(apomixis):无性融合,即胚珠不受精的生殖过程。

无丝分裂(amitosis):也称为直接分裂(direct division),分裂时,细胞核伸长,中部凹陷,最后中间分开,形成两个子核,并在两个子核中间产生新壁形成两个细胞的过程。

无限花序(indefinite inflorescence):花序轴在开花期间可以继续生长,不断产生苞片和花芽,由下而上(或由外向内)逐次开放的一种花序类型。

无性生殖(asexual reproduction):植物以孢子繁殖后代的方式。

物种(species):生物分类的基本单位,指形态上相类似的、有潜在杂交能力的同种生物的综合体。

物种形成(speciation):物种进化并分化产生新种的过程。

X

吸器(haustorium):一种特殊器官,用于从其他器官或组织吸取营养物质。

系统发育(phylogeny):生物界或某个生物类群产生、发展的历史。

系统树(phylogenetic tree):也称种系发生树,指反映不同生物类群间亲缘关系的远近及其进化历史的树状图解。

细胞(cell):生命活动的基本单位,除病毒外,一切有机体都是由细胞构成的。

细胞板(cell plate):高等植物细胞分裂后期在成膜体中生成的膜状结构,早期主要组成为果胶质,最后变为纤维素性质的初生壁。

细胞壁(cell wall):包围在植物细胞原生质体外面的由纤维素、半纤维素、果胶或其他物质组成的结构。

细胞分化(cell differentiation):在个体发育过程中,细胞在形态、结构和功能上的特化过程。

细胞分裂(cell division):细胞增殖子细胞的过程,植物中主要存在三种不同的细胞分裂方式,即有丝分裂、无丝分裂和减数分裂。

细胞骨架(cytoskeleton):真核细胞中的蛋白纤维网架体系,包括微管、微丝、中间纤维和微梁。

细胞核(nucleus):真核细胞中由核膜包围的结构,是遗传物质的主要存在场所。

细胞器(organelle):细胞质中具有特殊形态及功能的结构。

细胞融合(cell fusion):将两个不同生物的细胞以人工方法使其接合,并促使染色体和细胞质融合而得到新的杂种细胞的技术。

细胞生长(cell growth):细胞体积和质量不可逆地增加的过程。

细胞型胚乳(cellular endosperm):植物胚乳发育的一种方式,即受精极核的每一次分裂都伴随着细胞质分裂和细胞壁的形成,也就是说,胚乳的发育自始至终是以细胞形式进行的。

细胞液(cell sap):植物细胞的液泡中所含的液体。

细胞质基质(cytoplasmic matrix):细胞质中,除线粒体、质体等各种可见的细胞器以外的部分。

细胞周期(cell cycle):细胞从一次分裂结束到下一次分裂完成的全部历程,一个完整的细胞周期包括分裂间期和分裂期两个阶段。

下胚轴(hypocotyl):胚中子叶着生部位和胚根之间的部分。

下皮层(hypodermis):表皮下的一层或几层细胞,通常具有木质化或栓质化的壁。

纤毛(cilia):细胞表面延伸出的短而多数簇生的毛状结构。

纤维(fiber):一种细长的厚壁细胞,具渐狭的末端和相当厚的细胞壁。

纤维素(cellulose):一种多糖,是植物细胞壁的主要成分。

线粒体(mitochondria):细胞中一种由双层膜包被的细胞器,是呼吸作用的场所。

小孢子(microspore):雄性孢子,可发育成雄配子体。

小孢子母细胞(microsporocyte):分化成小孢子的细胞。

小型叶(microphyll):不具叶隙和叶柄,仅具1条不分枝的叶脉的叶。

心材(heartwood,duramen):在生长的树木或灌木的木材的内层部分,该部分已失去输导能力,不再含有生活细胞,大部分比边材颜色深。

心皮(carpel):变态的叶,是构成雌蕊的基本单位。

星状中柱(actinostele):原生中柱的一种比较原始的类型,横切面上,中柱内的木质部呈星状,韧皮部位于原生木质部束之间。

形成层(cambium):泛指维管植物的侧生分生组织,包括维管形成层和木栓形成层。

形态建成(morphogenesis):胚胎发育过程中的器官发生或器官原基的形成过程,可视为伴随着细胞分裂而发生的一系列区域化和功能分化行为。

雄配子(male gamete):有性生殖中的雄性生殖细胞。

雄蕊(stamen):被子植物花的雄性生殖器官,由花丝(filament)和花药(anther)两部分组成。

雄蕊群(androecium):一朵花中雄蕊的总称。

须根系(fibrous root system):根系的一种类型,主根不发达,由许多与主根不易区别的不定根构成的根系。

需光种子(light seed):萌发时需要光的种子。

Y

芽(bud):尚未完全发育和展开的枝条或花,通常被称为芽鳞片的变态叶覆盖。

芽孢(endospore):细菌的抗逆性休眠体,是度过不良环境期的一种适应结构。

芽生孢子(blastospore):以出芽形式形成的无性孢子。

芽原基(bud primordium):发生侧芽的顶端分生组织。

亚种(subspecies):种内形态上有较明显的差异并有一定地理分布区域的个体群。

药室内壁(endothecium):花药中位于表皮下的一层细胞,其细胞壁常有带状的次生加厚,又称为纤维层(fibrous layer)。

叶(leaf):植物体的一种营养器官,是植物体进行光合作用和蒸腾作用的主要场所。通常由叶片、叶柄和托叶三部分组成。

叶痕(leaf scar):茎上叶子脱落后在节上留下的痕迹。

叶迹(leaf trace):从茎维管柱伸向叶基的维管束。

叶绿素(chloroplast):一类主要吸收蓝光、紫光和红光的色素,因其反射绿光,所以呈绿色。

叶绿体(chloroplast):绿色植物特有的细胞器,含叶绿素和类胡萝卜素,是进行光合作用的场所。

叶脉(nein):由茎的维管柱延伸到叶中的维管束,支持叶片伸展,负责输导水分和营养物质。

叶肉(mesophyll):叶中两层表片之间的光合薄壁组织。

叶隙(leaf gap):在初生维管柱中叶迹上方的薄壁组织区域。

叶镶嵌现象(leaf mosaic):同一植株的叶以镶嵌状态排列而不重叠的现象,有利于光合作用的进行,也使叶在茎上各侧的负载得到平衡。

叶原基(leaf primordium):顶端分生组织上侧生的突起,由它发育成叶的原基。

叶枕(pedestal):叶柄或小叶柄膨大的基部,有明显的突出或扁平的部分。

液泡(vacuole):植物细胞特有的膜包被的细胞器之一,在调节细胞离子环境等方面有重要作用。

液泡化(vacuolation):指液泡系的形状、大小和数量,也指液泡的形成过程。

异花传粉(cross pollination):花粉在不同花之间传递。异花传粉可以是同株异花传粉,也可以是异株异花传粉,通常所讲的异花传粉是指异株异花传粉。

异交(outcrossing):通过异株异花传粉完成的受精过程。

异面叶(bifacial leaf):外形上背、腹面区分明显,内部叶肉组织也有明显的栅栏组织和海绵组织的分化的叶。

异配生殖(anisogamy):在有性生殖过程中,两种形状和结构相同,但大小和运动能力不同的配子结合产生后代的现象。

异形胞(heterocyst):某些丝状蓝藻特有的大型厚壁细胞,从该处断裂即可产生若干藻殖段进行繁殖。

异形世代交替(heteromorphic alternation of generations):在世代交替过程中,有明显形态差异的孢子体和配子体相互更替的现象。

异型孢子(heterospory):孢子囊中产生的大小不同的孢子。

异型叶(heterophylly):同一植株上的、在形态或功能上具有显著差异的叶。

异养生物(hetrotroph):不能利用无机物合成自身生长发育所需的有机物,而直接利用环境中现有的有机物进行生活和繁殖的生物。

引导组织(transmitting tissue):被子植物花柱中央的特殊组织,与花粉管向子房生长有关。

营养繁殖(vegetative propagation):以营养器官繁殖后代的方式。

营养叶(trophophyll):仅能进行光合作用而不能产生孢子囊和孢子的叶,又称不育叶。

游动孢子(zoospore):能借助鞭毛运动的无性生殖细胞。

有色体(chromoplast):质体的一种,主要含黄色或橙色的类胡萝卜素。

有丝分裂(mitosis):植物细胞分裂的主要方式,包括细胞核分裂和细胞质分裂。分裂过程分为前期、中期、后期和末期四个阶段。

有限花序(definite inflorescence):在花序轴上由于顶花先开而限制了生长,继而在顶花下主轴上发生一个或多个分枝,如此反复而形成的花序类型。

有性生殖(sexual reproduction):通过配子繁殖后代的方式。

幼态成熟(neoteny):植株表现为幼小态,但性已达成熟期的一种现象。

愈伤组织(callus):在植物受伤后或在植物组织培养过程中形成的一种未分化的薄壁组织。

原表皮(protoderm):分化成表皮的初生分生组织。

原表皮层(protoderm):表皮层的分生组织。

原分生组织(promeristem):植物根和茎顶端分生组织中的原始细胞及其刚衍生的细胞。

原核生物(procaryote):由原核细胞构成的生物,如细菌、蓝藻等。

原核细胞(procaryotic cell):指没有典型的细胞核,遗传物质为环状DNA,分散在细胞质中某一区域,无核膜分隔;DNA不与或很少与蛋白质结合;没有细胞器分化的一类原始细胞。

原胚(proembryo):最早发育的胚。

原生木质部(protoxylem):最初形成的初生木质部。

原生韧皮部(protophloem):最初形成的初生韧皮部。

原生质体(protoplast):被细胞膜(原生质膜)包围的原生质块,即除去细胞壁以外的全部细胞物质。

原生中柱(protostele):最简单的一种中柱类型,仅由木质部和韧皮部组成,无髓和叶隙,韧皮部围绕于木质部外形成实心的圆柱。分为单中柱、星状中柱、编织中柱和多体中柱等多种不同的类型。

原始细胞(initial):①在分生组织中,一个细胞分裂产生两个细胞,其中一个保存分生组织特性,另一个参与构成植物体;②一种分子,分生组织细胞分化成成熟的特化分子。

原丝体(protonema):苔藓植物的孢子成熟后在适宜的环境中萌发形成的具分枝的丝状体。其进一步发育即成配子体。

原套(tunica):被子植物茎尖的顶端分生组织中有明显的分层现象,顶端1～2层(或3～4层)细胞通常只进行垂周分裂构成原套。

原体(corpus):原套内侧的几层细胞。

原形成层(procambium):由原分生组织衍生和分化而来的初生分生组织之一,进一步发育形成初生维管组织。

原叶体(prothallus):蕨类植物孢子在适宜的条件下萌发形成的配子体。

圆球体(spherosome):膜包被的球状小体,是一种储藏细胞器。

Z

杂交(hybridization):遗传型不同的个体所产生的雌、雄配子相结合的过程。

栅栏组织(palisade tissue):异面叶中近上表皮的、呈圆柱形、排列整齐,且长轴与叶片表面垂直呈栅栏状的细胞所构成的组织。

沼生目型胚乳(helobial endosperm):介于核型胚乳与细胞型胚乳之间,珠孔室的细胞核进行多次分裂,最初为游离核状态,后来转化为细胞;合点室的细胞核分裂较少,并始终保持游离核状态。

真果(true fruit):仅由子房发育而成的果实。

真核生物(eucaryote):由真核细胞构成的生物,如高等植物和绝大多数低等植物。

真核细胞(eucaryotic cell):与原核细胞相对,真核细胞具有典型的由核膜包被的细胞核结构,且细胞质中分化出了以膜为基础的多种细胞器。

真中柱(eustele):初生维管组织排列成许多维管束围绕着髓部,通常韧皮部仅出现于外方的一种中柱类型。

蒸腾作用(transpiration):植物体以水蒸气状态向外界大气蒸散水分的过程。

直根系(tap root system):由发达的主根和各级侧根构成的根系。

植被(vegetation):整个地球表面植物群落的总和。

植物激素(phytohormone):植物体内天然产生的、能从形成部位转运到作用部位、具有控制生长及其他生理作用的有机化合物,且只要微量存在即能表现出活性。

植物群落(plant community):由一定植物种类组成的、具有一定外貌和结构的、有规律的集合体,植物群落是组成植被的基本单元。

质膜(plasma membrane,plasmalemma):原生质体表面的一层薄膜,通常紧贴细胞壁。

质体(plastid):植物细胞特有的与糖类的合成和储藏密切相关的细胞器。

中层(middle layer):药室内壁内侧1～3层细胞,常常在花药发育过程中被挤毁、消失。

中果皮(mesocarp):指果皮的中层。

中胚轴(mesocotyl):指禾本科胚芽鞘与胚根鞘间的节间。

中生植物(mesophyte):适于相当或连续(长期)潮湿气候的植物。

中心质(centroplasm):蓝藻细胞原生质体中央部分,又称中央体(central body)。

中柱(stele):植物主轴的一部分,包含维管系统及其相接的基本组织,如中柱鞘束间区和髓。

中柱鞘(pericycle):位于内皮层内方而围绕于维管组织外方的基本组织。常见于根和低等维管植物茎中,侧根和根的周皮多从这部分发生。

中柱鞘(pericycle):在输导组织与内皮层之间的维管柱中的部分基本组织。

种阜(caruncle):在种脊上的类假种皮(种子突起的一种类型)。

种脊(raphe):沿种子一侧的隆起部分,系由珠柄与胚珠愈合而成。

种皮(seed coat):由珠被发育而成的种子外部的保护层。

种子(seed):种子植物特有的繁殖器官,通常由胚、胚乳和种皮三部分组成。

种子萌发(seed germination):解除休眠的种子,在适宜的环境条件下,胚转入活动状态,开始生长的过程。

种子植物(seed plant):以种子进行繁殖的植物,包括裸子植物和被子植物。

周木维管束(amphicribral vascular bundle):韧皮部在中央而木质部包围在外的维管束类型。

周皮(periderm):根、茎次生生长时产生的代替表皮的一种次生起源的覆盖组织。

周韧维管束(amphicribral vascular bundle):木质部在中央而韧皮部包围在外的维管束类型。

周质(periplasm):蓝藻细胞原生质体周围部分,在中心质的四周,又称色素质(chromatoplasm)。

轴性器官(axial organ):指根、茎和没有附属器官的花序轴。

珠被(integument):胚珠外部覆盖着珠心的保护结构,胚珠发育成种子时,珠被形成种皮。

珠柄(funicle):胚珠基部的小柄,胚珠以珠柄着生于胎座上。

珠孔(micropyle):胚珠顶端珠被未完全闭合而留下的孔道。

珠鳞(ovuliferous scale):也称果鳞或种鳞,一般认为珠鳞是大孢子叶变态。

珠心(nucellus):胚珠的一个组成部分,位于珠被之内,为发生大孢子的组织,在大孢子发育成雌配子体(胚囊)后仍包围其外。

主根(main root):也称初生根(primary root),由胚根生长出来的根,是植物个体发育中最早现的根。

柱头(stigma):雌蕊的顶端,是接受花粉的地方。

转输组织(transfusion tissue):裸子植物叶中,围绕着或以别的方式与维管束相连接的一种组织,由死管胞和活的薄壁组织细胞组成。

子房(ovary):雌蕊基部膨大的部分,由子房壁、胎座和胚珠三部分组成,是雌蕊最主要的部分。

子囊(ascus):子囊菌完成核配和减数分裂而产生子囊孢子的细胞。

子囊孢子(ascocarp):子囊菌在子囊内产生的一种单倍体有性孢子。

子囊果(ascocarp):子囊菌的子实体,是子囊菌产生子囊孢子的结构,由产生子囊孢子的菌丝和包在外面的菌丝体共同组成。

子实层(hymenium):子囊果或担子果内产生子囊或担子的菌丝层,由产生孢子的子囊或担子及不育的侧丝组成。

子实体(sporophore):子囊菌和担子菌的果体。

子叶(cotyledon):种子植物胚中的叶状结构,其中常储藏营养物质,种子萌发后起初生叶的功能。

自花传粉(self pollination):雄蕊的花粉落到同一朵花的雌蕊柱头上的现象。

自然选择(natural selection):对有利变异的保存和对不利变异的排除。

组织(tissue):具有相同来源的同一类型或不同类型细胞群所组成的结构和功能单位。

组织培养(tissue culture):从多细胞生物的个体上无菌地取出组织块、细胞群,在适当的条件下使之继续存活的技术。

组织原(histogen):此词用于根、茎的顶端分生组织的原始细胞,该细胞将产生与器官有关的特定的和恒定的组织系统。分为三种:①表皮原,产生表皮层;②皮层原,产生皮层;③中柱原,产生维管柱。

参考文献

[1] 陈家宽，杨继. 植物进化生物学[M]. 武汉：武汉大学出版社，1994.

[2] 陈阅增. 普通生物学[M]. 北京：北京大学出版社，1997.

[3] 董洪进，刘恩德，彭华. 中国植物分类编目的过去、现在和将来[J]. 植物科学学报，2011，29(6)：755-762.

[4] 高信曾. 植物学[M]. 北京：高等教育出版社，1987.

[5] 谷安根. 维管植物演化生态学[M]. 长春：吉林科学技术出版社，1993.

[6] (日)浅间一男著. 被子植物的起源[M]. 谷祖纲，珊林，译. 北京：海洋出版社，1988.

[7] 胡保忠，张友民. 植物学[M]. 2版. 北京：中国农业出版社，2011.

[8] 黄宏文，张征. 中国植物引种栽培及迁地保护的现状与展望[J]. 生物多样性，2012，20(5)：559-571.

[9] 金银根. 植物学[M]. 北京：科学出版社，2010.

[10] 黎维平. 植物学学习指导[M]. 湖北：湖北科学技术出版社，1993.

[11] 李星学，周志炎，郭双兴. 植物界的发展和演化[M]. 北京：科学出版社，1981.

[12] 梁卫红. 细胞生物学[M]. 北京：科学出版社，2012.

[13] 汪劲武. 种子植物分类学[M]. 北京：高等教育出版社，1985.

[14] 王全喜，张小平. 植物学[M]. 2版. 北京：科学出版社，2012.

[15] 吴鹏程. 苔藓植物生物学[M]. 北京：科学出版社，1998.

[16] (以色列)Fahn A 著. 植物解剖学[M]. 吴树明，刘德仪，译. 天津：南开大学出版社，1990.

[17] 吴万春. 植物学[M]. 北京：高等教育出版社，1991.

[18] 武建勇，薛达元，周可新. 中国植物遗传资源引进、引出或流失历史与现状 [J]. 中央民族大学学报，2011，20(2)：49-53.

[19] 杨继. 植物生物学[M]. 北京：高等教育出版社，2007.

[20] 杨世杰. 植物生物学[M]. 2版. 北京：高等教育出版社，2010.

[21] 杨悦. 植物学[M]. 北京：中央广播电视大学出版社，1997.

[22] 张景钺. 植物系统学 [M]. 北京：人民教育出版社，1978.

[23] 张宪春，邢公侠. 秦仁昌与蕨类植物分类系统[J]. 生命世界，2013，(9)：36-40.

[24] 赵建成，李敏，梁建萍. 植物学[M]. 北京：科学出版社，2013.

[25] 周仪，王慧，张述祖. 植物学(上册)[M]. 北京：北京师范大学出版社，1987.

[26] 周云龙. 植物生物学[M]. 2版. 北京：高等教育出版社，2009.

[27] Archibold O W. Ecology of World Vegetation [M]. London：Chapman & Hall，1995.

[28] Arthur C. Basic Botany [M]. 2nd ed. New York：Happer & Row Publishing，1982.

[29] Barcaccia G，Albertini E. Apomixis in plant reproduction：a novel perspective on an old

dilemma[J]. Plant Reprod. ,2013,26(3):159-179.

[30] Bell P R, Hemsley A R. Green Plants: Their Origin and Diversity [M]. 2nd ed. Cambridge:Cambridge University Press,2000.

[31] Blackmore S,Barnes S H. Pollen and Spores:Patterns of Diversification [M]. London: Academic Press,1991.

[32] Briggs D,Walter S M. Plant Variation and Evolution [M]. 3rd ed. London:Cambridge University Press,1997.

[33] Burgess J. An Introduction to Plant Cell Development [M]. Cambridge: Cambridge University Press,1985.

[34] Cheung A Y. Pollen-pistil interactions during pollen-tube growth [J]. Trends Plant Sci. ,1996,(1):45-51.

[35] Cosprove D J. Relaxation in a high-stress environment:the molecular bases of extension cell wall and cell enlargement [J]. Plant Cell,1997,(9):1031-1041.

[36] Crawley M J. Plant Ecology [M]. Australia:Blackwell Scientific Publication,1986.

[37] Forbes J C,Watson K D. Plants in Agriculture [M]. Cambridge:Cambridge University Press,1992.

[38] Gunning B E S,Steer M W. Plant Cell Biology:Structure and Function [M]. Boston MA:Jones and Bartlett,1995.

[39] Igbal M. Growth Patterns in Vascular Plants [M]. Portland Oregon: Dioscorides Press,1994.

[40] Javed F,Chotai M,Mehmood A,et al. Oral mucosal disorders associated with habitual gutkha usage:a review[J]. Oral Surg Oral Med Oral Pathol Oral Radiol Endod,2010, 109(6):857-864.

[41] Jensen W A,Salisburg F B. Botany [M]. 2nd ed. California:Wadsworth Publishing Company,1984.

[42] Khan S,Raziq M,Kayani H A. In vitro propagation of bird's nest fern (*Asplenium nidus*) from spores[J]. Pakistan J. Bot. ,2008,40:91-97.

[43] Lloyd D G,Barrett S C H. Floral Biology:Studies on Floral Evolution in Animal-Pollinated Plants [M]. London:Chapman and Hall,1996.

[44] Mauseth J D. Botany [M]. Philadelphia:Saunders College Publishing,1995.

[45] Mauseth J D. Botany:an Introduction to Plant Biology [M]. 2nd ed. Philadelphia: Saunders College Publishing,1991.

[46] Merckx V,Bidartondo M I,Hynson N A. Myco-heterotrophy:when fungi host plants [J]. Ann. Bot. ,2009,104(7):1255-1261.

[47] Nadakavukaren M,McCracken D. Botany—an Introduction to Plant Biology [M]. New York:West Publishing Company,1985.

[48] Northington D K,Goodin J R. The Botanical World [M]. Missouri: Times Mirror/ Mosby College Publishing,1984.

[49] Patrick J W. Phloem unloading: sieve element unloading and post-sieve element transport [J]. Annu. Rev. Plant Physiol. Plant. Molec. Biol. ,1997,48(7):191-222.

[50] Proctor M, Yeo P, Lack A. The Natural History of Pollination [M]. London: Harper Collins, 1996.

[51] Pyke K, Lopez-Juez E. Cellular differentiation and leaf morphogenesis in *Arabidopsis* [J]. Crit. Rev. Plant Sci., 1999, 18: 527-546.

[52] Radtke A, Mosner E, Leyer I. Vegetative reproduction capacities of floodplain willows-cutting response to competition and biomass loss[J]. Plant Biol., 2012, 14(2): 257-264.

[53] Raven P H, Evert R F, Eichorn S E. Biology of Plants [M]. 6th ed. New York: W. H. Freeman, 1998.

[54] Reeves P H, Coupland G. Response of plant development to environment: control of flowering by daylength and temperature [J]. Curr. Opin. Plant Biol., 2000, (3): 37-42.

[55] Scagel R F. Plant —an Evolutionary Survey [M]. California: Wadsworth Publishing Company, 1984.

[56] Seavey S R, Bawa K S. Late-acting self-incompatibility in angiosperms [J]. Botanical Rev., 1986, 52(2): 195-219.

[57] Selosse M A, Roy M. Green plants that feed on fungi: facts and questions about mixotrophy[J]. Trends Plant Sci., 2009, 14(2): 64-70.

[58] Sinha N. Leaf development in angiosperms [J]. Annu. Rev. Plant Physiol. Plant Molec. Biol., 1999, 50: 419-446.

[59] Stern K R. Introductory Plant Biology [M]. 5th ed. Lowa: Wm. C. Brown Publishers, 1991.

[60] Stern K R. Introductory Plant Biology [M]. 8th ed. Boston: McGraw Hill, 2000.

[61] Taylor L P, Hepler P K. Pollen germination and tube growth [J]. Plant Molec. Biol., 1997, 48: 461-491.

[62] Weier E. Botany—an Introduction to Plant Biology [M]. 6th ed. New York: John Wiley & Sons, 1982.

[63] Wickens G E. What is economic botany? [J]. Econ. Bot., 1990, 44(1): 12-28.

[64] Zimmer E A. Using nuclear gene data for plant phylogenetics: progress and prospects [J]. Mol. Phylogenet. Evol., 2013, 66(2): 539-550.

[65] 莱克(Lack A J)，埃文斯(Evans D E). 植物生物学(Instant Notes in Plant Biology)[M]. 影印版. 北京：科学出版社，2002.

植物拉丁名索引

C

D

E

F

G

H

J

K

L

M

N

P

Q

R

S

T

W

X

Y

Z

种子植物科名索引

裸子植物

苏铁纲 Cycadopsida

银杏纲 Ginkgopsida

松柏纲 Coniferopsida

红豆杉纲 Taxopsida

买麻藤纲 Gnetopsida

被子植物

木兰亚纲 Magnoliidae

金缕梅亚纲 Hamamelidae

石竹亚纲 Caryophyllidae

五桠果亚纲 Dilleniidae

蔷薇亚纲 Rosidea

菊亚纲 Asteridae

泽泻亚纲 Alismatidae

棕榈亚纲 Arecidae

鸭跖草亚纲 Commelindae

姜亚纲 Zingiberidae

百合亚纲 Liliidae